"十二五"普通高等教育本科国家级规划教材
管理科学名家精品系列教材

灰色系统理论及其应用

（第九版）

刘思峰　著

国家重大人才工程长期项目
欧盟玛丽·居里国际人才计划
国家自然科学基金委员会与英国皇家学会合作交流基金
国家自然科学基金重大研究计划项目、面上项目、青年基金　资助
"大型飞机"国家科技重大专项
国家社会科学基金重大招标课题、重点项目
中央高校基本科研业务费专项基金项目
国家级教学团队和国家精品在线开放课程建设基金

科学出版社
北京

内 容 简 介

本书系统地论述灰色系统的基本理论、基本方法和应用技术，是作者长期从事灰色系统理论探索、实际应用和教学工作的结晶，同时还吸收了国内外同行近年来取得的理论和应用研究新成果，精辟地向读者展示出灰色系统理论这一新学科的概貌及其前沿发展动态。

全书共 19 章，包括灰色系统的概念与基本原理、灰数及其运算、灰色方程与灰色矩阵、序列算子与灰色信息挖掘、灰色关联分析模型、灰色聚类评估模型、GM（1，1）模型、离散灰色预测模型、分数阶 GM 模型、灰色 Verhulst 与 GM（*r*，*h*）模型、灰色组合模型、序列算子频谱分析与自适应灰色预测模型、灰色系统预测、灰色决策模型、灰色规划、灰色投入产出模型、灰色博弈模型和灰色控制系统等。其中一般灰数的概念、基于核和灰度的灰代数系统、序列算子、缓冲算子公理系统、原始差分 GM（1，1）模型、均值差分 GM（1，1）模型、离散 GM（1，1）模型、分数阶灰色模型、灰色绝对关联度、灰色相对关联度、灰色综合关联度、灰色相似关联度、灰色接近关联度、三维灰色关联度、定权灰色聚类评估模型、基于端点混合可能度函数的灰色聚类评估模型、基于中心点混合可能度函数的灰色聚类评估模型、两阶段灰色综合测度决策模型、多目标加权灰靶决策模型、灰色博弈模型以及灰色经济计量学模型（G-E）、灰色生产函数模型（G-C-D）、灰色马尔可夫模型（G-M）等是作者首次提出。

本书适合用作高等学校理、工、农、医、天、地、生及经济、管理类各专业大学生和研究生教材，也可用于政府部门、科研机构及企事业单位的科技工作者、管理干部以及系统分析、市场预测、金融决策、资产评估、企业策划人员的参考书。

图书在版编目（CIP）数据

灰色系统理论及其应用 / 刘思峰著. —9 版. —北京：科学出版社，2021.9

“十二五”普通高等教育本科国家级规划教材

管理科学名家精品系列教材

ISBN 978-7-03-067948-2

Ⅰ. ①灰…　Ⅱ. ①刘…　Ⅲ. ①灰色系统理论-高等学校-教材　Ⅳ. ①N941.5

中国版本图书馆 CIP 数据核字（2021）第 016318 号

责任编辑：方小丽 / 责任校对：贾娜娜

责任印制：张　伟 / 封面设计：蓝正设计

科学出版社 出版

北京东黄城根北街16号

邮政编码：100717

http://www.sciencep.com

北京厚诚则铭印刷科技有限公司 印刷

科学出版社发行　各地新华书店经销

*

1991 年 2 月第　一　版　开本：787×1092　1/16

2021 年 9 月第　九　版　印张：27

2021 年 9 月第二十六次印刷　字数：637 000

定价：186.00 元

（如有印装质量问题，我社负责调换）

作 者 简 介

刘思峰，男，1998 年华中理工大学系统工程专业毕业，获工学博士学位。入选国家重大人才计划 A 类长期项目和欧盟玛丽·居里国际人才计划。南京航空航天大学管理科学与工程一级学科博士点和博士后科研流动站申报和建设的首席学科带头人。现任南京航空航天大学特聘教授、博士生导师、灰色系统研究所所长。2001~2012 年任南京航空航天大学经济与管理学院院长，1994 年在河南农业大学破格晋升教授。2014~2016 年任英国 De Montfort 大学特聘研究教授。曾赴美国宾州州立 SR 大学、纽约理工大学、英国 De Montfort 大学和澳大利亚悉尼大学任访问教授。

主要从事“灰色系统理论”和“复杂装备研制管理”等领域的教学和研究工作。主持国家重大、重点课题和国际合作项目多项；发表论文 800 多篇,其中 SCI, SSCI 收录论文 190 多篇（JCR 一区论文 92 篇）。出版著作 30 种，在美、英、德、罗、新等国出版不同语种的外文著作 12 种；文献被国内外学者引用 4 万多次，入选斯坦福大学发布的“2020 全球 Top 2% 科学家”榜单和百度学术引文报告系统科学领域高被引作者榜第一名，H-指数 91。以第一完成人获省部级科技成果奖 21 项，其中一等奖 7 项，二等奖 12 项；2018 年获国家级教学成果二等奖。主持完成国家精品课程、国家一流课程、国家精品资源共享课程、国家精品在线开放课程、国家精品教材和“十一五”“十二五”国家规划教材 15 项。

担任灰色系统与不确定性分析国际联合会主席、IEEE 灰色系统技术委员会主席、中国优选法统筹法与经济数学研究会副监事长、复杂装备研制管理分会理事长、灰色系统专业委员会名誉理事长、中国科学技术协会决策咨询专家和南京市人民政府决策咨询委员等职务。曾任中国优选法统筹法与经济数学研究会副理事长（2005~2014 年）、国家自然科学基金委员会第十二届、十三届专家评审组成员、教育部高等学校管理科学与工程类学科专业教学指导委员会委员（2001~2014 年）。兼任灰色系统领域两个顶级国际期刊主编和 *Kybernetes* 客座主编，是 10 余种学术期刊编委和数十种重要期刊审稿人。

曾被评为“全国优秀科技工作者”“全国优秀教师”“全国留学回国先进个人”“享受政府特殊津贴的专家”“国家有突出贡献的中青年专家”和“国家级教学名师”等。2008 年当选系统与控制世界组织 Honorary Fellow。2013 年入选欧盟玛丽·居里国际人才计划 Advanced Fellow。2017 年被评为欧盟玛丽·居里国际人才计划学者 10 位“promising scientists”之一，是该计划 1986 年实施以来首位获奖的中国学者。

序

5th December, 2016

Grey systems theory, established by Professor Julong Deng in 1982, is a relatively new methodology that focuses on the study of problems involving small data and poor information.

In the course of system investigation, the available information usually contains various kinds of uncertainty and noises due to the existence both of internal and external disturbances and the limitations of our understanding. Along with the development of science, technology and the progress of the mankind, our understanding of systems' uncertainties has been gradually deepened and the research of uncertain systems has reached a new height. During the second half of the 20th century, the seemingly non-stoppable emergence of various theories and methodologies of uncertain systems has been particularly significant in the areas of systems science and systems engineering. For instance, L. A. Zadeh established fuzzy mathematics in the 1960s (L. A. Zadeh, 1965), J. L. Deng developed grey systems theory (J. L. Deng, 1982) and Z. Pawlak advanced rough set theory in the 1980s (Z. Pawlak, 1982). These works represent some of the most important efforts in uncertain systems research of this time period and provide the theories and methodologies for describing and dealing with uncertain information from different angles.

Grey systems theory deals with uncertain systems that contain partially known and partially unknown information. Through generating, excavating, and extracting useful information of available, systems' operational behaviours and their laws of evolution can be correctly described and effectively monitored.

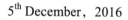

Professor Sifeng Liu has been devoted to the research of grey system theory for more than 30 years. In 1980s, he put forward series of new models and new concepts such as sequence operator (1986), absolute degree of grey incidence (1988), and the positioned coefficient of grey number (1989). Then in the 1990s, he proposed buffer operator and its axiom system (1991), generalized degree of grey incidence (1992), grey clustering evaluation model with fixed weight（1993）, the measurement of information content of grey number（1994）, LGPG drifting and positioning solution（1997）, grey-econometrics model（1996）, etc. All of these achievements earned him great attention and recognition by domestic and foreign counterparts; some results were even specially introduced in many experts' monographs. After entering the new millennium, he proposed the grey algebraic system based on kernel and degree of greyness（2010）, the concept of general grey number（2012）, the range suitable for model GM（1, 1）（2000）, grey Cobb-Douglass model（2004）. Worked together with his PhD students, they proposed grey game theory（2010）, grey input-output models（2012）, and series of discrete grey models（DGM）（2005, 2009）. All these models contributed to expanding the GM model systems. Then he structured the new models of grey incidence analysis based on visual angle of similarity and nearness（2011）, the three dimensional model of grey incidence analysis based on absolute degree of grey incidence and distance in three dimensional space（2009）, which provided effective methods and tools to analyse and measure the relationship in different sequences based on different angels and relationship in panel data.

In recent years, he proposed the even difference model GM（1, 1）（EDGM）（2015）, the original difference model GM（1, 1）（ODGM）（2015）, self-memory grey model（2015）, fractional order grey models（2015）, and the new grey clustering evaluation model based on mixed possibility functions（2015）, which including both of end-point mixed possibility functions and centre-point mixed possibility functions. It's easy to get the possibility functions and solve the evaluation problem of uncertain systems with poor information. He also studied the problems of multi-attribute intelligent grey target decision, then constructed four kinds of uniform effect measure functions in view of different decision objective of benefit type, cost type, and moderate type which with a pleased field. Accordingly, the decision objectives which with different meaning, different dimension, and/or different nature can be transferred to uniform effect measure. The critical value of grey target is designed as the dividing point of positive and negative, which is the zero point. And the two cases of hit the bull's eye or not of the objective effect value are fully considered（2014）. As a result, a new multi-attribute intelligent grey target decision model was proposed. And, to deal with the decision dilemma of a comparison between the maximum components of two decision coefficient vectors is different from a comparison between the two integrated decision coefficient vectors themselves, he defined both the weight vector group of kernel clustering and weighted coefficient vector of kernel clustering for decision-making at first. Then a novel two-stage decision model with the weight vector group of kernel clustering and weighted coefficient vector of kernel clustering for decision-making is put forward. This method can effectively solve the decision dilemma and produce consistent results（2014, 2016）.

All the new models and techniques are presented in their new book of *Grey Data Analysis: Methods, Models and Applications*.

The main body of systematically-written book covers twelve well-crystallised and interconnected chapters: Introduction to Grey Systems Theory, The Grey Systems Theory Framework, Grey Numbers and Their Operations, Sequence Operators and Grey Data Mining, Grey Incidence Analysis Models, Grey Clustering Evaluation Models, Series of GM Models, Combined Grey Models, Techniques for Grey Systems Forecasting, Grey Models for Decision Making, Grey Control Systems, and Introduction to Grey Systems Modelling Software. Moreover, this book includes a computer software package developed for grey systems modelling to permit both researchers and practitioners to use practically the presented methodologies.

The book will be of interest to advanced students and researchers in a wide range of fields including information and systems sciences and management sciences, and to those working in applied areas such as civil engineering, agriculture, medicine, biosciences and others.

Since 1990s, Prof. Liu pouring a lot of effort in popularization and international communication of grey system theory. He has also won supports from many important academic organizations like Institute of Electrical and Electronics Engineers (IEEE), World Organization of Systems and Cybernetics (WOSC), China Center of Advanced Science and Technology, and Chinese Society for Optimization, Overall Planning and Economic Mathematics, etc. Supported by these organizations, Professor Sifeng Liu established Grey Systems Society of China and Technical Committee of IEEE SMC on Grey Systems. In 2015, initiated by scholars from China, UK, USA, Spain, Romania and Canada, etc., the International Association of Grey System and Uncertainty Analysis (GSUA) was established.

The widespread recognition and application of grey system theory reflect its growing acceptance. A number of universities from around the world has adopted Professor Sifeng Liu's monographs as their text books. In 2002, he won the World Organization of Systems and Cybernetics (WOSC) Prize. In 2008, as a preeminent Chinese scholar, he was elected an Honorary WOSC Fellow. In 2013, after a strict review by the European Commission, he was selected to be a Marie Curie International Incoming Fellow (Senior), thus honouring him as the first such Fellow with grey systems expertise.

Grey System Theory, then, provides a realistic approach to modelling, analysing, monitoring, and controlling systems. My group and myself have conducted a lot of research and applications of grey systems theory, and got many important achievements. For instance, to solve the problems of multicriteria project evaluation and selection, we applied grey relations methodology to defining the utility of alternatives, and offers a multiple criteria method of Complex Proportional Assessment of alternatives with grey relations（COPRAS-G）（2008）for analysis. In this model, the parameters of the alternatives are determined by the grey relational grade and expressed in terms of intervals. We also studied the process of the selection of a potential supplier, which has to be the most appropriate to stakeholders, using grey systems theory. The criteria for supplier evaluation and selection are determined at first. Then applying a new Additive Ratio Assessment（ARAS）method with the grey criteria scores – ARAS-G（2010）method. We proposed assessment model covers well known method of TOPSIS with attributes values determined at intervals（TOPSIS-grey）（2012）and new extensions with Grey relations of Simple Additive Weighting（SAW-G）（2010）, the Linear Programming Technique for Multidimensional Analysis of Preference（LINMAP-G）（2012）, the Multiple Objectives Optimization by Ratio Analysis Full-Multiplicative Form（MULTIMOORA-G）（2013）, Data Envelopment Analysis（DEA）– DEA-G（2013）method, the evaluation based on distance from average solution（EDAS）EDAS-G（2016）, Weighted Aggregated Sum Product Assessment with grey values（WASPAS-G）（2015）. The proposed techniques could be applied to substantiate the selection of effective alternative of sustainable development, impact on environment, structures, technologies, investments, etc.

It gives me great pleasure to be introducing the new book of *Grey Data Analysis: Methods, Models and Applications* by Professor Sifeng Liu, Professor Yingjie Yang and Professor Jeffrey Forrest. I look forward to its widespread dissemination and its promulgation of grey system applications in science and engineering.

E. K. Zavadskas, PhD, DSc, Dr h.c.mult
Professor of Vilnius Gediminas Technical University
Chief Researcher of Research Institute of Smart Building Technologies
Editor in Chief of Journal "Technological and Economic Development of Economy"
Editor in Chief of "Journal of Civil Engineering and Management"
Member of Lithuanian Academy of Science
Honorary GSUA Fellow
Sauletekio al. 11, LT-10223, Vilnius, Lithuania, SRC 508 room

References（Omit）

序（中文译文）

1982 年，邓聚龙教授创立的灰色系统理论，是一种研究“小数据”“贫信息”不确定性问题的新方法。

在系统研究过程中，由于系统内外扰动的存在及认识的局限性，人们获取的信息通常包含各种不确定性和噪声。随着科学技术的发展和人类的进步，我们对系统不确定性的认识逐步深化，对不确定性系统的研究也达到了一个新的高度。20 世纪下半叶，在系统科学和系统工程领域具有重要意义的各种不确定性系统理论和方法不断涌现。例如，扎德教授在 20 世纪 60 年代创立了模糊数学（Zadeh，1965 年），在 20 世纪 80 年代，邓聚龙教授创立了灰色系统理论（Deng，1982 年），帕夫拉克教授提出了粗糙集理论（Pawlak，1982 年）。这些成果从不同视角提供了描述和处理不确定性信息的理论和方法，代表了这一时期不确定性系统研究的重要工作。

灰色系统理论以“部分信息已知，部分信息未知”的不确定性系统为研究对象，通过对已知信息的生成、挖掘，提取有价值的信息，实现对系统运行行为、演化规律的正确描述和有效监控。

刘思峰教授致力灰色系统理论研究 30 多年。20 世纪 80 年代，他提出了序列算子（1986 年）、灰色绝对关联度（1988 年）、灰数的定位系数（1989 年）等一系列新模型和新概念。20 世纪 90 年代，刘教授又提出了缓冲算子及其公理（1991 年）、广义灰色关联度（1992 年）、定权灰色聚类评估模型（1993 年）、灰数信息含量测度（1994 年）、灰参数线性规划飘移及定位求解方法（1997 年）和灰色计量经济学模型（1996 年）等。这些成就的取得使刘思峰教授得到了国内外同行的高度关注和认可，有些成果甚至被多位专家在其著作中专章介绍。进入 21 世纪后，他提出了基于核和灰度的灰代数系统（2010 年）、一般灰数的概念（2012 年）、GM（1，1）模型的适用范围（2000 年）和灰色生产函数模型（2004 年）。刘思峰教授与他的博士生合作提出了灰色博弈理论（2010 年）、灰色投入产出模型（2012 年）和系列离散灰色模型（DGM）（2005 年，2009 年）。这些工作为拓展 GM 模型体系做出了重要贡献。构建了基于相似性和接近性视角的灰色关联度模型（2011 年）和三维灰色绝对关联度模型（2009 年），为基于不同视角分析和度量不同序列之间的关系及面板数据的分析提供了有效的方法和工具。

近年来，刘思峰教授又提出了均值差分 GM（1，1）模型（EDGM）（2015

年）、原始差分 GM（1，1）模型（ODGM）（2015 年）、自记忆灰色模型（2015 年）、分数阶灰色模型（2015 年），以及基于端点或中心点混合可能度函数的灰色聚类评估模型（2015 年）。基于混合可能度函数的灰色聚类评估模型易于构建可能度函数，适宜于解决贫信息不确定性系统的评估问题。他还研究了多目标智能灰靶决策问题，根据效益型、成本型、适中型三种不同的决策目标，构造了四种一致效果测度函数。据此将不同意义、量纲和性质的决策目标效果值转化为一致效果测度。将灰靶的临界值设计为效果测度的正负分界点，即零点，充分考虑了目标效果值"中靶"和"脱靶"两种情况（2014 年），构建了一种新的多目标智能灰靶决策模型。为了解决"最大值准则"决策悖论，刘思峰教授首先给出了聚核权向量组和聚核加权决策系数向量的定义，进而提出了基于聚核权向量组和聚核加权决策系数向量的两阶段决策模型。这一方法能够有效地解决决策悖论，并产生一致的结果（2014 年，2016 年）。

所有新的模型和技术都呈现在其新作《灰色数据分析：方法、模型和应用》中。这本系统性的著作主要包括 12 个精心提炼、相互关联的章节：灰色系统理论概述、灰色系统理论框架、灰数及其运算、序列算子与灰色数据挖掘、灰色关联分析模型、灰色聚类评估模型、GM 系列模型、灰色组合模型、灰色系统预测技术、灰色决策模型、灰色控制系统和灰色系统建模软件简介。此外，本书还包括一个灰色系统建模计算机软件包，使研究人员和实际工作者能够方便地运用书中提出的方法。

本书将引起包括信息和系统科学、管理科学在内的广泛领域的高年级学生和研究人员的兴趣，也将受到像土木工程、农业、医学、生物科学等应用领域工作人员的关注。

自 20 世纪 90 年代以来，刘思峰教授在灰色系统理论的推广和国际交流方面倾注了大量心血。他的工作赢得了许多重要学术组织的支持，如电气与电子工程师协会（Institute of Electrical and Electronics Engineers，IEEE）、系统与控制世界组织（World Organization of Systems and Cybernetics，WOSC）、中国高等科学技术中心、中国优选法统筹法与经济数学研究会等。在这些学术组织的支持下，刘思峰教授发起成立了中国（双法）灰色系统委员会和 IEEE SMC（System，Man，and Cybernetics Society）灰色系统技术委员会。2015 年，由中国、英国、美国、西班牙、罗马尼亚、加拿大等国学者发起，成立了灰色系统与不确定性分析国际联合会（Grey System and Uncertainty Analysis，GSUA）。

灰色系统理论的广泛认可和应用说明了它正在被越来越多的人所接受。世界各地的许多大学都采用刘思峰教授的专著作为它们的教科书。2002 年，刘思峰教授获系统与控制世界组织奖。2008 年，他作为杰出的中国学者当选为系统与控制世界组织荣誉会士。2013 年，经过欧盟委员会的严格审查，刘思峰教授入选欧盟玛丽·居里国际人才计划，成为获此殊荣的首位灰色系统专家。

灰色系统理论为系统建模、分析、监测和控制提供了一种现实的方法。我和我的团队对灰色系统理论进行了大量的研究和应用，取得了许多重要成果。例如，为了解决多目标项目评价与选择问题，我们将灰色关联方法应用于确定方案效用，提出了一种基于灰色关联的多目标方案复杂比例评价方法（COPRAS-G）（2008 年）。在这个模型中，方案参数由灰色关联度确定，并以区间表示。我们还运用灰色系统理论研究了最适合各利益相关方的潜在供应商的选择过程。首先确定供应商评价和选择的目标，然后将新的加性比率评估（ARAS）方法与灰色目标分值方法相结合提出了 ARAS-G 方法（2010 年）。基于 TOPSIS 方法提出了确定区间属性值的评估模型（TOPSIS-grey）（2012 年）、简单加性加权灰色关联扩展模型（SAW-G）（2010 年）、多维偏好分析的线性规划技术（LINMAP-G）（2012 年）、基于比率分析全乘式多目标优化（MULTIMOORA-G）（2013 年）、基于数据包络分析（DEA）和灰色模型的 DEA-G 方法（2013 年）、基于平均解距离的评价方法 EDAS-G（2016 年）、灰值加权聚合产品评价方法（WASPAS-G）（2015 年）。这些方法和技术可用于可持续发展有效替代方案的选择，以及对环境、结构、技术、投资等的影响评估。

我十分乐意向读者推荐刘思峰教授、杨英杰教授和福雷斯特教授的新书《灰色数据分析：方法、模型与应用》。期待她的广泛传播，期待灰色系统理论在科学和工程领域中的推广应用。

E. K. Zavadskas 博士
维尔纽斯格迪米纳斯技术大学教授
智能建筑技术研究院首席研究员
Technological and Economic Development of Economy 主编
Journal of Civil Engineering and Management 主编
立陶宛科学院院士
灰色系统与不确定性分析国际联合会（GSUA）荣誉会士
2016 年 12 月 5 日

参考文献（略）

（张维亮译，刘思峰审校）.

注：本文是 Zavadskas 院士为 *Grey Data Analysis: Methods, Models and Applications* 一书撰写的书评，发表于 *The Journal of Grey System* 2017 年 29 卷 3 期，征得作者同意，作为本书第九版序。

前　言

本书是国家精品课程、国家精品资源共享课程、国家精品在线开放课程和国家一流课程主干教材，先后入选“十一五”“十二五”国家级规划教材和科学出版社“管理科学名家精品系列教材”。

第九版以第七版为基础修订。吸收了近年来灰色系统领域的最新研究成果，订正了部分概念、术语，更新了应用实例和灰色系统建模软件，增加了 1.1.3 本土原创学说的国际化之路、1.1.4 突出的横断学科特色、11.8 自忆性灰色预测模型和第12章 序列算子频谱分析与自适应灰色预测模型等新的内容。按照经典教科书要求，重视数学基础的构筑、公理系统的建立和数学推证的严谨、精炼、准确，同时删减了一些数学公式的冗长推导过程，理论阐述上力求深入浅出、通俗易懂。通过实际应用展示灰色系统思想方法和模型技术的特色和魅力，系统地为读者呈现出灰色系统理论这一新学说的概貌及其前沿发展动态。

需要说明的是，本书第 8 章关于离散灰色预测模型的内容源于谢乃明的研究成果，第 9 章关于分数阶 GM 模型的内容源于吴利丰的研究成果，11.8 关于自忆性灰色预测模型的内容源于郭晓君的研究成果，第 12 章关于序列算子频谱分析的内容源于 Lin Changhai 的研究成果，第 17 章关于灰色博弈模型的内容源于方志耕的研究成果，18.3 关于灰色系统的鲁棒稳定性的内容源于苏春华的研究成果，第 19 章的灰色系统建模软件 9.0 版由曾波和郭勇陈编写。其他重要成果的来源均在正文中一一标注，相关文献一并列在书后的参考文献中。

本书内容由笔者及课题组近40年的研究成果凝练而成。与此相关的研究工作在20世纪 80~90 年代，曾得到河南省教育厅和河南省科学技术委员会多项自然科学基金、软科学基金和首批杰出青年科学基金项目的资助。21 世纪初期，得到江苏省教育厅和江苏省科技厅多项软科学基金、自然科学基金重点项目和首批优秀科技创新团队项目及国家自然科学基金面上项目、重大研究计划培育项目、国家社会科学基金重点项目、重大招标项目与科学技术部软科学研究计划重点项目资助。近年来，得到国家重大人才工程 A 类长期项目、联合国教科文组织、联合国开发计划署、欧盟玛丽·居里国际人才计划 Advanced Fellow 项目、Leverhulme Trust 基金会国际研究合作网络项目、国家自然科学基金与英国皇家学会国际合作交流项目、科学技术部科技创新引智基地项目等资助。

2019 年 1 月，中国科协党组书记、常务副主席、书记处第一书记怀进鹏院士通过中国优选法统筹法与经济数学研究会致信笔者，称赞灰色系统相关工作“是落实习近平总书记关于推动构建人类命运共同体重要理念的重要体现，有利于提升中国科技的国际话语权”。2019 年 9 月 7 日，德国总理默克尔在华中科技大学演讲时特别点赞中国原创的灰色系统理论，称赞灰色系统理论创始人邓聚龙教授和笔者的工作“深刻地影响着世界。”

立陶宛科学院 E. K. Zavadskas 院士为本版作序，灰色系统理论创始人邓聚龙先生，模糊数学创始人、美国工程院院士 L.A.Zadeh，协同学创始人 H. Haken，IEEE 总会前学术主席、美国工程院院士 J. Tien，系统与控制世界组织前主席、法兰西工程院院士 R.Vallee，加拿大皇家科学院前院长 K.W. Hipel，中国科学院院士杨叔子、熊有论、林群、陈达、胡海岩、赵淳生、黄维，中国工程院院士许国志、王众托、杨善林、陈晓红、陈志杰、周志成等多位著名学者、专家和灰色系统研究同仁都曾对我们的工作给予热情鼓励和鼎力支持，科学出版社领导和老师更是通力合作，在此一并表示衷心感谢！

国内国际的认可对于笔者和出版工作者无疑是一枚无形的奖牌，对于有志于投身灰色系统理论研究的青年学者将是一种强大的动力。

限于笔者水平，书中不足之处在所难免，殷切期望有关专家和广大读者批评指正。

作　者

2021 年 7 月

目　录

第 1 章

灰色系统的概念与基本原理

1.1 灰色系统理论的产生与发展

1.1.1 灰色系统理论产生的科学背景

现代科学技术在高度分化的基础上出现了高度综合的大趋势，导致了具有方法论意义的系统科学学科群的涌现。系统科学揭示了事物之间更为深刻、更具本质性的内在联系，大大促进了科学技术的整体化进程，许多科学领域中长期难以解决的复杂问题随着系统科学新学科的出现迎刃而解，人们对自然界和客观事物演化规律的认识也由于系统科学新学科的出现而逐步深化。20 世纪 40 年代末期诞生的系统论、信息论、控制论，20 世纪 60 年代末、70 年代初产生的耗散结构理论、协同学、突变论、分形理论，以及 20 世纪 70 年代中后期相继出现的超循环理论、动力系统理论、混沌理论等都是具有横向性、交叉性的系统科学新学科。

在系统研究过程中，由于系统内外扰动的存在和人类认识能力的局限，人们所获得的信息往往带有某种不确定性。随着科学技术的发展和人类社会的进步，人们对各类系统不确定性的认识逐步深化，对不确定性系统的研究也日益深入。20 世纪 60 年代以来，多种不确定性系统理论和方法被相继提出，其中扎德（L. A. Zadeh）教授于 60 年代创立的模糊数学（fuzzy mathematics）（Zadeh，1965），邓聚龙教授于 80 年代创立的灰色系统理论（Deng，1982），帕夫拉克（Pawlak）教授于 80 年代创立的粗糙集理论（rough sets theory）（Pawlak，1991）等，都是产生了广泛国际影响的不确定性系统研究的重要成果。这些成果从不同视角、不同侧面论述了描述和处理各类不确定性信息的理论和方法。

中国学者邓聚龙教授于 1982 年创立的灰色系统理论是一种研究贫信息不确定性问题的新方法。灰色系统理论以“部分信息已知，部分信息未知”的“贫信息”不确定性系统为研究对象，主要通过对“部分”已知信息的挖掘，提取有价值的信息，实现对系统运行行为、演化规律的正确描述，从而使人们能够运用数学模型实现对“贫信息”不确定性系统的分析、评价、预测、决策和优化控制。现实世界中普遍存在的“贫信息”不确定性系统，为灰色系统理论提供了丰富的研究资源和广阔的发展空间。

1.1.2 邓聚龙教授首创灰色系统理论

按照辩证唯物主义的科学技术发展观，任何一种新学说、新理论的产生都有必然性和偶然性两个方面。科学技术发展规律决定了在一定历史时期、一定发展阶段，必然会有某种新学说、新理论应运而生；而在科学发展的分支点上，扬弃已有学说，创立新学说、新理论的工作则需要具有超人胆略和非凡智慧的科学家来完成，具备这种特质的科学家的出现又是偶然的。纵观自然科学发展史可以看出，不少著名科学家处在科学发展的关键分支点上，几乎就要踏上新理论的门槛，却由于思想为传统观念和业已形成的思维定式所禁锢，长期徘徊歧路，最终未能跨出那决定性的一步！

灰色系统理论作为一门新兴的横断学科，它的产生当然首先是社会需要和科学发展的必然结果；同时也是其创始人邓聚龙教授数十年锲而不舍、不懈求索的结晶。邓聚龙教授是一位富于开拓进取精神，并具有非凡智慧和胆略的科学家。因此他能够顺应社会需要和科学发展规律，在科学发展的分支点上创立新学说并获得巨大成功。

1933 年，邓聚龙出生于湖南省涟源县（今湖南省涟源市），1955 年，毕业于华中工学院电机专业，留校任教于自动控制工程系。读书期间，他十分重视数学课程的学习，并注意跟踪数学及相关科学领域的新思想、新发现，这无疑为他后来从事多变量系统控制问题的研究奠定了坚实的基础。1965 年，邓聚龙基于国产 T61 K 重型机床进给系统控制的科学实验，提出了“多变量系统去余控制”方法。他撰写的名为“多变量线性系统并联校正装置的一种综合方法”的学术论文在《自动化学报》上发表后，当时的苏联科学院对他的研究成果作了摘要介绍。20 世纪 70 年代初期，在美国召开的控制理论国际会议上，“多变量系统去余控制”方法作为一种具有代表性的方法被给以肯定。

1965 年，美国加利福尼亚大学伯克利分校的扎德教授提出了模糊集系统理论。邓聚龙开始积极关注扎德教授的工作，后来应邀担任过多种模糊数学期刊的编委。20 世纪 70 年代中后期，我国改革开放的大潮风起云涌。为服务改革发展大计，邓聚龙教授在“经济系统预测、控制问题”研究方面投入了较多的精力。面对大量“部分信息已知，部分信息未知”的一类不确定性系统，如何找到一种有效的方法来描述其运行行为和演化机制？邓聚龙教授和他的同事进行了十分艰辛而又卓有成效的探索。

1982 年，北荷兰出版公司出版的《系统与控制通讯》（*Systems & Control Letters*）杂志刊载了中国学者邓聚龙教授的第一篇灰色系统论文《灰色系统的控制问题》（*The control problems of grey systems*）；同年，《华中工学院学报》刊载了邓聚龙教授的第一篇中文灰色系统论文《灰色控制系统》。这两篇开创性论文的公开发表，标志着灰色系统理论这一新兴横断学科的问世。当时的《系统与控制通讯》主编、哈佛大学著名学者布洛基（R. W. Brockett）教授在转给邓聚龙教授匿名审稿人的信件中对《灰色系统的控制问题》一文评价道：“这篇文章所有内容都是新的，灰色系统一词属于首创。”这一评价充分肯定了邓聚龙教授的创造性工作。

灰色系统理论诞生后，立即受到国内外学术界和广大实际工作者的积极关注，不少著名学者和专家给予了充分肯定和大力支持，许多中青年学者纷纷加入灰色系统理论研究行列，以极大的热情开展理论探索，在不同领域中开展应用研究工作。灰色系统理论在众多科学领域中的成功应用，尤其是 20 世纪 80 年代在全国各地经济区划和区域发展战略规划的研究和制定过程中的大量应用，迅速奠定了灰色系统理论的学术地位，灰色系统理论的蓬勃生机和广阔发展前景也日益为社会各界所认识。

2007 年，在首届 IEEE 灰色系统与智能服务国际会议上，邓聚龙教授荣获“灰色系统理论创始人”奖；2011 年，在系统与控制世界组织（WOSC）第15届年会上，邓聚龙教授当选系统与控制世界组织（WOSC）荣誉会士。

1.1.3 本土原创学说的国际化之路

贫信息系统建模、分析的强大需求为灰色系统理论注入了蓬勃生机。自 1982 年问世之后，经过几代人近 40 年的辛勤耕耘、精心呵护，灰色系统理论这棵科学园地中的幼苗日益成长，一门本土原创学说开始一步一步走上国际学术舞台。

1. 高层次专业人才的培养

正像任何一种新生事物一样，一门新学说的成长也充满艰辛和曲折。灰色系统理论在创立之初得到学术界的积极关注和大力支持，同时也不可避免地受到一些非议和质疑。在早期加入灰色系统理论研究队伍的学者中，一些人面对非议和质疑，由于担心自己的工作不被社会认可而中断了研究。培养一批具有创新潜质的青年人才，建设一支相对稳定的基本队伍成为一项重要任务。

20世纪90年代初期，邓聚龙教授开始在华中科技大学系统工程学科招收、培养灰色系统方向的博士研究生。他先后招收、培养了 10 名博士研究生，其中多位是入学前已从事灰色系统理论研究多年的青年学者。这些学者自然成为灰色系统理论新学说的第一代传人，他们主动投身灰色系统理论研究，自觉承担起发展、传播灰色系统理论的责任，坚定不移地把研究、传承灰色系统理论作为自己毕生的事业。

此后，华中科技大学陈绵云教授招收、培养了多名灰色系统方向的博士研究生，他们都为灰色系统理论的发展做出了重要贡献。

2000 年，刘思峰教授作为南京航空航天大学引进的第一位特聘教授加盟了这所具有航空航天特色的大学。同年，他作为首席学科带头人向国务院学位委员会提交设立管理科学与工程一级学科博士学位授权点的申请，成功获得批准。灰色系统理论自然成为南京航空航天大学管理科学与工程学科博士点的特色主导方向，同时成立的灰色系统研究所也成为灰色系统学者集聚的中心。一批优秀青年学者通过人才引进、进站开展博士后研究、攻读博士学位等途径汇聚于南京航空航天大学，形成灰色系统研究高地。南京航空航天大学灰色系统研究所的 12 位博士生导师（其中全职博导 6 人），20 年来，招收、培养灰色系统领域的博士研究生、博士后和国内外访问学者 200 多人。

同出于邓聚龙教授门下的福州大学张岐山、武汉理工大学肖新平、东南大学王文平、汕头大学谭学瑞成为博士生导师后，都开始培养从事灰色系统理论和应用研究的高层次人才。

有人说，一个人若要真正地进入一个研究领域，成为该领域专门人才，需要在此领域学习、研究一万个钟头以上。这一要求与完成博士学位所需的时间大体相当。3~5 年的持续投入和探索，许多青年学者形成了深厚的知识积累，认识上产生了质的飞跃，最初的犹豫、彷徨一扫而光，坚定了毕生从事灰色系统理论研究的志向和决心。灰色系统研究者大都秉持一个坚定的信念：一群人，一辈子，一件事。正是这样一群坚守信念的人，只求耕耘，不问收获，把灰色系统的火种撒向全世界。

一大批青年学者迅速成长，成为知名高校的教授、研究生导师。100 多位灰色系统学者获得国家和省部级人才称号，担负起学术带头人的重任。

2. 原创课程与教学资源建设

正如中国工程院院士王众托先生在本书第四版序言中所说："科学普及的意义与创新同样重要"（刘思峰等，2008）。灰色系统原创课程与教学资源建设在促进这一新学说推广普及的过程中发挥了重要作用。

1985 年，国防工业出版社出版了邓聚龙教授的灰色系统专著《灰色系统（社会·经济）》（邓聚龙，1985a）。同年，当时的华中工学院出版社推出了邓聚龙教授的《灰色控制系统》（邓聚龙，1985b）。这两部著作，将灰色系统理论这门新学说的框架结构完整地展示在世人面前。与此同时，邓聚龙教授开始为华中工学院的研究生开设灰色系统理论课程。

1986 年秋季，刘思峰为河南农业大学农业系统工程及管理工程学科的研究生和部分教师讲授了灰色系统理论。刘思峰和郭天榜（1991）合作撰写的《灰色系统理论及其应用》一书，以课程讲稿为基础，融入了作者参与河南省科技发展战略规划、产业结构分析与优化研究，以及长葛、武陟、郑州市中原区等地发展规划编制取得的应用研究成果，受到读者欢迎，被灰色系统理论创始人邓聚龙教授在序言中誉为"一本有理论、有实际，有研究、有应用，有背景、有升华，有继承、有开拓的著作"。

此后，国内外许多著名大学开设了灰色系统理论课程。南京航空航天大学不仅为博士和硕士研究生开设了灰色系统理论课程，还将灰色系统理论作为全校各专业的核心通识教育课程，受到同学们的欢迎。2008 年，南京航空航天大学灰色系统理论课程入选国家精品课程；2013 年，被遴选为国家精品资源共享课程，成为向所有灰色系统爱好者免费开放的学习资源；2018 年，被认定为国家精品在线开放课程；2020 年，被评为国家一流课程，同时，由中国、英国、美国、法国、加拿大、罗马尼亚等国学者合作录制的英文版在线开放课程开始上线运行，为世界各地有兴趣学习灰色系统理论的学生和研究人员提供了一个平台。

国内外许多出版机构如我国的科学出版社、国防工业出版社、华中科技大学出版社、江苏科学技术出版社、山东人民出版社、科学技术文献出版社、石油工业出版社、全华科技图书公司、高立图书有限公司；国外的日本理工出版社、美国 IIGSS 学术出版社、英国 Taylor & Francis 出版集团，以及国际著名学术著作出版集团

Springer-Verlag 所属的英国、德国、新加坡分支机构等陆续出版了不同语种的灰色系统学术著作 100 余部，包括中文、繁体中文、英文、日文、韩文、罗马尼亚文、波斯文和土耳其文等。

2012 年，科学出版社理科分社和经管分社联合推出刘思峰教授主编的《灰色系统丛书》，至今已出版 31 册。

据中国科学引文数据库（Chinese Science Citation Database，CSCD）发布的报道，邓聚龙教授的论著被引频次多次居于全国首位。

《灰色系统理论及其应用》自第二版起，改由科学出版社出版，深受读者喜爱，被国内外数百所高校选为教科书，该书曾获国家科学出版基金资助，2017 年 3 月第八版，已印刷 25 次，被中国知网评为 1949~2009 自然科学总论高被引图书第一名。

方便实用的灰色系统建模软件为推动灰色系统理论的大规模应用发挥了重要作用。1986 年，王学萌和罗建军运用 BASIC 语言编写了灰色系统建模软件，并出版了《灰色系统预测决策建模程序集》；1991 年，李秀丽、杨岭分别应用 GWBASIC 和 Turbo C 开发了灰色建模软件（刘思峰和郭天榜，1991）；2001 年，王学萌、张继忠、王荣出版了《灰色系统分析及实用计算程序》，该书列出了灰色建模的软件结构及程序代码。2003 年，刘斌应用 Visual Basic 6.0 开发了第一套基于 Windows 视窗界面的灰色系统建模软件（刘思峰等，2004a），该软件一经问世就得到灰色系统学者的广泛好评，成为灰色系统建模的首选软件。

随着信息技术的迅速发展，高级编程语言的日趋成熟，灰色系统建模软件也不断升级。2009 年，曾波基于 Visual C#编写了一套新的模块化灰色系统建模软件。这套软件系统界面友好，操作简便，易于应用，并能为用户提供运算过程和阶段性结果。随着《灰色系统理论及其应用》的更新，这套软件不断改版，呼应用户需求，及时补充新的模型和算法，深受灰色系统理论学习人员、研究人员和实际工作者的欢迎。

3. 学术组织的建设和发展

1985 年，武汉市科学技术协会批准成立了武汉（全国性）灰色系统研究会，会员来自全国各省、区、市。1997 年，我国台湾成立了灰色系统学会。2005 年，经中国科学技术协会和民政部批准，中国优选法统筹法与经济数学研究会成立了灰色系统专业委员会。2007 年，IEEE 灰色系统技术委员会（IEEE SMC Technical Committee on Grey Systems）正式成立。2012 年，英国 De Montfort 大学资助并组织召开了欧洲灰色系统研究协作网第一届会议。2014 年，英国 De Montfort 大学杨英杰教授与中国、北美、欧洲学者合作申报的灰色系统研究协作网项目获得 Leverhulme Trust 基金会资助。2015 年，由中国、英国、美国、加拿大、西班牙、罗马尼亚等国家知名学者共同发起，成立了灰色系统与不确定分析国际联合会。近年来，波兰、巴基斯坦和土耳其等国家相继成立了灰色系统学术组织，伊朗、斯里兰卡等国家成立了灰色系统学会筹备委员会。

专门学术组织的建设和发展在推动灰色系统新学说发展的过程中发挥了重要作用。

2019 年 1 月，中国科学技术协会党组书记、常务副主席、书记处第一书记怀进鹏通过中国优选法统筹法与经济数学研究会致信刘思峰教授，称赞他和同事主动参与国际学术组织的建设工作，为中国科学家深度参与全球科技治理贡献力量，是落实习近平总书记关于推动构建人类命运共同体重要理念的重要体现，有利于提升中国科技的国际话语权。

4. 组织召开国内和国际学术会议

1984年12月20~24日，在山西省农业科学院和山西省农业区划委员会的支持下，第一届全国灰色系统学术会议“灰色系统与农业”在山西太原召开。来自全国十六个省、区、市高等院校，以及中国科学院、中国农科院等单位的近百名专家、学者出席了这次会议。灰色系统理论创始人邓聚龙教授出席会议并做了大会学术报告。

自1985年起，武汉（全国性）灰色系统研究会在武汉组织召开了6次全国灰色系统学术会议，支持浙江农业大学和河南农业大学举办了灰色系统学术会议。

1996年，来自台湾高校的20多位学者出席了在华中科技大学举办的第九届全国灰色系统学术会议。1997年，成立了台湾灰色系统学术组织，每年举办一次学术会议。

自2002年起，南京航空航天大学灰色系统研究所的师生主动肩负起组织灰色系统学术会议的职责，至今共召开了24次（第11~34届）全国灰色系统学术会议。从2006年开始，灰色系统学术会议连续十多年受到中国高等科学技术中心（诺贝尔奖获得者李政道先生任中心主任，中国科学院原院长周光召院士和路甬祥院士任副主任）资助。灰色系统学术活动还多次得到国家自然科学基金委员会、Leverhulme Trust基金会和江苏省教育厅资助。南京航空航天大学将灰色系统理论视为学校的特色领域并给予持续支持。上海浦东教育学会和武汉理工大学都曾主动承办灰色系统学术活动。

一批致力于灰色系统理论研究且有重要建树的青年学者也自发地组织起来，定期举办青年学者论坛活动，交流思想，相互启迪。

20世纪90年代以来，我国灰色系统学者积极参加国际会议，并在重要国际会议上组织灰色系统专题会议，向国际学术界推介灰色系统理论。灰色系统理论成为许多重要国际会议关注、讨论的热点，对于国际同行进一步了解灰色系统理论起到了积极作用。

2007年之后，由IEEE灰色系统技术委员会承办的IEEE灰色系统与智能服务国际会议和由灰色系统与不确定分析国际联合会主办的灰色系统与不确定分析国际会议在中国的南京、澳门，以及英国莱斯特、瑞典斯德哥尔摩和泰国曼谷召开，每次会议都收到来自中国、美国、英国、德国、法国、西班牙、瑞士、匈牙利、波兰、日本、南非、俄罗斯、土耳其、罗马尼亚、荷兰、马来西亚、伊朗、乌克兰、哈萨克斯坦、巴基斯坦、伊朗、哥伦比亚、中国台湾、中国澳门、中国香港等国家和地区学者的大量投稿，会议录用的1 000多篇论文均被EI Compendex收录，其中300多篇优秀论文由*Kybernetes*、*Grey Systems：Theory and Application*、*The Journal of Grey System*、南京航空航天大学学报（英文版）和Springer-Verlag出版。

5. 创办学术刊物

学术刊物是展示成果、交流思想、启迪创新的重要载体，也是倡导学术规范、发现优秀人才、提供社会服务的平台。优秀的学术期刊更是培育新兴学说健康成长的苗圃和园地。

1989 年，在灰色系统理论问世之后的第 8 个年头，英国 Research Information Ltd 出版公司创办了 *The Journal of Grey System*（《灰色系统学报》，http://www.researchinformation.co.uk/grey.php），邓聚龙教授担任主编。在灰色系统理论问世之初，由于尚未得到学术界公认，灰色系统研究者面临研究成果发表难的困扰，*The Journal of Grey System* 极大地缓解了灰色系统学者研究成果发表难的问题，同时也向世界打开了一个了解、认识中国本土原创灰色系统理论新学说的窗口。该刊于 2007 年被 SCI-E 收录，目前影响因子为 1.714，属于 JCR 二区。

2010 年 2 月，经刘思峰教授申请，国际著名期刊出版集团 Emerald 董事会决定，全额支持南京航空航天大学灰色系统研究所创办新的国际期刊 *Grey Systems：Theory and Application*（《灰色系统：理论与应用》，http://jgs.nuaa.edu.cn 或 https://www.emeraldgrouppublishing. com/journal/gs）。该刊于 2011 年首发，2017 年被 ESCI（Emerging Source Citation Index）收录，2019 年被 SCI-E 收录，首个影响因子为 2.268，属于本领域顶级国际期刊。

1997 年，台湾灰色系统学会创办了《灰色系统学刊》，2004 年改为英文版，刊名为“Journal of Grey System”，主要刊登台湾学者的文章。

目前，全世界有数千种学术期刊接受、刊登灰色系统理论相关论文，其中包括各个领域的中文重要期刊和国际顶级期刊。

专业学术期刊的创办和成长极大地促进了灰色系统理论研究的繁荣和发展。

6. 研究者遍布全球

据 Web of Science 数据库检索，世界上有 100 多个国家和地区的学者开展了灰色系统理论和应用研究，发表了相关学术论文。众多高校和研究机构招收、培养灰色系统理论和应用研究方面的博士研究生及研究人员，世界各国有数十万名硕士、博士研究生运用灰色系统的思想方法开展科学研究，完成学位论文。

1986 年，国务院批准成立国家自然科学基金委员会。国家自然科学基金委员会支持科学家按照项目指南自主选题开展基础研究。邓聚龙教授等灰色系统学者曾获得国家自然科学基金项目资助。随着项目申请数量的不断增加，国家自然科学基金委员会管理科学部在 G0106 预测理论与方法下设立了灰色预测模型科目。据不完全统计，国家自然科学基金委员会各科学部资助的灰色系统理论相关研究项目已超过 100 项。

联合国教育、科学及文化组织，联合国开发计划署，欧盟委员会，英国皇家学会，英国 Leverhulme Trust 基金会，以及美国、加拿大、西班牙、波兰、罗马尼亚等国家均对灰色系统理论及应用研究项目给予资助。

2013 年，刘思峰教授与英国 De Montfort 大学杨英杰教授合作申请的欧盟委员会第

7 研究框架玛丽·居里国际人才计划 Advanced Fellow 项目“Grey Systems and Its Application to Data Mining and Decision Support”（PIIF-GA-2013- 629051）获得资助。

著名科学家钱学森、模糊数学创始人 L. A. Zadeh（美）、协同学创始人 H. Haken（德）、BWM方法提出者J. Rezaei（荷）、Type-2模糊集提出者R. John（英），以及 100 多位中外院士高度评价或正面引用灰色系统理论研究成果。

2018 年 12 月 3 日，在新奥尔良洛约拉大学（Loyola University New Orleans）召开的第 20 届灰色文献国际会议上，联合国国际原子能机构核信息部主任萨维奇在大会报告中一再向灰色文献研究领域学者倾力推荐灰色系统理论。

2019 年 9 月 7 日，德国总理默克尔在华中科技大学演讲时特别称赞了中国原创的灰色系统理论，称灰色系统理论创始人邓聚龙教授和（发展者）刘思峰教授的工作“深刻地影响着世界”。

灰色系统理论作为一门中国原创的新学说已以其强大的生命力自立于科学之林。

1.1.4 突出的横断学科特色

1. 具有强大渗透力的交叉学科特色方法

灰色系统理论以贫信息不确定性系统为研究对象，是具有强大渗透力的交叉学科特色方法。

在南京航空航天大学，刘思峰教授领导的管理定量方法课程群教学团队长期致力于本土原创灰色系统理论课程建设，在同行专家大力支持下，将灰色系统理论课程建设成为国家精品课程（2008 年）、国家精品资源共享课程（2012 年）、国家精品在线开放课程（2018 年）和国家一流课程（2020 年），教学视频和建模软件广泛传播。同时将灰色系统理论课程中的灰色序列算子、灰色关联分析、灰色聚类、灰色预测、灰色决策、灰色规划等原创元素及课程团队在国家重要课题和企业攻关项目研究中取得的最新成果改写成教学案例注入“运筹学”“应用统计学”“预测方法与技术”“决策理论与方法”等重点建设核心课程，以及“经济控制论”“系统建模与仿真”“投入产出分析”“计量经济学”等拓展选修课程，丰富了课程内涵，大大提升了课程整体建设水平，增强了师生的文化自信，打造了深度融合的高水平管理定量方法课程群（图 1.1.1），建成国家级精品课程、精品教材，以及“十一五”“十二五”国家规划教材 15 种。2010年，该课程团队入选国家级教学团队。2018年，“本土原创学说引领的管理定量方法课程群建设与教学改革”项目获国家级教学成果二等奖。

2. 引发了经济管理、工程技术和自然科学众多领域的创新和进步

在大数据时代，基于小数据挖掘的灰色系统方法异军突起，成为人们从海量数据中获取有价值信息的有效工具。近 40 年来，灰色系统方法和模型在经济管理、工程技术和自然科学众多领域的广泛应用，引发了各领域的创新和进步。

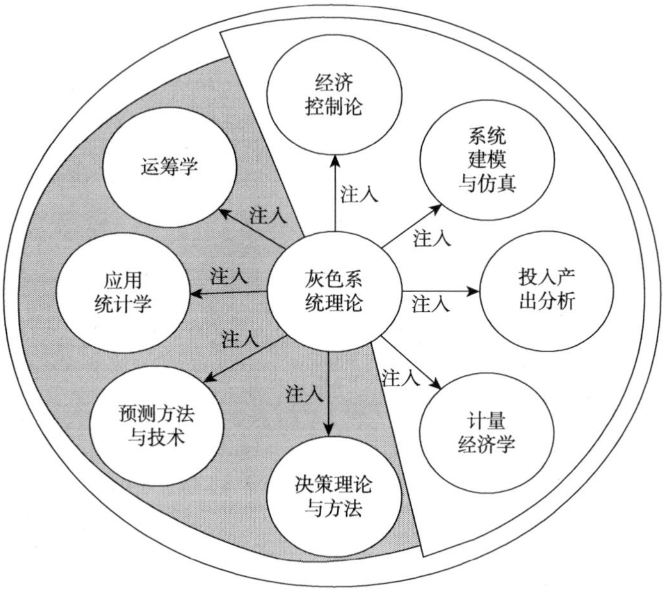

图 1.1.1 灰色系统思想、方法的渗透力

1）在经济管理领域的成功应用

灰色系统理论在创立初期的快速发展很大程度上是由于 20 世纪 80 年代全国各地普遍开展农业区划和制定经济发展战略规划迫切需求的推动。经济体制改革和统计体系的调整直接影响到经济数据的完整性和连续性，互不衔接的数据为当时的规划编制人员出了一道大难题。如何基于小样本、贫信息数据完成系统分析、建模任务，据以获得具有较高可信度的预测结果，支持各级政府科学决策？以小样本、贫信息数据建模、分析为特色的灰色系统理论适逢其会。当时，从中央到地方的许多政府部门尝试运用灰色系统方法和模型分析经济数据，编制发展规划。邓聚龙教授主持完成了河北省易县和湖北省老河口市发展规划的研究和编制。笔者也曾主持完成国家发展和改革委员会、科学技术部和中国科学技术协会多项重点招标项目，以及河南省、江苏省、南京市、郑州市中原区、三门峡市湖滨区、长葛市、武陟县等地发展规划研究，数据分析主要采用灰色系统方法和模型。

王学萌、李桥兴深入研究了灰色投入产出分析模型及其应用问题，取得了重要成果（李桥兴，2017；王学萌等，2017）。方志耕研究了灰色博弈理论及其经济应用问题，出版了中文和英文研究专著（方志耕等，2016，Fang et al.，2010）。立陶宛国家科学院院士 Zavadskas 及其团队关于多目标决策分析问题的研究（Jahan and Zavadskas，2019）。罗马尼亚 Emil Scarlat 和 Camelia Delcea 运用灰色系统理论的方法和模型研究经济系统控制问题，取得了一系列成果（Scarlat and Delcea，2011；Delcea et al.，2013），出版了罗马尼亚文研究专著。Wu 和 Chang（2004）运用灰色妥协规划模型研究了可变环境费用下公司生产计划的优化问题。

由于灰色系统方法和模型在经济管理领域的大量应用，本书的多个版本被评为经济学领域最高被引著作前 10 名。

2）在工程技术领域的大量应用

（1）机械工程领域。

贾振元等（2009）关于高端装备高性能零部件控形控性机械加工理论、技术与装备的研究；方辉等（2009）关于机械设计及理论、计算机辅助设计与图形学、数字化设计与制造等领域的研究；廖健等（2017）关于潜艇降噪技术领域的研究；Cempel（2008）运用灰色预测模型对机械振动状态进行监测；王旭亮和聂宏（2008）运用灰色系统模型预测机件疲劳寿命，使预测误差大幅度降低；张雪元等（2006）运用 GM（1，1）模型研究机器人情感状态变化规律，实现了情感机器人交互系统；李桐等（2010）运用灰色预测模型测算疲劳裂纹扩展速率。

张杰等（2012）运用灰色关联分析模型对二齿差摆动活齿传动故障进行分析，为提高二齿差摆动活齿传动系统的可靠性提供了科学依据。夏新涛等（2005）运用灰色关联分析模型研究滚动轴承加工质量与振动的关系，发现结构尺寸误差参数是对轴承振动影响较大的因素。谢延敏等（2007）通过对各因子与目标序列的灰色关联度进行方差分析，获得了影响方盒件稳健性各因子的最佳参数。

Prakash 等（2020）基于田口方法和灰色关联分析模型的石粉增强铝基复合材料车削多目标优化研究。Loganathan 等（2020）运用灰色关联分析模型对 AA6061 合金渐进成形输入参数进行优化。Pagar 和 Gawande（2020）运用灰色关联分析方法对金属膨胀波纹管径向挠度应力进行参数化设计分析。Sharma 等（2020）运用田口方法和灰色关联分析方法研究了 GFRP 齿轮精度和表面粗糙度。Khan 等（2020）运用灰色关联分析方法对干、湿、低温下车削钛基合金进行多目标优化。

（2）电力工程领域。

孙才新院士团队关于高电压绝缘和故障诊断技术领域的研究（孙才新，2005；孙才新等，2002，2003）。李立浧院士课题组关于电网工程、直流输电和交直流并联电网运行技术的研究（黄新波等，2011）。Liao 等（2012）关于电力变压器油溶气体含量的分析。

Ossowski 和 Korzybski（2013）运用灰色系统模型开展模拟电路故障诊断；蒋维（2012）基于灰色粗糙集理论对风电机组传动链故障进行诊断；Dejamkhooy 等（2017）关于非平稳电压波动建模与预测的研究。

（3）航空航天领域。

王衍洋和曹义华（2010）采用灰色神经网络的方法，建立了中国民航运行风险的非线性在线预测模型；杨天社等（2008）、李培华等（2011）运用灰色系统模型对航天器故障进行预测，获得了较高的精度。

解建喜等（2004）运用灰色关联分析模型解决了飞机顶层设计方案优选决策问题；章程等（2014）基于灰色关联分析模型研究飞机客制化方案；肖军和章玮玮（2009）综合运用灰色关联分析和故障树方法研究靶机坠毁故障，为诊断靶机坠毁故障原因，控制故障的发生以及改进系统可靠性提供了理论依据。

余锋杰等（2009）将灰色聚类决策方法应用于飞机大部件自动化对接装配系统，

提高了系统稳定性，降低了设备故障风险，同时控制了维修费用。张峰等（2010）运用灰色聚类评估模型对舰载机系统进行安全评估，对预先发现系统安全隐患，预防和降低事故发生起到了积极作用。

（4）智能控制领域。

王耀南院士团队关于智能控制理论与机器人系统、图像识别理论与机器视觉应用、先进制造装备智能化控制技术、电力电气行业重大工程综合自动化控制系统的研究（鄂加强等，2005）。中南大学粉末冶金国家重点实验室刘业翔院士及其课题组运用灰色系统方法和模型研究铝电解过程控制问题，取得多项成果（刘业翔等，2004）。

田建艳和鲁毅（2007）建立了加热炉钢坯温度灰色预报模型，提出了钢坯温度控制方法；王伟等（2010）针对具有强非线性、大时滞、多扰动特点的焦炉火道温度控制问题，提出一种基于组合灰色预测模型的改进模糊专家控制方法。张广立等（2004）结合传统反馈控制方法和灰色预测控制，设计了自调节灰色预测控制器，仿真结果表明，新型控制器具有更为优良的动态性能和鲁棒性。

乔桂玲等（2009）针对深海行走机构在海底复杂作业环境下行走所呈现的随机性、非线性、时变性，难以建立精确数学模型等特点，提出了灰色预测-模糊 PID 控制方法，实现了对深海行走机构的有效控制。朱坚民等（2012）关于灰色 PID 预测控制的研究等。

（5）交通运输领域。

刘秋妍等（2010）综合运用灰色聚类和粗糙集模型对频率受限的铁路数字移动通信系统规划方案进行优化，提高了电平和干扰矩阵估计的精确度；高凡等（2012）按照列车运行目标设计适应度灰数，构建了基于灰色遗传的高速列车速度控制器模型；陆小红和王长林（2013）研究了基于预测型灰色控制的列车自动运行速度控制器建模与仿真问题；Mao 和 Chirwa（2006）基于英国和美国的数据，运用 GM（1，1）模型估算车祸风险；米根锁等（2014）以模糊故障诊断法、遗传算法和灰色系统理论 3 种诊断方法的诊断结果为基础，构造最优组合模型，对 25 Hz 相敏轨道电路进行故障诊断。

Twala（2014）将人工神经网络、分类与回归树、K-近邻方法、线性判别分析方法、朴素贝叶斯分类器、准优算法和支持向量机方法等与灰关联分类器算法得到的模拟结果进行对比后发现，灰关联分类器算法最适合南非 Gauteng 省道路交通事故数据的建模和分析。

（6）武器装备研制与运用领域。

崔建鹏等（2012）运用多目标灰色决策模型研究了地空导弹武器系统选型问题；李新其等（2007）构建了导弹核武器最佳配置的灰色规划模型，为导弹核武器的订购、存贮、阵地配置及作战运用提供了理论依据。

韩晓明等（2014）运用灰色聚类模型对防空反导导弹战斗部研制方案进行综合评估；姚军勃和胡伟文（2008）根据超视距地波雷达的特点和作战任务，应用灰色评估模型对其作战效能进行评估。

林加剑等（2009）运用灰色关联分析方法求解影响爆炸成型弹丸（EFP）速度的

主要因素，得到了对 EFP 的药型罩和装药结构设计具有重要参考价值的结果。赵国钢等（2007）运用灰色关联分析法建立了舰艇反导作战中来袭导弹威胁评估模型，为舰艇指控系统适时进行目标威胁判断提供了决策依据，以及刘以安等（2006）关于雷达目标跟踪的研究等。

3）在自然科学领域的应用

（1）物理学。

Shi 等（2017）基于灰色模型对 AP1000 核电堆型非能动余热排出进行可靠性分析。王勤等（2010）运用灰色关联分析方法研究电弧信号焊接过程的最佳参数。

陈蕾等（2011）运用灰色关联分析模型研究基于 ASD 地物光谱仪的两种天空光测量方法——标准灰板反演测量法和直接测量法，明确了不同方法适用的情景。王月等（2011）应用灰色关联聚类分析方法研究宇宙射线 μ 子成像，提高了物质区分效率。

（2）化学化工。

Kasemsiri 等（2017）运用田口方法和灰色关联分析模型对木薯淀粉、油棕榈纤维、壳聚糖和棕榈油合成的可生物降解泡沫复合材料进行优化；刘耀鑫等（2007）运用灰色关联分析及预测模型研究高温固硫物相硫铝酸钙生成反应。

Gupta 等（2019）应用灰色关联度分析方法对混杂填料拉挤玻璃纤维复合材料力学性能进行多响应优化。Jena 等（2019）应用田口灰色关联分析法优化 $Zn_{1-x}Fe_xO$ 纳米颗粒光催化降解甲基橙的参数。

（3）生物学与农学。

张富丽等（2020）运用灰色关联分析模型研究了 Bt 抗虫棉秸秆还田对土壤养分特征的影响，认为秸秆还田是转 Bt 基因植物秸秆无害化处理的理想方式。Yang 等（2012）运用灰色关联分析模型研究了水稻营养期色素含量与标准差植被指数。罗钦等（2015）运用灰色关联分析模型研究了秀珍菇辐射新品种子实体中微量元素含量与铅含量的关系，为选育铅含量更低的秀珍菇品种提供了科学依据。

郭瑞林（1995）对作物灰色育种学进行了深入研究，培育了多个农作物新品种。

Jin 等（2013）基于高光谱数据运用灰色关联分析和偏最小二乘法对冬小麦叶片含水量进行估算。Wei 和 Zhang（2019）运用灰色关联度分析法评价藏青稞品质，取得了具有重要价值的成果。

李爱国等（2016）运用灰色关联分析模型研究了普通小麦品种农艺性状与产量的关系。张阳等（2020）基于主成分和灰色关联分析方法研究了饲草小黑麦品种筛选与配套技术。蔡春等（2018）对吉林省不同生育期组大豆品种间农艺性状进行比较分析。

（4）医药卫生。

魏航等（2013）运用灰色系统理论建立中药色谱指纹图谱模式识别模型，对 56 批次不同品种化橘红药材样品的高效液相色谱分析结果表明，对药材中化学成分的种类与含量十分接近的毛橘红不同栽培品种的识别率超过 92.85%。

Icer 等（2012）基于灰色关联分析对脂肪肝超声图像定量分级，得到了科学诊断结果。Lai 等（2011）将基于灰色关联分析的无监督单链聚类法应用于细胞外电生理记录的棘波自动分选，Gupta 和 Tiwari（2017）基于直方图修正灰色关联分析的乳腺图像保亮度对比度增强和质量分割方法，取得了良好的效果。

（5）地质与地球科学。

赵鹏大和夏庆霖（2009）构建了矿产资源定量预测理论及方法体系，提出了“地质异常”、“地质体数学特征”、“三联式”定量成矿预测、非传统矿产资源研究的新概念、新内容及新方法，在新疆北山地区发现铜镍硫化物远景成矿带 2 条，在东准噶尔发现金矿带 1 条。

高玮和冯夏庭（2004）关于岩土工程（包括滑坡）的安全性分析、评估、开挖与控制措施设计优化、实时监测等方面的研究；李晓红等（2005）关于隧道及地下工程围岩稳定性的研究均取得具有重大价值的成果。

彭放等（2005）建立了基于灰色规划聚类分析的盖层定量评价新方法，他们运用该方法对琼东南盆地 3 个主要勘探区 4 套泥岩共 12 种盖层对象进行了评价，结论勘探结果相吻合。梁冰等（2014）通过建立多指标灰关联度优选模型，对评价指标值为区间灰数的复杂地质参数特征研究区的勘探开发潜力进行了优选排序。陈荣环等（2005）运用灰色系统理论研究测井、钻井取心、试油及有关地质资料，通过匹配、拟合和提取参数，以统计分析特征值及其准确率、分辨率研究划分地层岩性、物性、含油性，为油田勘探开发提供了地质依据。王云云等（2013）运用灰关联分析方法对姚家岭锌金多金属矿床进行科学预测。

方晓彤等（2012）运用多维灰色评估模型预测煤与瓦斯突出风险，为矿井安全生产提供了依据；Zeng 等（2018）基于弱化缓冲算子和无偏灰色模型对中国页岩气产量进行预测。Kose 和 Tasci（2019）基于多变量灰色预测模型和回归模型对大地形变进行预测。

（6）水文与水资源。

夏军（2000）关于灰色系统水文学的研究，吴中如等（2012）关于水工结构及大坝安全监测方面的研究，Hipel（2011）关于水资源利用的研究，均取得了一系列重要成果。林跃忠等（2005）依据三峡现场边坡的测试数据，建立了边坡岩体变形的灰色预测模型，绘出了边坡变形的拟合和预测曲线，为边坡岩体变形的预测提供了可靠保证和理论依据。

Hao 等（2013）运用灰色系统模型对喀斯特流域水文过程进行分析、预测，获得了较高精度，他们还运用分段灰色模型研究了人为活动对喀斯特流域水文过程的影响。

Peng 等（2018）研究了灰色预测模型与 DDDP 相结合的梯级水库调度优化算法。Mahmod 和 Watanabe（2014）在水文地质资料有限的情况下，运用修正灰色模型对埃及哈尔加绿洲努比亚砂岩地区地下水流动进行分析。

1.1.5 不确定性系统的特征与科学的简单性原则

信息不完全、不准确是不确定性系统的基本特征。系统演化的动态特性，人类认识能力的局限性，以及经济、技术条件的制约，导致不确定性系统的普遍存在。

1. 信息不完全

信息不完全是不确定性系统的基本特征之一。系统信息不完全的情况可以分为以下四种：①元素（参数）信息不完全；②结构信息不完全；③边界信息不完全；④运行行为信息不完全。

人们在社会、经济活动或科研活动中，经常会遇到信息不完全的情况。在农业生产中，即使是播种面积、种子、化肥、灌溉等信息完全明确，但由于劳动力技术水平、自然环境、气候条件、市场行情等信息不明确，仍难以准确地预计出产量、产值；在生物防治系统中，虽然害虫与其天敌之间的关系十分明确，但往往因人们对害虫与饵料、天敌与饵料、某一天敌与别的天敌、某一害虫与别的害虫之间的关联信息了解不够，使生物防治难以收到预期效果；价格体系的调整或改革，常常因为缺乏民众心理承受力的信息，以及某些商品价格变动对其他商品价格影响的确切信息而举步维艰；在证券市场上，即使最高明的系统分析人员亦难以稳操胜券，因为难以获得金融政策、利率政策、企业改革、国际市场变化及某些板块价格波动对其他板块之影响的确切信息；一般的社会经济系统，由于其没有明确的“内”“外”关系，系统本身与系统环境、系统内部与系统外部的边界若明若暗，难以分析输入（投入）对输出（产出）的影响。

信息不完全是绝对的，信息完全则是相对的。人们以其有限的认识能力观测无限的时空，不可能得到“完全信息”。概率统计中的“大样本”实际上表达了人们对不完全的容忍程度。通常情况下，样本量超过 30 即可视为“大样本”，但有时候即使收集到数千甚至几万个样本也未必能找到潜在的统计规律。

2. 数据不准确

不确定性系统的另外一个基本特征是数据不准确。不准确与不精确的涵义基本相同，表达的都是与实际数值存在误差或偏差。从不准确产生的本质来划分，又可以分为概念型、层次型和预测型三类。

1）概念型

概念型不准确源于人们对某种事物、观念或意愿的表达。人们通常所说的“大”“小”“多”“少”“高”“低”“胖”“瘦”“好”“差”，以及“年轻”“漂亮”“一堆”“一片”“一群”等，都是没有明确标准的不准确概念，难以用准确的数据表达。一位获得了 MBA 学位的求职者希望年薪不低于 15 万元，某工厂希望废品率不超过 0.01 等，这些表达的都是不精确意愿。

2）层次型

由研究或观测的层次改变产生的数据不准确。有的数据，从系统的高层次，即宏观层次、整体层次或认识的概括层次上看是准确的，而到更低的层次上，即到系统的微观层次、分部层次或认识的深化层次就不准确了。例如，一个人的身高，以厘米或毫米为单位度量可以得到准确的结果，若要求精确到万分之一微米则很难用普通工具精确度量。

3）预测型

由于难以完全把握系统的演化规律，人们对未来的预测往往不准确。例如，预计2025 年某地区的地区生产总值将超过 2 万亿元，估计 2022 年末某储蓄所居民储蓄存款余额为 7 000 万~9 000 万元，预计未来几年内南京地区 10 月份最高气温不超过 30 ℃等，这些都是预测型不确定数。统计学中通常采用抽样调查数据对总体进行估计，因此，很多统计数据都是不准确的。事实上，无论采取什么样的办法，都很难获得绝对准确的预测（估计）结果。我们制订计划、做决策往往要参考不完全准确的预测（估计）数据。

3. 科学的简单性原则

在科学发展史上，简单性几乎是所有科学家的共同信仰。早在公元前 6 世纪，自然哲学家们在认识物质世界方面就有一个共同的愿望：把物质世界归结为几个共同的简单元素。古希腊数学家和哲学家毕达哥拉斯（Pythagoras）在公元前 500 年前后提出四元素（土、水、火、气）学说，认为物质是由简单的四元素构成。我国古代亦有五行说，认为万事万物的根本是五样东西，即水、火、木、金、土。这是科学史上最朴素、最原始的简单性思想。

科学的简单性原则源于人类在认识自然过程中的简单性思想，随着自然科学的不断成熟，简单性成为人类认识世界的基础，也成为科学研究的指导原则。《周易·系辞上》说："易则易知，简则易从。易知则有亲，易从则有功。"

牛顿的力学定律以简单的形式统一了宏观的运动现象。在《自然哲学的数学原理》中，牛顿指出："自然界不做无用之事，只要少做一点就成了，多做了却是无用；因为自然界喜欢简单化，而不爱用什么多余的原因以夸耀自己。"在相对论时代，爱因斯坦提出了检验理论的两个标准："外部的证实"和"内在的完备"（"内在的完备"即"逻辑简单性"）。他认为，从科学理论反映自然界的和谐与秩序的角度看，真的科学理论一定是符合简单性原则的。

19 世纪 70 年代，安培、韦伯、莱曼、格拉斯曼和麦克斯韦等人从不同的假设出发，相继建立了解释电磁现象的理论。麦克斯韦的理论最符合简单性原则，因此广为流传。著名的开普勒行星运动第三定律：$T^2 = D^3$，亦因形式上十分简洁而影响深远。

按照协同学的支配原理，我们可以通过消去描述系统演化进程的高维非线性微分方程中的快弛豫变量，将原来的高维方程转化为低维的序参量演化方程。由于序参量支配着系统在临界点附近的动力学特性，通过求解序参量演化方程，即可得到系统的时间结构和空间结构，进而实现对系统运行行为的有效控制。

科学模型的简单性主要依赖于模型表征形式的简洁和对系统次要因素的删减。在经济学领域，用基尼系数描述居民收入差距的方法和运用 Cobb-Douglas 生产函数（即 C-D 生产函数）测度技术进步在经济增长中贡献份额的方法，都是基于对实际系统的简化而提出来的。莫迪里亚尼（F. Modigliani）用来描述平均消费倾向（average propensity to consume，APC）的模型：

$$\frac{C_t}{y_t}=a+b\frac{y_0}{y_t},\ a>0,\ b>0$$

菲利普斯（Alban W. Phillips）用来描述通货膨胀率 $\frac{\Delta p}{p}$ 与失业率 x 之间关系的曲线：

$$\frac{\Delta p}{p}=a+b\frac{1}{x}$$

著名的资本资产定价模型（capital asset pricing model，CAPM）：

$$E\left[r_i\right]=r_f+\beta_i\left(E\left[r_m\right]-r_f\right)$$

这些模型实质上稍作变换都可以化为最简单的一元线性回归模型。

4. 精细化模型遭遇不精确

在信息不完全、数据不准确的情况下追求精细化模型的道路走不通。两千多年前老子就有十分精辟的论述："夷、希、微不可致诘。"模糊数学创始人扎德（Zadeh，1965）的互克性原理对此亦有明确表述："当系统的复杂性日益增长时，我们作出系统特性的精确而有意义的描述能力将相应降低，直至达到这样一个阈值，一旦超过它，精确性与有意义性将变成两个互相排斥的特性。"互克性原理揭示了片面追求精细化将导致认识结果的可行性和有意义性的降低，精细化模型不是处理复杂事物的有效手段。

岳建平和华锡生（1994）采用某大型水利枢纽工程大坝变形、渗流数据，分别建立了理论上更为精细的统计回归模型和相对粗略的灰色模型，结果表明，灰色模型的拟合效果优于统计回归模型。对比两种模型预报值与实际观测数据之间的误差，发现相对粗略的灰色模型的预测精度普遍高于统计回归模型，如表 1.1.1 所示。

表 1.1.1　统计回归模型与灰色模型预测误差比较

序号	类型	平均误差	
		统计回归模型	灰色模型
1	水平位移	0.862	0.809
2	水平位移	0.446	0.232
3	垂直位移	1.024	1.029
4	垂直位移	0.465	0.449
5	测压孔水位	6.297	3.842
6	测压孔水位	0.204	0.023

吴中如等根据某大型黏土斜墙堆石坝竖向位移观测数据，分别建立统计回归模型和灰色时序组合模型，并比较两种模型模拟值、预报值与实际观测数据，发现灰色时序组合模型拟合效果明显优于统计模型（吴中如等，1998，2012；吴中如和潘卫平，1997；郭海庆等，2001）。

李晓斌等（2009）采用模糊预测函数对阳极焙烧燃油供给温度进行动态跟踪和精

确控制，控制效果明显优于传统的 PID 控制方法。

孙才新及其研究团队分别采用灰色关联分析、灰色聚类和新型灰色预测模型等对电力变压器绝缘故障进行诊断、预测，大量的研究结果表明，这些相对粗略的方法和模型更为有效、可行（孙才新等，2002，2003；孙才新，2005；李俭等，2003；熊浩等，2007；周湶等，2010）。

1.1.6　几种不确定性方法的比较

概率统计、模糊数学、灰色系统理论和粗糙集理论是四种最常用的不确定性系统研究方法，其研究对象都具有某种不确定性，这是它们的共同点。正是研究对象在不确定性上的区别，派生出四种各具特色的不确定性学科。

概率统计研究的是“随机不确定”现象，着重于考察“随机不确定”现象的历史统计规律，考察“随机不确定”现象中每一种结果发生的可能性大小。其出发点是大样本，并要求“随机不确定”变量服从某种典型分布。

模糊数学着重研究“认知不确定”问题，其研究对象具有内涵明确，外延不明确的特点。例如，“年轻人”就是一个模糊概念。每一个人都十分清楚“年轻人”的内涵，但是要划定一个确切的范围，要求在这个范围之内的是年轻人，范围之外的都不是年轻人，则很难办到，因为年轻人这个概念外延不明确。对于这类内涵明确，外延不明确的“认知不确定”问题，模糊数学主要是凭经验借助隶属函数进行处理。

灰色系统理论着重研究概率统计、模糊数学难以解决的少数据、贫信息不确定性问题，并依据信息覆盖，通过序列算子的作用探索事物运动的现实规律，其特点是“少数据建模”。与模糊数学不同的是，灰色系统理论着重研究“外延明确，内涵不明确”的对象。例如，到 2050 年，中国要将总人口控制在 15 亿到 16 亿之间，这“15 亿到 16 亿之间”就是一个灰概念，其外延是很清楚的，但如果要进一步问到底是 15 亿到 16 亿之间的哪个具体数值，则不清楚。

粗糙集理论采用精确的数学方法研究不确定性系统，其主要思想是利用已知的知识库，近似刻画和处理不精确或不确定的知识。帕夫拉克把那些无法确认的个体都归于边界区域，并将边界区域定义为上近似集与下近似集之间的差集。

四种常用不确定性模型之间的区别如表 1.1.2 所示。

表 1.1.2　四种不确定性模型的比较

项目	概率统计	模糊数学	灰色系统理论	粗糙集理论
研究对象	随机不确定	认知不确定	贫信息不确定	边界不清晰
基础集合	康托尔集	模糊集	灰数集	近似集
方法依据	映射	映射	信息覆盖	划分
途径手段	频率统计	截集	灰序列算子	上、下近似
数据要求	典型分布	隶属度可知	任意分布	等价关系
侧重	内涵	外延	内涵	内涵
目标	历史统计规律	认知表达	现实规律	概念逼近
特色	大样本	凭经验	贫信息数据	信息表

1.1.7 不确定性系统研究新学说

概率统计是一种经典的不确定性理论，而模糊数学、灰色系统理论和粗糙集理论则是目前最为活跃的三种新兴不确定性系统理论。

关于新兴不确定性系统理论（模糊数学、灰色系统、粗糙集）的研究主要集中在以下三个方面。

（1）不确定性系统理论的哲学和数学基础研究。

（2）不确定性系统模型与算法研究，包括每种不确定性系统理论的模型与算法，多种不确定性系统理论的杂合模型与算法，不确定性系统模型与其他方法和模型的杂合模型与算法。

（3）不确定性系统方法和技术在自然科学、工程技术及社会科学各领域中的广泛应用。

我国学者在新兴不确定性系统理论（模糊数学、灰色系统、粗糙集）相关领域的研究十分活跃，取得了许多有价值的成果。但国内外的研究均存在以应用研究为主，理论、方法创新不足的现象，尤其是对各种不确定性系统理论之间的区别和联系关注不够，融合各种传统和新兴不确定性系统理论和方法进行综合创新的成果不多，这在一定程度上影响了不确定性系统理论的发展。

事实上，各种传统和新兴不确定性系统理论和方法本来就“你中有我，我中有你”，很难截然分割。面对人类社会各类不确定性问题，不同的不确定性系统理论和方法各有侧重，互为补充，并不相互排斥。模糊数学创始人扎德曾明确表示非常赞同上述观点。2012 年初，扎德组织了一个关于不确定性系统的网络论坛活动，他邀请笔者撰写了一篇关于灰色系统理论研究进展的综述文章，与模糊数学、粗糙集等软计算方法一起上传到BISC（Berkeley Initiative in Soft Computing）网站上，供全球关注各类不确定性系统研究的学者研讨、评论。经过几个月的相互学习、讨论，很多过去认为各种不同的不确定性系统理论相互竞争、水火不容的学者改变了看法，他们就不确定性系统研究基本达成共识。事实上，许多复杂多变的不确定性问题已远非某一种单一的不确定性理论所能解决，需要多种经典理论与不确定性系统理论的交叉与融合。促进并加强这种交叉、交流与融合是不确定性系统理论发展的必然要求。

1.2 灰色系统的基本概念与基本原理

1.2.1 灰色系统的基本概念

社会、经济、农业、工业、生态、生物等许多系统是根据研究对象所属的领域和范围命名的，而灰色系统却是按颜色命名的。在控制论中，人们常用颜色的深浅形容信息的明确程度，如艾什比（Ashby）将内部信息未知的对象称为黑箱（black box），这种称谓已为人们普遍接受。在社会中，人民群众希望了解决策及其形成过程的有关信息，就提出要增加“透明度”。我们用“黑”表示信息未知，用“白”表示信息完全明确，用“灰”表示部分信息明确、部分信息不明确。相应地，信息完全明确的系统称为白色系统，信息未知的系统称为黑色系统，部分信息明确、部分信息不明确的系统称为灰色系统。

请注意“系统”与“箱”这两个概念的区别。通常地，“箱”侧重于对象的外部特征而不重视其内部信息的开发利用，往往通过输入输出关系或因果关系研究对象的功能和特性。“系统”则通过对象、要素、环境三者之间的有机联系和变化规律研究其结构、功能、特性。

灰色系统理论的研究对象是“部分信息已知，部分信息未知”的贫信息不确定性系统，运用灰色系统方法和模型技术，选择适当的序列算子，作用于部分已知信息，人们能够开发、挖掘出蕴涵在系统观测数据中的重要信息，实现对现实世界的正确描述和认识。

“信息不完全”是“灰”的基本含义。从不同场合、不同角度看，还可以将“灰”的含义加以引申（表 1.2.1）（邓聚龙，1985b）。

表 1.2.1 “灰”概念引申

场合	黑	灰	白
从信息上看	未知	不完全	已知
从表象上看	暗	若明若暗	明朗
在过程上	新	新旧交替	旧
在性质上	混沌	多种成分	纯
在方法上	否定	扬弃	肯定
在态度上	放纵	宽容	严厉
从结果看	无解	非唯一解	唯一解

1.2.2 灰色系统的基本原理

在灰色系统理论创立和发展过程中，邓聚龙教授提炼了灰色系统必须满足的几条基本原理。

公理 1.2.1（差异信息原理）“差异”是信息，凡信息必有差异（邓聚龙，1985b）。

我们说“事物 A 不同于事物 B”，即含有事物 A 相对于事物 B 之特殊性的有关信息。客观世界中万事万物之间的“差异”为我们提供了认识世界的基本信息。

信息 I 改变了我们对某一复杂事物的看法或认识，信息 I 与人们对该事物的原认识信息有差异。科学研究中的重大突破为人们提供了认识世界、改造世界的重要信息，这类信息与原来的信息必有差异。信息 I 的信息含量越大，它与原信息的差异就越大。

公理 1.2.2（解的非唯一性原理） 信息不完全、不确定情况下的解是非唯一的（邓聚龙，1985b）。

“解的非唯一性原理”在决策上的体现是灰靶思想。灰靶是目标非唯一与目标可约束的统一，如升学填报志愿，一个认定了“非某校不上”的考生，如果考分不具有绝对优势，其愿望就很可能落空。相同条件下，对于愿意退而求其“次”，多目标、多选择的考生，其升学的机会更多。

“解的非唯一性原理”也是目标可接近、信息可补充、方案可完善、关系可协调、思维可多向、认识可深化、途径可优化的具体体现。在面对多种可能的解时，能够通过定性分析、补充信息，确定一个或几个满意解。因此，“非唯一性”的解是通过定性分析与定量分析相结合的方法求得的。

公理 1.2.3（最少信息原理） 灰色系统理论的特点是充分开发利用已占有的“最少信息”（邓聚龙，1985b）。

“最少信息原理”是“少”与“多”的辩证统一，灰色系统理论的特色是研究少数据、贫信息不确定性问题。其立足点是“有限信息空间”，“最少信息”是灰色系统的基本准则。所能获得的信息“量”是判别“灰”与“非灰”的分水岭，充分开发利用已占有的“最少信息”是灰色系统理论解决问题的基本思路。

公理 1.2.4（认知根据原理） 信息是认知的根据（邓聚龙，1985b）。

认知必须以信息为依据，没有信息，无以认知。以完全、确定的信息为根据，可以获得完全确定的认知，以不完全、不确定的信息为根据，只能得到不完全、不确定的灰认知。

公理 1.2.5（新信息优先原理） 新信息对认知的作用大于老信息（邓聚龙，1985b）。

“新信息优先原理”是灰色系统理论的信息观，赋予新信息较大的权重可以提高灰色建模、灰色预测、灰色分析、灰色评估、灰色决策等的功效。“新陈代谢”模型体现了“新信息优先原理”。新信息的补充为灰元白化提供了科学依据。“新信息优先原理”是信息的时效性的具体体现。

公理 1.2.6（灰性不灭原理）“信息不完全”（灰）是绝对的（邓聚龙，1985b）。

信息不完全、不确定具有普遍性。信息完全是相对的、暂时的。原有的不确定性消失，新的不确定性很快出现。人类对客观世界的认识，通过信息的不断补充而一次又一次地升华。信息无穷尽，认知无穷尽，灰性永不灭。

1.2.3 灰色系统理论的主要内容

灰色系统理论经过近 40 年的发展，现已基本建立起一门新兴学说的结构体系。主要内容包括灰色系统理论的基本哲学问题、灰数运算与灰色代数系统、灰色方程、灰色矩阵等灰色系统的基础理论；序列算子和灰色信息挖掘方法；用于系统诊断、分析的系列灰色关联分析模型；用于解决系统要素和对象分类问题的多种灰色聚类评估模型；系列灰色预测模型（GM）和灰色系统预测方法和技术；主要用于方案评价和选择的灰靶决策和多目标加权智能灰靶决策模型；以多方法融合创新为特色的灰色组合模型，如灰色规划、灰色投入产出、灰色博弈、灰色控制等。

灰数及其运算是灰色系统理论的基础，从学科体系自我完善出发，有许多问题值得进一步深入研究，尤其在灰色代数系统、灰色方程、灰色矩阵等方面还有较大研究空间。

序列算子与灰色信息挖掘主要包括缓冲算子（弱化缓冲算子、强化算子）、均值算子、级比算子、累加算子和累减算子和序列算子频谱分析等内容。

灰色关联分析模型包括灰色关联公理、邓氏灰色关联度、灰色绝对关联度、灰色相对关联度、灰色综合关联度、基于相似性视角的灰色关联度、基于接近性视角的灰色关联度、三维灰色关联度等内容。

灰色聚类评估模型包括灰色关联聚类评估模型、灰色变权聚类模型、灰色定权聚类模型，以及基于混合可能度函数（中心点混合可能度函数、端点混合可能度函数）的灰色聚类评估模型和两阶段灰色综合测度决策模型等内容。

GM 系列模型包括 GM（1，1）模型、离散 GM 模型、分数阶 GM 模型、自记忆 GM 模型、Verhulst 模型和 GM（r，h）模型等。

灰色组合模型包括灰色经济计量学模型（G-E）、灰色生产函数模型（G-C-D）、灰色线性回归组合模型、灰色–周期外延组合模型、灰色马尔可夫模型（G-M）、灰色人工神经网络模型和灰色聚类与优势粗糙集组合模型等。

灰色系统预测是基于 GM 模型做出的定量预测，按照其功能和特征可分成数列预测、区间预测、突变预测、波形预测和系统预测等。

灰色决策模型包括灰靶决策和多目标智能加权灰靶决策模型等。

灰色规划包括灰参数线性规划、灰色预测型线性规划、灰色漂移型线性规划、灰色 0-1 规划、灰色多目标规划和灰色非线性规划等。

灰色投入产出模型包括灰色投入产出的基本概念和灰色投入产出优化模型、灰色动态投入产出模型等。

灰色博弈模型包括基于有限理性和有限知识的双寡头战略定产博弈模型、一种新的局势顺推归纳法模型和产业集聚的灰色进化博弈链模型等。

灰色控制包括灰色系统的可控性和可观测性、灰色系统的传递函数、灰色系统的鲁棒稳定性和几种典型的灰色控制等。

本书将系统介绍上述各种常用的灰色系统方法和模型技术，随书附有最新的 9.0 版灰色系统建模软件。

第 2 章

灰数及其运算

2.1 灰数

灰色系统用灰数、灰色方程、灰色矩阵、灰色函数等来描述，其中灰数是灰色系统的基本“单元”或“细胞”。

在系统研究中，由于人的认知能力的局限以及观测、采集、记录和存储过程中的信息损失，再加上理解偏差，对反映系统运行行为的信息难以完全认知，造成人们只知道或仅能判断系统元素或参数的取值范围，通常我们把这种只知道取值范围而不知其确切值的数称为灰数。在应用中，灰数实际上指在某一个区间或某个一般的数集内取值的不确定数。通常用记号“$\otimes$”表示灰数。灰数有以下几类。

1）仅有下界的灰数

有下界而无上界的灰数记为$\otimes \in [\underline{a}, \infty)$，其中$\underline{a}$为灰数$\otimes$的下确界，它是一个确定的数。我们称$\otimes \in [\underline{a}, \infty)$为$\otimes$的信息覆盖或取数域，简称$\otimes$的覆盖或灰域。

一个遥远的天体，其质量便是有下界的灰数，因为天体的质量必大于零，但不可能用一般手段知道其质量的确切值，若用$\otimes$表示天体的质量，便有$\otimes \in [0, \infty)$。

2）仅有上界的灰数

有上界而无下界的灰数记为$\otimes \in (-\infty, \overline{a}]$，其中$\overline{a}$是灰数$\otimes$的上确界，是确定的数。

有上界而无下界的灰数是一类取负数但其绝对值难以测量的灰数，是有下界而无上界的灰数的相反数，如前述天体质量的相反数就是一个仅有上界的灰数。若用$\otimes$表示该天体质量的相反数，便有$\otimes \in (-\infty, 0]$。

3）区间灰数

既有下界$\underline{a}$又有上界$\overline{a}$的灰数称为区间灰数，记为$\otimes \in [\underline{a}, \overline{a}], \underline{a} < \overline{a}$。

海豹的重量在 60~85 kg，某人的身高在 1.8~1.9 m，可分别记为

$$\otimes_1 \in [60, 85]，\quad \otimes_2 \in [1.8, 1.9]$$

一项投资工程，要有个最高投资限额，一件电器设备要有个承受电压或通过电流的最高临界值。同时工程投资、电器设备的电压、电流容许值都是大于零的数，因此

都是区间灰数。

4）连续灰数与离散灰数

在某一区间内取有限个值或可数个值的灰数称为离散灰数，取值连续地充满某一区间的灰数称为连续灰数。

某人的年龄在 30~35 岁，此人的年龄可能是 30，31，32，33，34，35 这几个数，因此年龄是离散灰数。估计人的身高、体重等所得结果是连续灰数。

5）黑数与白数

当$\otimes\in(-\infty,+\infty)$时，即当$\otimes$的上、下界皆为无穷时，称$\otimes$为黑数。

当$\otimes\in[\underline{a},\ \overline{a}]$且$\underline{a}=\overline{a}$时，称$\otimes$为白数。

为讨论方便，我们将黑数和白数看成特殊的灰数。

6）本征灰数与非本征灰数

本征灰数是指不能或暂时还难以找到一个白数作为其“代表”的灰数，如一般的事前预测值以及前述的天体质量、海豹重量、某人身高、年龄估计值等都是本征灰数。

非本征灰数是指凭先验信息或某种手段，可以找到一个白数作为其“代表”的灰数。我们称此白数为相应灰数的白化值，记为$\tilde{\otimes}$，用$\otimes(a)$表示以 a 为白化值的灰数。例如，估计某位企业高管的年薪可能在 600 万元左右，可将 600 万作为该高管实际年薪$\otimes$（600）的白化数，记为$\tilde{\otimes}(600)=600$。

灰数是指在某一范围内取值的不确定数，相应的取值范围可以视为灰数的一个覆盖。因此前述的区间灰数$\otimes\in[\underline{a},\overline{a}],\underline{a}<\overline{a}$与通常意义上的区间数$[\underline{a},\overline{a}],\underline{a}<\overline{a}$有着本质的区别。区间灰数$\otimes\in[\underline{a},\overline{a}],\underline{a}<\overline{a}$表达的是在区间$[\underline{a},\overline{a}],\underline{a}<\overline{a}$内取值的一个数，而区间数$[\underline{a},\overline{a}],\underline{a}<\overline{a}$则表达的是整个区间$[\underline{a},\overline{a}],\underline{a}<\overline{a}$。

2.2　灰数白化与灰度

前述的非本征灰数属于在某个基本值附近变动的灰数。在系统分析过程中，为便于处理，通常我们以此基本值代替灰数。以 a 为基本值的灰数还可以用双数的形式表达，记为$\otimes(a)=a+\delta_a$，其中δ_a为扰动灰元，此灰数的白化值$\tilde{\otimes}(a)=a$。例如，预计某高校 2024 年的科研经费到款额在 14.6 亿元左右，可表示为$\otimes(14.6)=14.6+\delta$，或$\otimes(14.6)\in(-,14.6,+)$，它的白化值为 14.6。

对于一般的区间灰数$\otimes\in[a,b]$，根据对其取值信息的判断，可以将其白化值$\tilde{\otimes}$取为

$$\tilde{\otimes}=\alpha a+(1-\alpha)b,\quad \alpha\in[0,1] \tag{2.2.1}$$

其中，α为灰数的定位系数（Liu，1989）。

定义 2.2.1　形如$\tilde{\otimes}=\alpha a+(1-\alpha)b,\alpha\in[0,1]$的白化称为定位系数为$\alpha$的白化。

定义 2.2.2　取$\alpha=\dfrac{1}{2}$而得到的白化值称为均值白化。

当区间灰数取值的分布信息缺乏时，常采用均值白化。

定义 2.2.3 设区间灰数 $\otimes_1 \in [a,b]$，$\otimes_2 \in [a,b]$，$\tilde{\otimes}_1 = \alpha a + (1-\alpha)b$，$\alpha \in [0,1]$，$\tilde{\otimes}_2 = \beta a + (1-\beta)b$，$\beta \in [0,1]$，当定位系数 $\alpha = \beta$ 时，我们称 $\otimes_1$ 与 $\otimes_2$ 同步（synchronous）；当 $\alpha \neq \beta$ 时，称 $\otimes_1$ 与 $\otimes_2$ 非同步（non-synchronous）。

对于在同一个区间 $[a,b]$ 内取值的区间灰数 $\otimes_1$ 与 $\otimes_2$，仅当 $\otimes_1$ 与 $\otimes_2$ 同步时，才有 $\otimes_1 = \otimes_2$。

当灰数取值的分布信息已知时，往往不采取均值白化。例如，2021 年，某人的年龄可能是30~45岁，$\otimes \in [30,45]$ 是个灰数。根据了解，此人受初、中级教育共12年，并且是在 20 世纪 90 年代末期考入大学的，故此人年龄到 2021 年为 38 岁左右的可能性较大，或者说在 36~40 岁的可能性较大。这样的灰数，如果再作均值白化，显然是不合理的。

在掌握了一定取值信息的情况下，可以用可能度函数（possibility function）来描述一个灰数取不同数值的“可能性”大小。

可能度函数与模糊数学的隶属度函数（membership function）不同。隶属度描述的是一种事物属于某一特定集合的程度，而可能度刻画的是一个灰数取某一数值的可能性，或某一具体数值为灰数真值（truth value）的可能性。可能度函数的涵义虽然与随机变量的概率分布密度函数相似，但二者也有本质区别。需要借助于可能度函数描述的灰数，是一类所掌握的取值信息不完全的灰数。一旦一个灰数的取值分布信息被完全掌握，它实质上已不再是一个具有贫信息特征的灰数，而可以将其视为一个具有某种概率分布的随机变量。

对概念型数据不准确这一类灰数中表示意愿的灰数，其可能度函数一般可以设计为单调增函数。图 2.2.1 中可能度函数 $f(x)$ 表示了某位创业者对风险投资额这一灰数不同取值的“偏爱”程度。其中，直线用来表示“正常愿望”，即“偏爱”程度与资金（万元）成比例提高。不同的斜率表示的欲望强烈程度不同，$f_1(x)$ 表示对资金需求的愿望较为平缓，认为对于一个小型的风险投资项目，投入 100 万元以下不行，投入 200 万元就比较满意，投入 300 万元就足够了；$f_2(x)$ 表示资金需求很大，愿望强烈，投入 350 万元也只有 20%的满意程度，似乎是多多益善；$f_3(x)$ 表明有相对明确的需求概算，额度为 600 万元，几乎没有减少的余地，即使投入 400 万元，满意程度才达到 10%，但投入 600 万元就行了，即非要 600 万元不可。

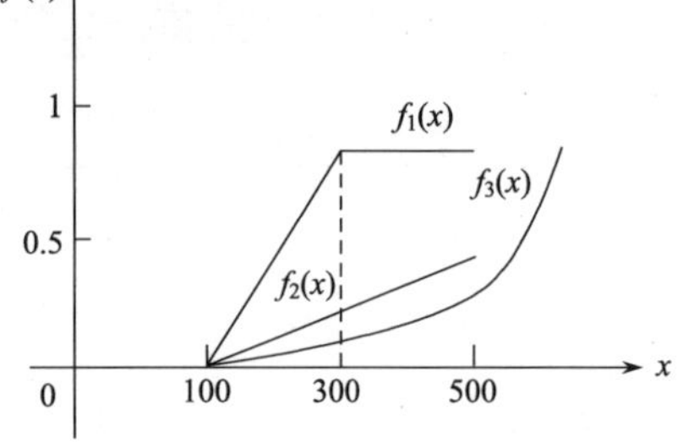

图 2.2.1　可能度函数示意图

一般说来，一个灰数的可能度函数是研究者根据已知信息设计的，没有固定形式。函数曲线的起点和终点取值应根据实际情况确定。例如，在某复杂产品研制过程中，主制造商就某一组件与供应商进行谈判的过程就是一个数据由灰变白的过程。开始谈判时，供应商根据主制造商对该组件的设计和研发要求提出至少单件产品要 5 000 万美元，主制造商则提出不能高于 3 000 万美元。一般地，双方在开始时所报的数目都有一定的回旋余地，因此，最终成交额这一灰数将在 3 000 万美元与 5 000 万美元之间，其可能度函数可将起点定为 3 000 万美元，终点定为 5 000 万美元。

定义 2.2.4　起点、终点确定的左升、右降连续函数称为典型可能度函数。

典型可能度函数一般如图 2.2.2（a）所示（邓聚龙，1985b）：

$$f_1(x)=\begin{cases}L(x), & x\in[a_1,b_1) \\ 1, & x\in[b_1,b_2] \\ R(x), & x\in(b_2,a_2]\end{cases}$$

其中，$L(x)$ 为左增函数，$R(x)$ 为右降函数，$[b_1,b_2]$ 为峰区，a_1 为起点，a_2 为终点，b_1，b_2 为转折点。在实际应用中，为了便于编程和计算，$L(x)$ 和 $R(x)$ 常简化为直线，如图 2.2.2（b）所示。

$$f_2(x)=\begin{cases}L(x)=\dfrac{x-x_1}{x_2-x_1}, & x\in[x_1,x_2) \\ 1, & x\in[x_2,x_3] \\ R(x)=\dfrac{x_4-x}{x_4-x_3}, & x\in(x_3,x_4]\end{cases}$$

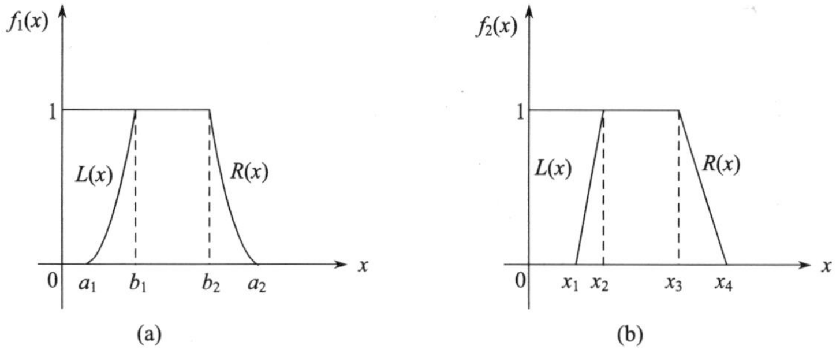

图 2.2.2　典型可能度函数

定义 2.2.5　对于图 2.2.2（a）所示的可能度函数，称

$$g^{\circ}=\frac{2|b_1-b_2|}{b_1+b_2}+\max\left\{\frac{|a_1-b_1|}{b_1},\frac{|a_2-b_2|}{b_2}\right\} \tag{2.2.2}$$

为 ⊗ 的灰度（邓聚龙，1985b）。

g° 的表达式是两部分的和，其中第一部分代表峰区长度对灰度的影响，第二部分代表 $L(x)$ 和 $R(x)$ 底边的长度对灰度的影响，一般来说，峰区长度数值越大，$L(x)$ 和

$R(x)$底边的长度数值越大，g°就越大。

当$\max\left\{\frac{|a_1-b_1|}{b_1},\frac{|a_2-b_2|}{b_2}\right\}=0$时，$g^{\circ}=\frac{2|b_1-b_2|}{b_1+b_2}$，此时可能度函数为一条水平线。当$\frac{2|b_1-b_2|}{b_1+b_2}=0$时，灰数$\otimes$为有基本值的灰数，其基本值就是$b=b_1=b_2$。当$g^{\circ}=0$时，$\otimes$是白数。

2.3 灰数灰度的公理化定义

如 2.2 节所述，对于可能度函数$f[a_1,b_1,b_2,a_2]$［图 2.2.2（a）］已知的灰数$\otimes\in[a_1,a_2]$，$a_1<a_2$，邓聚龙教授对其灰度定义如式（2.2.2）所示（邓聚龙，1985b）。

1996 年，基于灰区间长度$l(\otimes)$和灰数的均值白化数$\hat{\otimes}$，刘思峰给出了灰度的一种公理化定义（Liu，1996）

$$g^{\circ}(\otimes)=\frac{l(\otimes)}{\hat{\otimes}} \tag{2.3.1}$$

这里，在非负性公理、零灰度公理、无穷灰度公理和数乘公理的基础上，灰度被定义为灰区间长度$l(\otimes)$与其相应均值白化数$\hat{\otimes}$的商。

式（2.2.2）和式（2.3.1）给出的灰度定义皆存在以下问题。

（1）不满足规范性。

显然，当灰区间长度$l(\otimes)$趋于无穷大时，由式（2.2.2）和式（2.3.1）定义的灰度皆有可能趋于无穷大。

（2）零心灰数的灰度没有定义。

对于零心灰数，式（2.2.2）中为$b_1=b_2=0$的情形，式（2.3.1）中为$\hat{\otimes}=0$的情形，这时，式（2.2.2）和式（2.3.1）所给出的灰度皆没有定义。

灰数是灰色系统之行为特征的一种表现形式（邓聚龙，1990）。灰数的灰度反映了人们对灰色系统认识的不确定程度。因此，一个灰数的灰度大小应与该灰数产生的背景或论域有着不可分割的联系。如果对一个灰数产生的背景或论域及其表征的灰色系统不加说明，就无法讨论该灰数的灰度。例如，对于灰数$\otimes\in[160,200]$，如果不说明其产生的背景或论域及其表征的灰色系统，就很难说清楚它的灰度到底有多大。当它表达的是一名中国成年男子的身高（单位：cm）时，我们会觉得这一灰数的灰度很大。因为[160，200]几乎与中国成年男子身高的背景或论域重合。假若公安机关搜捕一名犯罪嫌疑人，有人提供信息说该犯罪嫌疑人身高为 160~200cm，这样的信息几乎没有任何价值。如果灰数$\otimes\in[160,200]$表示的是一个人的血压（收缩压，单位：mmHg），那么一般人们会认为这一灰数的灰度不是很大，因为它的确能为医生提供十分有用的信息。

设Ω为灰数$\otimes$产生的背景或论域，$\mu(\otimes)$为灰数$\otimes$之取数域的测度，则灰数$\otimes$的

灰度 $g^{\circ}(\otimes)$ 符合以下公理（刘思峰等，2004b）：

公理 2.3.1　$0\leqslant g^{\circ}(\otimes)\leqslant 1$。

公理 2.3.2　$\otimes\in[\underline{a},\overline{a}]$，$\underline{a}\leqslant\overline{a}$，当 $\underline{a}=\overline{a}$ 时，$g^{\circ}(\otimes)=0$。

公理 2.3.3　$g^{\circ}(\Omega)=1$。

公理 2.3.4　$g^{\circ}(\otimes)$ 与 $\mu(\otimes)$ 成正比，与 $\mu(\Omega)$ 成反比。

公理 2.3.1 将灰数的灰度取值范围限定在[0,1]区间内。公理 2.3.2 规定白数的灰度为零。白数是完全确定的数，没有任何不确定的成分。公理 2.3.3 规定灰数产生的背景或论域 Ω 的灰度为 1，取为灰度的最大值。因为灰数产生的背景 Ω 一般为人所共知或覆盖了灰数的论域，故不含任何有用的信息，其不确定性最大。公理 2.3.4 表明当灰数 $\otimes$ 产生的背景或论域一定时，灰数 $\otimes$ 之取数域的测度 $\mu(\otimes)$ 越大，灰数 $\otimes$ 的灰度 $g^{\circ}(\otimes)$ 越大。例如，估计某一实数真值得到灰数 $\otimes$，在估计的可靠程度一定时，$\otimes$ 的测度越大，这种估计的意义越小，不确定性越大；相反，$\otimes$ 的测度越小，这种估计的意义越大，不确定性越小。

定义 2.3.1　设灰数 $\otimes$ 产生的背景或论域为 Ω，$\mu(\otimes)$ 为 Ω 上的测度，则称

$$g^{\circ}(\otimes)=\mu(\otimes)/\mu(\Omega) \tag{2.3.2}$$

为灰数 $\otimes$ 的灰度（刘思峰等，2004b）。

定理 2.3.1　由式（2.3.2）给出的灰度定义满足灰度定义的 4 个公理。

证明　（1）由 $\otimes\subset\Omega$ 及测度的性质，有

$$0\leqslant\mu(\otimes)\leqslant\mu(\Omega)$$

从而

$$0\leqslant g^{\circ}(\otimes)\leqslant 1$$

（2）当 $\underline{a}=\overline{a}$ 时，$\mu(\otimes)=0$，因此，$g^{\circ}(\otimes)=\mu(\otimes)/\mu(\Omega)=0$。

（3）和（4）显然。

定理 2.3.2　若 $\otimes_1\subset\otimes_2$，则 $g^{\circ}(\otimes_1)\leqslant g^{\circ}(\otimes_2)$。

证明　由 $\otimes_1\subset\otimes_2$ 及测度的性质，有 $\mu(\otimes_1)\leqslant\mu(\otimes_2)$，再由式（2.3.3），易知，$g^{\circ}(\otimes_1)\leqslant g^{\circ}(\otimes_2)$

由于灰数具有可构造性，因此，我们有必要进一步研究“合成”灰数的灰度。

定义 2.3.2　设 $\otimes_1\in[a,b]$，$a<b$；$\otimes_2\in[c,d]$，$c<d$，则称

$$\otimes_1\cup\otimes_2=\{\xi|\xi\in[a,b]\text{或}\xi\in[c,d]\} \tag{2.3.3}$$

为灰数 $\otimes_1$ 与 $\otimes_2$ 的并。

灰数的并相当于对若干灰数进行“堆积”或“归并”，其结果自然是灰度增大。

定理 2.3.3　$g^{\circ}(\otimes_1\cup\otimes_2)\geqslant g^{\circ}(\otimes_k)$，$k=1,2$。

证明　由 $\otimes_1\cup\otimes_2\supset\otimes_k$，$k=1,2$ 和定理 2.3.2 易知定理 2.3.3 成立。

定义 2.3.2 和定理 2.3.3 皆可以推广到有限个灰数求并的情形。

定义 2.3.3　设 $\otimes_1\in[a,b],a<b$; $\otimes_2\in[c,d],c<d$, 则称

$$\otimes_1 \cap \otimes_2 = \{\xi | \xi \in [a,b] \text{且} \xi \in [c,d]\} \quad (2.3.4)$$

为灰数$\otimes_1$与$\otimes_2$的交。

灰数的交相当于对若干个灰数进行综合“加工”“提炼”，能够使人们对灰色系统的认识逐步深化，其结果自然是灰度减小（Liu and Lin，1998）。

定理 2.3.4 $g^\circ(\otimes_1 \cap \otimes_2) \leqslant g^\circ(\otimes_k)$，$k=1,2$。

证明 由$\otimes_1 \cap \otimes_2 \subset \otimes_k$，$k=1,2$和定理 2.3.2 易知定理 2.3.4 成立。

定义 2.3.3 和定理 2.3.4 皆可以推广到有限个灰数求交的情形。

定理 2.3.5 设$\otimes_1 \subset \otimes_2$，则有

$$g^\circ(\otimes_1 \cup \otimes_2) = g^\circ(\otimes_2), \quad g^\circ(\otimes_1 \cap \otimes_2) = g^\circ(\otimes_1)$$

证明 由$\otimes_1 \subset \otimes_2$，得$\otimes_1 \cup \otimes_2 = \otimes_2$，$\otimes_1 \cap \otimes_2 = \otimes_1$，从而

$$g^\circ(\otimes_1 \cup \otimes_2) = g^\circ(\otimes_2), \quad g^\circ(\otimes_1 \cap \otimes_2) = g^\circ(\otimes_1)$$

当灰数$\otimes_1,\otimes_2$关于测度μ独立时，还可以得到更为有趣的结果。

定理 2.3.6 设$\mu(\Omega)=1$，灰数$\otimes_1,\otimes_2$关于测度μ独立，则有

（1）$g^\circ(\otimes_1 \cap \otimes_2) = g^\circ(\otimes_1) \cdot g^\circ(\otimes_2)$。

（2）$g^\circ(\otimes_1 \cup \otimes_2) = g^\circ(\otimes_1) + g^\circ(\otimes_2) - g^\circ(\otimes_1) \cdot g^\circ(\otimes_2)$。

证明 （1）由$\mu(\Omega)=1$，且灰数$\otimes_1,\otimes_2$关于测度μ独立，有

$$g^\circ(\otimes_1 \cap \otimes_2) = \mu(\otimes_1 \cap \otimes_2) = \mu(\otimes_1) \cdot \mu(\otimes_2) = g^\circ(\otimes_1) \cdot g^\circ(\otimes_2)。$$

（2）同理，有

$$\begin{aligned} g^\circ(\otimes_1 \cup \otimes_2) &= \mu(\otimes_1 \cup \otimes_2) = \mu(\otimes_1) + \mu(\otimes_2) - \mu(\otimes_1) \cdot \mu(\otimes_2) \\ &= g^\circ(\otimes_1) + g^\circ(\otimes_2) - g^\circ(\otimes_1) \cdot g^\circ(\otimes_2) \end{aligned}$$

例 2.3.1 考虑掷一个均匀六面体骰子所得的点数，此时背景或论域为

$$\Omega = \{1,2,3,4,5,6\}$$

设灰数$\otimes_1 \in \{1,2\}$，$\otimes_2 \in \{2,3,4\}$，μ为概率测度，则

$$\mu(\otimes_1) = \frac{1}{3}, \quad \mu(\otimes_2) = \frac{1}{2}, \quad \mu(\otimes_1 \cap \otimes_2) = \frac{1}{6}$$

满足独立性条件，显然：

$$g^\circ(\otimes_1) = \mu(\otimes_1) = \frac{1}{3}, \quad g^\circ(\otimes_2) = \mu(\otimes_2) = \frac{1}{2}$$

$$g^\circ(\otimes_1 \cap \otimes_2) = \mu(\otimes_1 \cap \otimes_2) = \frac{1}{6} = g^\circ(\otimes_1) \cdot g^\circ(\otimes_2)$$

$$g^\circ(\otimes_1 \cup \otimes_2) = \mu(\otimes_1 \cup \otimes_2) = \frac{2}{3} = g^\circ(\otimes_1) + g^\circ(\otimes_2) - g^\circ(\otimes_1) \cdot g^\circ(\otimes_2)$$

与定理 2.3.6 中的结论一致。

灰数的“合成”方式将对合成灰数的灰度及相应灰信息的可靠程度产生一定的影响。一般地，灰数求“并”后灰度增大而合成信息的可靠程度会有所提高，灰数求“交”后灰度减小而合成信息的可靠程度往往会降低。在解决实际问题时，若需要对大量灰数进行筛选、加工、合成，可以考虑在若干个不同的层次上进行合成，逐层提

取信息。在合成过程中，采用间层交叉进行“并”“交”合成，以保证最后筛选出的信息在可靠程度和灰度方面都能满足一定的要求。

2.4　区间灰数的运算

定义 2.4.1（灰数的运算范式）　设有灰数$\otimes_1 \in [a,b]$，$a<b$；$\otimes_2 \in [c,d]$，$c<d$，用符号$*$表示$\otimes_1$与$\otimes_2$间的运算，若$\otimes_3 = \otimes_1 * \otimes_2$，则$\otimes_3$亦应为区间灰数，因此应有$\otimes_3 \in [e,f]$，$e<f$，且对任意的$\tilde{\otimes}_1, \tilde{\otimes}_2, \tilde{\otimes}_1 * \tilde{\otimes}_2 \in [e,f]$。

法则 2.4.1（加法运算）　设$\otimes_1 \in [a,b]$，$a<b$；$\otimes_2 \in [c,d]$，$c<d$，则称

$$\otimes_1 + \otimes_2 \in [a+c, b+d] \tag{2.4.1}$$

为$\otimes_1$与$\otimes_2$的和（邓聚龙，1985b）。

例 2.4.1　设$\otimes_1 \in [3,4]$，$\otimes_2 \in [5,8]$，则$\otimes_1 + \otimes_2 \in [8,12]$。

法则 2.4.2（灰数的负元）　设$\otimes \in [a,b]$，$a<b$，则称

$$-\otimes \in [-b,-a] \tag{2.4.2}$$

为$\otimes$的负元（邓聚龙，1985b）。

例 2.4.2　设$\otimes \in [3,4]$，则$-\otimes \in [-4,-3]$。

法则 2.4.3（减法运算）　设$\otimes_1 \in [a,b]$，$a<b$；$\otimes_2 \in [c,d]$，$c<d$，则称

$$\otimes_1 - \otimes_2 = \otimes_1 + (-\otimes_2) \in [a-d, b-c] \tag{2.4.3}$$

为$\otimes_1$与$\otimes_2$的差（邓聚龙，1985b）。

例 2.4.3　设$\otimes_1 \in [3,4]$，$\otimes_2 \in [1,2]$，则

$$\otimes_1 - \otimes_2 \in [3-2, 4-1] = [1,3]，\quad \otimes_2 - \otimes_1 \in [1-4, 2-3] = [-3,-1]$$

法则 2.4.4（乘法运算）　设$\otimes_1 \in [a,b]$，$a<b$；$\otimes_2 \in [c,d]$，$c<d$，则称

$$\otimes_1 \bullet \otimes_2 \in [\min\{ac,ad,bc,bd\}, \max\{ac,ad,bc,bd\}] \tag{2.4.4}$$

为$\otimes_1$与$\otimes_2$的积（邓聚龙，1985b）。

例 2.4.4　设$\otimes_1 \in [3,4]$，$\otimes_2 \in [5,10]$，则

$$\otimes_1 \bullet \otimes_2 \in [\min\{15,30,20,40\}, \max\{15,30,20,40\}] = [15,40]$$

法则 2.4.5（灰数的倒数）　设$\otimes \in [a,b]$，$a<b$，$a \neq 0, b \neq 0$，$ab>0$，则称

$$\otimes^{-1} \in \left[\frac{1}{b}, \frac{1}{a}\right] \tag{2.4.5}$$

为$\otimes$的倒数（邓聚龙，1985b）。

例 2.4.5　设$\otimes \in [2,4]$，则$\otimes^{-1} \in [0.25, 0.5]$。

法则 2.4.6（除法运算）　设$\otimes_1 \in [a,b]$，$a<b$；$\otimes_2 \in [c,d]$，$c<d$，且$c \neq 0$，$d \neq 0$，$cd>0$，则称

$$\otimes_1 / \otimes_2 = \otimes_1 \times \otimes_2^{-1} \in \left[\min\left\{\frac{a}{c}, \frac{a}{d}, \frac{b}{c}, \frac{b}{d}\right\}, \max\left\{\frac{a}{c}, \frac{a}{d}, \frac{b}{c}, \frac{b}{d}\right\}\right] \tag{2.4.6}$$

为$\otimes_1$与$\otimes_2$的商（邓聚龙，1985b）。

例 2.4.6 $\otimes_1 \in [3,4]$，$\otimes_2 \in [5,10]$，则

$$\otimes_1 / \otimes_2 \in \left[\min\left\{\frac{3}{5},\frac{3}{10},\frac{4}{5},\frac{4}{10}\right\},\max\left\{\frac{3}{5},\frac{3}{10},\frac{4}{5},\frac{4}{10}\right\}\right] = \left[\frac{3}{10},\frac{4}{5}\right]$$

法则 2.4.7（数乘运算） 设$\otimes \in [a,b]$，$a<b$，k为正实数，则称

$$k\bullet\otimes \in [ka,kb] \tag{2.4.7}$$

为数k与灰数$\otimes$的积（邓聚龙，1985b）。

例 2.4.7 设$\otimes \in [2,4]$，$k=5$，则$5\times\otimes \in [10,20]$。

法则 2.4.8（乘方运算） 设$\otimes \in [a,b]$，$a<b$，k为正实数，则称

$$\otimes^k \in \left[a^k,b^k\right] \tag{2.4.8}$$

为灰数$\otimes$的k次方幂（邓聚龙，1985b）。

例 2.4.8 设$\otimes \in [2,4]$，$k=5$，则$\otimes^5 \in [32,1024]$。

2.5 一般灰数及其运算

2.5.1 区间灰数的简化形式

长期以来，灰色系统理论中关于灰数运算与灰代数系统的研究一直备受学者们的重视，新的研究进展和成果不断涌现。20 世纪 80 年代，笔者曾提出灰数均值白化数的概念，当时亦曾试图以此为基础构建新的灰数运算体系，但由于难以处理令人棘手的扰动灰元而无果。本节给出灰数“核”的定义，基于“核”和灰数灰度建立灰数运算公理和灰代数系统，并对运算的性质进行研究。在这里，灰数运算被化为实数运算，灰数运算与灰代数系统构建的难题在一定程度上得到解决。

定义 2.5.1 设区间灰数$\otimes \in [\underline{a},\overline{a}]$，$\underline{a}<\overline{a}$，在缺乏灰数$\otimes$取值之分布信息的情况下：

（1）若$\otimes$为连续灰数，则称$\hat{\otimes}=\frac{1}{2}(\underline{a}+\overline{a})$为灰数$\otimes$的核；

（2）若$\otimes$为离散灰数，$a_i \subset [\underline{a},\overline{a}] (i=1,2,\cdots,n)$为灰数$\otimes$的所有可能取值，则称$\hat{\otimes}=\frac{1}{n}\sum_{i=1}^{n}a_i$为灰数$\otimes$的核（注：若某$a_k(\otimes)$为灰元，$a_k(\otimes)\in[\underline{a}_k,\overline{a}_k]$，$\underline{a}_k<\overline{a}_k$，则取$a_k=\hat{a}_k$）（刘思峰等，2010a）。

定义 2.5.2 设灰数$\otimes \in [\underline{a},\overline{a}]$，$\underline{a}<\overline{a}$为具有取值分布信息的随机灰数，则称$\hat{\otimes}=E(\otimes)$为灰数$\otimes$的核（刘思峰等，2010a）。

灰数$\otimes$的核$\hat{\otimes}$作为灰数$\otimes$的代表，在灰数运算转化为实数运算的过程中具有不可替代的作用。事实上，灰数$\otimes$的核$\hat{\otimes}$作为实数，可以完全按照实数的运算规则进行加、减、乘、除、乘方、开方等一系列运算，而且我们将核的运算结果作为灰数运算结果的核是顺理成章的。

定义 2.5.3　设 $\hat{\otimes}$ 为灰数 $\otimes$ 的核，g° 为灰数 $\otimes$ 的灰度，称 $\hat{\otimes}_{(g^{\circ})}$ 为灰数的简化形式（刘思峰等，2010a）。

按照 2.3 节中给出的灰数灰度定义，灰数的简化形式 $\hat{\otimes}_{(g^{\circ})}$ 包含了灰数 $\otimes\in[\underline{a},\overline{a}]$，$\underline{a}<\overline{a}$ 取值的全部信息。

命题 2.5.1　对于区间灰数而言，其简化形式 $\hat{\otimes}_{(g^{\circ})}$ 与灰数 $\otimes\in[\underline{a},\overline{a}]$，$\underline{a}<\overline{a}$ 之间具有一一对应关系。

事实上，给定灰数 $\otimes\in[\underline{a},\overline{a}]$，$\underline{a}<\overline{a}$，按照核的定义和 1.5 节中给出的灰度定义可以分别计算出 $\hat{\otimes}$ 和 g°，即有 $\hat{\otimes}_{(g^{\circ})}$；反过来，当 $\hat{\otimes}_{(g^{\circ})}$ 已知时，我们可以根据 $\hat{\otimes}$ 确定灰数 $\otimes$ 的位置，同时根据 2.3.1 给出的灰度定义 g° 计算出灰数 $\otimes$ 的测度，进而得到灰数 $\otimes$ 取值的上限 $\overline{a}$ 和下限 $\underline{a}$，从而有 $\otimes\in[\underline{a},\overline{a}]$，$\underline{a}<\overline{a}$。

例 2.5.1　已知论域 $\Omega\in[-2,20]$ 上的区间灰数 $\otimes_1\in[-2,-1]$，$\otimes_2\in[8,18]$，$\otimes_3\in[-2,18]$，若以灰区间长度作为灰数的测度，试分别求出这三个灰数的简化形式。

解　根据已知条件，可得论域 Ω，$\otimes_1$，$\otimes_2$，$\otimes_3$ 的测度分别为 $\mu(\Omega)=20-(-2)=22$，$\mu(\otimes_1)=1$，$\mu(\otimes_2)=10$，$\mu(\otimes_3)=20$；这三个灰数的核与灰度分别为 $\hat{\otimes}_1=-1.5$，$\hat{\otimes}_2=13$，$\hat{\otimes}_3=8$；$g_1^{\circ}(\otimes_1)=0.045$，$g_2^{\circ}(\otimes_2)=0.45$，$g_3^{\circ}(\otimes_3)=0.91$，它们的简化形式分别为

$$\otimes_1=-1.5_{(0.045)},\quad \otimes_2=13_{(0.45)},\quad \otimes_3=8_{(0.91)}$$

定义 2.5.4　设 Ω 为灰数 $\otimes$ 的论域，当 $\mu(\Omega)=1$ 时，对应的灰数称为标准灰数；标准灰数的简化形式称为灰数的标准形式。

命题 2.5.2　设 $\otimes$ 为标准灰数，则 $g^{\circ}(\otimes)=\mu(\otimes)$。

对标准灰数而言，其灰度与灰数的测度完全一致。如果我们进一步将论域 Ω 限定为区间[0,1]，则 $\mu(\otimes)$ 就是[0,1]上的小区间的长度。这样，灰数的标准形式还原到一般形式十分方便。

以下我们将讨论更具一般性的灰数，为此需要首先给出灰数"基元"的定义。

2.5.2　一般灰数的定义及其简化形式

定义 2.5.5　区间灰数和实（白）数统称为灰数的基元。

定义 2.5.6　设

$$g^{\pm}\in\bigcup_{i=1}^{n}[\underline{a}_i,\overline{a}_i] \tag{2.5.1}$$

则称 $g^{\pm}$ 为一般灰数。

其中任一区间灰数 $\otimes_i\in[\underline{a}_i,\overline{a}_i]\subset\bigcup_{i=1}^{n}[\underline{a}_i,\overline{a}_i]$，满足 $\underline{a}_i,\overline{a}_i\in\mathbf{R}$ 且 $\overline{a}_{i-1}\leqslant\underline{a}_i\leqslant\overline{a}_i\leqslant\underline{a}_{i+1}$，

$g^- = \inf_{\underline{a}_i \in g^\pm} \underline{a}_i$，$g^+ = \sup_{\overline{a}_i \in g^\pm} \overline{a}_i$ 分别称为 $g^\pm$ 的下界和上界（Liu et al.，2012a）。

定义 2.5.7 （1）设 $g^\pm \in \bigcup_{i=1}^{n} \left[\underline{a}_i, \overline{a}_i\right]$ 为一般灰数，称

$$\hat{g} = \frac{1}{n}\sum_{i=1}^{n} \hat{a}_i \tag{2.5.2}$$

为 $g^\pm$ 的核。

（2）设 $g^\pm$ 为概率分布已知的一般灰数，$g^\pm \in \left[\underline{a}_i, \overline{a}_i\right] (i=1,2,\cdots,n)$ 的概率为 p_i，且满足

$$p_i > 0，\ i = 1,2,\cdots,n$$

$$\sum_{i=1}^{n} p_i = 1$$

则称

$$\hat{g} = \sum_{i=1}^{n} p_i \hat{a}_i \tag{2.5.3}$$

为 $g^\pm$ 的核（Liu et al.，2012a）。

定义 2.5.8 设一般灰数 $g^\pm \in \bigcup_{i=1}^{n} \left[\underline{a}_i, \overline{a}_i\right]$ 的背景或论域为 Ω，$\mu(\otimes)$ 为 Ω 上的测度，则称

$$g^\circ\left(g^\pm\right) = \frac{1}{\hat{g}}\sum_{i=1}^{n} \hat{a}_i \mu(\otimes_i) / \mu(\Omega) \tag{2.5.4}$$

为一般灰数 $g^\pm$ 的灰度。一般灰数 $g^\pm$ 的灰度亦简记为 g°。

例 2.5.2 设一般灰数

$$g^\pm = \otimes_1 \cup \otimes_2 \cup 2 \cup \otimes_4 \cup 6$$

其中，$\otimes_1 \in [1,3]$，$\otimes_2 \in [2,4]$，$\otimes_4 \in [5,9]$，$\Omega = [0,32]$，以区间长度作为 Ω 上的测度，试求 $g^\pm$ 的简化形式。

解 由题设易得，$\hat{\otimes}_1 = 2$，$\hat{\otimes}_2 = 3$，$\hat{\otimes}_4 = 7$，因此 $g^\pm$ 的核

$$\hat{g} = \frac{1}{5}\left(\hat{\otimes}_1 + \hat{\otimes}_2 + 2 + \hat{\otimes}_4 + 6\right) = \frac{1}{5}(2+3+2+7+6) = 4$$

再由 $\mu(\otimes_1) = 2$，$\mu(\otimes_2) = 2$，$\mu(\otimes_4) = 4$，$\mu(2) = \mu(6) = 0$，可得

$$\begin{aligned} g^\circ\left(g^\pm\right) &= \frac{1}{\hat{g}}\sum_{i=1}^{5} \hat{\otimes}_i \mu(\otimes_i) / \mu(\Omega) \\ &= \frac{1}{4}(2\times 2 + 3\times 2 + 2\times 0 + 7\times 4 + 6\times 0) / 32 \approx 0.297 \end{aligned}$$

故得 $g^\pm$ 的简化形式为 $4_{(0.297)}$。

如果 $g^\pm$ 的概率分布已知，比如

$$p_1 = 0.1，\ p_2 = 0.2，\ p_3 = 0.3，\ p_4 = 0.3，\ p_5 = 0.1$$

则有

$$\hat{g}=\sum_{i=1}^{n}p_i\,\hat{\otimes}_i=(0.1\times 2+0.2\times 3+0.3\times 2+0.3\times 7+0.1\times 6)=4.1$$

$$g^{\circ}=\frac{1}{\hat{g}}\sum_{i=1}^{5}\hat{\otimes}_i\,\mu(\otimes_i)/\mu(\Omega)=\frac{1}{4.1}\times\frac{3.8}{32}\approx 0.029$$

这时 $g^{\pm}$ 的简化形式为 $4.1_{(0.029)}$。

2.5.3　灰度合成公理

公理 2.5.1（灰度合成公理）　当 n 个一般灰数 $g_1^{\pm},g_2^{\pm},\cdots,g_n^{\pm}$ 进行加法（或减法）运算时，其代数和灰数 $g^{\pm}$ 的灰度 g° 为

$$g^{\circ}=\frac{1}{\sum_{i=1}^{n}\hat{g}_i}\sum_{i=1}^{n}g_i^{\circ}\hat{g}_i=\sum_{i=1}^{n}w_i g_i^{\circ}\tag{2.5.5}$$

其中，w_i 为 g_i° 的权重，$w_i=\frac{\hat{g}_i}{\sum_{i=1}^{n}\hat{g}_i},i=1,2,\cdots,n$（Liu et al.，2012a）。

命题 2.5.3　设 $g^{\pm}$ 为 $g_1^{\pm},g_2^{\pm},\cdots,g_n^{\pm}$ 的代数和，g° 为灰数 $g^{\pm}$ 的灰度，令 $g_m^{\circ}=\min\limits_{1\leqslant i\leqslant n}\{g_i^{\circ}\}$，$g_M^{\circ}=\max\limits_{1\leqslant i\leqslant n}\{g_i^{\circ}\}$，则

$$g_m^{\circ}\leqslant g^{\circ}\leqslant g_M^{\circ}\tag{2.5.6}$$

公理 2.5.2（灰度不减公理）　当 n 个一般灰数 $g_1^{\pm},g_2^{\pm},\cdots,g_n^{\pm}$ 进行乘法（或除法）运算时，运算结果的灰度不小于其中灰度最大的灰数的灰度（刘思峰等，2010a）。

为方便计算，我们通常可将运算结果的灰度取为 n 个一般灰数 $g_1^{\pm},g_2^{\pm},\cdots,g_n^{\pm}$ 中灰度最大的灰数的灰度，即 $g_M^{\circ}=\max\limits_{1\leqslant i\leqslant n}\{g_i^{\circ}\}$。

由式（2.5.5）和公理 2.5.2 不难得到如下推论。

推论 2.5.1　灰数加、减、乘、除运算过程中的白数不影响运算结果的灰度。

由公理 2.5.1 和公理 2.5.2，基于灰数的简化形式 $\hat{g}_{(g_1^{\circ})}$，我们可以得到如下的灰数运算法则（Liu et al.，2012a）。

法则 2.5.0（灰数相等）

$$\hat{g}_{1(g_1^{\circ})}=\hat{g}_{2(g_2^{\circ})}\Leftrightarrow \hat{g}_1=\hat{g}_2\text{ 且 }g_1^{\circ}=g_2^{\circ}\tag{2.5.7}$$

法则 2.5.1（加法运算）

$$\hat{g}_{1(g_1^{\circ})}+\hat{g}_{2(g_2^{\circ})}=(\hat{g}_1+\hat{g}_2)_{(w_1g_1^{\circ}+w_2g_2^{\circ})}\tag{2.5.8}$$

法则 2.5.2（灰数的负元）

$$-\hat{g}_{1(g_1^{\circ})}=(-\hat{g}_1)_{(g_1^{\circ})}\tag{2.5.9}$$

法则 2.5.3（减法运算）

$$\hat{g}_{1(g_1^\circ)} - \hat{g}_{2(g_2^\circ)} = (\hat{g}_1 - \hat{g}_2)_{(w_1 g_1^\circ + w_2 g_2^\circ)} \tag{2.5.10}$$

法则 2.5.4（乘法运算）

$$\hat{g}_{1(g_1^\circ)} \times \hat{g}_{2(g_2^\circ)} = (\hat{g}_1 \times \hat{g}_2)_{(g_1^\circ \vee g_2^\circ)} \tag{2.5.11}$$

法则 2.5.5（灰数的倒数） 设 $\hat{g}_1 \neq 0$，则

$$1/\hat{g}_{1(g_1^\circ)} = (1/\hat{g}_1)_{(g_1^\circ)} \tag{2.5.12}$$

法则 2.5.6（除法运算） 设 $\hat{g}_2 \neq 0$，则

$$\hat{g}_{1(g_1^\circ)} \div \hat{g}_{2(g_2^\circ)} = (\hat{g}_1 \div \hat{g}_2)_{(g_1^\circ \vee g_2^\circ)} \tag{2.5.13}$$

法则 2.5.7（数乘运算） 设 k 为实数，则

$$k \cdot \hat{g}_{(g_1^\circ)} = (k \cdot \hat{g})_{(g_1^\circ)} \tag{2.5.14}$$

法则 2.5.8（乘方运算） 设 k 为实数，则

$$\left(\hat{g}_{(g^\circ)}\right)^k = (\hat{g})^k_{(g^\circ)} \tag{2.5.15}$$

当 $g_1^\circ = g_2^\circ = g^\circ$ 时，$g_1^\circ \vee g_2^\circ = g^\circ$，因此，对于灰度相等的灰数，其加、减、乘、除运算是上述法则 2.5.1、法则 2.5.3、法则 2.5.4、法则 2.5.6 的特例，此处不再一一列出。

灰数的运算法则可以推广到有限个灰数进行加、减、乘、除运算的情形。

定义 2.5.9 设 $F(g^\pm)$ 为一般灰数构成的集合，若对任意的 $g_i^\pm, g_j^\pm \in F(g^\pm)$，有 $g_i^\pm + g_j^\pm$，$g_i^\pm - g_j^\pm$，$g_i^\pm \cdot g_j^\pm$ 和 $g_i^\pm \div g_j^\pm$ 均属于 $F(g^\pm)$（除法运算要满足法则 2.5.7 的条件），则称 $F(g^\pm)$ 为一个灰数域。

定理 2.5.1 一般灰数全体构成灰数域。

定义 2.5.10 设 $R(g^\pm)$ 为一般灰数构成的集合，若对于任意 $g_i^\pm, g_j^\pm$，$g_k^\pm \in R(g^\pm)$ 有：

（1）$g_i^\pm + g_j^\pm = g_j^\pm + g_i^\pm$；

（2）$(g_i^\pm + g_j^\pm) + g_k^\pm = g_i^\pm + (g_j^\pm + g_k^\pm)$；

（3）存在零元素 $0 \in R(g^\pm)$，使 $g_i^\pm + 0 = g_i^\pm$；

（4）对任意 $g_i^\pm \in R(g^\pm)$，有 $-g_i^\pm \in R(g^\pm)$，且使得 $g_i^\pm + (-g_i^\pm) = 0$；

（5）$(g_i^\pm \cdot g_j^\pm) \cdot g_k^\pm = g_i^\pm \cdot (g_j^\pm \cdot g_k^\pm)$；

（6）存在单位元 $1 \in R(g^\pm)$，使 $1 \cdot g_i^\pm = g_i^\pm \cdot 1 = g_i^\pm$；

（7）$(g_i^\pm + g_j^\pm) \cdot g_k^\pm = g_i^\pm \cdot g_k^\pm + g_j^\pm \cdot g_k^\pm$；

（8）$g_i^\pm \cdot (g_j^\pm + g_k^\pm) = g_i^\pm \cdot g_j^\pm + g_i^\pm \cdot g_k^\pm$。

则称 $R(g^\pm)$ 为灰色线性空间。

定理 2.5.2　一般灰数全体构成灰色线性空间。

例 2.5.3　对于两个混合一般灰数

$$g_1^{\pm}=\otimes_1\cup\otimes_2\cup 2\cup\otimes_4\cup 6 \text{ 和 } g_2^{\pm}=\otimes_6\cup 20\cup\otimes_8\cup\otimes_9$$

试计算 $g_3^{\pm}=g_1^{\pm}+g_2^{\pm}$，$g_4^{\pm}=g_1^{\pm}-g_2^{\pm}$，$g_5^{\pm}=g_1^{\pm}\times g_2^{\pm}$ 和 $g_6^{\pm}=g_1^{\pm}\div g_2^{\pm}$。其中 $\otimes_1\in[1,3]$，$\otimes_2\in[2,4]$，$\otimes_4\in[5,9]$，$\otimes_6\in[12,16]$，$\otimes_8\in[11,15]$，$\otimes_9\in[15,19]$，且假设 $g_1^{\pm}$ 的论域 $\Omega=[0,32]$，$g_2^{\pm}$ 的论域 $\Omega=[10,60]$。

解　首先计算 $g_1^{\pm}$ 和 $g_2^{\pm}$ 的简化形式，由例 2.5.2，$g_1^{\pm}=4_{(0.297)}$，再由 $\hat{\otimes}_6=14$，$\hat{\otimes}_8=13$，$\hat{\otimes}_9=17$，$\mu(\otimes_6)=4$，$\mu(\otimes_7)=0$，$\mu(\otimes_8)=4$，$\mu(\otimes_9)=4$，可得

$$\hat{g}_2=\frac{1}{4}\left(\hat{\otimes}_6+20+\hat{\otimes}_8+\hat{\otimes}_9\right)=\frac{1}{4}(14+20+13+17)=16$$

$$g_2^{\circ}\left(g^{\pm}\right)=\frac{1}{\hat{g}_2}\sum_{i=1}^{4}\hat{\otimes}_i\mu(\otimes_i)/\mu(\Omega_2)=\frac{1}{16}(14\times4+20\times0+13\times4+17\times4)/50=0.22$$

因此 $g_2^{\pm}$ 的简化形式为 $16_{(0.22)}$。

又 $w_1=\dfrac{4}{20}=0.2$，$w_2=\dfrac{16}{20}=0.8$，所以有

$$g_3^{\pm}=g_1^{\pm}+g_2^{\pm}=(\hat{g}_1+\hat{g}_2)_{\left(w_1g_1^{\circ}+w_2g_2^{\circ}\right)}=(4+16)_{(0.2\times0.297+0.8\times0.22)}=20_{(0.235)}$$

$$g_4^{\pm}=g_1^{\pm}-g_2^{\pm}=(\hat{g}_1-\hat{g}_2)_{\left(g_1^{\circ}\vee g_2^{\circ}\right)}=(4-16)_{(0.2\times0.297+0.8\times0.22)}=(-12)_{(0.235)}$$

$$g_5^{\pm}=g_1^{\pm}\times g_2^{\pm}=(\hat{g}_1\times\hat{g}_2)_{\left(g_1^{\circ}\vee g_2^{\circ}\right)}=(4\times16)_{(0.297\vee0.22)}=64_{(0.297)}$$

$$g_6^{\pm}=g_1^{\pm}\div g_2^{\pm}=(\hat{g}_1\div\hat{g}_2)_{\left(g_1^{\circ}\vee g_2^{\circ}\right)}=(4\div16)_{(0.297\vee0.22)}=\left(\frac{1}{4}\right)_{(0.297)}$$

定义 2.5.11　含有灰参数（灰元）的代数方程称为灰色代数方程；含有灰参数（灰元）的微分方程称为灰色微分方程。

例 2.5.4　求解方程 $\dfrac{\mathrm{d}y}{\mathrm{d}x}=\dfrac{\otimes_1\bullet x+\otimes_2\bullet y}{\otimes_2\bullet x-\otimes_1\bullet y}$，其中，$\otimes_1\in[18,18.5]$，$\otimes_2\in[25,26]$，论域 $\Omega=[10,30]$。

解　以灰区间长度作为灰数的测度，由 $\otimes_1\in[18,18.5]$，$\otimes_2\in[25,26]$ 和 $\Omega\in[10,30]$ 可知，$\mu(\otimes_1)=0.5$，$\mu(\otimes_2)=1$，$\mu(\Omega)=20$；该两灰数的灰度和简化形式分别为 $g_1^0(\otimes_1)=0.025$，$g_1^0(\otimes_2)=0.05$；$\otimes_1=18.25_{(0.025)}$，$\otimes_2=25.5_{(0.05)}$。

这样，原方程可改写成灰数的简化形式如式（2.5.16）所示。先把式（2.5.16）右端进行改写，变成式（2.5.17）所示的形式；令 $u=\dfrac{y}{x}$，则式（2.5.17）可变成式（2.5.18）所示的形式。对式（2.5.18）进行分离变量，并积分，得式（2.5.19）和式（2.5.20）；将 $u=\dfrac{y}{x}$ 代入式（2.5.20），并取反对数函数，可得通解如式（2.5.21）所示；写成极坐标的形式如式（2.5.22）所示：

$$\frac{\mathrm{d}y}{\mathrm{d}x}=\frac{\hat{\otimes}_{1(0.025)}\cdot x+\hat{\otimes}_{2(0.05)}\cdot y}{\hat{\otimes}_{2(0.05)}\cdot x-\hat{\otimes}_{1(0.025)}\cdot y} \tag{2.5.16}$$

$$\frac{\mathrm{d}y}{\mathrm{d}x}=\frac{\hat{\otimes}_{1(0.025)}+\hat{\otimes}_{2(0.05)}\cdot\dfrac{y}{x}}{\hat{\otimes}_{2(0.05)}-\hat{\otimes}_{1(0.025)}\cdot\dfrac{y}{x}} \tag{2.5.17}$$

$$u+x\frac{\mathrm{d}u}{\mathrm{d}x}=\frac{\hat{\otimes}_{1(0.025)}+\hat{\otimes}_{2(0.05)}\cdot u}{\hat{\otimes}_{2(0.05)}-\hat{\otimes}_{1(0.025)}\cdot u} \tag{2.5.18}$$

$$\int\frac{\hat{\otimes}_{2(0.05)}-\hat{\otimes}_{1(0.025)}\cdot u}{\hat{\otimes}_{1(0.025)}\left(u^2+1\right)}\mathrm{d}u=\int\frac{\mathrm{d}x}{x} \tag{2.5.19}$$

$$\frac{\hat{\otimes}_{2(0.05)}}{\hat{\otimes}_{1(0.025)}}\arctan u-\frac{1}{2}\ln\left(u^2+1\right)=\ln|x|+c \tag{2.5.20}$$

$$\sqrt{x^2+y^2}=C_1\mathrm{e}^{\frac{\hat{\otimes}_{2(0.05)}}{\hat{\otimes}_{1(0.025)}}\arctan\frac{y}{x}} \tag{2.5.21}$$

$$r=C_1\mathrm{e}^{\frac{\hat{\otimes}_{2(0.05)}}{\hat{\otimes}_{1(0.025)}}\theta} \tag{2.5.22}$$

将$\otimes_1=18.25_{(0.025)}$，$\otimes_2=25.5_{(0.05)}$分别代入式（2.5.21）和式（2.5.22）可得式（2.5.23）和式（2.5.24）；由式（2.5.24）可知，此方程在极坐标下表示一族以原点为中心的灰色对数螺线：

$$\sqrt{x^2+y^2}=C_1\mathrm{e}^{1.40_{(0.05)}\arctan\frac{y}{x}} \tag{2.5.23}$$

$$r=C_1\mathrm{e}^{1.40_{(0.05)}\theta} \tag{2.5.24}$$

定义 2.5.12 含有灰参数（灰元）的矩阵称为灰色矩阵，记为$\boldsymbol{A}(\otimes)$；并用$\otimes(i,j)=\left[a_{ij},b_{ij}\right]$表示$\boldsymbol{A}(\otimes)$中第$i$行第$j$列的灰数，该灰数的简化形式记为$\otimes(i,j)=\hat{\otimes}_{\left(g_{ij}^{\circ}\right)}(i,j)$。

例 2.5.5 设$\boldsymbol{A}(\otimes)=\begin{bmatrix}3_{(0.2)} & 1 & 1 & 1\\ 1 & 3 & 1 & 1\\ 1 & 1 & 3_{(0.1)} & 1\\ 1 & 1 & 1 & 3\end{bmatrix}$，$\boldsymbol{B}(\otimes)=\begin{bmatrix}1 & -1 & 0 & 2_{(0.3)}\\ 1 & 1 & 1 & 5\\ -2 & 0_{(0.1)} & -2 & -6\\ 3 & -1 & 3 & 5\end{bmatrix}$，

求$\left|\boldsymbol{A}(\otimes)\cdot\boldsymbol{B}(\otimes)\right|$。

解 $\boldsymbol{A}(\otimes)$和$\boldsymbol{B}(\otimes)$都是4阶方阵，有$\left|\boldsymbol{A}(\otimes)\cdot\boldsymbol{B}(\otimes)\right|=\left|\boldsymbol{A}(\otimes)\right|\cdot\left|\boldsymbol{B}(\otimes)\right|$；可以先分别计算$\boldsymbol{A}(\otimes)$和$\boldsymbol{B}(\otimes)$的行列式，然后相乘。

$$|A(\otimes)| \xlongequal{C_1+C_2+C_3+C_4} \begin{vmatrix} 6_{(0.2)} & 1 & 1 & 1 \\ 6 & 3 & 1 & 1 \\ 6_{(0.1)} & 1 & 3_{(0.1)} & 1 \\ 6 & 1 & 1 & 3 \end{vmatrix} \xlongequal[r_4-r_1]{\substack{r_2-r_1 \\ r_3-r_1}} \begin{vmatrix} 6_{(0.2)} & 1 & 1 & 1 \\ 0 & 2 & 0 & 0 \\ 0_{(0.2)} & 0 & 2_{(0.1)} & 0 \\ 0_{(0.2)} & 0 & 0 & 2 \end{vmatrix} = 48_{(0.2)}$$

$$|B(\otimes)| \xlongequal[C_4+2C_1]{C_2+C_1} \begin{vmatrix} 1 & 0 & 0 & 0_{(0.3)} \\ 1 & 2 & 1 & 3 \\ -2 & -2_{(0.1)} & -2 & -2 \\ 3 & 2 & 3 & -1 \end{vmatrix} = \begin{vmatrix} 2 & 1 & 3 \\ -2_{(0.1)} & -2 & -2 \\ 2 & 3 & -1 \end{vmatrix} + 0_{(0.3)}$$

$$\xlongequal[r_3-r_1]{r_2+r_1} \begin{vmatrix} 2 & 1 & 3 \\ 0_{(0.1)} & -1 & 1 \\ 0 & 2 & -4 \end{vmatrix} + 0_{(0.3)}$$

$$= 2\begin{vmatrix} -1 & 1 \\ 2 & -4 \end{vmatrix} + 0_{(0.3)}$$

$$= 4_{(0.3)}$$

$$|A(\otimes) \cdot B(\otimes)| = |A(\otimes)| \cdot |B(\otimes)| = 48_{(0.2)} \cdot 4_{(0.3)} = 192_{(0.3)}$$

灰数是灰色系统理论的最基本要素，是研究灰色系统的数量关系的基础。灰数的运算是灰色数学研究的起点，在灰色系统理论发展中具有十分重要的地位。本节基于对灰数“核”的作用和意义的强化，借助规范化灰度这样一座桥梁，将灰数运算转化为实数运算。这里定义的灰数运算便于向灰色代数方程、灰色微分方程、灰色矩阵运算推广。对于由于受到灰数运算困难的制约一直进展缓慢的灰色投入产出和灰色规划研究等，亦具有积极意义。

规范化灰度的计算与灰数的论域 Ω 有关，因此从灰数的简化形式还原到一般形式绕不开论域 Ω 这道坎。有时候人们往往只关心如何对灰数进行运算，而对运算结果的论域重视不够，这自然会给灰数还原造成一定困难。但简化形式这种灰数的表征方式提供了核和灰度等十分重要的信息，使我们能够做到胸中有“数”。这正像随机变量的数学期望和方差等数字特征能够帮助人们认识和把握随机变量的分布信息一样，简化形式给出的核和灰度对于我们了解灰数的取值信息十分重要。

第 3 章

灰色方程与灰色矩阵

3.1 灰色代数方程与灰色微分方程

定义 3.1.1 含有灰参数（灰元）的代数方程称为灰色代数方程。

定义 3.1.2 含有灰元素的 n 维向量称为 n 维灰色向量。n 维灰色向量记为

$$\boldsymbol{X}(\otimes)=(\otimes_1,\otimes_2,\cdots,\otimes_n)$$

不含灰元的白方程，求解较为简单，一般一元白方程的解是实数轴上确定的点。多元白方程组的解也已有明确的表述。灰色方程的解讨论起来较为复杂。严格来说，灰色方程并不是一个方程，而是许多个方程的代表符号。灰色方程代表的方程个数，取决于方程中灰元的取值。若灰元皆在有界灰域内取有限个值，则灰色方程代表有限个白方程，若方程中灰元取无穷多个值，灰色方程就代表无穷多个白方程。

例 3.1.1 设区间灰数 $\otimes_1\in[2,5]$，$\otimes_2\in[1.5,4]$，试求灰色方程

$$\otimes_1 x+\otimes_2=0 \tag{3.1.1}$$

的解。

解 由区间灰数运算法则 2.4.5，2.4.6 和 2.4.2 可得，$\otimes_1^{-1}\in[1/4,1]$，因此方程（3.1.1）的解

$$\begin{aligned}x&=-\otimes_2\otimes_1^{-1}\\&\in-\left[\min\{1.5/2,1.5/5,4/2,4/5\},\max\{1.5/2,1.5/5,4/2,4/5\}\right]\\&=-[1.5/5,4/2]=[-4/2,-1.5/5]=[-2,-0.3]\end{aligned}$$

灰参数的不同取值与解集中不同的值相对应。一般地，一元一次灰色方程的解为实数轴上若干个点或灰区间，n 元一次灰色方程组的解为 n 维灰色向量，其他类型的灰色代数方程的解集的形式也与同类白代数方程类似。

显然，当方程较复杂时，按照区间灰数运算法则求解的过程也十分复杂。按照 2.5 节基于核和灰度的运算法则求解则相对简便一些。

例 3.1.2 设论域 $\Omega=[0,20]$，试按一般灰数运算法则求解例 3.1.1 中的方程

（3.1.1）。

解　$\hat{\otimes}_1=3.5$，$\hat{\otimes}_2=2.75$，又 $\mu(\otimes_1)=3$，$\mu(\otimes_2)=2.5$，$\mu(\Omega)=20$，所以，$g^{\circ}(\otimes_1)$=3/20=0.15，$g^{\circ}(\otimes_2)$=2.5/20=0.125，从而得 $\otimes_1\in[2,5]$，$\otimes_2\in[1.5,4]$ 的简化形式分别为 $3.5_{0.15}$，$2.75_{0.125}$，由一般灰数运算法则 2.5.6 和 2.5.2 可得方程（3.1.1）的解的简化形式如下：

$$x=-\otimes_{2(g_2^{\circ})}\otimes_{1\ (g_1^{\circ})}^{-1}=-\left(\frac{\hat{\otimes}_2}{\hat{\otimes}_1}_{(g_2^{\circ}\vee g_1^{\circ})}\right)=-\frac{2.75}{3.5}_{(0.15\vee 0.125)}\approx -0.786_{(0.15)}$$

例 3.1.3　设两个混合一般灰数 $g_1^{\pm}=\otimes_1\cup\otimes_2\cup 2\cup\otimes_4\cup 6$，$g_2^{\pm}=\otimes_6\cup 20\cup\otimes_8\cup\otimes_9$ 试求解例 3.1.1 中的方程（3.1.1）。

解　由例 2.5.2 和例 2.5.3，$g_1^{\pm}$ 和 $g_2^{\pm}$ 的简化形式分别为 $g_1^{\pm}=4_{(0.297)}$ $g_2^{\pm}=16_{(0.22)}$。由一般灰数运算法则 2.5.6 和法则 2.5.2 可得方程（3.1.1）的解的简化形式

$$x=-g_{2\ (g_2^{\circ})}^{\pm}g_{1\ \ (g_1^{\circ})}^{\pm-1}=-\left(\frac{\hat{g}_2^{\pm}}{\hat{g}_1^{\pm}}_{(g_2^{\circ}\vee g_1^{\circ})}\right)=-\frac{16}{4}_{(0.22\vee 0.297)}=-4_{(0.297)}$$

定义 3.1.3　含有灰参数的微分方程称为灰色微分方程。

灰色微分方程可通过积分或特征方程转化为灰色代数方程求解。此处从略。

3.2　灰色矩阵及其运算

定义 3.2.1　含有灰元的矩阵称为灰色矩阵，记为 $\boldsymbol{A}(\otimes)$，并用 $\otimes_{ij}$ 或 $\otimes(i,j)$ 表示灰色矩阵中第 i 行第 j 列处的灰数。如

$$\boldsymbol{A}(\otimes)=\begin{bmatrix}\otimes_{11} & a_{12}\\ a_{21} & a_{22}\end{bmatrix}$$

为一个 2×2 灰色矩阵，其中 $\otimes_{11}\in[\underline{a}_{11},\overline{a}_{11}]$，$\underline{a}_{11}<\overline{a}_{11}$，$a_{12}$，$a_{21}$，$a_{22}$ 为白数。

定义 3.2.2　设 $\boldsymbol{A}(\otimes)$ 为 $n\times m$ 灰色矩阵，G 为 $\boldsymbol{A}(\otimes)$ 中灰元个数，称

$$\theta=\frac{G}{mn-G}\tag{3.2.1}$$

为灰色矩阵 $\boldsymbol{A}(\otimes)$ 的绝对元灰度。

$$\omega=\frac{G}{mn}\tag{3.2.2}$$

则称为灰色矩阵 $\boldsymbol{A}(\otimes)$ 的相对元灰度。

相对元灰度在 $[0,1]$ 内取值。当 $\omega=1$ 时，$\boldsymbol{A}(\otimes)$ 中无白元；$\omega=0$ 时，$\boldsymbol{A}(\otimes)$ 为白矩阵。绝对元灰度和相对元灰度均可说明 $\boldsymbol{A}(\otimes)$ 中灰元的多少。

全体 m 行、n 列灰色矩阵构成的集合记为 $G^{m\times n}$。

以 $\otimes_{ij}$ 为元素的 m 行、n 列灰色矩阵可记作 $\boldsymbol{A}(\otimes)=(\otimes_{ij})_{mn}$。

两个满足一定条件的灰色矩阵可以进行加、减、乘等运算，以下设灰色矩阵中的灰元均为一般灰数。

定义 3.2.3 设 $A(\otimes)=\left(\otimes_{ij}\right)_{mn}$，$B(\otimes)=\left(\otimes'_{ij}\right)_{mn}$，若 $A(\otimes)$ 和 $B(\otimes')$ 的对应元素都相等，即

$$\otimes_{ij}=\otimes'_{ij}，\quad i=1,2,\cdots,m，\quad j=1,2,\cdots,n$$

则称灰色矩阵 $A(\otimes)$ 与 $B(\otimes)$ 相等，记作 $A(\otimes)=B(\otimes)$。

定义 3.2.4 设 $A(\otimes)=\left(\otimes_{ij}\right)_{mn}$，$B(\otimes)=\left(\otimes'_{ij}\right)_{mn}$ 称

$$A(\otimes)+B(\otimes)=\left(\otimes_{ij}+\otimes'_{ij}\right)_{mn} \tag{3.2.3}$$

为 $A(\otimes)$ 与 $B(\otimes)$ 的和。

$$A(\otimes)-B(\otimes)=\left(\otimes_{ij}-\otimes'_{ij}\right)_{mn} \tag{3.2.4}$$

则称为 $A(\otimes)$ 与 $B(\otimes)$ 的差。称 $-A(\otimes)=\left(-\otimes_{ij}\right)_{mn}$ 为 $A(\otimes)$ 的负灰阵。

命题 3.2.1 灰色矩阵的加法和减法满足以下规则：

（1）$A(\otimes)+B(\otimes)=B(\otimes)+A(\otimes)$；

（2）$\big(A(\otimes)+B(\otimes)\big)+C(\otimes)=A(\otimes)+\big(B(\otimes)+C(\otimes)\big)$；

（3）$A(\otimes)-B(\otimes)=A(\otimes)+\big(-B(\otimes)\big)$。

定义 3.2.5 设 $\otimes$ 的灰数，$A(\otimes)=\left(\otimes_{ij}\right)$，称

$$\otimes\cdot A(\otimes)=\left(\otimes\cdot\otimes_{ij}\right)$$

为灰数 $\otimes$ 与灰色矩阵 $A(\otimes)$ 的数量乘积。

命题 3.2.2 灰数与灰色矩阵的数量乘积满足下列运算规律：

（1）$(\otimes_1\cdot\otimes_2)\cdot A(\otimes)=\otimes_1\cdot\big(\otimes_2\cdot A(\otimes)\big)=\otimes_2\cdot\big(\otimes_1\cdot A(\otimes)\big)$；

（2）$(\otimes_1+\otimes_2)\cdot A(\otimes)=\otimes_1\cdot A(\otimes)+\otimes_2\cdot A(\otimes)$；

（3）$\otimes\cdot\big(A(\otimes)\pm B(\otimes)\big)=\otimes\cdot A(\otimes)\pm\otimes\cdot B(\otimes)$。

当 $\otimes=-1$ 时，$\otimes\cdot A(\otimes)=-A(\otimes)$，为 $A(\otimes)$ 的负灰阵。

定义 3.2.6 设 $A(\otimes)=\left(\otimes_{ij}\right)_{ms}$，$B(\otimes)=\left(\otimes'_{ij}\right)_{sn}$，称

$$A(\otimes)\cdot B(\otimes)=\left(\otimes''_{ij}\right)_{mn}$$

为灰色矩阵 $A(\otimes)$ 与 $B(\otimes)$ 的乘积，其中

$$\begin{aligned}\otimes''_{ij}&=\otimes_{i1}\otimes'_{1j}+\otimes_{i2}\otimes'_{2j}+\cdots+\otimes_{is}\otimes'_{sj}\\&=\sum_{k=1}^{s}\otimes_{ik}\otimes'_{kj}\end{aligned} \tag{3.2.5}$$

$$i=1,2,\cdots,m；\quad j=1,2,\cdots,n$$

一个 $m\times s$ 灰色矩阵与一个 $s\times n$ 灰色矩阵的乘积是一个 $m\times n$ 灰色矩阵。

仅当第一个矩阵的列数等于第二个矩阵的行数时，两个灰色矩阵才能相乘。一个 $1\times s$ 灰色矩阵与一个 $s\times 1$ 灰色矩阵的乘积是一个灰数。即使 $A(\otimes)\cdot B(\otimes)$ 与

$B(\otimes)\cdot A(\otimes)$ 都有意义，一般地，$A(\otimes)\cdot B(\otimes)\neq B(\otimes)\cdot A(\otimes)$，也就是说，灰色矩阵的乘法不满足交换律。

命题 3.2.3 在运算可行时，灰色矩阵的乘法满足以下运算规律：

（1）$\big(A(\otimes)B(\otimes)\big)C(\otimes)=A(\otimes)\big(B(\otimes)C(\otimes)\big)$；

（2）$A(\otimes)\big(B(\otimes)+C(\otimes)\big)=A(\otimes)B(\otimes)+A(\otimes)C(\otimes)$

$\big(A(\otimes)+B(\otimes)\big)C(\otimes)=A(\otimes)C(\otimes)+B(\otimes)C(\otimes)$；

（3）$\otimes\big(A(\otimes)B(\otimes)\big)=\big(\otimes A(\otimes)\big)B(\otimes)=A(\otimes)\big(\otimes B(\otimes)\big)$。

定义 3.2.7 设 $A(\otimes)$ 为 n 阶灰色矩阵，称

$$A^k(\otimes)=A(\otimes)A(\otimes)\cdots A(\otimes)\ （k\text{个}A(\otimes)\text{乘积}）\tag{3.2.6}$$

为灰色方阵 $A(\otimes)$ 的 k 次幂。

命题 3.2.4 灰色方阵 $A(\otimes)$ 的幂满足以下运算规则：

（1）$A^k(\otimes)A^l(\otimes)=A^{k+l}(\otimes)$； （3.2.7）

（2）$\big(A^k(\otimes)\big)^l=A^{kl}\otimes$。 （3.2.8）

其中 k，l 为正整数。

因灰色矩阵乘法不满足交换率，所以 $A(\otimes)$，$B(\otimes)\in G^{n\times m}$，一般地

$$\big(A(\otimes)B(\otimes)\big)^k\neq A^k(\otimes)B^k(\otimes)$$

定义 3.2.8 设灰色矩阵

$$A(\otimes)=\begin{bmatrix}\otimes_{11} & \otimes_{12} & \cdots & \otimes_{1n}\\ \otimes_{21} & \otimes_{22} & \cdots & \otimes_{2n}\\ \vdots & \vdots & & \vdots\\ \otimes_{m1} & \otimes_{m2} & \cdots & \otimes_{mn}\end{bmatrix}$$

称

$$A(\otimes)^{\mathrm{T}}=\begin{bmatrix}\otimes_{11} & \otimes_{21} & \cdots & \otimes_{m1}\\ \otimes_{12} & \otimes_{22} & \cdots & \otimes_{m2}\\ \vdots & \vdots & & \vdots\\ \otimes_{1n} & \otimes_{2n} & \cdots & \otimes_{mn}\end{bmatrix}$$

为 $A(\otimes)$ 的转置灰色矩阵。

转置灰色矩阵的第 i 行第 j 列处的元素等于原灰色矩阵第 j 行第 i 列的元素。

命题 3.2.5 在运算可行时，灰色矩阵的转置满足下列运算规律：

（1）$\big(A(\otimes)^{\mathrm{T}}\big)^{\mathrm{T}}=A(\otimes)$； （3.2.9）

（2）$\big(A(\otimes)+B(\otimes)\big)^{\mathrm{T}}=A(\otimes)^{\mathrm{T}}+B(\otimes)^{\mathrm{T}}$； （3.2.10）

（3）$\big(\otimes A(\otimes)\big)^{\mathrm{T}}=\otimes A(\otimes)^{\mathrm{T}}$； （3.2.11）

（4）$\big(A(\otimes)B(\otimes)\big)^{\mathrm{T}}=B(\otimes)^{\mathrm{T}}A(\otimes)^{\mathrm{T}}$。 （3.2.12）

3.3 几种特殊的灰色矩阵

定义 3.3.1 形如

$$A(\otimes)=\begin{bmatrix}\otimes_{11} & & & \\ & \otimes_{22} & & \\ & & \ddots & \\ & & & \otimes_{nn}\end{bmatrix}$$

的灰色矩阵称为对角灰阵，其中未标出的元素全为零。对角灰阵也记为

$$\mathrm{diag}\left[\otimes_{11},\otimes_{22},\cdots,\otimes_{nn}\right]$$

命题 3.3.1 对角灰阵有以下运算性质:

（1）同阶对角灰阵的和、差仍为对角灰阵；

（2）灰数与对角灰阵的数量乘积仍为对角灰阵；

（3）同阶对角灰阵的乘积仍是对角灰阵，且乘法可交换；

（4）对角灰阵与其转置灰阵相等。

定义 3.3.2 以 diag[1,1,⋯,1]为白化矩阵的对角灰阵称为单位灰阵，记为 $\boldsymbol{E}(\otimes)$。普通的单位矩阵记为 $\boldsymbol{E}$。

单位灰阵在灰色矩阵运算中以其白化矩阵

$$\boldsymbol{E}=\mathrm{diag}[1,1,\cdots,1]$$

的形式出现。

定义 3.3.3 $\mathrm{diag}[\otimes,\otimes,\cdots,\otimes]$ 被称为数量灰阵。

定义 3.3.4 当 $\hat{\boldsymbol{A}}(\otimes)=\mathrm{diag}[1,1,\cdots,1]$ 时，称 $\boldsymbol{A}(\otimes)$ 为核单位灰阵。

定义 3.3.5 形如

$$\begin{bmatrix}\otimes_{11} & \otimes_{12} & \cdots & \otimes_{1n}\\ & \otimes_{22} & \cdots & \otimes_{2n}\\ & & \ddots & \vdots\\ & & & \otimes_{nn}\end{bmatrix} \text{和} \begin{bmatrix}\otimes_{11} & & & \\ \otimes_{21} & \otimes_{22} & & \\ \vdots & \vdots & \ddots & \\ \otimes_{n1} & \otimes_{n2} & \cdots & \otimes_{nn}\end{bmatrix}$$

的灰色矩阵分别称为上三角灰阵和下三角灰阵。

上三角灰阵和下三角灰阵统称为三角灰阵。

命题 3.3.2 两个同阶上（下）三角灰阵的和、差、积灰色矩阵仍是同阶的上（下）三角灰阵。

定义 3.3.6 若 $\boldsymbol{A}(\otimes)\in G^{n\times n}$ 满足 $\boldsymbol{A}(\otimes)^{\mathrm{T}}=\boldsymbol{A}(\otimes)$，则称 $\boldsymbol{A}(\otimes)$ 为对称灰阵，对称灰阵的元素满足 $\otimes_{ij}=\otimes_{ij}\,(i,j=1,\cdots,n)$。

定义 3.3.7 若 $\boldsymbol{A}(\otimes)\in G^{n\times n}$ 满足 $-\boldsymbol{A}(\otimes)^{\mathrm{T}}=\boldsymbol{A}(\otimes)$，则称 $\boldsymbol{A}(\otimes)$ 为反对称灰阵，反对称灰阵的元素满足 $\otimes_{ij}=-\otimes_{ij}\,(i,j=1,\cdots,n)$。显然，反对称灰阵主对角线上的元素一定为零。

命题 3.3.3 对称（反对称）灰阵的和、差与数量乘积仍为对称（反对称）灰阵。两个对称（反对称）灰阵的乘积不一定是对称（反对称）灰阵。

定义 3.3.8 若灰色矩阵 $A(\otimes)\in G^{n\times n}$ 满足

$$\boldsymbol{A}(\otimes)\cdot\boldsymbol{A}(\otimes)^{\mathrm{T}}=\boldsymbol{A}(\otimes)^{\mathrm{T}}\cdot\boldsymbol{A}(\otimes)=\boldsymbol{E}(\otimes)$$

则称 $\boldsymbol{A}(\otimes)$ 为正交灰阵。

命题 3.3.4 两个正交灰阵的乘积仍为正交灰阵。

3.4 灰色矩阵的奇异性

定义 3.4.1 设灰色矩阵 $\boldsymbol{A}(\otimes)\in G^{n\times n}$，若存在灰色矩阵 $\boldsymbol{B}(\otimes)$，$\boldsymbol{C}(\otimes)\in G^{n\times n}$，使

$$\boldsymbol{A}(\otimes)\boldsymbol{B}(\otimes)=\boldsymbol{E}(\otimes),\quad \boldsymbol{C}(\otimes)\boldsymbol{A}(\otimes)=\boldsymbol{E}(\otimes)$$

则称 $\boldsymbol{B}(\otimes)$ 为 $\boldsymbol{A}(\otimes)$ 的灰右逆阵，$\boldsymbol{C}(\otimes)$ 为 $\boldsymbol{A}(\otimes)$ 的灰左逆阵。此时若 $\boldsymbol{B}(\otimes)=\boldsymbol{C}(\otimes)$，则称 $\boldsymbol{A}(\otimes)$ 为可逆灰阵，$\boldsymbol{B}(\otimes)$ 为 $\boldsymbol{A}(\otimes)$ 的灰逆阵，$\boldsymbol{A}(\otimes)$ 的灰逆阵记为 $\boldsymbol{A}(\otimes)^{-1}$。

对于一般的灰色矩阵 $\boldsymbol{A}(\otimes)$，要求出其灰色逆矩阵十分困难，本节我们借助灰色矩阵的白化矩阵来研究灰色矩阵的奇异性。

定义 3.4.2 设 $\boldsymbol{A}(\otimes)\in G^{n\times n}$，将 $\boldsymbol{A}(\otimes)$ 的全部灰元分别赋予一个确定的数，所得的矩阵称为 $\boldsymbol{A}(\otimes)$ 的一个白化矩阵，记为 $\tilde{\boldsymbol{A}}(\otimes)=\left(\tilde{\otimes}_{ij}\right)$。

上界矩阵 $\bar{\boldsymbol{A}}$ 与下界矩阵 $\underline{\boldsymbol{A}}$ 为特殊的白化矩阵，$\boldsymbol{A}(\otimes)$ 的全体白化矩阵构成的集合记为 $\left(\tilde{\boldsymbol{A}}\right)$。灰矩阵 $\boldsymbol{A}(\otimes)$ 的"核"记为 $\hat{\boldsymbol{A}}$。

定义 3.4.3 设 $\boldsymbol{A}(\otimes)\in G^{n\times n}$：

（1）若 $\det\hat{\boldsymbol{A}}=0$，则称 $\boldsymbol{A}(\otimes)$ 为核降秩灰阵；

（2）若 $\det\hat{\boldsymbol{A}}\neq 0$，则称 $\boldsymbol{A}(\otimes)$ 为核满秩灰阵。

按照一般灰数运算法则，从某种意义上讲，核满秩灰阵在运算过程中可以视为满秩灰阵。

定义 3.4.4 设 $\boldsymbol{A}(\otimes)\in G^{n\times n}$：

（1）若对任意 $\tilde{\boldsymbol{A}}\in\left\{\tilde{\boldsymbol{A}}\right\}$，恒有 $\det\tilde{\boldsymbol{A}}=0$，则称 $\boldsymbol{A}(\otimes)$ 是恒降秩灰阵；

（2）若对任意 $\tilde{\boldsymbol{A}}\in\left\{\tilde{\boldsymbol{A}}\right\}$，恒有 $\det\tilde{\boldsymbol{A}}\neq 0$，则称 $\boldsymbol{A}(\otimes)$ 是恒满秩灰阵。

恒降秩灰阵与恒满秩灰阵都称为奇异性可判定灰色矩阵，否则称为奇异性不可判定灰色矩阵。

命题 3.4.1 设 $\boldsymbol{A}(\otimes)\in G^{n\times n}$，则 $\boldsymbol{A}(\otimes)$ 为奇异性不可判定灰色矩阵的充分必要条件是存在 $\tilde{\boldsymbol{A}}_1,\tilde{\boldsymbol{A}}_2\in\left\{\tilde{\boldsymbol{A}}\right\}$ 使

$$\det\tilde{\boldsymbol{A}}_1=0,\quad \det\tilde{\boldsymbol{A}}_2\neq 0$$

例 3.4.1 设

$$A(\otimes)=\begin{bmatrix}\otimes_{11} & 1\\ 1 & 1\end{bmatrix}$$

其中，$\otimes_{11}\in[-2,1]$。取$\tilde{\otimes}_{11}=1$和$\tilde{\otimes}_{11}=-1$，可分别得到

$$\tilde{A}_1=\begin{bmatrix}1 & 1\\ 1 & 1\end{bmatrix}\text{和}\ \tilde{A}_2=\begin{bmatrix}-1 & 1\\ 1 & 1\end{bmatrix}$$

易知$\det\tilde{A}_1=0$，$\det\tilde{A}_2\neq 0$，故$A(\otimes)$是奇异性不可判定灰色矩阵。

命题 3.4.2 设$A(\otimes)$为三角灰阵，若$A(\otimes)$的全体对角元$\otimes_{ij}\in\left[\underline{a}_{ii},\overline{a}_{ii}\right]$ $(i=1,2,\cdots,n)$，满足$\underline{a}_{ii}\bullet\overline{a}_{ii}>0$，则$A(\otimes)$是奇异性可判定灰色矩阵。

命题 3.4.3 设$A(\otimes)\in G^{n\times n}$，若$A(\otimes)$中全体灰元的各阶余子式均为零，则$A(\otimes)$是奇异性可判定灰色矩阵。

例 3.4.2 判定下述各灰色矩阵的奇异性（其中$a_{ij}\neq 0$），并讨论其核满秩性。

（1）$A_1(\otimes)=\begin{bmatrix}\otimes_{11} & 1\\ 1 & \otimes_{22}\end{bmatrix}$；（2）$A_2(\otimes)=\begin{bmatrix}\otimes_{11} & 1\\ 1 & 0\end{bmatrix}$；

（3）$A_3(\otimes)=\begin{bmatrix}a_{11} & \otimes_{12} & 0\\ \otimes_{21} & \otimes_{22} & a_{23}\\ a_{31} & \otimes_{32} & 0\end{bmatrix}$；（4）$A_4(\otimes)=\begin{bmatrix}a_{11} & \otimes_{12} & 0\\ 0 & a_{22} & 0\\ 0 & \otimes_{32} & a_{33}\end{bmatrix}$。

解 1）首先判断$A_1(\otimes)$，$A_2(\otimes)$，$A_3(\otimes)$，$A_4(\otimes)$是否为奇异性可判定矩阵。

（1）对于$A_1(\otimes)$，$\otimes_{11}$与$\otimes_{22}$互为余子式，因皆不为零，故不满足命题 3.4.3 的条件；考虑

$$\det A_1(\otimes)=\begin{vmatrix}\otimes_{11} & 1\\ 1 & \otimes_{22}\end{vmatrix}=\otimes_{11}\bullet\otimes_{22}-1=\otimes-1$$

当$\otimes_{ii}(i=1,2)$取不同值，$\otimes$有不同值，$\det\tilde{A}_1$可能为零，也可能不为零，所以$A_1(\otimes)$是奇异性不可判定的。

（2）$A_2(\otimes)$只有一个灰元$\otimes_1$，其余子式为零，根据命题 3.4.3，$A_2(\otimes)$是奇异性可判定的。事实上，

$$\det A_2(\otimes)=\begin{vmatrix}\otimes_{11} & 1\\ 1 & 0\end{vmatrix}=-1$$

对于任意$\tilde{A}_2\in\{\tilde{A}_2\}$，$\det\tilde{A}_2$恒不等于零，故$A_2(\otimes)$是恒满秩灰阵。

（3）对于$A_3(\otimes)$，由于灰元$\otimes_{12}$的余子式为

$$\begin{vmatrix}\otimes_{21} & a_{23}\\ a_{31} & 0\end{vmatrix}=-a_{23}a_{31}\neq 0$$

不满足命题 3.4.3 的条件，考虑

$$\det A_3(\otimes)=-a_{23}\begin{vmatrix}a_{11} & \otimes_{12}\\ a_{31} & \otimes_{32}\end{vmatrix}=-a_{23}a_{11}\otimes_{32}+a_{23}a_{31}\otimes_{12}$$

所以，对于不同的 $\tilde{A}_3 \in \{\tilde{A}_3\}$，$\det \tilde{A}_3$ 可能等于零，也可能不等于零。故 $A_3(\otimes)$ 是奇异性不可判定的。

（4）$A_4(\otimes)$ 有两个灰元 $\otimes_{12}$ 和 $\otimes_{32}$，其余子式分别为

$$\begin{vmatrix} 0 & 0 \\ 0 & a_{33} \end{vmatrix} = 0 \qquad \begin{vmatrix} a_{11} & 0 \\ 0 & 0 \end{vmatrix} = 0$$

因此，$A_4(\otimes)$ 是奇异性可判定灰色矩阵。事实上，对于任意 $\tilde{A}_4 \in \{\tilde{A}_4\}$，都有

$$\det \tilde{A}_4 = a_{11}a_{22}a_{33} \neq 0$$

所以，$A_4(\otimes)$ 是恒满秩灰阵。

2）显然，恒满秩灰阵 $A_2(\otimes)$ 和 $A_4(\otimes)$ 都是核满秩灰阵。由 $\det A_1(\otimes) = \begin{vmatrix} \otimes_{11} & 1 \\ 1 & \otimes_{22} \end{vmatrix} = \otimes_{11} \bullet \otimes_{22} - 1 = \otimes - 1$，易知，当 $\hat{\otimes}_{11}\ \hat{\otimes}_{22} \neq 1$ 时，$\det \tilde{A}_1 \neq 0$，$A_1(\otimes)$ 为核满秩灰阵。由于 $A_3(\otimes)$ 中灰元 $\otimes_{12}$ 的余子式 $\begin{vmatrix} \otimes_{21} & a_{23} \\ a_{31} & 0 \end{vmatrix} = -a_{23}a_{31} \neq 0$，考虑到 $\det A_3(\otimes) = -a_{23}\begin{vmatrix} a_{21} & \otimes_{12} \\ a_{31} & \otimes_{32} \end{vmatrix} = -a_{23}a_{11}\otimes_{32} + a_{23}a_{31}\otimes_{12}$，所以，当 $-a_{23}a_{11}\hat{\otimes}_{32} + a_{23}a_{31}\hat{\otimes}_{12} \neq 0$ 时，$\det \hat{A}_3 \neq 0$，$A_3(\otimes)$ 为核满秩灰阵。

3.5 灰色特征值与灰色特征向量

定义 3.5.1 设 $A(\otimes) \in G^{n\times n}$，$\lambda(\otimes)$ 为一灰数，若存在非零灰色向量

$$X(\otimes) = [\otimes_1, \otimes_2, \cdots, \otimes_n]^{\mathrm{T}}$$

使得

$$A(\otimes)X(\otimes) = \lambda(\otimes) \bullet X(\otimes)$$

成立，则称 $\lambda(\otimes)$ 为 $A(\otimes)$ 的灰色特征值，称 $X(\otimes)$ 为 $A(\otimes)$ 的属于 $\lambda(\otimes)$ 的灰色特征向量。

定义 3.5.2 设 $A(\otimes) \in G^{n\times n}$，$\lambda(\otimes)$ 为一灰数，则灰色矩阵

$$\lambda(\otimes)E - A(\otimes)$$

称为 $A(\otimes)$ 的灰色特征矩阵；特征矩阵的行列式

$$|\lambda(\otimes)E - A(\otimes)|$$

称为 $A(\otimes)$ 的灰色特征多项式，行列式方程

$$|\lambda(\otimes)E - A(\otimes)| = 0 \tag{3.5.1}$$

称为 $A(\otimes)$ 的灰色特征方程。

命题 3.5.1 设 $A(\otimes) \in G^{n\times n}$，则 $\lambda(\otimes)$ 是 $A(\otimes)$ 的灰色特征值，$X(\otimes)$ 是 $A(\otimes)$ 的属于 $\lambda(\otimes)$ 的灰色特征向量的充分必要条件。

$\lambda(\otimes)$ 是灰色特征方程

$$\left|\lambda(\otimes)\boldsymbol{E}-\boldsymbol{A}(\otimes)\right|=0$$

的根。

$\boldsymbol{X}(\otimes)$是齐次灰色线性方程组

$$\left[\lambda(\otimes)\boldsymbol{E}-\boldsymbol{A}(\otimes)\right]\boldsymbol{X}(\otimes)=0 \tag{3.5.2}$$

的非零解。

命题 3.5.2 设$\boldsymbol{A}(\otimes)\in G^{n\times n}$，则转置灰阵$\boldsymbol{A}(\otimes)^{\mathrm{T}}$与$\boldsymbol{A}(\otimes)$的特征值相同。

定义 3.5.3 设$\boldsymbol{A}(\otimes)\in G^{n\times n}$，$\boldsymbol{A}(\otimes)=\left(\otimes_{ij}\right)$，$\otimes_{ij}\in\left[\underline{a}_{ij},\overline{a}_{ij}\right]$，$\underline{a}_{ij}<\overline{a}_{ij}$。

（1）若

$$\left|\underline{a}_{ii}\right|>\sum_{\substack{j=1\\j\neq i}}^{n}\left|\underline{a}_{ij}\right|\left(i=1,2,\cdots,n\right) \tag{3.5.3}$$

则称$\boldsymbol{A}(\otimes)$为下界对角强优灰阵。

（2）若

$$\left|\overline{a}_{ii}\right|>\sum_{\substack{j=1\\j\neq i}}^{n}\left|\overline{a}_{ij}\right|\left(i=1,2,\cdots,n\right) \tag{3.5.4}$$

则称$\boldsymbol{A}(\otimes)$为上界对角强优灰阵。

（3）若

$$\left|\hat{a}_{ii}\right|>\sum_{\substack{j=1\\j\neq i}}^{n}\left|\hat{a}_{ij}\right|\left(i=1,2,\cdots,n\right) \tag{3.5.5}$$

则称$\boldsymbol{A}(\otimes)$为核对角强优灰阵。

命题 3.5.3 $\boldsymbol{A}(\otimes)\in G^{n\times n}$，若

（1）$\boldsymbol{A}(\otimes)$为下界对角强优灰阵，则$\boldsymbol{A}(\otimes)$的下界矩阵$\underline{\boldsymbol{A}}$非奇异；

（2）$\boldsymbol{A}(\otimes)$为上界对角强优灰阵，则$\boldsymbol{A}(\otimes)$的上界矩阵$\overline{\boldsymbol{A}}$非奇异；

（3）$\boldsymbol{A}(\otimes)$为核对角强优灰阵，则$\boldsymbol{A}(\otimes)$的核矩阵$\hat{\boldsymbol{A}}$非奇异；

（4）$\boldsymbol{A}(\otimes)$既是上界对角强优灰阵，又是下界对角强优灰阵，且$\underline{a}_{ii}\cdot\overline{a}_{ii}>0$ $\left(i=1,2,\cdots,n\right)$，则$\boldsymbol{A}(\otimes)$为恒满秩灰阵。

第 4 章

序列算子与灰色信息挖掘

灰色系统理论认为，尽管客观世界表象复杂，数据离乱，但作为现实系统，总具有特定的整体功能，因此看似离乱的数据中必然蕴涵某种内在规律。关键在于如何选择适当的方式去挖掘和利用它。一切灰色序列都能通过某种序列算子弱化其不确定性，显现其规律性。本章主要讨论基于序列算子挖掘灰色信息中蕴涵规律的方法和技术。

4.1 引言

灰色系统理论的主要任务之一，就是根据社会、经济、生态等系统的行为特征数据，寻找不同系统变量之间的数学关系或某些系统变量自身的演化规律。灰色系统理论将具有贫信息特征的数据序列视为在一定幅值范围和一定时区内变化的灰色数据，并基于序列算子挖掘灰色数据中隐含的变化规律。

事实上，研究系统的行为特征，得到的数据往往是一串确定的白数，如果数据量足够大，且能够判断其概率分布，我们可以把它看成某个随机过程的一条轨道或现实，运用随机分析方法或模型研究其统计规律。

随机过程基于先验概率研究数据的统计规律。这种方法要求有大量数据。但有时候，即使有了大量的数据也未必能找到统计规律。例如，人类的祖先敬畏大自然的神秘力量，很早就十分重视气象和气候变化的影响，也积累了许多指标的海量数据，但仍然难以准确把握气象和气候变化规律。概率论或随机过程中研究了一些具有典型分布（如二项分布、泊松分布、几何分布、均匀分布、指数分布、正态分布）的随机变量，以及平稳过程、马尔可夫过程、高斯过程或白噪声过程等分布过程，随着研究的逐步深入，对这些随机变量和随机过程的认识也在逐步深化。但面对纷繁复杂的实际系统，采集到的数据究竟服从什么分布或能够归入哪一类典型的随机过程，以及相关特征参数的具体取值，往往不易确定。

灰色系统基于序列算子的作用，挖掘原始数据的变化规律。这是一种就数据寻找

数据的现实规律的途径，我们称为灰色信息挖掘。例如，对于给定的原始数据序列

$$X^{(0)}=(1,2,1.5,3)$$

看上去似乎没有明显的规律性。将上述数据作图，如图 4.1.1 所示。

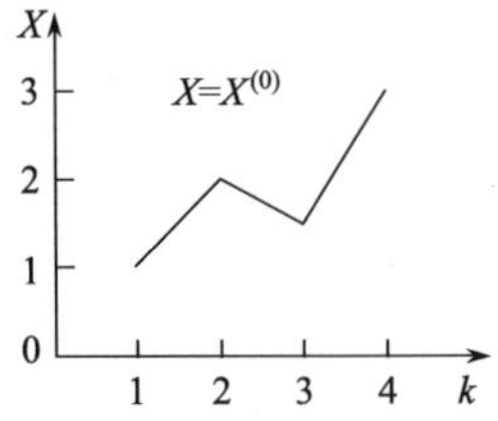

图 4.1.1

由图 4.1.1 可以看出，$X^{(0)}$ 的曲线是摆动的，起伏变化幅度较大。对原始数据 $X^{(0)}$ 施以一阶累加算子，将所得新序列记为 $X^{(1)}$，则

$$X^{(1)}=(1,3,4.5,7.5)$$

$X^{(1)}$ 已呈现明显的增长规律性，如图 4.1.2 所示。

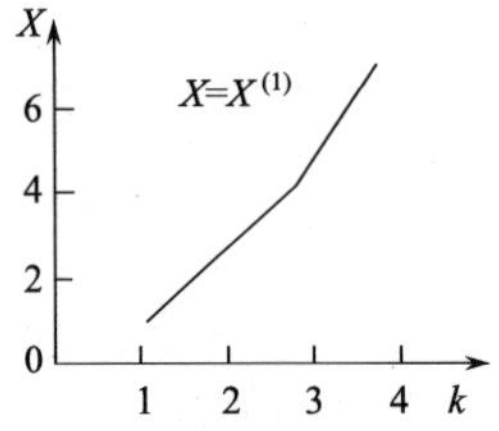

图 4.1.2

4.2 冲击扰动系统与缓冲算子

4.2.1 冲击扰动系统预测陷阱

在预测科学领域，冲击扰动系统（shock disturbed system）预测是一大难题。对于冲击扰动系统，模型选择理论也将失去其应有的功效。问题的症结不在模型的优劣，而是由于系统行为数据因系统本身受到某种冲击波的干扰而失真。这时候，系统行为数据已不能正确地反映系统的真实变化规律，因此难以用来对系统的未来变化进行预测。

定义 4.2.1 设

$$X^{(0)}=\left(x^{(0)}(1),x^{(0)}(2),\cdots,x^{(0)}(n)\right)$$

为系统真实行为序列，而观测到的系统行为数据序列为

$$\begin{aligned}X&=\left(x(1),x(2),\cdots,x(n)\right)\\&=\left(x^{(0)}(1)+\varepsilon_1,x^{(0)}(2)+\varepsilon_2,\cdots,x^{(0)}(n)+\varepsilon_n\right)=X^{(0)}+\varepsilon\end{aligned}$$

其中，$\varepsilon=(\varepsilon_1,\varepsilon_2,\cdots,\varepsilon_n)$ 为冲击扰动项，则称 X 为冲击序列（Liu，1991）。

要从冲击扰动序列 X 出发实现对真实行为序列为 $X^{(0)}$ 的系统的变化规律的正确把握和认识，必须首先跨越障碍 ε。如果不事先排除干扰，而用失真的数据 X 直接建模、预测，则会因模型所描述的并非由 $X^{(0)}$ 所反映的系统真实变化规律而导致预测失败。

冲击扰动系统的大量存在导致定量预测结果与人们直观的定性分析结论大相径庭的现象经常发生。因此，寻求定量预测与定性分析的结合点，设法排除系统行为数据所受到的冲击波干扰，还数据以本来面目，从而提高预测的命中率，是摆在每一位预测工作者面前的一个首要问题。

本节的讨论围绕一个总目标：由 $X\to X^{(0)}$ 展开。

4.2.2　缓冲算子公理

定义 4.2.2　设系统行为数据序列为 $X=(x(1),x(2),\cdots,x(n))$。

（1）若 $\forall k=2,3,\cdots,n,x(k)-x(k-1)>0$，则称 X 为单调增长序列。

（2）若（1）中不等号反过来成立，则称 X 为单调衰减序列。

单调增长序列和单调衰减序列统称单调序列。

（3）若存在 $k,k'\in\{2,3,\cdots,n\}$，有

$$x(k)-x(k-1)>0\,,\quad x(k')-x(k'-1)<0$$

则称 X 为振荡序列。设

$$M=\max\{x(k)\,|\,k=1,2,\cdots,n\}\,,\quad m=\min\{x(k)\,|\,k=1,2,\cdots,n\}$$

称 $M-m$ 为序列 X 的振幅。

定义 4.2.3　设 X 为系统行为数据系列，D 为作用于 X 的算子，X 经过算子 D 作用后所得序列记为

$$XD=(x(1)d,x(2)d,\cdots,x(n)d)$$

其中，D 为序列算子，XD 为一阶算子作用序列（Liu，1991）。

序列算子的作用可以进行多次，相应的，若 D_1，D_2 皆为序列算子，我们称 D_1D_2 为二阶算子，并称

$$XD_1D_2=(x(1)d_1d_2,x(2)d_1d_2,\cdots,x(n)d_1d_2)$$

为二阶算子作用序列。同理称 $D_1D_2D_3$ 为三阶序列算子，并称

$$XD_1D_2D_3=(x(1)d_1d_2d_3,x(2)d_1d_2d_3,\cdots,x(n)d_1d_2d_3)$$

为三阶算子作用序列，以此类推。

公理 4.2.1（不动点公理）　设 $X=(x(1),x(2),\cdots,x(n))$ 为系统行为数据序列，D 为序列算子，则 D 满足

$$x(n)d=x(n)$$

不动点公理限定在序列算子作用下，系统行为数据序列中的数据 $x(n)$ 保持不变，即运用序列算子对系统行为数据进行调整，不改变 $x(n)$ 这一既成事实。

根据定性分析的结论，亦可使 $x(n)$ 以前的若干个数据在序列算子作用下保持不变。例如，令

$$x(j)d \neq x(j) \text{ 且 } x(i)d = x(i)$$

其中，$j=1,2,\cdots,k-1; i=k,k+1,\cdots,n$（Liu，1991）。

公理 4.2.2（信息依据公理） 算子作用要以现有系统行为数据序列 X 为依据，系统行为数据序列 X 中的每一个数据 $x(k), k=1,2,\cdots,n$ 都应充分参与算子作用的全过程。

信息依据公理强调任何序列算子都应以给定系统行为数据序列 X 中的数据为基础和依据进行定义，不允许抛开原始数据另搞一套（Liu，1991）。

公理 4.2.3（解析表达公理） 任意的 $x(k)d, k=1,2,\cdots,n$，皆可由一个统一的 $x(1),x(2),\cdots, x(n)$ 的初等解析式表达。

解析表达公理要求由系统行为数据序列得到算子作用序列的程序清晰、规范、统一，且尽可能简化，以便于计算出算子作用序列并使计算易于在计算机上实现（Liu，1991）。

定义 4.2.4 称上述三个公理为缓冲算子三公理，满足缓冲算子三公理的序列算子称为缓冲算子，一阶、二阶、三阶……缓冲算子作用序列称为一阶、二阶、三阶……缓冲序列。

定义 4.2.5 设 X 为原始数据序列，D 为缓冲算子，当 X 分别为增长序列、衰减序列或振荡序列时：

（1）若缓冲序列 XD 比原始序列 X 的增长速度（或衰减速度）减缓或振幅减小，我们称缓冲算子 D 为弱化算子；

（2）若缓冲序列 XD 比原始序列 X 的增长速度（或衰减速度）加快或振幅增大，则称缓冲算子 D 为强化算子（Liu，1991）。

4.2.3 缓冲算子的性质

定理 4.2.1 设 X 为单调增长序列，XD 为其缓冲序列，则有

（1）D 为弱化算子 $\Leftrightarrow x(k) \leqslant x(k)d, k=1,2,\cdots,n$；

（2）D 为强化算子 $\Leftrightarrow x(k) \geqslant x(k)d, k=1,2,\cdots,n$。

即单调增长序列在弱化算子作用下数据膨胀，在强化算子作用下数据萎缩（Liu，1991）。

证明 设

$$r(k)=\frac{x(n)-x(k)}{n-k+1}, \quad k=1,2,3,\cdots$$

为原始数据序列 X 中 $x(k)$ 到 $x(n)$ 的增长率。

设

$$r(k)d=\frac{x(n)d-x(k)d}{n-k+1}, \quad k=1,2,3,\cdots$$

为缓冲序列 XD 中 $x(k)d$ 到 $x(n)d$ 的增长率。

则

$$r(k)-r(k)d=\frac{\left[x(n)-x(k)\right]-\left[x(n)d-x(k)d\right]}{n-k+1}$$
$$=\frac{x(k)d-x(k)}{n-k+1}$$

若D为弱化算子，则$r(k)\geqslant r(k)d$，即$r(k)-r(k)d\geqslant 0$，于是$x(k)d-x(k)\geqslant 0$，即$x(k)\leqslant x(k)d$，反之亦然。

若 D 为强化算子，则$r(k)\leqslant r(k)d$，即$r(k)-r(k)d\leqslant 0$，于是$x(k)d-x(k)\leqslant 0$，即$x(k)\geqslant x(k)d$，反之亦然。

定理 4.2.2 设X为单调衰减序列，XD为其缓冲序列，则有

（1）D为弱化算子$\Leftrightarrow x(k)\geqslant x(k)d$，$k=1,2,\cdots,n$；

（2）D为强化算子$\Leftrightarrow x(k)\leqslant x(k)d$，$k=1,2,\cdots,n$。

即单调衰减序列在弱化算子作用下数据萎缩，在强化算子作用下数据膨胀（Liu，1991）。

证明与定理 4.2.1 类似，从略。

定理 4.2.3 设X为振荡序列，XD为其缓冲序列，则有

（1）若D为弱化算子，则

$$\max_{1\leqslant k\leqslant n}\{x(k)\}\geqslant\max_{1\leqslant k\leqslant n}\{x(k)d\}$$
$$\min_{1\leqslant k\leqslant n}\{x(k)\}\leqslant\min_{1\leqslant k\leqslant n}\{x(k)d\}$$

（2）若D为强化算子，则

$$\max_{1\leqslant k\leqslant n}\{x(k)\}\leqslant\max_{1\leqslant k\leqslant n}\{x(k)d\}$$
$$\min_{1\leqslant k\leqslant n}\{x(k)\}\geqslant\min_{1\leqslant k\leqslant n}\{x(k)d\}$$

4.3 实用缓冲算子的构造

4.3.1 弱化缓冲算子

定理 4.3.1 设原始数据序列为

$$X=\left(x(1),x(2),\cdots,x(n)\right)$$

令

$$XD=\left(x(1)d,x(2)d,\cdots,x(n)d\right)$$

其中

$$x(k)d=\frac{1}{n-k+1}\left[x(k)+x(k+1)+\cdots+x(n)\right],\quad k=1,2,\cdots,n \tag{4.3.1}$$

则当X为单调增长序列、单调衰减序列或振荡序列时，D皆为弱化算子。并称D为平均弱化缓冲算子（AWBO）（Liu，1991）。

证明 直接利用$x(k)d$的定义，可知定理结论成立。

推论 4.3.1 对于定理 4.3.1 中定义的弱化算子 D，令

$$XD^2 = XDD = \left(x(1)d^2, x(2)d^2, \cdots, x(n)d^2\right)$$

$$x(k)d^2 = \frac{1}{n-k+1}\left[x(k)d + x(k+1)d + \cdots + x(n)d\right], \quad k=1,2,\cdots,n \qquad (4.3.2)$$

则D^2对于单调增长、单调衰减或振荡序列，皆为二阶弱化算子。

例 4.3.1 设有数据序列 X=（36.5,54.3,80.1,109.8,143.2），试分别根据式（4.3.1）和式（4.3.2）计算其一阶和二阶缓冲序列。

（1）求一阶缓冲序列。由式（4.3.1），注意到此处 n=5，故有

$$\begin{aligned}x(1)d &= \frac{1}{n-k+1}\left[x(k)+x(k+1)+\cdots+x(n)\right]\\ &= \frac{1}{5-1+1}\left[x(1)+x(2)+\cdots+x(5)\right]\\ &= \frac{1}{5-1+1}(36.5+54.3+80.1+109.8+143.2) = 84.78\end{aligned}$$

$$\begin{aligned}x(2)d &= \frac{1}{n-k+1}\left[x(k)+x(k+1)+\cdots+x(n)\right]\\ &= \frac{1}{5-2+1}\left[x(2)+\cdots+x(5)\right]\\ &= \frac{1}{4}(54.3+80.1+109.8+143.2) = 96.85\end{aligned}$$

$$x(3)d = \frac{1}{5-3+1}\left[x(3)+x(4)+x(5)\right] = \frac{1}{3}(80.1+109.8+143.2) \approx 111.03$$

$$x(4)d = \frac{1}{5-4+1}\left[x(4)+x(5)\right] = \frac{1}{2}(109.8+143.2) = 126.5$$

$$x(5)d = 143.2$$

（2）求二阶缓冲序列。以（1）中计算结果$x(k)d$，k=1,2,…,5 为基础，由式（4.3.2）可求得二阶缓冲序列。

计算结果如表 4.3.1 所示。

表 4.3.1 弱化缓冲序列数据

序列	数据 1	数据 2	数据 3	数据 4	数据 5
原始数据序列	36.5	54.3	80.1	109.8	143.2
一阶缓冲序列	84.78	96.85	111.03	126.5	143.2
二阶缓冲序列	112.47	119.4	126.91	134.85	143.2

定理 4.3.2 设$X=\left(x(1),x(2),\cdots,x(n)\right)$为系统行为数据序列，$\boldsymbol{\omega}=(\omega_1,\omega_2,\cdots,\omega_n)$为对应的权重向量，$\omega_i>0, i=1,2,\cdots,n$，令

$$XD=\left(x(1)d,x(2)d,\cdots,x(n)d\right)$$

其中

$$\begin{aligned}x(k)d&=\frac{\omega_k x(k)+\omega_{k+1}x(k+1)+\cdots+\omega_n x(n)}{\omega_k+\omega_{k+1}+\cdots+\omega_n}\\&=\frac{1}{\sum_{i=k}^{n}\omega_i}\sum_{i=k}^{n}\omega_i x(i)\left(k=1,2,\cdots,n\right)\end{aligned}\qquad(4.3.3)$$

则当 X 为单调增长序列，单调衰减序列或振荡序列时，D 皆为弱化缓冲算子（党耀国等，2004）。

证明 容易验证，D 满足缓冲算子三公理，因而 D 为缓冲算子。

（1）当 X 为单调增长序列时，因为对任意的 k 有

$$\begin{aligned}x(k)d&=\frac{1}{\omega_k+\omega_{k+1}+\cdots+\omega_n}\left[\omega_k x(k)+\omega_{k+1}x(k+1)+\cdots+\omega_n x(n)\right]\\&\geqslant\frac{1}{\omega_k+\omega_{k+1}+\cdots+\omega_n}\left[\omega_k x(k)+\omega_{k+1}x(k)+\cdots+\omega_n x(k)\right]=x(k)\end{aligned}$$

由定理 4.2.1 可知，当 X 为单调增长序列时，D 为弱化缓冲算子。

（2）同理可证，当 X 为单调衰减序列或振荡序列时，D 皆为弱化缓冲算子。

称 D 为加权平均弱化缓冲算子（WAWBO）。

推论 4.3.2 设 $\omega=(1,1,\cdots,1)$，即 $\forall i=1,2,\cdots,n,\ \omega_i=1$，则

$$\frac{1}{\sum_{i=k}^{n}\omega_i}\sum_{i=k}^{n}\omega_i x(i)=\frac{1}{n-k+1}\sum_{i=k}^{n}x(i)$$

即平均弱化缓冲算子（AWBO）是加权平均弱化缓冲算子（WAWBO）的特例。

定理 4.3.3 设 $X=\left(x(1),x(2),\cdots,x(n)\right)$ 为非负的系统行为数据序列，$\omega=\left(\omega_1,\omega_2,\cdots,\omega_n\right)$ 为对应的权重向量，$\omega_i>0, i=1,2,\cdots,n$，令

$$XD=\left(x(1)d,x(2)d,\cdots,x(n)d\right)$$

其中

$$\begin{aligned}x(k)d&=\left[x(k)^{\omega_k}\bullet x(k+1)^{\omega_{k+1}}\cdots x(n)^{\omega_n}\right]^{\frac{1}{\omega_k+\omega_{k+1}+\cdots+\omega_n}}\\&=\left[\prod_{i=k}^{n}x(i)^{\omega_i}\right]^{\frac{1}{\sum_{i=k}^{n}\omega_i}}\left(k=1,2,\cdots,n\right)\end{aligned}\qquad(4.3.4)$$

则当 X 为单调增长序列，单调衰减序列或振荡序列时，D 皆为弱化缓冲算子（党耀国等，2004）。

证明 容易验证，D 满足缓冲算子三公理，因而 D 为缓冲算子。

（1）当 X 为单调增长序列时，因为对任意的 k 有

$$x(k)d=\left[x(k)^{\omega_k}\bullet x(k+1)^{\omega_k+1}\cdots x(n)^{\omega_n}\right]^{\frac{1}{\omega_k+\omega_{k+1}+\cdots+\omega_n}}=\left[\prod_{i=k}^{n}x(i)^{\omega_i}\right]^{\frac{1}{\sum_{i=k}^{n}\omega_i}}$$

$$\geqslant\left[x(k)^{\omega_k}\bullet x(k)^{\omega_{k+1}}\cdots x(k)^{\omega_n}\right]^{\frac{1}{\omega_k+\omega_{k+1}+\cdots+\omega_n}}=x(k)$$

所以当 X 为单调增长序列时，D 为弱化缓冲算子。

（2）同理可证，当 X 为单调衰减序列或振荡序列时，D 皆为弱化缓冲算子。

称 D 为加权几何平均弱化缓冲算子（WGAWBO）。

推论 4.3.3 设 $\omega=(1,1,\cdots,1)$，即 $\forall i=1,2,\cdots,n$，$\omega_i=1$，则

$$\left[x(k)^{\omega_k}\bullet x(k+1)^{\omega_{k+1}}\cdots x(n)^{\omega_n}\right]^{\frac{1}{\omega_k+\omega_{k+1}+\cdots+\omega_n}}=\left[\prod_{i=k}^{n}x(i)^{\omega_i}\right]^{\frac{1}{\sum_{i=k}^{n}\omega_i}}$$

$$=\left[x(k)\bullet x(k+1)\cdots x(n)\right]^{\frac{1}{n-k+1}}$$

即式（4.3.4）定义的加权几何平均弱化缓冲算子（WGAWBO）亦可视为几何平均弱化缓冲算子（GAWBO）的一般形式。

例 4.3.2 河南省长葛县（今河南省长葛市）乡镇企业产值数据（1983~1986 年）为（单位：万元）

$$X=(10\,155, 12\,588, 23\,480, 35\,388)$$

其增长势头很猛，1983~1986 年每年平均递增 51.6%，尤其是 1984~1986 年，每年平均递增 67.7%，参与该县发展规划编制工作的各阶层人士（包括领导层、专家层、群众层）普遍认为该县乡镇企业产值今后不可能一直保持如此高的增长速度。用现有数据直接建模预测，预测结果人们根本无法接受。经过认真分析和讨论，大家认识到增长速度高主要是因为基数低，而基数低的原因则是过去对有利于乡镇企业发展的政策没有用足、用活、用好。要弱化序列增长趋势，就需要将对乡镇企业发展比较有利的现行政策因素附加到过去的年份中，为此引入式（4.3.2）所示的二阶弱化算子，得到二阶缓冲序列

$$XD^2=(27\,260, 29\,547, 32\,411, 35\,388)$$

以 XD^2 作为建模的基础数据，根据所建立的 GM（1，1）模型对 1986~2000 年该县乡镇企业产值进行模拟，所得的模拟值每年平均递增 9.4%，这一模拟结果是 1987 年得到的，与“八五”后半期和“九五”期间该县乡镇企业发展实际基本吻合。

例 4.3.3 我国大豆进口数据（1996~2003 年）为（单位：万吨）

$$X=(110.7, 279, 320, 431.9, 1\,042, 1\,394, 1\,132, 2\,074)$$

如果对原始数据序列直接应用 GM（1，1）模型，一阶累加数据光滑性差，而且准指数规律不明显，对原始数据拟合平均相对误差达到 22.69%。经分析原始数据序列发现，序列 X 中有三个异常数据：1997 年进口量是 1996 年进口量的 2.52 倍；2000 年进口量是 1999 年进口量的 2.41 倍；2002 年则出现负增长，增速−18.8%。异常值的出现是政策调整和国内外局势以及经济环境变化的结果。此处引入如式（4.3.1）所示的一阶弱化算子

$$x(k)d=\frac{1}{8-k+1}\left[x(k)+x(k+1)+\cdots+x(8)\right],\quad k=1,2,\cdots,8$$

经一阶弱化算子作用后可得

$XD=$（917.1，1 032.3，1 157.8，1 325.4，1 548.8，1 717.7，1 879.5，2 074），

以 XD 作为基础数据建立 GM（1，1）模型，可得时间响应式

$$\hat{X}^{(1)}(k+1)=7\,164.491\,2\mathrm{e}^{0.123\,4k}-6\,316.491\,2$$

计算出模拟值与 XD 的平均相对误差为 1.88%，模拟精度较高。利用此模型进行模拟，2004~2008 年模拟结果为

（2 364.49, 2 652.34, 2 975.23, 3 337.44, 3 743.74）

模拟结果显示2004~2008年的平均增长率为11.5%，与实际数据对比，结果比直接应用 GM（1，1）模型更为合理。

4.3.2　强化缓冲算子

定理 4.3.4　设原始序列和其缓冲序列分别为

$$X=\left(x(1),x(2),\cdots,x(n)\right)$$

$$XD=\left(x(1)d,x(2)d,\cdots,x(n)d\right)$$

其中

$$x(k)d=\frac{x(1)+x(2)+\cdots+x(k-1)+kx(k)}{2k-1},\quad k=1,2,\cdots,n-1$$

$$x(n)d=x(n) \tag{4.3.5}$$

则当 X 为单调增长序列或单调衰减序列时，D 皆为强化算子（Liu，1991）。

证明　按照单调增长序列或单调衰减序列分别讨论，易知结论成立，详细推导略去。

推论 4.3.4　设 D 为定理 4.3.4 中定义的强化算子，令

$$XD^2=XDD=\left(x(1)d^2,x(2)d^2,\cdots,x(n)d^2\right)$$

其中

$$x(n)d^2=x(n)d=x(n)$$

$$x(k)d^2=\frac{x(1)d+x(2)d+\cdots+x(k-1)d+kx(k)d}{2k-1},\quad k=1,2,\cdots,n-1 \tag{4.3.6}$$

则 D^2 对于单调增长序列和单调衰减序列皆为二阶强化算子。

定理 4.3.5　设 $X=\left(x(1),x(2),\cdots,x(n)\right)$，令

$$XD_i=\left(x(1)d_i,x(2)d_i,\cdots,x(n)d_i\right)$$

其中

$$x(k)d_i=\frac{x(k-1)+x(k)}{2},\quad k=2,3,\cdots,n;\ i=1,2$$

$$x(1)d_1 = \alpha x(1), \quad \alpha \in [0,1]$$
$$x(1)d_2 = (1+\alpha)x(1), \quad \alpha \in [0,1] \tag{4.3.7}$$

则 D_1 对单调增长序列为强化算子，D_2 对单调衰减序列为强化算子（Liu，1991）。

称 D_1，D_2 为均值强化缓冲算子（ESBO）。

推论 4.3.5 对于定理 4.3.5 中定义的 D_1，D_2，则 D_1^2，D_2^2 分别为单调增长、单调衰减序列的二阶强化算子。

定理 4.3.6 设原始数据序列

$$X=\left(x(1),x(2),\cdots,x(n)\right)$$

令

$$XD=\left(x(1)d,x(2)d,\cdots,x(n)d\right)$$

其中

$$x(k)d=\frac{(n-k+1)\left[x(k)\right]^2}{x(k)+x(k+1)+\cdots+x(n)}, \quad k=1,2,\cdots,n \tag{4.3.8}$$

当 X 为单调增长序列和单调衰减序列时，D 皆为强化缓冲算子。

证明 这里只证明单调增长序列的情况，对单调衰减序列和振荡序列类似可以证明。

当 X 为单调增长序列时，有

$$\begin{aligned}x(k)d-x(k)&=\frac{(n-k+1)\left[x(k)\right]^2}{x(k)+x(k+1)+\cdots+x(n)}-x(k)\\&\leqslant\frac{(n-k+1)\left[x(k)\right]^2}{x(k)+x(k)+\cdots+x(k)}-x(k)\\&=\frac{(n-k+1)\left[x(k)\right]^2}{(n-k+1)x(k)}-x(k)=0\end{aligned}$$

因此 $x(k)d\leqslant x(k)$，D 为强化算子。

称 D 为平均强化缓冲算子（ASBO）。

定理 4.3.7 设 $X=\left(x(1),x(2),\cdots,x(n)\right)$ 为系统行为数据序列，$\boldsymbol{\omega}=(\omega_1,\omega_2,\cdots,\omega_n)$ 为对应的权重向量，$\omega_i>0$，$i=1,2,\cdots,n$，令

$$XD=\left(x(1)d,x(2)d,\cdots,x(n)d\right)$$

其中

$$x(k)d=\frac{(\omega_k+\omega_{k+1}+\cdots+\omega_n)\left(x(k)\right)^2}{\omega_k x(k)+\omega_{k+1}x(k+1)+\cdots+\omega_n x(n)}=\frac{\sum\limits_{i=k}^{n}\omega_i\left(x(k)\right)^2}{\sum\limits_{i=k}^{n}\omega_i x(i)}, \quad k=1,2,\cdots,n \tag{4.3.9}$$

则当 X 为单调增长序列，单调衰减序列或振荡序列时，D 皆为强化缓冲算子（党耀国等，2005a）。

证明 容易验证，D 满足缓冲算子三公理，因而 D 为缓冲算子。

（1）当 X 为单调增长序列时，因为

$$x(k)d=\frac{(\omega_k+\omega_{k+1}+\cdots+\omega_n)(x(k))^2}{\omega_k x(k)+\omega_{k+1}x(k+1)+\cdots+\omega_n x(n)}$$

$$\leqslant\frac{(\omega_k+\omega_{k+1}+\cdots+\omega_n)(x(k))^2}{\omega_k x(k)+\omega_{k+1}x(k)+\cdots+\omega_n x(k)}=x(k),\ k=1,2,\cdots,n$$

由定理 4.2.1 可知，当 X 为单调增长序列时，D 为强化缓冲算子。

（2）同理可证，当 X 为单调衰减序列或振荡序列时，D 为强化缓冲算子。

称 D 为加权平均强化缓冲算子（WASBO）。

4.3.3 缓冲算子的一般形式

定理 4.3.8 设 $X=(x(1),x(2),\cdots,x(n))$ 为系统行为数据序列，$\boldsymbol{\omega}=(\omega_1,\omega_2,\cdots,\omega_n)$ 为对应的权重向量，$\omega_i>0$，$i=1,2,\cdots,n$，令

$$XD=(x(1)d,x(2)d,\cdots,x(n)d)$$

其中

$$x(k)d=x(k)\cdot\left[x(k)\Big/\frac{\omega_k x(k)+\omega_{k+1}x(k+1)+\cdots+\omega_n x(n)}{\omega_k+\omega_{k+1}+\cdots+\omega_n}\right]^{\alpha}=x(k)\cdot\left[x(k)\Big/\frac{1}{\sum_{i=k}^{n}\omega_i}\sum_{i=k}^{n}\omega_i x(i)\right]^{\alpha} \tag{4.3.10}$$

则有

（1）当 $\alpha<0$ 时，D 对于单调增长序列或单调衰减序列 X 皆为弱化缓冲算子；

（2）当 $\alpha>0$ 时，D 对于单调增长序列，单调衰减序列或振荡序列 X 皆为强化缓冲算子；

（3）当 $\alpha=0$ 时，D 为恒等算子（魏勇和孔新海，2010）。

证明 （1）设 $\alpha<0$，分别讨论 X 为单调增长序列、单调衰减序列的情形。

（i）设 X 为单调增长序列，即 $\forall\ k=1,2,\cdots,n$，$x(k)\leqslant x(k+1)\leqslant\cdots\leqslant x(n)$，故有

$$x(k)\leqslant\frac{\sum_{i=k}^{n}\omega_i x(i)}{\sum_{i=k}^{n}\omega_i}$$

因此

$$\left[x(k)\Big/\frac{1}{\sum_{i=k}^{n}\omega_i}\sum_{i=k}^{n}\omega_i x(i)\right]^{\alpha}\geqslant 1$$

从而

$$x(k)\leqslant x(k)\cdot\left[x(k)\Bigg/\frac{1}{\sum\limits_{i=k}^{n}\omega_i}=\sum_{i=k}^{n}\omega_i x(i)\right]^{\alpha}=x(k)d$$

即 D 对于单调增长序列为弱化缓冲算子。

（ii）设 X 为单调衰减序列，即 $\forall\ \ k=1,2,\cdots,n$，$x(k)\geqslant x(k+1)\geqslant\cdots\geqslant x(n)$，故有

$$x(k)\geqslant\frac{\sum\limits_{i=k}^{n}\omega_i x(i)}{\sum\limits_{i=k}^{n}\omega_i}$$

因此

$$0\leqslant\left[x(k)\Bigg/\frac{1}{\sum\limits_{i=k}^{n}\omega_i}\sum_{i=k}^{n}\omega_i x(i)\right]^{\alpha}\leqslant 1$$

从而

$$x(k)\geqslant x(k)\cdot\left[x(k)\Bigg/\frac{1}{\sum\limits_{i=k}^{n}\omega_i}=\sum_{i=k}^{n}\omega_i x(i)\right]^{\alpha}=x(k)d$$

即 D 对于单调衰减序列为弱化缓冲算子。

（2）设 $\alpha>0$，X 为单调增长序列、单调衰减序列情形的证明与（1）中类似，以下证明结论对振荡序列成立。

设 X 为振荡序列，即存在 k，$k'\in\{2,3,\cdots,n\}$，有

$$x(k)-x(k-1)>0\,,\quad x(k')-x(k'-1)<0$$

若

$$\max_{1\leqslant k\leqslant n}\{x(k)\}=x(m)\,,\quad \min_{1\leqslant k\leqslant n}\{x(k)\}=x(l)$$

则有

$$x(m)\Bigg/\frac{1}{\sum\limits_{i=m}^{n}\omega_i}\sum_{i=m}^{n}\omega_i x(i)\geqslant 1\,,\quad x(l)\Bigg/\frac{1}{\sum\limits_{i=l}^{n}\omega_i}\sum_{i=l}^{n}\omega_i x(i)\leqslant 1$$

因 $\alpha>0$，故 $\left[x(m)\Bigg/\frac{1}{\sum\limits_{i=m}^{n}\omega_i}\sum\limits_{i=m}^{n}\omega_i x(i)\right]^{\alpha}\geqslant 1$，$\left[x(l)\Bigg/\frac{1}{\sum\limits_{i=l}^{n}\omega_i}\sum\limits_{i=l}^{n}\omega_i x(i)\right]^{\alpha}\leqslant 1$，从而

$$\max_{1\leqslant k\leqslant n}\{x(k)\}=x(m)\leqslant x(m)\cdot\left[x(m)\Bigg/\frac{\sum_{i=m}^{n}\omega_i x(i)}{\sum_{i=m}^{n}\omega_i}\right]^{\alpha}=x(m)d\leqslant\max_{1\leqslant k\leqslant n}\{x(k)d\}$$

$$\min_{1\leqslant k\leqslant n}\{x(k)\}=x(l)\geqslant x(l)\cdot\left[x(l)\Bigg/\frac{\sum_{i=l}^{n}\omega_i x(i)}{\sum_{i=l}^{n}\omega_i}\right]^{\alpha}=x(l)d\geqslant\min_{1\leqslant k\leqslant n}\{x(k)d\}$$

即 D 对于振荡序列 X 为强化缓冲算子。

（3）$\alpha=0$，$x(k)d=x(k)$，结论成立。

推论 4.3.6　令式（4.3.10）中的 $\alpha=-1$，则式（4.3.10）化为式（4.3.3），即加权平均弱化缓冲算子是式（4.3.10）的特例。

推论 4.3.7　令式（4.3.10）中的 $\alpha=1$，则式（4.3.10）化为式（4.3.8），加权平均强化缓冲算子也是式（4.3.10）的特例。

当然，我们还可以考虑构造其他形式的实用缓冲算子，缓冲算子不仅可以用于灰色系统模型建模，而且还可以用于其他各种模型建模。通常在建模之前根据定性分析结论对原始数据序列施以缓冲算子，淡化或消除冲击扰动对系统行为数据序列的影响，往往会收到预期的效果。

4.4　均值算子

在搜集数据时，经常因为一些不易克服的困难导致数据序列某些数据缺失，也有一些数据序列虽然数据完整，但由于系统行为在某个时点上发生突变而形成异常数据，给研究工作带来很大困难，这时如果剔除异常数据就会出现数据缺失。因此，如何有效地填补缺失的数据，自然成为数据处理过程中首先遇到的问题。均值算子是常用的构造新数据、填补序列缺失数据、获得新序列的方法。

定义 4.4.1　设序列

$$X=(x(1),x(2),\cdots,x(k),x(k+1),\cdots,x(n))$$

$x(k)$ 与 $x(k+1)$ 为 X 的一对紧邻值，$x(k)$ 称为前值，$x(k+1)$ 称为后值，若 $x(n)$ 为新信息，则对任意 $k\leqslant n-1$，$x(k)$ 称为老信息（邓聚龙，1985b）。

定义 4.4.2　设序列 X 在 k 处数据缺失，记为 $\phi(k)$，即

$$X=(x(1),x(2),\cdots,x(k-1),\phi(k),x(k+1),\cdots,x(n))$$

则称 $x(k-1)$ 和 $x(k+1)$ 为 $\phi(k)$ 的界值，$x(k-1)$ 为前界，$x(k+1)$ 为后界。当 $\phi(k)$ 的估计值 $x^*(k)$ 位于 $x(k-1)$ 与 $x(k+1)$ 之间时，称 $x^*(k)$ 为 $[x(k-1),\ x(k+1)]$ 的内点。

定义 4.4.3　设 $x(k-1)$ 和 $x(k+1)$ 为序列 X 中的一对非紧邻值，其中 $x(k-1)$ 为老信息，$x(k+1)$ 为新信息，$\phi(k)$ 为缺失数据。定义序列算子 D 如下：

$$x(k)d = x^*(k) = \alpha x(k-1) + (1-\alpha)x(k+1)\text{，}\ \alpha \in [0,1] \tag{4.4.1}$$

则称 D 为非紧邻值估计算子，并称 $x^*(k)$ 为由新信息 $x(k+1)$ 和老信息 $x(k-1)$ 在系数（权）α 下的估计值，当 $\alpha < 0.5$ 时，称 $x^*(k)$ 的估计是“重新信息、轻老信息”估计；当 $\alpha > 0.5$ 时，称 $x^*(k)$ 的估计是“重老信息、轻新信息”估计；当 $\alpha \neq 0.5$ 时，称 D 为有偏算子，当 $\alpha = 0.5$ 时，称 D 为无偏算子。无偏算子亦称为均值算子。

例 4.4.1 设某序列中 $x(k)$ 为缺失数据，$x(k-1)=13.4$，$x(k+1)=19.2$，计算系数 $\alpha = 0.1,0.3,0.5,0.7,0.9$ 时 $x(k)$ 的估计值。

由式（4.4.1）$x(k)d = x^*(k) = \alpha x(k-1) + (1-\alpha)x(k+1)$ 可求得结果如表 4.4.1 所示。

表 4.4.1 不同 α 取值时 $x(k)$ 估计值

α 值	0.1	0.3	0.5	0.7	0.9
$x(k)$ 估计值	18.62	17.46	16.3	15.14	13.98

时间序列平滑预测中的指数平滑方法，对于平稳变化序列，就是一种“重老信息、轻新信息”的有偏估计。因其中平滑值

$$s_k^{(1)} = \alpha x_k + (1-\alpha)s_{k-1}^{(1)}$$

为新信息与老信息平滑值的加权和，且 α 限定在 0.1~0.3 取值。

定义 4.4.4 设序列 $X = (x(1), x(2), \cdots, x(k-1), \phi(k), x(k+1), \cdots, x(n))$ 为在 k 处有缺失数据 $\phi(k)$ 的序列，$D: x(k)d = x^*(k) = 0.5x(k-1) + 0.5x(k+1)$ 为非紧邻均值算子。

非紧邻均值算子是新老数据等权的算子。在信息缺乏难以衡量 $x(k)$ 对新老数据的倾向性时，往往采用等权算子。

定义 4.4.5 设序列 $X = (x(1), x(2), \cdots, x(n))$，$x(k)$ 与 $x(k+1)$ 为 X 的一对紧邻值，与定义 4.4.3 类似，可以定义序列算子 D 为

$$x(k)d = x^*(k) = \alpha x(k) + (1-\alpha)x(k+1)\text{，}\ \alpha \in [0,1] \tag{4.4.2}$$

还可定义相应的有偏算子、无偏算子等。

特别地，当 $\alpha = 0.5$ 时，无偏算子 D 为

$$x(k)d = x^*(k) = 0.5x(k) + 0.5x(k-1)$$

亦称为紧邻均值算子，紧邻均值算子作用序列称为紧邻均值序列（邓聚龙，1985b）。

在灰色预测模型建模过程中，常对一阶累加算子作用序列施以紧邻均值算子。习惯上，紧邻均值算子作用序列记为 Z。

$X = (x(1), x(2), \cdots, x(n))$ 为 n 元序列，Z 为 X 的紧邻均值算子作用序列，则 Z 为 $n-1$ 元序列：

$$Z = (z(2), z(3), \cdots, z(n))$$

其中，$z(k) = 0.5x(k) + 0.5x(k-1)$，$k = 2,3,\cdots,n$。

事实上，我们无法由 X 得到 $z(1)$。因为按紧邻均值算子的定义，应有 $z(1) = 0.5x(1) + 0.5x(0)$，但 $x(0) = \phi(0)$ 为缺失数据，若不作信息扩充，我们只有以下

三种选择：

（1）视 $x(0)$ 为灰数，不赋予确切数值；

（2）赋零或任意赋值；

（3）赋予一个与 $x(1)$ 有关的值。

其中（2）没有任何科学依据，而且（2）中赋零以及（1）和（3）都已不是均值算子的范畴。

4.5　准光滑序列与级比算子

定义 4.5.1　设 $X=\left(x(1),x(2),\cdots,x(n)\right)$，$x(k)\geqslant 0$，$k=1,2,\cdots,n$，则称

$$\rho(k)=\frac{x(k)}{\sum_{i=1}^{k-1}x(i)},\ k=2,3,\cdots,n \tag{4.5.1}$$

为序列 X 的光滑比（邓聚龙，1985b）。

光滑比基于序列 X 中元素的数值考察其变化特征，即用序列中第 k 个数据 $x(k)$ 与其前 $k-1$ 个数据之和 $\sum_{i=1}^{k-1}x(i)$ 的比值 $\rho(k)$ 来考察序列 X 中数据变化是否平稳。

显然，序列 X 中的数据变化越平稳，其光滑比 $\rho(k)$ 越小。

定义 4.5.2　若序列 $X=\left(x(1),x(2),\cdots,x(n)\right)$，$x(k)\geqslant 0$，$k=1,2,\cdots,n$，满足

（1）$\dfrac{\rho(k+1)}{\rho(k)}<1, k=2,3,\cdots,n-1$；

（2）$\rho(k)\in[0,\varepsilon], k=3,4,\cdots,n$；

（3）$\varepsilon<0.5$。

则称 X 为准光滑序列。

是否满足准光滑性条件是检验一个序列是否能建立灰色系统模型的重要准则。

当序列的起点 $x(1)$ 和终点 $x(n)$ 出现数据空缺时，即 $x(1)=\phi(1)$，$x(n)=\phi(n)$ 时，我们无法采用均值算子填补空缺，只有转而考虑其他方法。级比算子就是常用的填补序列端点空缺数据的方法。

定义 4.5.3　设序列 $X=\left(x(1),x(2),\cdots,x(n)\right)$，$x(k)\geqslant 0$，$k=1,2,\cdots,n$，则称

$$\sigma(k)=\frac{x(k)}{x(k-1)},\quad k=2,3,\cdots,n \tag{4.5.2}$$

为序列 X 的级比（邓聚龙，1985b）。

定义 4.5.4　设 X 为端点出现数据空缺的序列：

$$X=\left(\phi(1),x(2),\cdots,x(n-1),\phi(n)\right)$$

若用 $\phi(1)$ 右邻的级比 $\sigma(3)$ 近似代替 $\sigma(2)$ 估算 $x(1)$，用 $\phi(n)$ 左邻的级比近似代替 $\sigma(n)$ 估算 $x(n)$，则称 $x(1)$ 和 $x(n)$ 为级比算子估算值。

命题 4.5.1 设X是端点出现数据空缺的序列，若采取级比算子估算$x(1)$，$x(n)$，则

$$x(1)=\frac{x(2)}{\sigma(3)},\ x(n)=x(n-1)\sigma(n-1)$$

命题 4.5.2 由式（4.5.2）定义的级比与式（4.5.1）定义的光滑比有以下关系：

$$\sigma(k+1)=\frac{\rho(k+1)}{\rho(k)}(1+\rho(k)),\ k=2,3,\cdots,n \tag{4.5.3}$$

命题 4.5.3 若$X=(x(1),x(2),\cdots,x(n))$，$x(k)\geqslant 0, k=1,2,\cdots,n$为单调递增序列，且有

（1）$\sigma(k)<2, \forall k=2,3,\cdots,n$，即级比有界；

（2）$\frac{\rho(k+1)}{\rho(k)}<1, \forall k=2,3,\cdots,n$，即光滑比递减。

则对指定的实数$\varepsilon\in[0,1]$和$k=2,3,\cdots,n$，当$\rho(k)\in[0,\varepsilon]$时，必有

$$\sigma(k+1)\in[1,1+\varepsilon]$$

例 4.5.1 设序列$X=(2.874,3.278,3.337,3.390,3.679)$，则对于$k=2,3,4,5$，满足$\sigma(k)<2$。

$$\sigma(2)=\frac{x(2)}{x(1)}=1.14,\quad \sigma(3)=1.017,\quad \sigma(4)=1.015,\quad \sigma(5)=1.085$$

$$\rho(2)=\frac{x(2)}{x(1)}=1.14$$

$$\rho(3)=\frac{x(3)}{x(1)+x(2)}=0.542\,4$$

$$\rho(4)=\frac{x(4)}{x(1)+x(2)+x(3)}=0.357\,3$$

$$\rho(5)=\frac{x(5)}{x(1)+x(2)+x(3)+x(4)}=0.285\,7$$

对于$k=2,3,4,5$，满足

$$\frac{\rho(k+1)}{\rho(k)}<1$$

若$\rho(2)$不视为光滑比，则当$k=3,4,5$时，$\rho(k)\in[0,0.542\,5]=[0,\varepsilon]$，而$\sigma(k+1)\in[1,1.085]\subset[1,1+\varepsilon]$，$k=2,3,4$。

4.6 累加算子与累减算子

在累加算子作用下使灰色过程由灰变白是邓聚龙教授用来进行数据挖掘的一种方法，它在灰色系统理论中占有极其重要的地位。通过累加可以挖掘灰量积累过程的演化态势，使离乱的原始数据中蕴涵的积分特性或规律清晰地呈现出来。例如，对于一

个家庭的支出，若按日计算，可能没有什么明显的规律，若按月计算，支出的规律性就可能体现出来，它大体与月工资收入呈某种关系；一种农作物的单粒重，一般说没有什么规律，人们常用千粒重作为农作物品种特性的评估标准；一个生产大型复杂产品的制造商，由于产品生产周期长，其产量、产值若按天计算，就没有规律，若按年计算，则规律显著。

累减算子与累加算子对应，可以看作灰量释放的过程，它是在获取增量信息时常用的算子，累减对累加起还原作用。累减算子与累加算子是一对互逆的序列算子。

定义 4.6.1　设 $X^{(0)}=\left(x^{(0)}(1),x^{(0)}(2),\cdots,x^{(0)}(n)\right)$ 为原始序列，D 为序列算子 $X^{(0)}D=\left(x^{(0)}(1)d,x^{(0)}(2)d,\cdots,x^{(0)}(n)d\right)$，其中

$$x^{(0)}(k)d=\sum_{i=1}^{k}x^{(0)}(i),\quad k=1,2,\cdots,n \tag{4.6.1}$$

则称 D 为 $X^{(0)}$ 的一次累加生成算子，记为 1-AGO（accumulating generation operator）。称 r 阶算子 D^r 为 $X^{(0)}$ 的 r 次累加生成算子，记为 r-AGO，习惯上，我们记

$$X^{(0)}D=X^{(1)}=\left(x^{(1)}(1),x^{(1)}(2),\cdots,x^{(1)}(n)\right)$$

$$X^{(r-1)}D=X^{(r)}=\left(x^{(r)}(1),x^{(r)}(2),\cdots,x^{(r)}(n)\right)$$

其中

$$x^{(r)}(k)=\sum_{i=1}^{k}x^{(r-1)}(i),\quad k=1,2,\cdots,n \tag{4.6.2}$$

（邓聚龙，1985b）。

定义 4.6.2　设 $X^{(0)}=\left(x^{(0)}(1),x^{(0)}(2),\cdots,x^{(0)}(n)\right)$ 为原始序列，D 为序列算子 $X^{(0)}D=\left(x^{(0)}(1)d,x^{(0)}(2)d,\cdots,x^{(0)}(n)d\right)$，其中

$$x^{(0)}(k)d=x^{(0)}(k)-x^{(0)}(k-1),\quad k=1,2,\cdots,n \tag{4.6.3}$$

则称 D 为 $X^{(0)}$ 的一次累减生成算子。r 阶算子 D^r 为 $X^{(0)}$ 的 r 次累减生成算子。我们记

$$X^{(0)}D=\alpha^{(1)}X^{(0)}=\left(\alpha^{(1)}x^{(0)}(1),\alpha^{(1)}x^{(0)}(2),\cdots,\alpha^{(1)}x^{(0)}(n)\right)$$

$$X^{(0)}D^r=\alpha^{(r)}X^{(0)}=\left(\alpha^{(r)}x^{(0)}(1),\alpha^{(r)}x^{(0)}(2),\cdots,\alpha^{(r)}x^{(0)}(n)\right)$$

其中

$$\alpha^{(r)}x^{(0)}(k)=\alpha^{(r-1)}x^{(0)}(k)-\alpha^{(r-1)}x^{(0)}(k-1),\quad k=1,2,\cdots,n \tag{4.6.4}$$

（邓聚龙，1985b）。累加（减）生成算子通常简称为累加（减）算子。

由以上定义，显然有下面的定理。

定理 4.6.1　累减算子是累加算子的逆算子，即

$$\alpha^{(r)}X^{(r)}=X^{(0)}$$

鉴于累减过程与累加过程互逆，故将累减算子记为 IAGO（邓聚龙，1985b）。

例 4.6.1　设有序列 $X=$（5.3,7.6,10.4,13.8,18.1），求其一次累加算子作用序列、

二次累加算子作用序列和一次累减算子作用序列。

由式（4.6.1）~式（4.6.3）易得结果，如表 4.6.1 所示。

表 4.6.1　$X^{(0)}$ 的累加和累减算子作用序列

$X^{(0)}$	5.3	7.6	10.4	13.8	18.1
$X^{(1)}$	5.3	12.9	23.3	37.1	55.2
$X^{(2)}$	5.3	18.2	41.5	78.6	133.8
$\alpha^{(1)}X^{(0)}$	5.3	2.3	2.8	3.4	4.3

4.7 累加序列的灰指数规律

一般的非负准光滑序列经过累加算子作用后，都会减少随机性，呈现出近似的指数增长规律。原始序列越光滑，算子作用后指数规律也越显著，如 2014~ 2019 年某市的汽车销售量数据序列（单位：万辆）

$$X^{(0)}=\left\{x^{(0)}(k)\right\}_1^6=(50\,810,46\,110,51177,93\,775,110\,574,110\,524)$$

和其一阶累加算子作用序列（单位：万辆）

$$X^{(1)}=\left\{x^{(1)}(k)\right\}_1^6=(50\,810,96\,920,148\,097,241\,872,352\,446,462\,970)$$

的曲线分别如图 4.7.1 和图 4.7.2 所示。

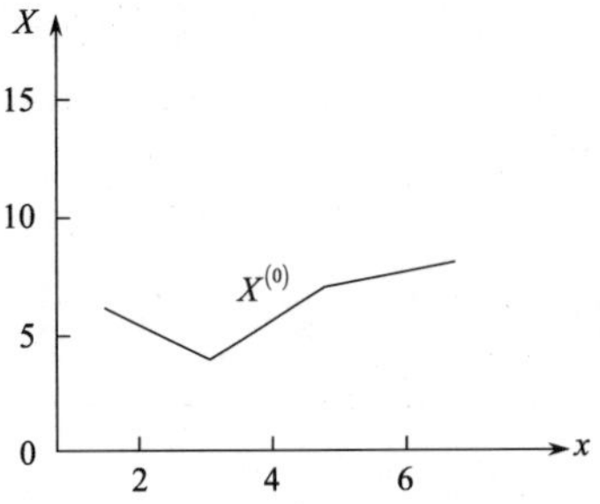

图 4.7.1　$X=X^{(0)}$

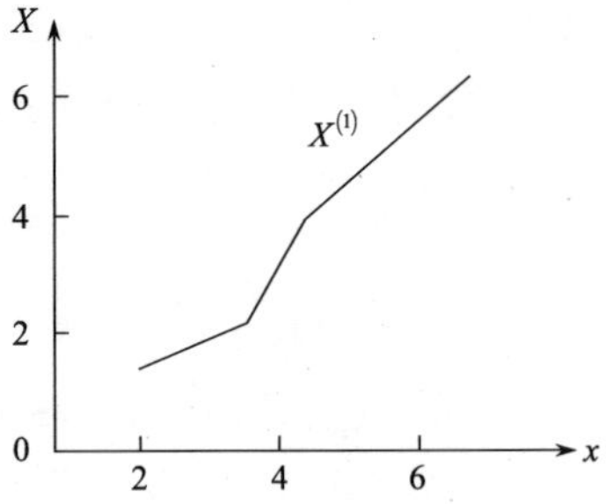

图 4.7.2　$X=X^{(1)}$

对于图 4.7.1 中给出的曲线$\left(X=X^{(0)}\right)$，我们很难找到一条简单的曲线来逼近它，而图 4.7.2 中的曲线$\left(X=X^{(1)}\right)$已十分接近指数增长曲线，可以用指数函数进行拟合。

定义 4.7.1　设连续函数为

$$X(t)=ce^{at}+b,\quad c,a\neq 0$$

则当

（1）$b=0$时，称$X(t)$为齐次指数函数；

（2）$b\neq 0$时，称$X(t)$为非齐次指数函数。

定义 4.7.2 设序列 $X=\left(x(1),x(2),\cdots,x(n)\right)$，若对于

（1）$k=1,2,\cdots,n$；$x(k)=c\mathrm{e}^{ak}$；$c,a\neq 0$，则称 X 为齐次指数序列；

（2）$k=1,2,\cdots,n$；$x(k)=c\mathrm{e}^{ak}+b$；$c,a,b\neq 0$，则称 X 为非齐次指数序列。

定理 4.7.1 X 为齐次指数序列的充分必要条件是，对于 $k=1,2,\cdots,n$，恒有 $\sigma(k)=\text{const.}$ 成立。

证明 必要性。设对任意 k，$x(k)=c\mathrm{e}^{ak}$，$c,a\neq 0$，则

$$\sigma(k)=\frac{x(k)}{x(k-1)}=\frac{c\mathrm{e}^{ak}}{c\mathrm{e}^{a(k-1)}}=\mathrm{e}^{a}=\text{const.}$$

充分性。再设对任意 k，$\sigma(k)=\text{const.}=\mathrm{e}^{a}$，则

$$x(k)=\mathrm{e}^{a}x(k-1)=\mathrm{e}^{2a}x(k-2)=\cdots=x(1)\mathrm{e}^{a(k-1)}$$

定义 4.7.3 设序列 $X=\left(x(1),x(2),\cdots,x(n)\right)$，若

（1）$\forall k,\sigma(k)\in(0,1]$，则称序列 X 具有负的灰指数规律；

（2）$\forall k,\sigma(k)\in(1,b]$，则称序列 X 具有正的灰指数规律；

（3）$\forall k,\sigma(k)\in[a,b]$，$b-a=\delta$，则称序列 X 具有绝对灰度为 δ 的灰指数规律；

（4）$\delta<0.5$ 时，称 X 具有准指数规律。

定理 4.7.2 设 $X^{(0)}$ 为非负准光滑序列，则 $X^{(0)}$ 的一次累加算子作用序列 $X^{(1)}$ 具有准指数规律（邓聚龙，1985b）。

证明

$$\sigma^{(1)}(k)=\frac{x^{(1)}(k)}{x^{(1)}(k-1)}=\frac{x^{(0)}(k)+x^{(1)}(k-1)}{x^{(1)}(k-1)}=1+\rho(k)$$

按照准光滑序列的定义，对每个 k，有 $\rho(k)<0.5$，所以

$$\sigma^{(1)}(k)\in[1,1.5),\quad \delta<0.5$$

即 $X^{(1)}$ 具有准指数规律。

定理 4.7.2 是灰色系统预测模型建模的理论基础。事实上，由于经济系统、生态系统、农业系统等均可视为广义的能量系统，而能量的积累与释放一般遵从指数规律，因此，灰色系统理论的指数模型具有十分广泛的适应性。

定理 4.7.3 设 $X^{(0)}$ 为非负序列，若 $X^{(r)}$ 具有指数规律，且 $X^{(r)}$ 的级比 $\sigma^{(r)}(k)=\sigma$，则有

（1）$\sigma^{(r+1)}(k)=\dfrac{1-\sigma^{k}}{1-\sigma^{k-1}}$；

（2）当 $\sigma\in(0,1)$ 时，$\lim\limits_{k\to\infty}\sigma^{(r+1)}(k)=1$，对每个 k，$\sigma^{(r+1)}(k)\in(1,1+\sigma]$；

（3）当 $\sigma>1$ 时，$\lim\limits_{k\to\infty}\sigma^{(r+1)}(k)=\sigma$，对每个 k，$\sigma^{(r+1)}(k)\in(\sigma,1+\sigma]$（邓聚龙，1985b）。

证明 （1）$X^{(r)}$具有指数规律，且对每个 k，有$\sigma^{(r)}(k)=\dfrac{x^{(r)}(k)}{x^{(r)}(k-1)}=\sigma$，则对每个 k

$$x^{(r)}(k)=\sigma x^{(r)}(k-1)=\sigma^2 x^{(r)}(k-2)=\cdots=\sigma^{(k-1)}x^{(r)}(1)$$

$$X^{(r)}=\left(x^{(r)}(1),\sigma x^{(r)}(1),\sigma^2 x^{(r)}(1),\cdots,\sigma^{(n-1)}x^{(r)}(1)\right)$$

$$X^{(r+1)}=\left(x^{(r)}(1),(1+\sigma)x^{(r)}(1),\left(1+\sigma+\sigma^2\right)x^{(r)}(1),\cdots,\left(1+\sigma+\cdots+\sigma^{(n-1)}\right)x^{(r)}(1)\right)$$

$$\sigma^{(r+1)}(k)=\frac{x^{(r+1)}(k)}{x^{(r+1)}(k-1)}=\frac{\left(1+\sigma+\cdots+\sigma^{k-1}\right)x^{(r)}(1)}{\left(1+\sigma+\cdots+\sigma^{k-2}\right)x^{(r)}(1)}=\frac{\dfrac{1-\sigma^k}{1-\sigma}}{\dfrac{1-\sigma^{k-1}}{1-\sigma}}=\frac{1-\sigma^k}{1-\sigma^{k-1}}$$

（2）当$0<\sigma<1$时，$\sigma^{(r+1)}(k)$随着 k 的增大而递减。

当 k=2 时：

$$\sigma^{(r+1)}(2)=\frac{x^{(r+1)}(2)}{x^{(r+1)}(1)}=1+\sigma$$

当$k\to\infty$时：

$$\sigma^{(r+1)}(k)=\frac{1-\sigma^k}{1-\sigma^{k-1}}\to 1$$

故对每个 k，$\sigma^{(r+1)}(k)\in[1,1+\sigma]$。

（3）当$\sigma>1$时，$\sigma^{(r+1)}(k)$随着 k 的增大而递减。

当 k=2 时：

$$\sigma^{(r+1)}(2)=1+\sigma$$

当$k\to\infty$时：

$$\sigma^{(r+1)}(k)=\frac{1-\sigma^k}{1-\sigma^{k-1}}\to\sigma$$

所以，对每个 k，$\sigma^{(r+1)}(k)\in(\sigma,1+\sigma]$。

定理 4.7.3 说明，如果$X^{(0)}$的 r 阶累加算子作用序列已具有指数规律，再对其施以累加算子（AGO）的作用反而会破坏其规律性，使指数规律由白变灰。因此累加算子的作用应适可而止。在实际应用中，如果$X^{(0)}$的 r 阶累加算子作用序列已具有准指数规律，一般不再对其施以更高阶的累加算子。根据定理 4.7.2，对于非负准光滑序列，只需进行一阶累加即可建立指数模型。

第 5 章

灰色关联分析模型

一般的抽象系统，如社会系统、经济系统、农业系统、生态系统、教育系统等都包含许多种不同的因素。多种因素的共同作用决定了该系统的发展态势。我们常常希望知道在众多的因素中，哪些是主要因素，哪些是次要因素；哪些因素对系统发展影响大，哪些因素对系统发展影响小；哪些因素对系统发展起推动作用需予以强化，哪些因素对系统发展起阻碍作用需加以抑制 ……这些都是系统分析中人们普遍关心的问题。例如，大气污染给人们的生活造成严重影响，相关研究机构和政府有关部门要有效地治理雾霾，就必须首先摸清雾霾形成的主要根源。很多人提到工业污染排放、建设施工扬尘、汽车尾气污染，以及秸秆焚烧、居民取暖等。但到底哪一个是主要污染源，其细分结构如何？像化工、钢铁、火电等高耗能行业，它们各自对雾霾的“贡献率”是多少？又如，粮食生产系统，我们希望提高粮食总产量，而影响粮食总产量的因素是多方面的，包括播种面积、水利、化肥、土壤、种子、劳力、气候、耕作技术和政策环境等。为了实现少投入多产出，并取得良好的经济效益、社会效益和生态效益，就必须进行系统分析。

数理统计中的回归分析、方差分析、主成分分析等都是用来进行系统分析的方法。这些方法存在以下问题。

（1）要求有大量数据，在数据量少、不满足大样本要求时上述方法均失效。

（2）要求样本服从某个典型的概率分布，要求各因素数据与系统特征数据之间呈线性相关关系且各因素之间彼此无关。这种要求往往难以满足。

（3）计算量较大，需要借助于专业计算机软件。

（4）可能出现定量分析与定性分析结果不一致的现象，导致系统的关系和规律遭到歪曲和颠倒。

（5）通常会发生某些标准统计检验不通过，建模失败的情形。

（6）即使各种标准检验均得以通过，仍不能排除犯错误的可能性。

在系统研究中，我们所能收集到的数据通常十分有限，而且由于观测、记录、存储过程产生的误差和认知偏差，数据的不确定性（灰度）进一步放大。作为复杂多变的现实世界的映像，许多数据序列起伏波动频繁，甚至出现大起大落，难以找到典型的分布规律。因此采用数理统计方法往往难以奏效。

灰色关联分析方法弥补了采用数理统计方法进行系统分析所导致的缺憾。它对数据量的多少和数据有无明显的规律都同样适用，而且计算量不大，十分方便，通常不会出现由模型得到的量化测算与定性分析结果不符的情况。

灰色关联分析是灰色系统理论中十分活跃的一个分支，已在社会经济、工程技术和自然科学各领域得到广泛应用。其基本思想是根据序列曲线几何形状的相似程度来判断不同序列之间的联系是否紧密。基本思路是通过线性插值的方法将系统因素的离散行为观测值转化为分段连续的折线，进而根据折线的几何特征构造测度关联程度的模型。折线几何形状越接近，相应序列之间的关联度就越大，反之就越小。

基于邓聚龙教授提出的灰色关联分析模型（邓聚龙，1985b），许多学者围绕灰色关联分析模型的构造和性质进行了有益的探索，取得不少有价值的成果。研究过程也从早期基于点关联系数的灰色关联分析模型，到基于整体或全局视角的系列灰色关联分析模型（刘思峰，1991），从基于接近性测度相似性的灰色关联分析模型，到分别基于相似性和接近性视角构造的灰色关联分析模型（刘思峰等，2010b），研究对象也从曲线之间的关系分析拓展到曲面之间的关系分析，再到三维立体空间之间的关系分析（张可和刘思峰，2010），乃至 n 维空间中超曲面之间的关系分析。

对一个抽象的系统或现象进行分析，首先要选准反映系统行为特征的数据序列，即找到系统行为的映射量，用映射量来间接地表征系统行为。例如，用国民平均接受教育的年数来反映教育水平，用刑事案件的发生率来反映社会秩序和社会治安情况，用医院挂号次数来反映国民的健康水平等。有了系统行为特征数据和相关因素的数据，即可相应地绘制与各个序列对应的折线图，从直观上进行分析。例如，2012 年，江苏省各市（地）地区生产总值 X_0，从事研发活动人数 X_1，研发经费支出额 X_2，研发经费占地区生产总值的比重 X_3 和发明专利授权数 X_4 的统计数据如表 5.0.1 所示。

表 5.0.1 江苏省各市地区生产总值与创新投入产出数据

城市	X_0 /亿元	X_1 /人	X_2 /亿元	X_3 /%	X_4 /件
南京	7 201.57	90 905	206.08	2.92	3 010
苏州	12 011.65	127 467	281.02	2.50	391
无锡	7 568.15	73 378	197.78	2.65	423
常州	3 969.87	47 472	97.88	2.50	262
镇江	2 630.42	28 728	55.50	2.31	497
扬州	2 933.20	24 063	62.02	2.05	104
泰州	2 701.67	17 439	57.76	1.94	3
南通	4 558.67	39 688	99.38	2.27	141
徐州	4 016.58	28 722	67.12	1.61	174
盐城	3 120.00	21 621	42.34	1.50	30
淮安	1 920.91	9 093	22.73	1.27	69
连云港	1 603.42	10 381	22.44	1.40	60
宿迁	1 522.03	7 455	15.07	1.02	3

为消除量纲，首先计算序列 X_0， X_1， X_2， X_3 和 X_4 的平均值，得到 $\overline{x}_0 = 4\,158.32$， $\overline{x}_1 = 42\,502$， $\overline{x}_2 = 96.92$， $\overline{x}_3 = 2.33\%$， $\overline{x}_4 = 416.23$， 由 $x_i\left(k\right)/\overline{x}_i$， $i = 0,1,2,3,4$； $k = 1,2,\cdots,13$，可以计算出表 5.0.1 中数据的均值像，所得结果如表 5.0.2 所示。

表 5.0.2 江苏省各市地区生产总值与创新投入产出数据的均值像

城市	X_0 /亿元	X_1 /人	X_2 /亿元	X_3 /%	X_4 /件
南京	1.73	2.14	2.13	1.25	7.23
苏州	2.89	3.00	2.90	1.07	0.94
无锡	1.82	1.73	2.04	1.14	1.02
常州	0.95	1.12	1.01	1.07	0.63
镇江	0.63	0.68	0.57	0.99	1.19
扬州	0.71	0.57	0.64	0.88	0.25
泰州	0.65	0.41	0.60	0.83	0.01
南通	1.10	0.93	1.03	0.97	0.34
徐州	0.97	0.68	0.69	0.69	0.42
盐城	0.75	0.51	0.44	0.64	0.07
淮安	0.46	0.21	0.23	0.55	0.17
连云港	0.39	0.24	0.23	0.60	0.14
宿迁	0.37	0.18	0.16	0.44	0.01

表 5.0.2 数据序列的折线图如图 5.0.1 所示。由图 5.0.1 可以看出，X_0、X_1、X_2、X_3 和 X_4 的变化趋势大体接近，说明从事研发活动人数 X_1，研发经费支出额 X_2，研发经费占地区生产总值的比重 X_3 和发明专利授权数 X_4 这些因素对地区生产总值 X_0 均有较大影响。进一步对比，还可以发现 X_1、X_2 与 X_0 的相似程度较高，X_3 次之，X_4 与 X_0 的相似程度最低

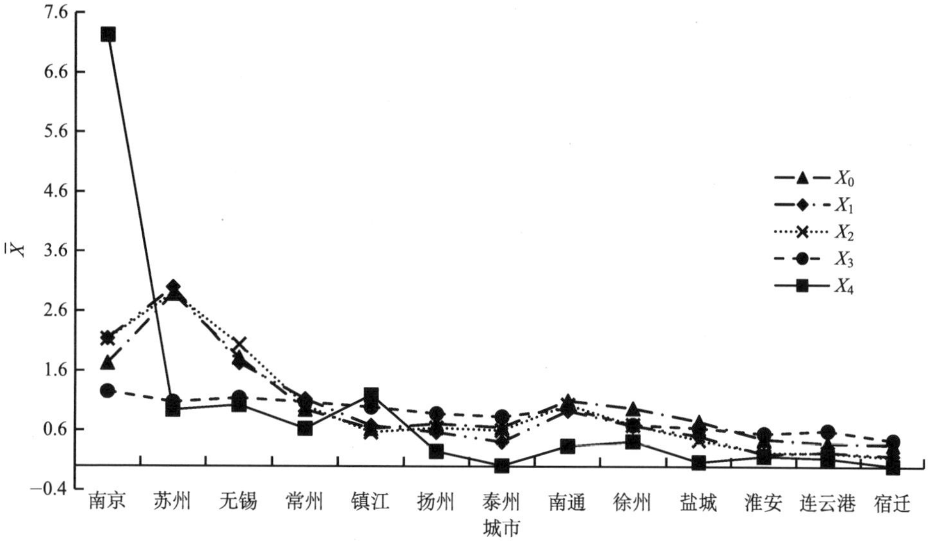

图 5.0.1 江苏省各市地区生产总值与创新投入产出数据折线图

为提高对比区分度，我们删除出现异常值的南京市数据，得到江苏省 12 市地区生产总值与创新投入产出数据的折线图如图 5.0.2 所示。从图 5.0.2 可以更清晰地看出，X_1、X_2 与 X_0 的相似程度较高，X_3 次之，X_4 与 X_0 的相似程度最低，要进一步测算变量间的量化关系，需要借助于本章将要介绍的灰色关联分析模型。

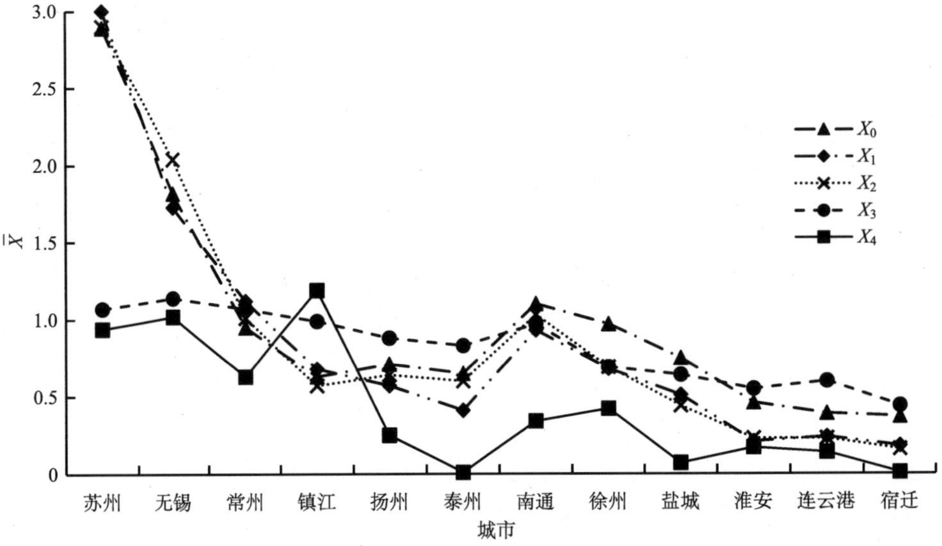

图 5.0.2 江苏省 12 市地区生产总值与创新投入产出数据折线图

5.1 灰色关联因素和关联算子集

进行系统分析，选定系统行为特征的映射量后，还需进一步明确影响系统行为的相关因素。如果系统行为特征映射量和各个相关因素的意义、量纲完全相同，则可以直接对它们之间的关系进行分析。当系统行为特征映射量和各个相关因素的意义、量纲不同时，如要做进一步的量化研究分析，则需对系统行为特征映射量和各个相关因素进行适当处理，通过算子作用，使之化为数量级大体相近的无量纲数据，并将负相关因素转化为正相关因素。

定义 5.1.1 设 X_i 为系统因素，其在序号 k 上的观测数据为 $x_i(k)$，$k=1,2,\cdots,n$，则称

$$X_i=(x_i(1),x_i(2),\cdots,x_i(n))$$

为因素 X_i 的行为序列。

若 k 为指标序号，$x_i(k)$ 为因素 X_i 在 k 时刻的观测数据，则称

$$X_i=(x_i(1),x_i(2),\cdots,x_i(n))$$

为因素 X_i 的行为时间序列。

若 k 为时间序号，$x_i(k)$ 为因素 X_i 关于第 k 个指标的观测数据，则称

$$X_i=\left(x_i(1),x_i(2),\cdots,x_i(n)\right)$$

为因素 X_i 的行为指标序列。

若 k 为观测对象序号，$x_i(k)$ 为因素 X_i 关于第 k 个对象的观测数据，则称

$$X_i=\left(x_i(1),x_i(2),\cdots,x_i(n)\right)$$

为因素 X_i 的行为横向序列。

例如，当 X_i 为经济因素时，若 k 为时间，$x_i(k)$ 为因素 X_i 在时刻 k 的观测数据，则 $X_i=\left(x_i(1),x_i(2),\cdots,x_i(n)\right)$ 是经济行为时间序列；若 k 为指标序号，则 $X_i=\left(x_i(1),x_i(2),\cdots,x_i(n)\right)$ 为经济行为指标序列；若 k 为不同经济区域或经济部门的序号，则 $X_i=\left(x_i(1),x_i(2),\cdots,x_i(n)\right)$ 为经济行为横向序列。

无论是时间序列数据、指标序列数据还是横向序列数据，都可以用来进行关联分析。

定义 5.1.2　设 $X_i=\left(x_i(1),x_i(2),\cdots,x_i(n)\right)$ 为因素 X_i 的行为序列，D_1 为序列算子，且

$$X_iD_1=\left(x_i(1)d_1,x_i(2)d_1,\cdots,x_i(n)d_1\right)$$

其中

$$x_i(k)d_1=\frac{x_i(k)}{x_i(1)},\quad x_i(1)\neq 0,\quad k=1,2,\cdots,n \tag{5.1.1}$$

则称 D_1 为初值化算子，X_iD_1 为 X_i 在初值化算子 D_1 下的像，简称初值像（邓聚龙，1985b）。

例 5.1.1　设序列 $X=(3.2,3.7,4.5,4.9,5.6)$，求其初值像序列。

根据式（5.1.1），有

$$x(1)d_1=x(1)/x(1)=1,\quad x(2)d_1=x(2)/x(1)=3.7\div 3.2=1.156\,25$$

同理可求得

$$x(3)d_1=1.406\,25,\quad x(4)d_1=1.531\,25,\quad x(5)d_1=1.75$$

因此有

$$XD_1=\left(x(1)d_1,x(2)d_1,x(3)d_1,x(4)d_1,x(5)d_1\right)=(1,1.156\,25,1.406\,25,1.531\,25,1.75)$$

定义 5.1.3　设 $X_i=\left(x_i(1),x_i(2),\cdots,x_i(n)\right)$ 为因素 X_i 的行为序列，D_2 为序列算子，且

$$X_iD_2=\left(x_i(1)d_2,x_i(2)d_2,\cdots,x_i(n)d_2\right)$$

其中

$$x_i(k)d_2=\frac{x_i(k)}{\overline{X_i}},\quad \overline{X_i}=\frac{1}{n}\sum_{k=1}^{n}x_i(k),\quad k=1,2,\cdots,n \tag{5.1.2}$$

则称 D_2 为均值化算子，X_iD_2 为 X_i 在均值化算子 D_2 下的像，简称均值像（邓聚龙，1985b）。

例 5.1.2 设序列 $X=(3.2,3.7,4.5,4.9,5.6)$，求其均值像序列。

根据式（5.1.2），有

$$\overline{X}=\frac{1}{5}\sum_{k=1}^{5}x(k)=4.38,\quad x(1)d_2=\frac{x(1)}{\overline{X}}=0.73,\quad x(2)d_2=\frac{x(2)}{\overline{X}}=0.84$$

同理可求得

$$x(3)d_2=1.03,\quad x(4)d_2=1.12,\quad x(5)d_2=1.28$$

因此有

$$XD_2=\left(x(1)d_2,x(2)d_2,x(3)d_2,x(4)d_2,x(5)d_2\right)=(0.73,0.84,1.03,1.12,1.28)$$

定义 5.1.4 设 $X_i=\left(x_i(1),x_i(2),\cdots,x_i(n)\right)$ 为因素 X_i 的行为序列，D_3 为序列算子，且

$$X_iD_3=\left(x_i(1)d_3,x_i(2)d_3,\cdots,x_i(n)d_3\right)$$

其中

$$x_i(k)d_3=\frac{x_i(k)-\min\limits_k x_i(k)}{\max\limits_k x_i(k)-\min\limits_k x_i(k)},\quad k=1,2,\cdots,n \tag{5.1.3}$$

则称 D_3 为区间值化算子，X_iD_3 为 X_i 在区间值化算子 D_3 下的像，简称区间值像（邓聚龙，1985b）。

例 5.1.3 设序列 $X=(3.2,3.7,4.5,4.9,5.6)$，求其区间值像序列。

显然有 $\min\limits_k x(k)=3.2$，$\max\limits_k x(k)=5.6$，根据式（5.1.3）可以求得

$$x(1)d_3=0,\quad x(2)d_3=0.208$$

$$x(3)d_3=0.542,\quad x(4)d_3=0.708,\quad x(5)d_3=1$$

因此有

$$XD_3=\left(x(1)d_3,x(2)d_3,x(3)d_3,x(4)d_3,x(5)d_3\right)=(0,0.208,0.542,0.708,1)$$

命题 5.1.1 初值化算子 D_1、均值化算子 D_2 和区间值化算子 D_3 皆可用来将系统行为数据序列化为无量纲且数量级相同的序列。

一般地，D_1、D_2、D_3 不宜混合、重叠作用，在进行系统因素分析时，可根据实际情况选用其中的一个。

定义 5.1.5 设 $X_i=\left(x_i(1),x_i(2),\cdots,x_i(n)\right)$，$x_i(k)\in[0,1]$ 为因素 X_i 的行为序列，D_4 为序列算子，且

$$X_iD_4=\left(x_i(1)d_4,x_i(2)d_4,\cdots,x_i(n)d_4\right)$$

其中

$$x_i(k)d_4=1-x_i(k),\quad k=1,2,\cdots,n \tag{5.1.4}$$

则称 D_4 为逆化算子，X_iD_4 为行为序列 X_i 在逆化算子 D_4 下的像，简称逆化像（邓聚龙，1985b）。

命题 5.1.2 任意行为序列的区间值像均有逆化像。

事实上，区间值像中的数据皆属于[0，1]区间，故可以定义逆化算子。

定义 5.1.6　设 $X_i=\left(x_i(1),x_i(2),\cdots,x_i(n)\right)$ 为因素 X_i 的行为序列，D_5 为序列算子，且

$$X_iD_5=\left(x_i(1)d_5,x_i(2)d_5,\cdots,x_i(n)d_5\right)$$

其中

$$x_i(k)d_5=\frac{1}{x_i(k)}，\quad x_i(k)\neq 0，\quad k=1,2,\cdots,n \tag{5.1.5}$$

则称 D_5 为倒数化算子，X_iD_5 为行为序列 X_i 在倒数化算子 D_5 下的像，简称倒数化像（邓聚龙，1985b）。

命题 5.1.3　若系统因素 X_i 与系统主行为 X_0 呈负相关关系，则 X_i 的逆化算子作用像 X_iD_4 和倒数化算子作用像 X_iD_5 与 X_0 具有正相关关系。

定义 5.1.7　称 $D=\{D_i\mid i=1,2,3,4,5\}$ 为灰色关联算子集。

定义 5.1.8　设 X 为系统因素集合，D 为灰色关联算子集，称（X,D）为灰色关联因子空间。

5.2　距离空间

由系统因素集合和灰色关联算子集构成的因子空间是灰色关联分析的基础，而系统行为的诊断、分析则是灰色关联分析的首要任务。

若将系统因素集合中的各个因素视为空间中的点，将每一因素关于不同时刻、不同指标、不同对象的观测数据视为点的坐标，我们就可以在特定的 n 维空间中研究各因素之间或因素与系统行为特征之间的关系，并能够依托 n 维空间中的距离定义灰色关联度。

定义 5.2.1　设 X, Y, Z 为 n 维空间中的点。若实数 $d(X,Y)$ 满足下列条件：

（1）$d(X,Y)\geqslant 0$，$d(X,Y)=0\Leftrightarrow X=Y$；

（2）$d(X,Y)=d(Y,X)$；

（3）$d(X,Z)\leqslant d(X,Y)+d(Y,Z)$。

则称 $d(X,Y)$ 为 n 维空间中的距离。

命题 5.2.1　设

$$X=\left(x(1),x(2),\cdots,x(n)\right)$$
$$Y=\left(y(1),y(2),\cdots,y(n)\right)$$

为 n 维空间中的点，定义

$$d_1(X,Y)=|x(1)-y(1)|+|x(2)-y(2)|+\cdots+|x(n)-y(n)|$$

$$d_2(X,Y)=\left[|x(1)-y(1)|^2+|x(2)-y(2)|^2+\cdots+|x(n)-y(n)|^2\right]^{\frac{1}{2}}$$

$$d_3(X,Y)=\frac{d_1(X,Y)}{1+d_1(X,Y)}$$

$$d_p(X,Y)=\left[|x(1)-y(1)|^p+|x(2)-y(2)|^p+\cdots+|x(n)-y(n)|^p\right]^{\frac{1}{p}}$$

$$d_\infty(X,Y)=\max_k\{|x(k)-y(k)|,k=1,2,\cdots,n\}$$

则$d_1(X,Y)$，$d_2(X,Y)$，$d_3(X,Y)$，$d_p(X,Y)$，$d_\infty(X,Y)$皆为n维空间中的距离。

定义 5.2.2 设n维空间中的点$X=(x(1),x(2),\cdots,x(n))$，设$O=(0,0,\cdots,0)$为$n$维空间中的原点，则$X$与原点$O$的距离$d(X,O)$称为$X$的范数，记为$\|X\|$。

相应于命题 5.2.1 中的距离，可得如下常用范数：

（1）1−范数$\|X\|_1=\sum_{k=1}^{n}|x(k)|$；

（2）2−范数$\|X\|_2=\left[\sum_{k=1}^{n}|x(k)|^2\right]^{1/2}$；

（3）p−范数$\|X\|_p=\left[\sum_{k=1}^{n}|x(k)|^p\right]^{1/p}$；

（4）∞−范数$\|X\|_\infty=\max_k\{|x(k)|\}$。

定义 5.2.3 设$X(t)$，$Y(t)$，$Z(t)$为连续函数，若实数$d(X(t),Y(t))$满足下列条件：

（1）$d(X(t),Y(t))\geqslant 0$，$d(X(t),Y(t))=0\Leftrightarrow\forall t$，$X(t)=Y(t)$；

（2）$d(X(t),Y(t))=d(Y(t),X(t))$；

（3）$d(X(t),Z(t))\leqslant d(X(t),Y(t))+d(Y(t),Z(t))$。

则称$d(X(t),Y(t))$为函数空间中的距离。这里，我们将连续函数$X(t)$，$Y(t)$视为函数空间中的两个“点”。

命题 5.2.2 设$X(t)$，$Y(t)$为定义在区间$[a,b]$上的连续函数，定义

$$d_1(X(t),Y(t))=\int_a^b|X(t)-Y(t)|\mathrm{d}t$$

$$d_2(X(t),Y(t))=\left[\int_a^b|X(t)-Y(t)|^2\,\mathrm{d}t\right]^{1/2}$$

$$d_3(X(t),Y(t))=\frac{d_1(X(t),Y(t))}{1+d_1(X(t),Y(t))}$$

$$d_4(X(t),Y(t))=\int_a^b\frac{|X(t)-Y(t)|}{1+|X(t)-Y(t)|}\mathrm{d}t$$

$$d_p(X(t),Y(t))=\left[\int_a^b|X(t)-Y(t)|^p\,\mathrm{d}t\right]^{1/p}$$

$$d_\infty(X(t),Y(t))=\max_t\{|X(t)-Y(t)|,t\in[a,b]\}$$

则 $d_1(X(t),Y(t))$，$d_2(X(t),Y(t))$，$d_3(X(t),Y(t))$，$d_4(X(t),Y(t))$，$d_p(X(t), Y(t))$，$d_\infty(X(t),Y(t))$ 皆为函数空间上的距离。

定义 5.2.4 设 $X(t)$ 为区间 $[a,b]$ 上的连续函数，O 为 $[a,b]$ 上的零函数，则 $d(X(t),O)$ 称为连续函数 $X(t)$ 的范数，记为

$$\|X(t)\|=d(X(t),O)$$

相应地，可得如下常用范数：

（1）$\|X(t)\|_1=\int_a^b|X(t)|\mathrm{d}t$；

（2）$\|X(t)\|_2=\left[\int_a^b|X(t)|^2\mathrm{d}t\right]^{1/2}$；

（3）$\|X(t)\|_p=\left[\int_a^b|X(t)|^p\mathrm{d}t\right]^{1/p}$；

（4）$\|X(t)\|_\infty=\max_t\{|X(t)|,t\in[a,b]\}$。

5.3 灰色关联公理与邓氏灰色关联度

定义 5.3.1 设 $X_0=(x_0(1),x_0(2),\cdots,x_0(n))$ 为系统特征行为序列，且

$$X_1=(x_1(1),x_1(2),\cdots,x_1(n))$$
$$\vdots$$
$$X_i=(x_i(1),x_i(2),\cdots,x_i(n))$$
$$\vdots$$
$$X_m=(x_m(1),x_m(2),\cdots,x_m(n))$$

为相关因素序列。给定实数 $\gamma(x_0(k),x_i(k))$，若实数

$$\gamma(X_0,X_i)=\frac{1}{n}\sum_{k=1}^{n}\gamma(x_0(k),x_i(k))$$

满足

（1）规范性：

$$0<\gamma(X_0,X_i)\leqslant 1,\quad \gamma(X_0,X_i)=1\Leftarrow X_0=X_i$$

（2）接近性：

$$|x_0(k)-x_i(k)|\text{越小}，\ \gamma(x_0(k),x_i(k))\text{越大}$$

则称 $\gamma(X_0,X_i)$ 为 X_i 与 X_0 的灰色关联度，$\gamma(x_0(k),x_i(k))$ 为 X_i 与 X_0 在 k 点的关联系数，并称条件（1）和（2）为灰色关联公理（邓聚龙，1985b）。

$\gamma(X_0,X_i)\in(0,1]$ 表明系统中任何两个行为序列都不可能是严格无关联的。

接近性表明邓氏灰色关联分析模型基于两个行为序列对应点之间的距离测度系统

因素变化趋势的相似性。

邓聚龙教授早期提出的灰色关联公理共有 4 条，除上述（1）规范性和（2）接近性之外，还有以下两条（邓聚龙，1985b）。

（3）整体性：

对于 X_i， $X_j \in X=\{X_s | s=0,1,2,\cdots,m,m\geqslant 2\}$ ，有

$$\gamma(X_i,X_j)\neq\gamma(X_j,X_i)(i\neq j)$$

（4）偶对对称性：

对于 X_i， $X_j\in X$ ，有

$$\gamma(X_i,X_j)=\gamma(X_j,X_i)\Leftrightarrow X=\{X_i,X_j\}$$

魏勇和曾柯方（2015）证明整体性和偶对对称性是不必要的，可以不列为灰色关联公理。

定理 5.3.1 设系统行为序列

$$X_0=(x_0(1),x_0(2),\cdots,x_0(n))$$
$$X_1=(x_1(1),x_1(2),\cdots,x_1(n))$$
$$\vdots$$
$$X_i=(x_i(1),x_i(2),\cdots,x_i(n))$$
$$\vdots$$
$$X_m=(x_m(1),x_m(2),\cdots,x_m(n))$$

对于 $\xi\in(0,1)$ ，令

$$\gamma(x_0(k),x_i(k))=\frac{\min\limits_i\min\limits_k|x_0(k)-x_i(k)|+\xi\max\limits_i\max\limits_k|x_0(k)-x_i(k)|}{|x_0(k)-x_i(k)|+\xi\max\limits_i\max\limits_k|x_0(k)-x_i(k)|} \tag{5.3.1}$$

$$\gamma(X_0,X_i)=\frac{1}{n}\sum_{k=1}^{n}\gamma(x_0(k),x_i(k)) \tag{5.3.2}$$

则 $\gamma(X_0,X_i)$ 满足灰色关联公理，其中 ξ 称为分辨系数。$\gamma(X_0,X_i)$ 称为 X_0 与 X_i 的灰色关联度（邓聚龙，1985b）。

灰色关联度 $\gamma(X_0,X_i)$ 常简记为 γ_{0i}， k 点关联系数 $\gamma(x_0(k),x_i(k))$ 简记为 $\gamma_{0i}(k)$ 。

按照定理 5.3.1 中定义的算式可得灰色关联度的计算步骤如下。

第一步：求各序列的初值像（或均值像）。令

$$X_i'=\frac{X_i}{x_i(1)}=(x_i'(1),x_i'(2),\cdots,x_i'(n)),\quad i=0,1,2,\cdots,m$$

第二步：求 X_0 与 X_i 的初值像（或均值像）对应分量之差的绝对值序列。记

$$\Delta_i(k)=|x_0'(k)-x_i'(k)|,\quad \Delta_i=(\Delta_i(1),\Delta_i(2),\cdots,\Delta_i(n)),\quad i=1,2,\cdots,m$$

第三步：求 $\Delta_i(k)=|x_0'(k)-x_i'(k)|$， $k=1,2,\cdots,n$ ； $i=1,2,\cdots,m$ 的最大值与最小值。分别记为

$$M=\max_i\max_k\Delta_i(k)，\quad m=\min_i\min_k\Delta_i(k)$$

第四步：计算关联系数

$$\gamma_{0i}(k)=\frac{m+\xi M}{\Delta_i(k)+\xi M}，\quad \xi\in(0,1)，\quad k=1,2,\cdots,n；\quad i=1,2,\cdots,m$$

第五步：求出关联系数的平均值即邓式关联度值

$$\gamma_{0i}=\frac{1}{n}\sum_{k=1}^{n}\gamma_{0i}(k)，\quad i=1,2,\cdots,m$$

例 5.3.1　试根据表 5.0.1 中的江苏省苏州、无锡、常州、镇江和扬州 5 市的数据，计算地区生产总值 X_0、从事研发活动人数 X_1，研发经费支出额 X_2，研发经费占地区生产总值的比重 X_3 和发明专利授权数 X_4 的灰色关联度。

解： 由表 5.0.1 可得

$$X_0=(x_0(1),x_0(2),x_0(3),x_0(4),x_0(5))=(12\,011.65,7\,568.15,3\,969.87,2\,630.42,2\,933.20)$$

$$X_1=(x_1(1),x_1(2),x_1(3),x_1(4),x_1(5))=(127\,467,73\,378,47\,472,28\,728,24\,063)$$

$$X_2=(x_2(1),x_2(2),x_2(3),x_2(4),x_2(5))=(281.02,197.78,97.88,55.50,62.02)$$

$$X_3=(x_3(1),x_3(2),x_3(3),x_3(4),x_3(5))=(2.50,2.65,2.50,2.31,2.05)$$

$$X_4=(x_4(1),x_4(2),x_4(3),x_4(4),x_4(5))=(391,423,262,497,104)$$

以 X_0 为系统行为特征序列计算 X_1， X_2， X_3， X_4 与 X_0 的灰色关联度。

第一步：求均值像

由 $X_i'=X_i/\bar{X}_i=(x_i'(1),x_i'(2),x_i'(3),x_i'(4),x_i'(5))$，$i=0,1,2,3,4$，得

$$X_0'=X_0/\bar{X}_0=(2.062\,9,1.299\,8,0.681\,8,0.451\,8,0.503\,8)$$

$$X_1'=X_1/\bar{X}_1=(2.116\,6,1.218\,5,0.788\,3,0.477\,0,0.399\,6)$$

$$X_2'=X_2/\bar{X}_2=(2.024\,1,1.424\,5,0.705\,0,0.399\,7,0.446\,7)$$

$$X_3'=X_3/\bar{X}_3=(1.040\,8,1.103\,2,1.040\,8,0.961\,7,0.853\,5)$$

$$X_4'=X_4/\bar{X}_4=(1.165\,8,1.261\,2,0.781\,2,1.481\,8,0.310\,1)$$

第二步：求 X_2， X_3， X_4 与 X_1 均值像对应分量之差的绝对值序列

由 $\Delta_i(k)=|x_0'(k)-x_i'(k)|$，$i=1,2,3,4$，得

$$\Delta_1=(0.053\,1,0.081\,3,0.106\,5,0.025\,2,0.104\,2)$$

$$\Delta_2=(0.038\,8,0.124\,7,0.023\,2,0.052\,1,0.057\,1)$$

$$\Delta_3=(1.022\,1,0.196\,6,0.359\,0,0.509\,9,0.349\,7)$$

$$\Delta_4=(0.897\,1,0.038\,6,0.099\,4,1.030\,0,0.193\,7)$$

第三步：求 $\Delta_i(k)$（$i=1,2,3,4$；$k=1,2,\cdots,5$）的最大值与最小值

$$M=\max_i\max_k\Delta_i(k)=1.030\,0$$

$$m=\min_i\min_k\Delta_i(k)=0.023\,2$$

第四步：求关联系数

取$\xi=0.5$，有

$$\gamma_{0i}(k)=\frac{m+\xi M}{\Delta_i(k)+\xi M}=\frac{0.538\,2}{\Delta_i(k)+0.515\,0},i=1,2,3,4；\quad k=1,2,\cdots,5$$

从而

$$\gamma_{01}(1)=0.947\,4,\gamma_{01}(2)=0.902\,6,\gamma_{01}(3)=0.866\,0,\gamma_{01}(4)=0.996\,3,\gamma_{01}(5)=0.869\,2$$
$$\gamma_{02}(1)=0.971\,8,\gamma_{02}(2)=0.841\,3,\gamma_{02}(3)=1.000\,0,\gamma_{02}(4)=0.949\,0,\gamma_{02}(5)=0.940\,7$$
$$\gamma_{03}(1)=0.350\,1,\gamma_{03}(2)=0.756\,3,\gamma_{03}(3)=0.615\,8,\gamma_{03}(4)=0.525\,1,\gamma_{03}(5)=0.622\,4$$
$$\gamma_{04}(1)=0.381\,1,\gamma_{04}(2)=0.972\,2,\gamma_{04}(3)=0.876\,0,\gamma_{04}(4)=0.348\,3,\gamma_{04}(5)=0.759\,4$$

第五步：计算邓氏灰色关联度

$$\gamma_{01}=\frac{1}{5}\sum_{k=1}^{5}\gamma_{01}(k)=0.916\,3$$
$$\gamma_{02}=\frac{1}{5}\sum_{k=1}^{5}\gamma_{02}(k)=0.940\,6$$
$$\gamma_{03}=\frac{1}{5}\sum_{k=1}^{5}\gamma_{03}(k)=0.573\,9$$
$$\gamma_{04}=\frac{1}{5}\sum_{k=1}^{5}\gamma_{04}(k)=0.667\,4$$

由计算结果可以看出，按照江苏省苏州、无锡、常州、镇江和扬州5市的数据测算，对地区生产总值X_0影响较大的因素为研发经费支出额X_2和从事研发活动人数X_1，两项都属于创新投入因素。研发经费占地区生产总值的比重X_3与X_0的关联度较小的主要原因是，在创新型国家建设大背景下，上级主管部门对此有明确要求，因此各市的比重差别不明显。发明专利授权数X_4对地区生产总值X_0影响不大，则可能是由于前些年在创新型国家建设的大背景下，各级地方政府纷纷出台专利申报奖励政策，催生了一批并无实质性创新的“发明专利”。

5.4 灰色绝对关联度

命题 5.4.1 设系统行为序列$X_i=(x_i(1),x_i(2),\cdots,x_i(n))$，记折线

$$(x_i(1)-x_i(1),x_i(2)-x_i(1),\cdots,x_i(n)-x_i(1))$$

为$X_i-x_i(1)$，令

$$s_i=\int_1^n(X_i-x_i(1))\mathrm{d}t \tag{5.4.1}$$

则：

（1）当X_i为增长序列时，$s_i\geqslant 0$；

（2）当X_i为衰减序列时，$s_i\leqslant 0$；

（3）当X_i为振荡序列时，s_i符号不定。

由增长序列、衰减序列、振荡序列的定义及积分的性质，上述命题的成立是显然的。如图 5.4.1 所示，（a）为单调增长序列，（b）为单调衰减序列，（c）为振荡序列，可以直观理解本命题。

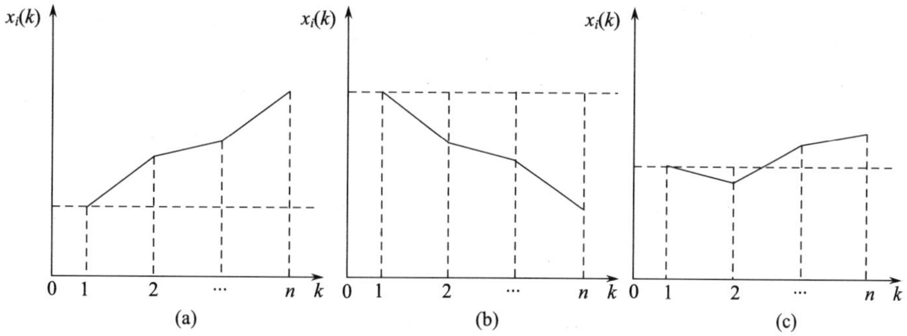

图 5.4.1　增长序列、衰减序列与振荡序列

定义 5.4.1　设系统行为序列 $X_i=\left(x_i(1),x_i(2),\cdots,x_i(n)\right)$，$D$ 为序列算子，且

$$X_iD=\left(x_i(1)d,x_i(2)d,\cdots,x_i(n)d\right)$$

其中，$x_i(k)d=x_i(k)-x_i(1)$，$k=1,2,\cdots,n$，则称 D 为始点零化算子，X_iD 为 X_i 的始点零化像，记为

$$X_iD=X_i^0=\left(x_i^0(1),x_i^0(2),\cdots,x_i^0(n)\right)$$

（刘思峰，1991）。

命题 5.4.2　设系统行为序列

$$X_i=\left(x_i(1),x_i(2),\cdots,x_i(n)\right)$$

$$X_j=\left(x_j(1),x_j(2),\cdots,x_j(n)\right)$$

的始点零化像分别为

$$X_i^0=\left(x_i^0(1),x_i^0(2),\cdots,x_i^0(n)\right)$$

$$X_j^0=\left(x_j^0(1),x_j^0(2),\cdots,x_j^0(n)\right)$$

令

$$s_i-s_j=\int_1^n\left(X_i^0-X_j^0\right)\mathrm{d}t \tag{5.4.2}$$

$$S_i-S_j=\int_1^n\left(X_i-X_j\right)\mathrm{d}t \tag{5.4.3}$$

则：

（1）当 X_i^0 恒在 X_j^0 上方，$s_i-s_j\geqslant 0$；

（2）当 X_i^0 恒在 X_j^0 下方，$s_i-s_j\leqslant 0$；

（3）当 X_i^0 与 X_j^0 相交，s_i-s_j 的符号不定。

如图 5.4.2 所示，图（a）中，X_i^0 恒在 X_j^0 上方，所以 $s_i-s_j\geqslant 0$。图（b）中，X_i^0

与 X_j^0 相交，$s_i - s_j$ 的符号不定。

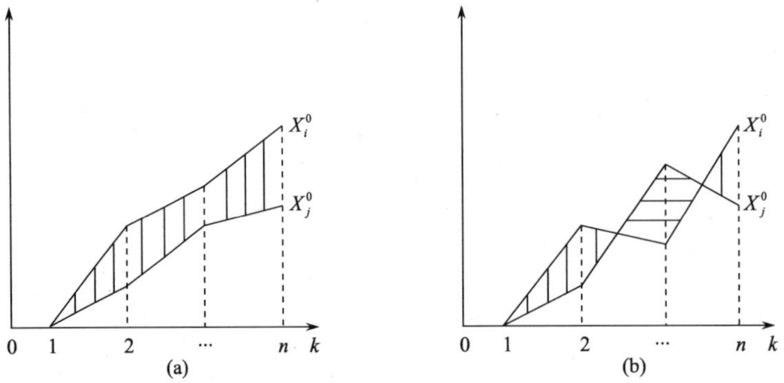

图 5.4.2　X_i^0 与 X_j^0 的关系

对于 $S_i - S_j$，不难得到类似的结论。

定义 5.4.2　称序列 X_i 各个观测数据间时距之和为序列 X_i 的长度。

要注意两个长度相同的序列中观测数据个数不一定一样多。例如，

$$X_1 = \left(x_1(1), x_1(3), x_1(6)\right)$$

$$X_2 = \left(x_2(1), x_2(3), x_2(5), x_2(6)\right)$$

$$X_3 = \left(x_3(1), x_3(2), x_3(3), x_3(4), x_3(5), x_3(6)\right)$$

X_1，X_2，X_3 的长度都是 5，但各序列中观测数据个数并不一样多。

定义 5.4.3　设序列 X_i 与 X_j 长度相同，s_i，s_j 如命题 5.4.1 所示，则称

$$\varepsilon_{ij} = \frac{1+|s_i|+|s_j|}{1+|s_i|+|s_j|+|s_i - s_j|} \tag{5.4.4}$$

为 X_i 与 X_j 的灰色绝对关联度，简称绝对关联度（刘思峰，1991）。

这里仅给出长度相同序列之灰色绝对关联度的定义，对于长度不同的序列，可采取删去较长序列之过剩数据或用灰色系统的 GM（1，1）模型进行预测，补齐较短序列之不足数据等措施使之化成长度相同的序列，但这样会影响灰色绝对关联度的值。

定理 5.4.1　灰色绝对关联度

$$\varepsilon_{ij} = \frac{1+|s_i|+|s_j|}{1+|s_i|+|s_j|+|s_i - s_j|}$$

满足邓氏灰色关联公理中的规范性公理和接近性公理。

证明　（1）规范性：显然，$\varepsilon_{ij} > 0$。又 $\left|s_i - s_j\right| \geqslant 0$，所以 $\varepsilon_{ij} \leqslant 1$。

（2）接近性：显然成立。

命题 5.4.3　设序列 X_i 与 X_j 的长度相同，令

$$X_i' = X_i - a\,,\quad X_j' = X_j - b$$

其中，a，b 为常数，若 X_i' 与 X_j' 的灰色绝对关联度为 ε_{ij}'，则 $\varepsilon_{ij}' = \varepsilon_{ij}$。

事实上，对 X_i， X_j 进行平移不会改变 s_i， s_j 和 $s_i - s_j$ 的值，因此也不会改变 ε_{ij}。

定义 5.4.4　若序列 X 各对相邻观测数据间时距相同，则称 X 为等时距序列。

引理 5.4.1　设 X 为等时距序列，若其时距 $l \neq 1$，则时间坐标变换

$$t: T \to T$$
$$t \mapsto t/l$$

可将 X 化为 1−时距序列。

证明　设 $X_i = \left(x_i(l), x_i(2l), \cdots, x_i(nl)\right)$，在上述变换下，$t$ 变为 t/l，kl 变为 $kl/l = k$，于是 X_i 变为

$$\left(x_i(1), x_i(2), \cdots, x_i(n)\right)$$

此为 1−时距序列。

引理 5.4.2　设 X_i 与 X_j 的长度相同，且皆为 1−时距序列，而

$$X_i^0 = \left(x_i^0(1), x_i^0(2), \cdots, x_i^0(n)\right)$$
$$X_j^0 = \left(x_j^0(1), x_j^0(2), \cdots, x_j^0(n)\right)$$

分别为 X_i 与 X_j 的始点零化像，则

$$|s_i| = \left|\sum_{k=2}^{n-1} x_i^0(k) + \frac{1}{2} x_i^0(n)\right|$$
$$|s_j| = \left|\sum_{k=2}^{n-1} x_j^0(k) + \frac{1}{2} x_j^0(n)\right|$$
$$|s_i - s_j| = \left|\sum_{k=2}^{n-1}\left(x_i^0(k) - x_j^0(k)\right) + \frac{1}{2}\left(x_i^0(n) - x_j^0(n)\right)\right|$$

（刘思峰，1991）。

证明　（从略，有兴趣的读者请参见本书第七版）

定理 5.4.2　设序列 X_i， X_j 长度相同，时距相同，且皆为等时距序列，则

$$\varepsilon_{ij} = \left[1 + \left|\sum_{k=2}^{n-1} x_i^0(k) + \frac{1}{2} x_i^0(n)\right| + \left|\sum_{k=2}^{n-1} x_j^0(k) + \frac{1}{2} x_j^0(n)\right|\right] \times \left[1 + \left|\sum_{k=2}^{n-1} x_i^0(k) + \frac{1}{2} x_i^0(n)\right|\right.$$
$$\left. + \left|\sum_{k=2}^{n-1} x_j^0(k) + \frac{1}{2} x_j^0(n)\right| + \left|\sum_{k=2}^{n-1}\left[x_i^0(k) - x_j^0(k)\right] + \frac{1}{2}\left[x_i^0(n) - x_j^0(n)\right]\right|\right]^{-1}$$

（刘思峰，1991）。

证明　由引理 5.4.1，不妨设 X_i， X_j 皆为 1−时距序列，再根据引理 5.4.2 和定义 5.4.1，即得结论。

例 5.4.1　设序列

$$X_0 = \left(x_0(1), x_0(2), x_0(3), x_0(4), x_0(5), x_0(7)\right) = (10, 9, 15, 14, 14, 16)$$
$$X_1 = \left(x_1(1), x_1(3), x_1(7)\right) = (46, 70, 98)$$

试求其绝对关联度 ε_{01}。

解 （1）将 X_1 化为与 X_0 时距相同的序列，令

$$x_1(5)=\frac{1}{2}(x_1(3)+x_1(7))=\frac{1}{2}(70+98)=84$$

$$x_1(2)=\frac{1}{2}(x_1(1)+x_1(3))=\frac{1}{2}(46+70)=58$$

$$x_1(4)=\frac{1}{2}(x_1(3)+x_1(5))=\frac{1}{2}(70+84)=77$$

于是有

$$X_1=(x_1(1),x_1(2),x_1(3),x_1(4),x_1(5),x_1(7))=(46,58,70,77,84,98)$$

（2）将 X_0，X_1 化为等时距序列，令

$$x_0(6)=\frac{1}{2}(x_0(5)+x_0(7))=\frac{1}{2}(14+16)=15$$

$$x_1(6)=\frac{1}{2}(x_1(5)+x_1(7))=\frac{1}{2}(84+98)=91$$

$$X_0=(x_0(1),x_0(2),x_0(3),x_0(4),x_0(5),x_0(6),x_0(7))=(10,9,15,14,14,15,16)$$

$$X_1=(x_1(1),x_1(2),x_1(3),x_1(4),x_1(5),x_1(6),x_1(7))=(46,58,70,77,84,91,98)$$

已皆为 1–时距序列。

（3）求始点零像化，得

$$X_0^0=(x_0^0(1),x_0^0(2),x_0^0(3),x_0^0(4),x_0^0(5),x_0^0(6),x_0^0(7))=(0,-1,5,4,4,5,6)$$

$$X_1^0=(x_1^0(1),x_1^0(2),x_1^0(3),x_1^0(4),x_1^0(5),x_1^0(6),x_1^0(7))=(0,12,24,31,38,45,52)$$

（4）求 $|s_0|$，$|s_1|$，$|s_1-s_0|$

$$|s_0|=\left|\sum_{k=2}^{6}x_0^0(k)+\frac{1}{2}x_0^0(7)\right|=20$$

$$|s_1|=\left|\sum_{k=2}^{6}x_1^0(k)+\frac{1}{2}x_1^0(7)\right|=176$$

$$|s_1-s_0|=\left|\sum_{k=2}^{6}\left[x_1^0(k)-x_0^0(k)\right]+\frac{1}{2}\left[x_1^0(7)-x_0^0(7)\right]\right|=156$$

（5）计算灰色绝对关联度

$$\varepsilon_{01}=\frac{1+|s_0|+|s_1|}{1+|s_0|+|s_1|+|s_1-s_0|}=\frac{197}{353}\approx 0.5581$$

定理 5.4.3 灰色绝对关联度 ε_{ij} 具有下列性质：

（1）$0<\varepsilon_{ij}\leqslant 1$；

（2）ε_{ij} 只与 X_i 和 X_j 的几何形状有关，而与其空间相对位置无关，或者说，平移不改变绝对关联度的值；

（3）任何两个序列都不是绝对无关的，即 ε_{ij} 恒不为零；

（4）X_i 与 X_j 几何上相似程度越大，ε_{ij} 越大；

（5）X_i 与 X_j 平行，或 X_i^0 围绕 X_j^0 摆动，且 X_i^0 位于 X_j^0 之上部分的面积与 X_i^0 位于 X_j^0 之下部分的面积相等时，$\varepsilon_{ij}=1$；

（6）当 X_i 或 X_j 中任一观测数据变化时，ε_{ij} 将随之变化；

（7）X_i 与 X_j 长度变化，ε_{ij} 亦变；

（8）$\varepsilon_{jj}=\varepsilon_{ii}=1$；

（9）$\varepsilon_{ij}=\varepsilon_{ji}$。

5.5　灰色相对关联度与灰色综合关联度

5.5.1　灰色相对关联度

定义 5.5.1　设序列 X_i，X_j 长度相同，且初值皆不等于零，X_i'，X_j' 分别为 X_i，X_j 的初值像，则称 X_i' 与 X_j' 的灰色绝对关联度为 X_i 与 X_j 的灰色相对关联度，简称相对关联度，记为 r_{ij}（刘思峰，1991）。

灰色相对关联度是序列 X_i 与 X_j 相对于始点的变化速率之联系的表征，X_i 与 X_j 的变化速率越接近，r_{ij} 越大，反之就越小。

命题 5.5.1　设 X_i，X_j 为长度相同且初值皆不等于零的序列，若 $X_j=cX_i$，其中 c 为大于 0 的常数，则 $r_{ij}=1$。

证明　设 $X_i=\left(x_i(1),x_i(2),\cdots,x_i(n)\right)$，则

$$X_j=\left(x_j(1),x_j(2),\cdots,x_j(n)\right)=\left(cx_i(1),cx_i(2),\cdots,cx_i(n)\right)$$

其初值像分别为

$$X_i'=\frac{X_i}{x_i(1)}=\left(\frac{x_i(1)}{x_i(1)},\frac{x_i(2)}{x_i(1)},\cdots,\frac{x_i(n)}{x_i(1)}\right)$$

$$X_j'=\frac{X_j}{x_j(1)}=\left(\frac{x_j(1)}{x_j(1)},\frac{x_j(2)}{x_j(1)},\cdots,\frac{x_j(n)}{x_j(1)}\right)$$

$$=\left(\frac{cx_i(1)}{cx_i(1)},\frac{cx_i(2)}{cx_i(1)},\cdots,\frac{cx_i(n)}{cx_i(1)}\right)=\left(\frac{x_i(1)}{x_i(1)},\frac{x_i(2)}{x_i(1)},\cdots,\frac{x_i(n)}{x_i(1)}\right)$$

所以 $X_j'=X_i'$，从而其绝对关联度等于 1，因此，X_j 与 X_i 的相对关联度 $r_{ij}=1$。

命题 5.5.2　设 X_i，X_j 为长度相同且初值皆不等于零的序列，则其相对关联度 r_{ij} 与绝对关联度 ε_{ij} 没有必然联系，当 ε_{ij} 较大时，r_{ij} 可能很小；ε_{ij} 很小时，r_{ij} 也可能很大。

例 5.5.1　计算例 5.4.1 中 X_0 与 X_1 的相对关联度。

解　（1）将 X_1 化为与 X_0 时距相同的序列，令

$$X_1(5)=\frac{1}{2}\left(x_1(3)+x_1(7)\right)=\frac{1}{2}(70+98)=84$$

$$X_1(2)=\frac{1}{2}\left(x_1(1)+x_1(3)\right)=\frac{1}{2}(46+70)=58$$

$$X_1(4)=\frac{1}{2}\left(x_1(3)+x_1(5)\right)=\frac{1}{2}(70+84)=77$$

于是有

$$X_1=\left(x_1(1),x_1(2),x_1(3),x_1(4),x_1(5),x_1(7)\right)=(46,58,70,77,84,98)$$

（2）将 X_0，X_1 化为等时距序列，令

$$X_0(6)=\frac{1}{2}\left(x_0(5)+x_0(7)\right)=\frac{1}{2}(14+16)=15$$

$$X_1(6)=\frac{1}{2}\left(x_1(5)+x_1(7)\right)=\frac{1}{2}(84+98)=91$$

于是

$$X_0=\left(x_0(1),x_0(2),x_0(3),x_0(4),x_0(5),x_0(6),x_0(7)\right)=(10,9,15,14,14,15,16)$$

$$X_1=\left(x_1(1),x_1(2),x_1(3),x_1(4),x_1(5),x_1(6),x_1(7)\right)=(46,58,70,77,84,91,98)$$

已皆为 1–时距序列。

（3）求 X_0，X_1 初值像，得

$$X_0'=(1,0.9,1.5,1.4,1.4,1.5,1.6)$$

$$X_1'=(1,1.26,1.52,1.67,1.83,1.98,2.13)$$

（4）求 X_0'，X_1' 的始点零化像，得

$$\begin{aligned}X'^0_0&=\left(x'^0_0(1),x'^0_0(2),x'^0_0(3),x'^0_0(4),x'^0_0(5),x'^0_0(6),x'^0_0(7)\right)\\&=(0,-0.1,0.5,0.4,0.4,0.5,0.6)\end{aligned}$$

$$\begin{aligned}X'^0_1&=\left(x'^0_1(1),x'^0_1(2),x'^0_1(3),x'^0_1(4),x'^0_1(5),x'^0_1(6),x'^0_1(7)\right)\\&=(0,0.26,0.52,0.67,0.83,0.98,1.13)\end{aligned}$$

（5）求 $|s_0'|$，$|s_1'|$，$|s_1'-s_0'|$，即

$$|s_0'|=\left|\sum_{k=2}^{6}x'^0_0(k)+\frac{1}{2}x'^0_0(7)\right|=2$$

$$|s_1'|=\left|\sum_{k=2}^{6}x'^0_1(k)+\frac{1}{2}x'^0_1(7)\right|=3.828$$

$$|s_1'-s_0'|=\left|\sum_{k=2}^{6}\left(x'^0_1(k)-x'^0_0(k)\right)+\frac{1}{2}\left(x'^0_1(7)-x'^0_0(7)\right)\right|=1.925$$

（6）计算灰色相对关联度：

$$r_{01}=\frac{1+|s_0'|+|s_1'|}{1+|s_0'|+|s_1'|+|s_1'-s_0'|}=\frac{6.825}{8.75}=0.78$$

命题 5.5.3 设 X_i，X_j 为长度相同且初值皆不等于零的序列，a，b 为非零常数，

aX_j 与 bX_i 的相对关联度为 r'_{ij}，则 $r'_{ij}=r_{ij}$。或者说，数乘不改变相对关联度的值。

事实上，aX_j 与 bX_i 的初值像分别等于 X_j，X_i 的初值像，数乘在初值化算子作用下无效，故 $r'_{ij}=r_{ij}$。

定理 5.5.1　灰色相对关联度 r_{ij} 具有下列性质：

（1）$0<r_{ij}\leqslant 1$；

（2）r_{ij} 只与序列 X_i 和 X_j 的相对于始点的变化速率有关，而与各观测值的大小无关，或者说，数乘不改变相对关联度的值；

（3）任何两个序列的变化速率都不是毫无联系的，即 r_{ij} 恒不为零；

（4）X_j 与 X_i 相对于始点的变化速率越趋于一致，r_{ij} 越大；

（5）X_j 与 X_i 相对于始点的变化速率相同，即 $X_j=aX_i$，或 X_j 与 X_i 的初值像的始点零像化像 X'^0_i，X'^0_j 满足以下条件，X'^0_i 围绕 X'^0_j 摆动，且 X'^0_i 位于 X'^0_j 之上部分的面积与 X'^0_i 位于 X'^0_j 之下部分的面积相等时，$r_{ij}=1$；

（6）当 X_j 或 X_i 中任一观测数据变化时，r_{ij} 将随之变化；

（7）X_j 与 X_i 序列长度变化，r_{ij} 亦变化；

（8）$r_{ii}=r_{jj}=1$；

（9）$r_{ij}=r_{ji}$。

5.5.2　灰色综合关联度

定义 5.5.2　设序列 X_i，X_j 长度相同，且初值不等于零，ε_{ij} 和 r_{ij} 分别为 X_j 与 X_i 的灰色绝对关联度和灰色相对关联度，$\theta\in[0,1]$，则称

$$\rho_{ij}=\theta\varepsilon_{ij}+(1-\theta)r_{ij} \tag{5.5.1}$$

为 X_j 与 X_i 的灰色综合关联度，简称综合关联度（刘思峰，1991）。

灰色综合关联度既体现了折线 X_j 与 X_i 的相似程度，又反映出 X_j 与 X_i 相对于始点的变化速率的接近程度，是较为全面地表征序列之间联系是否紧密的一个数量指标。一般地，我们可取 $\theta=0.5$，如果对绝对量之间的关系较为关心，θ 可取大一些；如果对变化速率看得较重，θ 可取小一些。

例 5.5.2　求例 5.4.1 中 X_0 与 X_1 的灰色综合关联度。

解　由例 5.4.1 和例 5.5.1 已得 $\varepsilon_{01}=0.5581$，$r_{01}=0.78$，取 $\theta=0.5$，可得

$$\rho_{01}=\theta\varepsilon_{01}+(1-\theta)r_{01}=0.5\times0.5581+0.5\times0.78\approx0.669$$

类似地，若取 $\theta=0.2,0.3,0.4,0.6,0.8$，可求得灰色综合关联度如表 5.5.1 所示。

表 5.5.1　灰色综合关联度

θ 值	0.2	0.3	0.4	0.6	0.8
灰色综合关联度	0.735 62	0.713 43	0.691 24	0.646 86	0.602 48

因为 $\varepsilon_{01} < r_{01}$，从表 5.5.1 可以看出，随着 θ 值不断增大，灰色综合关联度值变小。

定理 5.5.2 灰色综合关联度 ρ_{ij} 具有下列性质：

（1）$0 < \rho_{ij} \leqslant 1$；

（2）ρ_{ij} 既与序列 X_j 和 X_i 之各观测数据的大小有关，又与各数据相对于始点的变化速率有关；

（3）ρ_{ij} 恒不为零；

（4）改变 X_j 与 X_i 中的数据，ρ_{ij} 亦随之变化；

（5）X_j 与 X_i 序列长度变化，ρ_{ij} 亦变；

（6）θ 取不同的值，ρ_{ij} 也不同；

（7）θ=1 时，$\rho_{ij} = \varepsilon_{ij}$，$\theta$=0 时，$\rho_{ij} = r_{ij}$；

（8）$\rho_{ii} = \rho_{jj} = 1$；

（9）$\rho_{ij} = \rho_{ji}$。

5.6 基于相似性和接近性视角的灰色关联度模型

1991 年，笔者根据邓聚龙教授灰色关联度模型构造的基本思想，提出了灰色绝对关联度模型并研究了其性质和算法。此后二十多年，这一新模型得到了较多应用，解决了科研、生产中的大量实际问题。张继春等用于岩体爆破质量分析，赵呈建等应用于股票市场分析，李长洪应用于矿井事故成因和煤自燃发火因素分析，刘以安、陈松灿应用于多雷达低空小目标跟踪分析，史向峰等应用于地空导弹武器系统分析，谭守林等用于机场目标打击顺序分析，苗晓鹏等用于圆锥滚子轴承振动控制分析等，均取得满意的效果。参照魏勇和谢乃明的研究，对 1991 年提出的灰色绝对关联度模型进行改进，给出一类新的灰色关联分析模型。新模型分别从相似性和接近性两个不同视角测度序列之间的相互关系和影响，克服了原模型存在的问题，更易于实际应用。

定义 5.6.1 设序列 X_i 与 X_j 长度相同，$s_i - s_j$ 如命题 5.4.2 中所示，则称

$$\varepsilon_{ij} = \frac{1}{1+|s_i - s_j|} \quad (5.6.1)$$

为 X_i 与 X_j 的基于相似性视角的灰色关联度，简称相似关联度（刘思峰等，2010b）。

相似关联度用于测度序列 X_i 与 X_j 在几何形状上的相似程度。X_i 与 X_j 在几何形状上越相似，ε_{ij} 越大，反之就越小。

定义 5.6.2 设序列 X_i 与 X_j 长度相同，$S_i - S_j$ 如命题 5.4.2 所示，则称

$$\rho_{ij} = \frac{1}{1+|S_i - S_j|} \quad (5.6.2)$$

为 X_i 与 X_j 的基于接近性视角的灰色关联度，简称接近关联度（刘思峰等，2010b）。

命题 5.6.1 设 X_i 与 X_j 长度相同，且皆为 1-时距序列，则

$$\left|S_i-S_j\right|=\left|\frac{1}{2}\left[x_i(1)-x_j(1)\right]+\sum_{k=2}^{n-2}\left[x_i(k)-x_j(k)\right]+\frac{1}{2}\left[x_i(n)-x_j(n)\right]\right| \quad (5.6.3)$$

证明　仿照引理 5.4.2 可证明式（5.6.3）成立，只需要注意通常情况下，$x_i(1)-x_j(1)\neq 0$

接近关联度用于测度序列 X_i 与 X_j 在空间中的接近程度。X_i 与 X_j 越接近，ρ_{ij} 越大，反之就越小。接近关联度仅适用于序列 X_i 与 X_j 意义、量纲完全相同的情形，当序列 X_i 与 X_j 的意义、量纲不同时，计算其接近关联度没有任何实际意义。

定理 5.6.1　灰色相似关联度

$$\varepsilon_{ij}=\frac{1}{1+|s_i-s_j|}$$

和灰色接近关联度

$$\rho_{ij}=\frac{1}{1+|S_i-S_j|}$$

皆满足邓氏灰色关联公理中的规范性与接近性。

证明　仅给出相似关联度 ε_{ij} 的证明，对接近关联度 ρ_{ij} 类似可证。

（1）规范性：显然，$\varepsilon_{ij}>0$。又 $\left|s_i-s_j\right|\geqslant 0$，所以 $\varepsilon_{ij}\leqslant 1$。

（2）接近性：显然成立。

定理 5.6.2　灰色相似关联度 ε_{ij} 具有下列性质：

（1）$0<\varepsilon_{ij}\leqslant 1$；

（2）ε_{ij} 仅与 X_i 与 X_j 的几何形状有关，而与其空间相对位置无关，或者说，平移变换不改变相似关联度的值；

（3）X_i 与 X_j 在几何形状上越相似，ε_{ij} 越大，反之就越小；

（4）X_i 与 X_j 平行，或 X_i^0 围绕 X_j^0 摆动，且 X_i^0 位于 X_j^0 之上部分的面积与 X_i^0 位于 X_j^0 之下部分的面积相等时，$\varepsilon_{ij}=1$；

（5）$\varepsilon_{ii}=1$；

（6）$\varepsilon_{ij}=\varepsilon_{ji}$。

定理 5.6.3　灰色接近关联度 ρ_{ij} 具有下列性质：

（1）$0<\rho_{ij}\leqslant 1$；

（2）ρ_{ij} 不仅与 X_i 与 X_j 的几何形状有关，还与其空间相对位置有关，或者说，平移变换将改变接近关联度的值；

（3）X_i 与 X_j 越接近，ρ_{ij} 越大，反之就越小；

（4）X_i 与 X_j 重合，或 X_i 围绕 X_j 摆动，且 X_i 位于 X_j 之上部分的面积与 X_i 位于 X_j 之下部分的面积相等时，$\rho_{ij}=1$；

（5）$\rho_{ii}=1$；

（6）$\rho_{ij}=\rho_{ji}$。

例 5.6.1 设序列

$$X_1=(x_1(1),x_1(2),x_1(3),x_1(4),x_1(5),x_1(7))=(0.91,0.97,0.90,0.93,0.91,0.95)$$

$$X_2=(x_2(1),x_2(2),x_2(3),x_2(5),x_2(7))=(0.60,0.68,0.61,0.63,0.65)$$

$$X_3=(x_3(1),x_3(3),x_3(7))=(0.82,0.90,0.86)$$

试分别求 X_2， X_3 与 X_1 的相似关联度 ε_{12}， ε_{13} 和接近关联度 ρ_{12}， ρ_{13}。

解 （1）将 X_2， X_3 化为与 X_1 时距相同的序列，令

$$x_2(4)=\frac{1}{2}(x_2(3)+x_2(5))=\frac{1}{2}(0.61+0.63)=0.62$$

$$x_3(2)=\frac{1}{2}(x_3(1)+x_3(3))=\frac{1}{2}(0.82+0.90)=0.86$$

$$x_3(5)=\frac{1}{2}(x_3(3)+x_3(7))=\frac{1}{2}(0.90+0.86)=0.88$$

$$x_3(4)=\frac{1}{2}(x_3(3)+x_3(5))=\frac{1}{2}(0.90+0.88)=0.89$$

于是有

$$X_2=(x_2(1),x_2(2),x_2(3),x_2(4),x_2(5),x_2(7))=(0.60,0.68,0.61,0.62,0.63,0.65)$$

$$X_3=(x_3(1),x_3(2),x_3(3),x_3(4),x_3(5),x_3(7))=(0.82,0.86,0.90,0.89,0.88,0.86)$$

（2）将 X_1， X_2， X_3 化为等时距序列，令

$$x_1(6)=\frac{1}{2}(x_1(5)+x_1(7))=\frac{1}{2}(0.91+0.95)=0.93$$

$$x_2(6)=\frac{1}{2}(x_2(5)+x_2(7))=\frac{1}{2}(0.63+0.65)=0.64$$

$$x_3(6)=\frac{1}{2}(x_3(5)+x_3(7))=\frac{1}{2}(0.88+0.86)=0.87$$

$$X_1=(x_1(1),x_1(2),x_1(3),x_1(4),x_1(5),x_1(6),x_1(7))=(0.91,0.97,0.90,0.93,0.91,0.93,0.95)$$

$$X_2=(x_2(1),x_2(2),x_2(3),x_2(4),x_2(5),x_2(6),x_2(7))=(0.60,0.68,0.61,0.62,0.63,0.64,0.65)$$

$$X_3=(x_3(1),x_3(2),x_3(3),x_3(4),x_3(5),x_3(6),x_3(7))=(0.82,0.86,0.90,0.89,0.88,0.87,0.86)$$

已皆为 1-时距序列。

（3）求始点零像化，得

$$\begin{aligned}X_1^0&=(x_1^0(1),x_1^0(2),x_1^0(3),x_1^0(4),x_1^0(5),x_1^0(6),x_1^0(7))\\&=(0,0.06,-0.01,0.02,0,0.02,0.04)\end{aligned}$$

$$\begin{aligned}X_2^0&=(x_2^0(1),x_2^0(2),x_2^0(3),x_2^0(4),x_2^0(5),x_2^0(6),x_2^0(7))\\&=(0,0.08,0.01,0.02,0.03,0.04,0.05)\end{aligned}$$

$$X_3^0=\left(x_3^0(1),x_3^0(2),x_3^0(3),x_3^0(4),x_3^0(5),x_3^0(6),x_3^0(7)\right)$$
$$=(0,0.04,0.08,0.07,0.06,0.05,0.04)$$

（4）求 $|s_1-s_2|$，$|s_1-s_3|$ 和 $|S_1-S_2|$，$|S_1-S_3|$。

$$|s_1-s_2|=\left|\sum_{k=2}^{6}\left(x_1^0(k)-x_2^0(k)\right)+\frac{1}{2}\left(x_1^0(7)-x_2^0(7)\right)\right|=0.095$$

$$|s_1-s_3|=\left|\sum_{k=2}^{6}\left(x_1^0(k)-x_3^0(k)\right)+\frac{1}{2}\left(x_1^0(7)-x_3^0(7)\right)\right|=0.21$$

$$|S_1-S_2|=\left|\frac{1}{2}\left[x_1(1)-x_2(1)\right]+\sum_{k=2}^{6}\left[x_1(k)-x_2(k)\right]+\frac{1}{2}\left[x_1(7)-x_2(7)\right]\right|=1.765$$

$$|S_1-S_3|=\left|\frac{1}{2}\left[x_1(1)-x_3(1)\right]+\sum_{k=2}^{6}\left[x_1(k)-x_3(k)\right]+\frac{1}{2}\left[x_1(7)-x_3(7)\right]\right|=0.33$$

（5）计算灰色相似关联度 ε_{12}，ε_{13} 和灰色接近关联度 ρ_{12}，ρ_{13}。

$$\varepsilon_{12}=\frac{1}{1+|s_1-s_2|}=0.91,\quad \varepsilon_{13}=\frac{1}{1+|s_1-s_3|}=0.83$$

$$\rho_{12}=\frac{1}{1+|S_1-S_2|}=0.36,\quad \rho_{13}=\frac{1}{1+|S_1-S_3|}=0.75$$

从计算结果可以看出，$\varepsilon_{12}>\varepsilon_{13}$，即与 X_3 相比，X_2 与 X_1 更相似；同样由 $\rho_{12}<\rho_{13}$ 可知，X_3 比 X_2 更接近于 X_1。

需要说明的是，灰色关联分析通过关联度测度序列之间的相互关系和影响，但其主要关注的是序关系，而不是关联度数值的大小。例如，按照式（5.6.1）或式（5.6.2）计算相似关联度或接近关联度时，当序列数据绝对值较大时，可能导致 $|s_i-s_j|$ 或 $|S_i-S_j|$ 的值较大，从而出现相似关联度或接近关联度数值较小的情形。这种情况对于序关系的分析没有实质性影响。如果认为数值较大的关联度更便于说明问题，可以考虑将式（5.6.1）或式（5.6.2）分子和分母中的数 1 取一个与 $|s_i-s_j|$ 或 $|S_i-S_j|$ 相关的常数，也可以考虑采用灰色绝对关联度模型或其他模型。

另外，接近关联度仅适用于序列的意义、量纲完全相同的情形，当序列的意义、量纲不同时，研究其接近关联度没有意义。

5.7　三维灰色关联分析模型

5.7.1　行为矩阵及其算子

本节基于行为矩阵的几何描述方法将灰色关联分析模型扩展到三维空间，首先依据系统行为特征矩阵和相关因素行为矩阵对应的曲顶柱体体积将灰色绝对关联度扩展到三维空间，其次对相对关联度和综合关联度进行扩展，最后通过实例验证模型的实用性和有效性。

定义 5.7.1 设 X_i 为系统因素，其在二维空间中点 (i,j) 处的行为值为 a_{ij}，其中 $i \leqslant M$，$j \leqslant N$，M，N 为常数，记 $\boldsymbol{A}_i = \left(a_{ij}\right)_{M \times N}$，称 $\boldsymbol{A}_i$ 为系统因素 X_i 的行为矩阵。

定义 5.7.1 将系统因素行为序列拓展到二维空间，提出了更具有一般性的行为矩阵定义。行为矩阵广泛存在于现实生活中。例如，在金融领域，一段时间内连续记录某只股票的最高价、最低价、换手率、涨跌幅等数据，或者记录一组投资组合的收益情况，那么所有记录就构成一个行为矩阵。特别地，当只记录股票的某一种价格时，则其行为矩阵转化为行为序列。

定义 5.7.2 设

$$\boldsymbol{X} = \left(a_{ij}\right)_{M \times N} = \begin{bmatrix} a_{11} & \cdots & a_{1N} \\ \vdots & & \vdots \\ a_{M1} & \cdots & a_{MN} \end{bmatrix}$$

为系统因素的行为矩阵，则 $\boldsymbol{X}$ 对应的行为曲面为

$$X = \left\{Ax + By + C \mid x \in [i, i+1], y \in [j, j+1], i = 1,2,\cdots,M-1;\ j = 1,2,\cdots,N-1\right\}$$

其中：

当 $i + j \leqslant x + y \leqslant i + j + 1$ 时，

$$A = a_{i+1,j} - a_{ij}，\ B = a_{i,j+1} - a_{ij}，\ C = a_{ij} - Ai - Bj$$

当 $i + j + 1 < x + y \leqslant i + j + 2$ 时，

$$A = a_{i+1,j+1} - a_{i,j+1}，\ B = a_{i+1,j+1} - a_{i+1,j}，\ C = a_{i+1,j+1} - A(i+1) - B(j+1)$$

定义 5.7.2 给出了系统行为矩阵的几何描述方法，通过定义中的参数计算方法，可以方便地得到行为矩阵各区域的插值函数。图 5.7.1 所示的行为矩阵散点图可以表示为图 5.7.2 所示的两个曲面。

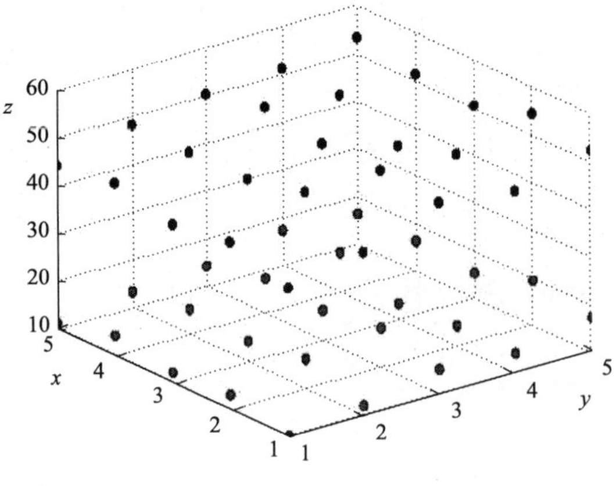

图 5.7.1 行为矩阵散点图

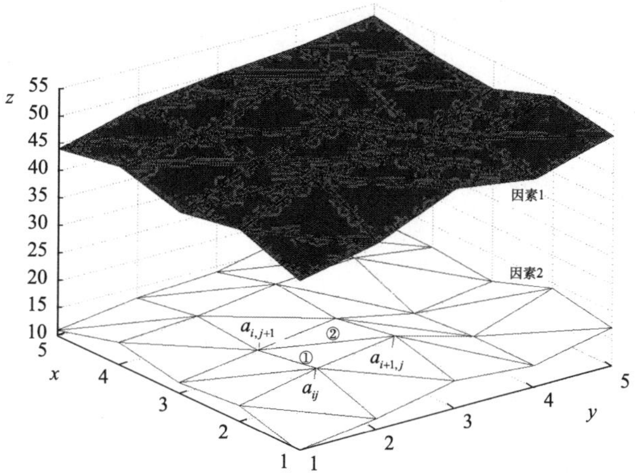

图 5.7.2　行为矩阵对应的曲面

定义 5.7.3　设系统行为矩阵 $\boldsymbol{X}=\left(a_{ij}\right)_{M\times N}$，$D$ 为矩阵算子，$\boldsymbol{X}D=\left(a_{ij}d\right)_{M\times N}$，其中 $a_{ij}d=a_{ij}-a_{i1}$。则 D 称为行为矩阵的始边零化算子，$\boldsymbol{X}D$ 称为 $\boldsymbol{X}$ 的始边零化像。记 $\boldsymbol{X}^0=\boldsymbol{X}D=\left(a_{ij}^0\right)_{M\times N}$。

定义 5.7.4　设非负行为矩阵 $\boldsymbol{X}=\left(a_{ij}\right)_{M\times N}$，

$$\boldsymbol{X}_1=D_1\boldsymbol{X}=\left(d_1a_{ij}\right)_{M\times N}=\left(\frac{a_{ij}}{a_{i1}}\right)_{M\times N}\quad(i=1,2,\cdots,M;\ j=1,2,\cdots,N)$$

则称 D_1 为行为矩阵的初值化算子，$\boldsymbol{X}_1$ 为 $\boldsymbol{X}$ 的初值化像。若

$$\boldsymbol{X}_2=D_2\boldsymbol{X}=\left(d_2a_{ij}\right)_{M\times N}=\left(\frac{a_{ij}}{\bar{a}}\right)_{M\times N},\quad \bar{a}=\sum_{i=1}^{M}\sum_{j=1}^{N}a_{ij},(i=1,2,\cdots,M;\ j=1,2,\cdots,N)$$

则称 D_2 为均值化算子，$\boldsymbol{X}_2$ 为 $\boldsymbol{X}$ 的均值化变换像。若

$$\boldsymbol{X}_3=D_3\boldsymbol{X}=\left(d_3a_{ij}\right)_{M\times N}=\left(\frac{a_{ij}}{\max\limits_{i}\max\limits_{j}a_{ij}}\right)_{M\times N}\quad(i=1,2,\cdots,M;\ j=1,2,\cdots,N)$$

则称 D_3 为百分比算子，$\boldsymbol{X}_3$ 为 $\boldsymbol{X}$ 的百分比变换像。若

$$\boldsymbol{X}_4=D_4\boldsymbol{X}=\left(d_4a_{ij}\right)_{M\times N}=\left(\frac{a_{ij}}{\min\limits_{i}\min\limits_{j}a_{ij}}\right)_{M\times N}\quad(i=1,2,\cdots,M;\ j=1,2,\cdots,N)$$

则称 D_4 为倍数算子，$\boldsymbol{X}_4$ 为 $\boldsymbol{X}$ 的倍数变换像。若

$$\boldsymbol{X}_5=D_5\boldsymbol{X}=\left(d_5a_{ij}\right)_{M\times N}=\left(\frac{a_{ij}}{b}+c\right)_{M\times N}\quad(i=1,2,\cdots,M;\ j=1,2,\cdots,N)$$

其中，b，c 为常数，且 b 大于零，则称 D_5 为线性变换算子，$\boldsymbol{X}_5$ 为 $\boldsymbol{X}$ 的线性变换像。

行为矩阵经过定义 5.7.4 中的算子 $\{D_1,D_2,D_3,D_4,D_5\}$ 变换后，均变为无量纲数据。故上述算子统称为无量纲化算子。行为数据数量上差距较大，或者量纲不同时，采用

定义 5.7.3 和定义 5.7.4 中的算子进行预处理，可将行为数据转化为无量纲数据，并将对应的曲面重置到同一起始边。例如，图 5.7.2 中两个曲面，经过始边零化算子、初值化算子作用后，可以得到图 5.7.3 所示的始边零化曲面和初值化曲面。

5.7.2 三维灰色绝对关联度模型

命题 5.7.1 设行为矩阵 $\boldsymbol{X}=\left(a_{ij}\right)_{M\times N}$ 的始边零化曲面为 $\boldsymbol{X}^0$，令

$$s=\int_1^M\int_1^N \boldsymbol{X}^0\mathrm{d}x\mathrm{d}y$$

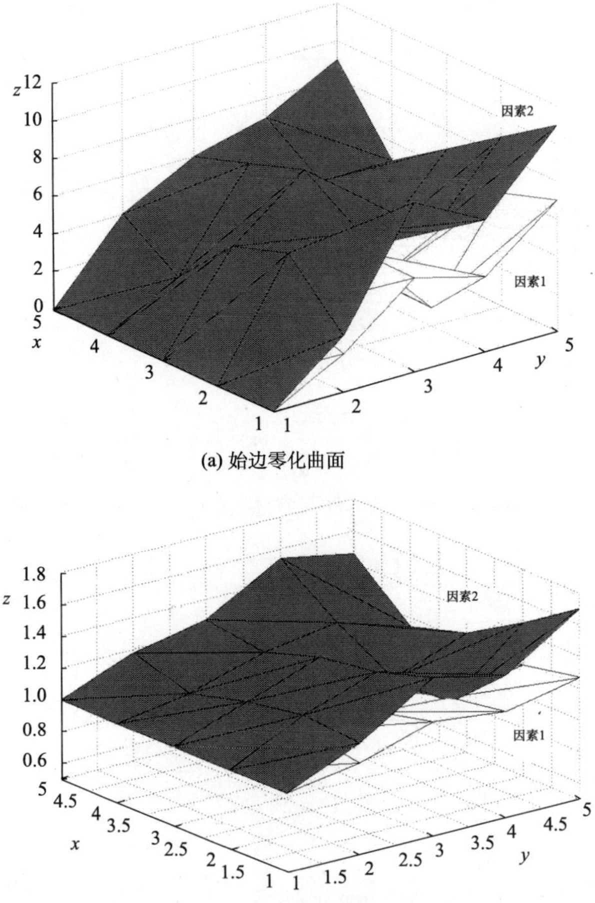

(b) 初值化曲面

图 5.7.3 行为曲面的始边零化曲面和初值化曲面

则：

（1）对于 $\forall i\in[1,M]$，$j\in[1,N]$，均满足 $a_{i,j+1}\geqslant a_{i,j}$，则 $s\geqslant 0$；

（2）对于 $\forall i\in[1,M]$，$j\in[1,N]$，均满足 $a_{i,j+1}\leqslant a_{i,j}$，则 $s\leqslant 0$；

（3）其他情况，s 符号不定。

证明　由行为矩阵始边零化像定义和二重积分性质，命题显然成立。

命题 5.7.2　设两行为矩阵 $\boldsymbol{X}_p=\left(a_{i,j}\right)_{M\times N}$，$\boldsymbol{X}_q=\left(b_{i,j}\right)_{M\times N}$ 的始边零化像分别为 $\boldsymbol{X}_p^0=\left(a_{i,j}^0\right)_{M\times N}$，$\boldsymbol{X}_q^0=\left(b_{i,j}^0\right)_{M\times N}$。令

$$s_p-s_q=\int_N^M\int_1^N\left(\boldsymbol{X}_p^0-\boldsymbol{X}_q^0\right)\mathrm{d}x\mathrm{d}y$$

则：

（1）当 $\boldsymbol{X}_p^0$ 恒在 $\boldsymbol{X}_q^0$ 上方，$s_p-s_q\geqslant 0$；

（2）当 $\boldsymbol{X}_p^0$ 恒在 $\boldsymbol{X}_q^0$ 下方，$s_p-s_q\leqslant 0$；

（3）当 $\boldsymbol{X}_p^0$ 与 $\boldsymbol{X}_q^0$ 相交时，s_p-s_q 符号不定。

证明　由行为矩阵曲面始边零化像定义和二重积分性质，命题显然成立。

命题 5.7.1 和命题 5.7.2 说明系统行为曲面始边零化像除第一列外均大于零，则其二重积分大于零，即该曲面始边零化像与坐标平面围成的曲顶柱体的有向体积大于零；反之，则其二重积分小于零，有向体积小于零；两系统行为曲面所夹的曲顶柱体体积具有类似性质。

定义 5.7.5　设两个系统行为矩阵 $\boldsymbol{X}_p=\left(a_{i,j}\right)_{M\times N}$，$\boldsymbol{X}_q=\left(b_{i,j}\right)_{M\times N}$ 为同型矩阵，s 如命题 5.7.1 所述，则其三维灰色绝对关联度为

$$\varepsilon_{pq}=\frac{1+|s_p|+|s_q|}{1+|s_p|+|s_q|+|s_p-s_q|}\tag{5.7.1}$$

式（5.7.1）与序列灰色绝对关联度具有相同定义形式，但是参数内涵不同。原序列关联度中 $|s_i|$，$|s_j|$，$|s_i-s_j|$ 表示两序列始点零化曲线与坐标轴所夹面积，以及两条曲线所夹的面积。而三维绝对关联度中 $|s_p|$，$|s_q|$，$|s_p-s_q|$ 代表两个始边零化曲面与坐标平面围成的曲顶柱体体积，以及两个曲面围成的曲顶柱体的体积。

命题 5.7.3　三维灰色绝对关联度满足灰色关联度公理。

证明　（1）规范性：显然式（5.7.4）中 $\varepsilon_{pq}>0$，又 $|s_p-s_1|\geqslant 0$，所以 $\varepsilon_{pq}\leqslant 1$。

（2）接近性：显然成立。

命题 5.7.4　设 $\boldsymbol{X}_p=\left(a_{i,j}\right)_{M\times N}$，$\boldsymbol{X}_q=\left(b_{i,j}\right)_{M\times N}$ 为同型矩阵，两者的三维绝对关联度为 $\varepsilon_{p,q}$，设 a，b 为常数，令

$$\boldsymbol{X}_p'=\left(a_{i,j}-a\right)_{M\times N},\quad \boldsymbol{X}_q'=\left(b_{i,j}-b\right)_{M\times N}$$

则 $\boldsymbol{X}_p'$，$\boldsymbol{X}_q'$ 的三维关联度 $\varepsilon_{p,q}'=\varepsilon_{p,q}$。

证明　由行为矩阵始边零化像的定义可以得到

$$\boldsymbol{X}_p^0=\left(a_{i,j}-a_{i,1}\right)_{M\times N},\quad \boldsymbol{X}_q^0=\left(b_{i,j}-b_{i,1}\right)_{M\times N}$$

同理可得

$$\boldsymbol{X}'^0_p = \left(a_{i,j} + a - a_{i,1} - a\right)_{M\times N} = \boldsymbol{X}^0_p$$

$$\boldsymbol{X}'^0_q = \left(b_{i,j} + b - b_{i,1} - b\right)_{M\times N} = \boldsymbol{X}^0_q$$

因此，$\left|s_p\right| = \left|s'_p\right|$，$\left|s_q\right| = \left|s'_q\right|$，所以 $\varepsilon'_{p,q} = \varepsilon_{p,q}$。

命题 5.7.3 和命题 5.7.4 表明，三维绝对关联度与序列关联度一样，也满足灰色关联公理，亦满足平移不变性。

引理 5.7.1 设两个系统行为矩阵 $\boldsymbol{X}_p = \left(a_{i,j}\right)_{M\times N}$，$\boldsymbol{X}_q = \left(b_{i,j}\right)_{M\times N}$ 为同型矩阵，其始边零化像为 $\boldsymbol{X}^0_p = \left(a^0_{i,j}\right)_{M\times N}$，$\boldsymbol{X}^0_q = \left(b^0_{i,j}\right)_{M\times N}$，$s$ 如命题 5.7.2 所述，则

$$s_p = \int_1^M \int_1^N \boldsymbol{X}^0_p \mathrm{d}x\mathrm{d}y = \sum_{i=1}^{M-1}\sum_{j=1}^{N-1}\left[\frac{1}{6}\left(a^0_{i,j} + a^0_{i+1,j+1}\right) + \frac{1}{3}\left(a^0_{i+1,j} + a^0_{i,j+1}\right)\right]$$

$$s_q = \int_1^M \int_1^N \boldsymbol{X}^0_q \mathrm{d}x\mathrm{d}y = \sum_{i=1}^{M-1}\sum_{j=1}^{N-1}\left[\frac{1}{6}\left(b^0_{i,j} + b^0_{i+1,j+1}\right) + \frac{1}{3}\left(b^0_{i+1,j} + b^0_{i,j+1}\right)\right]$$

$$\begin{aligned} s_p - s_q &= \int_1^M \int_1^N \left(\boldsymbol{X}^0_p - \boldsymbol{X}^0_q\right)\mathrm{d}x\mathrm{d}y \\ &= \sum_{i=1}^{M-1}\sum_{j=1}^{N-1}\left[\frac{1}{6}\left(a^0_{i,j} + a^0_{i+1,j+1} - b^0_{i,j} - b^0_{i+1,j+1}\right)\frac{1}{3}\left(a^0_{i+1,j} + a^0_{i,j+1} - b^0_{i+1,j} - b^0_{i,j+1}\right)\right] \end{aligned}$$

证明 以 s_p 为例，设 $\boldsymbol{X}^0_p$ 为行为矩阵 $\boldsymbol{X}_p$ 对应的始边零化像，$\boldsymbol{X}^0_p$ 对应的曲面如图 5.7.4 所示。s_p 表示始边零化曲面 $\boldsymbol{X}^0_p$ 与坐标平面围成的曲顶柱体体积，根据二重积分性质，可以将 s_p 划分为若干个区域内的积分和，即

$$\begin{aligned} s_p = \int_1^M \int_1^N \boldsymbol{X}^0_p \mathrm{d}x\mathrm{d}y &= \int_1^2 \int_1^2 \boldsymbol{X}^0_p \mathrm{d}x\mathrm{d}y + \int_1^2 \int_2^3 \boldsymbol{X}^0_p \mathrm{d}x\mathrm{d}y + \cdots \\ &+ \int_1^2 \int_{j-1}^i \boldsymbol{X}^0_p \mathrm{d}x\mathrm{d}y + \cdots \\ &+ \int_1^2 \int_{N-1}^N \boldsymbol{X}^0_p \mathrm{d}x\mathrm{d}y + \cdots \\ &+ \int_i^{i+1} \int_1^2 \boldsymbol{X}^0_p \mathrm{d}x\mathrm{d}y + \int_i^{i+1} \int_2^3 \boldsymbol{X}^0_p \mathrm{d}x\mathrm{d}y + \cdots \\ &+ \int_i^{i+1} \int_{j-1}^j \boldsymbol{X}^0_p \mathrm{d}x\mathrm{d}y + \cdots \\ &+ \int_i^{i+1} \int_{N-1}^N \boldsymbol{X}^0_p \mathrm{d}x\mathrm{d}y + \cdots \\ &+ \int_{M-1}^M \int_1^2 \boldsymbol{X}^0_p \mathrm{d}x\mathrm{d}y + \int_{M-1}^M \int_2^3 \boldsymbol{X}^0_p \mathrm{d}x\mathrm{d}y + \cdots \\ &+ \int_{M-1}^M \int_{j-1}^j \boldsymbol{X}^0_p \mathrm{d}x\mathrm{d}y + \cdots \\ &+ \int_{M-1}^M \int_{N-1}^N \boldsymbol{X}^0_p \mathrm{d}x\mathrm{d}y \end{aligned} \qquad (5.7.2)$$

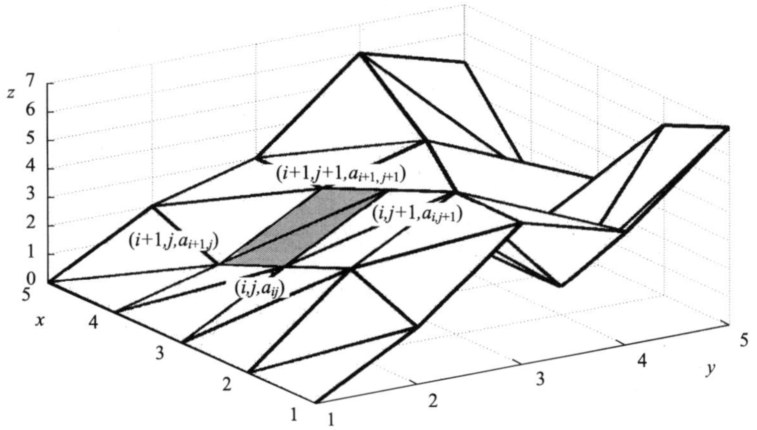

图 5.7.4 曲顶柱体体积示意图

取任意区域 $\{(x,y)\,|\,x\in[i,i+1],y\in[j,j+1]\}$，则该区域内始边零化曲面的积分域由两个三角形构成。

令

$$A_1=a_{i+1,j}^0-a_{i,j}^0\,,\quad B_1=a_{i,j+1}^0-a_{i,j}^0$$

$$A_2=a_{i+1,j+1}^0-a_{i,j+1}^0\,,\quad B_2=a_{i+1,j+1}^0-a_{i+1,j}^0$$

根据行为曲面的定义可以得到

$$\begin{aligned}\int_i^{i+1}\int_j^{j+1}\boldsymbol{X}_p^0\mathrm{d}x\mathrm{d}y&=\int_i^{i+1}\int_j^{i+j+1-x}\left(A_1x+B_1y-i\times A_1-j\times B_1+a_{i,j}^0\right)\mathrm{d}x\mathrm{d}y\\&\quad+\int_i^{i+1}\int_{i+j+1-x}^{j+1}\left(A_2x+B_2y-(i+1)\times A_2-(j+1)\times B_2+a_{i+1,j+1}^0\right)\mathrm{d}x\mathrm{d}y\\&=\int_i^{i+1}\left(\frac{1}{2}B_1-A_1\right)x^2+\left(2A_1i+A_1-B_1i-B_1-a_{ij}^0\right)x\\&\quad+\left(\frac{1}{2}B_1i^2+B_1i+\frac{1}{2}B_1-A_1i^2+a_{ij}^0i-A_1i+a_{ij}^0\right)\mathrm{d}x\\&=\int_i^{i+1}\left(-\frac{1}{2}B_2+A_2\right)x^2+\left(-2A_2i-A_2+B_2i+a_{i+1,j+1}^0\right)x\\&\quad+\left(A_2i+A_2-a_{i+1,j+1}^0-\frac{1}{2}B_2i\right)i\mathrm{d}x\\&=\frac{1}{6}A_1+\frac{1}{6}B_1+\frac{1}{2}a_{ij}^0-\frac{1}{6}A_2-\frac{1}{6}B_2+\frac{1}{2}a_{i+1,j+1}^0\end{aligned}$$

代入 A_1，A_2，B_1，B_2，计算得

$$\int_i^{i+1}\int_j^{j+1}\boldsymbol{X}_p^0\mathrm{d}x\mathrm{d}y=\frac{1}{6}\left(a_{i,j}^0+a_{i+1,j+1}^0\right)+\frac{1}{3}\left(a_{i+1,j}^0+a_{i,j+1}^0\right)\qquad(5.7.3)$$

即任意单位区域内行为曲面的二重积分仅与因素在该区域的四个行为值相关，因此，

$$s_p=\int_1^M\int_1^N\boldsymbol{X}_p^0\mathrm{d}x\mathrm{d}y=\sum_{i=1}^{M-1}\sum_{j=1}^{N-1}\left[\frac{1}{6}\left(a_{i,j}^0+a_{i+1,j+1}^0\right)+\frac{1}{3}\left(a_{i+1,j}^0+a_{i,j+1}^0\right)\right]$$

同理可证 s_p ， $s_p - s_q$ 。

定理 5.7.1 设两个系统行为矩阵 $\boldsymbol{X}_p = \left(a_{i,j}\right)_{M\times N}$ ， $\boldsymbol{X}_q = \left(b_{i,j}\right)_{M\times N}$ 为同型矩阵，对应的始边零化像分别为 $\boldsymbol{X}_p^0 = \left(a_{i,j}^0\right)_{M\times N}$ ， $\boldsymbol{X}_q^0 = \left(b_{i,j}^0\right)_{M\times N}$ ，则两者的三维绝对关联度为

$$\varepsilon_{pq} = \left[6 + \left|\sum_{i=1}^{M-1}\sum_{j=1}^{N-1}\left(a_{i,j}^0 + a_{i+1,j+1}^0 + 2a_{i+1,j}^0 + 2a_{i,j+1}^0\right)\right| + \left|\sum_{i=1}^{M-1}\sum_{j=1}^{N-1}\left(b_{i,j}^0 + b_{i+1,j+1}^0 + 2b_{i+1,j}^0 + 2b_{i,j+1}^0\right)\right|\right]$$
$$\times\left[6 + \left|\sum_{i=1}^{M-1}\sum_{j=1}^{N-1}\left(a_{i,j}^0 + a_{i+1,j+1}^0 + 2a_{i+1,j}^0 + 2a_{i,j+1}^0\right)\right| + \left|\sum_{i=1}^{M-1}\sum_{j=1}^{N-1}\left(b_{i,j}^0 + b_{i+1,j+1}^0 + 2b_{i+1,j}^0 + 2b_{i,j+1}^0\right)\right|\right.$$
$$\left. + \left|\sum_{i=1}^{M-1}\sum_{j=1}^{N-1}\left(a_{i,j}^0 + a_{i+1,j+1}^0 + 2a_{i+1,j}^0 + 2a_{i,j+1}^0 - b_{i,j}^0 - b_{i+1,j+1}^0 - 2b_{i+1,j}^0 - 2b_{i,j+1}^0\right)\right|\right]^{-1}$$

证明 由引理 5.7.1 结论显然成立。

这里仅给出同型矩阵之间的灰色绝对关联度定义，即系统行为矩阵在两个维度上长度均相等时的关联度计算方法。当两个系统行为矩阵不是同型矩阵时，可以通过删除数据较多的因素或采用预测方法对数据较少的因素进行补充，使之满足同型矩阵的要求。

命题 5.7.5 三维绝对关联度具有如下性质：

（1） $0 < \varepsilon_{pq} \leqslant 1$ ， $\varepsilon_{pp} = \varepsilon_{qq} = 1$ 。

（2） ε_{pq} 只与曲面形状相关，而与其空间的相对位置无关。

（3）两个系统行为矩阵对应的曲面形状越接近则其关联度值越大。

（4）两个系统行为矩阵对应的曲面相互平行时，两者的关联度值最大。

（5）系统行为矩阵中的观测值、观测长度发生变化时，关联度随之变化。

证明 根据三维绝对关联度定义和计算方法以上性质显然成立。

定义 5.7.6 设行为矩阵 $\boldsymbol{X}_p = \left(a_{i,j}\right)_{M\times N}$ ， $\boldsymbol{X}_q = \left(b_{i,j}\right)_{M\times N}$ 为同型矩阵，其中 $a_{1,j} \neq 0$ ， $b_{1,j} \neq 0$ ， $j = 1,2,\cdots,N$ 。 $\boldsymbol{X}_p'$ ， $\boldsymbol{X}_q'$ 分别为 $\boldsymbol{X}_p$ ， $\boldsymbol{X}_q$ 的初值化像，则称 $\boldsymbol{X}_p'$ 与 $\boldsymbol{X}_q'$ 的三维绝对关联度为 $\boldsymbol{X}_p$ ， $\boldsymbol{X}_q$ 的三维相对关联度，记为 r_{pq} 。

定义 5.7.7 设行为矩阵 $\boldsymbol{X}_p = \left(a_{i,j}\right)_{M\times N}$ ， $\boldsymbol{X}_q = \left(b_{i,j}\right)_{M\times N}$ 为同型矩阵，其中 $a_{1,j} \neq 0$ ， $b_{1,j} \neq 0$ ， $j = 1,2,\cdots,N$ 。 ε_{pq} ， r_{pq} 分别为 $\boldsymbol{X}_p$ ， $\boldsymbol{X}_q$ 的三维绝对关联度和三维相对关联度，则称

$$\rho_{pq} = \theta\varepsilon_{pq} + (1-\theta)r_{pq}$$

为 $\boldsymbol{X}_p$ ， $\boldsymbol{X}_q$ 的三维综合关联度，其中 $\theta \in [0,1]$ 。

例 5.7.1 三维灰色绝对关联度的计算。以 LP1 数据集中的第 4（正常状态）、8（正常状态）、17（碰撞状态）、34（Obstruction）号数据矩阵为例，分别记为 $\boldsymbol{X}_1$， $\boldsymbol{X}_2$，$\boldsymbol{X}_3$，$\boldsymbol{X}_4$，对应的行为矩阵如表 5.7.1~表 5.7.4 所示。以 $\boldsymbol{X}_1$ 为系统特征行为矩阵，计算相关因素行为矩阵 $\boldsymbol{X}_2$，$\boldsymbol{X}_3$，$\boldsymbol{X}_4$ 与 $\boldsymbol{X}_1$ 之间的三维绝对关联度[注：REF（Robot

Execution Failure）数据是小规模多元时间序列挖掘中常用的测试数据集，它是采用六个传感器对产生故障的 robot 进行 15 次连续采样得到的状态数据，该数据分为五个子数据集。每个子数据集包含 robot 在不同状态下的若干个数据矩阵。例如，第 1 个子数据集 LP1 中包含 robot 的四种状态，如下所示：Norm（正常状态）、Colision（碰撞状态）、Fr-colision（前端碰撞）和 Obstruction（阻挡状态），共 88 个样本。每个样本为一个 6 × 15 型矩阵]。

表 5.7.1　X_1 行为矩阵

−1	−2	−1	1	−3	0	−1	−2	−3	1	−1	−1	−1	−2	1
2	3	2	3	2	1	3	3	3	2	2	3	0	3	−2
57	60	63	62	56	58	57	61	60	64	60	63	52	58	59
−10	−12	−12	−11	−9	−8	−11	−10	−11	−9	−9	−12	−8	−13	−7
−3	−4	−6	0	−4	−1	−4	−5	−4	0	−5	−6	−2	−5	0
0	−1	1	0	0	−1	0	0	0	−1	0	0	0	0	−1

表 5.7.2　X_2 行为矩阵

−1	−1	−1	−1	−1	−1	−1	−1	−1	−1	0	−1	−1	−1	−1
−1	−1	−1	−1	−1	−1	−1	−1	−1	−1	0	−1	−1	−1	−1
63	61	63	64	63	63	63	63	63	63	63	63	63	64	64
−3	−2	−3	−2	−2	−3	−2	−3	−3	−3	−3	−2	−2	−2	−3
−1	−2	0	0	−1	0	−1	0	−1	0	−1	−1	−1	0	−1
0	0	0	0	0	0	0	0	0	0	0	0	0	0	0

表 5.7.3　X_3 行为矩阵

24	69	15	−9	11	10	−8	−12	1	3	−2	2	1	−3	−3
53	14	−14	−20	−8	2	4	5	6	3	1	1	2	−1	−2
79	48	55	62	53	66	68	58	59	64	71	59	63	61	64
−200	−40	24	19	6	−6	−10	−10	−11	−9	−6	−6	−7	−4	−3
109	100	11	−16	13	13	−8	−18	1	4	−3	3	−1	−5	−5
2	0	2	2	0	0	1	1	0	0	0	0	0	−1	−1

表 5.7.4　X_4 行为矩阵

−8	−10	−10	−9	−3	−38	−30	−31	−14	−3	−6	−3	0	−3	−3
20	22	17	15	19	130	139	31	18	14	8	3	5	5	3
−5	−4	−4	0	−21	−786	−1 235	−39	−21	5	3	4	10	10	10
−26	−22	−16	−11	12	191	472	−11	24	6	12	16	17	14	16
−10	−9	−10	−6	21	315	601	−3	22	5	4	6	6	2	4
−1	−2	−1	0	−2	29	39	3	8	−4	−1	−2	−3	−2	−3

（1）计算始边零化像，根据定义 5.7.3 计算 $\boldsymbol{X}_1$ 的始边零化像如表 5.7.5 所示。

表 5.7.5 $\boldsymbol{X}_1$ 始边零化像

0	−1	0	2	−2	1	0	−1	−2	2	0	0	0	−1	2
0	1	0	1	0	−1	1	1	1	0	0	1	−2	1	−4
0	3	6	5	−1	1	0	4	3	7	3	6	−5	1	2
0	−2	−2	−1	1	2	−1	0	−1	1	1	−2	2	−3	3
0	−1	−3	3	−1	2	−1	−2	−1	3	−2	−3	1	−2	3
0	−1	1	0	0	−1	0	0	0	−1	0	0	0	0	−1

限于篇幅，其余行为矩阵始边零化像不再列举。

（2）计算二重积分值，根据引理 5.7.1 计算得到

$$s_1 = 25.5$$
$$s_2 = 14$$
$$s_3 = 152.5$$
$$s_4 = 316.83$$

（3）计算三维绝对关联度，根据式（5.7.1）计算 $\boldsymbol{X}_1$ 与 $\boldsymbol{X}_2$ 的三维绝对关联度为

$$\varepsilon_{12} = \frac{1+|s_1|+|s_2|}{1+|s_1|+|s_2|+|s_1-s_2|} = 0.79$$

同理可得

$$\varepsilon_{13} = 0.58$$
$$\varepsilon_{14} = 0.54$$

由计算结果可以看出，系统特征行为矩阵与第二个系统因素行为矩阵的关联度最大，而与另外两个系统因素行为矩阵相关性较弱，这一分析结果与样本对应的状态相吻合，三维绝对关联度较好地区分了正常状态与异常状态。

三维关联分析模型能够真实地反映系统行为矩阵间的关联程度，所得分析结果较为客观、可靠，并且易于在计算机上实现，尤其在动态多属性决策、面板数据分析、图形图像处理、计算机控制等以矩阵为研究对象的领域具有广阔的应用前景。

5.8 关联序

本章介绍的几种灰色关联分析模型都可以用来测度序列之间联系的紧密程度。对于选定的灰色关联算子，邓氏灰色关联度以及灰色绝对关联度、灰色相对关联度、灰色相似关联度、灰色接近关联度、三维灰色关联度的值都是唯一的，当灰色关联算子和 θ 皆取定时，灰色综合关联度也是唯一的，这种有条件的唯一性并不影响对问题的分析。在进行系统分析时，研究系统特征行为变量与相关因素行为变量的关系，我们主要关心的是系统特征行为序列与各相关因素行为序列关联度的大小次序，而不是关联度的数值大小。

定义 5.8.1 设 X 为任意集合，“≥”是 X 上的一个二元关系，若“≥”满足反身

性、反对称性和传递性，即

（1）$\forall X_i \in X$，有 $X_i \geqslant X_i$；

（2）$\forall X_i, X_j \in X$，有 $X_i \geqslant X_j$，$X_j \geqslant X_i$，则 $X_i = X_j$；

（3）$\forall X_i, X_j, X_k \in X$，有 $X_i \geqslant X_j$，$X_j \geqslant X_k$，则 $X_i \geqslant X_k$。

我们称"≥"为 X 上的一个偏序关系，具有偏序关系"≥"的集合 X 称为偏序集，记为（X，≥）。

定义 5.8.2　设（X，≥）为偏序集，若偏序关系"≥"满足对任意的 $X_i, X_j \in X$，均有 $X_i \geqslant X_j$ 或 $X_j \geqslant X_i$，则称"≥"为 X 上的一个顺序关系，具有顺序关系的集合（X，≥）称为有序集。

例如，表 5.8.1 中，列数据 X_1, X_2, X_3, X_4, X_5 和行数据 Y_1, Y_2, Y_3 均满足序关系。行序列数据序关系为 Y_3 最大，Y_1 次之，Y_2 最小。列数据从大到小顺序为 X_2, X_5, X_4, X_3, X_1。

表 5.8.1　序关系分析

变量	X_1	X_2	X_3	X_4	X_5
Y_1	3.1	5.2	3.4	4.1	3.7
Y_2	2.6	4.0	3.1	3.5	3.2
Y_3	12.1	16.2	13.2	15	14.3

定义 5.8.3　设 X_0 为系统特征行为序列，X_i，X_j 为相关因素行为序列，γ 为邓氏灰色关联，若 $\gamma_{0i} \geqslant \gamma_{0j}$，则称因素 X_i 优于因素 X_j，记为 $X_i \succ X_j$，称"$\succ$"为由邓氏灰色关联度导出的灰色关联序。类似地，可以定义灰色绝对关联序、灰色相对关联序、灰色综合关联序、灰色相似关联序和灰色接近关联序等。

定理 5.8.1　设 X_0 为系统特征行为序列，$X_1, X_2, \cdots, X_m$ 为相关因素行为序列，令

$$X = \{X_1, X_2, \cdots, X_m\}$$

则在集合 X 上，邓氏灰色关联序、灰色绝对关联序、灰色相对关联序、灰色综合关联序、灰色相似关联序和灰色接近关联序皆为偏序关系。

证明　我们只证明灰色绝对关联序为偏序关系，其他可类似证明。

（1）反身性。$\forall X_i \in X$，若 X_i 与 X_0 长度相同，则灰色绝对关联度 ε_{0i} 有定义，由 $\varepsilon_{0i} = \varepsilon_{0i}$ 知，$X_i \succ X_i$；

（2）反对称性。设 $X_i \succ X_j$ 且 $X_j \succ X_i$，则有 $\varepsilon_{0i} \geqslant \varepsilon_{0j}$，且 $\varepsilon_{0j} \geqslant \varepsilon_{0i}$，于是 $\varepsilon_{0i} = \varepsilon_{0j}$，故 $X_i = X_j$；

（3）传递性。设 $X_i \succ X_j$，$X_j \succ X_k$，则 $\varepsilon_{0i} \geqslant \varepsilon_{0j}$，$\varepsilon_{0j} \geqslant \varepsilon_{0k}$，故 $\varepsilon_{0i} \geqslant \varepsilon_{0k}$，从而 $X_i \succ X_k$。

定理 5.8.2　设 X_0 为系统特征行为序列，$X_1, X_2, \cdots, X_m$ 为与 X_0 长度相同的相关因素行为序列，令集合 $X = \{X_1, X_2, \cdots, X_m\}$，则

（1）邓氏灰色关联序、灰色绝对关联序、灰色相似关联序、灰色接近关联序均为

X上的顺序关系；

（2）若$X_0,X_1,X_2,\cdots,X_m$的初值皆不等于零，则灰色相对关联序与灰色综合关联序也为X上的顺序关系。

证明 （1）邓氏灰色关联序是顺序关系是显然的。因$X_1,X_2,\cdots,X_m$与X_0长度相同，故对任意的$X_i,X_j\in X$，ε_{0i}，ε_{0j}皆有定义，不等式$\varepsilon_{0i}\geqslant\varepsilon_{0j}$，$\varepsilon_{0j}\geqslant\varepsilon_{0i}$必有一个成立，所以$X_i\succ X_j$与$X_j\succ X_i$也必有一个成立，从而灰色绝对关联序为顺序关系。对于灰色相似关联序和灰色接近关联序，亦可同样讨论。

（2）若$X_0,X_1,X_2,\cdots,X_m$的初值皆不等于零，则对任意的$X_i,X_j\in X$，r_{0i}，r_{0j}以及ρ_{0i}，ρ_{0j}皆有定义，从而无论是灰色相对关联序还是灰色综合关联序都可以比较出$X_i\succ X_j$或是$X_j\succ X_i$。

5.9 优势分析

定义 5.9.1 设$Y_1,Y_2,\cdots,Y_s$为系统特征行为序列，$X_1,X_2,\cdots,X_m$为相关因素行为序列，且Y_i，X_j长度相同，$\gamma_{ij}(i=1,2,\cdots,s;j=1,2,\cdots,m)$为$Y_i$与$X_j$的邓氏灰色关联度，称

$$\boldsymbol{\Gamma}=(\gamma_{ij})=\begin{bmatrix}\gamma_{11}&\gamma_{12}&\cdots&\gamma_{1m}\\\gamma_{21}&\gamma_{22}&\cdots&\gamma_{2m}\\\vdots&\vdots&&\vdots\\\gamma_{s1}&\gamma_{s2}&\cdots&\gamma_{sm}\end{bmatrix}$$

为邓氏灰色关联矩阵。

邓氏灰色关联矩阵中第i行的元素是系统特征行为序列$Y_i(i=1,2,\cdots,s)$与相关因素序列$X_1,X_2,\cdots,X_m$的邓氏灰色关联度；第j列的元素是系统特征行为序列$Y_1,Y_2,\cdots,Y_s$与$X_j(j=1,2,\cdots,m)$的邓氏灰色关联度。

类似地，可以定义灰色绝对关联矩阵

$$\boldsymbol{A}=(\varepsilon_{ij})=\begin{bmatrix}\varepsilon_{11}&\varepsilon_{12}&\cdots&\varepsilon_{1m}\\\varepsilon_{21}&\varepsilon_{22}&\cdots&\varepsilon_{2m}\\\vdots&\vdots&&\vdots\\\varepsilon_{s1}&\varepsilon_{s2}&\cdots&\varepsilon_{sm}\end{bmatrix}$$

和灰色相对关联矩阵

$$\boldsymbol{B}=(r_{ij})=\begin{bmatrix}r_{11}&r_{12}&\cdots&r_{1m}\\r_{21}&r_{22}&\cdots&r_{2m}\\\vdots&\vdots&&\vdots\\r_{s1}&r_{s2}&\cdots&r_{sm}\end{bmatrix}$$

以及灰色综合关联矩阵

$$C=\left(\rho_{ij}\right)=\begin{bmatrix}\rho_{11} & \rho_{12} & \cdots & \rho_{1m}\\ \rho_{21} & \rho_{22} & \cdots & \rho_{2m}\\ \vdots & \vdots & & \vdots\\ \rho_{s1} & \rho_{s2} & \cdots & \rho_{sm}\end{bmatrix}$$

利用灰色关联矩阵可以对系统特征或相关因素作优势分析。

定义 5.9.2　设 $Y_i\left(i=1,2,\cdots,s\right)$ 为系统特征行为序列，$X_j\left(j=1,2,\cdots,m\right)$ 为相关因素行为序列，

$$\Gamma=\left(\gamma_{ij}\right)=\begin{bmatrix}\gamma_{11} & \gamma_{12} & \cdots & \gamma_{1m}\\ \gamma_{21} & \gamma_{22} & \cdots & \gamma_{2m}\\ \vdots & \vdots & & \vdots\\ \gamma_{s1} & \gamma_{s2} & \cdots & \gamma_{sm}\end{bmatrix}$$

为其灰色关联矩阵，若存在 $k,i\in\{1,2,\cdots,s\}$，满足

$$\gamma_{kj}\geqslant\gamma_{ij},\quad j=1,2,\cdots,m$$

则称系统特征 Y_k 优于系统特征 Y_i，记为 $Y_k\succ Y_i$。

若 $\forall i=1,2,\cdots,s$，$i\neq k$ 恒有 $Y_k\succ Y_i$，则称 Y_k 为最优特征。

定义 5.9.3　设 $Y_i\left(i=1,2,\cdots,s\right)$ 为系统特征行为序列，$X_j\left(j=1,2,\cdots,m\right)$ 为相关因素行为序列，且

$$\Gamma=\left(\gamma_{ij}\right)=\begin{bmatrix}\gamma_{11} & \gamma_{12} & \cdots & \gamma_{1m}\\ \gamma_{21} & \gamma_{22} & \cdots & \gamma_{2m}\\ \vdots & \vdots & & \vdots\\ \gamma_{s1} & \gamma_{s2} & \cdots & \gamma_{sm}\end{bmatrix}$$

为其灰色关联矩阵，若存在 $l,j\in\{1,2,\cdots,m\}$，满足

$$\gamma_{il}\geqslant\gamma_{ij},\quad i=1,2,\cdots,s$$

则称系统因素 X_l 优于系统因素 X_j，记为 $X_l\succ X_j$。

若 $\forall j=1,2,\cdots,m$，$j\neq l$，恒有 $X_l\succ X_j$，则称 X_l 为最优因素。

定义 5.9.4　设 $Y_i\left(i=1,2,\cdots,s\right)$ 为系统特征行为序列，$X_j\left(j=1,2,\cdots,m\right)$ 为相关因素行为序列，且

$$\Gamma=\left(\gamma_{ij}\right)=\begin{bmatrix}\gamma_{11} & \gamma_{12} & \cdots & \gamma_{1m}\\ \gamma_{21} & \gamma_{22} & \cdots & \gamma_{2m}\\ \vdots & \vdots & & \vdots\\ \gamma_{s1} & \gamma_{s2} & \cdots & \gamma_{sm}\end{bmatrix}$$

为其灰色关联矩阵，若

（1）存在 $k,i\in\{1,2,\cdots,m\}$，满足

$$\sum_{j=1}^{m}\gamma_{kj}\geqslant\sum_{j=1}^{m}\gamma_{ij}$$

则称系统特征 Y_k 准优于系统特征 Y_i，记为 $Y_k \succeq Y_i$。

（2）若存 $l,j\in\{1,2,\cdots,m\}$，满足

$$\sum_{i=1}^{m}\gamma_{il} \geqslant \sum_{i=1}^{m}\gamma_{ij}$$

则称系统因素 X_l 准优于系统因素 X_j，记为 $X_l \succeq X_j$。

定义 5.9.5 （1）若存在 $k\in\{1,2,\cdots,s\}$，使 $\forall i=1,2,\cdots,s$，$i\neq k$，有 $Y_k \succeq Y_i$，则称系统特征 Y_k 为准优特征。

（2）若存在 $l\in\{1,2,\cdots,m\}$，使 $\forall j=1,2,\cdots,m$，$j\neq l$，有 $X_l \succeq X_j$，则称系统因素 X_l 为准优因素。

命题 5.9.1 在一个具有 s 个系统特征，m 个相关因素的系统中，未必有最优特征和最优因素，但一定有准优特征和准优因素。

例 5.9.1 设

$$Y_1=(170,174,197,216.4,235.8)$$
$$Y_2=(57,55,70.74,76.8,80.7,89.85)$$
$$Y_3=(68.56,70,85.38,99.83,103.4)$$

为系统特征行为序列

$$X_1=(308.58,310,295,346,367)$$
$$X_2=(195.4,189.9,189.2,205,222.7)$$
$$X_3=(24.6,21,12.2,15.1,14.57)$$
$$X_4=(20,25.6,23.3,29.2,30)$$
$$X_5=(18.98,19,22.3,23.5,27.655)$$

为相关因素行为序列，试作优势分析。

解 （1）求绝对关联矩阵。

对各行为序列求始点零化像，得

$$Y_1^0=(0,4,27,46.4,65.8)$$
$$Y_2^0=(0,13.19,19.25,23.15,32.3)$$
$$Y_3^0=(0,1.44,16.82,31.27,34.84)$$
$$X_1^0=(0,1.42,-13.58,37.42,58.42)$$
$$X_2^0=(0,-5.5,-8.2,9.6,27.3)$$
$$X_3^0=(0,-3.6,-12.4,-9.5,-10.03)$$
$$X_4^0=(0,5.6,3.3,9.2,10)$$
$$X_5^0=(0,0.02,3.32,4.52,8.675)$$

对应于系统特征 Y_1，

$$|Y_{s1}|=\left|\sum_{k=2}^{4}y_1^0(k)+\frac{1}{2}y_1^0(5)\right|=\left|4+27+46.4+\frac{1}{2}\times 65.8\right|=110.3$$

$$|X_{s1}|=\left|\sum_{k=2}^{4}x_1^0(k)+\frac{1}{2}x_1^0(5)\right|=\left|1.42+(-13.58)+37.42+\frac{1}{2}\times 58.42\right|=54.47$$

$$|X_{s1}-Y_{s1}|=\left|\sum_{k=2}^{4}\left(x_1^0(k)-y_1^0(k)\right)+\frac{1}{2}\left(x_1^0(5)-y_1^0(5)\right)\right|=55.9$$

$$\varepsilon_{11}=\frac{1+|Y_{s1}|+|X_{s1}|}{1+|Y_{s1}|+|X_{s1}|+|X_{s1}-Y_{s1}|}=\frac{1+110.3+54.47}{1+110.3+54.47+55.9}\approx 0.748$$

$$|X_{s2}|=\left|\sum_{k=2}^{4}x_2^0(k)+\frac{1}{2}x_2^0(5)\right|=\left|(-5.5)+(-8.2)+9.6+\frac{1}{2}\times 27.3\right|=9.55$$

$$|X_{s2}-Y_{s1}|=\left|\sum_{k=2}^{4}\left(x_2^0(k)-y_1^0(k)\right)+\frac{1}{2}\left(x_2^0(5)-y_1^0(5)\right)\right|=100.75$$

$$\varepsilon_{12}=\frac{1+|Y_{s1}|+|X_{s2}|}{1+|Y_{s1}|+|X_{s2}|+|X_{s2}-Y_{s1}|}=\frac{1+110.3+9.55}{1+110.3+9.55+100.75}\approx 0.545$$

类似可得

$$\varepsilon_{13}=\frac{1+|Y_{s1}|+|X_{s3}|}{1+|Y_{s1}|+|X_{s3}|+|X_{s3}-Y_{s1}|}=0.502$$

$$\varepsilon_{14}=\frac{1+|Y_{s1}|+|X_{s4}|}{1+|Y_{s1}|+|X_{s4}|+|X_{s4}-Y_{s1}|}=0.606$$

$$\varepsilon_{15}=\frac{1+|Y_{s1}|+|X_{s5}|}{1+|Y_{s1}|+|X_{s5}|+|X_{s5}-Y_{s1}|}=0.557$$

对应于系统特征 Y_2，类似可得

$$\varepsilon_{21}=0.880,\quad \varepsilon_{22}=0.570,\quad \varepsilon_{23}=0.502,\quad \varepsilon_{24}=0.663,\quad \varepsilon_{25}=0.588$$

对应于系统特征 Y_3，同法可得

$$\varepsilon_{31}=0.907,\quad \varepsilon_{32}=0.574,\quad \varepsilon_{33}=0.503,\quad \varepsilon_{34}=0.675,\quad \varepsilon_{35}=0.594$$

于是得绝对关联矩阵

$$\boldsymbol{A}=\left(\varepsilon_{ij}\right)=\begin{bmatrix}\varepsilon_{11}&\varepsilon_{12}&\varepsilon_{13}&\varepsilon_{14}&\varepsilon_{15}\\ \varepsilon_{21}&\varepsilon_{22}&\varepsilon_{23}&\varepsilon_{24}&\varepsilon_{25}\\ \varepsilon_{31}&\varepsilon_{32}&\varepsilon_{33}&\varepsilon_{34}&\varepsilon_{35}\end{bmatrix}=\begin{bmatrix}0.748&0.545&0.502&0.606&0.557\\0.880&0.570&0.502&0.663&0.588\\0.907&0.574&0.503&0.675&0.594\end{bmatrix}$$

（2）求相对关联矩阵。

系统特征行为序列 $Y_i\left(i=1,2,3\right)$ 和相关因素行为序列 $X_j\left(i=1,2,3,4,5\right)$ 的初值像为

$$Y_1'=\left(1,1.023\,5,1.158\,8,1.272\,9,1.387\,1\right)$$

$$Y_2'=\left(1,1.229\,2,1.334\,5,1.402\,3,1.561\,3\right)$$

$$Y_3'=\left(1,1.021\,0,1.239\,8,1.456\,1,1.508\,2\right)$$

$$X_1'=\left(1,1.004\,6,0.956\,0,1.121\,3,1.189\,3\right)$$

$$X_2'=\left(1,0.971\,9,0.958\,0,1.049\,1,1.139\,7\right)$$

$$X_3'=\left(1,0.853\,7,0.495\,9,0.613\,8,0.592\,3\right)$$

$$X'_4=(1,1.28,1.165\,0,1.46,1.5)$$

$$X'_5=(1,1.001\,1,1.174\,9,1.238\,1,1.457\,1)$$

则 $Y'_i(i=1,2,3)$ 和 $X'_j\ (i=1,2,3,4,5)$ 的始点零化像分别为

$$Y'^0_1=(0,0.023\,5,0.158\,8,0.272\,9,0.387\,1)$$

$$Y'^0_2=(0,0.229\,2,0.334\,5,0.402\,3,0.561\,3)$$

$$Y'^0_3=(0,0.021\,0,0.239\,8,0.456\,1,0.508\,2)$$

$$X'^0_1=(0,0.004\,6,-0.044,0.121\,3,0.189\,3)$$

$$X'^0_2=(0,-0.028\,1,-0.042,0.049\,1,0.139\,7)$$

$$X'^0_3=(0,-0.146\,3,-0.504\,1,-0.386\,2,-0.407\,7)$$

$$X'^0_4=(0,0.28,0.165\,0,0.46,0.5)$$

$$X'^0_5=(0,0.001\,1,0.174\,9,0.238\,1,0.457\,1)$$

由

$$|Y'_{si}|=\left|\sum_{k=2}^{4}y'^0_i(k)+\frac{1}{2}y'^0_i(5)\right|,\quad i=1,2,3$$

$$|X'_{sj}|=\left|\sum_{k=2}^{4}x'^0_j(k)+\frac{1}{2}x'^0_j(5)\right|,\quad j=1,2,3,4,5$$

$$|X'_{sj}-Y'_{si}|=\left|\sum_{k=2}^{4}\left(x'^0_j(k)-y'^0_i(k)\right)+\frac{1}{2}\left(x'^0_j(5)-y'^0_i(5)\right)\right|,\quad i=1,2,3,\quad j=1,2,3,4,5$$

$$r_{ij}=\frac{1+|Y'_{si}|+|X'_{sj}|}{1+|Y'_{si}|+|X'_{sj}|+|X'_{sj}-Y'_{si}|},\quad i=1,2,3;\quad j=1,2,3,4,5$$

得

$$r_{11}=0.794\,5,\quad r_{12}=0.738\,9,\quad r_{13}=0.604\,6,\quad r_{14}=0.847\,1,\quad r_{15}=0.997\,3$$

$$r_{21}=0.693\,7,\quad r_{22}=0.657\,1,\quad r_{23}=0.583\,7,\quad r_{24}=0.973\,8,\quad r_{25}=0.827\,1$$

$$r_{31}=0.730\,0,\quad r_{32}=0.686\,6,\quad r_{33}=0.610\,1,\quad r_{34}=0.944\,4,\quad r_{35}=0.888\,4$$

因此，相对关联矩阵为

$$\boldsymbol{B}=\begin{bmatrix} r_{11} & r_{12} & r_{13} & r_{14} & r_{15}\\ r_{21} & r_{22} & r_{23} & r_{24} & r_{25}\\ r_{31} & r_{32} & r_{33} & r_{34} & r_{35}\end{bmatrix}$$

$$=\begin{bmatrix} 0.794\,5 & 0.738\,9 & 0.604\,6 & 0.847\,1 & 0.997\,3\\ 0.693\,7 & 0.657\,1 & 0.583\,7 & 0.973\,8 & 0.827\,1\\ 0.730\,0 & 0.686\,6 & 0.610\,1 & 0.944\,4 & 0.888\,4\end{bmatrix}$$

（3）求综合关联矩阵 $\boldsymbol{C}$。

取 θ=0.5，则

$$C=\theta A+(1-\theta)B=(\theta\varepsilon_{ij}+(1-\theta)r_{ij})=(\rho_{ij})$$

$$=\begin{bmatrix}\rho_{11} & \rho_{12} & \rho_{13} & \rho_{14} & \rho_{15}\\ \rho_{21} & \rho_{22} & \rho_{23} & \rho_{24} & \rho_{25}\\ \rho_{31} & \rho_{32} & \rho_{33} & \rho_{34} & \rho_{35}\end{bmatrix}=\begin{bmatrix}0.7713 & 0.6420 & 0.5533 & 0.7266 & 0.7772\\ 0.7869 & 0.6136 & 0.5429 & 0.8184 & 0.7076\\ 0.8185 & 0.6303 & 0.5566 & 0.8097 & 0.7412\end{bmatrix}$$

（4）结果分析。

从绝对关联矩阵 $\boldsymbol{A}$ 看，由于 $\boldsymbol{A}$ 中各行元素满足

$$\varepsilon_{3j}>\varepsilon_{2j}\geqslant\varepsilon_{1j}，\quad j=1,2,3,4,5$$

故有 $Y_3\succ Y_2\succ Y_1$，即 Y_3 为最优特征，Y_2 次之，Y_1 最劣。

$\boldsymbol{A}$ 中各列元素满足

$$\varepsilon_{i1}>\varepsilon_{i4}>\varepsilon_{i5}>\varepsilon_{i2}>\varepsilon_{i3}，\quad i=1,2,3$$

故有 $X_1\succ X_4\succ X_5\succ X_2\succ X_3$，即 X_1 为最优因素，X_4 次之，X_5 又次之，X_2 劣于 X_5，X_3 最劣。

从相对关联矩阵 $\boldsymbol{B}$ 看，由于 $\boldsymbol{B}$ 中元素满足

$$r_{i4}>r_{i1}>r_{i2}>r_{i3}，\quad i=1,2,3$$

$$r_{i5}>r_{i1}>r_{i2}>r_{i3}，\quad i=1,2,3$$

故有 $X_4\succ X_1\succ X_2\succ X_3$，$X_5\succ X_1\succ X_2\succ X_3$，所以 X_3 最劣，进而考虑

$$\sum_{j=1}^{5}r_{1j}=3.9824>\sum_{j=1}^{5}r_{3j}=3.8595>\sum_{j=1}^{5}r_{2j}=3.7354$$

所以 $Y_1\succeq Y_3\succeq Y_2$，故 Y_1 为准优特征。

$$\sum_{i=1}^{3}r_{i4}=2.7653>\sum_{i=1}^{3}r_{i5}=2.7128>\sum_{i=1}^{3}r_{i1}=2.2182>\sum_{i=1}^{3}r_{i2}=2.0826>\sum_{i=1}^{3}r_{i3}=1.7984$$

所以 $X_4\succ X_5\succ X_1\succ X_2\succ X_3$，故 X_4 为准优因素，X_5 次之，X_3 最劣。

从综合关联矩阵 $\boldsymbol{C}$ 看，由于 $\boldsymbol{C}$ 中元素满足

$$\rho_{i1}>\rho_{i2}>\rho_{i3}，\quad \rho_{i4}>\rho_{i2}>\rho_{i3}，\quad \rho_{i5}>\rho_{i2}>\rho_{i3}，\quad i=1,2,3$$

所以 $X_1\succeq X_2\succeq X_3$，$X_4\succeq X_2\succeq X_3$，$X_5\succeq X_2\succeq X_3$。故 X_3 最劣，进一步考虑

$$\sum_{j=1}^{5}\rho_{3j}=3.5563>\sum_{j=1}^{5}\rho_{1j}=3.4704>\sum_{j=1}^{5}\rho_{2j}=3.4694$$

所以 $Y_3\succeq Y_1\succeq Y_2$，故 Y_3 为准优特征。

$$\sum_{i=1}^{3}\rho_{i1}=2.3767>\sum_{i=1}^{3}\rho_{i4}=2.3547>\sum_{i=1}^{3}\rho_{i5}=2.226>\sum_{i=1}^{3}\rho_{i2}=1.8859>\sum_{i=1}^{3}\rho_{i3}=1.6528$$

所以 $X_1\succeq X_4\succeq X_5\succeq X_2\succeq X_3$，故 X_1 为准优因素，X_4 次之，X_5 优于 X_2，X_3 最劣。

三种关联序分析的结果之所以不完全一致，是因为绝对关联序是从绝对量的关系着眼考虑，相对关联序是从各时刻观测数据相对于始点的变化速率着眼，而综合关联序则是综合了绝对量的关系和变化速率的关系之后考虑的。在实际问题中，可根据具体情况选择其中的一种关联序。为简便起见，当系统特征行为序列和相关因素序列皆经过特定的灰色关联算子作用之后，只需考虑其绝对关联序即可。

5.10 应用实例

例 5.10.1 灰色关联分析在经济指标时差分析中的应用（Chen and Liu，2010）。

要对宏观经济系统的景气规律实现有效的监测和预警，就要研究经济指标关于宏观经济周期高峰低谷的超前、同步与滞后关系。也就是说，需将经济指标划分为三个类型：先行指标类、同步指标类与滞后指标类。灰色关联分析方法为经济指标分类提供了一种有效的工具。

经研究分析选择以下 8 大类 17 项指标作为经济景气指标。

（1）能源与原材料类：能源生产总量。

（2）投资类：固定资产投资总额。

（3）生产类：工业增加值、轻工业增加值、重工业增加值。

（4）财政类：国家财政收入、国家财政支出。

（5）货币与信贷类：流通中现金、金融机构各项存款余额、金融机构各项贷款余额、工资性现金支出、货币净投放。

（6）消费类：社会消费品零售总额。

（7）对外经济类：进口总额、出口总额、实际利用外商直接投资。

（8）物价类：居民消费价格指数。

按以下标准将上述指标划分为先行、同步、滞后三类。

确定先行指标的标准：

（1）各个特殊循环的峰值比基准循环的峰值先行至少在 3 个月以上，且这种先行关系比较稳定，不规则现象较少；

（2）特殊循环与基准循环接近一一对应，且在最近的连续 3 次循环运动中，至少有两次特殊循环的峰值保持先行，且先行时间在 3 个月以上；

（3）指标的经济性质与基准循环有着肯定的、比较明确的先行关系。

确定同步指标和滞后指标的标准与上述标准类似。但同步指标特殊循环的峰值与基准循环峰值的时差保持在正负 3 个月以内；滞后指标特殊循环的峰值比基准循环的峰值落后 3 个月以上。

诚然，在实际的指标选择中，要找到一个全部符合上述诸多标准的指标几乎是不可能的。我们所能做的事情是，以基准循环为基础，寻找最接近上述标准的统计指标。实际情况如下：一个先行指标有时也会滞后；一个滞后指标偶尔也会先行；同步指标也有类似的特征。但是，在一个指标和基准循环对应的全部特殊循环的次数中，如果有 2/3 的循环是先行的，尤其在改革开放以来的循环中是先行的，那么可以认为这个指标是先行的。同样，同步、滞后指标也可类似确定。

由于工业增加值在我国经济中起着很重要的作用，作为同步指标有较高的质量，因此可以作为灰色关联分析的基准指标。我们不但计算每项指标与工业增加值的灰色绝对关联度，而且计算除工业增加值外其余 16 项指标在时间轴上向左移动和向右移动

1~12 个月的灰色绝对关联度。向左移动时月份为负值，向右移动时月份为正值，移动步长记为 L，即计算全部 16 项指标从 $L=-12$ 到 $L=12$ 时与工业增加值的灰色绝对关联度。对每一个 L 值，都把灰色绝对关联度的值从大到小加以排列，排在前面的作为该 L 值的候选指标。例如，当 $L=0$（即不移动）时各指标的灰色绝对关联度如表 5.10.1 所示。

表 5.10.1 $L=0$ 时各指标的灰色绝对关联度

指标	灰色绝对关联度	指标	灰色绝对关联度
重工业增加值	0.979 810	国家财政收入	0.559 540
轻工业增加值	0.972 655	出口总额	0.544 870
社会消费品零售总额	0.862 105	能源生产总量	0.541 044
工资性现金支出	0.789 278	货币净投放	0.525 936
流通中现金	0.753 681	金融机构各项贷款余额	0.507 958
固定资产投资总额	0.726 366	金融机构各项存款余额	0.505 226
进口总额	0.598 248	居民消费价格指数	0.500 173
国家财政支出	0.566 914	实际利用外商直接投资	0.500 002

我们认为，同步指标当然应该从灰色绝对关联度大的指标中选取。因为灰色绝对关联度大，说明这些指标与我们作为经济循环基准的工业增加值的相似程度大。但是灰色绝对关联度大的指标就一定是同步指标吗？还不能这样认定。还需要考虑到，当 $L\neq 0$ 时，其灰色绝对关联度是否更大。如果某一指标 $L=0$ 时，灰色绝对关联度的值虽然排在较前的位置，如果在 $L=-4$ 时，其灰色绝对关联度的值更大。这说明该指标向左移动 4 个月与工业增加值更加接近，故可认为它是先行期为 4 个月的先行指标。用这两个标准，我们不但可以判定同步指标、先行指标、滞后指标，而且可以判定最适当的先行或滞后月份。

当 $L=0$ 时，指标“工资性现金支出”排在较前，它当然是同步指标的候选者。当 L 变化时，其灰色绝对关联度的变化情况如表 5.10.2 所示。

表 5.10.2 “工资性现金支出”的灰色绝对关联度

L	灰色绝对关联度	L	灰色绝对关联度
−12	0.664 615	1	0.877 090
−11	0.705 983	2	0.867 859
−10	0.733 564	3	0.857 366
−9	0.752 740	4	0.832 260
−8	0.753 598	5	0.825 027
−7	0.732 221	6	0.806 787
−6	0.723 942	7	0.806 782
−5	0.731 232	8	0.820 384
−4	0.742 249	9	0.803 771
−3	0.752 628	10	0.806 649
−2	0.770 216	11	0.805 679
−1	0.800 838	12	0.836 308
0	0.789 278		

由表 5.10.2 可以看出，在 $L=1$ 时，其灰色绝对关联度的值最大，所以严格地说，该指标应该看作滞后期为 1 个月的指标。依照惯例，在先行或滞后不超过 2 个月时就认为是同步指标，而超过这个范围的就视为先行指标或滞后指标。

指标"社会消费品零售总额"的计算结果如表 5.10.3 所示。由表 5.10.3 可以看出，当 $L=-6$ 时，其灰色绝对关联度最大，因此，可以认为它是一个先行指标。

表 5.10.3 "社会消费品零售总额 "的灰色绝对关联度

L	灰色绝对关联度	L	灰色绝对关联度
−12	0.914 466	1	0.856 944
−11	0.915 117	2	0.866 789
−10	0.918 527	3	0.876 758
−9	0.887 243	4	0.882 430
−8	0.888 258	5	0.889 590
−7	0.928 151	6	0.895 899
−6	0.948 684	7	0.900 899
−5	0.939 351	8	0.900 130
−4	0.923 900	9	0.895 977
−3	0.909 621	10	0.894 374
−2	0.884 610	11	0.892 662
−1	0.846 814	12	0.889 532
0	0.862 105		

按照上述方法，我们可以求出与各指标灰色绝对关联度最大值对应的 L，如表 5.10.4 所示。

表 5.10.4 各指标灰色绝对关联度最大值对应的 L

指标	L	灰色绝对关联度	指标	L	灰色绝对关联度
流通中现金	−6	0.983 452	国家财政收入	+12	0.718 998
重工业增加值	0	0.979 810	进口总额	−9	0.606 556
轻工业增加值	0	0.972 655	出口总额	+10	0.560 054
社会消费品零售总额	−6	0.948 684	能源生产总量	−6	0.555 035
工资性现金支出	+1	0.877 090	实际利用外商直接投资	−11	0.510 016
国家财政支出	+12	0.800 533	金融机构各项贷款余额	−5	0.508 375
货币净投放	+8	0.796 688	金融机构各项存款余额	−6	0.505 588
固定资产投资总额	−11	0.769 778	居民消费价格指数	+11	0.503 235

根据表 5.10.4，我们可以把 8 大类 16 个指标划分为先行指标、同步指标、滞后指

标三类，具体结果如表 5.10.5 所示。

表 5.10.5　先行指标、同步指标、滞后指标分类

	先行指标	同步指标	滞后指标
能源与原材料	能源生产总量（−6）		
投资	固定资产投资总额（−11）		
生产		轻工业增加值（0） 重工业增加值（0）	
财政			国家财政收入（+12） 国家财政支出（+12）
货币与信贷	流通中现金（−6） 金融机构各项存款余额（−6） 金融机构各项贷款余额（−5）	工资性现金支出（+1）	货币净投放（+8）
消费	社会消费品零售总额（−6）		
对外经济	进口总额（−9） 实际利用外商直接投资（−11）		出口总额（+10）
物价			居民消费品价格指数（+11）

注：括号内数字代表各指标特殊循环与基准循环之间的时差

第 6 章

灰色聚类评估模型

灰色聚类是根据灰色关联矩阵或灰数的可能度函数将所考察的观测指标或观测对象划分成若干个可定义类别的方法。一个灰类就是属于同一类的观测指标或观测对象的集合。在实际问题中，往往每个观测对象具有多个特征指标，难以进行准确的分类。例如，“因材施教”是教育界讨论了许多年的一个问题，但对于具体的教育对象究竟属于哪一类人才往往难以界定，因此，“因材施教”也无法付诸实践。至今我们依旧沿袭着对一群天赋不同、志趣各异的学生“同堂授业”这种既扼杀天才，又使一般人才感到诸多不便的教育方式。又如，在用人问题上，由于不能正确地对具有不同能力、品行和素养的人进行归类，造成用人失误，给事业带来损失的情况也十分普遍。再如，对研究项目、成果和人才的评价，世界各国均采用同行评议办法，但即使是真正的同行学者，也很难准确判断项目、成果的创新性、意义或价值，以及人才的实际贡献。

按聚类对象划分，灰色聚类可分为灰色关联聚类和基于可能度函数的灰色聚类。灰色关联聚类主要用于同类因素的归并，以使复杂系统简化。通过灰色关联聚类，我们可以考察许多因素中是否有若干个因素大体上属于同一类，使我们能使用这些因素的综合平均指标或其中的某一个因素来代表这若干个因素而使信息不受严重损失。这属于系统变量的删减问题。在进行大面积调研之前，通过典型抽样数据的灰色关联聚类，可以减少不必要数据的收集，节省时间和经费。基于可能度函数的灰色聚类主要用于考察观测对象是否属于事先设定的不同类别，以便区别对待。具体做起来，基于可能度函数的灰色聚类需要根据拟划分的灰类和对应的聚类指标，事先设定可能度函数和不同聚类指标的权重并据以计算综合聚类系数。

6.1 灰色关联聚类模型

定义 6.1.1 设有 n 个观测对象，每个对象观测有 m 个特征数据，得到如下序列：

$$X_1=\left(x_1(1),x_1(2),\cdots,x_1(n)\right)$$

$$X_2 = (x_2(1), x_2(2), \cdots, x_2(n))$$
$$\vdots$$
$$X_m = (x_m(1), x_m(2), \cdots, x_m(n))$$

对所有的$i \leqslant j, i, j = 1, 2, \cdots, m$，计算出$X_i$与$X_j$的灰色绝对关联度$\varepsilon_{ij}$，得上三角矩阵

$$A = \begin{pmatrix} \varepsilon_{11} & \varepsilon_{12} & \cdots & \varepsilon_{1m} \\ & \varepsilon_{22} & \cdots & \varepsilon_{2m} \\ & & \ddots & \vdots \\ & & & \varepsilon_{mm} \end{pmatrix}$$

其中，$\varepsilon_{ii} = 1, i = 1, 2, \cdots, m$。称矩阵 $\boldsymbol{A}$ 为特征变量关联矩阵。

取定临界值$r \in [0,1]$，一般要求 $r > 0.5$，当$\varepsilon_{ij} \geqslant r(i \neq j)$时，则视$X_j$与$X_i$为同类特征。

定义 6.1.2　特征变量在临界值 r 下的分类称为特征变量的 r 灰色关联聚类。

r 可根据实际问题的需要确定，r 越接近于 1，分类越细，每一组分中的变量相对地越少；r 越小，分类越粗，这时每一组分中的变量相对地越多。

例 6.1.1　评定某一职位的任职资格。评委们提出了 15 个指标：①申请书印象；②学术能力；③讨人喜欢；④自信程度；⑤精明；⑥诚实；⑦推销能力；⑧经验；⑨积极性；⑩抱负；⑪外貌；⑫理解能力；⑬潜力；⑭交际能力；⑮适应能力。

大家认为某些指标可能是相关的或混同的，希望通过对少数对象的进行观测，将上述指标适当归类，删去一些不必要的指标，简化考察标准。对上述指标采取打分的办法使之定量化，9 名考察对象各个指标所得的分数如表 6.1.1 所示。

表 6.1.1　9 名考察对象 15 个指标得分情况

指标	1	2	3	4	5	6	7	8	9
X_1	6	9	7	5	6	7	9	9	9
X_2	2	5	3	8	8	7	8	9	7
X_3	5	8	6	5	8	6	8	8	8
X_4	8	10	9	6	4	8	8	9	8
X_5	7	9	8	5	4	7	8	9	8
X_6	8	9	9	9	9	10	8	8	8
X_7	8	10	7	2	2	5	8	8	5
X_8	3	5	4	8	8	9	10	10	9
X_9	8	9	9	4	5	6	8	9	8
X_{10}	9	9	9	5	5	5	10	10	9
X_{11}	7	10	8	6	8	7	9	9	9
X_{12}	7	8	8	8	8	8	8	9	8
X_{13}	5	8	6	7	8	6	9	9	8
X_{14}	7	8	8	6	7	6	8	9	8
X_{15}	10	10	10	5	7	6	10	10	10

对所有的 $i \leqslant j, i, j=1,2,\cdots,15$，计算出 X_i 与 X_j 的灰色绝对关联度，得上三角矩阵（表 6.1.2）。

表 6.1.2　指标关联矩阵

指标	X_1	X_2	X_3	X_4	X_5	X_6	X_7	X_8	X_9	X_{10}	X_{11}	X_{12}	X_{13}	X_{14}	X_{15}
X_1	1	0.66	0.88	0.52	0.58	0.77	0.51	0.66	0.51	0.51	0.90	0.88	0.80	0.67	0.51
X_2		1	0.72	0.51	0.53	0.59	0.50	0.99	0.51	0.51	0.63	0.62	0.77	0.55	0.51
X_3			1	0.56	0.70	0.51	0.72	0.51	0.51	0.51	0.80	0.78	0.90	0.63	0.51
X_4				1	0.56	0.53	0.58	0.51	0.69	0.62	0.52	0.52	0.51	0.54	0.60
X_5					1	0.65	0.51	0.53	0.53	0.52	0.61	0.61	0.55	0.75	0.52
X_6						1	0.51	0.59	0.52	0.52	0.84	0.86	0.66	0.81	0.51
X_7							1	0.50	0.70	0.83	0.51	0.51	0.51	0.51	0.89
X_8								1	0.51	0.51	0.63	0.62	0.77	0.55	0.51
X_9									1	0.81	.0.52	0.52	0.51	0.53	0.76
X_{10}										1	0.51	0.51	0.51	0.52	0.92
X_{11}											1	0.97	0.74	0.71	0.51
X_{12}												1	0.73	0.72	0.51
X_{13}													1	0.60	0.51
X_{14}														1	0.52
X_{15}															1

利用表 6.1.2 即可对指标进行聚类。临界值 r 可根据要求取不同的值。例如，令 r=1，则上述 15 个指标各自成为一类。

令 r=0.80，我们从第一行开始进行检查，挑出大于 0.80 的 ε_{ij}，有

$$\varepsilon_{1,3}=0.88,\quad \varepsilon_{1,11}=0.90,\quad \varepsilon_{1,12}=0.88,\quad \varepsilon_{1,13}=0.80,\quad \varepsilon_{2,8}=0.99$$
$$\varepsilon_{3,11}=0.80,\quad \varepsilon_{3,13}=0.90,\quad \varepsilon_{6,11}=0.84,\quad \varepsilon_{6,12}=0.86,\quad \varepsilon_{6,14}=0.81$$
$$\varepsilon_{7,10}=0.83,\quad \varepsilon_{7,15}=0.89,\quad \varepsilon_{9,10}=0.81,\quad \varepsilon_{10,15}=0.92,\quad \varepsilon_{11,12}=0.97$$

从而可知：X_3 与 X_{11}，X_{12}，X_{13} 在同一类中；X_8 与 X_2 在同一类中；X_{11}，X_{13} 与 X_3 在同一类中；X_{11}，X_{12}，X_{14} 与 X_6 在同一类中；X_{10}，X_{15} 与 X_7 在同一类中；X_{10} 与 X_9 在同一类中；X_{15} 与 X_{10} 在同一类中；X_{12} 与 X_{11} 在同一类中。

取标号最小的指标作为各类的代表，并将 X_6 所在类的指标 X_6，X_{14} 与 X_{12}，X_{11} 一起归入 X_1 所在的类中；将 X_9 与 X_{10} 一起归入 X_7 所在的类中；视未被列出的 X_4，X_5 各自成为一类，就得 15 个指标的一个聚类：

$$\{X_1, X_3, X_6, X_{11}, X_{12}, X_{13}, X_{14}\},\ \{X_2, X_8\},$$
$$\{X_4\}, \{X_5\}, \{X_7, X_9, X_{10}, X_{15}\}$$

其中，$\{X_1, X_3, X_6, X_{11}, X_{12}, X_{13}, X_{14}\}$ 所在的类包括申请书印象、讨人喜欢、诚实、外貌、理解能力、潜力和交际能力等，大体上属于通过审查申请书和见面谈话所获得的直接印象，各项指标相互关联，难以截然分开，可以用综合印象指标替换。其余指标则需要通过专门测试或更深入的调查才能获得有价值的信息。例如，$\{X_2, X_8\}$ 所在的类包括学术能力和经验，可以通过了解求职者过去完成的学术研究和实际工作任务进行评价；$\{X_7, X_9, X_{10}, X_{15}\}$ 所在的类包括推销能力、积极性、抱负和适应能力等，这些指

标之间的关联性也很强，可以通过对求职者学习、工作背景及表现的考察进行综合判断；$\{X_4\}$反映的自信程度和$\{X_5\}$考察的精明与否与其他各类综合指标关联度不大，需要进行专项调查。

6.2　灰色变权聚类评估模型

本节讨论的灰色变权聚类评估模型和此后各节将要介绍的灰色定权聚类评估模型及基于混合可能度函数的灰色聚类评估模型都是以可能度函数为基础构造的灰色聚类模型。

定义 6.2.1　设有 n 个聚类对象，m 个聚类指标，s 个不同灰类，根据对象 $i(i=1,2,\cdots,n)$ 关于指标 $j(j=1,2,\cdots,m)$ 的观测值 $x_{ij}(i=1,2,\cdots,n;j=1,2,\cdots,m)$ 将对象 i 归入灰类 $k\left(k\in\{1,2,\cdots,s\}\right)$，称为灰色聚类（邓聚龙，1985b）。

定义 6.2.2　将 n 个对象关于指标 j 的取值相应地分为 s 个灰类，j 指标关于灰类 k 的可能度函数记为 $f_j^k(\bullet)$。

定义 6.2.3　设 j 指标关于灰类 k 的可能度函数 $f_j^k(\bullet)$ 为如图 6.2.1 所示的典型可能度函数，则称 $x_j^k(1)$，$x_j^k(2)$，$x_j^k(3)$，$x_j^k(4)$ 为 $f_j^k(\bullet)$ 的转折点，典型可能度函数记为

$$f_j^k\left[x_j^k(1),x_j^k(2),x_j^k(3),x_j^k(4)\right]$$

定义 6.2.4　（1）若可能度函数 $f_j^k(\bullet)$ 无第一和第二个转折点 $x_j^k(1)$，$x_j^k(2)$，即如图 6.2.2 所示的可能度函数，则称 $f_j^k(\bullet)$ 为下限测度可能度函数，记为 $f_j^k\left[-,-,x_j^k(3),x_j^k(4)\right]$。

（2）若可能度函数 $f_j^k(\bullet)$ 第二和第三个转折点 $x_j^k(2)$，$x_j^k(3)$ 重合，即如图 6.2.3 所示，则称 $f_j^k(\bullet)$ 为适中测度可能度函数，记为 $f_j^k\left[x_j^k(1),x_j^k(2),-,x_j^k(4)\right]$。

适中测度可能度函数亦称三角可能度函数。

（3）若可能度函数 $f_j^k(\bullet)$ 无第三和第四个转折点 $x_j^k(3)$，$x_j^k(4)$，即如图 6.2.4 所示，则称 $f_j^k(\bullet)$ 为上限测度可能度函数，记为 $f_j^k\left[x_j^k(1),x_j^k(2),-,-\right]$。

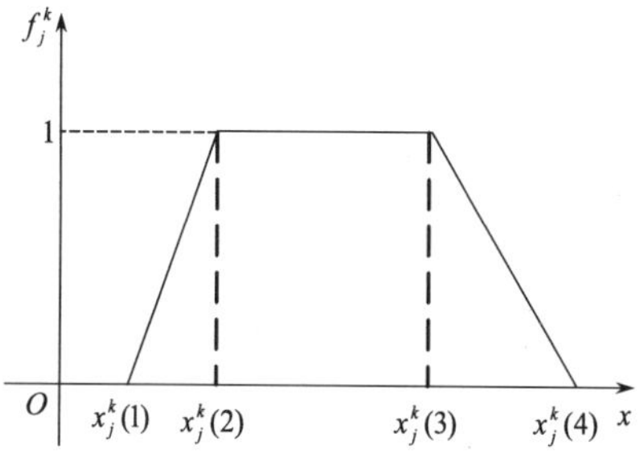

图 6.2.1　典型可能度函数

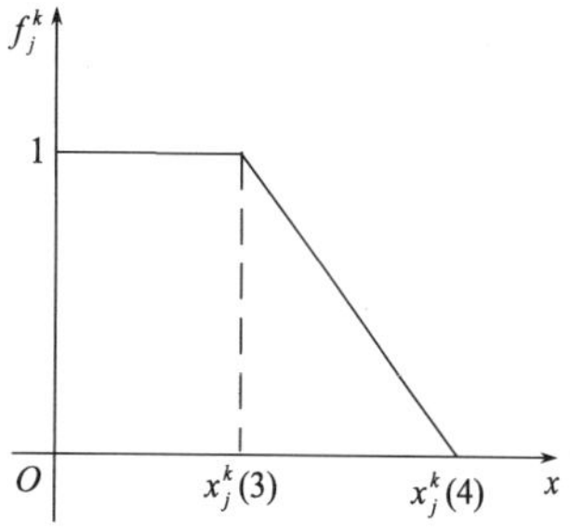

图 6.2.2　下限测度可能度函数

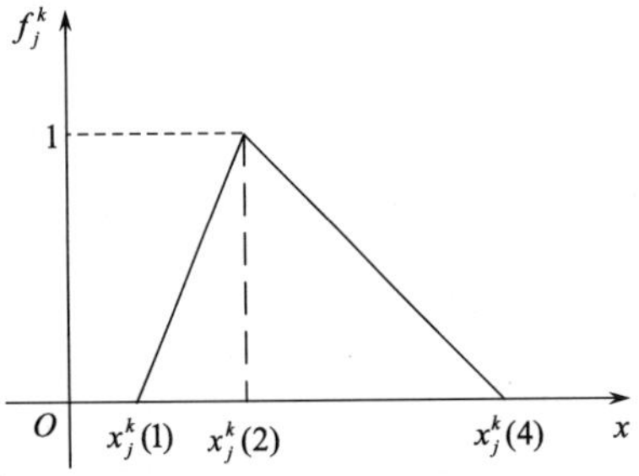

图 6.2.3　适中测度可能度函数

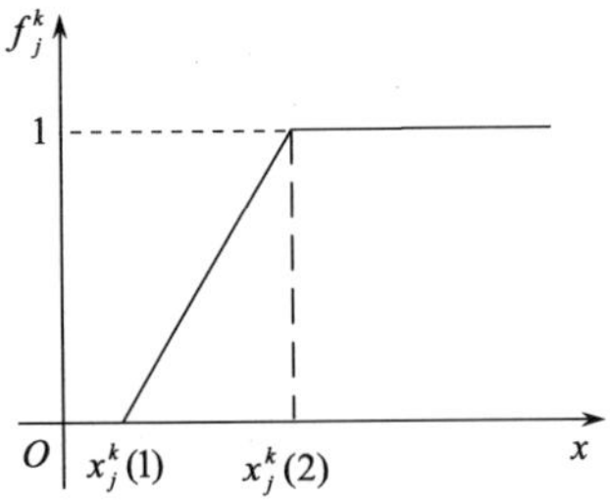

图 6.2.4　上限测度可能度函数

命题 6.2.1　（1）对于图 6.2.1 所示的典型可能度函数，有

$$f_j^k(x)=\begin{cases}0, & x\notin\left[x_j^k(1),x_j^k(4)\right]\\ \dfrac{x-x_j^k(1)}{x_j^k(2)-x_j^k(1)}, & x\in\left[x_j^k(1),x_j^k(2)\right]\\ 1, & x\in\left[x_j^k(2),x_j^k(3)\right]\\ \dfrac{x_j^k(4)-x}{x_j^k(4)-x_j^k(3)}, & x\in\left[x_j^k(3),x_j^k(4)\right]\end{cases}\tag{6.2.1}$$

（2）对于图 6.2.2 所示的下限测度可能度函数，有

$$f_j^k(x)=\begin{cases}0, & x\notin\left[0,x_j^k(4)\right]\\ 1, & x\in\left[0,x_j^k(3)\right]\\ \dfrac{x_j^k(4)-x}{x_j^k(4)-x_j^k(3)}, & x\in\left[x_j^k(3),x_j^k(4)\right]\end{cases}\tag{6.2.2}$$

（3）对于图 6.2.3 所示的适中测度可能度函数，有

$$f_j^k(x)=\begin{cases}0, & x\notin\left[x_j^k(1),x_j^k(4)\right]\\ \dfrac{x-x_j^k(1)}{x_j^k(2)-x_j^k(1)}, & x\in\left[x_j^k(1),x_j^k(2)\right]\\ \dfrac{x_j^k(4)-x}{x_j^k(4)-x_j^k(2)}, & x\in\left[x_j^k(2),x_j^k(4)\right]\end{cases}\tag{6.2.3}$$

（4）对于图 6.2.4 所示的上限测度可能度函数，有

$$f_j^k(x)=\begin{cases}0, & x<x_j^k(1)\\ \dfrac{x-x_j^k(1)}{x_j^k(2)-x_j^k(1)}, & x\in\left[x_j^k(1),x_j^k(2)\right]\\ 1, & x\geqslant x_j^k(2)\end{cases}\tag{6.2.4}$$

定义 6.2.5　（1）对于图 6.2.1 所示的 j 指标关于灰类 k 的可能度函数，令

$$\lambda_j^k=\frac{1}{2}\left(x_j^k(2)+x_j^k(3)\right)$$

（2）对于图 6.2.2 所示的 j 指标关于灰类 k 子类的度函数，令

$$\lambda_j^k=x_j^k(3)$$

（3）对于图 6.2.3 和图 6.2.4 所示的 j 指标 k 子类可能度函数，令

$$\lambda_j^k=x_j^k(2)$$

则称 λ_j^k 为 j 指标关于灰类 k 的基本值（邓聚龙，1985b）。

定义 6.2.6　设 λ_j^k 为 j 指标关于灰类 k 的基本值，则称

$$\eta_j^k=\frac{\lambda_j^k}{\sum_{j=1}^{m}\lambda_j^k}$$

为 j 指标关于灰类 k 的权（邓聚龙，1985b）。

定义 6.2.7　设 x_{ij} 为对象 i 关于指标 j 的观测值，$f_j^k(\bullet)$ 为 j 指标关于灰类 k 的可能度函数，η_j^k 为 j 指标关于灰类 k 的权，则称

$$\sigma_i^k=\sum_{j=1}^{m}f_j^k\left(x_{ij}\right)\bullet\eta_j^k$$

为对象 i 属于灰类 k 的灰色变权聚类系数（邓聚龙，1985b）。

定义 6.2.8　（1）称

$$\boldsymbol{\sigma}_i=\left(\sigma_i^1,\sigma_i^2,\cdots,\sigma_i^s\right)=\left(\sum_{j=1}^{m}f_j^1\left(x_{ij}\right)\bullet\eta_j^1,\sum_{j=1}^{m}f_j^2\left(x_{ij}\right)\bullet\eta_j^2,\cdots,\sum_{j=1}^{m}f_j^s\left(x_{ij}\right)\bullet\eta_j^s\right)$$

为对象 i 的聚类系数向量。

（2）称

$$\boldsymbol{\Sigma}=\left(\sigma_i^k\right)=\begin{bmatrix}\sigma_1^1 & \sigma_1^2 & \cdots & \sigma_1^s\\ \sigma_2^1 & \sigma_2^2 & \cdots & \sigma_2^s\\ \vdots & \vdots & & \vdots\\ \sigma_n^1 & \sigma_n^2 & \cdots & \sigma_n^s\end{bmatrix}$$

为聚类系数矩阵。

定义 6.2.9　设 $\max\limits_{1\leqslant k\leqslant s}\left\{\sigma_i^k\right\}=\sigma_i^{k^*}$，则称对象 i 属于灰类 k^*。

灰色变权聚类适用于指标的意义、量纲皆相同的情形，当聚类指标的意义、量纲不同且不同指标的样本值在数量上差异悬殊时，不宜采用灰色变权聚类模型。

例 6.2.1　设有三个经济区，三个聚类指标分别为种植业收入、畜牧业收入、工副业收入。第 i 个经济区关于第 j 个指标的样本值 $x_{ij}\left(i,j=1,2,3\right)$ 如矩阵 $\boldsymbol{A}$ 所示：

$$\boldsymbol{A}=\left(x_{ij}\right)=\begin{bmatrix}x_{11} & x_{12} & x_{13}\\ x_{21} & x_{22} & x_{23}\\ x_{31} & x_{32} & x_{33}\end{bmatrix}=\begin{bmatrix}80 & 20 & 100\\ 40 & 30 & 30\\ 10 & 90 & 60\end{bmatrix}$$

试按高收入类、中等收入类、低收入类进行综合聚类。

解 设关于指标种植业收入、畜牧业收入、工副业收入的可能度函数分别为

$$f_1^1[30,80,-,-],\ f_1^2[10,40,-,70],\ f_1^3[-,-,10,30]$$
$$f_2^1[30,90,-,-],\ f_2^2[20,50,-,90],\ f_2^3[-,-,20,40]$$
$$f_3^1[40,100,-,-],\ f_3^2[30,60,-,90],\ f_3^3[-,-,30,50]$$

由以上可能度函数及命题 5.2.1 得

$$f_1^1(x)=\begin{cases}0, & x<30\\ \dfrac{x-30}{80-30}, & 30\leqslant x<80\\ 1, & x>80\end{cases}\qquad f_1^2(x)=\begin{cases}0, & x\notin[10,70]\\ \dfrac{x-10}{40-10}, & 10\leqslant x<40\\ \dfrac{70-x}{70-40}, & 40\leqslant x<70\end{cases}$$

$$f_1^3(x)=\begin{cases}0, & x\notin[0,30]\\ 1, & 0\leqslant x<10\\ \dfrac{30-x}{30-10}, & 10\leqslant x<30\end{cases}\qquad f_2^1(x)=\begin{cases}0, & x<30\\ \dfrac{x-30}{90-30}, & 30\leqslant x<90\\ 1, & x>90\end{cases}$$

$$f_2^2(x)=\begin{cases}0, & x\notin[20,90]\\ \dfrac{x-20}{50-20}, & 20\leqslant x<50\\ \dfrac{90-x}{90-50}, & 50\leqslant x<90\end{cases}\qquad f_2^3(x)=\begin{cases}0, & x\notin[0,40]\\ 1, & 0\leqslant x<20\\ \dfrac{40-x}{40-20}, & 20\leqslant x<40\end{cases}$$

$$f_3^1(x)=\begin{cases}0, & x<40\\ \dfrac{x-40}{100-40}, & 40\leqslant x<100\\ 1, & x>100\end{cases}\qquad f_3^2(x)=\begin{cases}0, & x\notin[30,90]\\ \dfrac{x-30}{50-30}, & 30\leqslant x<50\\ \dfrac{90-x}{90-50}, & 50\leqslant x<90\end{cases}$$

$$f_3^3(x)=\begin{cases}0, & x\notin[0,50]\\ 1, & 0\leqslant x<30\\ \dfrac{50-x}{50-30}, & 30\leqslant x<50\end{cases}$$

于是

$$\lambda_1^1=80,\ \lambda_2^1=90,\ \lambda_3^1=100,\ \lambda_1^2=40,\ \lambda_2^2=50$$
$$\lambda_3^2=60,\ \lambda_1^3=10,\ \lambda_2^3=20,\ \lambda_3^3=30$$

由 $\eta_j^k=\dfrac{\lambda_j^k}{\sum\limits_{j=1}^{3}\lambda_j^k}$，得

$$\eta_1^1=\frac{80}{270},\eta_2^1=\frac{90}{270},\eta_3^1=\frac{100}{270},\eta_1^2=\frac{40}{150},\eta_2^2=\frac{50}{150},$$

$$\eta_3^2=\frac{60}{150},\eta_1^3=\frac{10}{60},\eta_2^3=\frac{20}{60},\eta_3^3=\frac{30}{60}$$

再由 $\sigma_i^k=\sum_{j=1}^{m}f_j^k\left(x_{ij}\right)\cdot\eta_j^k$ ，当 $i=1$ 时，有

$$\sigma_1^1=\sum_{j=1}^{3}f_j^1\left(x_{1j}\right)\cdot\eta_j^1=f_1^1(80)\times\frac{80}{270}+f_2^1(20)\times\frac{90}{270}+f_3^1(100)\times\frac{100}{270}=0.6667$$

同理，得

$$\sigma_1^2=0,\quad \sigma_1^3=0.3333$$

所以 $\sigma_1=\left(\sigma_1^1,\sigma_1^2,\sigma_1^3\right)=(0.6667,0,0.3333)$

同法计算：

当 i=2 时，$\sigma_2=\left(\sigma_2^1,\sigma_2^2,\sigma_2^3\right)=(0.0593,0.3778,0.6667)$；

当 i=3 时，$\sigma_3=\left(\sigma_3^1,\sigma_3^2,\sigma_3^3\right)=(0.4667,0.4,0.1667)$。

综合以上所得结果，可得灰色变权聚类系数矩阵：

$$\boldsymbol{\Sigma}=\left(\boldsymbol{\sigma}_i^k\right)=\begin{bmatrix}\sigma_1^1 & \sigma_1^2 & \sigma_1^3\\ \sigma_2^1 & \sigma_2^2 & \sigma_2^3\\ \sigma_3^1 & \sigma_3^2 & \sigma_3^3\end{bmatrix}=\begin{bmatrix}0.6667 & 0 & 0.3333\\ 0.0593 & 0.3778 & 0.6667\\ 0.4667 & 0.4 & 0.1667\end{bmatrix}$$

由 $\max\limits_{1\leqslant k\leqslant 3}\left\{\sigma_1^k\right\}=\sigma_1^1=0.6667$，$\max\limits_{1\leqslant k\leqslant 3}\left\{\sigma_2^k\right\}=\sigma_2^3=0.6667$，$\max\limits_{1\leqslant k\leqslant 3}\left\{\sigma_3^k\right\}=\sigma_3^1=0.4667$
可知，第二经济区属于低收入灰类，第一经济区和第三经济区属于高收入灰类。进一步从聚类系数 $\sigma_1^1=0.6667$，$\sigma_3^1=0.4667$ 可知，同属于高收入类的第一经济区和第三经济区之间仍存在差别，如果将收入再细分，如分为高、中偏高、中、中偏低、低五个灰类，则可得出不同的结果。

另外，j 指标关于灰类 k 的可能度函数一般可根据实际问题的背景确定。在解决实际问题时，可以从参与聚类对象的角度来确定可能度函数，也可以从整个大环境着眼，根据所有同类对象——而不仅仅是参与聚类的对象——来确定可能度函数。例如，在例 6.2.1 中，我们可以不仅仅从参与聚类的三个经济区出发，而是根据一个市、一个省或全国同级经济区的发展状况来确定可能度函数。因此，灰色聚类评估的结果是有一定适用范围的，确定可能度函数时视野所及的范围，就是评估结果适用的范围。

6.3 灰色定权聚类评估模型

当聚类指标的意义、量纲不同，且在数量上差异悬殊时，采用灰色变权聚类模型可能导致某些指标参与聚类的作用十分微弱。解决这一问题有两种途径：一条途径是先采用初值化算子或均值化算子将各个指标样本值化为无量纲数据，然后进行聚类。

这种方式对所有聚类指标一视同仁，不能反映不同指标在聚类过程中作用的差异性。另一条途径是对各聚类指标事先赋权。本节主要讨论第二种聚类方法。

定义 6.3.1 设 x_{ij}（$i=1,2,\cdots,n; j=1,2,\cdots,m$）为对象 i 关于指标 j 的观测值，$f_j^k(\bullet)(j=1,2,\cdots,m;k=1,2,\cdots,s)$ 为 j 指标关于灰类 k 的可能度函数。若 j 指标关于灰类 k 的权 $\eta_j^k(j=1,2,\cdots,m;k=1,2,\cdots,s)$ 与 k 无关，即对任意的 $k_1,k_2\in\{1,2,\cdots,s\}$，恒有 $\eta_j^{k_1}=\eta_j^{k_2}$，此时我们可将 η_j^k 的上标 k 略去，记为 $\eta_j(j=1,2,\cdots,m)$，并称

$$\sigma_i^k=\sum_{j=1}^m f_j^k(x_{ij})\eta_j \tag{6.3.1}$$

为对象 i 属于灰类 k 的灰色定权聚类系数（刘思峰，1993）。

定义 6.3.2 设 $x_{ij}(i=1,2,\cdots,n;j=1,2,\cdots,m)$ 为对象 i 关于指标 j 的观测值，$f_j^k(\bullet)(j=1,2,\cdots,m;k=1,2,\cdots,s)$ 为 j 指标关于灰类 k 的可能度函数。若对任意的 $j=1,2,\cdots,m$ 恒有 $\eta_j=\dfrac{1}{m}$，则称

$$\sigma_i^k=\sum_{j=1}^m f_j^k(x_{ij})\bullet\eta_j=\frac{1}{m}\sum_{j=1}^m f_j^k(\dot{x}_{ij})$$

为对象 i 属于灰类 k 的灰色等权聚类系数（刘思峰，1993）。

定义 6.3.3 （1）根据灰色定权聚类系数的值对聚类对象进行归类，称为灰色定权聚类。

（2）根据灰色等权聚类系数的值对聚类对象进行归类，称为灰色等权聚类。

灰色定权聚类可按下列步骤进行。

第一步：设定 j 指标关于灰类 k 的可能度函数 $f_j^k(\bullet)(j=1,2,\cdots,m;k=1,2,\cdots,s)$。

第二步：确定各指标的聚类权 $\eta_j(j=1,2,\cdots,m)$。

第三步：由第一步和第二步得到的可能度函数 $f_j^k(\bullet)(j=1,2,\cdots,m;k=1,2,\cdots,s)$，聚类权 $\eta_j(j=1,2,\cdots,m)$ 以及对象 i 关于指标 j 的观测值 $x_{ij}(i=1,2,\cdots,n;\ j=1,2,\cdots,m)$，计算出灰色定权聚类系数 $\sigma_i^k=\sum_{j=1}^m f_j^k(x_{ij})\bullet\eta_j$，$i=1,2,\cdots,n$；$k=1,2,\cdots,s$。

第四步：若 $\max\limits_{1\leqslant k\leqslant s}\{\sigma_i^k\}=\sigma_i^{k^*}$，则判定对象 i 属于灰类 k^*。

例 6.3.1 我国主要造林树种生态适应性的灰色聚类（李树人等，1994）。

我国国土辽阔，生态环境十分复杂，不同树种对生态条件的要求也有明显差异。一个树种目前的生长区域，在一定程度上反映了该树种对生态环境的适应能力。我们将生态环境条件分为地理生态值、温度生态值、雨量生态值、干燥生态值四个主要量化指标。其中地理生态值是衡量树种在地理上分布范围广度的指标，用其分布域之东、西边界经度差与南、北边界纬度差的乘积作为地理生态值的数量指标。温度生态值反映了树种对不同温度条件的适应能力，这里用分布域的南、北边界年平均温度的

差值来度量，雨量生态值则是树种对降雨条件的适应性的表征，我们用分布域中不同地区年平均降雨量最大值与最小值之差来度量，干燥生态值是树种对大气干燥度（干燥度为最大可能蒸发量与降雨量之比）的适应能力，这里用分布域中不同地区年平均干燥度最大值与最小值之差来衡量。

我国 17 个主要造林树种的地理生态值、温度生态值、雨量生态值和干燥生态值如表 6.3.1 所示，试按广适应性、中适应性和狭适应性作灰色聚类。

表 6.3.1　我国主要造林树种的四种生态值

树种	地理值	温度值	雨量值	干燥值
1 樟子松	22.50	4	0	0
2 红松	79.37	6	600	0.75
3 水曲松	144.00	7	300	0.75
4 胡杨	300.00	6.1	189	12.00
5 梭梭	456.00	12	250	12.00
6 油松	189.00	8	700	1.5
7 侧柏	369.00	8	1 300	2.25
8 白榆	1 127.11	16.2	550	3.00
9 旱柳	260.00	11	600	1.00
10 毛白杨	200.00	8	600	1.25
11 麻乐	475.00	10	1 000	0.75
12 华山松	314.10	8	900	0.75
13 马尾松	282.80	7.4	1 300	0.5
14 杉木	240.00	8	1 200	0.5
15 毛竹	160.00	5	1 000	0.25
16 樟树	270.00	8	1 200	0.25
17 南亚松	9.00	1	200	0

解　由于聚类指标意义不同，且数量悬殊，故采用灰色定权聚类模型。

第一步：将指标和灰类编号，j 指标关于灰类 k 的可能度函数 $f_j^k(\bullet)(j=1,2,3,4;\ k=1,2,3)$ 分别设定为

$$
\begin{aligned}
&f_1^1[100,300,-,-], && f_1^2[50,150,-,250], && f_1^3[-,-,50,100] \\
&f_2^1[3,10,-,-], && f_2^2[2,6,-,10], && f_2^3[-,-,15,30] \\
&f_3^1[200,1000,-,-], && f_3^2[100,600,-,1100], && f_3^3[-,-,300,600] \\
&f_4^1[0.25,1.25,-,-], && f_4^2[0,0.5,-,1], && f_4^3[-,-,0.25,0.5]
\end{aligned}
$$

第二步：取地理生态值、温度生态值、雨量生态值、干燥生态值的权分别为

$$\eta_1 = 0.3\,,\quad \eta_2 = 0.25\,,\quad \eta_3 = 0.25\,,\quad \eta_4 = 0.2$$

第三步：由 $\sigma_i^k = \sum_{j=1}^{m} f_j^k\left(x_{ij}\right)\cdot\eta_j$ ，$i=1,2,\cdots,17;k=1,2,3$ 及表 5.3.1 和前两步的结果可得：

当 $i=1$ 时

$$\sigma_1^1 = \sum_{j=1}^{4} f_j^1\left(x_{1j}\right)\cdot\eta_j = f_1^1(22.5)\times 0.3 + f_2^1(4)\times 0.25 + f_3^1(0)\times 0.25 + f_4^1(0)\times 0.2$$
$$= 0.0357$$

同理可得 $\sigma_1^2 = 0.125$ ，$\sigma_1^3 = 1$ 。

所以

$$\sigma_1 = \left(\sigma_1^1, \sigma_1^2, \sigma_1^3\right) = (0.0357, 0.125, 1)$$

类似可以算出

$$\sigma_2 = \left(\sigma_2^1, \sigma_2^2, \sigma_2^3\right) = (0.3321, 0.6881, 0.2488)$$
$$\sigma_3 = \left(\sigma_3^1, \sigma_3^2, \sigma_3^3\right) = (0.3401, 0.6695, 0.3125)$$
$$\sigma_4 = \left(\sigma_4^1, \sigma_4^2, \sigma_4^3\right) = (0.6107, 0.2883, 0.3688)$$
$$\sigma_5 = \left(\sigma_5^1, \sigma_5^2, \sigma_5^3\right) = (0.7656, 0.075, 0.25)$$
$$\sigma_6 = \left(\sigma_6^1, \sigma_6^2, \sigma_6^3\right) = (0.6683, 0.508, 0)$$
$$\sigma_7 = \left(\sigma_7^1, \sigma_7^2, \sigma_7^3\right) = (0.9286, 0.125, 0)$$
$$\sigma_8 = \left(\sigma_8^1, \sigma_8^2, \sigma_8^3\right) = (0.8594, 0.225, 0.0417)$$
$$\sigma_9 = \left(\sigma_9^1, \sigma_9^2, \sigma_9^3\right) = (0.765, 0.25, 0)$$
$$\sigma_{10} = \left(\sigma_{10}^1, \sigma_{10}^2, \sigma_{10}^3\right) = (0.6536, 0.525, 0)$$
$$\sigma_{11} = \left(\sigma_{11}^1, \sigma_{11}^2, \sigma_{11}^3\right) = (0.9, 0.15, 0)$$
$$\sigma_{12} = \left(\sigma_{12}^1, \sigma_{12}^2, \sigma_{12}^3\right) = (0.7973, 0.325, 0)$$
$$\sigma_{13} = \left(\sigma_{13}^1, \sigma_{13}^2, \sigma_{13}^3\right) = (0.7313, 0.3625, 0.0375)$$
$$\sigma_{14} = \left(\sigma_{14}^1, \sigma_{14}^2, \sigma_{14}^3\right) = (0.6886, 0.355, 0)$$
$$\sigma_{15} = \left(\sigma_{15}^1, \sigma_{15}^2, \sigma_{15}^3\right) = (0.4114, 0.6075, 0.3875)$$
$$\sigma_{16} = \left(\sigma_{16}^1, \sigma_{16}^2, \sigma_{16}^3\right) = (0.6836, 0.225, 0.2)$$
$$\sigma_{17} = \left(\sigma_{17}^1, \sigma_{17}^2, \sigma_{17}^3\right) = (0, 0.05, 1)$$

第四步：判定对象所属的灰类。由 $\max\limits_{1\leqslant k\leqslant s}\left\{\sigma_i^k\right\} = \sigma_i^{k^*}$ ，可断定对象 i 属于灰类 k^* 。

于是

$\max\limits_{1\leqslant k\leqslant 3}\{\sigma_1^k\}=\sigma_1^3=1$, $\max\limits_{1\leqslant k\leqslant 3}\{\sigma_2^k\}=\sigma_2^2=0.688\,1$, $\max\limits_{1\leqslant k\leqslant 3}\{\sigma_3^k\}=\sigma_3^2=0.669\,5$,

$\max\limits_{1\leqslant k\leqslant 3}\{\sigma_4^k\}=\sigma_4^1=0.610\,7$, $\max\limits_{1\leqslant k\leqslant 3}\{\sigma_5^k\}=\sigma_5^1=0.765\,6$, $\max\limits_{1\leqslant k\leqslant 3}\{\sigma_6^k\}=\sigma_6^1=0.668\,3$,

$\max\limits_{1\leqslant k\leqslant 3}\{\sigma_7^k\}=\sigma_7^1=0.928\,6$, $\max\limits_{1\leqslant k\leqslant 3}\{\sigma_8^k\}=\sigma_8^1=0.859\,4$, $\max\limits_{1\leqslant k\leqslant 3}\{\sigma_9^k\}=\sigma_9^1=0.765$,

$\max\limits_{1\leqslant k\leqslant 3}\{\sigma_{10}^k\}=\sigma_{10}^1=0.653\,6$, $\max\limits_{1\leqslant k\leqslant 3}\{\sigma_{11}^k\}=\sigma_{11}^1=0.9$, $\max\limits_{1\leqslant k\leqslant 3}\{\sigma_{12}^k\}=\sigma_{12}^1=0.797\,3$,

$\max\limits_{1\leqslant k\leqslant 3}\{\sigma_{13}^k\}=\sigma_{13}^1=0.731\,3$, $\max\limits_{1\leqslant k\leqslant 3}\{\sigma_{14}^k\}=\sigma_{14}^1=0.688\,6$, $\max\limits_{1\leqslant k\leqslant 3}\{\sigma_{15}^k\}=\sigma_{15}^2=0.607\,5$,

$\max\limits_{1\leqslant k\leqslant 3}\{\sigma_{16}^k\}=\sigma_{16}^1=0.683\,6$, $\max\limits_{1\leqslant k\leqslant 3}\{\sigma_{17}^k\}=\sigma_{17}^3=1$

从而可知，胡杨、梭梭、油松、白榆、旱柳、毛白杨、华山松、马尾松、杉木、樟树属于广泛适应树种，它们对自然生态环境的适应能力较强，在我国大部分地区都能生长，可以广泛引种；红松、水曲柳、毛竹属于中度适应灰类，可以在我国较大范围内引种造林；樟子松和南亚松属于狭适应灰类，其中樟子松分布在我国北部边缘地带，南亚松分布在南部边缘地带。

例 6.3.2 运用灰色定权聚类评估模型选择采煤方法（刘金平等，2001）。

采煤方法的选择，主要取决于煤矿地质构造和开采技术条件。不同煤矿（或同一煤矿不同地段）的地质开采条件等不同，使得所选择的采煤方法的技术水平和产生的经济效益也相差很大。为了提高煤矿企业的经济效益，必须选取技术适用，经济效益最好的采煤方法。如何对不同的采煤方法的优劣做出客观、定量的综合评价，定权灰色聚类评估模型为我们提供了一种途径。

某煤矿采用四种不同的采煤方法，即以综采、高档普采、普采、炮采四种方法为聚类评估对象，取工作面单产[单位：10^4t/（月·面）]、回采工效（单位：t/工）、设备投资（单位：万元）及回采成本（单位：元/t）作为聚类指标；按好、较好、差三类进行分类，每个对象关于各聚类指标的观测值 x_{ij} 如矩阵 $\boldsymbol{A}$ 所示：

$$\boldsymbol{A}=\left(x_{ij}\right)=\begin{bmatrix} 4.34 & 16.37 & 2\,046 & 10.20 \\ 1.76 & 11.83 & 1\,096 & 18.67 \\ 1.08 & 6.32 & 523 & 13.72 \\ 1.44 & 4.81 & 250 & 9.43 \end{bmatrix}$$

解 由于聚类指标意义不同，且在数量上悬殊，故采用灰色定权聚类评估模型。

通过对 20 位专家进行调查，得到 j 指标关于灰类 k 的可能度函数 $f_j^k(\bullet)(j=1,2,3,4;k=1,2,3)$ 分别为

$$f_1^1[2.16,3.24,-,-],\quad f_1^2[1.08,2.16,-,3.24],\quad f_1^3[-,-,1.08,2.16]$$

$$f_2^1[9.6,14.40,-,-],\quad f_2^2[4.80,9.6,-,14.4],\quad f_2^3[-,-,4.8,9.6]$$

$$f_3^1[390,780,-,-],\quad f_3^2[390,780,-,1170],\quad f_3^3[-,-,780,1170]$$

$$f_4^1[-,-,6.5,13],\quad f_4^2[6.5,13,-,19.5],\quad f_4^3[13,19.5,-,-]$$

同时根据专家意见确定工作面单产[单位：10^4t/（月·面）]、回采工效（单位：t/工）、设备投资（万元）及回采成本（单位：元/t）的权重分别为

$$\eta_1=0.454\,7,\quad \eta_2=0.263\,1,\quad \eta_3=0.141\,1,\quad \eta_4=0.141\,1$$

由 $\sigma_i^k=\sum_{j=1}^{m} f_j^k\left(x_{ij}\right)\cdot\eta_j$ 可得

当 $i=1$ 时

$$\begin{aligned}\sigma_1^1&=\sum_{j=1}^{4} f_j^1\left(x_{1j}\right)\eta_j\\&=f_1^1(4.34)\times 0.454\,7+f_2^1(16.37)\times 0.263\,1\\&\quad+f_3^1(2\,046)\times 0.141\,1+f_4^1(10.20)\times 0.141\,1\\&=0.801\,4\end{aligned}$$

同理可得 $\sigma_1^2=0.080\,3$，$\sigma_1^3=0$。所以

$$\boldsymbol{\sigma}_1=\left(\sigma_1^1,\sigma_1^2,\sigma_1^3\right)=(0.801\,4,0.080\,3,0)$$

类似可以算出

$$\boldsymbol{\sigma}_2=\left(\sigma_2^1,\sigma_2^2,\sigma_2^3\right)=(0.067\,4,0.547\,5,0.438\,4)$$

$$\boldsymbol{\sigma}_3=\left(\sigma_3^1,\sigma_3^2,\sigma_3^3\right)=(0.093\,0,0.374\,3,0.650\,1)$$

$$\boldsymbol{\sigma}_4=\left(\sigma_4^1,\sigma_4^2,\sigma_4^3\right)=(0.218\,6,0.439\,6,0.623\,4)$$

综合以上结果，可得灰色定权聚类系数矩阵 $\varSigma$ 为

$$\varSigma=\left(\sigma_i^k\right)=\begin{bmatrix}0.801\,4 & 0.080\,3 & 0\\0.067\,4 & 0.547\,5 & 0.438\,4\\0.093\,0 & 0.374\,3 & 0.650\,1\\0.218\,6 & 0.439\,6 & 0.623\,4\end{bmatrix}$$

由

$$\max_{1\leqslant k\leqslant 3}\left\{\sigma_1^k\right\}=\sigma_1^1=0.801\,4,\quad \max_{1\leqslant k\leqslant 3}\left\{\sigma_2^k\right\}=\sigma_2^2=0.547\,5$$

$$\max_{1\leqslant k\leqslant 3}\left\{\sigma_3^k\right\}=\sigma_3^3=0.650\,1,\quad \max_{1\leqslant k\leqslant 3}\left\{\sigma_4^k\right\}=\sigma_4^3=0.623\,4$$

可知，在四种采煤方法中，综采方法综合技术经济效益好，高档普采方法综合技术经济效益较好，而普采和炮采方法综合技术经济效益差。

6.4 基于混合可能度函数的灰色聚类评估模型

本节分别介绍基于端点混合可能度函数和基于中心点混合可能度函数的灰色聚类评估模型。其中基于端点混合可能度函数的灰色聚类评估模型适用于各灰类边界清晰，但最可能属于各灰类的点不明的情形；基于中心点混合可能度函数的灰色聚类评估模型适用于较易判断最可能属于各灰类的点，但各灰类边界不清晰的情形。两类评

估模型均以适中测度可能度函数、下限测度可能度函数、上限测度可能度函数三类常用可能度函数为基础。1993 年，笔者首次提出基于三角可能度函数的灰色评估模型（刘思峰和朱永达，1993），该模型大量运用于各类评估实践。2011 年，将 1993 年的模型界定为基于端点三角可能度函数的灰色评估模型，并提出基于中心点三角可能度函数的灰色聚类评估模型（刘思峰和谢乃明，2011）。这里介绍的基于端点混合可能度函数和基于中心点混合可能度函数的灰色聚类评估模型均在原基于端点和中心点三角可能度函数的灰色聚类评估模型基础上进行改进。与原模型相比，新模型具有以下优势和特点：一是避免了灰类多重交叉的问题；二是避免了对聚类指标取值范围两端点进行延拓的困扰；三是读者可以根据其对灰类的认知选择端点或中心点混合可能度函数（刘思峰等，2014b）。

6.4.1　基于端点混合可能度函数的灰色聚类评估模型

基于端点混合可能度函数的灰色评估模型适用于各灰类边界清晰，但最可能属于各灰类的点不明的情形（刘思峰等，2014b），其建模步骤如下。

第一步：按照评估要求所需划分的灰类数 s，将各个指标的取值范围也相应地划分为 s 个灰类，如将 j 指标的取值范围 $[a_1,a_{s+1}]$ 划分为 s 个小区间：

$$[a_1,a_2],\cdots,[a_{k-1},a_k],\cdots,[a_{s-1},a_s],[a_s,a_{s+1}]$$

其中 $a_k\,(k=1,2,\cdots,s,s+1)$ 的值一般可根据实际评估要求或定性研究结果确定。

第二步：确定与 $[a_1,a_2]$ 和 $[a_s,a_{s+1}]$，对应的灰类 1 和灰类 s 的转折点 λ_j^1，λ_j^s；同时计算各个小区间的几何中点，$\lambda_k=(a_k+a_{k+1})/2$，$k=1,2,\cdots,s$。

第三步：对于灰类 1 和灰类 s，构造相应的下限测度可能度函数 $f_j^1\left[-,-,\lambda_j^1,\lambda_j^2\right]$ 和上限测度可能度函数 $f_j^s\left[\lambda_j^{s-1},\lambda_j^s,-,-\right]$。

设 x 为指标 j 的一个观测值，当 $x\in\left[a_1,\lambda_j^2\right]$ 或 $x\in\left[\lambda_j^{s-1},a_{s+1}\right]$ 时，可分别由公式

$$f_j^1(x)=\begin{cases}0, & x\notin\left[a_1,\lambda_j^2\right]\\ 1, & x\in\left[a_1,\lambda_j^1\right]\\ \dfrac{\lambda_j^2-x}{\lambda_j^2-\lambda_j^1}, & x\in\left[\lambda_j^1,\lambda_j^2\right]\end{cases}\tag{6.4.1}$$

或

$$f_j^s(x)=\begin{cases}0, & x\notin\left[\lambda_j^{s-1},a_{s+1}\right]\\ \dfrac{x-\lambda_j^{s-1}}{\lambda_j^s-\lambda_j^{s-1}}, & x\in\left[\lambda_j^{s-1},\lambda_j^s\right]\\ 1, & x\in\left[\lambda_j^s,a_{s+1}\right]\end{cases}\tag{6.4.2}$$

计算出其关于灰类 1 和灰类 s 的值 $f_j^1(x)$ 或 $f_j^s(x)$。

第四步：对于灰类 $k\left(k\in\{2,3,\cdots,s-1\}\right)$，同时连接点 $\left(\lambda_j^k,1\right)$ 与灰类 $k-1$ 的几何中点 $\left(\lambda_j^{k-1},0\right)$[或灰类 1 的转折点 $\left(\lambda_j^1,0\right)$]以及 $\left(\lambda_j^k,1\right)$ 与灰类 k+1 的几何中点 $\left(\lambda_j^{k+1},0\right)$[或灰类 s 的转折点 $\left(\lambda_j^s,0\right)$]，得到 j 指标关于灰类 k 的三角可能度函数 $f_j^k\left[\lambda_j^{k-1},\lambda_j^k,-,\lambda_j^{k+1}\right]$，$j=1,2,\cdots,m$；$k=2,3,\cdots,s-1$（图 6.4.1）。

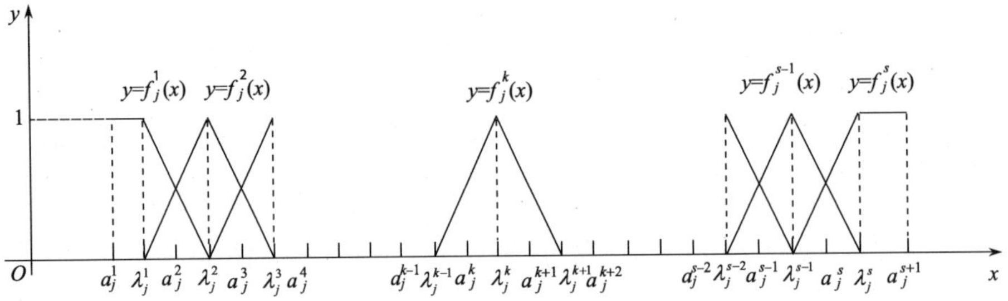

图 6.4.1　端点混合可能度函数示意图

对于指标 j 的一个观测值 x，可由式（6.4.3）

$$f_j^k(x)=\begin{cases}0, & x\notin\left[\lambda_j^{k-1},\lambda_j^{k+1}\right]\\ \dfrac{x-\lambda_j^{k-1}}{\lambda_j^k-\lambda_j^{k-1}}, & x\in\left[\lambda_j^{k-1},\lambda_j^k\right]\\ \dfrac{\lambda_j^{k+1}-x}{\lambda_j^{k+1}-\lambda_j^k}, & x\in\left[\lambda_j^k,\lambda_j^{k+1}\right]\end{cases}\tag{6.4.3}$$

计算出其属于灰类 $k\left(k=1,2,\cdots,s\right)$ 的值 $f_j^k(x)$。

第五步：确定各指标的权重 $w_j, j=1,2,\cdots,m$。

第六步：计算对象 $i\left(i=1,2,\cdots,n\right)$ 关于灰类 $k\left(k=1,2,\cdots,s\right)$ 的综合聚类系数 σ_i^k。

$$\sigma_i^k=\sum_{j-1}^{m}f_j^k\left(x_{ij}\right)\cdot w_j\tag{6.4.4}$$

其中 $f_j^k\left(x_{ij}\right)$ 为 j 指标关于灰类 k 的可能度函数，w_j 为指标 j 在综合聚类中的权重。

第七步：由 $\max\limits_{1\leqslant k\leqslant s}\left\{\sigma_i^k\right\}=\sigma_i^{k^*}$，判断对象 i 属于灰类 k^*；当有多个对象同属于 k^* 灰类时，还可以进一步根据综合聚类系数的大小确定同属于 k^* 灰类之各个对象的优劣或位次。

6.4.2　基于中心点混合可能度函数的灰色聚类评估模型

基于中心点混合可能度函数的灰色聚类评估模型适用于较易判断最可能属于各灰类的点，但各灰类边界不清晰的情形（刘思峰等，2014b）。

我们将属于某灰类程度最大的点称为该灰类的中心点。基于中心点混合可能度函数的灰色评估模型的建模步骤如下（刘思峰等，2014b）。

第一步：对于指标 j，设其取值范围为 $\left[a_j,b_j\right]$。按照评估要求所需划分的灰类数 s，分别确定灰类 1、灰类 s 的转折点 λ_j^1，λ_j^s，以及灰类 $k\left(k\in\{2,3,\cdots,s-1\}\right)$ 的中心点 $\lambda_j^2,\lambda_j^3,\cdots,\lambda_j^{s-1}$。

第二步：对于灰类 1 和灰类 s，构造相应的下限测度可能度函数 $f_j^1\left[-,-,\lambda_j^1,\lambda_j^2\right]$ 和上限测度可能度函数 $f_j^s\left[\lambda_j^{s-1},\lambda_j^s,-,-\right]$。

设 x 为指标 j 的一个观测值，当 $x\in\left[a_j,\lambda_j^2\right]$ 或 $x\in\left[\lambda_j^{s-1},b_j\right]$ 时，可分别由公式

$$f_j^1(x)=\begin{cases}0, & x\notin\left[a_j,\lambda_j^2\right]\\ 1, & x\in\left[a_j,\lambda_j^1\right]\\ \dfrac{\lambda_j^2-x}{\lambda_j^2-\lambda_j^1}, & x\in\left[\lambda_j^1,\lambda_j^2\right]\end{cases}\tag{6.4.5}$$

或

$$f_j^s(x)=\begin{cases}0, & x\notin\left[\lambda_j^{s-1},b_j\right]\\ \dfrac{x-\lambda_j^{s-1}}{\lambda_j^s-\lambda_j^{s-1}}, & x\in\left[\lambda_j^{s-1},\lambda_j^s\right]\\ 1, & x\in\left[\lambda_j^s,b_j\right]\end{cases}\tag{6.4.6}$$

计算出其关于灰类 1 和灰类 s 的值 $f_j^1(x)$ 或 $f_j^s(x)$。

第三步：对于灰类 $k\left(k\in\{2,3,\cdots,s-1\}\right)$，同时连接点 $\left(\lambda_j^k,1\right)$ 与灰类 $k-1$ 的中心点 $\left(\lambda_j^{k-1},0\right)$[或灰类 1 的转折点 $\left(\lambda_j^1,0\right)$]以及 $\left(\lambda_j^k,1\right)$ 与灰类 $k+1$ 的中心点 $\left(\lambda_j^{k+1},0\right)$[或灰类 s 的转折点 $\left(\lambda_j^s,0\right)$]，得到 j 指标关于灰类 k 的三角可能度函数 $f_j^k\left[\lambda_j^{k-1},\lambda_j^k,-,\lambda_j^{k+1}\right]$，$j=1,2,\cdots,m;k=2,3,\cdots,s-1$（图 6.4.2）。

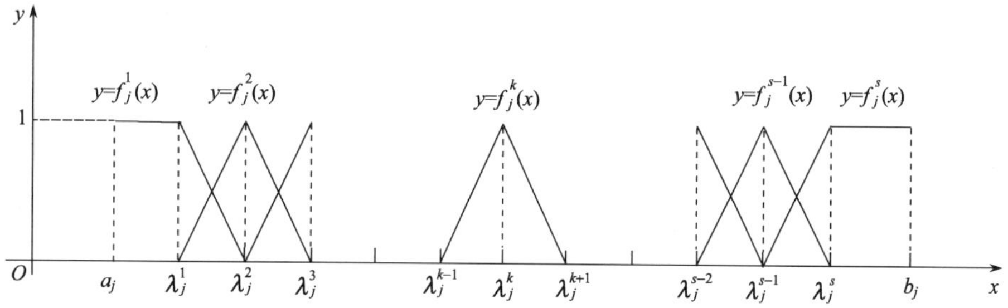

图 6.4.2　中心点混合可能度函数示意图

对于指标 j 的一个观测值 x，当 $k=2,3,\cdots,s-1$ 时，可由公式

$$f_j^k(x)=\begin{cases}0, & x\notin\left[\lambda_j^{k-1},\lambda_j^{k+1}\right]\\ \dfrac{x-\lambda_j^{k-1}}{\lambda_j^k-\lambda_j^{k-1}}, & x\in\left[\lambda_j^{k-1},\lambda_j^k\right]\\ \dfrac{\lambda_j^{k+1}-x}{\lambda_j^{k+1}-\lambda_j^k}, & x\in\left[\lambda_j^k,\lambda_j^{k+1}\right]\end{cases}\tag{6.4.7}$$

计算出其属于灰类 $k\left(k\in\{2,3,\cdots,s-1\}\right)$ 的值 $f_j^k(x)$。

第四步：确定各指标的权重 $w_j, j=1,2,\cdots,m$。

第五步：计算对象 i（$i=1,2,\cdots,n$）关于灰类 $k(k=1,2,\cdots,s)$ 的聚类系数 σ_i^k：

$$\sigma_i^k=\sum_{j=1}^{m}f_j^k\left(x_{ij}\right)\cdot w_j\tag{6.4.8}$$

其中 $f_j^k\left(x_{ij}\right)$ 为 j 指标关于灰类 k 的可能度函数，w_j 为指标 j 在综合聚类中的权重。

第六步：由 $\max\limits_{1\leqslant k\leqslant s}\left\{\sigma_i^k\right\}=\sigma_i^{k^*}$，判断对象 i 属于灰类 k^*；当有多个对象同属于 k^*灰类时，还可以进一步根据综合聚类系数的大小确定同属于 k^*灰类之各个对象的优劣或位次。

6.5 灰色评估系数向量的熵

对于灰色关联聚类评估模型，所得评估结果的灰度表现在灰色关联度 $\varepsilon_i\,(i=1,2,\cdots,m)$ 或 $\varepsilon_{ij}\,(i,j=1,2,\cdots,s)$ 的接近性上。若诸 $\varepsilon_i\,(i=1,2,\cdots,m)$ 或诸 $\varepsilon_{ij}\,(i,j=1,2,\cdots,s)$ 彼此十分接近，就表明评估结果的灰度很大。灰色变权聚类评估、灰色定权聚类评估和基于混合可能度函数的灰色聚类评估模型所得结果的灰度表现在诸聚类系数 $\sigma_i^k\,(k=1,2,\cdots,s)$ 的接近性上，如果诸聚类系数 $\sigma_i^k\,(k=1,2,\cdots,s)$ 彼此十分接近，则表明聚类评估结果的灰度很大。张岐山等（1996）曾利用差异信息熵研究了灰色聚类评估结果的灰度。为讨论方便，以下将上述各类灰色评估的结果统一用向量

$$\boldsymbol{\sigma}_i=\left(\sigma_i^1,\sigma_i^2,\cdots,\sigma_i^s\right)$$

表示。评估结果的灰度表现在 $\boldsymbol{\sigma}_i$ 的各分量取值的均衡程度上，$\boldsymbol{\sigma}_i$ 的各分量取值越趋均衡，评估结论就越灰。为讨论方便，不妨假定 $\sum\limits_{i=1}^{s}\sigma_i^k=1$。

定义 6.5.1 称

$$I\left(\boldsymbol{\sigma}_i\right)=-\sum_{i=1}^{s}\sigma_i^k\ln\sigma_i^k\tag{6.5.1}$$

为灰色评估系数向量 $\boldsymbol{\sigma}_i$ 的熵（张岐山等，1996）。

由式（6.5.1）所得的熵值 $I\left(\boldsymbol{\sigma}_i\right)$ 可以作为灰色评估系数向量 $\boldsymbol{\sigma}_i$ 的各分量取值的均衡程度的一种度量。$\boldsymbol{\sigma}_i$ 的各分量 σ_i^k 的取值越趋于均衡，$I\left(\boldsymbol{\sigma}_i\right)$ 的值越大。

对单个的聚类系数 σ_i^k 而言，其数值越小，$-\ln\sigma_i^k$ 越大，亦即 $-\ln\sigma_i^k$ 对 $I(\boldsymbol{\sigma}_i)$ 的影响越大，它的权重越小。反之，当 σ_i^k 较大时，$-\ln\sigma_i^k$ 则较小，它的权重相对较大。

灰色评估系数向量的熵 $I(\boldsymbol{\sigma}_i)$ 具有以下性质。

性质 6.5.1　非负性（Liu and Wang，2000），即 $I(\boldsymbol{\sigma}_i)\geqslant 0$。

证明　（1）若存在 k'，$\sigma_i^{k'}=1$，由 $\sigma_i^k\geqslant 0$ 和 $\sum_{k=1}^{s}\sigma_i^k=1$，可知 $\forall k=1,2,\cdots,s$，当 $k\neq k'$ 时，$\sigma_i^k=0$，从而

$$I(\boldsymbol{\sigma}_i)=-\sigma_i^{k'}\ln\sigma_i^{k'}=0$$

（2）若 $k=1,2,\cdots,s$，$\sigma_i^k\neq 1$，则 $0\leqslant\sigma_i^k<1$，故 $\ln\sigma_i^k<0$，于是

$$I(\boldsymbol{\sigma}_i)=-\sum_{i=1}^{s}\sigma_i^k\ln\sigma_i^k>0$$

事实上，$I(\boldsymbol{\sigma}_i)=0$ 是灰色评估结果完全白化的特殊情形，当评估结果呈现出一定的灰度时，$I(\boldsymbol{\sigma}_i)>0$。

性质 6.5.2　对称性（Liu and Wang，2000）。设

$$\boldsymbol{\sigma}_i=\left(\sigma_i^1,\sigma_i^2,\cdots,\sigma_i^k,\sigma_i^{k+1},\cdots,\sigma_i^s\right),\quad \boldsymbol{\sigma}_i'=\left(\sigma_i^1,\sigma_i^2,\cdots,\sigma_i^{k+1},\sigma_i^k,\cdots,\sigma_i^s\right)$$

则

$$I(\boldsymbol{\sigma}_i)=I(\boldsymbol{\sigma}_i')$$

证明　只需证明

$$-\sigma_i^k\ln\sigma_i^k-\sigma_i^{k+1}\ln\sigma_i^{k+1}=-\sigma_i^{k+1}\ln\sigma_i^{k+1}-\sigma_i^k\ln\sigma_i^k$$

由普通加法的可交换性可知，这是显然的。

灰色评估系数向量 $\boldsymbol{\sigma}_i$ 的熵仅与评估系数 $\sigma_i^1,\sigma_i^2,\cdots,\sigma_i^s$ 的数值有关，而与各个值的次序无关。

性质 6.5.3　扩展性（Liu and Wang，2000）。设

$$\boldsymbol{\sigma}_i=\left(\sigma_i^1,\sigma_i^2,\cdots,\sigma_i^k,\sigma_i^{k+1},\cdots,\sigma_i^s\right),\quad \boldsymbol{\sigma}_i'=\left(\sigma_i^1,\sigma_i^2,\cdots,\sigma_i^k,0,\sigma_i^{k+1},\cdots,\sigma_i^s\right)$$

则

$$I(\boldsymbol{\sigma}_i)=I(\boldsymbol{\sigma}_i')$$

增加一个评估系数为零的灰类，灰色评估系数向量的熵不变，这一性质还可以表示为 $\forall\sigma_i^k>0$，当 $\boldsymbol{\sigma}_i'=\left(\sigma_i^1,\sigma_i^2,\cdots,\sigma_i^k,-\varepsilon,\varepsilon,\cdots,\sigma_i^s\right)$ 时，

$$\lim_{\varepsilon\to 0}I(\boldsymbol{\sigma}_i')=I(\boldsymbol{\sigma}_i)$$

性质 6.5.4　（Liu and Wang，2000）设

$$\boldsymbol{\sigma}_i=\left(\sigma_i^1,\sigma_i^2,\cdots,\sigma_i^s\right),\quad \boldsymbol{\delta}_i=\left(\delta_i^1,\delta_i^2,\cdots,\delta_i^s\right)$$

则

$$I(\boldsymbol{\sigma}_i\bullet\boldsymbol{\delta}_i)=I(\boldsymbol{\sigma}_i)+I(\boldsymbol{\delta}_i)\tag{6.5.2}$$

其中，$\boldsymbol{\sigma}_i\bullet\boldsymbol{\delta}_i=\left(\sigma_i^1\bullet\delta_i^1,\sigma_i^1\bullet\delta_i^2,\cdots,\sigma_i^1\bullet\delta_i^s;\sigma_i^2\bullet\delta_i^1,\sigma_i^2\bullet\delta_i^2,\cdots,\sigma_i^2\bullet\delta_i^s;\cdots;\sigma_i^s\bullet\delta_i^1,\sigma_i^s\bullet\delta_i^2,\cdots,\sigma_i^s\bullet\delta_i^s\right)$。

证明

$$
\begin{aligned}
I(\boldsymbol{\sigma}_i\bullet\boldsymbol{\delta}_i)&=-\sum_{k=1}^{s}\sigma_i^1\bullet\delta_i^k\ln\left(\sigma_i^1\bullet\delta_i^k\right)-\sum_{k=1}^{s}\sigma_i^2\bullet\delta_i^k\ln\left(\sigma_i^2\bullet\delta_i^k\right)-\cdots-\sum_{k=1}^{s}\sigma_i^s\bullet\delta_i^k\ln\left(\sigma_i^s\bullet\delta_i^k\right)\\
&=-\sigma_i^1\sum_{k=1}^{s}\delta_i^k\left(\ln\sigma_i^1+\ln\delta_i^k\right)-\sigma_i^2\sum_{k=1}^{s}\delta_i^k\left(\ln\sigma_i^2+\ln\delta_i^k\right)\\
&\quad-\cdots-\sigma_i^s\sum_{k=1}^{s}\delta_i^k\left(\ln\sigma_i^s+\ln\delta_i^k\right)\\
&=-\sigma_i^1\ln\sigma_i^1\sum_{k=1}^{s}\delta_i^k-\sigma_i^1\sum_{k=1}^{s}\delta_i^k\ln\delta_i^k-\sigma_i^2\ln\sigma_i^2\sum_{k=1}^{s}\delta_i^k-\sigma_i^2\sum_{k=1}^{s}\delta_i^k\ln\delta_i^k\\
&\quad-\cdots-\sigma_i^s\ln\sigma_i^s\sum_{k=1}^{s}\delta_i^k-\sigma_i^s\sum_{k=1}^{s}\delta_i^k\ln\delta_i^k\\
&=-\sigma_i^1\ln\sigma_i^1+\sigma_i^1I(\boldsymbol{\delta}_i)-\sigma_i^2\ln\sigma_i^2+\sigma_i^2I(\boldsymbol{\delta}_i)-\cdots-\sigma_i^s\ln\sigma_i^s-\sigma_i^sI(\boldsymbol{\delta}_i)\\
&=-\sum_{k=1}^{s}\sigma_i^k\ln\sigma_i^k+I(\boldsymbol{\delta}_i)\\
&=I(\boldsymbol{\sigma}_i)+I(\boldsymbol{\delta}_i)
\end{aligned}
$$

式（6.5.2）表明，两个灰色评估系数向量之积的熵等于每个灰色评估系数向量的熵之和。

性质 6.5.5 分解性（Liu and Wang，2000）。设

$$\boldsymbol{\sigma}_i=\left(\sigma_i^1,\sigma_i^2,\cdots,\sigma_i^k+\sigma_i^{k+1},\cdots,\sigma_i^s\right),\quad \boldsymbol{\sigma}_i'=\left(\sigma_i^1,\sigma_i^2,\cdots,\sigma_i^k,\sigma_i^{k+1},\cdots,\sigma_i^s\right)$$

则

$$I(\boldsymbol{\sigma}_i')=I(\boldsymbol{\sigma}_i)-\left(\sigma_i^k+\sigma_i^{k+1}\right)I(\boldsymbol{\theta}_i)\tag{6.5.3}$$

其中

$$\boldsymbol{\theta}_i=\left(\frac{\sigma_i^k}{\sigma_i^k+\sigma_i^{k+1}},\frac{\sigma_i^{k+1}}{\sigma_i^k+\sigma_i^{k+1}}\right)$$

证明 只需证明

$$-\sigma_i^k\ln\sigma_i^k-\sigma_i^{k+1}\ln\sigma_i^{k+1}=-\left(\sigma_i^k+\sigma_i^{k+1}\right)\ln\left(\sigma_i^k+\sigma_i^{k+1}\right)-\left(\sigma_i^k+\sigma_i^{k+1}\right)I(\boldsymbol{\theta}_i)\tag{6.5.4}$$

由

$$
\begin{aligned}
\left(\sigma_i^k+\sigma_i^{k+1}\right)I(\boldsymbol{\theta}_i)&=\left(\sigma_i^k+\sigma_i^{k+1}\right)\left(\frac{-\sigma_i^k}{\sigma_i^k+\sigma_i^{k+1}}\ln\frac{\sigma_i^k}{\sigma_i^k+\sigma_i^{k+1}}-\frac{-\sigma_i^{k+1}}{\sigma_i^k+\sigma_i^{k+1}}\ln\frac{\sigma_i^{k+1}}{\sigma_i^k+\sigma_i^{k+1}}\right)\\
&=-\sigma_i^k\ln\frac{\sigma_i^k}{\sigma_i^k+\sigma_i^{k+1}}-\sigma_i^{k+1}\ln\frac{\sigma_i^{k+1}}{\sigma_i^k+\sigma_i^{k+1}}\\
&=-\sigma_i^k\ln\sigma_i^k-\sigma_i^{k+1}\ln\sigma_i^{k+1}+\sigma_i^k\ln\left(\sigma_i^k+\sigma_i^{k+1}\right)+\sigma_i^{k+1}\ln\left(\sigma_i^k+\sigma_i^{k+1}\right)
\end{aligned}
$$

可知式（6.5.4）成立。

分解性表明，若细分评估灰类，同时将灰色评估系数作相应分解，灰色评估系数向量的熵将随之增大。

性质 6.5.6 极值性（Liu and Wang，2000）。灰色评估系数向量 $\boldsymbol{\sigma}_i$ 的熵在各分量

均衡分布时取得最大值 $\ln s$，即

$$I(\boldsymbol{\sigma}_i)\leqslant \ln s \tag{6.5.5}$$

证明　由于 $I(\boldsymbol{\sigma}_i)=-\sum_{i=1}^{s}\sigma_i^k\ln\sigma_i^k$，设 $L=I(\boldsymbol{\sigma}_i)+\lambda\left(1-\sum_{i=1}^{s}\sigma_i^k\right)$，由 $\frac{\partial L}{\partial\sigma_i^k}=\ln\sigma_i^k-1-\lambda=0$，$k=1,2,\cdots,s$，可解得 $\sigma_i^1=\sigma_i^2=\cdots=\sigma_i^s=\text{conts.}=\frac{1}{s}$，从而

$$\max I(\boldsymbol{\sigma}_i)=-\sum_{i=1}^{s}\frac{1}{s}\ln\frac{1}{s}=\frac{1}{s}\sum_{i=1}^{s}\ln s=\ln s$$

式（6.5.5）表明，当 $\boldsymbol{\sigma}_i$ 的各个分量均衡取值时，灰色评估系数向量的熵达到其最大值 $\ln s$。

由式（6.5.5）和性质 6.5.1 可得

$$0\leqslant I(\boldsymbol{\sigma}_i)\leqslant \ln s$$

当 $I(\boldsymbol{\sigma}_i)=0$ 时，根据灰色聚类系数向量 $\boldsymbol{\sigma}_i$ 可以得到明确的结论。事实上，此时 $\boldsymbol{\sigma}_i$ 的某一分量取值为 1，其余各分量的值全为 0。

当 $I(\boldsymbol{\sigma}_i)\to 0$ 时，$\boldsymbol{\sigma}_i$ 的某一分量取值接近于 1，其余各分量的值均接近于 0，此时根据灰色聚类系数向量 $\boldsymbol{\sigma}_i$ 得到的结论也具有较大的可靠性。

当 $I(\boldsymbol{\sigma}_i)=\ln s$ 时，灰色聚类系数向量 $\boldsymbol{\sigma}_i$ 各分量取值相等，$\boldsymbol{\sigma}_i$ 的熵在各分量均衡分布。在此情形下，根据灰色聚类系数向量 $\boldsymbol{\sigma}_i$ 无法得到任何有价值的结论。

当 $I(\boldsymbol{\sigma}_i)\to\ln s$ 时，灰色聚类系数向量 $\boldsymbol{\sigma}_i$ 各分量取值相近，$\boldsymbol{\sigma}_i$ 的熵在各分量的分布接近均衡分布。此时虽然可以比较出灰色聚类系数向量 $\boldsymbol{\sigma}_i$ 各分量数值的大小，但由于各分量差异不大，得到的结论可靠性较低。

6.6　“最大值准则”决策悖论与两阶段决策模型

一般决策模型，通常以“最大值准则”（rule of maximum value）或“最大期望值准则”作为决策依据，如灰色聚类评估决策就是根据聚类系数向量最大分量判定决策对象所属的灰类。对于灰色聚类系数向量各分量无显著性差异情况下的决策对象归属问题，党耀国等研究提出了一种解决方案（党耀国等，2005b）。2018 年，刘思峰等针对灰色综合聚类系数向量 $\boldsymbol{\delta}_i$ 之最大分量取值与其他分量区分度很低，且按照“最大值准则”做出的决策与对决策系数向量进行整体评估所得的结论冲突，即“最大值准则”决策悖论（paradox of decision-making）发生的情形，提出了两阶段决策模型（刘思峰等，2018）。

本节将首先给出聚核权向量组（weight vector group of kernel clustering）和聚核加权决策系数向量的定义，同时给出几种实用的聚核权向量组，并基于聚核权向量组和聚核加权决策系数向量构建“最大值准则”决策悖论求解的两阶段决策模型。

定义 6.6.1　若 $\max\limits_{1\leqslant k\leqslant s}\{\delta_i^k\}=\delta_i^{k^*}$，则称 $\delta_i^{k^*}$ 为灰色聚类系数向量 $\boldsymbol{\delta}_i$ 的最大分量（the maximum component）。

当灰色综合聚类系数向量 $\boldsymbol{\delta}_i$ 之最大分量的值明显大于其余各分量的值时，根据“最大值准则”易于得到可靠的决策结论。而当灰色综合聚类系数向量 $\boldsymbol{\delta}_i$ 之最大分量取值与其他分量取值区分度很低，且按照“最大值准则”做出的决策与对决策系数向量进行整体评估所得的结论冲突时，即发生“最大值准则”决策悖论。

“最大值准则”决策悖论求解的基本思路是运用聚核权向量组将聚类系数向量 $\boldsymbol{\delta}_i$ 中 k 分量 δ_i^k 前后的若干个分量所包含的支持对象 i 归入灰类 k 的信息聚集到分量 k 处，从而获得一个融合了相邻分量支撑因素的新的决策系数向量。

聚核权向量组的一般形式如定义 6.6.2 所示。

定义 6.6.2 设有 s 个不同的决策类别，实数 $w_k \geqslant 0, k=1,2,\cdots,s$，令

$$\eta_1 = \frac{1}{\sum_{k=1}^{s} w_k}(w_s, w_{s-1}, w_{s-2}, \cdots, w_1),$$

$$\eta_2 = \frac{1}{w_{s-1} + \sum_{k=2}^{s} w_k}(w_{s-1}, w_s, w_{s-1}, w_{s-2}, \cdots, w_2),$$

$$\eta_3 = \frac{1}{w_{s-1} + w_{s-2} + \sum_{k=3}^{s} w_k}(w_{s-2}, w_{s-1}, w_s, w_{s-1}, \cdots, w_3),$$

$$\cdots,$$

$$\eta_k = \frac{1}{\sum_{i=s-k+1}^{s-1} w_i + \sum_{i=k}^{s} w_i}(w_{s-k+1}, w_{s-k+2}, \cdots, w_{s-1}, w_s, w_{s-1}, \cdots, w_k),$$

$$\cdots,$$

$$\eta_{s-1} = \frac{1}{w_{s-1} + \sum_{k=2}^{s} w_k}(w_2, w_3, \cdots, w_{s-1}, w_s, w_{s-1}),$$

$$\eta_s = \frac{1}{\sum_{k=1}^{s} w_k}(w_1, w_2, w_3, \cdots, w_{s-1}, w_s),$$

称 $\boldsymbol{\eta}_k\ (k=1,2,\cdots,s)$ 为一个聚核权向量组，其中 $\boldsymbol{\eta}_k$ 称为关于灰类 k 的聚核权向量。

聚核权向量组 $\boldsymbol{\eta}_k\ (k=1,2,\cdots,s)$ 中的 s 个聚核权向量 $\boldsymbol{\eta}_k=(\eta_k^1, \eta_k^2, \cdots, \eta_k^s)\ (k=1,2,\cdots,s)$ 均由数乘向量构成，其中数乘因子的作用是保证每个聚核权向量 $\boldsymbol{\eta}_k\ (k=1,2,\cdots,s)$ 为归一化向量。向量部分的第 k 个分量为 w_s，是 $\boldsymbol{\eta}_k\ (k=1,2,\cdots,s)$ 的最大分量，以 w_s 为中心，其两侧的分量取值依次递减，体现了第 k 个分量对决策对象属于类别 k 的贡献或支持度最大，因此被赋予最大的权重 w_s，其他各分量的值则按“与第 k 个分量距离越近的分量对决策对象属于类别 k 的贡献或支持度越大，因而被赋予较大的权重；与第 k 个分量距离越远的分量对决策对象属于类别 k 的贡献或支持度越小，因而被赋予较小的权重”的原则设定。

聚核权向量的作用就是将聚类系数向量 $\boldsymbol{\delta}_i$ 中核 δ_i^k 前后的若干个分量所包含的支持对象 i 归入灰类 k 的信息聚集到分量 k 处，所得结果融合了与 δ_i^k 相邻的分量关于对象 i 归入灰类 k 的支持信息，这时对经过聚核权向量组作用后所得新的决策系数向量进行整体评估所得的结论与按照“最大值准则”做出的决策完全一致。

定义 6.6.3　设有 n 个决策对象，s 个不同的决策类别，$\boldsymbol{\delta}_i$ 为灰色综合聚类系数向量，$\boldsymbol{\eta}_k\left(k=1,2,\cdots,s\right)$ 为关于灰类 k 的聚核权向量，则称 $\omega_i^k=\boldsymbol{\eta}_k\bullet\boldsymbol{\delta}_i^{\mathrm{T}}\ \left(k=1,2,\cdots,s\right)$ 为对象 i 关于灰类 k 的聚核加权决策系数（*weighted coefficient of kernel clustering for decision-making*）。

并称

$$\boldsymbol{\omega}_i=\left(\omega_i^1,\omega_i^2,\cdots,\omega_i^s\right);i=1,2,\cdots,n$$

为对象 i 的聚核加权决策系数向量（*weighted coefficient vector of kernel clustering for decision-making*）。

聚核加权决策系数 $\omega_i^k=\boldsymbol{\eta}_k\bullet\boldsymbol{\delta}_i^{\mathrm{T}}\ \left(k=1,2,\cdots,s\right)$ 中融合了聚类系数向量 $\boldsymbol{\delta}_i$ 中分量 δ_i^k 前后的若干个分量所包含的支持对象 i 归入灰类 k 的信息，因此对聚核加权决策系数向量 $\boldsymbol{\omega}_i=\left(\omega_i^1,\omega_i^2,\cdots,\omega_i^s\right);i=1,2,\cdots,n$ 进行整体评估所得的结论与按照“最大值准则”做出的决策能够保持一致。

据此，我们可以得到分两个阶段执行的“最大值准则”决策悖论求解模型的建模步骤如下。

Stage 1：

Step 1：按照综合评价要求划分的灰类数 s，分别确定灰类 1、灰类 s 的转折点 λ_j^1，λ_j^s 和灰类 $k\left(k\in\{2,3,\cdots,s-1\}\right)$ 的中心点 $\lambda_j^2,\lambda_j^3,\cdots,\lambda_j^{s-1}$；设定 j 指标关于灰类 k 的可能度函数 $f_j^k\left(x\right)$，$\left(j=1,2,\cdots,m;k=1,2,\cdots,s\right)$。

其中，灰类 1 和灰类 s 的可能度函数分别取为下限测度可能度函数 $f_j^1\left[-,-,\lambda_j^1,\lambda_j^2\right]$ 和上限测度可能度函数 $f_j^s\left[\lambda_j^{s-1},\lambda_j^s,-,-\right]$，灰类 $k\left(k\in\{2,3,\cdots,s-1\}\right)$ 的可能度函数均取为三角可能度函数；

Step 2：确定每个指标的聚类权 $w_j,j=1,2,\cdots,m$；

Step 3：计算对象 i 关于灰类 k 的灰色聚类系数 σ_i^k

$$\sigma_i^k=\sum_{j=1}^{m}f_j^k\left(x_{ij}\right)\bullet w_j$$

其中 $f_j^k\left(x_{ij}\right)$ 为 j 指标 k 灰类的可能度函数，w_j 为 j 指标在灰色评估决策中的权重。

Step 4：计算决策对象 i 属于灰类 k 的归一化灰色聚类系数向量 $\boldsymbol{\delta}_i$，其中

$$\delta_i^k=\frac{\sigma_i^k}{\sum\limits_{k=1}^{s}\sigma_i^k},$$

Step 5：由 $\max\limits_{1\leqslant k\leqslant s}\{\delta_i^k\}=\delta_i^{k^*}$，若最大分量 $\delta_i^{k^*}$ 的值明显大于其余各分量的值，则判定对象 i 属于灰类 k^*，运算终止，否则转向 **Step 6**；

Step 6：若最大分量 $\delta_i^{k^*}$ 取值与其他分量取值区分度很低，且按照“最大值准则”做出的决策与对决策系数向量进行整体评估所得的结论冲突，发生决策悖论，则转向 **Step 7**。

Stage 2：

Step 7：确定聚核权向量组 $(\boldsymbol{\eta}_1,\boldsymbol{\eta}_2,\cdots,\boldsymbol{\eta}_s)$；

Step 8：计算决策对象 i 关于灰类 k 的聚核加权决策系数向量

$$\boldsymbol{\omega}_i=(\omega_i^1,\omega_i^2,\cdots,\omega_i^s);i=1,2,\cdots,n;$$

Step 9：由 $\max\limits_{1\leqslant k\leqslant s}\{\omega_i^k\}=\omega_i^{k^*}$，判定对象 i 属于灰类 k^*；

命题 6.6.1 设

$$\boldsymbol{\eta}_1=\frac{2}{s(s+1)}(s,s-1,s-2,\cdots,1)$$

$$\boldsymbol{\eta}_2=\left(\frac{1}{\frac{s(s+1)}{2}+(s-2)}\right)(s-1,s,s-1,s-2,\cdots,2)$$

$$\boldsymbol{\eta}_3=\left(\frac{1}{\frac{s(s+1)}{2}+(2s-6)}\right)(s-2,s-1,s,s-1,\cdots,3)$$

$$\cdots$$

$$\boldsymbol{\eta}_k=\left\{\frac{1}{\frac{s(s+1)}{2}+\left[(k-1)s-\frac{k(k+1)}{2}\right]}\right\}(s-k+1,s-k+2,\cdots,s-1,s,s-1,\cdots,k)$$

$$\cdots$$

$$\boldsymbol{\eta}_{s-1}=\frac{2}{\frac{s(s+1)}{2}+(s-2)}(2,3,\cdots,s-1,s,s-1)$$

$$\boldsymbol{\eta}_s=\frac{2}{s(s+1)}(1,2,3,\cdots,s-1,s)$$

则 $\boldsymbol{\eta}_k\ (k=1,2,\cdots,s)$ 为一个聚核权向量组。

命题 6.6.2 设

$$\boldsymbol{\eta}_1=\frac{1}{\sum\limits_{k=1}^{s}\frac{1}{2^k}}\left(\frac{1}{2},\frac{1}{2^2},\frac{1}{2^3},\cdots,\frac{1}{2^{s-1}},\frac{1}{2^s}\right)$$

$$\boldsymbol{\eta}_2=\left(\frac{1}{\dfrac{1}{2^2}+\sum\limits_{k=1}^{s-1}\dfrac{1}{2^k}}\right)\left(\frac{1}{2^2},\frac{1}{2},\frac{1}{2^2},\frac{1}{2^3},\cdots,\frac{1}{2^{s-1}}\right)$$

$$\boldsymbol{\eta}_3=\left(\frac{1}{\dfrac{1}{2^3}+\dfrac{1}{2^2}+\sum\limits_{k=1}^{s-2}\dfrac{1}{2^k}}\right)\left(\frac{1}{2^3},\frac{1}{2^2},\frac{1}{2},\frac{1}{2^2},\frac{1}{2^3},\cdots,\frac{1}{2^{s-2}}\right)$$

$$\cdots$$

$$\boldsymbol{\eta}_k=\left\{\frac{1}{\sum\limits_{i=2}^{k}\dfrac{1}{2^i}+\sum\limits_{i=1}^{s-k+1}\dfrac{1}{2^i}}\right\}\left(\frac{1}{2^k},\frac{1}{2^{k-1}},\cdots,\frac{1}{2^2},\frac{1}{2},\frac{1}{2^2},\cdots,\frac{1}{2^{s-k+1}}\right)$$

$$\cdots$$

$$\boldsymbol{\eta}_{s-1}=\frac{1}{\dfrac{1}{2^2}+\sum\limits_{k=1}^{s-1}\dfrac{1}{2^k}}\left(\frac{1}{2^{s-1}},\frac{1}{2^{s-2}},\cdots,\frac{1}{2^2},\frac{1}{2},\frac{1}{2^2}\right)$$

$$\boldsymbol{\eta}_s=\frac{1}{\sum\limits_{k=1}^{s}\dfrac{1}{2^k}}\left(\frac{1}{2^s},\frac{1}{2^{s-1}},\cdots,\frac{1}{2^3},\frac{1}{2^2},\frac{1}{2}\right)$$

则 $\boldsymbol{\eta}_k\ (k=1,2,\cdots,s)$ 为一个聚核权向量组。

命题 6.6.3　对于 s=10 的情形，设

$$\boldsymbol{\eta}_1=\frac{1}{5.5}(1,0.9,0.8,0.7,\cdots,0.1)$$

$$\boldsymbol{\eta}_2=\frac{1}{6.3}(0.9,1,0.9,0.8,\cdots,0.2)$$

$$\boldsymbol{\eta}_3=\frac{1}{6.9}(0.8,0.9,1,0.9,\cdots,0.3)$$

$$\cdots$$

$$\boldsymbol{\eta}_k=\frac{1}{1+\sum\limits_{i=1}^{k}0.(10-i)+\sum\limits_{i=k}^{9}0.i}\left(0.(10-k),0.8,0.9,1,0.9,\cdots,0.k\right)$$

$$\cdots$$

$$\boldsymbol{\eta}_9=\frac{1}{6.3}(0.2,\cdots,0.8,0.9,1,0.9)$$

$$\boldsymbol{\eta}_{10}=\frac{1}{5.5}(0.1,\cdots,0.7,0.8,0.9,1)$$

则 $\boldsymbol{\eta}_k\ (k=1,2,\cdots,s)$ 为一个聚核权向量组。

显然，对于任意正整数 s，当 s<10 时，我们可以仿照命题 6.6 构造出不同的聚核权

向量组。

“最大值准则”决策悖论求解模型将聚类系数向量 $\boldsymbol{\delta}_i$ 视为一个整体进行综合考察，借助于聚核权向量组解决了决策系数向量最大分量取值与其他分量区分度很低，且按照“最大值准则”做出的决策与对决策系数向量进行整体评估所得的结论冲突时，即产生“最大值准则”决策悖论情形的综合决策问题。聚核权向量组作为破解“最大值准则”决策悖论的重要工具，关于其性质及其作用特点，以及各种新型实用聚核权向量组的构造及适用情形等，皆属于有待进一步深入研究的重要课题。

6.7 应用实例

例 6.7.1 学科建设项目综合评估。基于广泛的专家调查，得到表征学科建设项目执行效果评估的 6 个一级指标：师资队伍、科学研究、人才培养、学科平台、条件建设和学术交流（图 6.7.1），对应权重分别为 0.21，0.24，0.23，0.14，0.1，0.08。

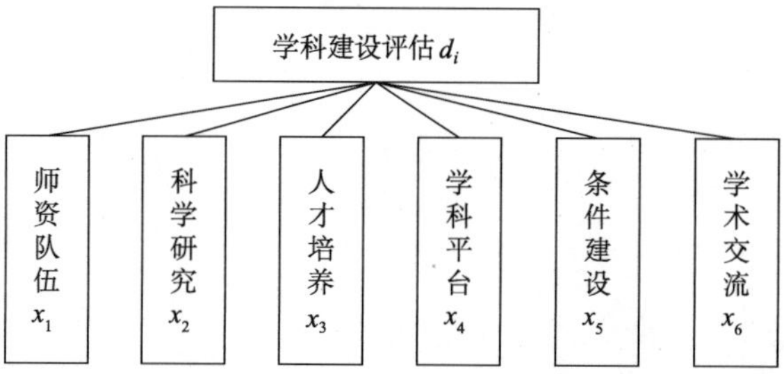

图 6.7.1 学科建设项目评估指标体系

将各指标评价分值转化为百分制，分为“优”“良”“中”“差”四个灰类，根据某高校 41 个学科建设项目最低、最高评价分值和灰类划分要求，在区间[40，100]中，依次确定“优”灰类的转折点 $\lambda_j^4=90$ 和“差”灰类的转折点 $\lambda_j^1=60$，以及最可能属于“良”灰类和“中”灰类的点 $\lambda_j^3=80$，$\lambda_j^2=70$。

因为各指标评价分值均已转化为百分制，故各指标关于“差”“中”“良”“优”四个灰类的可能度函数相同，分别为

$$f_j^1(x)=\begin{cases}0, & x\notin[40,70]\\ 1, & x\in[40,60]\\ \dfrac{70-x}{70-60}, & x\in[60,70]\end{cases},\quad f_j^2(x)=\begin{cases}0, & x\notin[60,80]\\ \dfrac{x-60}{70-60}, & x\in[60,70]\\ \dfrac{80-x}{80-70}, & x\in[70,80]\end{cases}$$

$$f_j^3(x)=\begin{cases}0, & x\notin[70,90]\\ \dfrac{x-70}{80-70}, & x\in[70,80]\\ \dfrac{90-x}{90-80}, & x\in[80,90]\end{cases},\quad f_j^4(x)=\begin{cases}0, & x\notin[80,100]\\ \dfrac{x-80}{90-80}, & x\in[80,90]\\ 1, & x\in[90,100]\end{cases}$$

其中各指标关于“差”灰类的可能度函数为下限测度可能度函数，各指标关于“优”灰类的可能度函数为上限测度可能度函数，各指标关于“中”和“良”灰类的可能度函数均为三角可能度函数。

某高校某学科建设项目的具体指标实现值如表 6.7.1 所示。

表 6.7.1　某高校某学科建设项目各指标实现值

指标名称	师资队伍	科学研究	人才培养	学科平台	条件建设	学术交流
实现值	81	87	92	78	74	53

根据各指标实现值和权重数据，利用所构建的各灰类可能度函数和式（6.3.1），可计算出各指标关于不同灰类的可能度函数值和灰色聚类系数，如表 6.7.2 所示。

表 6.7.2　各指标关于不同灰类的灰色聚类系数

灰类	x_1	x_2	x_3	x_4	x_5	x_6	δ_i
优	0.1	0.7	1.0	0	0	0	0.419
良	0.9	0.3	0	0.8	0.4	0	0.413
中	0	0	0	0.2	0.6	0	0.088
差	0	0	0	0	0	1.0	0.080

对表 6.7.2 中的结果进行分析，由 $\max\limits_{1\leqslant k\leqslant 4}\left\{\delta_i^k\right\}=\delta_i^4=0.419$ 可知，总体上看该学科建设项目执行效果属于“优”灰类，说明建设效果显著；但其关于“良”灰类的聚类系数 $\delta_i^3=0.413$ 与 δ_i^4 十分接近，说明该学科建设项目执行效果介于“优”灰类和“良”灰类之间。从分项指标看，该项目人才培养指标属于“优”灰类，达到了较高水平；科学研究指标处于“良”和“优”之间，接近“优”灰类；师资队伍建设和学科平台建设指标基本属于“良”灰类，说明这两个指标执行情况也较好；而条件建设指标处于“良”和“中”之间，更接近“中”灰类；学术交流指标属于“差”灰类，说明该项目在条件建设和学术交流方面还存在明显不足之处，有待重视和进一步加强。

例 6.7.2　对于例 6.7.1 中的学科建设项目评估问题，假设 4 个学科建设项目的归一化灰色聚类系数向量分别为

$$\boldsymbol{\delta}_1=\left(\delta_1^1,\delta_1^2,\delta_1^3,\delta_1^4\right)=(0.056,0.112,0.323,0.496)$$

$$\boldsymbol{\delta}_2=\left(\delta_2^1,\delta_2^2,\delta_2^3,\delta_2^4\right)=(0.099,0.172,0.211,0.518)$$

$$\boldsymbol{\delta}_3=\left(\delta_3^1,\delta_3^2,\delta_3^3,\delta_3^4\right)=(0.124,0.292,0.338,0.246)$$

$$\boldsymbol{\delta}_4=\left(\delta_4^1,\delta_4^2,\delta_4^3,\delta_4^4\right)=(0.197,0.312,0.352,0.089)$$

（1）若下一期计划重点建设两个优势学科，试确定入选学科。

（2）试求与 $\boldsymbol{\delta}_3$，$\boldsymbol{\delta}_4$ 对应的聚核加权决策系数向量。

（3）若下一期除计划重点建设两个优势学科外，还要支持一个培育学科，试确定入选学科。

解　（1）由 $\max\limits_{1\leqslant k\leqslant 4}\left\{\delta_1^k\right\}=0.496=\delta_1^4$，$\max\limits_{1\leqslant k\leqslant 4}\left\{\delta_2^k\right\}=0.518=\delta_2^4$，$\max\limits_{1\leqslant k\leqslant 4}\left\{\delta_3^k\right\}=0.338=\delta_3^3$，$\max\limits_{1\leqslant k\leqslant 4}\left\{\delta_4^k\right\}=0.352=\delta_4^3$，可知，学科建设项目 1，2 为"优"，学科建设项目 3，4 为"良"，若下一期计划重点建设两个优势学科，应选择学科建设项目 1，2 支持的学科。

（2）设关于"差""中""良""优"4 个灰类的聚核权向量组为

$$\boldsymbol{\eta}_1=\frac{1}{10}(4,3,2,1),\quad \boldsymbol{\eta}_2=\frac{1}{12}(3,4,3,2),$$

$$\boldsymbol{\eta}_3=\frac{1}{12}(2,3,4,3),\quad \boldsymbol{\eta}_4=\frac{1}{10}(1,2,3,4)$$

由 $\omega_i^k=\boldsymbol{\eta}_k\bullet\boldsymbol{\delta}_i^{\mathrm{T}}$，可得聚核加权决策系数

$$\omega_3^1=\boldsymbol{\eta}_1\bullet\boldsymbol{\delta}_3^{\mathrm{T}}=\sum_{k=1}^{4}\eta_1^k\bullet\delta_3^k=0.229\,4$$

$$\omega_3^2=\boldsymbol{\eta}_2\bullet\boldsymbol{\delta}_3^{\mathrm{T}}=\sum_{k=1}^{4}\eta_2^k\bullet\delta_3^k=0.253\,8$$

$$\omega_3^3=\boldsymbol{\eta}_3\bullet\boldsymbol{\delta}_3^{\mathrm{T}}=\sum_{k=1}^{4}\eta_3^k\bullet\delta_3^k=0.267\,8$$

$$\omega_3^4=\boldsymbol{\eta}_4\bullet\boldsymbol{\delta}_3^{\mathrm{T}}=\sum_{k=1}^{4}\eta_4^k\bullet\delta_3^k=0.270\,6$$

$$\boldsymbol{\omega}_3=\left(\omega_3^1,\omega_3^2,\omega_3^3,\omega_3^4\right)=(0.229\,4,0.253\,8,0.267\,8,0.270\,6)$$

类似可得

$$\boldsymbol{\omega}_4=\left(\omega_4^1,\omega_4^2,\omega_4^3,\omega_4^4\right)=(0.251\,7,0.256\,1,0.250\,4,0.223\,3)$$

（3）由（1）可知，要从同属于"良"的项目 3，4 中选出一个学科。若直接比较灰色聚类系数，$\delta_4^3>\delta_3^3$，似应学科 4 入选。但从灰色聚类系数向量 $\boldsymbol{\delta}_3$，$\boldsymbol{\delta}_4$ 可以看出，学科 3 关于"优"灰类的聚类系数明显大于学科 4。对比（2）中所得的聚核加权决策系数向量 $\boldsymbol{\omega}_3$，$\boldsymbol{\omega}_4$ 发现，与"优""良"两个灰类对应的分量，$\omega_3^4=0.270\,6>\omega_4^4=0.223\,3$，$\omega_3^3=0.267\,8>\omega_4^3=0.250\,4$；而对应于"中""差"两个灰类的分量，$\omega_3^2=0.253\,8<\omega_4^2=0.256\,1$，$\omega_3^1=0.229\,4<\omega_4^1=0.251\,7$。由此可以判定，学科建设项目 3 整体上优于学科建设项目 4，所以应当是与学科建设项目 3 对应的学科入选培育学科。

第 7 章

GM（1，1）模型

信息不完全、不准确是不确定性系统的基本特征。灰色系统理论以部分信息已知、信息未知的贫信息不确定性系统为研究对象，主要通过对部分已知信息的挖掘，提取有价值的信息，实现对系统运行行为、演化规律的正确描述，并进而实现对其未来变化的定量预测。GM 系列模型是灰色预测理论的基本模型，尤其是邓聚龙教授提出的均值 GM（1，1）模型，应用十分广泛。本章将介绍 GM（1，1）模型的几种基本形式和扩展形式、残差 GM（1，1）模型、GM（1，1）模型群和 GM（1，1）模型的适用范围。

7.1 GM（1，1）模型的基本形式

在现实需要的推动下，近 40 年来，人们关于 GM（1，1）模型的研究一直非常活跃，新的研究成果不断涌现。多数研究都是围绕如何进一步优化模型，改善模型的模拟、预测效果展开。按照研究的侧重点，大致可以将关于 GM（1，1）模型的研究分为以下几个方面：①吉培荣、王文平等关于 GM（1，1）模型性质和特点的研究；②党耀国等关于初始值选取问题的研究；③Xiao Xinping 等关于模型参数优化的研究；④谭冠军、李俊峰等通过背景值构造改善模型模拟精度的研究；⑤Song Zhongmin、王义闹等通过不同建模方法对模型进行优化的研究；⑥谢乃明等关于离散 GM（1，1）模型的研究；⑦罗佑新等关于非等间距序列建模及模型优化的研究；⑧刘思峰等关于 GM（1，1）模型的基本形式及其适用范围的研究；⑨Salmeron、Jose、张岐山等将灰色系统模型与其他软计算方法结合以提高模型精度的研究。

上述研究对于提高 GM（1，1）模型的模拟和预测精度，或帮助从事应用研究的学者正确选择和运用灰色预测模型起到了积极的作用。

本节基于 GM（1，1）模型的原始形式和均值形式及其求解的两种不同路径——差分方程求解、微分方程求解，给出 4 种 GM（1，1）基本模型的定义，包括均值 GM（1，1）模型（EGM）、原始差分 GM（1，1）模型（ODGM）、均值差分 GM（1，1）

模型（EDGM）和离散 GM（1，1）模型（DGM）；并对不同模型的性质和特点进行深入研究（刘思峰等，2014c）。

定义 7.1.1 设序列 $X^{(0)}=\left(x^{(0)}(1),x^{(0)}(2),\cdots,x^{(0)}(n)\right)$，其中 $x^{(0)}(k)\geqslant 0$，$k=1,2,\cdots,n$；$X^{(1)}$ 为 $X^{(0)}$ 的 1-AGO 序列：

$$X^{(1)}=\left(x^{(1)}(1),x^{(1)}(2),\cdots,x^{(1)}(n)\right)$$

其中 $x^{(1)}(k)=\sum_{i=1}^{k}x^{(0)}(i)$，$k=1,2,\cdots,n$，称

$$x^{(0)}(k)+ax^{(1)}(k)=b \tag{7.1.1}$$

为 GM（1，1）模型的原始形式。

GM（1，1）模型的原始形式实质上是一个差分方程。

式（7.1.1）中的参数向量 $\hat{\boldsymbol{a}}=[a,b]^{\mathrm{T}}$ 可以运用最小二乘法估计式（7.1.2）确定。

$$\hat{\boldsymbol{a}}=\left(\boldsymbol{B}^{\mathrm{T}},\boldsymbol{B}\right)^{-1}\boldsymbol{B}^{\mathrm{T}}\boldsymbol{Y} \tag{7.1.2}$$

其中 $\boldsymbol{Y}$，$\boldsymbol{B}$ 分别为

$$\boldsymbol{Y}=\begin{bmatrix} x^{(0)}(2) \\ x^{(0)}(3) \\ \vdots \\ x^{(0)}(n) \end{bmatrix},\quad \boldsymbol{B}=\begin{bmatrix} -x^{(1)}(2) & 1 \\ -x^{(1)}(3) & 1 \\ \vdots & \vdots \\ -x^{(1)}(n) & 1 \end{bmatrix} \tag{7.1.3}$$

定义 7.1.2 基于 GM（1，1）模型的原始形式和式（7.1.2）估计模型参数，直接以原始差分方程（7.1.1）的解作为时间响应式所得模型称为原始差分 GM（1，1）模型（original difference grey model，ODGM）（刘思峰等，2014c）。

定义 7.1.3 设 $X^{(0)}$，$X^{(1)}$ 如定义 7.1.1 所示：

$$Z^{(1)}=\left(z^{(1)}(2),z^{(1)}(3),\cdots,z^{(1)}(n)\right)$$

其中 $z^{(1)}(k)=\frac{1}{2}\left(x^{(1)}(k)+x^{(1)}(k-1)\right)$，称

$$x^{(0)}(k)+az^{(1)}(k)=b \tag{7.1.4}$$

为 GM（1，1）模型的均值形式（Deng，1982）。

GM（1，1）模型的均值形式实质上也是一个差分方程。

式（7.1.4）中的参数向量 $\hat{\boldsymbol{a}}=[a,b]^{\mathrm{T}}$ 同样可以运用式（7.1.2）进行估计，需要注意的是其中矩阵 $\boldsymbol{B}$ 中的元素与式（7.1.3）不同：

$$\boldsymbol{B}=\begin{bmatrix} -z^{(1)}(2) & 1 \\ -z^{(1)}(3) & 1 \\ \vdots & \vdots \\ -z^{(1)}(n) & 1 \end{bmatrix} \tag{7.1.5}$$

定义 7.1.4 称

$$\frac{\mathrm{d}x^{(1)}}{\mathrm{d}t}+ax^{(1)}=b \tag{7.1.6}$$

为 GM（1，1）模型均值形式 $x^{(0)}(k)+az^{(1)}(k)=b$ 的白化微分方程，也叫影子方程。

定义 7.1.5 将式（7.1.2）中的矩阵 $\boldsymbol{B}$ 更换为式（7.1.5）中的矩阵，按照最小二乘法估计式（7.1.6）中的参数向量 $\hat{\boldsymbol{a}}=[a,b]^{\mathrm{T}}$，借助白化微分方程式（7.1.6）的解构造 GM（1，1）时间响应式的差分、微分混合模型称为 GM（1，1）模型的均值混合形式，简称均值 GM（1，1）模型（even grey model，EGM）（Deng，1982；刘思峰等，2014c）。

定义 7.1.6 称均值 GM（1，1）模型中的参数 $-a$ 为发展系数，b 为灰色作用量（Deng，1982）。

发展系数 $-a$ 反映了 $\hat{x}^{(1)}$ 及 $\hat{x}^{(0)}$ 的发展态势。

均值 GM（1，1）模型是邓聚龙首次提出的灰色预测模型，也是目前影响最大、应用最为广泛的形式，人们提到 GM（1，1）模型往往指的就是 EGM。

定义 7.1.7 基于 GM（1，1）模型的均值形式估计模型参数，直接以均值差分方程（7.1.4）的解作为时间响应式所得模型称为均值差分 GM（1，1）模型（even difference grey model，EDGM）（刘思峰等，2014c）。

定义 7.1.8 称

$$x^{(1)}(k+1)=\beta_1 x^{(1)}(k)+\beta_2 \tag{7.1.7}$$

为离散 GM（1，1）模型（discrete grey model，DGM）（谢乃明和刘思峰，2005）。

式（7.1.7）中的参数向量 $\hat{\boldsymbol{\beta}}=[\beta_1,\beta_2]^{\mathrm{T}}$ 估计式与式（7.1.2）类似，其中

$$\boldsymbol{Y}=\begin{bmatrix} x^{(1)}(2) \\ x^{(1)}(3) \\ \vdots \\ x^{(1)}(n) \end{bmatrix},\quad \boldsymbol{B}=\begin{bmatrix} x^{(1)}(1) & 1 \\ x^{(1)}(2) & 1 \\ \vdots & \vdots \\ x^{(1)}(n-1) & 1 \end{bmatrix}$$

GM（1，1）模型仅利用系统行为数据序列建立预测模型，属于较为简捷实用的单序列建模方法。在时间序列数据情形，只涉及有规律的时间变量；在横向序列数据情形，只涉及有规律的对象序号变量，不涉及其他解释变量。GM（1，1）模型是应用相对简便同时又能够挖掘出有实际价值的发展变化信息的建模方法，因而应用非常广泛。

事实上，基于 GM（1，1）模型的原始形式和均值形式，分别按照差分方程和微分方程两种不同路径求解，还有一个与原始微分模型对应的可能形式，但实际数据模拟结果表明，原始微分 GM（1，1）模型误差较大，因此不作为 GM（1，1）模型的一个基本形式向读者推荐。

定理 7.1.1 均值 GM（1，1）模型的时间响应式为

$$\hat{x}^{(1)}(k)=\left(x^{(0)}(1)-\frac{b}{a}\right)e^{-a(k-1)}+\frac{b}{a},\quad k=1,2,\cdots,n \tag{7.1.8}$$

（Deng，1982）。

证明 白化微分方程 $\frac{dx^{(1)}}{dt}+ax^{(1)}=b$ 的解为

$$x^{(1)}(t)=Ce^{-at}+\frac{b}{a} \tag{7.1.9}$$

当 t=1 时，取 $x^{(1)}(1)=x^{(0)}(1)$，代入式（7.1.9）可得 $C=\left[x^{(0)}(1)-\frac{b}{a}\right]e^{a}$，将 C 代回式（7.1.9）即得

$$\hat{x}^{(1)}(t)=\left(x^{(0)}(1)-\frac{b}{a}\right)e^{-a(t-1)}+\frac{b}{a} \tag{7.1.10}$$

式（7.1.8）为式（7.1.10）的离散形式。证毕。

进一步求出式（7.1.8）的累减还原式

$$\hat{x}^{(0)}(k)=\alpha^{(1)}\hat{x}^{(1)}(k)=\hat{x}^{(1)}(k)-\hat{x}^{(1)}(k-1),\quad k=1,2,\cdots,n$$

可得对应 $X^{(0)}$ 的时间响应式

$$\hat{x}^{(0)}(k)=(1-e^{a})\left(x^{(0)}(1)-\frac{b}{a}\right)e^{-a(k-1)},\quad k=1,2,\cdots,n \tag{7.1.11}$$

定理 7.1.2 离散 GM（1，1）模型式（7.1.7）的时间响应式为

$$\hat{x}^{(1)}(k)=\left[x^{(0)}(1)-\frac{\beta_2}{1-\beta_1}\right]\beta_1^{k}+\frac{\beta_2}{1-\beta_1} \tag{7.1.12}$$

（谢乃明和刘思峰，2005）。

证明 形如

$$x^{(1)}(k+1)=Ax^{(1)}(k)+B \tag{7.1.13}$$

的差分方程的通解为

$$x^{(1)}(k)=CA^{k}+\frac{B}{1-A} \tag{7.1.14}$$

其中，C 为任意常数，可根据给定的初始条件确定。

式（7.1.7）是与式（7.1.14）形式完全相同的差分方程，$A=\beta_1$，$B=\beta_2$，因此有

$$x^{(1)}(k)=C\beta_1^{k}+\frac{\beta_2}{1-\beta_1} \tag{7.1.15}$$

当 k=0 时，取 $x^{(1)}(0)=x^{(0)}(1)$，代入式（7.1.15）可得 $C=\left[x^{(0)}(1)-\frac{\beta_2}{1-\beta_1}\right]$，将 C 代回式（7.1.15）即得式（7.1.12）。

进一步求出式（7.1.12）的累减还原式

$$\hat{x}^{(0)}(k)=\alpha^{(1)}\hat{x}^{(1)}(k)=\hat{x}^{(1)}(k)-\hat{x}^{(1)}(k-1),\quad k=1,2,\cdots,n$$

可得对应 $X^{(0)}$ 的时间响应式

$$\hat{x}^{(0)}(k)=(\beta_1-1)\left[x^{(0)}(1)-\frac{\beta_2}{1-\beta_1}\right]\beta_1^{k-1} \tag{7.1.16}$$

定理 7.1.3　原始差分 GM（1，1）模型的时间响应式为

$$\hat{x}^{(1)}(k)=\left(x^{(0)}(1)-\frac{b}{a}\right)\left(\frac{1}{1+a}\right)^k+\frac{b}{a} \tag{7.1.17}$$

（刘思峰等，2014c）。

证明　由 GM（1，1）模型的原始形式（7.1.1）可得

$$x^{(1)}(k+1)-x^{(1)}(k)+ax^{(1)}(k+1)=b$$

移项整理得

$$x^{(1)}(k+1)=\left(\frac{1}{1+a}\right)x^{(1)}(k)+\frac{b}{1+a}$$

对照差分方程（7.1.13），将 $A=\dfrac{1}{1+a}$， $B=\dfrac{b}{1+a}$，代入式（7.1.14）即可得到

$$x^{(1)}(k)=C\left(\frac{1}{1+a}\right)^k+\frac{b}{a} \tag{7.1.18}$$

当k=0时，取$x^{(1)}(0)=x^{(0)}(1)$，代入式（18）可得$C=\left[x^{(0)}(1)-\dfrac{b}{a}\right]$，将$C$代回式（7.1.18）即得式（7.1.17）。

进一步求出式（7.1.17）的累减还原式

$$\hat{x}^{(0)}(k)=\alpha^{(1)}\hat{x}^{(1)}(k)=\hat{x}^{(1)}(k)-\hat{x}^{(1)}(k-1),\quad k=1,2,\cdots,n$$

可得对应 $X^{(0)}$ 的时间响应式

$$\hat{x}^{(0)}(k)=\left(x^{(0)}(1)-\frac{b}{a}\right)\left(\frac{1}{1+a}\right)^k+\frac{b}{a}-\left[\left(x^{(0)}(1)-\frac{b}{a}\right)\left(\frac{1}{1+a}\right)^{k-1}+\frac{b}{a}\right]$$

即

$$\hat{x}^{(0)}(k)=(-a)\left(x^{(0)}(1)-\frac{b}{a}\right)\left(\frac{1}{1+a}\right)^k \tag{7.1.19}$$

定理 7.1.4　均值差分 GM（1，1）模型的时间响应式为

$$x^{(1)}(k)=\left(x^{(0)}(1)-\frac{b}{a}\right)\left(\frac{1-0.5a}{1+0.5a}\right)^k+\frac{b}{a} \tag{7.1.20}$$

（刘思峰等，2014c）。

证明　由 GM（1，1）模型的均值形式（7.1.4）可得

$$x^{(1)}(k+1)-x^{(1)}(k)+a\left(\frac{x^{(1)}(k+1)+x^{(1)}(k)}{2}\right)=b$$

移项整理得

$$x^{(1)}(k+1)=\left(\frac{1-0.5a}{1+0.5a}\right)x^{(1)}(k)+\frac{b}{1+0.5a}$$

对照差分方程（7.1.13），将 $A=\dfrac{1-0.5a}{1+0.5a}$，$B=\dfrac{b}{1+0.5a}$，代入式（14）即可得到

$$x^{(1)}(k)=C\left(\frac{2-a}{2+a}\right)^{k}+\frac{b}{a} \tag{7.1.21}$$

当 k=0 时，取 $x^{(1)}(0)=x^{(0)}(1)$，代入式（7.1.21）可得 $C=\left[x^{(0)}(1)-\dfrac{b}{a}\right]$，将 C 代回式（7.1.21）即得式（7.1.20）。

进一步求出式（7.1.20）的累减还原式

$$\hat{x}^{(0)}(k)=\alpha^{(1)}\hat{x}^{(1)}(k)=\hat{x}^{(1)}(k)-\hat{x}^{(1)}(k-1),\quad k=1,2,\cdots,n$$

可得对应 $X^{(0)}$ 的时间响应式

$$\hat{x}^{(0)}(k)=\left(x^{(0)}(1)-\frac{b}{a}\right)\left(\frac{1-0.5a}{1+0.5a}\right)^{k}+\frac{b}{a}-\left[\left(x^{(0)}(1)-\frac{b}{a}\right)\left(\frac{1-0.5a}{1+0.5a}\right)^{k-1}+\frac{b}{a}\right]$$

即

$$\hat{x}^{(0)}(k)=\left(\frac{-a}{1-0.5a}\right)\left(x^{(0)}(1)-\frac{b}{a}\right)\left(\frac{1-0.5a}{1+0.5a}\right)^{k} \tag{7.1.22}$$

引理 7.1.1 当 $-a\to 0+$ 时，$\dfrac{1-0.5a}{1+0.5a}\approx \mathrm{e}^{-a}$。

证明 e^{-a} 和 $\dfrac{1-0.5a}{1+0.5a}$ 的麦克劳林展开式分别为

$$\mathrm{e}^{-a}=1-a+\frac{a^2}{2!}-\frac{a^3}{3!}+\cdots+(-1)^n\frac{a^n}{n!}+o(a^n)$$

$$\frac{1-0.5a}{1+0.5a}=1-a+\frac{a^2}{2}-\frac{a^3}{2^2}+\cdots+(-1)^{n+1}\frac{a^{n+1}}{2^n}+o(a^{n+1})$$

精确到 a^3 项，有 $\Delta=\mathrm{e}^{-a}-\dfrac{1-0.5a}{1+0.5a}=-\dfrac{a^3}{6}+\dfrac{a^3}{4}=\dfrac{a^3}{12}$，故当 $-a\to 0^+$ 时，$\dfrac{1-0.5a}{1+0.5a}\approx \mathrm{e}^{-a}$。

定理 7.1.5 当 $-a\to 0^+$ 时，均值 GM（1，1）模型与离散 GM（1，1）模型等价。

证明 由 GM（1，1）模型的均值形式（7.1.4），得

$$x^{(1)}(k+1)=\left(\frac{1-0.5a}{1+0.5a}\right)x^{(1)}(k)+\frac{b}{1+0.5a}$$

对照离散形式（7.1.7）可得，$\beta_1=\dfrac{1-0.5a}{1+0.5a}$，$\beta_2=\dfrac{b}{1+0.5a}$，从而有

$$a=\frac{2(1-\beta_1)}{1+\beta_1},\quad b=\frac{2\beta_2}{1+\beta_1},\quad \frac{b}{a}=\frac{\beta_2}{1-\beta_1} \tag{7.1.23}$$

将式 $\dfrac{b}{a}=\dfrac{\beta_2}{1-\beta_1}$ 代入式（7.1.8）可得

$$\hat{x}^{(1)}(k)=\left(x^{(0)}(1)-\frac{\beta_2}{1-\beta_1}\right)\mathrm{e}^{-a(k-1)}+\frac{\beta_2}{1-\beta_1},\quad k=1,2,\cdots,n \tag{7.1.24}$$

由引理 7.1.1 可知，当 $-a\to 0+$ 时，均值 GM（1，1）模型与离散 GM（1，1）模型等价（谢乃明和刘思峰，2005）。

类似地，可以证明，当 $-a\to 0+$ 时，本节给出的4种GM（1，1）基本模型：均值GM（1，1）模型（EGM）、原始差分 GM（1，1）模型（ODGM）、均值差分 GM（1，1）模型（EDGM）和离散GM（1，1）模型（DGM）两两相互等价，只是不同形式之间的近似程度有所区别。这种区别导致不同形式的 GM（1，1）模型适用于不同的情形，也为人们在实际建模过程中提供了多种可能的选择。

定理 7.1.6　原始差分 GM（1，1）模型（ODGM）、均值差分 GM（1，1）模型（EDGM）和离散 GM（1，1）模型（DGM）均能够精确模拟齐次指数序列。

原始差分GM（1，1）模型（ODGM）、均值差分GM（1，1）模型（EDGM）和离散 GM（1，1）模型（DGM）的时间响应式均为等比序列，因此均能够精确模拟齐次指数序列。

7.2　GM（1，1）模型的扩展形式

定理 7.2.1　GM（1，1）模型

$$x^{(0)}(k)+az^{(1)}(k)=b$$

可以转化为

$$x^{(0)}(k)=\beta-\alpha x^{(1)}(k-1) \tag{7.2.1}$$

其中

$$\beta=\frac{b}{1+0.5a},\quad \alpha=\frac{a}{1+0.5a}$$

证明　将 $z^{(1)}(k)=0.5x^{(1)}(k)+0.5x^{(1)}(k-1)$ 代入 $x^{(0)}(k)+az^{(1)}(k)=b$，得

$$\begin{aligned}x^{(0)}(k)+0.5a\left[x^{(1)}(k)+x^{(1)}(k-1)\right]&=x^{(0)}(k)+0.5a\left[x^{(1)}(k-1)+x^{(0)}(k)+x^{(1)}(k-1)\right]\\&=(1+0.5a)x^{(0)}(k)+ax^{(1)}(k-1)\\&=b\end{aligned}$$

所以

$$x^{(0)}(k)=\frac{b}{1+0.5a}+\frac{a}{1+0.5a}x^{(1)}(k-1)=\beta-\alpha x^{(1)}(k-1)$$

定理 7.2.2　设 $\beta=\dfrac{b}{1+0.5a}$，$\alpha=\dfrac{a}{1+0.5a}$，且

$$\hat{X}^{(1)}=\left(\hat{x}^{(1)}(1),\hat{x}^{(1)}(2),\cdots,\hat{x}^{(1)}(n)\right)$$

为 GM（1，1）模型时间响应序列，其中

$$\hat{x}^{(1)}(k)=\left(x^{(0)}(1)-\frac{b}{a}\right)\mathrm{e}^{-a(k-1)}+\frac{b}{a},\quad k=1,2,\cdots,n$$

则

$$x^{(0)}(k)=\left(\beta-\alpha x^{(0)}(1)\right)e^{-a(k-2)} \tag{7.2.2}$$

证明 由定理 7.2.1

$$x^{(0)}(k)=\beta-\alpha x^{(1)}(k-1)$$

代入 $x^{(1)}(k-1)$ 的估计值 $\hat{x}^{(1)}(k-1)$，有

$$x^{(0)}(k)=\beta-\alpha\left[\left(x^{(0)}(1)-\frac{b}{a}\right)e^{-a(k-2)}+\frac{b}{a}\right]=\beta-\alpha\frac{b}{a}+\left(\alpha\frac{b}{a}-\alpha x^{(0)}(1)\right)e^{-a(k-2)}$$

但

$$\alpha\frac{b}{a}=\frac{a}{1+0.5a}\cdot\frac{b}{a}=\frac{b}{1+0.5a}=\beta$$

所以 $x^{(0)}(k)=\left(\beta-\alpha x^{(0)}(1)\right)e^{-a(k-2)}$。

定理 7.2.3 GM（1，1）模型

$$x^{(0)}(k)+az^{(1)}(k)=b$$

可以转化为

$$\hat{x}^{(0)}(k)=(1-\alpha)x^{(0)}(k-1),\quad k=3,4,\cdots,n \tag{7.2.3}$$

证明 由定理 7.2.1 可知：

$$\begin{aligned}x^{(0)}(k)&=\beta-\alpha x^{(1)}(k-1)\\&=\beta-\alpha\left[x^{(1)}(k-2)+x^{(0)}(k-1)\right]\\&=\left[\beta-\alpha x^{(1)}(k-2)\right]-\alpha x^{(0)}(k-1)\\&=x^{(0)}(k-1)-\alpha x^{(0)}(k-1)\\&=(1-\alpha)x^{(0)}(k-1)\end{aligned}$$

定理 7.2.4 GM（1，1）模型

$$x^{(0)}(k)+az^{(1)}(k)=b$$

可以转化为

$$\hat{x}^{(0)}(k)=\frac{1-0.5a}{1+0.5a}x^{(0)}(k-1),\quad k=3,4,\cdots,n \tag{7.2.4}$$

证明 由定理 7.2.3 可知，$\hat{x}^{(0)}(k)=(1-\alpha)x^{(0)}(k-1)$，同时考虑到

$$1-\alpha=1-\frac{a}{1+0.5a}=\frac{1-0.5a}{1+0.5a}$$

从而有

$$\hat{x}^{(0)}(k)=\frac{1-0.5a}{1+0.5a}x^{(0)}(k-1),\quad k=3,4,\cdots,n$$

定理 7.2.5 GM（1，1）模型

$$x^{(0)}(k)+az^{(1)}(k)=b$$

可以转化为

$$\hat{x}^{(0)}(k)=\frac{x^{(1)}(k)-0.5b}{x^{(1)}(k-1)+0.5b}x^{(0)}(k-1)，\quad k=3,4,\cdots,n \tag{7.2.5}$$

证明　由 $x^{(0)}(k)+az^{(1)}(k)=b$ 易得

$$a=\frac{b-x^{(0)}(k)}{z^{(1)}(k)}$$

代入 $\frac{1-0.5a}{1+0.5a}$，得

$$\frac{1-0.5a}{1+0.5a}=\frac{1-0.5\left(\frac{b-x^{(0)}(k)}{z^{(1)}(k)}\right)}{1+0.5\left(\frac{b-x^{(0)}(k)}{z^{(1)}(k)}\right)}=\frac{z^{(1)}(k)-0.5b+0.5x^{(0)}(k)}{z^{(1)}(k)+0.5b-0.5x^{(0)}(k)}$$

注意到 $z^{(1)}(k)=0.5x^{(1)}(k)+0.5^{(1)}(k-1)=x^{(1)}(k-1)+0.5x^{(0)}(k)$

从而有

$$\begin{aligned}\frac{1-0.5a}{1+0.5a}&=\frac{x^{(1)}(k-1)+0.5x^{(0)}(k)-0.5b+0.5x^{(0)}(k)}{x^{(1)}(k-1)+0.5x^{(0)}(k)+0.5b-0.5x^{(0)}(k)}\\&=\frac{x^{(1)}(k-1)+x^{(0)}(k)-0.5b}{x^{(1)}(k-1)+0.5b}\\&=\frac{x^{(1)}(k)-0.5b}{x^{(1)}(k-1)+0.5b}\end{aligned}$$

由此易知 $\hat{x}^{(0)}(k)=\frac{x^{(1)}(k)-0.5b}{x^{(1)}(k-1)+0.5b}x^{(0)}(k-1)$，$k=3,4,\cdots,n$。

定理 7.2.6　GM（1，1）模型

$$x^{(0)}(k)+az^{(1)}(k)=b$$

可以转化为

$$\hat{x}^{(0)}(k)=\frac{b-ax^{(1)}(k-1)}{1+0.5a} \tag{7.2.6}$$

证 明　由 $x^{(0)}(k)+az^{(1)}(k)=b$ 和 $z^{(1)}(k)=0.5x^{(1)}(k)+0.5x^{(1)}(k-1)=x^{(1)}(k-1)+0.5x^{(0)}(k)$，可得

$$\hat{x}^{(0)}(k)=b-az^{(1)}(k)=b-a\left[x^{(1)}(k-1)+0.5x^{(0)}(k)\right]=b-ax^{(1)}(k-1)-0.5ax^{(0)}(k)$$

即

$$\hat{x}^{(0)}(k)+0.5a\hat{x}^{(0)}(k)=(1+0.5a)\hat{x}^{(0)}(k)=b-ax^{(1)}(k-1)$$

从而

$$\hat{x}^{(0)}(k)=\frac{b-ax^{(1)}(k-1)}{1+0.5a}$$

定理 7.2.7 GM（1，1）模型

$$x^{(0)}(k)+az^{(1)}(k)=b$$

可以转化为

$$\hat{x}^{(0)}(k)=\left(\frac{1-0.5a}{1+0.5a}\right)^{k-2}\left(\frac{b-ax^{(0)}(1)}{1+0.5a}\right),\quad k=2,3,\cdots,n \tag{7.2.7}$$

证明 由定理 7.2.4 可知，$\hat{x}^{(0)}(k)=\frac{1-0.5a}{1+0.5a}x^{(0)}(k-1)$，以 $\hat{x}^{(0)}(k-1)$，$\hat{x}^{(0)}(k-2)$，$\hat{x}^{(0)}(k-3)$，…，$\hat{x}^{(0)}(3)$代替

$$x^{(0)}(k-1),\ x^{(0)}(k-2),\ x^{(0)}(k-3),\ \cdots,\ x^{(0)}(3)$$

经 k–2 次迭代，可得

$$\hat{x}^{(0)}(k)=\frac{1-0.5a}{1+0.5a}x^{(0)}(k-1)=\left(\frac{1-0.5a}{1+0.5a}\right)^{2}x^{(0)}(k-2)=\cdots=\left(\frac{1-0.5a}{1+0.5a}\right)^{k-2}x^{(0)}(2)$$

在式（7.2.6）中取 k=2，即有 $x^{(0)}(2)=\frac{b-ax^{(1)}(1)}{1+0.5a}$，从而

$$\hat{x}^{(0)}(k)=\left(\frac{1-0.5a}{1+0.5a}\right)^{k-2}\left(\frac{b-ax^{(0)}(1)}{1+0.5a}\right),\quad i=2,3,\cdots,n$$

定理 7.2.8 GM（1，1）模型

$$x^{(0)}(k)+az^{(1)}(k)=b$$

可以转化为

$$\hat{x}^{(0)}(k)=\hat{x}^{(0)}(3)\mathrm{e}^{(k-3)\ln(1-\alpha)},\quad k=3,4,\cdots,n \tag{7.2.8}$$

证明 因 GM（1，1）模型的白化方程的解具有指数形式，不妨设 $\hat{x}^{(0)}(k)=Ce^{\lambda k}$，由定理 7.2.3 可知，$\hat{x}^{(0)}(k)=(1-\alpha)x^{(0)}(k-1)$，从而有

$$\frac{1}{1-\alpha}=\frac{x^{(0)}(k)}{x^{(0)}(k-1)}=\mathrm{e}^{\lambda}$$

故 $\lambda=\ln(1-\alpha)$，在式 $x^{(0)}(k)=C\mathrm{e}^{\lambda k}$ 中取 k=3，有

$$\hat{x}^{(0)}(3)=C\mathrm{e}^{\lambda k}=C\mathrm{e}^{3\ln(1-\alpha)}$$

解得

$$C=\hat{x}^{(0)}(3)\mathrm{e}^{-3\ln(1-\alpha)}$$

故

$$\hat{x}^{(0)}(k)=\hat{x}^{(0)}(3)\mathrm{e}^{(k-3)\ln(1-\alpha)}$$

定理 7.2.9 若 $X^{(0)}$ 为准光滑序列，则其 GM（1，1）发展系数 $-a$ 可表示为

$$-a=\frac{\rho(k)-\dfrac{b}{x^{(1)}(k-1)}}{1+0.5\rho(k)} \tag{7.2.9}$$

其中

$$\rho(k)=\frac{x^{(0)}(k)}{x^{(1)}(k-1)}$$

证明 由 $x^{(0)}(k)+az^{(1)}(k)=b$ 和 $z^{(1)}(k)=x^{(1)}(k-1)+0.5x^{(0)}(k)$ 得

$$a=\frac{b-x^{(0)}(k)}{z^{(1)}(k)}=\frac{b-x^{(0)}(k)}{x^{(1)}(k-1)+0.5x^{(0)}(k)}$$

分子分母同时除以 $x^{(1)}(k-1)$，得

$$a=\frac{\dfrac{b}{x^{(1)}(k-1)}-\dfrac{x^{(0)}(k)}{x^{(1)}(k-1)}}{1+0.5\dfrac{x^{(0)}(k)}{x^{(1)}(k-1)}}=\frac{\dfrac{b}{x^{(1)}(k-1)}-\rho(k)}{1+0.5\rho(k)}$$

由定理 7.2.9 可知，当 b 有限，$x^{(1)}(k-1)$ 足够大时，GM（1，1）模型的发展系数 $-a$ 主要取决于光滑比 $\rho(k)$。

7.3 残差 GM（1，1）模型

当采用 GM（1，1）模型的各种形式进行模拟精度均达不到要求时，可以考虑对残差序列建立 GM（1，1）模型，对原来的模型进行修正，以提高模拟精度。本节以均值 GM（1，1）模型为例说明残差 GM（1，1）模型的原理。

定义 7.3.1 设 $X^{(0)}$ 为原始序列，$X^{(1)}$ 为 $X^{(0)}$ 的 1-AGO 序列，均值 GM（1，1）模型的时间响应式为

$$\hat{x}^{(1)}(k+1)=\left(x^{(0)}(1)-\frac{b}{a}\right)e^{-ak}+\frac{b}{a}$$

则称

$$d\hat{x}^{(1)}(k+1)=(-a)\left(x^{(0)}(1)-\frac{b}{a}\right)e^{-ak} \tag{7.3.1}$$

为导数还原值。

命题 7.3.1 设 $d\hat{x}^{(1)}(k+1)=(-a)\left(x^{(0)}(1)-\frac{b}{a}\right)e^{-ak}$ 为导数还原值。$\hat{x}^{(0)}(k+1)=\hat{x}^{(1)}(k+1)-\hat{x}^{(1)}(k)$ 为累减还原值。则

$$d\hat{x}^{(1)}(k+1)\neq\hat{x}^{(0)}(k+1)$$

证明

$$\hat{x}^{(0)}(k+1)=\hat{x}^{(1)}(k+1)-\hat{x}^{(1)}(k)$$
$$=\left(x^{(0)}(1)-\frac{b}{a}\right)e^{-ak}+\frac{b}{a}-\left(x^{(0)}(1)-\frac{b}{a}\right)e^{-a(k-1)}-\frac{b}{a}$$
$$=(1-e^{a})\left(x^{(0)}(1)-\frac{b}{a}\right)e^{-ak}$$

因为

$$e^{a}=1+a+\frac{a^2}{2!}+\frac{a^3}{3!}+\cdots+\frac{a^m}{m!}+\cdots$$

所以

$$1-e^{a}=-a-\frac{a^2}{2!}-\frac{a^3}{3!}-\cdots-\frac{a^m}{m!}-\cdots\neq -a$$

故

$$d\dot{\hat{x}}^{(1)}(k+1)\neq \hat{x}^{(0)}(k+1)$$

由命题 7.3.1 的证明过程可以看出，当$|a|$充分小时，$1-e^{a}\approx -a$，有 $d\hat{x}^{(1)}(k+1)\approx \hat{x}^{(0)}(k+1)$。这说明微分还原与差分还原的结果十分接近。

鉴于导数还原值与累减还原值不一致，为减少往复运算造成的误差，往往用 $X^{(1)}$ 的残差修正 $X^{(1)}$ 的模拟值 $\hat{x}^{(1)}(k+1)$。

定义 7.3.2 设

$$\varepsilon^{(0)}=\left(\varepsilon^{(0)}(1),\varepsilon^{(0)}(2),\cdots,\varepsilon^{(0)}(n)\right)$$

为 $X^{(1)}$ 的残差序列，其中 $\varepsilon^{(0)}(k)=x^{(1)}(k)-\hat{x}^{(1)}(k)$。若存在 k_0，满足

（1）$\forall k\geqslant k_0$，$\varepsilon^{(0)}(k)$的符号一致；

（2）$n-k_0\geqslant 4$，则称

$$\left(\left|\varepsilon^{(0)}(k_0)\right|,\left|\varepsilon^{(0)}(k_0+1)\right|,\cdots,\left|\varepsilon^{(0)}(n)\right|\right)$$

为可建模残差尾段，仍记为

$$\varepsilon^{(0)}=\left(\varepsilon^{(0)}(k_0),\varepsilon^{(0)}(k_0+1),\cdots,\varepsilon^{(0)}(n)\right) \tag{7.3.2}$$

命题 7.3.2 设

$$\varepsilon^{(0)}=\left(\varepsilon^{(0)}(k_0),\varepsilon^{(0)}(k_0+1),\cdots,\varepsilon^{(0)}(n)\right)$$

为可建模残差尾段，其 1-AGO 序列

$$\varepsilon^{(1)}=\left(\varepsilon^{(1)}(k_0),\varepsilon^{(1)}(k_0+1),\cdots,\varepsilon^{(1)}(n)\right)$$

的 GM（1，1）的时间响应式为

$$\hat{\varepsilon}^{(1)}(k+1)=\left(\varepsilon^{(0)}(k_0)-\frac{b_\varepsilon}{a_\varepsilon}\right)\exp\left[-a_\varepsilon(k-k_0)\right]+\frac{b_\varepsilon}{a_\varepsilon},\quad k\geqslant k_0$$

则残差尾段 $\varepsilon^{(0)}$ 的模拟序列为

$$\hat{\varepsilon}^{(0)}=\left(\hat{\varepsilon}^{(0)}\left(k_0\right),\hat{\varepsilon}^{(0)}\left(k_0+1\right),\cdots,\hat{\varepsilon}^{(0)}\left(n\right)\right)$$

其中

$$\hat{\varepsilon}^{(0)}\left(k+1\right)=\left(-a_{\varepsilon}\right)\left(\varepsilon^{(0)}\left(k_0\right)-\frac{b_{\varepsilon}}{a_{\varepsilon}}\right)\exp\left[-a_{\varepsilon}\left(k-k_0\right)\right],\quad k\geqslant k_0$$

定义 7.3.3　若用 $\hat{\varepsilon}^{(0)}$ 对 $\hat{X}^{(1)}$ 进行修正，则称修正后的时间响应式

$$\hat{x}^{(1)}\left(k+1\right)=\begin{cases}\left(x^{(0)}\left(1\right)-\dfrac{b}{a}\right)\mathrm{e}^{-ak}+\dfrac{b}{a}, & k<k_0\\ \left(x^{(0)}\left(1\right)-\dfrac{b}{a}\right)\mathrm{e}^{-ak}+\dfrac{b}{a}\pm a_{\varepsilon}\left(\varepsilon^{(0)}\left(k_0\right)-\dfrac{b_{\varepsilon}}{a_{\varepsilon}}\right)\mathrm{e}^{-a_{\varepsilon}\left(k-k_0\right)}, & k\geqslant k_0\end{cases}\tag{7.3.3}$$

为残差修正 GM（1，1）模型，简称残差 GM（1，1）。其中残差修正值

$$\hat{\varepsilon}^{(0)}\left(k+1\right)=a_{\varepsilon}\times\left(\varepsilon^{(0)}\left(k_0\right)-\frac{b_{\varepsilon}}{a_{\varepsilon}}\right)\exp\left[-a_{\varepsilon}\left(k-k_0\right)\right]$$

的符号应与残差尾段 $\varepsilon^{(0)}$ 的符号保持一致。

若用 $X^{(0)}$ 与 $\hat{X}^{(0)}$ 的残差尾段

$$\varepsilon^{(0)}=\left(\varepsilon^{(0)}\left(k_0\right),\varepsilon^{(0)}\left(k_0+1\right),\cdots,\varepsilon^{(0)}\left(n\right)\right)$$

建模修正 $X^{(0)}$ 的模拟值 $\hat{X}^{(0)}$，则根据由 $\hat{X}^{(1)}$ 的到 $\hat{X}^{(0)}$ 的不同还原方式，可得到不同的残差修正时间响应式。

定义 7.3.4　若

$$\hat{x}^{(0)}\left(k\right)=\hat{x}^{(1)}\left(k\right)-\hat{x}^{(1)}\left(k-1\right)=\left(1-\mathrm{e}^{a}\right)\left(x^{(0)}\left(1\right)-\frac{b}{a}\right)\mathrm{e}^{-a(k-1)}$$

则相应的残差修正时间响应式

$$\hat{x}^{(0)}\left(k+1\right)=\begin{cases}\left(1-\mathrm{e}^{a}\right)\left(x^{(0)}\left(1\right)-\dfrac{b}{a}\right)\mathrm{e}^{-ak}, & k<k_0\\ \left(1-\mathrm{e}^{a}\right)\left(x^{(0)}\left(1\right)-\dfrac{b}{a}\right)\mathrm{e}^{-ak}\pm a_{\varepsilon}\left(\varepsilon^{(0)}\left(k_0\right)-\dfrac{b_{\varepsilon}}{a_{\varepsilon}}\right)\mathrm{e}^{-a_{\varepsilon}\left(k-k_0\right)}, & k\geqslant k_0\end{cases}\tag{7.3.4}$$

称为累减还原式的残差修正模型。

定义 7.3.5　若 $\hat{x}^{(0)}\left(k\right)=\left(-a\right)\left(x^{(0)}\left(1\right)-\dfrac{b}{a}\right)\mathrm{e}^{-ak}$，则相应的残差修正时间响应式

$$\hat{x}^{(0)}\left(k+1\right)=\begin{cases}\left(-a\right)\left(x^{(0)}\left(1\right)-\dfrac{b}{a}\right)\mathrm{e}^{-ak}, & k<k_0\\ \left(-a\right)\left(x^{(0)}\left(1\right)-\dfrac{b}{a}\right)\mathrm{e}^{-ak}\pm a_{\varepsilon}\left(\varepsilon^{(0)}\left(k_0\right)-\dfrac{b_{\varepsilon}}{a_{\varepsilon}}\right)\mathrm{e}^{-a_{\varepsilon}\left(k-k_0\right)}, & k\geqslant k_0\end{cases}\tag{7.3.5}$$

称为导数还原式的残差修正模型。

上述各种残差 GM（1，1）中的残差模拟项都是取的导数还原式，当然也可以取为累减还原式，即取

$$\hat{\varepsilon}^{(0)}(k+1)=\left(1-e^{a_\varepsilon}\right)\left(\varepsilon^{(0)}(k_0)-\frac{b_\varepsilon}{a_\varepsilon}\right)e^{-a_\varepsilon(k-k_0)},\quad k\geqslant k_0$$

只要$|a_\varepsilon|$充分小，取不同的残差还原式对修正值$\hat{x}^{(0)}(k+1)$的影响不大。

例 7.3.1 设有原始数据序列为

$$X^{(0)}=\left(x^{(0)}(1),x^{(0)}(2),\cdots,x^{(0)}(13)\right)=(6,20,40,25,40,45,35,21,14,18,15.5,17,15)$$

建立均值 GM（1，1）模型，得时间响应式为

$$\hat{x}^{(1)}(k+1)=-567.999e^{-0.06486k}+573.999$$

作累减还原，得

$$\begin{aligned}\hat{X}^{(0)}&=\left\{\hat{x}^{(0)}(k)\right\}_2^{13}\\&=(35.6704,33.4303,31.3308,29.3682,27.5192,25.7900,\\&\quad 24.1719,22.6534,21.2307,19.8974,18.6478,17.4768)\end{aligned}$$

检验其精度，列出误差检验表（表 7.3.1）。

由表 7.3.1 可以看出，模拟误差较大，进一步计算残差平方和

$$s=\boldsymbol{\varepsilon}^{\mathrm{T}}\boldsymbol{\varepsilon}=957.18$$

平均相对误差

$$\Delta=\frac{1}{12}\sum_{k=2}^{13}\Delta_k=30.11\%$$

表 7.3.1 误差检验表

序号	实际数据 $x^{(0)}(k)$	模拟数据 $\hat{x}^{(0)}(k)$	残差 $\varepsilon(k)=x^{(0)}(k)-\hat{x}^{(0)}(k)$	相对误差 $\Delta_k=\frac{\lvert\varepsilon(k)\rvert}{x^{(0)}(k)}$
2	20	35.670 4	−15.670 4	78.354 0%
3	40	33.430 3	6.569 7	16.424 2%
4	25	31.330 8	−6.330 8	25.323 2%
5	40	29.368 2	10.631 8	26.579 5%
6	45	27.519 2	17.480 8	38.864 2%
7	35	25.690 1	9.209 9	26.314 0%
8	21	24.171 9	−3.171 9	15.104 3%
9	14	22.653 4	−8.653 4	61.810 0%
10	18	21.230 7	−3.230 7	17.948 3%
11	15.5	19.897 4	−4.397 4	28.370 3%
12	17	18.647 8	−1.647 8	9.692 6%
13	15	17.476 8	−2.476 8	16.512 0%

残差平方和很大，相对精度不到 70%，需采用残差模型进行修正。取 k_0=9，得残差尾段

$$\varepsilon^{(0)}=\left(\varepsilon^{(0)}(9),\varepsilon^{(0)}(10),\varepsilon^{(0)}(11),\varepsilon^{(0)}(12),\varepsilon^{(0)}(13)\right)$$
$$=(-8.6534,-3.2307,-4.3974,-1.6478,-2.4768)$$

此为可建模残差尾段，取绝对值，得

$$\varepsilon^{(0)}=(8.6534,3.2307,4.3974,1.6478,2.4768)$$

建立 GM（1，1）模型，得 $\varepsilon^{(0)}$ 的 1-AGO 序列 $\varepsilon^{(1)}$ 的时间响应式：

$$\hat{\varepsilon}^{(1)}(k+1)=-24\mathrm{e}^{-0.16855(k-9)}+32.7$$

其导数还原值为

$$\hat{\varepsilon}^{(0)}(k+1)=(-0.16855)(-24)\mathrm{e}^{-0.16855(k-9)}=4.0452\mathrm{e}^{-0.16855(k-9)}$$

由

$$\hat{x}^{(0)}(k+1)=\hat{x}^{(1)}(k+1)-\hat{x}^{(1)}(k)=(1-\mathrm{e}^{a})\left(x^{(0)}(1)-\frac{b}{a}\right)\mathrm{e}^{-ak}=38.0614\mathrm{e}^{-0.06486k}$$

可得累减还原式的残差修正模型为

$$\hat{x}^{(0)}(k+1)=\begin{cases}38.0614\mathrm{e}^{-0.06486k}, & k<9\\ 38.0614\mathrm{e}^{-0.06486k}-4.0452\mathrm{e}^{-0.16855(k-9)}, & k\geqslant 9\end{cases}$$

其中 $\hat{\varepsilon}^{(0)}(k+1)$ 的符号与原始残差序列的符号一致。

按此模型，可对 k=10，11，12，13 四个模拟值进行修正，修正后的精度如表 7.3.2 所示。

表 7.3.2 残差 GM（1，1）模拟误差

序号	实际数据 $x^{(0)}(k)$	模拟数据 $\hat{x}^{(0)}(k)$	残差 $\varepsilon(k)=x^{(0)}(k)-\hat{x}^{(0)}(k)$	相对误差 $\Delta_k=\frac{\lvert\varepsilon(k)\rvert}{x^{(0)}(k)}$
10	18	17.185 8	0.814 2	4.52%
11	15.5	16.479 9	−0.979 9	6.32%
12	17	15.660 4	1.239 6	7.29%
13	15	15.037 2	−0.037 2	0.25%

由表 7.3.2 可以算出残差平方和

$$s=\boldsymbol{\varepsilon}^{\mathrm{T}}\boldsymbol{\varepsilon}=3.1611$$

平均相对误差

$$\Delta=\frac{1}{12}\sum_{k=10}^{13}\Delta_k=4.595\%$$

残差修正 GM（1，1）的模拟精度得到了明显提高。因此时残差序列已不满足建模要求，若对修正精度仍不满意，就只有考虑采用其他模型或对原始数据序列进行适当取舍。

7.4 GM（1，1）模型群

在实际建模中，原始数据序列中的数据不一定全部用来建模。我们在原始数据序列中取出一部分数据，就可以建立一个模型。一般来说，取的数据不同，建立的模型也不一样，即使都建立同类的 GM（1，1）模型，选择的数据不同，参数 a，b 的估计值也不一样。这种变化，正是不同情况、不同条件对系统特征的影响在模型中的反映。例如，我国的粮食产量，若采用 1949 年以来的数据建立 GM（1，1）模型，发展系数 $-a$ 偏小；而舍去 1978 年以前的数据，用剩余的数据建模，发展系数 $-a$ 明显增大。本节亦以均值 GM（1，1）模型为例说明 GM（1，1）模型群的原理。

定义 7.4.1 设序列

$$X^{(0)}=\left(x^{(0)}(1),x^{(0)}(2),\cdots,x^{(0)}(n)\right)$$

将 $x^{(0)}(n)$ 取为时间轴的原点，则称 $t<n$ 为过去，$t=n$ 为现在，$t>n$ 为未来。

定义 7.4.2 设序列

$$X^{(0)}=\left(x^{(0)}(1),x^{(0)}(2),\cdots,x^{(0)}(n)\right),\quad \hat{x}^{(0)}(k+1)=\left(1-\mathrm{e}^{a}\right)\left(x^{(0)}(1)-\frac{b}{a}\right)\mathrm{e}^{-ak}$$

为其 GM（1，1）时间响应式的累减还原值，则：

（1）当 $t\leqslant n$ 时，称 $\hat{x}^{(0)}(t)$ 为模型模拟值；

（2）当 $t>n$ 时，称 $\hat{x}^{(0)}(t)$ 为模型预测值。

建模的主要目的是预测，为提高预测精度，首先要看模拟精度是否满意，尤其是 $t=n$ 时的模拟精度。因此建模数据一般应取为包括 $x^{(0)}(n)$ 在内的一个等时距序列。

定义 7.4.3 设原始数据数列

$$X^{(0)}=\left(x^{(0)}(1),x^{(0)}(2),\cdots,x^{(0)}(n)\right)$$

（1）用 $X^{(0)}=\left(x^{(0)}(1),x^{(0)}(2),\cdots,x^{(0)}(n)\right)$ 建立的 GM（1，1）模型称为全数据 GM（1，1）；

（2）$\forall k_0>1$，用 $X^{(0)}=\left(x^{(0)}(k_0),x^{(0)}(k_0+1),\cdots,x^{(0)}(n)\right)$ 建立的 GM（1，1）模型称为部分数据 GM（1，1）；

（3）设 $x^{(0)}(n+1)$ 为最新信息，将 $x^{(0)}(n+1)$ 置入 $X^{(0)}$，称用 $X^{(0)}=\left(x^{(0)}(1),x^{(0)}(2),\cdots,x^{(0)}(n),x^{(0)}(n+1)\right)$ 建立的模型为新信息 GM（1，1）；

（4）置入最新信息 $x^{(0)}(n+1)$，去掉最老信息 $x^{(0)}(1)$，称用 $X^{(0)}=\left(x^{(0)}(2),\cdots,x^{(0)}(n),x^{(0)}(n+1)\right)$ 建立的模型为新陈代谢 GM（1，1）。

从预测角度看，新陈代谢模型是最理想的模型。随着系统的发展，老数据刻画系统演化的作用将逐步降低，在不断补充新信息的同时，及时地去掉老信息，建模序列更能反映系统当前的运行行为特征。尤其是系统随着量变的积累，发生质的飞跃或突变时，与过去的系统相比，已是面目全非。去掉已根本不可能反映系统目前特征的老数据，显然是合理的。此外，不断地进行新陈代谢，还可以避免随着信息的增加，计算机内存不断扩大，建模运算量不断增大的困难。

例 7.4.1　设有数据序列

$$X^{(0)}=(60.7,73.8,86.2,100.4,123.3)$$

试用全数据进行模拟，当补充新信息 $x^{(0)}(6)=149.5$ 后，试建立新信息 GM（1，1）模型和新陈代谢模型。

解　（1）原数据序列建模。由

$$X^{(0)}=(60.7,73.8,86.2,100.4,123.3)$$

可得参数估计值为

$$\hat{\boldsymbol{a}}=\left(\boldsymbol{B}^{\mathrm{T}}\boldsymbol{B}\right)^{-1}\boldsymbol{B}^{\mathrm{T}}\boldsymbol{Y}=\begin{bmatrix}a\\b\end{bmatrix}=\begin{bmatrix}-0.172\,41\\55.889\,264\end{bmatrix}$$

对应的时间响应式为

$$\begin{aligned}\hat{x}^{(1)}(k)&=\left(x^{(0)}(1)-\frac{b}{a}\right)\mathrm{e}^{-a(k-1)}+\frac{b}{a}\\&=384.865\,028\mathrm{e}^{0.172\,41k}-324.165\,028\end{aligned}$$

据此求得模拟值，如表 7.4.1 所示。

表 7.4.1　均值 GM（1，1）模型模拟误差表

序号	实际数据 $x^{(0)}(k)$	模拟数据 $\hat{x}^{(0)}(k)$	残差 $\varepsilon(k)=x^{(0)}(k)-\hat{x}^{(0)}(k)$	相对误差 $\Delta_k=\frac{\lvert\varepsilon(k)\rvert}{x^{(0)}(k)}$
2	73.8	72.418 04	1.381 96	1.87%
3	86.2	86.044 56	0.155 434	0.18%
4	100.4	102.235 1	−1.835 1	1.83%
5	123.3	121.472 1	1.827 829	1.48%

平均相对误差

$$\Delta=\frac{1}{4}\sum_{k=2}^{5}\Delta_k=1.34\%$$

预测值

$$\hat{x}^{(0)}(6)=144.328\,955$$

（2）新信息模型。新信息序列为

$$X^{(0)}=(60.7,73.8,86.2,100.4,123.3,149.5)$$

参数估计值为

$$\hat{\boldsymbol{a}}=\left(\boldsymbol{B}^{\mathrm{T}}\boldsymbol{B}\right)^{-1}\boldsymbol{B}^{\mathrm{T}}\boldsymbol{Y}=\begin{bmatrix}a\\b\end{bmatrix}=\begin{bmatrix}-0.180\,888\\54.254\,961\end{bmatrix}$$

时间响应式为

$$\hat{x}^{(1)}(k)=\left(x^{(0)}(1)-\frac{b}{a}\right)\mathrm{e}^{-a(k-1)}+\frac{b}{a}=360.637\,48\mathrm{e}^{0.180\,888k}-299.937\,48$$

模拟值如表 7.4.2 所示。

表 7.4.2　新信息 GM（1，1）模型模拟误差表

序号	实际数据 $x^{(0)}(k)$	模拟数据 $\hat{x}^{(0)}(k)$	残差 $\varepsilon(k)=x^{(0)}(k)-\hat{x}^{(0)}(k)$	相对误差 $\Delta_k=\frac{\lvert\varepsilon(k)\rvert}{x^{(0)}(k)}$
2	73.8	71.507 36	2.292 64	3.11%
3	86.2	85.685 87	0.514 129	0.6%
4	100.4	102.675 7	−2.275 7	2.27%
5	123.3	123.034 2	0.265 712	0.22%
6	149.5	147.429	2.070 41	1.38%

平均相对误差

$$\Delta=\frac{1}{5}\sum_{k=2}^{6}\Delta_k=1.51\%$$

（3）新陈代谢模型。新陈代谢序列为

$$X^{(0)}=(73.8,86.2,100.4,123.3,149.5)$$

参数估计值为

$$\hat{\boldsymbol{a}}=\left(\boldsymbol{B}^{\mathrm{T}}\boldsymbol{B}\right)^{-1}\boldsymbol{B}^{\mathrm{T}}\boldsymbol{Y}=\begin{bmatrix}a\\b\end{bmatrix}=\begin{bmatrix}-0.187\,862\\62.830\,896\end{bmatrix}$$

时间响应式为

$$\hat{x}^{(1)}(k)=\left(x^{(0)}(1)-\frac{b}{a}\right)\mathrm{e}^{-a(k-1)}+\frac{b}{a}=408.251\,645\mathrm{e}^{0.187\,862k}-334.451\,645$$

模拟值如表 7.4.3 所示。

表 7.4.3　新陈代谢 GM（1，1）模型模拟误差表

序号	实际数据 $x^{(0)}(k)$	模拟数据 $\hat{x}^{(0)}(k)$	残差 $\varepsilon(k)=x^{(0)}(k)-\hat{x}^{(0)}(k)$	相对误差 $\Delta_k=\frac{\lvert\varepsilon(k)\rvert}{x^{(0)}(k)}$
2	73.8			
3	86.2	84.372 34	1.827 657	2.12%
4	100.4	101.809 3	−1.409 3	1.40%
5	123.3	122.85	0.45	0.36%
6	149.5	148.239 1	1.260 9	0.84%

平均相对误差

$$\Delta=\frac{1}{4}\sum_{k=3}^{6}\Delta_k=1.18\%$$

（4）精度比较。如表 7.4.4 所示。

表 7.4.4　三种模型模拟精度比较

模型类别	参数		模拟值	残差	相对误差
	a	b	$\hat{x}^{(0)}(6)$	$\varepsilon(6)$	Δ_6
传统模型	−0.172 41	55.889 264	144.329	5.171	3.46%
新信息模型	−0.180 888	54.254 961	147.429	2.071	1.39%
新陈代谢模型	−0.187 862	62.830 896	148.239	1.261	0.84%

从对 $x^{(0)}(6)$ 的模拟精度看，新陈代谢模型的模拟精度高于新信息模型，新信息模型的模拟精度高于均值模型的模拟精度。例 7.4.1 中数据序列具有随着系统的发展，老数据刻画系统演化的作用逐步降低的特点。但在实际系统研究过程中，有时也会出现数据序列呈现周期性波动的情形。这时新信息刻画系统演化的作用可能会弱于老信息。因此，对新、老信息重要性的评价要视实际情况而定，不能一概而论。

7.5　GM（1，1）模型的适用范围

7.5.1　4 种基本模型适用的序列类型

通过对齐次指数序列、非指数增长序列和振荡序列的模拟分析，明确均值 GM（1，1）模型（EGM）、原始差分 GM（1，1）模型（ODGM）、均值差分 GM（1，1）模型（EDGM）和离散 GM（1，1）模型（DGM）适用的序列类型，可以作为实际建模过程中正确地选择模型的参考和依据（刘思峰等，2014）。

为进一步分析 4 种 GM（1，1）基本模型各自的适用范围，我们分别取 $-a$=0.01，0.02，0.03，0.04，0.05，0.1，0.15，0.2，0.25，0.3，0.35，0.4，0.45，0.5，0.55，0.6，0.65，0.7，0.8，0.9，1.0，1.1，1.2，1.5，1.8，共 25 个实数进行模拟分析。取 k=1，2，3，4，5，由齐次指数函数 $x_i^{(0)}(k)=e^{-ak}$，精确到小数点后 6 位小数，可得如下数列：

$$-a=0.01, X_1^{(0)}=\left(x_1^{(0)}(1),x_1^{(0)}(2),x_1^{(0)}(3),x_1^{(0)}(4),x_1^{(0)}(5)\right)$$
$$=(1.010\,050,1.020\,201,1.030\,455,1.040\,811,1.051\,271)$$
$$-a=0.02, X_2^{(0)}=\left(x_2^{(0)}(1),x_2^{(0)}(2),x_2^{(0)}(3),x_2^{(0)}(4),x_2^{(0)}(5)\right)$$
$$=(1.020\,201,1.040\,811,1.061\,837,1.083\,287,1.105\,171)$$
$$\cdots$$
$$-a=1.8, X_{25}^{(0)}=\left(x_{25}^{(0)}(1),x_{25}^{(0)}(2),x_{25}^{(0)}(3),x_{25}^{(0)}(4),x_{25}^{(0)}(5)\right)$$
$$=(6.049\,647,36.598\,23,221.406\,4,1\,339.431,8\,103.084)$$

分别以 $X_1^{(0)},X_2^{(0)},\cdots,X_{25}^{(0)}$ 为原始数据序列建立均值 GM（1，1）模型（EGM）、原

始差分 GM（1，1）模型（ODGM）、均值差分 GM（1，1）模型（EDGM）和离散 GM（1，1）模型（DGM），发现原始差分 GM（1，1）模型（ODGM）、均值差分 GM（1，1）模型（EDGM）和离散 GM（1，1）模型（DGM）均能够精确模拟齐次指数序列 $X_1^{(0)},X_2^{(0)},\cdots,X_{25}^{(0)}$，这再次印证了定理 7.1.6 的结论。用均值 GM（1，1）模型（EGM）模拟 $X_1^{(0)},X_2^{(0)},\cdots,X_{25}^{(0)}$ 产生一定的误差，随着 $-a$ 的增大，误差也会相应增大。表 7.5.1 中给出了用 4 种不同的 GM（1，1）模型对齐次指数序列 $X_1^{(0)},X_2^{(0)},\cdots,X_{25}^{(0)}$ 进行模拟得到的平均相对误差。

表 7.5.1　4 种 GM（1，1）模型齐次指数序列模拟误差（%）

代号	$-a$	EGM	DGM	ODGM	EDGM
$X_1^{(0)}$	0.01	0.000 849	0.000 027	0.000 027	0.000 027
$X_2^{(0)}$	0.02	0.003 468	0.000 013	0.000 013	0.000 013
$X_3^{(0)}$	0.03	0.007 951	0.000 018	0.000 018	0.000 018
$X_4^{(0)}$	0.04	0.014 403	0.000 004	0.000 004	0.000 003
$X_5^{(0)}$	0.05	0.022 922	0.000 016	0.000 016	0.000 016
$X_6^{(0)}$	0.10	0.100 058	0.000 008	0.000 008	0.000 008
$X_7^{(0)}$	0.15	0.244 034	0.000 009	0.000 009	0.000 009
$X_8^{(0)}$	0.20	0.467 588	0.000 003	0.000 003	0.000 007
$X_9^{(0)}$	0.25	0.783 590	0.000 005	0.000 005	0.000 006
$X_{10}^{(0)}$	0.30	1.205 144	0.000 004	0.000 004	0.000 010
$X_{11}^{(0)}$	0.35	1.745 610	0.000 006	0.000 006	0.000 010
$X_{12}^{(0)}$	0.40	2.418 758	0.000 004	0.000 004	0.000 010
$X_{13}^{(0)}$	0.45	3.238 864	0.000 007	0.000 007	0.000 008
$X_{14}^{(0)}$	0.50	4.220 851	0.000 011	0.000 011	0.000 008
$X_{15}^{(0)}$	0.55	5.380 507	0.000 003	0.000 003	0.000 003
$X_{16}^{(0)}$	0.60	6.734 574	0.000 016	0.000 016	0.000 011
$X_{17}^{(0)}$	0.65	8.301 040	0.000 009	0.000 009	0.000 006
$X_{18}^{(0)}$	0.70	10.099 355	0.000 021	0.000 021	0.000 021
$X_{19}^{(0)}$	0.80	14.478 513	0.000 015	0.000 015	0.000 15
$X_{20}^{(0)}$	0.90	20.068 449	0.000 016	0.000 016	0.000 022
$X_{21}^{(0)}$	1.00	27.110 835	0.000 047	0.000 047	0.000 047
$X_{22}^{(0)}$	1.10	35.908 115	0.000 040	0.000 040	0.000 035
$X_{23}^{(0)}$	1.20	46.844 843	0.000 105	0.000 105	0.000 105
$X_{24}^{(0)}$	1.50	98.188 500	0.000 129	0.000 129	0.000 129
$X_{25}^{(0)}$	1.80	—	0.000 433	0.000 433	0.000 433

表 7.5.1 中原始差分 GM（1，1）模型（ODGM）、均值差分 GM（1，1）模型（EDGM）和离散 GM（1，1）模型（DGM）模拟齐次指数序列出现的微小误差皆由

舍入误差引起。事实上，这三种模型均能够精确模拟齐次指数序列。

我们再限定随机数的取值范围，围绕齐次指数序列 $X_1^{(0)},X_2^{(0)},\cdots,X_{25}^{(0)}$ 随机生成相应的非指数增长序列 $Y_1^{(0)},Y_2^{(0)},\cdots,Y_{25}^{(0)}$ 和总体上具有增长趋势，但对于 k=2,3,⋯，5，序列数据中出现 $z_i^{(0)}(k)<z_i^{(0)}(k-1)$，$i$=1，2，⋯，25 的振荡序列 $Z_1^{(0)},Z_2^{(0)},\cdots,Z_{25}^{(0)}$，同样精确到小数点后 6 位小数，然后分别对 $Y_1^{(0)},Y_2^{(0)},\cdots,Y_{25}^{(0)}$ 和 $Z_1^{(0)},Z_2^{(0)},\cdots,Z_{25}^{(0)}$ 建立均值 GM（1，1）模型（EGM）、原始差分 GM（1，1）模型（ODGM）、均值差分 GM（1，1）模型（EDGM）和离散 GM（1，1）模型（DGM）进行模拟，误差如表 7.5.2 和表 7.5.3 所示。限于篇幅，具体生成数据从略。

表 7.5.2 4 种 GM（1，1）模型非指数增长序列模拟误差（%）

代号	−，−a，+	EGM	DGM	ODGM	EDGM
$Y_1^{(0)}$	0.01	0.030 994	0.030 429	0.030 432	0.030 430
$Y_2^{(0)}$	0.02	0.658 978	0.659 039	0.660 095	0.659 572
$Y_3^{(0)}$	0.03	0.958 33	0.495 773	0.495 768	0.495 770
$Y_4^{(0)}$	0.04	0.010 474	0.010 308	1.010 329	1.010 319
$Y_5^{(0)}$	0.05	1.550 886	1.550 331	1.550 468	1.550 401
$Y_6^{(0)}$	0.10	1.626 294	1.704 980	1.690 324	1.697 211
$Y_7^{(0)}$	0.15	1.343 565	1.457 800	1.458 993	1.458 442
$Y_8^{(0)}$	0.20	5.155 856	5.100 486	5.229 480	5.171 925
$Y_9^{(0)}$	0.25	4.353 253	4.893 857	4.743 792	4.808 361
$Y_{10}^{(0)}$	0.30	4.736 323	5.345 755	5.168 529	5.244 168
$Y_{11}^{(0)}$	0.35	5.236 438	5.377 225	5.192 273	5.269 577
$Y_{12}^{(0)}$	0.40	3.603 875	4.166 958	4.044 567	4.096 904
$Y_{13}^{(0)}$	0.45	12.834 336	15.364 230	13.520 184	14.246 584
$Y_{14}^{(0)}$	0.50	7.396 770	8.276 073	7.878 017	8.044 898
$Y_{15}^{(0)}$	0.55	10.218 727	10.084 749	10.188 912	10.143 461
$Y_{16}^{(0)}$	0.60	21.073 070	23.709 858	21.610 863	22.440 905
$Y_{17}^{(0)}$	0.65	6.637 022	7.906 483	7.629 068	7.731 359
$Y_{18}^{(0)}$	0.70	9.088 900	11.000 565	10.479 505	10.677 398
$Y_{19}^{(0)}$	0.80	21.156 265	30.606 589	28.554 915	29.245 194
$Y_{20}^{(0)}$	0.90	14.441 947	20.378 328	17.104 000	18.188 008
$Y_{21}^{(0)}$	1.00	11.685 913	18.463 203	17.357 496	17.734 931
$Y_{22}^{(0)}$	1.10	13.011 857	20.620 317	19.396 248	19.782 271
$Y_{23}^{(0)}$	1.20	17.176 472	27.929 743	26.163 490	26.624 283
$Y_{24}^{(0)}$	1.50	26.327 218	51.915 584	50.006 882	50.471 089
$Y_{25}^{(0)}$	1.80	62.460 946	75.503 705	73.434 001	74.070 128

表 7.5.3　4 种 GM（1，1）模型振荡序列模拟误差（%）

代号	−，−*a*，+	EGM	DGM	ODGM	EDGM
$Z_1^{(0)}$	0.01	0.298 392	0.299 400	0.299 118	0.299 258
$Z_2^{(0)}$	0.02	0.501 223	0.505 800	0.504 877	0.505 331
$Z_3^{(0)}$	0.03	0.369 630	0.378 773	0.379 089	0.378 935
$Z_4^{(0)}$	0.04	2.583 662	2.586 760	2.572 109	2.579 300
$Z_5^{(0)}$	0.05	2.928 035	2.953 655	2.899 369	2.925 619
$Z_6^{(0)}$	0.10	4.759 929	4.791 858	4.825 226	4.807 851
$Z_7^{(0)}$	0.15	3.802 630	3.770 562	3.776 330	3.773 545
$Z_8^{(0)}$	0.20	11.723 459	11.946 525	11.393 483	11.642 630
$Z_9^{(0)}$	0.25	14.895 391	14.979 357	15.229 595	15.130 729
$Z_{10}^{(0)}$	0.30	17.953 543	17.992 976	18.397 577	18.241 183
$Z_{11}^{(0)}$	0.35	7.299 184	8.980 062	8.537 865	8.708 603
$Z_{12}^{(0)}$	0.40	11.474 779	11.519 781	11.693 309	11.619 287
$Z_{13}^{(0)}$	0.45	11.988 111	12.321 804	12.261 075	12.286 039
$Z_{14}^{(0)}$	0.50	12.728 220	11.753 460	12.270 432	12.038 094
$Z_{15}^{(0)}$	0.55	10.636 507	10.285 910	10.897 796	10.623 904
$Z_{16}^{(0)}$	0.60	13.393 234	13.515 007	13.006 751	13.227 910
$Z_{17}^{(0)}$	0.65	15.420 377	15.457 643	14.690 315	15.004 381
$Z_{18}^{(0)}$	0.70	16.304 197	16.365 096	15.635 103	15.998 031
$Z_{19}^{(0)}$	0.80	14.542 100	14.579 829	14.110 548	14.310 293
$Z_{20}^{(0)}$	0.90	33.798 587	33.160 101	34.928 437	34.293 058
$Z_{21}^{(0)}$	1.00	22.586 380	22.384 127	22.016 157	22.145 609
$Z_{22}^{(0)}$	1.10	34.305 920	34.481 612	36.023 522	35.484 180
$Z_{23}^{(0)}$	1.20	23.591 927	24.133 298	23.323 921	21.511 839
$Z_{24}^{(0)}$	1.50	40.373 380	40.475 348	42.698 005	41.917 026
$Z_{25}^{(0)}$	1.80	30.380 522	54.851 229	45.624 311	48.579 850

由表 7.5.2 可以看出，4 种不同的 GM（1，1）模型均能够在一定程度上模拟非指数增长序列。一般来说，模拟误差会随着发展系数$-a$的增大而增大。而且在大多数情况下，微分、差分混合形态的均值 GM（1，1）模型（EGM）模拟误差要比 3 种离散形态的原始差分 GM（1，1）模型（ODGM）、均值差分 GM（1，1）模型（EDGM）和离散 GM（1，1）模型（DGM）小一些。非指数增长序列与齐次指数序列越接近，3 种离散形态模型的模拟精度就越高；当非指数增长序列与齐次指数序列充分接近时，会出现离散模型模拟误差比均值 GM（1，1）模型（EGM）模拟误差小的情形。从 3 种离散 GM（1，1）模型的模拟效果看，随着发展系数$-a$的增大，原始差分 GM（1，1）模型（ODGM）和均值差分 GM（1，1）模型（EDGM）的模拟精度在大多数情况下高于离散 GM（1，1）模型（DGM）。将表 7.5.2 中不同模型关

于序列 $Y_1^{(0)},Y_2^{(0)},\cdots,Y_{25}^{(0)}$ 的模拟误差从小到大排序，统计结果如表 7.5.4 所示。

表 7.5.4　4 种 GM（1，1）模型非指数增长序列模拟误差排序统计

误差排序	EGM	DGM	ODGM	EDGM
1	18	5	2	0
2	2	2	15	6
3	0	1	5	19
4	5	17	3	0

由表 7.5.4 可以看出，在 4 种模型中，均值 GM（1，1）模型（EGM）最适合非指数增长序列建模，其次是原始差分 GM（1，1）模型（ODGM）和均值差分 GM（1，1）模型（EDGM），离散 GM（1，1）模型（DGM）模拟非指数增长序列时误差稍大一些。

理论上，任何用来描述单调变化趋势的简单模型均难以描述振荡序列的变化。因此，我们增加了对随机数生成的限制条件，将研究范围限制在总体上具有增长趋势，但对于 $k=2,3,\cdots,5$，序列数据中出现 $z_i^{(0)}(k)<z_i^{(0)}(k-1)$，$i=1,2,\cdots,25$ 的振荡序列 $Z_1^{(0)},Z_2^{(0)},\cdots,Z_{25}^{(0)}$，由表 7.5.3 可以看出，对于这一类特定的振荡序列，4 种不同模型的模拟误差明显比非指数增长序列的误差大。与非指数增长序列的情况类似，在大多数情况下，均值 GM（1，1）模型（EGM）对振荡序列的模拟误差要比 3 种离散形态的原始差分 GM（1，1）模型（ODGM）、均值差分 GM（1，1）模型（EDGM）和离散 GM（1，1）模型（DGM）小一些。对于接近齐次指数序列的振荡序列，离散模型模拟误差会比微分、差分混合形态的均值 GM（1，1）模型（EGM）小一些。

将表 7.5.3 中不同模型关于振荡序列 $Z_1^{(0)},Z_2^{(0)},\cdots,Z_{25}^{(0)}$ 的模拟误差从小到大排序，统计结果如表 7.5.5 所示。

表 7.5.5　4 种 GM（1，1）模型振荡序列模拟误差排序统计

误差排序	EGM	DGM	ODGM	EDGM
1	12	4	8	1
2	1	7	6	11
3	9	1	2	13
4	3	13	9	0

由表 7.5.5 可以看出，均值 GM（1，1）模型（EGM）比其他 3 种离散形态的模型更适合振荡序列建模。离散 GM（1，1）模型（DGM）模拟振荡序列时误差仍然偏大一些。

笔者曾试图由 GM（1，1）模型的原始形式（7.1.1）估计参数向量 $\hat{\boldsymbol{a}}=[a,b]^{\mathrm{T}}$，并直接借助白化微分方程（7.1.6）的解和均值 GM（1，1）模型（EGM）的时间响应式建立原始 GM（1，1）模型对上述数据进行模拟，发现即使在发展系数 $-a$ 的值很小的情况下，模拟误差仍较大，而且随着发展系数$-a$ 的增大，模拟误差迅速增大。均值GM（1，1）模型（EGM）通过对一次累加数据进行均值变换，产生了神奇的效果，模拟精度大大提高，创造了一种能够对贫信息不确定性系统进行高精度模拟、预测的新方法。

这里讨论的4种GM（1，1）基本模型中，3种离散模型均能够精确模拟齐次指数序列，而在现实世界中，大量实际数据往往并非简单的齐次指数序列或者近似齐次指数序列，这也是人们在贫信息不确定性系统建模过程中更倾向选择均值 GM（1，1）模型（EGM），并能在大多数情况下取得满意效果的根本原因。

最后将关于4种GM（1，1）基本模型研究的主要结论梳理如下。

（1）4种GM（1，1）基本模型：均值GM（1，1）模型（EGM）、原始差分GM（1，1）模型（ODGM）、均值差分GM（1，1）模型（EDGM）和离散GM（1，1）模型（DGM）两两相互等价。

（2）原始差分 GM（1，1）模型（ODGM）、均值差分 GM（1，1）模型（EDGM）和离散GM（1，1）模型（DGM）均能够精确模拟齐次指数序列。

（3）对于非指数增长序列和振荡序列，应首先选择微分、差分混合形态的均值GM（1，1）模型（EGM）。

（4）对于接近齐次指数序列的非指数增长序列和振荡序列，应优先选择离散形态的原始差分GM（1，1）模型（ODGM）、均值差分GM（1，1）模型（EDGM）或离散GM（1，1）模型（DGM）。

以上结论可作为实际建模过程中选择模型的参考和依据。

7.5.2 均值模型发展系数适用范围

命题7.5.1 当$(n-1)\sum_{k=2}^{n}\left[z^{(1)}(k)\right]^2 \to \left[\sum_{k=2}^{n}z^{(1)}(k)\right]^2$时，均值GM（1，1）模型无意义。

证明 采用最小二乘法估计模型参数，有

$$\hat{a}=\frac{\sum_{k=2}^{n}z^{(1)}(k)\sum_{k=2}^{n}x^{(0)}(k)-(n-1)\sum_{k=2}^{n}z^{(1)}(k)x^{(0)}(k)}{(n-1)\sum_{k=2}^{n}\left[z^{(1)}(k)\right]^2-\left[\sum_{k=2}^{n}z^{(1)}(k)\right]^2}$$

$$\hat{b}=\frac{\sum_{k=2}^{n}x^{(0)}(k)\sum_{k=2}^{n}\left[z^{(1)}(k)\right]^2-\sum_{k=2}^{n}z^{(1)}(k)\sum_{k=2}^{n}z^{(1)}(k)x^{(0)}(k)}{(n-1)\sum_{k=2}^{n}\left[z^{(1)}(k)\right]^2-\left[\sum_{k=2}^{n}z^{(1)}(k)\right]^2}$$

当$(n-1)\sum_{k=2}^{n}\left[z^{(1)}(k)\right]^2 \to \left[\sum_{k=2}^{n}z^{(1)}(k)\right]^2$时，$\hat{a}\to\infty$，$\hat{b}\to\infty$，无法确定模型参数，故此时均值GM（1，1）模型无意义（邓聚龙，1985b）。

命题7.5.2 当GM（1，1）发展系数$|a|\geqslant 2$时，均值GM（1，1）模型无意义。

证明　由均值GM（1，1）表达式（7.2.7），

$$x^{(0)}(k)=\left(\frac{1-0.5a}{1+0.5a}\right)^{k-2}\left(\frac{b-ax^{(0)}(1)}{1+0.5a}\right),\quad k=2,3,\cdots,n$$

（1）当$a=-2$时，$x^{(0)}(k)\to\infty$；

（2）当$a=2$时，$x^{(0)}(k)=0$；

（3）当$|a|>2$时，$\dfrac{b-ax^{(0)}(1)}{1+0.5a}$为常数，而$\left(\dfrac{1-0.5a}{1+0.5a}\right)^{k-2}$随着$k$的奇偶性不同而改变符号，因此$x^{(0)}(k)$随着$k$的奇偶性不同而变号。

由以上讨论可知$(-\infty,-2]\cup[2,\infty)$是均值GM（1，1）发展系数$-a$的禁区。当$a\in(-\infty,-2]\cup[2,\infty)$时，均值GM（1，1）模型失去意义。

一般地，当$|a|<2$时，均值GM（1，1）模型有意义。但随着a取值的不同，模拟效果也不同。对于$-2<a<0$，即发展系数$0<-a<2$的情形，我们分别取$-a$=0.1，0.2，0.3，0.4，0.5，0.6，0.8，1.0，1.5，1.8进行模拟分析。取k=0，1，2，3，4，5，由$x_i^{(0)}(k+1)=\mathrm{e}^{-ak}$可得如下数列：

$$\begin{aligned}-a=0.1,X_1^{(0)}&=\left(x_1^{(0)}(1),x_1^{(0)}(2),x_1^{(0)}(3),x_1^{(0)}(4),x_1^{(0)}(5),x_1^{(0)}(6)\right)\\&=(1,1.105\,1,1.221\,4,1.349\,9,1.491\,8,1.648\,7)\end{aligned}$$

$$-a=0.2,X_2^{(0)}=(1,1.221\,4,1.491\,8,1.822\,1,2.225\,5,2.718\,3)$$

$$-a=0.3,X_3^{(0)}=(1,1.349\,9,1.822\,1,2.459\,6,3.320\,1,4.481\,7)$$

$$-a=0.4,X_4^{(0)}=(1,1.491\,8,2.22\,5,3.320\,1,4.953\,0,7.389\,0)$$

$$-a=0.5,X_5^{(0)}=(1,1.648\,7,2.718\,3,4.481\,7,7.389\,0,12.182\,5)$$

$$-a=0.6,X_6^{(0)}=(1,1.882\,1,3.320\,1,6.049\,6,11.023\,2,20.085\,5)$$

$$-a=0.8,X_7^{(0)}=(1,2.225\,5,4.953\,0,11.023\,2,24.532\,5,54.598\,2)$$

$$-a=1.0,X_8^{(0)}=(1,2.718\,3,7.389\,0,20.085\,5,54.598\,2,148.413\,2)$$

$$-a=1.5,X_9^{(0)}=(1,4.481\,7,20.085\,5,90.017\,1,403.428\,8,1\,808.042\,4)$$

$$-a=1.8,X_{10}^{(0)}=(1,6.049\,6,36.598\,2,221.406\,2,1\,339.430\,8,8\,103,083\,9)$$

分别以$X_1^{(0)},X_2^{(0)},\cdots,X_{10}^{(0)}$为原始序列建立均值GM（1，1）模型得到如下的时间响应式：

$$\hat{x}_1^{(1)}(k+1)=10.507\,54\mathrm{e}^{0.099\,921\,82k}-9.507\,541$$

$$\hat{x}_2^{(1)}(k+1)=5.516\,431\mathrm{e}^{0.199\,340\,1k}-4.516\,431$$

$$\hat{x}_3^{(1)}(k+1)=3.858\,32\mathrm{e}^{0.297\,769k}-2.858\,321$$

$$\hat{x}_4^{(1)}(k+1)=3.033\,199\mathrm{e}^{0.394\,752k}-2.033\,199$$

$$\hat{x}_5^{(1)}(k+1)=2.541\,474\mathrm{e}^{0.489\,838\,2k}-1.541\,474$$

$$\hat{x}_6^{(1)}(k+1)=2.216\,363\mathrm{e}^{0.582\,626\,3k}-1.216\,362$$

$$\hat{x}_7^{(1)}(k+1)=1.815\,972\mathrm{e}^{0.759\,899\,1k}-0.815\,971\,8$$

$$\hat{x}_8^{(1)}(k+1)=1.581\,973\mathrm{e}^{0.924\,234\,8k}-0.581\,973\,3$$

$$\hat{x}_9^{(1)}(k+1)=1.287\,182\mathrm{e}^{1.270\,298k}-0.287\,182\,3$$

$$\hat{x}_{10}^{(1)}(k+1)=0.198\,197\mathrm{e}^{1.432\,596k}-0.198\,196\,6$$

由 $\hat{x}_i^{(0)}(k+1)=\hat{x}_i^{(1)}(k+1)-\hat{x}_i^{(1)}(k)$，$i=1,2,\cdots,10$，得

$$\hat{x}_1^{(0)}(k+1)=0.999\,18\mathrm{e}^{0.099\,921\,82k},\quad \hat{x}_2^{(0)}(k+1)=0.996\,98\mathrm{e}^{0.199\,340\,1k}$$

$$\hat{x}_3^{(0)}(k+1)=0.993\,62\mathrm{e}^{0.297\,769k},\quad \hat{x}_4^{(0)}(k+1)=0.989\,287\mathrm{e}^{0.394\,752k}$$

$$\hat{x}_5^{(0)}(k+1)=0.984\,248\mathrm{e}^{0.489\,838\,2k},\quad \hat{x}_6^{(0)}(k+1)=0.978\,68\mathrm{e}^{0.582\,626\,3k}$$

$$\hat{x}_7^{(0)}(k+1)=0.966\,617\mathrm{e}^{0.759\,899\,1k},\quad \hat{x}_8^{(0)}(k+1)=0.954\,19\mathrm{e}^{0.924\,234\,8k}$$

$$\hat{x}_9^{(0)}(k+1)=0.925\,808\mathrm{e}^{1.270\,298k},\quad \hat{x}_{10}^{(0)}(k+1)=0.912\,20\mathrm{e}^{1.432\,596k}$$

由于 GM（1，1）模型基本形式 $x^{(0)}(k)+az^{(1)}(k)=b$ 中 $z^{(1)}(k)=\frac{1}{2}\left(x^{(1)}(k)+x^{(1)}(k-1)\right)$，一般增长序列在均值算子作用下会弱化其增长趋势。指数序列建立均值 GM（1，1）模型发展系数减小。

比较原始序列 $X_i^{(0)}$ 与模拟序列 $\hat{X}_i^{(0)}$ 的误差（表 7.5.6）。

表 7.5.6　均值模型模拟误差

发展系数 $-a$	$\frac{1}{5}\sum_{i=2}^{6}\left[\hat{x}^{(0)}(k)-x^{(0)}(k)\right]$	平均相对误差 $\frac{1}{5}\sum_{k=2}^{6}\Delta_k$
0.1	0.004	0.104%
0.2	0.010	0.499%
0.3	0.038	1.300%
0.4	0.116	2.613%
0.5	0.307	4.520%
0.6	0.741	7.074%
0.8	3.603	14.156%
1.0	14.807	23.544%
1.5	317.867	51.033%
1.8	1 632.240	65.454%

可以看出，随着发展系数的增大，模拟误差迅速增加。当发展系数小于或等于 0.3 时，模拟精度可以达到98%以上，发展系数小于或等于0.5时，模拟精度可以达到95%

以上，发展系数大于 1，模拟精度低于 70%，发展系数大于 1.5，模拟精度低于 50%。

进一步考察 1 步、2 步、5 步、10 步预测误差（表 7.5.7）。

表 7.5.7　均值模型预测误差

$-a$	0.1	0.2	0.3	0.4	0.5	0.6	0.7	0.8	1.0	1.5	1.8
1 步误差	0.129%	0.701%	1.998%	4.317%	7.988%	13.405%	31.595%	65.117%	—	—	—
2 步误差	0.137%	0.768%	2.226%	4.865%	9.091%	15.392%	36.979%	78.113%	—	—	—
5 步误差	0.160%	0.967%	2.912%	6.529%	12.468%	21.566%	54.491%	—	—	—	—
10 步误差	0.855%	1.301%	4.067%	9.362%	18.330%	32.599%	88.790%	—	—	—	—

可以看出，当发展系数小于 0.3 时，1 步预测精度在 98%以上，2 步和 5 步预测精度都在 97%以上；当 $0.3 < -a \leqslant 0.5$ 时，1 步和 2 步预测精度皆在 90%以上，10 步预测精度也高于 80%；当发展系数大于 0.8 时，1 步预测精度已低于 70%。表 7.5.7 中的横线表示误差已大于 100%。

通过以上分析，可得以下结论（刘思峰和邓聚龙，2000）：

（1）当 $-a \leqslant 0.3$ 时，均值 GM（1，1）模型可用于中长期预测；

（2）当 $0.3 < -a \leqslant 0.5$ 时，均值 GM（1，1）模型可用于短期预测，中长期预测慎用；

（3）当 $0.5 < -a \leqslant 0.8$ 时，用均值 GM（1，1）模型用于短期预测应十分谨慎；

（4）当 $0.8 < -a \leqslant 1$ 时，应采用残差修正的均值 GM（1，1）模型；

（5）当 $-a > 1$ 时，不宜采用均值 GM（1，1）模型。

第 8 章

离散灰色预测模型

本章主要讨论离散灰色模型的递推公式、优化离散灰色模型、近似非齐次指数增长序列离散灰色模型等。在离散灰色模型建模过程中，模型的参数估计、模拟、预测均采用离散形式的方程，不存在离散模型与连续模型之间近似替代，因此通常具有较高的精度。

8.1 离散灰色模型的递推公式

离散灰色模型是GM（1，1）模型的基本形式之一，第7章已给出离散灰色模型的定义并研究了它与另外3种GM（1，1）模型基本形式之间的关系，本节讨论离散灰色模型的递推公式，并分析其对等比序列的模拟效果。

定理 8.1.1 设 $X^{(0)}$ 为非负序列

$$X^{(0)}=\left\{x^{(0)}(1),x^{(0)}(2),\cdots,x^{(0)}(n)\right\}$$

其一阶累加序列为

$$X^{(1)}=\left\{x^{(1)}(1),x^{(1)}(2),\cdots,x^{(1)}(n)\right\}$$

其中，$x^{(1)}(k)=\sum_{i=1}^{k}x^{(0)}(i)$，$k$=1,2,$\cdots$,$n$。

若 $\hat{\boldsymbol{\beta}}=(\beta_1,\beta_2)^{\mathrm{T}}$ 为参数列，且

$$\boldsymbol{Y}=\begin{bmatrix} x^{(1)}(2) \\ x^{(1)}(3) \\ \vdots \\ x^{(1)}(n) \end{bmatrix},\quad \boldsymbol{B}=\begin{bmatrix} x^{(1)}(1) & 1 \\ x^{(1)}(2) & 1 \\ \vdots & \vdots \\ x^{(1)}(n-1) & 1 \end{bmatrix}$$

则离散模型 $x^{(1)}(k+1)=\beta_1 x^{(1)}(k)+\beta_2$ 的最小二乘估计参数列满足

$$\hat{\boldsymbol{\beta}}=\left(\boldsymbol{B}^{\mathrm{T}}\boldsymbol{B}\right)^{-1}\boldsymbol{B}^{\mathrm{T}}\boldsymbol{Y}$$

（谢乃明和刘思峰，2005）。

证明　将数据代入灰色微分方程 $x^{(1)}(k+1)=\beta_1 x^{(1)}(k)+\beta_2$，得

$$
\begin{gathered}
x^{(1)}(2)=\beta_1 x^{(1)}(1)+\beta_2 \\
x^{(1)}(3)=\beta_1 x^{(1)}(2)+\beta_2 \\
\vdots \\
x^{(1)}(n)=\beta_1 x^{(1)}(n-1)+\beta_2
\end{gathered}
$$

也就是 $\boldsymbol{Y}=\boldsymbol{B}\hat{\boldsymbol{\beta}}$，对于 β_1，β_2 的一对估计值，以 $\beta_1 x^{(1)}(k)+\beta_2$ 代替等式左边的 $x^{(1)}(k+1)$，k=1，2，…，n−1 可得误差序列 $\boldsymbol{\varepsilon}=\boldsymbol{Y}-\boldsymbol{B}\hat{\boldsymbol{\beta}}$，设

$$
\boldsymbol{S}=\boldsymbol{\varepsilon}^{\mathrm{T}}\boldsymbol{\varepsilon}=\left(\boldsymbol{Y}-\boldsymbol{B}\hat{\boldsymbol{\beta}}\right)^{\mathrm{T}}\left(\boldsymbol{Y}-\boldsymbol{B}\hat{\boldsymbol{\beta}}\right)=\sum_{k=1}^{n-1}\left[x^{(1)}(k+1)-\beta_1 x^{(1)}(k)-\beta_2\right]^2
$$

使 $\boldsymbol{S}$ 最小的 β_1，β_2 应满足

$$
\begin{cases}
\dfrac{\partial \boldsymbol{S}}{\partial \beta_1}=-2\displaystyle\sum_{k=1}^{n-1}\left[x^{(1)}(k+1)-\beta_1 x^{(1)}(k)-\beta_2\right]\cdot x^{(1)}(k)=0 \\
\dfrac{\partial \boldsymbol{S}}{\partial \beta_2}=-2\displaystyle\sum_{k=1}^{n-1}\left[x^{(1)}(k+1)-\beta_1 x^{(1)}(k)-\beta_2\right]=0
\end{cases}
$$

从而解得

$$
\begin{cases}
\beta_1=\dfrac{\displaystyle\sum_{k=1}^{n-1}x^{(1)}(k+1)x^{(1)}(k)-\frac{1}{n-1}\sum_{k=1}^{n-1}x^{(1)}(k+1)\sum_{k=1}^{n-1}x^{(1)}(k)}{\displaystyle\sum_{k=1}^{n-1}\left[x^{(1)}(k)\right]^2-\frac{1}{n-1}\left[\sum_{k=1}^{n-1}x^{(1)}(k+1)\right]^2} \\
\beta_2=\dfrac{1}{n-1}\left[\displaystyle\sum_{k=1}^{n-1}x^{(1)}(k+1)-\beta_1\sum_{k=1}^{n-1}x^{(1)}(k)\right]
\end{cases}
$$

由 $\boldsymbol{Y}=\boldsymbol{B}\hat{\boldsymbol{\beta}}$ 得

$$
\boldsymbol{B}^{\mathrm{T}}\boldsymbol{B}\hat{\boldsymbol{\beta}}=\boldsymbol{B}^{\mathrm{T}}\boldsymbol{Y},\quad \hat{\boldsymbol{\beta}}=\left(\boldsymbol{B}^{\mathrm{T}}\boldsymbol{B}\right)^{-1}\boldsymbol{B}^{\mathrm{T}}\boldsymbol{Y}
$$

但

$$
\boldsymbol{B}^{\mathrm{T}}\boldsymbol{B}=\begin{bmatrix} x^{(1)}(1) & 1 \\ x^{(1)}(2) & 1 \\ \vdots & \vdots \\ x^{(1)}(n-1) & 1 \end{bmatrix}^{\mathrm{T}}\begin{bmatrix} x^{(1)}(1) & 1 \\ x^{(1)}(2) & 1 \\ \vdots & \vdots \\ x^{(1)}(n-1) & 1 \end{bmatrix}=\begin{bmatrix} \displaystyle\sum_{k=1}^{n}\left(x^{(1)}(k)\right)^2 & \displaystyle\sum_{k=1}^{n-1}x^{(1)}(k) \\ \displaystyle\sum_{k=1}^{n-1}x^{(1)}(k) & n-1 \end{bmatrix}
$$

$$
\left(\boldsymbol{B}^{\mathrm{T}}\boldsymbol{B}\right)^{-1}=\frac{1}{(n-1)\displaystyle\sum_{k=1}^{n-1}\left(x^{(1)}(k)\right)^2-\left[\sum_{k=1}^{n-1}x^{(1)}(k)\right]^2}\times\begin{bmatrix} n-1 & -\displaystyle\sum_{k=1}^{n-1}x^{(1)}(k) \\ -\displaystyle\sum_{k=1}^{n-1}x^{(1)}(k) & \displaystyle\sum_{k=1}^{n-1}\left(x^{(1)}(k)\right)^2 \end{bmatrix}
$$

$$B^{\mathrm{T}}Y=\begin{bmatrix} x^{(1)}(1) & 1 \\ x^{(1)}(2) & 1 \\ \vdots & \vdots \\ x^{(1)}(n-1) & 1 \end{bmatrix}^{\mathrm{T}}\begin{bmatrix} x^{(1)}(2) \\ x^{(1)}(3) \\ \vdots \\ x^{(1)}(n) \end{bmatrix}=\begin{bmatrix} \sum_{k=1}^{n-1} x^{(1)}(k)\cdot x^{(1)}(k+1) \\ \sum_{k=1}^{n-1} x^{(1)}(k+1) \end{bmatrix}$$

所以

$$\hat{\beta}=\left(B^{\mathrm{T}}B\right)^{-1}B^{\mathrm{T}}Y=\frac{1}{(n-1)\sum_{k=1}^{n-1}\left[x^{(1)}(k)\right]^2-\left[\sum_{k=1}^{n-1}x^{(1)}(k)\right]^2}$$

$$\times\begin{bmatrix} (n-1)\sum_{k=1}^{n-1}x^{(1)}(k)x^{(1)}(k+1)-\sum_{k=1}^{n-1}x^{(1)}(k)\sum_{k=1}^{n-1}x^{(1)}(k+1) \\ -\sum_{k=1}^{n-1}x^{(1)}(k)\sum_{k=1}^{n-1}x^{(1)}(k)x^{(1)}(k+1)+\sum_{k=1}^{n-1}x^{(1)}(k+1)\sum_{k=1}^{n-1}\left[x^{(1)}(k)\right]^2 \end{bmatrix}$$

$$=\begin{bmatrix} \dfrac{\sum_{k=1}^{n-1}x^{(1)}(k+1)x^{(1)}(k)-\dfrac{1}{n-1}\sum_{k=1}^{n-1}x^{(1)}(k+1)\sum_{k=1}^{n-1}x^{(1)}(k)}{\sum_{k=1}^{n-1}\left[x^{(1)}(k)\right]^2-\dfrac{1}{n-1}-\left[\sum_{k=1}^{n-1}x^{(1)}(k)\right]^2} \\ \dfrac{1}{n-1}\left[\sum_{k=1}^{n-1}x^{(1)}(k+1)-\beta_1\sum_{k=1}^{n-1}x^{(1)}(k)\right] \end{bmatrix}=\begin{bmatrix} \beta_1 \\ \beta_2 \end{bmatrix}$$

定理 8.1.2 设 B，Y，$\hat{\beta}$ 如定理 8.1.1 所述，$\hat{\beta}=[\beta_1,\beta_2]=\left(B^{\mathrm{T}}B\right)^{-1}B^{\mathrm{T}}Y$，则

（1）取 $x^{(1)}(1)=x^{(0)}(1)$，可得递推函数为

$$\hat{x}^{(1)}(k+1)=\beta_1^k x^{(0)}(1)+\frac{1-\beta_1^k}{1-\beta_1}\cdot\beta_2,\quad k=1,2,\cdots,n-1$$

或

$$\hat{x}^{(1)}(k+1)=\beta_1^k\left(x^{(0)}(1)-\frac{\beta_2}{1-\beta_1}\right)+\frac{\beta_2}{1-\beta_1},\quad k=1,2,\cdots,n-1$$

（2）还原值

$$\hat{x}^{(0)}(k+1)=\alpha^{(1)}\hat{x}^{(1)}(k+1)=\hat{x}^{(1)}(k+1)-\hat{x}^{(1)}(k),\quad k=1,2,\cdots,n-1$$

（谢乃明和刘思峰，2005）。

证明 （1）将求得的 β_1，β_2 代入离散形式，则

$$\hat{x}^{(1)}(k+1)=\beta_1\hat{x}^{(1)}(k)+\beta_2=\beta_1\left[\beta_1\hat{x}^{(1)}(k-1)-\beta_2\right]+\beta_2$$
$$=\cdots=\beta_1^k\hat{x}^{(1)}(1)+\left(\beta_1^{k-1}+\beta_1^{k-2}+\cdots+\beta_1+1\right)\cdot\beta_2$$

取 $x^{(1)}(1)=x^{(0)}(1)$，有

$$\hat{x}^{(1)}(k+1)=\beta_1^k x^{(0)}(1)+\frac{1-\beta_1^k}{1-\beta_1}\cdot\beta_2$$

（2）$\hat{x}^{(1)}(k+1)-\hat{x}^{(1)}(k)=\sum_{i=1}^{k+1}x^{(0)}(i)-\sum_{i=1}^{k}\hat{x}^{(0)}(i)=\hat{x}^{(0)}(k+1)$。

在第7章中，我们曾运用GM（1，1）模型的基本形式对几类不同的序列进行模拟分析，明确了 GM（1，1）模型各种基本形式的适用范围，此处给出离散灰色模型精确模拟等比序列的数学证明。

定理 8.1.3　设 $X^{(0)}$ 为等比序列

$$X^{(0)}=\left\{ac,ac^2,ac^3,\cdots,ac^n\right\},\ c>0$$

则离散灰色模型能够精确模拟 $X^{(0)}$。

证明　$X^{(0)}$ 为等比序列

$$X^{(0)}=\left\{ac,ac^2,ac^3,\cdots,ac^n\right\},\ c>0$$

即

$$x^{(0)}(k)=ac^k,\quad k=1,2,\cdots,n$$

$X^{(0)}$ 的一阶累加序列为

$$X^{(1)}=\left\{ac,a\left(c+c^2\right),a\left(c+c^2+c^3\right),\cdots,a\sum_{i=1}^{n}c^i\right\}$$

$$\boldsymbol{Y}=\begin{bmatrix}a\left(c+c^2\right)\\ a\left(c+c^2+c^3\right)\\ \vdots\\ a\sum_{i=1}^{n}c^i\end{bmatrix},\quad \boldsymbol{B}=\begin{bmatrix}ac & 1\\ a\left(c+c^2\right) & 1\\ \vdots & 1\\ a\sum_{i=1}^{n}c^i & 1\end{bmatrix}$$

$$\hat{\boldsymbol{\beta}}=\left(\boldsymbol{B}^{\mathrm{T}}\boldsymbol{B}\right)^{-1}\boldsymbol{B}^{\mathrm{T}}\boldsymbol{Y}=\begin{bmatrix}c\\ ac\end{bmatrix}$$

由 $\hat{x}^{(1)}(k+1)=x^{(0)}(1)\cdot\beta_1^k+\frac{\beta_2}{1-\beta_2}\cdot\left(1-\beta_1^k\right)=ac\cdot c^k+\frac{1-c^k}{1-c}\cdot ac=a\sum_{i=1}^{k+1}c^i$ 可得还原值

$$\hat{x}^{(0)}(k)=\hat{x}^{(1)}(k)-\hat{x}^{(1)}(k-1)=a\sum_{i=1}^{k}c^i-a\sum_{i=1}^{k-1}c^i=ac^k$$

$\hat{x}^{(0)}(k)$ 和 $x^{(0)}(k)$ 完全相等，即离散灰色模型能够精确模拟等比序列 $X^{(0)}$。

因此对于具有近似指数增长规律的原数据序列，可以选择离散灰色模型进行模拟、预测。

分析离散灰色模型和均值 GM（1，1）模型对近似指数序列模拟结果的不同，可以知道，均值 GM（1，1）模型模拟等比序列产生偏差的原因在于白化形式中的 e^{-a} 与 DGM 模型中的 β_1 之间存在微小的差异，在发展系数 $-a$ 较小时，微差对模拟结果的影响较小，所以离散灰色模型和均值 GM（1，1）模型等价。当发展系数 $-a$ 较大或 $X^{(0)}$ 为非指数增长序列时，就需要针对具体情况进行分析，在 GM（1，1）模型的 4 种基本形式中选择最适用的模型。

例 8.1.1 设有数据序列

$$X^{(0)}=\{2.23,8.29,25.96,84.88,271.83\}$$

试建立离散灰色模型。

解 根据定理 8.1.1，可以求得

$$\hat{\boldsymbol{\beta}}=\left(\boldsymbol{B}^{\mathrm{T}}\boldsymbol{B}\right)^{-1}\boldsymbol{B}^{\mathrm{T}}\boldsymbol{Y}=\begin{bmatrix}3.2141\\3.3162\end{bmatrix}$$

代入公式（8.1.2），可得 $\hat{x}^{(1)}(k)$ 模拟值如表 8.1.1 所示

表 8.1.1 误差检验表

序号	实际数据 $x^{(0)}(k)$	模拟数据 $\hat{x}^{(0)}(k)$	残差 $\varepsilon(k)=x^{(0)}(k)-\hat{x}^{(0)}(k)$	相对误差 $\Delta_k=\frac{\lvert\varepsilon(k)\rvert}{x^{(0)}(k)}$
2	8.29	8.25	−0.04	0.44%
3	25.96	26.53	0.57	2.19%
4	84.88	85.26	0.38	0.45%
5	271.83	274.03	2.20	0.81%

由表 8.1.1 可得平均相对误差

$$\Delta=\frac{1}{4}\sum_{k=2}^{5}\Delta_k=0.97\%$$

8.2 离散灰色模型的拓展与优化

8.1 节中的离散灰色模型以 $x^{(0)}(1)$ 为迭代基准，我们还可以根据实际情况适当选择迭代基准，以提高模型的模拟和预测精度，如以序列中的任意一点或序列终点为迭代基准。根据不同的迭代初值，我们可以建立三种离散灰色模型。

8.2.1 离散灰色模型的三种形式

设系统行为特征序列的观测值为

$$X^{(0)}=\left\{x^{(0)}(1),x^{(0)}(2),\cdots,x^{(0)}(n)\right\}$$

其一阶累加序列为

$$X^{(1)}=\left\{x^{(1)}(1),x^{(1)}(2),\cdots,x^{(1)}(n)\right\}$$

其中，$x^{(1)}(k)=\sum_{i=1}^{k}x^{(0)}(i)$，$i=1,2,\cdots,n$。

根据不同的迭代基准（即在建模时假定原始值和模拟值相等的序列数据），离散灰色模型可以表示为如下三种形式（谢乃明和刘思峰，2006b）。

（1）$\begin{cases}\hat{x}^{(1)}(k+1)=\beta_1\hat{x}^{(1)}(k)+\beta_2,\\ \hat{x}^{(1)}(1)=x^{(1)}(1)=x^{(0)}(1),\end{cases}$ 其中，$\hat{x}^{(1)}(k)$ 是原始序列数据的拟合值，β_1，β_2 为待定参数，$\hat{x}^{(1)}(1)$ 为迭代基值。称该模型为始点固定的离散灰色模型（starting-point fixed discrete grey model，SDGM）。

（2）$\begin{cases}\hat{x}^{(1)}(k+1)=\beta_1\hat{x}^{(1)}(k)+\beta_2,\\ \hat{x}^{(1)}(m)=x^{(1)}(m)=\sum_{i=1}^{m}x^{(0)}(i),1<m<n,\end{cases}$ 其中，$\hat{x}^{(1)}(k)$ 是原始序列数据的拟合值，β_1，β_2 为待定参数，$\hat{x}^{(1)}(m)$ 为迭代基值。称该模型为中间点固定的离散灰色模型（middle-point fixed discrete grey model，MDGM）。

（3）$\begin{cases}\hat{x}^{(1)}(k+1)=\beta_1\hat{x}^{(1)}(k)+\beta_2,\\ \hat{x}^{(1)}(n)=x^{(1)}(n)=\sum_{i=1}^{n}x^{(0)}(i),\end{cases}$ 其中，$\hat{x}^{(1)}(k)$ 是原始序列数据的拟合值，β_1，β_2 为待定参数，$\hat{x}^{(1)}(n)$ 为迭代基值。称该模型为终点固定的离散灰色模型（ending-point fixed discrete grey model，EDGM）。

8.2.2　迭代初始值的影响分析

从 8.2.1 小节分析可以看出，对于同一数据序列，选取不同的迭代初始值将获得不同的结果，序列初始值的微小变动可能造成模拟序列的较大变化。我们以 SDGM 模型为例进行分析，对于 MDGM 和 EDGM 模型，可以得到类似的结论。

在 SDGM 模型中，迭代基值 $\hat{x}^{(1)}(1)=x^{(1)}(1)=x^{(0)}(1)$，因此拟合曲线必然通过点 $\left(1,x^{(0)}(1)\right)$，而根据最小二乘原理，最优拟合曲线则未必通过迭代基值点 $\left(1,x^{(0)}(1)\right)$，故我们也可以考虑不选择 $\hat{x}^{(1)}(1)=x^{(1)}(1)=x^{(0)}(1)$ 作为初始条件，直观分析如图 8.2.1 所示。

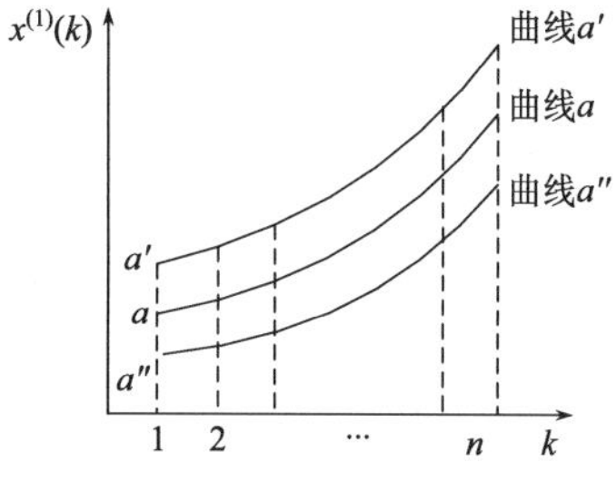

图 8.2.1　始点固定模型分析

假设曲线 a 是符合最小二乘原理的曲线，那么曲线 a 也将通过迭代基值点 a，即 $\left(1,x^{(0)}(1)\right)$，而事实上 $\hat{x}^{(1)}(1)$ 可能大于 $x^{(0)}(1)$ 也可能小于 $x^{(0)}(1)$，即当真实数据 $x^{(0)}(1)=a'$ 时，我们拟合得到的曲线为 a'，而当真实数据 $x^{(0)}(1)=a''$ 时，我们所求得

的曲线为 a'' 。都偏离了曲线 a。已知 SDGM 模型的递推函数形式为

$$\hat{x}^{(1)}(k+1)=\beta_1^k\hat{x}^{(1)}(1)+\frac{1-\beta_1^k}{1-\beta_1}\bullet\beta_2,\quad k=1,2,\cdots,n-1$$

相应的还原值为

$$\begin{aligned}\hat{x}^{(0)}(k+1)&=\hat{x}^{(1)}(k+1)-\hat{x}^{(1)}(k)=\left(\beta_1^k\hat{x}^{(1)}(1)+\frac{1-\beta_1^k}{1-\beta_1}\bullet\beta_2\right)-\left(\beta_1^{(k-1)}\hat{x}^{(1)}(1)+\frac{1-\beta_1^{(k-1)}}{1-\beta_1}\bullet\beta_2\right)\\&=\left(\beta_1^k-\beta_1^{(k-1)}\right)\bullet\hat{x}^{(1)}(1)+\frac{\beta_1^{(k-1)}-\beta_1^k}{1-\beta_1}\bullet\beta_2\end{aligned}$$

由于 β_1，β_2 可以通过最小二乘方法唯一确定，因此，$\left(\beta_1^k-\beta_1^{(k-1)}\right)$ 和 $\frac{\beta_1^{(k-1)}-\beta_1^k}{1-\beta_1}\bullet\beta_2$ 均唯一确定，所以当 $x^{(1)}(1)$ 不在最小二乘原理的拟合曲线上时，即 $\hat{x}^{(1)}(1)>x^{(1)}(1)$ 或 $\hat{x}^{(1)}(1)<x^{(1)}(1)$ 时，所求得的 $\hat{x}^{(0)}(k+1)$ 也相应地偏大或偏小。对于 MDGM 和 EDGM 模型，可以得到类似的结论，从图 8.2.2 和图 8.2.3 中分别可以看出 MDGM 模型的迭代基值 $\hat{x}^{(1)}(m)$ 偏离 $x^{(1)}(m)$，EDGM 模型的迭代基值 $\hat{x}^{(1)}(n)$ 偏离 $x^{(1)}(n)$ 时也同样会影响拟合值 $\hat{x}^{(0)}(k+1)$，说明迭代基值 $\hat{x}^{(1)}(1)$，$\hat{x}^{(1)}(m)$ 和 $\hat{x}^{(1)}(n)$ 的取值不同会影响模拟结果。

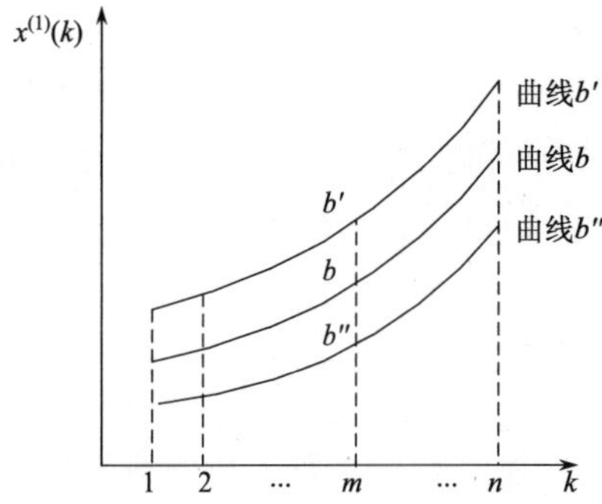

图 8.2.2　中间点固定模型分析

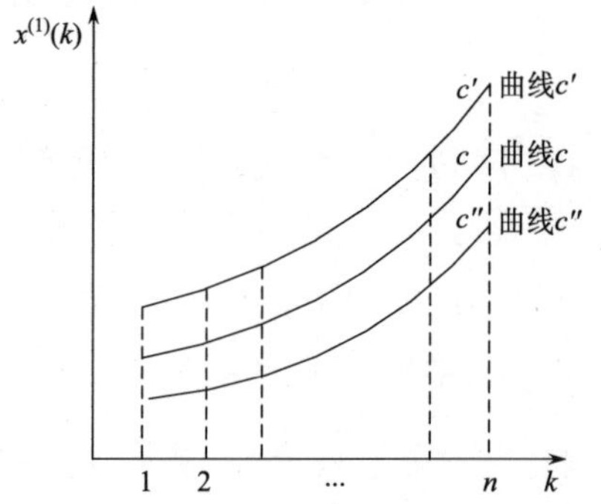

图 8.2.3　终点固定模型分析

8.2.3　优化离散灰色模型

为消除迭代初始值对模型拟合值的影响，可以对迭代初始值增加一个修正项，通过修正项来反向抵消初始值带来的偏差，则原离散灰色模型的三种形式变为：

（4）$\begin{cases}\hat{x}^{(1)}(k+1)=\beta_1\hat{x}^{(1)}(k)+\beta_2,\\ \hat{x}^{(1)}(1)=x^{(1)}(1)+\beta_3,\end{cases}$ 其中，$\hat{x}^{(1)}(k)$ 是原始序列数据的拟合值，β_1，β_2 和 β_3 为待定参数，$\hat{x}^{(1)}(1)$ 为迭代基值。称该模型为优化始点离散灰色模型（optimized starting-point fixed discrete grey model，OSDGM）。

（5）$\begin{cases}\hat{x}^{(1)}(k+1)=\beta_1\hat{x}^{(1)}(k)+\beta_2,\\ \hat{x}^{(1)}(m)=x^{(1)}(m)+\beta_3,\end{cases}$ 其中，$\hat{x}^{(1)}(k)$ 是原始序列数据的拟合值，β_1，β_2 和 β_3 为待定参数，$\hat{x}^{(1)}(m)$ 为迭代基值。称该模型为优化中间点离散灰色模型（optimized middle-point fixed discrete grey model，OMDGM）。

（6）$\begin{cases}\hat{x}^{(1)}(k+1)=\beta_1\hat{x}^{(1)}(k)+\beta_2,\\ \hat{x}^{(1)}(n)=x^{(1)}(n)+\beta_3,\end{cases}$ 其中，$\hat{x}^{(1)}(k)$ 是原始序列数据的拟合值，β_1，β_2 和 β_3 为待定参数，$\hat{x}^{(1)}(n)$ 为迭代基值。称该模型为优化终点离散灰色模型（optimized ending-point fixed discrete grey Model，OEDGM）。

优化离散灰色模型中有三个未知参数 β_1，β_2，β_3，参数 β_1，β_2 的求解与一般的离散灰色模型所使用的方法一样，采用最小二乘方法，可得

$$\begin{cases}\beta_1=\dfrac{\sum\limits_{k=1}^{n-1}x^{(1)}(k+1)x^{(1)}(k)-\dfrac{1}{n-1}\sum\limits_{k=1}^{n-1}x^{(1)}(k+1)\sum\limits_{k=1}^{n-1}x^{(1)}(k)}{\sum\limits_{k=1}^{n-1}\left(x^{(1)}(k)\right)^2-\dfrac{1}{n-1}\left[\sum\limits_{k=1}^{n-1}x^{(1)}(k)\right]^2}\\ \beta_2=\dfrac{1}{n-1}\left[\sum\limits_{k=1}^{n-1}x^{(1)}(k+1)-\beta_1\sum\limits_{k=1}^{n-1}x^{(1)}(k)\right]\end{cases}$$

下面以 OSDGM 模型为例说明参数 β_3 的求解方法。首先建立一个无约束优化模型：

$$\min_{\beta_3}\sum_{k=1}^{n}\left[\hat{x}^{(1)}(k)-x^{(1)}(k)\right]^2$$

将所求得的 β_1，β_2 代入 $\hat{x}^{(1)}(k+1)=\beta_1^k\hat{x}^{(1)}(1)+\dfrac{1-\beta_1^k}{1-\beta_1}\bullet\beta_2$，令

$$\begin{aligned}S&=\sum_{k=1}^{n}\left[\hat{x}^{(1)}(k)-\hat{x}^{(1)}(k)\right]^2=\beta_3^2+\sum_{k=1}^{n-1}\left[\beta_1^k\hat{x}^{(1)}(1)+\frac{1-\beta_1^k}{1-\beta_1}\bullet\beta_2-x^{(1)}(k+1)\right]^2\\&=\beta_3^2+\sum_{k=1}^{n-1}\left[\beta_1^kx^{(1)}(1)+\beta_1^k\bullet\beta_3+\frac{1-\beta_1^k}{1-\beta_1}\bullet\beta_2-x^{(1)}(k+1)\right]^2\end{aligned}$$

由

$$\frac{\mathrm{d}S}{\mathrm{d}\beta_3}=2\beta_3+2\sum_{k=1}^{n-1}\left[\beta_1^kx^{(1)}(1)+\beta_1^k\bullet\beta_3+\frac{1-\beta_1^k}{1-\beta_1}\bullet\beta_2-x^{(1)}(k+1)\right]\bullet\beta_1^k=0$$

可以解得

$$\beta_3=\frac{\sum\limits_{k=1}^{n-1}\left[x^{(1)}(k+1)-\beta_1^kx^{(1)}(1)-\dfrac{1-\beta_1^k}{1-\beta_1}\bullet\beta_2\right]\bullet\beta_1^k}{1+\sum\limits_{k=1}^{n-1}\left(\beta_1^k\right)^2}$$

从而有

$$
\begin{cases}
\beta_1 = \dfrac{\sum\limits_{k=1}^{n-1} x^{(1)}(k+1)x^{(1)}(k) - \dfrac{1}{n-1}\sum\limits_{k=1}^{n-1} x^{(1)}(k+1)\sum\limits_{k=1}^{n-1} x^{(1)}(k)}{\sum\limits_{k=1}^{n-1}\left(x^{(1)}(k)\right)^2 - \dfrac{1}{n-1}\left[\sum\limits_{k=1}^{n-1} x^{(1)}(k)\right]^2} \\
\beta_2 = \dfrac{1}{n-1}\left[\sum\limits_{k=1}^{n-1} x^{(1)}(k+1) - \beta_1 \sum\limits_{k=1}^{n-1} x^{(1)}(k)\right] \\
\beta_3 = \dfrac{\sum\limits_{k=1}^{n-1}\left[x^{(1)}(k+1) - \beta_1^k x^{(1)}(1) - \dfrac{1-\beta_1^k}{1-\beta_1}\cdot\beta_2\right]\cdot\beta_1^k}{1+\sum\limits_{k=1}^{n-1}\left(\beta_1^k\right)^2}
\end{cases}
\tag{8.2.1}
$$

OMDGM和OEDGM模型的求解与OSDGM类似。显然，优化后的OSDGM模型、OMDGM模型和OEDGM模型皆与最优拟合曲线重合，对于同一数据序列，分别建立这三个模型可以获得相同的模拟和预测效果。因此，在实际数据模拟和预测时，OSDGM、OMDGM和OEDGM三个模型中任选其一即可（谢乃明和刘思峰，2006b）。

8.2.4 优化离散灰色模型的递推公式

基于参数 β_1，β_2，β_3，我们可以给出模拟和预测序列的求解公式，也称为优化离散灰色模型的递推公式。

定理 8.2.1 对于OSDGM模型，参数值如式（8.2.1）所述，则

（1）递推公式为

$$\hat{x}^{(1)}(k+1) = \beta_1^k x^{(0)}(1) + \beta_1^k \cdot \beta_3 + \frac{1-\beta_1^k}{1-\beta_1}\cdot\beta_2, \quad k=1,2,\cdots,n-1$$

或

$$\hat{x}^{(1)}(k+1) = \beta_1^k\left[x^{(0)}(1) + \beta_3 - \frac{\beta_2}{1-\beta_1}\right] + \frac{\beta_2}{1-\beta_1}, \quad k=1,2,\cdots,n-1$$

（2）还原值

$$\hat{x}^{(0)}(k+1) = \alpha^{(1)}\hat{x}^{(1)}(k+1) = \hat{x}^{(1)}(k+1) - \hat{x}^{(1)}(k), \quad k=1,2,\cdots,n-1$$

（谢乃明和刘思峰，2006b）。

证明 （1）将求得的 β_1，β_2 代入离散形式，则

$$
\begin{aligned}
\hat{x}^{(1)}(k+1) &= \beta_1 \hat{x}^{(1)}(k) + \beta_2 \\
&= \beta_1\left[\beta_1 \hat{x}^{(1)}(k-1) + \beta_2\right] + \beta_2 \\
&= \cdots \\
&= \beta_1^k \hat{x}^{(1)}(1) + \left(\beta_1^{k-1} + \beta_1^{k-2} + \cdots + \beta_1 + 1\right)\cdot\beta_2
\end{aligned}
$$

取 $\hat{x}^{(1)}(1) = \hat{x}^{(1)}(1) + \beta_3 = x^{(0)}(1) + \beta_3$，则

$$\hat{x}^{(1)}(k+1)=\beta_1^k\hat{x}^{(1)}(1)+\frac{1-\beta_1^k}{1-\beta_1}\bullet\beta_2$$
$$=\beta_1^k\left(x^{(1)}(1)+\beta_3\right)+\frac{1-\beta_1^k}{1-\beta_1}\bullet\beta_2$$
$$=\beta_1^k x^{(0)}(1)+\beta_1^k\bullet\beta_3+\frac{1-\beta_1^k}{1-\beta_1}\bullet\beta_2$$

（2）$\hat{x}^{(1)}(k+1)-\hat{x}^{(1)}(k)=\sum_{i=1}^{k+1}\hat{x}^{(0)}(i)-\sum_{i=1}^{k}\hat{x}^{(0)}(i)=\hat{x}^{(0)}(k+1)$。

定理 8.2.2　对于 OMDGM 模型，参数值如式（8.2.1）所述，则

（1）递推公式为

$$\hat{x}^{(1)}(k)=\beta_1^{(k-m)}\left[x^{(1)}(m)+\beta_3-\frac{\beta_2}{1-\beta_1}\right]+\frac{\beta_2}{1-\beta_1},\quad k=1,2,\cdots;1\leqslant m\leqslant n$$

（2）还原值

$$\hat{x}^{(0)}(k+1)=\alpha^{(1)}\hat{x}^{(1)}(k+1)=\hat{x}^{(1)}(k+1)-\hat{x}^{(1)}(k),\quad k=1,2,\cdots$$

证明　证明过程与定理 8.2.1 类似。

定理 8.2.3　对于 OEDGM 模型，参数值如式（8.2.1）所述，则

（1）递推公式为

$$\hat{x}^{(1)}(k)=\beta_1^{(k-n)}\left[x^{(1)}(n)+\beta_3-\frac{\beta_2}{1-\beta_1}\right]+\frac{\beta_2}{1-\beta_1},\quad k=1,2,\cdots$$

（2）还原值

$$\hat{x}^{(0)}(k+1)=\alpha^{(1)}\hat{x}^{(1)}(k+1)=\hat{x}^{(1)}(k+1)-\hat{x}^{(1)}(k),\quad k=1,2,\cdots$$

证明　证明过程与定理 8.2.1 类似。

8.3　非齐次指数离散灰色模型

无论是 GM（1，1）模型、离散灰色模型还是优化的离散灰色模型，建模的基础都是假定原始数据序列服从近似齐次指数规律，即原始序列 $x^{(0)}(k)\approx ac^k$，$k=1$，2，…，而实际上服从近似齐次指数规律的数据序列是十分有限的，本节主要讨论非齐次指数的情形，即原始数据序列近似服从 $x^{(0)}(k)\approx ac^k+b$，$k=1$，2，…。

定义 8.3.1　对原始数据序列

$$X^{(0)}=\left\{x^{(0)}(1),x^{(0)}(2),\cdots,x^{(0)}(n)\right\}$$

其一阶累加序列为

$$X^{(1)}=\left\{x^{(1)}(1),x^{(1)}(2),\cdots,x^{(1)}(n)\right\}$$

其中，$x^{(1)}(k)=\sum_{i=1}^{k}x^{(0)}(i)$，$k=1$，2，…，$n$，称

$$
\begin{cases}
\hat{x}^{(1)}(k+1)=\beta_1\hat{x}^{(1)}(k)+\beta_2\cdot k+\beta_3\\
\hat{x}^{(1)}(1)=x^{(1)}(1)+\beta_4
\end{cases}
$$

为近似非齐次指数离散灰色模型（non-homogenous discrete grey model，NDGM），其中 $\hat{x}^{(1)}(k)$ 是原始序列数据的拟合值，β_1，β_2，β_3 和 β_4 为待定参数，$\hat{x}^{(1)}(1)$ 为迭代基值（谢乃明和刘思峰，2008）。

与优化离散灰色模型类似，参数值 β_1，β_2 和 β_3 用最小二乘方法求解，而 β_4 用无约束优化模型求解，若 $\hat{\boldsymbol{\beta}}=(\beta_1,\beta_2,\beta_3)^{\mathrm{T}}$ 为参数列，且

$$
\boldsymbol{Y}=\begin{bmatrix} x^{(1)}(2)\\ x^{(1)}(3)\\ \vdots\\ x^{(1)}(n)\end{bmatrix},\quad
\boldsymbol{B}=\begin{bmatrix} x^{(1)}(1) & 1\\ x^{(1)}(2) & 2\\ \vdots & \vdots\\ x^{(1)}(n-1) & n-1\end{bmatrix}
$$

则根据最小二乘原理，参数列应满足

$$
\hat{\boldsymbol{\beta}}=(\beta_1,\beta_2,\beta_3)^{\mathrm{T}}=\left(\boldsymbol{\beta}^{\mathrm{T}}\boldsymbol{\beta}\right)^{-1}\boldsymbol{\beta}^{\mathrm{T}}Y
$$

由此，可求得参数的表达式为

$$
\begin{aligned}
\hat{\boldsymbol{\beta}}_I=(\beta_1,\beta_2,\beta_3)^{\mathrm{T}}=&\frac{1}{(n-1)\sum_{k=1}^{n-1}k^2\sum_{k=1}^{n-1}\left[x^{(1)}(k)\right]^2+2\sum_{k=1}^{n-1}k\sum_{k=1}^{n-1}kx^{(1)}(k)\sum_{k=1}^{n-1}x^{(1)}(k)}\\
&\overline{-\left(\sum_{k=1}^{n-1}k\right)^2\sum_{k=1}^{n-1}\left[x^{(1)}(k)\right]^2-(n-1)\left[\sum_{k=1}^{n-1}kx^{(1)}(k)\right]^2-\sum_{k=1}^{n-1}k^2\left[\sum_{k=1}^{n-1}x^{(1)}(k)\right]^2}\\
&\times\begin{bmatrix}
\begin{gathered}
(n-1)\sum_{k=1}^{n-1}k^2\sum_{k=1}^{n-1}x^{(1)}(k)x^{(1)}(k+1)+\sum_{k=1}^{n-1}k\sum_{k=1}^{n-1}x^{(1)}(k)\sum_{k=1}^{n-1}kx^{(1)}(k+1)\\
+\sum_{k=1}^{n-1}k\sum_{k=1}^{n-1}kx^{(1)}(k)\sum_{k=1}^{n-1}x^{(1)}(k+1)-\left(\sum_{k=1}^{n-1}k\right)^2\sum_{k=1}^{n-1}x^{(1)}(k)x^{(1)}(k+1)\\
-(n-1)\sum_{k=1}^{n-1}kx^{(1)}(k)\sum_{k=1}^{n-1}kx^{(1)}(k+1)-\sum_{k=1}^{n-1}k^2\sum_{k=1}^{n-1}x^{(1)}(k)\sum_{k=1}^{n-1}x^{(1)}(k+1)
\end{gathered}\\
\begin{gathered}
\sum_{k=1}^{n-1}k\sum_{k=1}^{n-1}x^{(1)}(k)\sum_{k=1}^{n-1}x^{(1)}(k)x^{(1)}(k+1)+(n-1)\sum_{k=1}^{n-1}\left(x^{(1)}(k)\right)^2\sum_{k=1}^{n-1}kx^{(1)}(k+1)\\
+\sum_{k=1}^{n-1}kx^{(1)}(k)\sum_{k=1}^{n-1}x^{(1)}(k)\sum_{k=1}^{n-1}x^{(1)}(k+1)-(n-1)\sum_{k=1}^{n-1}kx^{(1)}(k)\sum_{k=1}^{n-1}x^{(1)}(k)x^{(1)}(k+1)\\
-\sum_{k=1}^{n-1}kx^{(1)}(k+1)\left[\sum_{k=1}^{n-1}x^{(1)}(k)\right]^2-\sum_{k=1}^{n-1}k\sum_{k=1}^{n-1}\left[x^{(1)}(k)\right]^2\sum_{k=1}^{n-1}x^{(1)}(k+1)
\end{gathered}\\
\begin{gathered}
\sum_{k=1}^{n-1}k\sum_{k=1}^{n-1}kx^{(1)}(k)\sum_{k=1}^{n-1}x^{(1)}(k)x^{(1)}(k+1)+\sum_{k=1}^{n-1}kx^{(1)}(k)\sum_{k=1}^{n-1}x^{(1)}(k)\sum_{k=1}^{n-1}kx^{(1)}(k+1)\\
+\sum_{k=1}^{n-1}k^2\sum_{k=1}^{n-1}\left[x^{(1)}(k)\right]^2\sum_{k=1}^{n-1}x^{(1)}(k+1)-\sum_{k=1}^{n-1}k^2\sum_{k=1}^{n-1}x^{(1)}(k)\sum_{k=1}^{n-1}x^{(1)}(k)x^{(1)}(k+1)\\
-\sum_{k=1}^{n-1}k\sum_{k=1}^{n-1}\left[x^{(1)}(k)\right]^2\sum_{k=1}^{n-1}kx^{(1)}(k+1)-\sum_{k=1}^{n-1}x^{(1)}(k+1)\left[\sum_{k=1}^{n-1}kx^{(1)}(k)\right]^2
\end{gathered}
\end{bmatrix}
\end{aligned}
$$

参数 β_4 可以通过建立一个无约束优化模型：

$$\min_{\beta_4}\sum_{k=1}^{n}\left[\hat{x}^{(1)}(k)-x^{(1)}(k)\right]^2$$

求出

$$\beta_4=\frac{\sum_{k=1}^{n}\left[x^{(1)}(k+1)-\beta_1^k x^{(1)}(1)-\beta_2\sum_{j=1}^{k}j\beta_1^{k-j}-\frac{1-\beta_1^k}{1-\beta_1}\cdot\beta_3\right]\cdot\beta_1^k}{1+\sum_{k=1}^{n-1}\left(\beta_1^k\right)^2}$$

与 SDGM 模型类似，可以证明非齐次指数离散灰色模型能够精确模拟非齐次等比序列。

定义 8.3.2　设 $X^{(0)}$ 为非齐次指数序列

$$X^{(0)}=\left\{ac+b,ac^2+b,ac^3+b,\cdots,ac^n+b\right\},\quad c>0$$

则非齐次指数离散灰色模型能够精确模拟 $X^{(0)}$（谢乃明和刘思峰，2008）。

证明　设

$$X^{(0)}=\left\{ac+b,ac^2+b,ac^3+b,\cdots,ac^n+b\right\},\quad c>0$$

显然，对于 $k=n+1$，$n+2$，$\cdots$，$x^{(0)}(k)=ac^k+b$，对 $X^{(0)}$ 进行一阶累加，得

$$X^{(1)}=\left\{ac+b,a\left(c+c^2\right)+2b,a\left(c+c^2+c^3\right)+3b,\cdots,a\sum_{i=1}^{n}c^i+nb\right\}$$

$$\boldsymbol{Y}=\begin{bmatrix}a\left(c+c^2\right)+2b\\a\left(c+c^2+c^3\right)+3b\\\vdots\\a\sum_{i=1}^{n}c^i+nb\end{bmatrix},\quad \boldsymbol{B}=\begin{bmatrix}ac+b & 1\\a\left(c+c^2\right)+2b & 2\\\vdots & \vdots\\a\sum_{i=1}^{n}c^i+(n-1)b & n-1\end{bmatrix}$$

可得

$$\hat{\boldsymbol{\beta}}=\left(\beta_1,\beta_2,\beta_3\right)^{\mathrm{T}}=\left(\boldsymbol{B}^{\mathrm{T}}\boldsymbol{B}\right)^{-1}\boldsymbol{B}^{\mathrm{T}}\boldsymbol{Y}=\begin{bmatrix}c\\b(1-c)\\ac+b\end{bmatrix},\quad \beta_4=0$$

$$\begin{aligned}\hat{x}^{(1)}(k+1)&=\beta_1^k\left(x^{(1)}(1)+\beta_4\right)+\beta_2\sum_{j=1}^{k}j\beta_1^{k-j}+\frac{1-\beta_1^k}{1-\beta_1}\cdot\beta_3\\&=c^k(ac+b)+b(1-c)\sum_{j=1}^{k}jc^{k-j}+\frac{1-c^k}{1-c}\cdot(ac+b)\\&=a\sum_{j=1}^{k+1}c^i+(k+1)b\end{aligned}$$

累减还原值为

$$
\begin{aligned}
\hat{x}^{(0)}(k) &= \hat{x}^{(1)}(k) - \hat{x}^{(1)}(k-1) \\
&= a\sum_{i=1}^{n} c^{i} + kb - a\sum_{i=1}^{k-1} c^{i} - (k-1)b \\
&= ac^{k} + b
\end{aligned}
$$

$\hat{x}^{(0)}(k)$ 和 $x^{(0)}(k)$ 完全相等，即非齐次指数离散灰色模型能够精确模拟非齐次等比序列 $X^{(0)}$。

因此对于具有近似非齐次指数增长规律的原数据序列，可以选择非齐次离散灰色模型进行模拟、预测。

第 9 章

分数阶 GM 模型

在灰色预测模型中，原始数据的微小误差对模型参数的辨识会产生怎样的影响？为什么灰色预测模型特别适用于“小数据”建模？本章将以离散灰色模型为例，利用矩阵扰动理论证明灰色整数阶累加方法在扰动相等的情况下，数据量较小时，解的扰动界也较小，反之亦然。

分数阶导数则蕴涵一种“in between”思想，本章介绍的分数阶累加灰色模型能够有效降低灰色预测模型解的扰动界。

9.1 一阶累加模型解的扰动性分析

定理 9.1.1 设 $A\in C^{m\times n}$，$\boldsymbol{b}\in C^{m}$，$A^{\dagger}$ 是矩阵 $\boldsymbol{A}$ 的广义逆，$\boldsymbol{A}$ 的列向量线性无关时，线性最小二乘问题

$$\|\boldsymbol{Ax}-\boldsymbol{b}\|_2=\min$$

有唯一的解 $\boldsymbol{x}=\boldsymbol{A}^{\dagger}\boldsymbol{b}$（孙继广，1987）。

定理 9.1.2 设 $A\in C^{m\times n}$，$\boldsymbol{b}\in C^{m}$，$A^{\dagger}$ 是矩阵 $\boldsymbol{A}$ 的广义逆，$\boldsymbol{B}$=$\boldsymbol{A}$+$\boldsymbol{E}$，$\boldsymbol{c}$=$\boldsymbol{b}$+$\boldsymbol{k}$∈C^{m}。又设线性最小二乘问题

$$\|\boldsymbol{Bx}-\boldsymbol{c}\|_2=\min$$

与

$$\|\boldsymbol{Ax}-\boldsymbol{b}\|_2=\min$$

的解分别为 $\boldsymbol{x}$+$\boldsymbol{h}$ 和 $\boldsymbol{x}$。如果 $\operatorname{rank}(\boldsymbol{A})=\operatorname{rank}(\boldsymbol{B})=n$，且 $\|\boldsymbol{A}^{\dagger}\|_2\|\boldsymbol{E}\|_2<1$ 时，有

$$\|\boldsymbol{h}\|\leqslant\frac{\kappa_{\dagger}}{\kappa_{\dagger}}\left(\frac{\|\boldsymbol{E}\|_2}{\|\boldsymbol{A}\|}\|\boldsymbol{x}\|+\frac{\|\boldsymbol{k}\|}{\|\boldsymbol{A}\|}+\frac{\kappa_{\dagger}}{\kappa_{\dagger}}\frac{\|\boldsymbol{E}\|_2}{\|\boldsymbol{A}\|}\frac{\|\boldsymbol{r}_x\|}{\|\boldsymbol{A}\|}\right)$$

其中，$\kappa_{\dagger}=\|\boldsymbol{A}^{\dagger}\|_2\|\boldsymbol{A}\|$，$\gamma_{\dagger}=1-\|\boldsymbol{A}^{\dagger}\|_2\|\boldsymbol{E}\|_2$，$\boldsymbol{r}_x$=$\boldsymbol{b}$−$\boldsymbol{A}_x$（孙继广，1987）。

定理 9.1.3 离散灰色模型 $x^{(1)}(k+1)=\beta_1x^{(1)}(k)+\beta_2$ 参数的最小二乘估计满足

$$\begin{bmatrix}\beta_2\\ \beta_1\end{bmatrix}=\left(\boldsymbol{B}^{\mathrm{T}}\boldsymbol{B}\right)^{-1}\boldsymbol{B}^{\mathrm{T}}\boldsymbol{Y}$$

其中

$$\boldsymbol{B}=\begin{bmatrix}1 & x^{(1)}(1)\\ 1 & x^{(1)}(2)\\ \vdots & \vdots\\ 1 & x^{(1)}(n-1)\end{bmatrix},\quad \boldsymbol{Y}=\begin{bmatrix}x^{(1)}(2)\\ x^{(1)}(3)\\ \vdots\\ x^{(1)}(n)\end{bmatrix}$$

按照最小二乘法

$$\min\left\|\boldsymbol{Bx}-\boldsymbol{Y}\right\|_2 \tag{9.1.1}$$

离散灰色模型 $x^{(1)}(k+1)=\beta_1 x^{(1)}(k)+\beta_2$ 的解为 x。如果只发生扰动 $\hat{x}^{(0)}(1)=x^{(0)}(1)+\varepsilon$，则

$$\hat{\boldsymbol{B}}=\boldsymbol{B}+\Delta\boldsymbol{B}=\begin{bmatrix}1 & x^{(1)}(1)\\ 1 & x^{(1)}(2)\\ \vdots & \vdots\\ 1 & x^{(1)}(n-1)\end{bmatrix}+\begin{bmatrix}0 & \varepsilon\\ 0 & \varepsilon\\ \vdots & \vdots\\ 0 & \varepsilon\end{bmatrix}$$

$$\hat{\boldsymbol{Y}}=\boldsymbol{Y}+\Delta\boldsymbol{Y}=\begin{bmatrix}x^{(1)}(2)\\ x^{(1)}(3)\\ \vdots\\ x^{(1)}(n)\end{bmatrix}+\begin{bmatrix}\varepsilon\\ \varepsilon\\ \vdots\\ \varepsilon\end{bmatrix}$$

此时最小二乘问题

$$\min\left\|\hat{\boldsymbol{B}}\boldsymbol{x}-\hat{\boldsymbol{Y}}\right\|_2$$

的解为 $\hat{\boldsymbol{x}}$，解的扰动为 $\Delta\boldsymbol{x}$。设 $\operatorname{rank}(\boldsymbol{B})=\operatorname{rank}(\hat{\boldsymbol{B}})=2$，且 $\left\|\boldsymbol{B}^{\dagger}\right\|_2\left\|\Delta\boldsymbol{B}\right\|_2<1$，则 $\boldsymbol{B}^{\dagger}$ 为 Moore-Penrose 的广义逆

$$\left\|\Delta\boldsymbol{x}\right\|\leqslant\sqrt{n-1}\,|\varepsilon|\frac{\kappa_{\dagger}}{\gamma_{\dagger}}\left(\frac{\|\boldsymbol{x}\|}{\|\boldsymbol{B}\|}+\frac{1}{\|\boldsymbol{B}\|}+\frac{\kappa_{\dagger}}{\gamma_{\dagger}}\frac{1}{\|\boldsymbol{B}\|}\frac{\|\boldsymbol{r}_x\|}{\|\boldsymbol{B}\|}\right)$$

证明 显然 $\boldsymbol{B}$ 的列向量线性无关，如果 $\boldsymbol{B}$ 的列向量线性相关，研究这样的序列无意义。因此问题（9.1.1）有唯一的解 $\boldsymbol{x}=\boldsymbol{Y}^{\dagger}\boldsymbol{b}$。由于

$$\left\|\Delta\boldsymbol{Y}\right\|_2=\sqrt{(n-1)|\varepsilon|^2}=\sqrt{n-1}\,|\varepsilon|$$

$$\Delta\boldsymbol{B}^{\mathrm{T}}\Delta\boldsymbol{B}=\begin{bmatrix}0 & 0\\ 0 & \sum_{i=1}^{n-1}\varepsilon^2\end{bmatrix}$$

因为 $\left\|\Delta\boldsymbol{B}\right\|_2=\sqrt{\lambda_{\max}\left(\Delta\boldsymbol{B}^{\mathrm{T}}\Delta\boldsymbol{B}\right)}$，$\Delta\boldsymbol{B}^{\mathrm{T}}\Delta\boldsymbol{B}$ 的最大特征根为 $(n-1)\varepsilon^2$，所以 $\Delta\boldsymbol{B}_2=\sqrt{n-1}\,|\varepsilon|$。

由定理 9.1.2 得

$$\|\Delta x\| \leqslant \frac{\kappa_{\dagger}}{\gamma_{\dagger}}\left(\frac{\|\Delta B\|_2}{\|B\|}\|x\| + \frac{\|\Delta Y\|}{\|B\|} + \frac{\kappa_{\dagger}}{\gamma_{\dagger}}\frac{\|\Delta B\|_2}{\|B\|}\frac{\|r_x\|}{\|B\|}\right)$$

$$= \sqrt{n-1}|\varepsilon|\frac{\kappa_{\dagger}}{\gamma_{\dagger}}\left(\frac{\|x\|}{\|B\|} + \frac{1}{\|B\|} + \frac{\kappa_{\dagger}}{\gamma_{\dagger}}\frac{1}{\|B\|}\frac{\|r_x\|}{\|B\|}\right)$$

即扰动 $\hat{x}^{(0)}(1) = x^{(0)}(1) + \varepsilon$ 时，解的扰动界记为 $L\left[x^{(0)}(1)\right]$，

$$L\left[x^{(0)}(1)\right] = \sqrt{n-1}|\varepsilon|\frac{\kappa_{\dagger}}{\gamma_{\dagger}}\left(\frac{\|x\|}{\|B\|} + \frac{1}{\|B\|} + \frac{\kappa_{\dagger}}{\gamma_{\dagger}}\frac{1}{\|B\|}\frac{\|r_x\|}{\|B\|}\right)$$

定理 9.1.4　其他条件如定理 9.1.3，如果只发生扰动 $\hat{x}^{(0)}(2) = x^{(0)}(2) + \varepsilon$ 时，解的扰动界为 $L\left[x^{(0)}(2)\right] = |\varepsilon|\frac{\kappa_{\dagger}}{\gamma_{\dagger}}\left(\frac{\sqrt{n-2}\|x\|}{\|B\|} + \frac{\sqrt{n-1}}{\|B\|} + \frac{\kappa_{\dagger}}{\gamma_{\dagger}}\frac{\sqrt{n-2}}{\|B\|}\frac{\|r_x\|}{\|B\|}\right)$。依次类推，当只发生扰动

$$\hat{x}^{(0)}(r) = x^{(0)}(r) + \varepsilon$$

时，解的扰动界为

$$L\left[x^{(0)}(r)\right] = |\varepsilon|\frac{\kappa_{\dagger}}{\gamma_{\dagger}}\left(\frac{\sqrt{n-r}\|x\|}{\|B\|} + \frac{\sqrt{n-r+1}}{\|B\|} + \frac{\kappa_{\dagger}}{\gamma_{\dagger}}\frac{\sqrt{n-r}}{\|B\|}\frac{\|r_x\|}{\|B\|}\right)$$

$$(r = 3, 4, \cdots, n-1)$$

当只发生扰动 $\hat{x}^{(0)}(n) = x^{(0)}(n) + \varepsilon$ 时，解的扰动界为

$$L\left[x^{(0)}(n)\right] = \frac{\kappa_{\dagger}}{\gamma_{\dagger}}\frac{|\varepsilon|}{\|B\|}$$

证明　当只发生扰动 $\hat{x}^{(0)}(2) = x^{(0)}(2) + \varepsilon$ 时

$$\Delta B = \begin{bmatrix} 0 & 0 \\ 0 & \varepsilon \\ \vdots & \vdots \\ 0 & \varepsilon \end{bmatrix}, \quad \Delta Y = \begin{bmatrix} \varepsilon \\ \varepsilon \\ \vdots \\ \varepsilon \end{bmatrix}$$

同理，解的扰动界为 $L\left[x^{(0)}(2)\right] = |\varepsilon|\frac{\kappa_{\dagger}}{\gamma_{\dagger}}\left(\frac{\sqrt{n-2}\|x\|}{\|B\|} + \frac{\sqrt{n-1}}{\|B\|} + \frac{\kappa_{\dagger}}{\gamma_{\dagger}}\frac{\sqrt{n-2}}{\|B\|}\frac{\|r_x\|}{\|B\|}\right)$。

当只发生扰动 $\hat{x}^{(0)}(r) = x^{(0)}(r) + \varepsilon(r = 3, 4, \cdots, n-1)$ 时，ΔB 和 ΔY 也变化，可得

$$L\left[x^{(0)}(r)\right] = |\varepsilon|\frac{\kappa_{\dagger}}{\gamma_{\dagger}}\left(\frac{\sqrt{n-r}\|x\|}{\|B\|} + \frac{\sqrt{n-r+1}}{\|B\|} + \frac{\kappa_{\dagger}}{\gamma_{\dagger}}\frac{\sqrt{n-r}}{\|B\|}\frac{\|r_x\|}{\|B\|}\right)$$

$$(r = 3, 4, \cdots, n-1)$$

当只发生扰动 $\hat{x}^{(0)}(n) = x^{(0)}(n) + \varepsilon$ 时

$$\Delta \boldsymbol{B}=\begin{bmatrix}0&0\\0&0\\\vdots&\vdots\\0&0\end{bmatrix},\quad \Delta \boldsymbol{Y}=\begin{bmatrix}0\\0\\\vdots\\\varepsilon\end{bmatrix}$$

解的扰动界为

$$L\left[x^{(0)}(n)\right]=\frac{\kappa_{\dagger}}{\gamma_{\dagger}}\frac{|\varepsilon|}{\|\boldsymbol{B}\|}$$

得证。

从 $L\left[x^{(0)}(1)\right]=\sqrt{n-1}|\varepsilon|\frac{\kappa_{\dagger}}{\gamma_{\dagger}}\left(\frac{\|\boldsymbol{x}\|}{\|\boldsymbol{B}\|}+\frac{1}{\|\boldsymbol{B}\|}+\frac{\kappa_{\dagger}}{\gamma_{\dagger}}\frac{1}{\|\boldsymbol{B}\|}\frac{\|\boldsymbol{r}_x\|}{\|\boldsymbol{B}\|}\right)$ 可以看出 $L\left[x^{(0)}(1)\right]$ 是关于原始序列数据量 n 的增函数，即原始序列数据量较大，解的扰动界 $L\left[x^{(0)}(1)\right]$ 较大。对于扰动界

$$L\left[x^{(0)}(r)\right]=|\varepsilon|\frac{\kappa_{\dagger}}{\gamma_{\dagger}}\left(\frac{\sqrt{n-r}\|\boldsymbol{x}\|}{\|\boldsymbol{B}\|}+\frac{\sqrt{n-r+1}}{\|\boldsymbol{B}\|}+\frac{\kappa_{\dagger}}{\gamma_{\dagger}}\frac{\sqrt{n-r}}{\|\boldsymbol{B}\|}\frac{\|\boldsymbol{r}_x\|}{\|\boldsymbol{B}\|}\right)$$
$$(r=2,3,\cdots,n-1)$$

也是原始序列数据量较大，解的扰动界 $L\left[x^{(0)}(r)\right]$ 较大。解的扰动界大并不意味扰动一定大，扰动不超过扰动界；但是随着原始序列数据量变大，解的扰动界变大，给人一种美中不足的感觉。由于原始序列数据量较小，解的扰动界较小，从扰动界大小的角度看，离散灰色模型适合于小数据建模。

当 n 固定时，扰动界

$$L\left[x^{(0)}(r)\right]=|\varepsilon|\frac{\kappa_{\dagger}}{\gamma_{\dagger}}\left(\frac{\sqrt{n-r}\|\boldsymbol{x}\|}{\|\boldsymbol{B}\|}+\frac{\sqrt{n-r+1}}{\|\boldsymbol{B}\|}+\frac{\kappa_{\dagger}}{\gamma_{\dagger}}\frac{\sqrt{n-r}}{\|\boldsymbol{B}\|}\frac{\|\boldsymbol{r}_x\|}{\|\boldsymbol{B}\|}\right),\quad r=2,3,\cdots,n-1$$

是 r 的减函数。在扰动相等的情况下，扰动界越大说明其对参数估计值的影响越大，$L\left[x^{(0)}(2)\right]>L\left[x^{(0)}(3)\right]>\cdots>L\left[x^{(0)}(n-1)\right]$ 说明 $x^{(0)}(2)$ 对参数估计值的影响最大，$x^{(0)}(n-1)$ 对参数估计值的影响最小。

这是由于在矩阵 $\boldsymbol{B}$ 的第二列中，每个元素都含有 $x^{(0)}(1)$，元素 B_{i2}（i=2,3,⋯, n−1）都含有 $x^{(0)}(2)$，元素 B_{i2}（i=3,4,⋯,n−1）都含有 $x^{(0)}(3)$，以此类推，元素 $B_{i2}(i=n-2,n-1)$ 都含有 $x^{(0)}(n-2)$，只有元素 $B_{(n-1)2}$ 含有 $x^{(0)}(n-1)$；在矩阵 $\boldsymbol{Y}$ 中，每个元素都含有 $x^{(0)}(2)$，元素 $Y_i(i=2,3,\cdots,n-1)$ 都含有 $x^{(0)}(3)$，元素 $Y_i(i=3,4,\cdots,n-1)$ 都含有 $x^{(0)}(4)$，以此类推，元素 $Y_i(i=n-2,n-1)$ 都含有 $x^{(0)}(n-1)$，只有元素 Y_{n-1} 含有 $x^{(0)}(n)$。综上所述，越新的数据在矩阵 $\boldsymbol{B}$ 和矩阵 $\boldsymbol{Y}$ 中出现的次数越少，所以越新的数据对参数估计值的影响越小。同理可得，当累加阶数越高，越新的数据在矩阵 $\boldsymbol{B}$ 和矩阵 $\boldsymbol{Y}$ 中出现的次数越少，越老的数据反而出现的次数越多。所以，按照从新信息优先原理，累加阶数不宜过高。

9.2　基于分数阶累加的离散灰色预测模型

为了使灰色预测模型解的扰动界变小，提出了分数阶累加灰色模型。

定理 9.2.1　设非负序列 $X^{(0)}=\left(x^{(0)}(1),x^{(0)}(2),\cdots,x^{(0)}(n)\right)$，$x^{(r)}(k)=\sum_{i=1}^{k}x^{(r-1)}(i)$ 是 r 阶累加算子，则 $x^{(r)}(k)=\sum_{i=1}^{k}C_{k-i+r-1}^{k-i}x^{(0)}(i)$，$C_{r-1}^{0}=1$，$C_{k}^{k+1}=0$，其中 r 是整数，$k=1,2,\cdots,n$，记为

$$X^{(r)}=\left(x^{(r)}(1),x^{(r)}(2),\cdots,x^{(r)}(n)\right)$$

证明　用数学归纳法证明。当 $r=0$，由于 $C_{r-1}^{0}=1$，$C_{k}^{k+1}=0$，$x^{(0)}(k)=x^{(0)}(k)$。当 $r=1$，$x^{(1)}(k)=\sum_{i=1}^{k}C_{k-i}^{k-i}x^{(0)}(i)=\sum_{i=1}^{k}x^{(0)}(i)$。假设 $r=m$ 时，

$$x^{(m)}(k)=\left[x^{(0)}(1),x^{(0)}(2),\cdots,x^{(0)}(n)\right]\begin{bmatrix}1&1&\cdots&1&1\\0&1&\cdots&1&1\\\vdots&\vdots&&\vdots&\vdots\\0&0&\cdots&1&1\\0&0&\cdots&0&1\end{bmatrix}^{m}$$

$$=\left[x^{(0)}(1),x^{(0)}(2),\cdots,x^{(0)}(n)\right]\begin{bmatrix}1&C_{m}^{1}&\cdots&C_{m+n-3}^{n-2}&C_{m+n-2}^{n-1}\\0&1&\cdots&C_{m+n-4}^{n-3}&C_{m+n-3}^{n-2}\\\vdots&\vdots&&\vdots&\vdots\\0&0&\cdots&1&C_{m}^{1}\\0&0&\cdots&0&1\end{bmatrix}=\sum_{i=1}^{k}C_{m+k-i-1}^{k-i}x^{(0)}(i)$$

则当 $r=m+1$，因为 $C_{m-1}^{0}=C_{m}^{0}$，$C_{m}^{p}+C_{m}^{p-1}=C_{m+1}^{p}$，有

$$x^{(m)}(k)=\left[x^{(0)}(1),x^{(0)}(2),\cdots,x^{(0)}(n)\right]\begin{bmatrix}1&1&\cdots&1&1\\0&1&\cdots&1&1\\\vdots&\vdots&&\vdots&\vdots\\0&0&\cdots&1&1\\0&0&\cdots&0&1\end{bmatrix}^{m+1}$$

$$=\left[x^{(0)}(1),x^{(0)}(2),\cdots,x^{(0)}(n)\right]\begin{bmatrix}1&C_{m}^{1}&\cdots&C_{m+n-3}^{n-2}&C_{m+n-2}^{n-1}\\0&1&\cdots&C_{m+n-4}^{n-3}&C_{m+n-3}^{n-2}\\\vdots&\vdots&&\vdots&\vdots\\0&0&\cdots&1&C_{m}^{1}\\0&0&\cdots&0&1\end{bmatrix}\begin{bmatrix}1&1&\cdots&1&1\\0&1&\cdots&1&1\\\vdots&\vdots&&\vdots&\vdots\\0&0&\cdots&1&1\\0&0&\cdots&0&1\end{bmatrix}$$

$$=\left[x^{(0)}(1),x^{(0)}(2),\cdots,x^{(0)}(n)\right]\begin{bmatrix}1&C_{m}^{1}+C_{m}^{0}&\cdots&\sum_{i=0}^{n-3}C_{m+i}^{i+1}&\sum_{i=0}^{n-2}C_{m+i}^{i+1}\\\vdots&\vdots&&\vdots&\vdots\\0&0&\cdots&1&C_{m}^{1}+C_{m}^{0}\\0&0&\cdots&0&1\end{bmatrix}=\sum_{i=1}^{k}C_{k-i+r-1}^{k-i}x^{(0)}(i)$$

命题得证。

定义 9.2.1 设非负序列 $X^{(0)}=\left(x^{(0)}(1),x^{(0)}(2),\cdots,x^{(0)}(n)\right)$，称

$$x^{\left(\frac{p}{q}\right)}(k)=\sum_{i=1}^{k}C_{k-i+\frac{p}{q}-1}^{k-i}x^{(0)}(i)$$

为 $\frac{p}{q}$ 阶累加算子，规定 $C_{\frac{p}{q}-1}^{0}=1$，$C_{k}^{k+1}=0$，k=0,1,$\cdots$,n−1，

$$C_{k-i+\frac{p}{q}-1}^{k-i}=\frac{\left(k-i+\frac{p}{q}-1\right)\left(k-i+\frac{p}{q}-2\right)\cdots\left(\frac{p}{q}-1\right)\frac{p}{q}}{(k-i)!}$$

称 $X^{\left(\frac{p}{q}\right)}=\left(X^{\left(\frac{p}{q}\right)}(1),X^{\left(\frac{p}{q}\right)}(2),\cdots,X^{\left(\frac{p}{q}\right)}(n)\right)$ 为 $\frac{p}{q}$ 阶累加序列（Wu et al.，2015）。

定义 9.2.2 设非负序列 $X^{(0)}=\left(x^{(0)}(1),x^{(0)}(2),\cdots,x^{(0)}(n)\right)$，称

$$\alpha^{(1)}x^{\left(1-\frac{p}{q}\right)}(k)=x^{\left(1-\frac{p}{q}\right)}(k)-x^{\left(1-\frac{p}{q}\right)}(k-1)$$

为 $\frac{p}{q}\left(0<\frac{p}{q}<1\right)$ 阶累减算子。称

$$\alpha^{\left(\frac{p}{q}\right)}X^{(0)}=\alpha^{(1)}X^{\left(1-\frac{p}{q}\right)}=\left(\alpha^{(1)}x^{\left(1-\frac{p}{q}\right)}(1),\alpha^{(1)}x^{\left(1-\frac{p}{q}\right)}(2),\cdots\alpha^{(1)}x^{\left(1-\frac{p}{q}\right)}(n)\right)$$

为 $\frac{p}{q}\left(0<\frac{p}{q}<1\right)$ 阶累减序列。

定义 9.2.3 设非负序列 $X^{(0)}=\left(x^{(0)}(1),x^{(0)}(2),\cdots,x^{(0)}(n)\right)$，$\frac{p}{q}$ 阶累加序列为 $X^{\left(\frac{p}{q}\right)}=\left(X^{\left(\frac{p}{q}\right)}(1),X^{\left(\frac{p}{q}\right)}(2),\cdots,X^{\left(\frac{p}{q}\right)}(n)\right)$，称

$$x^{\left(\frac{p}{q}\right)}(k+1)=\beta_1x^{\left(\frac{p}{q}\right)}(k)+\beta_2\,(k=1,2,\cdots,n-1) \tag{9.2.1}$$

为 $\frac{p}{q}$ 阶累加离散灰色模型。

定理 9.2.2 离散灰色模型 $x^{\left(\frac{p}{q}\right)}(k+1)=\beta_1x^{\left(\frac{p}{q}\right)}(k)+\beta_2$ 参数的最小二乘估计满足

$$\begin{bmatrix}\beta_2\\ \beta_1\end{bmatrix}=\left(\boldsymbol{B}^{\mathrm{T}}\boldsymbol{B}\right)^{-1}\boldsymbol{B}^{\mathrm{T}}\boldsymbol{Y}$$

其中

$$B=\begin{bmatrix}1 & x^{\left(\frac{p}{q}\right)}(1)\\ 1 & x^{\left(\frac{p}{q}\right)}(2)\\ \vdots & \vdots\\ 1 & x^{\left(\frac{p}{q}\right)}(n-1)\end{bmatrix},\quad Y=\begin{bmatrix}x^{\left(\frac{p}{q}\right)}(2)\\ x^{\left(\frac{p}{q}\right)}(3)\\ \vdots\\ x^{\left(\frac{p}{q}\right)}(n)\end{bmatrix}$$

定理 9.2.3　按照最小二乘法 $\min\|\boldsymbol{B}\boldsymbol{x}-\boldsymbol{Y}\|_2$，离散灰色模型

$$x^{\left(\frac{p}{q}\right)}(k+1)=\beta_1 x^{\left(\frac{p}{q}\right)}(k)+\beta_2\left(0<\frac{p}{q}<1\right) \tag{9.2.2}$$

的解为 $\boldsymbol{x}$。如果只发生扰动 $\hat{x}^{(0)}(1)=x^{(0)}(1)+\varepsilon$，则

$$\hat{\boldsymbol{B}}=\boldsymbol{B}+\Delta\boldsymbol{B}=\begin{bmatrix}1 & x^{\left(\frac{p}{q}\right)}(1)\\ 1 & x^{\left(\frac{p}{q}\right)}(2)\\ \vdots & \vdots\\ 1 & x^{\left(\frac{p}{q}\right)}(n-1)\end{bmatrix}+\begin{bmatrix}0 & \varepsilon\\ 0 & \frac{p}{q}\varepsilon\\ \vdots & \vdots\\ 0 & C_{n-3+\frac{p}{q}}^{n-2}\varepsilon\end{bmatrix},$$

$$\hat{\boldsymbol{Y}}=\boldsymbol{Y}+\Delta\boldsymbol{Y}=\begin{bmatrix}x^{\left(\frac{p}{q}\right)}(2)\\ x^{\left(\frac{p}{q}\right)}(3)\\ \vdots\\ x^{\left(\frac{p}{q}\right)}(n)\end{bmatrix}+\begin{bmatrix}\frac{p}{q}\varepsilon\\ C_{1+\frac{p}{q}}^{2}\varepsilon\\ \vdots\\ C_{n-2+\frac{p}{q}}^{n-1}\varepsilon\end{bmatrix}$$

最小二乘问题

$$\min\left\|\hat{\boldsymbol{B}}\boldsymbol{x}-\hat{\boldsymbol{Y}}\right\|_2$$

的解为 $\hat{\boldsymbol{x}}$，解的扰动为 $\Delta\boldsymbol{x}$。设 $\operatorname{rank}(\boldsymbol{B})=\operatorname{rank}(\hat{\boldsymbol{B}})=2$，且 $\|\boldsymbol{B}^{\dagger}\|_2\|\Delta\boldsymbol{B}\|_2<1$，则

$$\|\Delta\boldsymbol{x}\|\leqslant|\varepsilon|\frac{\kappa_\dagger}{\gamma_\dagger}\left(\frac{\sqrt{\sum_{k=1}^{n-1}\left(C_{k+\frac{p}{q}-2}^{k-2}\right)^2}\,\|x\|}{\|\boldsymbol{B}\|}+\frac{\sqrt{\sum_{k=2}^{n}\left(\boldsymbol{C}_{k+\frac{p}{q}-2}^{k-1}\right)^2}}{\|\boldsymbol{B}\|}+\frac{\kappa_\dagger}{\gamma_\dagger}\frac{\sqrt{\sum_{k=1}^{n-1}\left(C_{k+\frac{p}{q}-2}^{k-1}\right)^2}}{\|\boldsymbol{B}\|}\frac{\|r_x\|}{\|\boldsymbol{B}\|}\right)$$

证明　如果只发生扰动 $\hat{x}^{(0)}(1)=x^{(0)}(1)+\varepsilon$，由于

$$\|\Delta \boldsymbol{Y}\|_2=\sqrt{\left(\frac{p}{q}\right)^2+\left(\mathrm{C}_{1+\frac{p}{q}}^{2}\right)^2+\cdots+\left(\mathrm{C}_{n-2+\frac{p}{q}}^{n-1}\right)^2}\,|\varepsilon|=\sqrt{\sum_{k=2}^{n}\left(\mathrm{C}_{n+\frac{p}{q}-2}^{n-1}\right)^2}\,|\varepsilon|$$

$$\Delta \boldsymbol{B}^{\mathrm{T}}\Delta \boldsymbol{B}=\begin{bmatrix}0 & 0\\ 0 & \left[1+\left(\frac{p}{q}\right)^2+\left(\mathrm{C}_{1+\frac{p}{q}}^{2}\right)^2+\cdots+\left(\mathrm{C}_{n-3+\frac{p}{q}}^{n-2}\right)^2\right]\varepsilon^2\end{bmatrix}$$

得 $\Delta \boldsymbol{B}^{\mathrm{T}}\Delta \boldsymbol{B}$ 的最大特征根为 $\left[1+\left(\frac{p}{q}\right)^2+\left(\mathrm{C}_{1+\frac{p}{q}}^{2}\right)^2+\cdots+\left(\mathrm{C}_{n-3+\frac{p}{q}}^{n-2}\right)^2\right]\varepsilon^2$，所以

$$\|\Delta \boldsymbol{B}\|_2=\sqrt{1+\left(\frac{p}{q}\right)^2+\left(\mathrm{C}_{1+\frac{p}{q}}^{2}\right)^2+\cdots+\left(\mathrm{C}_{n-3+\frac{p}{q}}^{n-2}\right)^2}\,|\varepsilon|=\sqrt{\sum_{k=1}^{n-1}\left(\mathrm{C}_{k+\frac{p}{q}-2}^{k-1}\right)^2}\,|\varepsilon|$$

由定理 2.1.2 得

$$\|\Delta \boldsymbol{x}\|\leqslant|\varepsilon|\frac{\kappa_{\dagger}}{\gamma_{\dagger}}\left(\frac{\sqrt{\sum_{k=1}^{n-1}\left(\mathrm{C}_{k+\frac{p}{q}-2}^{k-1}\right)^2}\,\|x\|}{\|\boldsymbol{B}\|}+\frac{\sqrt{\sum_{k=2}^{n}\left(\mathrm{C}_{k+\frac{p}{q}-2}^{k-1}\right)^2}}{\|\boldsymbol{B}\|}+\frac{\kappa_{\dagger}}{\gamma_{\dagger}}\frac{\sqrt{\sum_{k=1}^{n-1}\left(\mathrm{C}_{k+\frac{p}{q}-2}^{k-1}\right)^2}}{\|\boldsymbol{B}\|}\frac{\|r_x\|}{\|\boldsymbol{B}\|}\right)$$

即扰动 $\hat{x}^{(0)}(1)=x^{(0)}(1)+\varepsilon$ 时，模型（9.2.2）解的扰动界

$$L\left[x^{(0)}(1)\right]=|\varepsilon|\frac{\kappa_{\dagger}}{\gamma_{\dagger}}\left(\frac{\sqrt{\sum_{k=1}^{n-1}\left(\mathrm{C}_{k+\frac{p}{q}-2}^{k-1}\right)^2}\,\|x\|}{\|\boldsymbol{B}\|}+\frac{\sqrt{\sum_{k=2}^{n}\left(\mathrm{C}_{k+\frac{p}{q}-2}^{k-1}\right)^2}}{\|\boldsymbol{B}\|}+\frac{\kappa_{\dagger}}{\gamma_{\dagger}}\frac{\sqrt{\sum_{k=1}^{n-1}\left(\mathrm{C}_{k+\frac{p}{q}-2}^{k-1}\right)^2}}{\|\boldsymbol{B}\|}\frac{\|r_x\|}{\|\boldsymbol{B}\|}\right)$$

定理 9.2.4 其他条件如定理 9.2.3，如果只发生扰动

$$\hat{x}^{(0)}(r)=x^{(0)}(r)+\varepsilon\,(r=2,3,\cdots,n-1)$$

时，模型（9.2.2）解的扰动界为

$$L\left[x^{(0)}(r)\right]=|\varepsilon|\frac{\kappa_{\dagger}}{\gamma_{\dagger}}\left(\frac{\sqrt{\sum_{k=1}^{n-r}\left(\mathrm{C}_{k+\frac{p}{q}-2}^{k-1}\right)^2}\,\|x\|}{\|\boldsymbol{B}\|}+\frac{\sqrt{\sum_{k=1}^{n-r+1}\left(\mathrm{C}_{k+\frac{p}{q}-2}^{k-1}\right)^2}}{\|\boldsymbol{B}\|}+\frac{\kappa_{\dagger}}{\gamma_{\dagger}}\frac{\sqrt{\sum_{k=1}^{n-r}\left(\mathrm{C}_{k+\frac{p}{q}-2}^{k-1}\right)^2}}{\|\boldsymbol{B}\|}\frac{\|r_x\|}{\|\boldsymbol{B}\|}\right)$$

$$(r=2,3,\cdots,n-1)$$

如果只发生扰动 $\hat{x}^{(0)}(n)=x^{(0)}(n)+\varepsilon$ 时，解的扰动界为

$$L\left[x^{(0)}(n)\right]=\frac{\kappa_{\dagger}}{\gamma_{\dagger}}\frac{|\varepsilon|}{\|\boldsymbol{B}\|}$$

证明　当只发生扰动 $\hat{x}^{(0)}(2)=x^{(0)}(2)+\varepsilon$ 时，

$$\Delta\boldsymbol{B}=\begin{bmatrix}0 & 0\\ 0 & \varepsilon\\ 0 & \frac{p}{q}\varepsilon\\ \vdots & \vdots\\ 0 & \mathrm{C}_{n-4+\frac{p}{q}}^{n-3}\varepsilon\end{bmatrix},\quad \Delta\boldsymbol{Y}=\begin{bmatrix}\varepsilon\\ \frac{p}{q}\varepsilon\\ \mathrm{C}_{1+\frac{p}{q}}^{2}\varepsilon\\ \vdots\\ \mathrm{C}_{n-1+\frac{p}{q}}^{n-2}\varepsilon\end{bmatrix}$$

解的扰动界

$$L\left[x^{(0)}(2)\right]=|\varepsilon|\frac{\kappa_{\dagger}}{\gamma_{\dagger}}\left(\frac{\sqrt{\sum_{k=1}^{n-2}\left(\mathrm{C}_{k+\frac{p}{q}-2}^{k-1}\right)^{2}}\|\boldsymbol{x}\|}{\|\boldsymbol{B}\|}+\frac{\sqrt{\sum_{k=1}^{n-1}\left(\mathrm{C}_{k+\frac{p}{q}-2}^{k-1}\right)^{2}}}{\|\boldsymbol{B}\|}+\frac{\kappa_{\dagger}}{\gamma_{\dagger}}\frac{\sqrt{\sum_{k=1}^{n-2}\left(\mathrm{C}_{k+\frac{p}{q}-2}^{k-1}\right)^{2}}}{\|\boldsymbol{B}\|}\frac{\|\boldsymbol{r}_x\|}{\|\boldsymbol{B}\|}\right)$$

当只发生扰动 $\hat{x}^{(0)}(r)=x^{(0)}(r)+\varepsilon(r=3,4,\cdots,n-1)$ 时，$\Delta\boldsymbol{B}$ 和 $\Delta\boldsymbol{Y}$ 也变化，可得

$$L\left[x^{(0)}(r)\right]=|\varepsilon|\frac{\kappa_{\dagger}}{\gamma_{\dagger}}\left(\frac{\sqrt{\sum_{k=1}^{n-r}\left(\mathrm{C}_{k+\frac{p}{q}-2}^{k-1}\right)^{2}}\|\boldsymbol{x}\|}{\|\boldsymbol{B}\|}+\frac{\sqrt{\sum_{k=1}^{n-r+1}\left(\mathrm{C}_{k+\frac{p}{q}-2}^{k-1}\right)^{2}}}{\|\boldsymbol{B}\|}+\frac{\kappa_{\dagger}}{\gamma_{\dagger}}\frac{\sqrt{\sum_{k=1}^{n-r}\left(\mathrm{C}_{k+\frac{p}{q}-2}^{k-1}\right)^{2}}}{\|\boldsymbol{B}\|}\frac{\|\boldsymbol{r}_x\|}{\|\boldsymbol{B}\|}\right)$$

$$(r=3,4,\cdots,n-1)$$

当只发生扰动 $\hat{x}^{(0)}(n)=x^{(0)}(n)+\varepsilon$ 时，此时

$$\Delta\boldsymbol{B}=\begin{bmatrix}0 & 0\\ 0 & 0\\ \vdots & \vdots\\ 0 & 0\end{bmatrix},\quad \Delta\boldsymbol{Y}=\begin{bmatrix}0\\ 0\\ \vdots\\ \varepsilon\end{bmatrix}$$

解的扰动界为

$$L\left[x^{(0)}(n)\right]=\frac{\kappa_{\dagger}}{\gamma_{\dagger}}\frac{|\varepsilon|}{\|B\|}$$

得证。

如果发生扰动 $\hat{x}^{(0)}(1)=x^{(0)}(1)+\varepsilon$，$\frac{p}{q}\left(0<\frac{p}{q}<1\right)$ 阶累加离散灰色模型解的扰动界

$$|\varepsilon|\frac{\kappa_{\dagger}}{\gamma_{\dagger}}\left(\frac{\sqrt{\sum_{k=1}^{n-1}\left(\mathrm{C}_{k+\frac{p}{q}-2}^{k-1}\right)^{2}}\|\boldsymbol{x}\|}{\|\boldsymbol{B}\|}+\frac{\sqrt{\sum_{k=2}^{n}\left(\mathrm{C}_{k+\frac{p}{q}-2}^{k-1}\right)^{2}}}{\|\boldsymbol{B}\|}+\frac{\kappa_{\dagger}}{\gamma_{\dagger}}\frac{\sqrt{\sum_{k=1}^{n-1}\left(\mathrm{C}_{k+\frac{p}{q}-2}^{k-1}\right)^{2}}}{\|\boldsymbol{B}\|}\frac{\|r_x\|}{\|\boldsymbol{B}\|}\right)$$

与一阶累加离散灰色模型解的扰动界 $\sqrt{n-1}|\varepsilon|\frac{\kappa_{\dagger}}{\gamma_{\dagger}}\left(\frac{\|x\|}{\|\boldsymbol{B}\|}+\frac{1}{\|\boldsymbol{B}\|}+\frac{\kappa_{\dagger}}{\gamma_{\dagger}}\frac{1}{\|\boldsymbol{B}\|}\frac{\|r_x\|}{\|\boldsymbol{B}\|}\right)$ 比较，明显变小。当只发生扰动 $\hat{x}^{(0)}(r)=x^{(0)}(r)+\varepsilon(r=2,3,\cdots,n-1)$ 时，$\frac{p}{q}\left(0<\frac{p}{q}<1\right)$ 阶累加灰色模型解的扰动界和一阶累加灰色模型解的扰动界比较，都明显变小。说明 $\frac{p}{q}\left(0<\frac{p}{q}<1\right)$ 阶累加灰色模型的解比较稳定。

当 $0<\frac{p}{q}<1$ 时，$L\left[x^{(0)}(2)\right]>L\left[x^{(0)}(3)\right]>\cdots>L\left[x^{(0)}(n-1)\right]$ 依然成立，但是 $L\left[x^{(0)}(k)\right]-L\left[x^{(0)}(k+1)\right](k=2,3,\cdots,n-1)$ 比 $\frac{p}{q}\geqslant 1$ 时要小，说明 $0<\frac{p}{q}<1$ 时，不满足新信息优先原理的程度有些缓和。从新信息优先的角度分析，如果重视新信息，阶数 $\frac{p}{q}$ 可以取相对小一些的数；如果重视老信息，阶数 $\frac{p}{q}$ 应取相对大一些的数。我们建模不仅仅是为了拟合历史数据的规律，更重要的是用这种历史规律预测未来。如果未来的系统发展情景类似于当前的新信息，建议 $\frac{p}{q}$ 取相对小一些的数；如果未来的系统发展情景类似于老信息，建议 $\frac{p}{q}$ 取相对大一些的数。

$\frac{p}{q}$ 阶累加灰色模型的建模步骤如下。

第一步：计算得到 $\frac{p}{q}$ 阶累加序列 $X^{\left(\frac{p}{q}\right)}=\left(x^{\left(\frac{p}{q}\right)}(1),x^{\left(\frac{p}{q}\right)}(2),\cdots,x^{\left(\frac{p}{q}\right)}(n)\right)$。

第二步：将 $X^{\left(\frac{p}{q}\right)}(k)$ $(k=1,2,\cdots,n)$ 代入式（9.2.1），采用最小二乘法估计参数 $\begin{bmatrix}\hat{\beta}_2\\ \hat{\beta}_1\end{bmatrix}$。

第三步：利用 $X^{\left(\frac{p}{q}\right)}(k)=\left(x^{(0)}(1)-\frac{\hat{\beta}_2}{1-\hat{\beta}_1}\right)\hat{\beta}_1^{(k-1)}+\frac{\hat{\beta}_2}{1-\hat{\beta}_1}$ 预测得到 $\hat{x}^{\left(\frac{p}{q}\right)}(1)$，$\hat{x}^{\left(\frac{p}{q}\right)}(2),\cdots$。

第四步：对 $X^{\left(\frac{p}{q}\right)}=\left(\hat{x}^{\left(\frac{p}{q}\right)}(1),\hat{x}^{\left(\frac{p}{q}\right)}(2),\cdots,\hat{x}^{\left(\frac{p}{q}\right)}(n),\cdots\right)$ 作 $\frac{p}{q}$ 阶累减。如果 $0<\frac{p}{q}<1$，作 $\frac{p}{q}$ 阶累减就是先作 $1-\frac{p}{q}$ 阶累加，再作一次累减，即

$$\alpha^{\left(\frac{p}{q}\right)}X^{(0)}=\left(\alpha^{(1)}\hat{x}^{\left(1-\frac{p}{q}\right)}(1),\alpha^{(1)}\hat{x}^{\left(1-\frac{p}{q}\right)}(2),\cdots,\alpha^{(1)}\hat{x}^{\left(1-\frac{p}{q}\right)}(n),\alpha^{(1)}\hat{x}^{\left(1-\frac{p}{q}\right)}(n+1),\cdots\right)$$

如果 $\frac{p}{q}>1$，设 $\left[\frac{p}{q}\right]=\min\left\{n\in\mathbf{Z}\left|\frac{p}{q}\geqslant n\right.\right\}$，作 $\frac{p}{q}$ 阶累减就是先作 $\left[\frac{p}{q}\right]-\frac{p}{q}$ 累加，再作 $\frac{p}{q}$ 次累减，即

$$\alpha^{\left(\frac{p}{q}\right)}X^{(0)}=\left(\alpha^{(1)}\hat{x}^{\left(\left[\frac{p}{q}\right]-\frac{p}{q}\right)}(1),\alpha^{(1)}\hat{x}^{\left(\left[\frac{p}{q}\right]-\frac{p}{q}\right)}(2),\cdots,\alpha^{(1)}\hat{x}^{\left(\left[\frac{p}{q}\right]-\frac{p}{q}\right)}(n),\alpha^{(1)}\hat{x}^{\left(\left[\frac{p}{q}\right]-\frac{p}{q}\right)}(n+1),\cdots\right)$$

例 9.2.1　设数据序列

$$X^{(0)}=(247.839,273.021,289.014,285.208,288.818,297.078)$$

试用数据建立 0.1 阶离散灰色模型。0.1 阶累加序列为

$$X^{(0.1)}=(247.839,297.805,329.947,338.667,351.141,366.983)$$

得时间响应式为

$$\hat{x}^{(0.1)}(k+1)=-126.356\times 0.610\,1^{k-1}+374.195$$

对 $\hat{x}^{(0.1)}(k)=(247.839,297.105,327.163,345.501,356.689,363.515)$ 先作 0.9 阶累加，得

$$\hat{x}^{(1)}(k)=(247.839,520.160,806.460,1\,098.811,1\,392.639,1\,685.479)$$

再作一次累减得

$$\hat{x}^{(0)}(k)=(247.839,272.321,286.299,292.351,293.828,292.841)$$

利用矩阵扰动理论证明了灰色一阶累加方法在扰动相等的情况下，原始序列数据量较小时，解的扰动界也较小，反之亦然。说明当数据量较小时，所建模型相对稳定。但这并不意味着数据量越小模型越好，稳定性仅是评判模型优劣的一个方面，对实际应用而言，也许模型的拟合效果和预测精度等更值得关注。

如果模型的原始数据完全符合指数规律，数据量再多，模型也是稳定的。但是通常我们遇到的数据不一定完全符合指数规律。

灰色系统模型与其他模型的不同就在于灰色模型基于累加算子作用数据建模，不是直接用原始数据估计模型参数。作为灰色预测模型的基石，累加算子的作用决定了灰色预测模型适用于“小数据”建模的特性。

9.3 基于Caputo型分数阶导数的灰色模型

分数阶微积分是将通常意义下的整数阶微积分推广到分数阶。实际系统大都是分数阶的，采用分数阶描述那些本身带有分数阶特性的对象时，能更好地揭示对象的本质特性及其行为。人们之所以忽略系统的实际阶次（分数阶）而采用整数阶，主要是因为分数阶较为复杂，而且缺乏相应的数学工具。这一“瓶颈”正被逐渐克服，相关成果不断涌现。分数阶导数有多种类型，我们基于 Caputo 型分数阶导数，将整数阶导数灰色模型推广到分数阶导数灰色模型。

针对缺乏统计规律的小数据系统，如何挖掘其规律，一直是一个难点。本节尝试直接利用原始数据建模，不同于传统灰色预测模型基于累加算子作用数据建模的思路。

定义 9.3.1 设非负序列 $X^{(0)}=\left(x^{(0)}(1),x^{(0)}(2),\cdots,x^{(0)}(n)\right)$，$p(0<p<1)$ 阶方程 1 个变量的灰色模型（GM（p，1））为

$$\alpha^{(1)}x^{(1-p)}(k)+az^{(0)}(k)=b$$

其中，$\alpha^{(1)}x^{(1-p)}(k)$ 表示 $x^{(0)}(k)$ 的 p 阶差分，即先对 $x^{(0)}(k)$ 进行 $1-p$ 阶累加，再对 $x^{(1-p)}(k)$ 作 1 阶差分，$\alpha^{(1)}x^{(1-p)}(k)=x^{(1-p)}(k)-x^{(1-p)}(k-1)$，$z^{(0)}(k)=\dfrac{x^{(0)}(k)+x^{(0)}(k+1)}{2}$。GM（$p$，1）模型参数的最小二乘估计满足

$$\begin{bmatrix} a \\ b \end{bmatrix}=\left(\boldsymbol{B}^{\mathrm{T}}\boldsymbol{B}\right)^{-1}\boldsymbol{B}^{\mathrm{T}}\boldsymbol{Y}$$

其中

$$\boldsymbol{B}=\begin{bmatrix} -z^{(0)}(2) & 1 \\ -z^{(0)}(3) & 1 \\ \vdots & \vdots \\ -z^{(0)}(n) & 1 \end{bmatrix},\quad \boldsymbol{Y}=\begin{bmatrix} \alpha^{(1)}x^{(1-p)}(2) \\ \alpha^{(1)}x^{(1-p)}(3) \\ \vdots \\ \alpha^{(1)}x^{(1-p)}(n) \end{bmatrix}$$

GM（p，1）模型的白化方程为

$$\frac{\mathrm{d}^p x^{(0)}(t)}{\mathrm{d}t^p}+ax^{(0)}(t)=b \tag{9.3.1}$$

设 $\hat{x}^{(0)}(1)=x^{(0)}(1)$，通过分数阶拉普拉斯变换，方程（9.3.1）的解为

$$x^{(0)}(t)=\left(x^{(0)}(1)-\frac{b}{a}\right)\sum_{k=0}^{\infty}\frac{\left(-at^p\right)^k}{\Gamma(pk+1)}+\frac{b}{a}$$

所以 GM（p，1）模型的拟合值为

$$x^{(0)}(k)=\left(x^{(0)}(1)-\frac{b}{a}\right)\sum_{i=0}^{\infty}\frac{\left(-at^p\right)^i}{\Gamma(pi+1)}+\frac{b}{a}$$

其中，$\Gamma(pi+1)$为 Gamma 函数。

同定理 9.1.4 和定理 9.2.4，可证 GM（p，1）模型也不满足新信息优先原理。

9.4　整数阶与分数阶模型性质的比较

本节首先分析累加阶数对初值的影响，再通过实际数据比较整数阶模型与分数阶模型的性质。

定理 9.4.1　离散灰色模型 $x^{(1)}(k+1)=\beta_1 x^{(1)}(k)+\beta_2$ 参数的最小二乘估计满足

$$\begin{bmatrix}\beta_1\\ \beta_2\end{bmatrix}=\begin{bmatrix}\dfrac{\sum_{k=1}^{n-1}x^{(1)}(k+1)x^{(1)}(k)-\dfrac{1}{n-1}\sum_{k=1}^{n-1}x^{(1)}(k+1)\sum_{k=1}^{n-1}x^{(1)}(k)}{\sum_{k=1}^{n-1}\left[x^{(1)}(k)\right]^2-\dfrac{1}{n-1}\left[\sum_{k=1}^{n-1}x^{(1)}(k)\right]^2}\\ \dfrac{1}{n-1}\left[\sum_{k=1}^{n-1}x^{(1)}(k+1)-\beta_1\sum_{k=1}^{n-1}x^{(1)}(k)\right]\end{bmatrix}$$

如果初值发生扰动 $\hat{x}^{(0)}(1)=x^{(0)}(1)+\varepsilon$，则模型的拟合值不变。

证明　如果只发生扰动 $\hat{x}^{(0)}(1)=x^{(0)}(1)+\varepsilon$，则

$$\beta_1=\frac{\sum_{k=1}^{n-1}\left[\left(x^{(1)}(k+1)+\varepsilon\right)\left(x^{(1)}(k)+\varepsilon\right)\right]-\dfrac{1}{n-1}\sum_{k=1}^{n-1}\left[x^{(1)}(k+1)+\varepsilon\right]\sum_{k=1}^{n-1}\left[x^{(1)}(k)+\varepsilon\right]}{\sum_{k=1}^{n-1}\left[x^{(1)}(k)+\varepsilon\right]^2-\dfrac{1}{n-1}\left[\sum_{k=1}^{n-1}x^{(1)}(k)+\varepsilon\right]^2}$$

$$=\frac{\begin{array}{c}\sum_{k=1}^{n-1}x^{(1)}(k+1)x^{(1)}(k)+\varepsilon\sum_{k=1}^{n-1}\left[x^{(1)}(k+1)x^{(1)}(k)\right]+(n-1)\varepsilon^2\\ -\left[\dfrac{1}{n-1}\sum_{k=1}^{n-1}x^{(1)}(k+1)+\varepsilon\right]\left[\sum_{k=1}^{n-1}x^{(1)}(k)+(n-1)\varepsilon\right]\end{array}}{\begin{array}{c}\sum_{k=1}^{n-1}x^{(1)}(k)^2+2\varepsilon\sum_{k=1}^{n-1}x^{(1)}(k)+(n-1)\varepsilon^2-\dfrac{1}{n-1}\left[\sum_{k=1}^{n-1}x^{(1)}(k)\right]^2\\ -2\varepsilon\sum_{k=1}^{n-1}x^{(1)}(k)-(n-1)\varepsilon^2\end{array}}$$

$$=\frac{\sum_{k=1}^{n-1}x^{(1)}(k+1)x^{(1)}(k)-\dfrac{1}{n-1}\sum_{k=1}^{n-1}x^{(1)}(k+1)\sum_{k=1}^{n-1}x^{(1)}(k)}{\sum_{k=1}^{n-1}\left[x^{(1)}(k)\right]^2-\dfrac{1}{n-1}\left[\sum_{k=1}^{n-1}x^{(1)}(k)\right]^2}$$

$$\beta_2=\frac{1}{n-1}\left[\sum_{k=1}^{n-1}x^{(1)}(k+1)+(n-1)\varepsilon-\beta_1\sum_{k=1}^{n-1}x^{(1)}(k)-\beta_1(n-1)\varepsilon\right]$$

$$=\frac{1}{n-1}\left[\sum_{k=1}^{n-1}x^{(1)}(k+1)-\beta_1\sum_{k=1}^{n-1}x^{(1)}(k)\right]+(1-\beta_1)\varepsilon$$

此时拟合值

$$\hat{x}^{(0)}(k+1)=\left(\beta_1^k-\beta_1^{k-1}\right)\left[x^{(0)}(1)-\frac{\beta_2}{1-\beta_1}\right]$$

$$=\left(\beta_1^k-\beta_1^{k-1}\right)\left\{x^{(0)}(1)+\varepsilon-\frac{\frac{1}{n-1}\left[\sum_{k=1}^{n-1}x^{(1)}(k+1)-\beta_1\sum_{k=1}^{n-1}x^{(1)}(k)\right]+(1-\beta_1)\varepsilon}{1-\beta_1}\right\}$$

$$=\left(\beta_1^k-\beta_1^{k-1}\right)\left\{x^{(0)}(1)-\frac{\frac{1}{n-1}\left[\sum_{k=1}^{n-1}x^{(1)}(k+1)-\beta_1\sum_{k=1}^{n-1}x^{(1)}(k)\right]}{1-\beta_1}\right\}$$

所以拟合值不变。得证。

事实上，对于传统的一阶累加，序列初值发生扰动 $\hat{x}^{(0)}(1)=x^{(0)}(1)+\varepsilon$，相当于 $x^{(1)}(k+1)$ 和 $x^{(1)}(k)$ 同时发生平移，一阶累加离散灰色模型变为 $x^{(1)}(k+1)+\varepsilon=\beta_1\left[x^{(1)}(k)+\varepsilon\right]+\beta_2$，$x^{(1)}(k)+\varepsilon$ 与 $x^{(1)}(k+1)+\varepsilon$ 彼此平行，所以参数 β_1 不变，加上初始条件选为 $x^{(0)}(1)$，所以拟合值不变。对于分数阶累加离散灰色模型 $x^{\left(\frac{p}{q}\right)}(k+1)=\beta_1 x^{\left(\frac{p}{q}\right)}(k)+\beta_2$，当初值发生扰动 $\hat{x}^{(0)}(1)=x^{(0)}(1)+\varepsilon$ 时，$x^{(1)}(k+1)$、$x^{(1)}(k)$ 不同时发生平移，所以参数 β_1 发生变化，拟合值也就发生变化。基于灰色系统理论的信息充分利用公理，与整数阶累加离散灰色模型相比，分数阶累加离散灰色模型更充分地利用了已知信息。

为便于比较，选择来自文献（Li et al.，2012）的数据，分别用 2000~ 2003 年的数据建立离散 GM（1，1）和 GM（0.98，1），模拟 2004~2007 年的数据，结果比较如表 9.4.1 所示。

表 9.4.1 俄罗斯历年电力消费量模拟值比较

年份	实际值（KTOE）	离散 GM（1，1）	GM（0.98，1）
2000	52 333	52 333	52 333
2001	53 151	52 953	53 704
2002	53 168	53 561	54 858
2003	54 372	54 176	55 849
平均相对误差绝对值		0.49%	2.31%
2004	55 516	54 798	56 704
2005	55 898	55 428	57 445
2006	58 600	56 065	58 087
2007	60 281	56 709	58 645
平均相对误差绝对值		3.10%	2.12%

从表 9.4.1 的对比来看，离散 GM（1，1）模型虽然能得到较高的拟合精度，但是预测效果却低于分数阶模型。说明整数阶离散 GM（1，1）模型未能挖掘出俄罗斯电力消费的非线性特征；分数阶 GM（p，1）模型的拟合精度稍低一些，预测精度却高于整数阶模型。

实际上，具有记忆功能和遗传特性正是分数阶微积分的魅力所在。实际应用中可以根据数据的记忆性选择不同的导数阶数。

第 10 章

灰色 Verhulst 与 GM（r，h）模型

本章主要讨论灰色 Verhulst 模型、GM（0，N）模型、GM（1，N）模型和 GM（r，h）模型。灰色 Verhulst 模型主要用来描述具有饱和状态的演化过程，如典型的 S 形过程。GM（0，N）、GM（1，N）和 GM（r，h）模型则用来描述多变量系统。鉴于多变量高阶微分方程解的形式十分复杂，此处仅讨论多变量 GM 模型的离散形式，而不涉及微分形式的影子方程。

10.1 灰色 Verhulst 模型

定义 10.1.1 设 $X^{(0)}$ 为原始数据序列，$X^{(1)}$ 为 $X^{(0)}$ 的 1-AGO 序列，$Z^{(1)}$ 为 $X^{(1)}$ 的紧邻均值算子作用序列，则称

$$x^{(0)}(k)+ax^{(1)}(k)=b\left[z^{(1)}(k)\right]^{\alpha} \tag{10.1.1}$$

为 GM（1，1）幂模型。

定义 10.1.2 称

$$\frac{\mathrm{d}x^{(1)}}{\mathrm{d}t}+ax^{(1)}=b\left[x^{(1)}\right]^{\alpha} \tag{10.1.2}$$

为 GM（1，1）幂模型的白化方程（邓聚龙，1985b）。

定理 10.1.1 GM（1，1）幂模型之白化方程的解为

$$x^{(1)}(t)=\left\{\mathrm{e}^{-(1-a)at}\left[(1-a)\int b\mathrm{e}^{(1-a)at}\mathrm{d}t+c\right]\right\}^{\frac{1}{1-a}} \tag{10.1.3}$$

定理 10.1.2 设 $X^{(0)}$，$X^{(1)}$，$Z^{(1)}$ 如定义 10.1.1 所述，

$$\boldsymbol{B}=\begin{bmatrix}-z^{(1)}(2) & \left(z^{(1)}(2)\right)^{\alpha} \\ -z^{(1)}(3) & \left(z^{(1)}(3)\right)^{\alpha} \\ \vdots & \vdots \\ -z^{(1)}(n) & \left(z^{(1)}(n)\right)^{\alpha}\end{bmatrix},\quad \boldsymbol{Y}=\begin{bmatrix}x^{(0)}(2) \\ x^{(0)}(3) \\ \vdots \\ x^{(0)}(n)\end{bmatrix}$$

则 GM（1，1）幂模型参数列 $\hat{\boldsymbol{a}}=[a,b]^{\mathrm{T}}$ 的最小二乘估计为

$$\hat{\boldsymbol{a}}=\left(\boldsymbol{B}^{\mathrm{T}}\boldsymbol{B}\right)^{-1}\boldsymbol{B}^{\mathrm{T}}\boldsymbol{Y}$$

定义 10.1.3　当 $\alpha=2$ 时，称

$$x^{(0)}(k)+az^{(1)}(k)=b\left[z^{(1)}(k)\right]^{2} \tag{10.1.4}$$

为灰色 Verhulst 模型（邓聚龙，1985b）。

定义 10.1.4　称

$$\frac{\mathrm{d}x^{(1)}}{\mathrm{d}t}+ax^{(1)}=b\left[x^{(1)}\right]^{2} \tag{10.1.5}$$

为灰色 Verhulst 模型的白化方程（邓聚龙，1985b）。

定理 10.1.3　（1）灰色 Verhulst 模型白化方程的解为

$$\begin{aligned}x^{(1)}(t)&=\frac{1}{\mathrm{e}^{at}\left[\frac{1}{x^{(1)}(0)}-\frac{b}{a}\left(1-\mathrm{e}^{-at}\right)\right]}=\frac{ax^{(1)}(0)}{\mathrm{e}^{at}\left[a-bx^{(1)}(0)\left(1-\mathrm{e}^{-at}\right)\right]}\\&=\frac{ax^{(1)}(0)}{bx^{(1)}(0)+\left[a-bx^{(1)}(0)\right]\mathrm{e}^{at}}\end{aligned} \tag{10.1.6}$$

（2）灰色 Verhulst 模型的时间响应式

$$\hat{x}^{(1)}(k+1)=\frac{ax^{(1)}(0)}{bx^{(1)}(0)+\left[a-bx^{(1)}(0)\right]\mathrm{e}^{ak}} \tag{10.1.7}$$

灰色 Verhulst 模型主要用来描述具有饱和状态的演化过程，即 S 形过程，常用于人口预测、生物生长预测、繁殖预测和产品经济寿命预测等。由灰色 Verhulst 方程的解可以看出，当 $t\to\infty$ 时，若 $a>0$，则 $x^{(1)}(t)\to 0$；若 $a<0$，则 $x^{(1)}(t)\to\frac{a}{b}$，即有充分大的 t，对任意 $k>t$，$x^{(1)}(k+1)$ 与 $x^{(1)}(k)$ 充分接近，此时 $x^{(0)}(k+1)=x^{(1)}(k+1)-x^{(1)}(k)\approx 0$，系统趋于死亡。

在实际问题中，常遇到原始数据本身呈 S 形的过程。这时，我们可以取原始数据为 $X^{(1)}$，其 1-IAGO 为 $X^{(0)}$，建立灰色 Verhulst 模型直接对 $X^{(1)}$ 进行模拟。

例 10.1.1　设某型鱼雷年度研制费用如表 10.1.1 所示，试用灰色 Verhulst 模型进行模拟和预测（梁庆卫等，2005）。

表 10.1.1　某型鱼雷研制费用表　　单位：万元

年份	1995	1996	1997	1998	1999	2000	2001	2002	2003	2004
研制费用	496	779	1 187	1 025	488	255	157	110	87	79

其累积研制费用如表 10.1.2 所示。

表 10.1.2　某型鱼雷累积研制费用表　　单位：万元

年份	1995	1996	1997	1998	1999	2000	2001	2002	2003	2004
研制费用	496	1 275	2 462	3 487	3 975	4 230	4 387	4 497	4 584	4 663

根据定理 10.1.2，可以求得参数估计值为

$$\hat{\boldsymbol{a}}=[a,b]^{\mathrm{T}}=\begin{bmatrix}-0.980\ 79\\-0.000\ 215\ 76\end{bmatrix}$$

从而，白化方程

$$\frac{\mathrm{d}x^{(1)}}{\mathrm{d}t}-0.980\ 79x^{(1)}=-0.000\ 215\ 76\left(x^{(1)}\right)^2$$

取 $x^{(1)}(0)=x^{(0)}(1)=496$，可得时间响应式为

$$\hat{x}^{(1)}(k+1)=\frac{ax^{(1)}(0)}{bx^{(1)}(0)+\left[a-bx^{(1)}(0)\right]\mathrm{e}^{ak}}=\frac{-486.47}{-0.107\ 02-0.873\ 78\mathrm{e}^{-0.980\ 79k}}$$

由此可得 $\hat{x}^{(1)}(k)$ 模拟值如表 10.1.3 所示。

表 10.1.3　误差检验表

序号	实际数据 $x^{(0)}(k)$	模拟数据 $\hat{x}^{(0)}(k)$	残差 $\varepsilon(k)=x^{(0)}(k)-\hat{x}^{(0)}(k)$	相对误差 $\Delta_k=\frac{\lvert\varepsilon(k)\rvert}{x^{(0)}(k)}$
2	1 275	1 119.1	155.9	0.122 26
3	2 462	2 116.0	346.0	0.140 53
4	3 487	3 177.5	309.5	0.088 76
5	3 975	3 913.7	61.3	0.015 41
6	4 230	4 286.2	−56.2	0.013 28
7	4 387	4 444.8	−57.8	0.013 18
8	4 497	4 507.4	−10.4	0.002 30
9	4 584	4 531.3	52.7	0.011 50
10	4 663	4 540.3	122.7	0.026 31

由表 10.1.3 可得平均相对误差

$$\Delta=\frac{1}{9}\sum_{k=2}^{10}\Delta_k=4.335\ 4\%$$

预测 2005 年该型鱼雷的研制费用为

$$\hat{x}_1^{(0)}(11)=\hat{x}_1^{(1)}(11)-\hat{x}_1^{(1)}(10)=9.034\ 2$$

说明该型鱼雷的研制工作已经接近尾声。

10.2　GM（0，N）模型

定义 10.2.1　设 $X_1^{(0)}=\left(x_1^{(0)}(1),x_1^{(0)}(2),\cdots,x_1^{(0)}(n)\right)$ 为系统行为特征数据序列，而

$$X_2^{(0)}=\left(x_2^{(0)}(1),x_2^{(0)}(2),\cdots,x_2^{(0)}(n)\right)$$
$$X_3^{(0)}=\left(x_3^{(0)}(1),x_3^{(0)}(2),\cdots,x_3^{(0)}(n)\right)$$
$$\vdots$$
$$X_N^{(0)}=\left(x_N^{(0)}(1),x_N^{(0)}(2),\cdots,x_N^{(0)}(n)\right)$$

为相关因素序列，$X_i^{(1)}$ 为 $X_i^{(0)}$ 的 1-AGO 序列（i=1,2,⋯,N），则称

$$x_1^{(1)}(k)=b_2x_2^{(1)}(k)+b_3x_3^{(1)}(k)+\cdots+b_Nx_N^{(1)}(k)+a \tag{10.2.1}$$

为 GM（0，N）模型。

GM（0，N）模型不含导数，因此为静态模型。事实上它是一个多元离散模型。GM（0，N）模型形如多元线性回归模型但与一般的多元线性回归模型有着本质的区别。一般的多元线性回归建模以原始数据序列为基础，GM（0，N）的建模基础则是原始数据的 1-AGO 序列。

定理 10.2.1　设 $X_i^{(0)}$，$X_i^{(1)}$ 如定义 10.2.1 所述，

$$\boldsymbol{B}=\begin{bmatrix} x_2^{(1)}(2) & x_3^{(1)}(2) & \cdots & x_N^{(1)}(2) & 1 \\ x_2^{(1)}(3) & x_3^{(1)}(3) & \cdots & x_N^{(1)}(3) & 1 \\ \vdots & \vdots & & \vdots & \vdots \\ x_2^{(1)}(n) & x_3^{(1)}(n) & \cdots & x_N^{(1)}(n) & 1 \end{bmatrix},\quad \boldsymbol{Y}=\begin{bmatrix} x_1^{(1)}(2) \\ x_1^{(1)}(3) \\ \vdots \\ x_1^{(1)}(n) \end{bmatrix}$$

则参数列 $\hat{\boldsymbol{a}}=\left[a,b_1,b_2,\cdots,b_N,a\right]^{\mathrm{T}}$ 的最小二乘估计为

$$\hat{\boldsymbol{a}}=\left(\boldsymbol{B}^{\mathrm{T}}\boldsymbol{B}\right)^{-1}\boldsymbol{B}^{\mathrm{T}}\boldsymbol{Y}$$

例 10.2.1　设系统行为特征数据序列为

$$X_1^{(0)}=(2.874,3.278,3.307,3.39,3.679)$$
$$=\left\{x_1^{(0)}(k)\right\}_1^5$$

相关因素数据序列为

$$X_2^{(0)}=(7.04,7.645,8.075,8.53,8.774)$$
$$=\left\{x_2^{(0)}(k)\right\}_1^5$$

试建立 GM（0，2）模型。

解　设 GM（0，2）模型为 $X_1^{(1)}=bX_2^{(1)}+a$，由

$$\boldsymbol{B}=\begin{bmatrix} x_2^{(1)}(2) & 1 \\ x_2^{(1)}(3) & 1 \\ x_2^{(1)}(4) & 1 \\ x_2^{(1)}(5) & 1 \end{bmatrix}=\begin{bmatrix} 14.685 & 1 \\ 22.76 & 1 \\ 31.29 & 1 \\ 40.064 & 1 \end{bmatrix},\quad \boldsymbol{Y}=\begin{bmatrix} x_1^{(1)}(2) \\ x_1^{(1)}(3) \\ x_1^{(1)}(4) \\ x_1^{(1)}(5) \end{bmatrix}=\begin{bmatrix} 6.152 \\ 9.459 \\ 12.849 \\ 16.528 \end{bmatrix}$$

可得 $\hat{\boldsymbol{b}}=[b,a]^{\mathrm{T}}$ 的最小二乘估计

$$\hat{\boldsymbol{b}}=\begin{bmatrix} b \\ a \end{bmatrix}=\left(\boldsymbol{B}^{\mathrm{T}}\boldsymbol{B}\right)^{-1}\boldsymbol{B}^{\mathrm{T}}\boldsymbol{Y}=\begin{bmatrix} 0.412\,435 \\ -0.482\,515 \end{bmatrix}$$

故由 GM（0，2）估计式

$$\hat{x}_1^{(1)}(k)=0.412\,435x_2^{(1)}(k)-0.482\,515$$

由此可得模拟值，如表 10.2.1 所示。

表 10.2.1　误差检验表

序号	实际数据 $x^{(0)}(k)$	模拟数据 $\hat{x}^{(0)}(k)$	残差 $\varepsilon(k)=x^{(0)}(k)-\hat{x}^{(0)}(k)$	相对误差 $\Delta_k=\dfrac{\lvert\varepsilon(k)\rvert}{x^{(0)}(k)}$
2	3.278	3.153	0.125	3.8%
3	3.307	3.331	−0.024	0.7%
4	3.390	3.518	−0.128	3.8%
5	3.679	3.619	0.06	1.6%

10.3　GM（1，*N*）模型

定义 10.3.1　设 $X_1^{(0)}=\left(x_1^{(0)}(1),x_1^{(0)}(2),\cdots,x_1^{(0)}(n)\right)$ 为系统行为特征数据序列，而

$$X_2^{(0)}=\left(x_2^{(0)}(1),x_2^{(0)}(2),\cdots,x_2^{(0)}(n)\right)$$
$$X_3^{(0)}=\left(x_3^{(0)}(1),x_3^{(0)}(2),\cdots,x_3^{(0)}(n)\right)$$
$$\vdots$$
$$X_N^{(0)}=\left(x_N^{(0)}(1),x_N^{(0)}(2),\cdots,x_N^{(0)}(n)\right)$$

为相关因素序列，$X_i^{(1)}$ 为 $X_i^{(0)}$ 的 1-AGO 序列（i=1,2,⋯,N），$Z_1^{(1)}$ 为 $X_1^{(1)}$ 的紧邻均值序列，则称

$$x_1^{(0)}(k)+az_1^{(1)}(k)=\sum_{i=2}^{N}b_ix_i^{(1)}(k) \qquad (10.3.1)$$

为 GM（1，*N*）模型。

如果存在某 $X_i^{(1)}(i=2,\cdots,N)$，其所有元素均为 1，则在式（10.3.1）中 $X_i^{(1)}$ 对应的参数为截距项。例如，当 $X_N^{(1)}=(1,1,\cdots,1)$ 时，b_N 为式（10.3.1）的截距项。

定义 10.3.2　在 GM（1，*N*）模型中，$-a$ 称为系统发展系数，$b_ix_i^{(1)}(k)$ 称为驱动

项，b_i 称为驱动系数，$\hat{\boldsymbol{a}}=[a,b_1,b_2,\cdots,b_N]^{\mathrm{T}}$ 称为参数列。

定理 10.3.1　设 $X_1^{(0)}$ 为系统行为特征数据序列，$X_i^{(0)}(i=2,3,\cdots,N)$ 为相关因素数据序列，$X_i^{(1)}$ 为诸 $X_i^{(0)}$ 的 1-AGO 序列，$Z_1^{(1)}$ 为 $X_1^{(1)}$ 的紧邻均值序列，

$$\boldsymbol{B}=\begin{bmatrix}-z_1^{(1)}(2) & x_2^{(1)}(2) & \cdots & x_N^{(1)}(2)\\ -z_1^{(1)}(3) & x_2^{(1)}(3) & \cdots & x_N^{(1)}(3)\\ \vdots & \vdots & & \vdots\\ -z_1^{(1)}(n) & x_2^{(1)}(n) & \cdots & x_N^{(1)}(n)\end{bmatrix},\quad \boldsymbol{Y}=\begin{bmatrix}x_1^{(0)}(2)\\ x_1^{(0)}(3)\\ \vdots\\ x_1^{(0)}(n)\end{bmatrix}$$

则参数列 $\hat{\boldsymbol{a}}=[a,b_1,b_2,\cdots,b_N]^{\mathrm{T}}$ 的最小二乘估计满足

$$\hat{\boldsymbol{a}}=\left(\boldsymbol{B}^{\mathrm{T}}\boldsymbol{B}\right)^{-1}\boldsymbol{B}^{\mathrm{T}}\boldsymbol{Y}$$

例 10.3.1　设系统特征数据序列为

$$X_1^{(0)}=(2.874,3.278,3.307,3.39,3.679)=\left\{x_1^{(0)}(k)\right\}_1^5$$

相关因素数据序列为

$$X_2^{(0)}=(7.04,7.645,8.075,8.53,8.774)=\left\{x_2^{(0)}(k)\right\}_1^5$$

试建立 GM（1，2）模型。

解　求 $X_1^{(0)}$ 和 $X_2^{(0)}$ 的 1-AGO 序列，得

$$X_1^{(1)}=\left(x_1^{(1)}(1),x_1^{(1)}(2),x_1^{(1)}(3),x_1^{(1)}(4),x_1^{(1)}(5)\right)=(2.874,6.152,9.459,12.849,16.528)$$

$$X_2^{(1)}=\left(x_2^{(1)}(1),x_2^{(1)}(2),x_2^{(1)}(3),x_2^{(1)}(4),x_2^{(1)}(5)\right)=(7.04,14.685,22.76,31.29,40.064)$$

$X_1^{(1)}$ 的紧邻均值序列

$$Z_1^{(1)}=\left(z_1^{(1)}(2),z_1^{(1)}(3),z_1^{(1)}(4),z_1^{(1)}(5)\right)=(4.513,7.805\,5,11.154,14.688\,5)$$

于是有

$$\boldsymbol{B}=\begin{bmatrix}-z_1^{(1)}(2) & x_2^{(1)}(2)\\ -z_1^{(1)}(3) & x_2^{(1)}(3)\\ -z_1^{(1)}(4) & x_2^{(1)}(4)\\ -z_1^{(1)}(5) & x_2^{(1)}(5)\end{bmatrix}=\begin{bmatrix}-4.513 & 14.685\\ -7.805\,5 & 22.76\\ -11.154 & 31.29\\ -14.688\,5 & 40.064\end{bmatrix}$$

$$\boldsymbol{Y}=\left[x_1^{(0)}(2),x_1^{(0)}(3),x_1^{(0)}(4),x_1^{(0)}(5)\right]^{\mathrm{T}}=[3.278,3.307,3.390,3.679]^{\mathrm{T}}$$

所以

$$\hat{\boldsymbol{a}}=\begin{bmatrix}a\\ b\end{bmatrix}=\left(\boldsymbol{B}^{\mathrm{T}}\boldsymbol{B}\right)^{-1}\boldsymbol{B}^{\mathrm{T}}\boldsymbol{Y}=\begin{bmatrix}2.227\,3\\ 0.906\,8\end{bmatrix}$$

得模型

$$x_1^{(0)}(k)+2.227\,3z_1^{(1)}(k)=0.906\,8x_2^{(1)}$$

即

$$\hat{x}_1^{(0)}(k)=-2.2273z_1^{(1)}(k)+0.9068x_2^{(1)}$$

由此可得模拟结果如表 10.3.1 所示。

表 10.3.1 GM（1，2）模型模拟误差检验表

序号	实际数据 $x^{(0)}(k)$	模拟数据 $\hat{x}^{(0)}(k)$	残差 $\varepsilon(k)=x^{(0)}(k)-\hat{x}^{(0)}(k)$	相对误差 $\Delta_k=\frac{\lvert\varepsilon(k)\rvert}{x^{(0)}(k)}$
2	3.278	3.265	0.013	0.4%
3	3.307	3.254	0.053	1.6%
4	3.390	3.530	−0.140	4.1%
5	3.679	3.614	0.065	1.8%

GM（1，2）模型模拟平均相对误差为

$$\bar{\Delta}=\frac{1}{4}\sum_{k=2}^{5}\Delta_k=\frac{1}{4}\sum_{k=2}^{5}\frac{\lvert\varepsilon(k)\rvert}{x^{(0)}(k)}=1.975\%$$

10.4 GM（r，h）模型

本节主要讨论多变量高阶 GM（r，h）模型及其与 GM（1，1）模型、GM（0，N）模型、GM（1，N）模型等的关系。

定义 10.4.1 设 $X_1^{(0)}=\left(x_1^{(0)}(1),x_1^{(0)}(2),\cdots,x_1^{(0)}(n)\right)$ 为系统行为特征数据序列，而

$$X_2^{(0)}=\left(x_2^{(0)}(1),x_2^{(0)}(2),\cdots,x_2^{(0)}(n)\right)$$
$$X_3^{(0)}=\left(x_3^{(0)}(1),x_3^{(0)}(2),\cdots,x_3^{(0)}(n)\right)$$
$$\vdots$$
$$X_h^{(0)}=\left(x_h^{(0)}(1),x_h^{(0)}(2),\cdots,x_h^{(0)}(n)\right)$$

为相关因素序列，

$$\alpha^{(1)}\hat{x}_1^{(1)}(k)=\hat{x}_1^{(1)}(k)-\hat{x}_1^{(1)}(k-1)=\hat{x}_1^{(0)}(k)$$
$$\alpha^{(2)}\hat{x}_1^{(1)}(k)=\alpha^{(1)}\hat{x}_1^{(1)}(k)-\alpha^{(1)}\hat{x}_1^{(1)}(k-1)=\hat{x}_1^{(0)}(k)-\hat{x}_1^{(0)}(k-1)$$
$$\vdots$$
$$\alpha^{(r)}\hat{x}_1^{(1)}(k)=\alpha^{(r-1)}\hat{x}_1^{(1)}(k)-\alpha^{(r-1)}\hat{x}_1^{(1)}(k-1)=\alpha^{(r-2)}\hat{x}_1^{(0)}(k)-\alpha^{(r-2)}\hat{x}_1^{(0)}(k-1)$$
$$z^{(1)}(k)=\frac{1}{2}\left(x^{(1)}(k)+x^{(1)}(k-1)\right)$$

则称

$$\alpha^{(r)}x_1^{(1)}(k)+\sum_{i=1}^{r-1}a_i\alpha^{(r-i)}x_1^{(1)}(k)+a_rz_1^{(1)}(k)=\sum_{j=1}^{h-1}b_jx_{j+1}^{(1)}(k)+b_h \tag{10.4.1}$$

为 GM（r，h）模型。

GM（r，h）模型是多变量高阶灰色模型

$$\begin{array}{cccc} \text{G} & \text{M} & (r, & h) \\ \uparrow & \uparrow & \uparrow & \uparrow \\ \text{grey} & \text{model} & r\ \text{order} & h\ \text{variable} \\ (\text{灰色}) & (\text{模型}) & (r\text{阶方程}) & (h\text{个变量}) \end{array}$$

定义 10.4.2　在 GM（r，h）模型中，$-\hat{\boldsymbol{a}}=\left[-a_1,-a_2,\cdots,-a_r\right]^{\mathrm{T}}$ 称为发展系数向量，$\sum_{j=1}^{h-1} b_j x_{j+1}^{(1)}(k)$ 称为驱动项，$\hat{\boldsymbol{b}}=\left[b_1,b_2,\cdots,b_h\right]^{\mathrm{T}}$ 称为驱动系数向量。

定理 10.4.1　设 $X_1^{(0)}$ 为系统行为特征数据序列，$X_i^{(0)}(i=2,3,\cdots,N)$ 为相关因素数据序列，$X_i^{(1)}$ 为诸 $X_i^{(0)}$ 的 1-AGO 序列，$Z_1^{(1)}$ 为 $X_1^{(1)}$ 的紧邻均值序列，$\alpha^{(r-i)}X_1^{(1)}$ 为 $X_1^{(1)}$ 的 $r-i$ 阶累减序列

$$\boldsymbol{B}=\begin{bmatrix} -\alpha^{(r-1)}x_1^{(1)}(2) & -\alpha^{(r-2)}x_1^{(1)}(2) & \cdots & -\alpha^{(1)}x_1^{(1)}(2) & -z_1^{(1)}(2) & x_2^{(1)}(2) & \cdots & x_h^{(1)}(2) & 1 \\ -\alpha^{(r-1)}x_1^{(1)}(3) & -\alpha^{(r-2)}x_1^{(1)}(3) & \cdots & -\alpha^{(1)}x_1^{(1)}(3) & -z_1^{(1)}(3) & x_2^{(1)}(3) & \cdots & x_h^{(1)}(3) & 1 \\ \vdots & \vdots & & \vdots & \vdots & \vdots & & \vdots & \vdots \\ -\alpha^{(r-1)}x_1^{(1)}(n) & -\alpha^{(r-2)}x_1^{(1)}(n) & \cdots & -\alpha^{(1)}x_1^{(1)}(n) & -z_1^{(1)}(n) & x_2^{(1)}(n) & \cdots & x_h^{(1)}(n) & 1 \end{bmatrix}$$

$$\boldsymbol{Y}=\begin{bmatrix} \alpha^{(r)}x_1^{(1)}(2) \\ \alpha^{(r)}x_1^{(1)}(3) \\ \vdots \\ \alpha^{(r)}x_1^{(1)}(n) \end{bmatrix}$$

则参数列 $\hat{\boldsymbol{a}}=\left[-a_1,-a_2,\cdots,-a_r;b_1,b_2,\cdots,b_h\right]^{\mathrm{T}}$ 的最小二乘估计满足

$$\hat{\boldsymbol{a}}=\left(\boldsymbol{B}^{\mathrm{T}}\boldsymbol{B}\right)^{-1}\boldsymbol{B}^{\mathrm{T}}\boldsymbol{Y}$$

GM（r，h）模型是灰色系统模型的一般形式，特别地

（1）当 $r=1$，$h=1$ 时，上述模型（10.4.1）变为

$$\alpha^{(1)}x_1^{(1)}(k)+a_1z_1^{(1)}(k)=b_1 \text{ 即 } x_1^{(0)}(k)+a_1z_1^{(1)}(k)=b_1$$

称为 GM（1，1）模型的均值形式。

（2）当 $r=0$，$h=N$ 时，上述模型（10.4.1）变为

$$x_1^{(1)}(k)=b_1x_2^{(1)}(k)+b_2x_3^{(1)}(k)+\cdots+b_{N-1}x_N^{(1)}(k)+b_N$$

称为 GM（0，N）模型。

（3）当 $r=1$，$h=N$ 时，上述模型（10.4.1）变为

$$\alpha^{(1)}x_1^{(1)}(k)+a_1z_1^{(1)}(k)=b_1x_2^{(1)}(k)+b_2x_3^{(1)}(k)+\cdots+b_{N-1}x_N^{(1)}(k)+b_N$$

称为 GM（1，N）模型。

综上所述，GM（1，1）模型、GM（0，N）模型和 GM（1，N）模型等都是 GM（r，h）模型的特殊形式，因此 GM（r，h）模型更具一般性。

第 11 章

灰色组合模型

灰色组合模型是将灰色系统模型或灰色信息处理技术融入传统模型后得到的有机组合体。在这个组合体中，若能直接分解出灰色系统模型，则称这种组合体为显性灰色组合模型；若不能直接分解出灰色系统模型，则称这种组合体为隐性灰色组合模型。隐性灰色组合模型最常见的有灰色经济计量学模型[即灰色关联分析模型和均值 GM（1，1）模型等融入经济计量学模型]，灰色生产函数模型[即均值 GM（1，1）融入生产函数模型]等；显性灰色组合模型最常见的有灰色周期外延组合模型[即均值 GM（1，1）模型与周期外延模型相融合]，灰色时序模型[即均值 GM（1，1）模型与时序模型相融合]，灰色人工神经网络模型[即均值 GM（1，1）模型与人工神经网络模型相融合]，灰色线性回归模型[即均值 GM（1，1）模型与线性回归模型相融合]等。这两种组合模型我们称为第一类灰色组合模型。对于灰色信息处理技术融入其他一般模型后得到的有机组合体，我们称为第二类灰色组合模型，第二类灰色组合模型主要有灰色马尔可夫模型（即灰色转移概率矩阵或灰色状态与马尔可夫模型相融合），灰色 TOPSIS（the technique for order preference by similarity to ideal solution）模型（即灰色关联分析技术融入 TOPSIS 模型）等几种形式。本章主要讨论第一类灰色组合模型，对第二类灰色组合模型只作简单介绍。

GM 模型具有弱化序列随机性，挖掘系统演化规律的独特功效，它对一般模型具有很强的融合力和渗透力。将 GM 模型融入一般模型建模的全过程，实现功能互补，能够使预测精度大大提高。主要表现在以下两个方面。

（1）建立模型是系统分析的核心内容，一般统计模型建模大都需要大量的观测数据，但在实际中，由于种种原因，许多经济数据难以满足统计模型的建模要求。灰色系统理论在建模过程中，一方面，提倡尊重原始数据而又不拘泥于原始数据，并允许以科学的定性分析为基础对研究对象的实验、观测、统计数据进行必要的处理和修正；另一方面，需要的数据较少，在灰色系统预测中最常用的均值 GM（1，1）模型仅用 4 个数据就可以估计出模型参数，且可达到一定的模拟精度。因而，用灰色系统理论的思想、方法对原始观测数据进行必要处理，会大大改善模型的统计特性。

（2）任何一种模型只是研究对象若干侧面中某一个（或某几个）侧面的一种映像，同时由于系统的发展演化过程往往是许许多多可知因素和未知因素、确定性因素和不确定性因素相互作用的结果，仅用单一模型难以全面地揭示研究对象的发展变化规律。在众多模型中，不同模型各有其特点，对于揭示研究对象的某一侧面的变化规律有不同优势，因而将 GM（1，1）模型与其他模型有机组合，有可能深化对系统演化规律的认识。

11.1　灰色经济计量学模型

11.1.1　运用灰关联原理确定进入模型系统的主要变量

在系统分析中，由于对系统内生变量产生影响的因素错综复杂，建模伊始，首要的问题是恰当地选取进入模型的解释变量。这依赖于建模人员对系统的深入研究和认识，同时还必须充分运用定量分析手段。灰关联原理对这一问题的解决能够发挥积极的作用。

设 y 为系统内生变量（对于具有多个内生变量的系统，可以对各个内生变量逐个研究），$x_1,x_2,\cdots,x_n$ 为其正相关因素或负相关因素的逆化像。首先研究 y 与 $x_i\left(i=1,2,\cdots,n\right)$ 的关联度 ε_i，给定下阈值 ε_0，当 $\varepsilon_i<\varepsilon_0$ 时，将 x_i 从解释变量中删去，这样可以删去与系统内生变量微弱关联的部分解释变量。设保留下来的解释变量为 $x_{i_1},x_{i_2},\cdots,x_{i_m}$，进一步研究这些保留变量之间的关联度 $\varepsilon_{i_ji_k}\left(i_j,i_k=i_1,i_2,\cdots,i_m\right)$，给定上阈值 ε_0'，当 $\varepsilon_{i_ji_k}\geqslant\varepsilon_0'$ 时，视 x_{i_j} 与 x_{i_k} 为同类变量，从而将保留变量分为若干个子类。在每一个子类中取一个代表元作为进入模型的变量，可以在不影响解释力的情况下使经济计量学模型大大简化，同时还可以在一定程度上避免令人棘手的多重共线问题。

11.1.2　灰色经济计量学组合模型

经济计量学模型有一元线性回归模型、多元线性回归模型、非线性模型、滞后变量模型、联立方程模型等多种形式。估计经济计量学模型参数，常常会出现一些难以解释的现象，如一些重要解释变量的系数不显著或某些参数估计值的符号与实际情况或经济分析结论相矛盾，个别观测数据的微小变化引起多数估计值发生很大变动等。其主要原因如下：①观测期内系统结构发生较大变化；②解释变量之间存在多重共线问题；③观测数据的随机波动或误差。对于第①、②两种情况，需要对模型结构或解释变量重新研究、调整，在第③种情况下，可以考虑采用观测数据的 GM（1，1）模拟值建模，以消除数据随机波动或误差的影响，所得的灰色经济计量学组合模型更能确切地反映系统变量之间的关系。同时，以解释变量的 GM（1，1）预测值为基础对灰色经济计量学模型系统中的内生变量进行预测，所得预测结果将具有更为坚实的科学基础。另外，将内生变量的灰色预测结果与经济计量学模型预测结果相互印证，还能够增进预测结果的可靠性。

建立与应用灰色经济计量学模型的步骤如下。

第一步：理论模型设计。对所研究的经济活动进行深入分析，根据研究目的，选择进入模型的变量，并根据经济行为理论或经验以及样本数据所呈现出的变量间的关系，建立描述这些变量之间关系的数学表达式，即理论模型。

这个阶段是建立模型最重要也是最困难的阶段，需要做以下工作。

（1）研究有关经济理论。建立模型需要理论抽象。模型是对客观事物的基本特征和发展规律的概括，是对现实的简化。这种概括和简化就是理论分析的成果。因此在模型设计阶段，首先要注重基于经济理论的定性分析。不同的理论会导致不同的模型。例如，根据劳动力市场均衡学说，工资增长率 y 与失业率 x_1 和物价上涨率 x_2 有关，$y=f(x_1,x_2)$。失业率越高，表明劳动力的供给大大高于劳动力的需求，从而工资的上升率就越小，这就是有名的菲利普斯曲线。这一方程式在西方国家的经济模型中被广泛采用，但不一定符合我国实际情况。又如，根据凯恩斯（Keynes）的消费理论："平均说来，当人们的收入增多时，他们倾向消费，但其增长的程度并不和收入增加程度一样多。"设 y 为消费，x 为收入，用数学方程式表示为

$$y=f(x)=b_0+b_1x+\varepsilon$$

其中，参数 $b_1=\mathrm{d}y/\mathrm{d}x$，为边际消费倾向，$\varepsilon$ 为随机项，表明消费的随机性质。按凯恩斯的观点，$0<b_1<1$。但库兹涅兹对凯恩斯的这种边际消费倾向下降的观点持否定态度，他研究的结论是，消费与国民收入之间存在一种稳定的上升比例。因此上式只是根据凯恩斯理论设计的消费模型。

（2）确定模型所包含的变量及函数形式。模型应该反映客观经济活动，但这种反映不可能包罗万象、巨细无遗。这就需要合理的假设，按照本节"运用灰色关联原理确定进入模型系统的主要变量"的方法删除次要关系和因素。对模型进行简化，既突出主要联系，又便于模型处理、运用。模型设计阶段的具体技术工作如下所示：①确定模型包括哪些变量，哪个变量是因变量，哪个或哪几个变量是自变量（自变量又称为解释变量）；②模型包括几个参数，它们的符号（正或负）如何；③模型函数的数学形式是线性的还是非线性的。

（3）统计数据的收集与整理。变量确定之后，就要全面收集统计数据，这是建立模型的基础工作。一般来说，收集的原始数据都要经过科学的统计分组、整理加工，使之系统化，成为能为模型所用，反映问题特征的综合资料。统计数据的基本类型如第 4 章所述的系统行为序列，包括时间序列、指标序列、横向序列等。

第二步：建立 GM（1，1）并获得模拟值。为了消除模型各变量观测数据的随机波动或误差，采用各变量的观测数据分别建立 GM（1，1），然后运用变量的 GM（1，1）模拟值作为建立模型的基础序列。

第三步：参数估计。经济计量学模型设计之后，就要估计参数。参数是模型中表示变量之间数量关系的常系数。它将各种变量连接在模型中，具体说明解释变量对因变量的影响程度。在未经实际资料估计之前，参数是未知的。模型设定后，应根据由 GM（1，1）模拟得到的模拟序列，选择适当的方法，如最小二乘法，求出模型参数

的估计值。参数一经确定，模型中各变量之间的相互关系就确定了，模型也就随之而定。这时得到的模型为灰色经济计量学模型。

参数估计值为经济理论提供了实际经验的内容，并验证经济理论，如上述消费模型，若参数 b_1 的估计值 $\hat{b}_1 = 0.8$，不仅说明了边际消费倾向的实际内容，同时也证实了凯恩斯消费理论关于 b_1 为 0~1 的假定。

第四步：模型检验。参数估计之后，模型便已确定。但模型是否符合实际，能否解释实际经济过程，还需要进行检验。检验分两方面，即经济意义检验和统计检验。经济意义检验主要是检验各个参数值是否与经济理论和实际经验相符。统计检验则是利用统计推断的原理，对参数估计的可靠程度、数据序列的拟合效果、各种经济计量假设的合理性及模型总体结构预测功能进行检验。模型通过上述各项检验，才能实际应用。如果检验未通过，则需修正模型。

第五步：模型应用。灰色经济计量模型主要应用于分析经济结构、评价政策决策、仿真经济系统及预测经济发展这几个方面。模型的应用过程，也是检验模型和理论的过程。如果预测误差小，表明模型精度高，质量好，对现实解释能力强，理论符合实际；反之就要对模型及对建模所依据的经济理论进行修正。

灰色经济计量学组合模型不仅可用于系统结构已知的情形，还特别适用于系统结构有待于进一步研究、探讨的情形。

例 11.1.1 某地区粮食生产系统分析及预测（Liu and Zhu，1996）。

基于灰色经济计量学组合模型建模的思想方法，在某区粮食生产系统分析及预测研究中，根据向 60 位专家进行三轮德尔菲函询的结果，归纳出影响粮食单位面积产量的相关因素共有以下 24 种：

x_1：平均每公顷耕地化肥施用量（实物），单位为 kg；

x_2：平均每公顷耕地有机肥施用量，单位为 10^2kg；

x_3：有效灌溉面积在耕地面积中所占的比重；

x_4：旱涝保收田面积占耕地面积比重；

x_5：平均每万公顷耕地机井眼数，单位为眼；

x_6：平均每公顷耕地年实际投资额，单位为万元；

x_7：平均每公顷耕地拥有的农机总动力，单位为 10W；

x_8：机耕地面积占耕地面积比重；

x_9：每公顷耕地平均用电量，单位为 kW・h；

x_{10}：新品种播种面积比重；

x_{11}：优良品种播种面积比重；

x_{12}：农业劳动力平均受教育年限；

x_{13}：农民技术员占农业劳动力比重；

x_{14}：农业科技人员数，单位为万人；

x_{15}：农业科研、开发、推广人员数，单位为万人；

x_{16}：支农支出占财政支出的比重；

x_{17}：水灾成灾面积，单位为 10^5ha；

x_{18}：旱灾成灾面积，单位为 10^5ha；

x_{19}：病、虫害成灾面积，单位为 10^5ha；

x_{20}：风灾、雹灾成灾面积，单位为 10^5ha；

x_{21}：霜冻成灾面积，单位为 10^5ha；

x_{22}：土地休闲率；

x_{23}：机播面积比重；

x_{24}：机收面积比重。

计算上述各个变量与粮食单位面积产量的关联度 ε_i，取阈值 $\varepsilon_0 = 0.4$，$\varepsilon_6,\varepsilon_{12},\varepsilon_{16},\varepsilon_{19},\varepsilon_{20},\varepsilon_{21},\varepsilon_{22},\varepsilon_{23},\varepsilon_{24}$ 皆小于0.4，故将 $x_6,x_{12},x_{16},x_{19},x_{20},x_{21},x_{22},x_{23},x_{24}$ 从解释变量中删去，然后计算保留变量 $x_1,x_2,x_3,x_4,x_5,x_7,x_8,x_9,x_{10},x_{11},x_{13},x_{14},x_{15},x_{17},x_{18}$ 之间的关联度 ε_{ij}，取阈值 $\varepsilon_0' = 0.7$，可将上述 15 个保留变量分为以下 7 个子类：

$$\{x_1\},\ \{x_2\},\ \{x_3,x_4,x_5\},\ \{x_7,x_8,x_9\},\ \{x_{10},x_{11},x_{13},x_{14},x_{15}\},\ \{x_{17}\},\ \{x_{18}\}$$

分别以 x_3,x_7,x_{14} 作为子类 $\{x_3,x_4,x_5\}$，$\{x_7,x_8,x_9\}$，$\{x_{10},x_{11},x_{13},x_{14},x_{15}\}$ 的代表元，得到影响粮食单位面积产量的 7 个主要解释变量 $x_1,x_2,x_3,x_7,x_{14},x_{17},x_{18}$。

在建立夏粮单产 y_1 和秋粮单产 y_2 与前述 7 个主要解释变量的简化式方程时，先是采用 1949~1997 年的数据估计模型参数，出现多处矛盾；又采用 1957~1997 年的数据进行估计，仍有矛盾。采用指数平滑数据进行试验，效果亦不理想。最后用GM（1，1）模拟值作为基础数据估计模型参数，得到以下简化式方程：

$$\begin{aligned} y_1 = {} & 126.4214 + 0.9686x_1 + 1.9669x_2 + 9.4071x_3 \\ & + 1.0212x_7 + 10.5503x_{14} - 0.6117x_{17} - 0.1853x_{18} + U_1 \end{aligned}$$

$$F_1 = 679.2191,\quad R_1 = 0.9796,\quad S_1 = 4.0174,\quad \mathrm{DW}_1 = 1.3961$$

$$\begin{aligned} y_2 = {} & 304.5194 + 0.7916x_1 + 1.7981x_2 + 12.8114x_3 \\ & + 5.3865x_7 + 9.1113x_{14} - 2.5417x_{17} - 3.6313x_{18} + U_2 \end{aligned}$$

$$F_2 = 716.3874,\quad R_2 = 0.9871,\quad S_2 = 3.9129,\quad \mathrm{DW}_2 = 2.5346$$

解释变量对 y_1，y_2 的影响显著，解释力分别达到 96.96%和 98.71%。

为进一步研究粮食总产量，需要建立夏粮、秋粮播种面积模型。影响播种面积的主要因素如下所示：

x_{25}：全区耕地总面积，单位为 10^5ha；

x_{26}：复种指数；

x_{27}：粮食作物播种面积比重；

x_{28}：夏粮播种面积占粮食播种面积比重。

从而有夏粮播种面积 y_3 和秋粮播种面积 y_4 的定义式方程：

$$y_3 = x_{25} \cdot x_{26} \cdot x_{27} \cdot x_{28},\quad y_4 = x_{25} \cdot x_{26} \cdot x_{27} \cdot (1 - x_{28})$$

内生变量的估计或预测，前提是解释变量为已知。研究解释变量的变化规律，运用灰色系统原理，建立解释变量的 GM（1，1）模型，以解释变量的预测值为基础对内生变量进行预测，可以提高预测的科学性。

解释变量 $x_1, x_2, x_3, x_7, x_{14}, x_{25}, x_{26}, x_{27}, x_{28}$ 的时间响应还原式如下， x_{17} 和 x_{18} 的预测结果由灾变模型给出。

$$\hat{x}_1(1994+k)=960.42\mathrm{e}^{0.0261k}+\eta_1,\quad \hat{x}_2(1994+k)=553.41\mathrm{e}^{0.0292k}+\eta_2$$
$$\hat{x}_3(1994+k)=40.06\mathrm{e}^{0.0216k}+\eta_3,\quad \hat{x}_7(1994+k)=23.16\mathrm{e}^{0.0466k}+\eta_7$$
$$\hat{x}_{14}(1994+k)=20.84\mathrm{e}^{0.043k}+\eta_{14},\quad \hat{x}_{25}(1994+k)=70.487\mathrm{e}^{-0.003145k}+\eta_{25}$$
$$\hat{x}_{26}(1994+k)=169.00\mathrm{e}^{0.004035k}+\eta_{26},\quad \hat{x}_{27}(1994+k)=78.71\mathrm{e}^{-0.00455k}+\eta_{27}$$
$$\hat{x}_{28}(1994+k)=50.93\mathrm{e}^{0.00561k}+\eta_{28}$$

这里给出 1998 年、2000 年和 2010 年的预测结果（表 11.1.1）。其中 x_{17}， x_{18} 的预测值是在相应年份取各类水、旱灾害成灾面积的平均值而得（Liu，1994）。

表 11.1.1　解释变量预测结果

变量	1998 年	2000 年	2010 年
x_1	1 152.94	1 279.81	1 458.22
x_2	678.92	763.03	882.98
x_3	46.50	50.80	56.50
x_7	32.09	38.67	48.81
x_{14}	28.16	33.44	41.47
x_{17}	5	1.7	11.7
x_{18}	5	11.7	32.38
x_{25}	68.95	68.09	66.03
x_{26}	173.84	176.57	180.27
x_{27}	76.24	74.87	73.18
x_{28}	52.97	54.17	55.71

将表 11.1.1 中的预测值代入夏粮单产和秋粮单产的简化式方程及夏粮播种面积和秋粮播种面积的定义式，可得 y_1, y_2, y_3, y_4 的预测值如表 11.1.2 所示。

表 11.1.2　夏粮、秋粮单产和播种面积预测值

项目	1998 年	2000 年	2010 年
夏粮单产 y_1 /（kg/ha）	3 342.77	3 733.80	4 282.22
秋粮单产 y_2 /（kg/ha）	3 433.52	3 806.51	4 246.27
夏粮播种面积 y_3 /10^4ha	48.41	48.79	49.26
秋粮播种面积 y_4 /10^4ha	42.98	41.28	39.16

从而可以得到夏粮总产量 y_5、秋粮总产量 y_6 和全区粮食总产量 y 的预测值如表 11.1.3 所示。

表 11.1.3　某区粮食总产量预测值　　单位：10^4t

项目	1998 年	2000 年	2010 年
夏粮总产量 y_5	1 618.23	1 821.72	2 109.42
秋粮总产量 y_6	1 475.73	1 571.37	1 663.23
粮食总产量 y	3 093.96	3 393.09	3 772.65

表 11.1.3 中的预测值是考虑了粮食生产系统多种因素的综合作用而得到的，每种因素作用的重要程度通过对系统历史和现状的分析而确定。随着系统的发展、演化，未来若干年中，系统结构可能会发生变化，一些主要因素可能产生较大波动，某些次要因素也可能演变为主要因素，这都将影响粮食产量。为提高预测结果的可靠度，进一步研究不同品种粮食作物年总产量自身的变化规律，建立不同品种粮食作物年总产量的 GM（1，1）模型，从另一条途径预测全区粮食总产量，与经济计量模型预测结果相印证。不同模型的时间响应还原式和粮食总产量定义式如下：

小麦总产量模型：$\hat{y}_5^1(1994+k)=1\,582.87\mathrm{e}^{0.019\,2k}+U_5^1$；

夏杂粮总产量模型：$\hat{y}_5^2(1994+k)=28.18\mathrm{e}^{0.015\,2k}+U_5^2$；

稻谷总产量模型：$\hat{y}_6^1(1994+k)=193.40\mathrm{e}^{0.028\,77k}+U_6^1$；

玉米总产量模型：$\hat{y}_6^2(1994+k)=519.66\mathrm{e}^{0.046\,8k}+U_6^2$；

薯类总产量模型：$\hat{y}_6^3(1994+k)=210.14\mathrm{e}^{0.013\,5k}+U_6^3$；

大豆总产量模型：$\hat{y}_6^4(1994+k)=99.83\mathrm{e}^{0.024\,7k}+U_6^4$；

高粱总产量模型：$\hat{y}_6^5(1994+k)=17.39\mathrm{e}^{-0.050\,2k}+U_6^5$；

谷子总产量模型：$\hat{y}_6^6(1994+k)=30.43\mathrm{e}^{0.010\,1k}+U_6^6$；

其他秋杂粮总产量模型：$\hat{y}_6^7(1994+k)=21.12\mathrm{e}^{0.023\,6k}+U_6^7$。

夏粮总产量定义式：$\hat{y}_5=\hat{y}_5^1+\hat{y}_5^2$；

秋粮总产量定义式：$\hat{y}_6=\hat{y}_6^1+\hat{y}_6^2+\hat{y}_6^3+\hat{y}_6^4+\hat{y}_6^5+\hat{y}_6^6+\hat{y}_6^7$；

粮食总产量定义式：$\hat{y}=\hat{y}_5+\hat{y}_6$。

由此可得某区主要粮食作物总产量及该区粮食总产量的又一预测结果（表 11.1.4）。

表 11.1.4　主要粮食作物总产量 GM（1，1）预测值　　单位：10^4t

项目	1998 年	2000 年	2010 年
小麦总产量 y_5^1	1 810.57	1 955.10	2 152.09
夏杂粮总产量 y_5^2	31.34	33.31	35.94
稻谷总产量 y_6^1	236.55	265.40	306.46
玉米总产量 y_6^2	721.10	869.55	1 098.80
薯类总产量 y_6^3	230.97	243.78	260.81
大豆总产量 y_6^4	118.67	131.00	148.22
高粱总产量 y_6^5	12.23	10.01	6.69

续表

项目	1998 年	2000 年	2010 年
谷子总产量 y_6^6	32.66	34.01	35.77
其他秋杂粮总产量 y_6^7	24.91	26.38	30.81
夏粮总产量 y_5	1 841.91	1 988.41	2 188.03
秋粮总产量 y_6	1 376.09	1 581.13	1 888.66
粮食总产量 y	3 219.00	3 569.54	4 076.59

比较两种不同的预测结果，1998 年、2000 年和 2010 年粮食总产量预测误差分别为4.04%，5.2%和8.06%，对于超长期预测，不同方法所得预测结果如此接近，说明这些模型都在一定程度上反映了客观事物发展规律，预测结果可以用作制定粮食生产和分配政策的依据，随着系统的发展、演变，预测模型的结构、参数应不断地加以调整、修正，以期较好地反映系统的运行机制，提高预测结果的可靠性。

11.2　灰色生产函数模型

定义 11.2.1　设 K 为资金投入，L 为劳动力投入，Y 为产出，称

$$Y = A_0 e^{\gamma t} K^{\alpha} L^{\beta}$$

为 C-D 生产函数模型。其中，α 为资金弹性，β 为劳动力弹性，γ 为技术进步系数。

定义 11.2.2　称

$$\ln Y = \ln A_0 + \gamma t + \alpha \ln K + \beta \ln L$$

为生产函数模型的对数线性形式。

给定产出 Y，资金 K 和劳动力 L 的时间序列数据

$$Y = \left(y(1), y(2), \cdots, y(n)\right)$$

$$K = \left(k(1), k(2), \cdots, k(n)\right)$$

$$L = \left(l(1), l(2), \cdots, l(n)\right)$$

用多元最小二乘回归可以估计出参数 $\ln A_0$，γ，α，β。而当 Y，K，L 为某一部门、地区或企业的时间序列数据时，常常由于数据波动而导致参数估计误差，甚至得出明显错误的结果。例如，技术进步系数 γ 过小或为负值，弹性 α，β 的估计值亦超出了其合理的取值界限。

在此情形下，可以考虑采用 Y，K，L 的 GM（1，1）模拟值作为最小二乘回归的原始数据，能够在一定程度上消除随机波动，使得估计出的参数更为合理，得到的模型也能更为确切地反映产出与资金、劳动力和技术进步的关系。

定义 11.2.3　设

$$\hat{Y} = \left(\hat{y}(1), \hat{y}(2), \cdots, \hat{y}(n)\right)$$

$$\hat{K} = \left(\hat{k}(1), \hat{k}(2), \cdots, \hat{k}(n)\right)$$

$$\hat{L}=\left(\hat{l}(1),\hat{l}(2),\cdots,\hat{l}(n)\right)$$

分别为 Y，K，L 的 GM（1，1）模拟序列，则称 $\hat{Y}=A_0\mathrm{e}^{\gamma t}\,\hat{K}^{\alpha}\hat{L}^{\beta}$ 为灰色生产函数模型（Liu et al.，2004）。

灰色生产函数模型中不显含灰参数，它是将灰色系统模型融入 C-D 生产函数模型后得到的组合体，具有十分深刻的“灰色”内涵，体现了“解的非唯一性原理”和“灰性不灭原理”，因而应用于实践往往会收到满意的效果。

例 11.2.1 河南省各时期技术进步贡献率测度（Liu et al.，2004）。

测算技术进步对经济增长的贡献率，一般借助于丁伯根改进的 C-D 生产函数模型，采用索洛“余值法”。

索洛“余值法”计算技术进步速度公式为

$$\frac{\Delta A}{A}=\frac{\Delta Y}{Y}-\alpha\frac{\Delta K}{K}-\beta\frac{\Delta L}{L} \tag{11.2.1}$$

如果测算期内非技术进步因素的影响十分突出，由式（11.2.1）往往难以得到合理的结果，此时可以考虑按照灰色系统理论的思想对原始数据施以某种缓冲算子，然后对所得数据建立 GM（1，1）模型，用 GM（1，1）模拟值构建灰色生产函数模型，将由该模型估计出的结果代入式（11.2.1）即可求出技术进步对产出增长速度的贡献份额：

$$E_A=\left[\frac{\Delta\hat{A}}{\hat{A}}\Big/\frac{\Delta\hat{Y}}{\hat{Y}}\right]\times 100\% \tag{11.2.2}$$

E_A 通常称为技术进步对经济增长速度的贡献率，简称技术进步贡献率。同理，可以求出资金和劳动力对产出增长速度的贡献率：

$$E_K=\left[\alpha\frac{\Delta\hat{K}}{\hat{K}}\Big/\frac{\Delta\hat{Y}}{\hat{Y}}\right]\times 100\% \tag{11.2.3}$$

$$E_L=\left[\beta\frac{\Delta\hat{L}}{\hat{L}}\Big/\frac{\Delta\hat{Y}}{\hat{Y}}\right]\times 100\% \tag{11.2.4}$$

为较准确地反映河南不同时期技术进步贡献率演化特征，分别对 1952~1962 年，1962~1970 年，1970~1980 年，1980~1995 年 4 个时期建立河南省地区生产总值的灰色生产函数模型$\left(\hat{Y}_1,\hat{Y}_2,\hat{Y}_3,\hat{Y}_4\right)$：

$$\hat{Y}_1=0.048\mathrm{e}^{0.0581t}\hat{K}_1^{0.2131}\hat{L}_1^{0.7869} \qquad \hat{Y}_2=0.088\mathrm{e}^{0.0072t}\hat{K}_2^{0.5015}\hat{L}_2^{0.4984}$$

$$\hat{Y}_3=0.16\mathrm{e}^{0.0098t}\hat{K}_3^{0.5101}\hat{L}_3^{0.4899} \qquad \hat{Y}_4=0.15\mathrm{e}^{0.0161t}\hat{K}_4^{0.3316}\hat{L}_4^{0.6684}$$

其中，$\hat{Y}_i$ 为地区生产总值（亿元）；$\hat{K}_i$ 为固定资产（亿元）；$\hat{L}_i$ 为从业人员（万人）；t 为时间变量；i=1，2，3，4 表示 4 个不同的时期。由计算技术进步速度的公式（11.2.1）和计算技术进步对产出增长速度的贡献份额的公式（11.2.2）计算出不同时期的技术进步速度和技术进步对地区生产总值增长速度的贡献率如表 11.2.1 所示。

表 11.2.1　河南省不同时期技术进步贡献率

时期	α	β	$\Delta\hat{Y}/\hat{Y}$	$\Delta\hat{A}/\hat{A}$	E_A
“一五”	0.213 1	0.786 9	0.329 6	0.194 2	58.92%
“二五”	0.213 1	0.786 9	−0.383 3	—	—
1963~1965 年	0.501 5	0.498 4	0.496 9	0.248 0	49.91%
“三五”	0.501 5	0.498 4	0.481 5	0.155 3	32.25%
“四五”	0.510 1	0.489 9	0.257 3	0.044 8	16.41%
“五五”	0.510 1	0.489 9	0.525 9	0.156 4	29.75%
“六五”	0.331 6	0.668 4	0.739 7	0.244 2	33.02%
“七五”	0.331 6	0.668 4	0.440 6	0.184 1	41.78%
“八五”	0.331 6	0.668 4	0.838 9	0.358 7	42.75%

由表 11.2.1 可以看出，“一五”时期，河南技术进步贡献率最高，达到 58.92%，这是由于中华人民共和国的成立极大地解放了社会生产力，放大了资金和劳动力增长贡献之外的“余值”。当时的生产技术水平并不高。“二五”时期，河南遭受严重自然灾害，这一时期在资金和劳动力投入增加的情况下，1962 年地区生产总值比 1957 年减少了 38.33%，自然灾害和不切实际的盲目跃进吃掉了技术进步“余值”。1963~1965 年，技术进步贡献率较高，实际上，从河南的地区生产总值看，1965 年刚刚恢复到 1957 年的水平，较高的技术进步“余值”中含有经济政策调整的因素。“四五”时期，河南技术进步速度和技术进步贡献率皆达到最低点。“五五”以后，河南技术进步速度和技术进步贡献率皆呈稳定提高趋势，到“八五”时期达到新时期的最高点。由于年度数据波动较大，做年度技术进步分析难以得到有价值的结果。与国民经济发展五年计划相对应，分时期计算技术进步贡献率，能够较好地反映不同时期的技术进步状况。

由计算资金和劳动力对产出增长速度贡献率的公式（11.2.3）和（11.2.4）还可以计算出资金和劳动力对产出增长的贡献率（表 11.2.2）。从表 11.2.2 看出，劳动对产出增长速度的贡献率相对较小，这在一定意义上表明河南经济增长是靠劳动生产率提高实现的。从技术进步贡献率和资金贡献率看，除“一五”、1963~ 1965 年及“七五”外，其余几个五年计划期间的资金贡献率都大于技术进步贡献率，说明河南仍然是依赖于资金的高投入维持较高的经济增长速度。

表 11.2.2　河南省不同时期资金和劳动贡献率

时期	$\alpha\Delta\hat{K}/\hat{K}$	$\beta\Delta\hat{L}/\hat{L}$	E_K/%	E_L
“一五”	0.067 1	0.068 3	20.37	20.71%
“二五”	0.354 1	0.082 6	—	—
1963~1965	0.211 7	0.037 2	42.6	6.49%
“三五”	0.255 3	0.070 9	53.02	14.72%
“四五”	0.128 7	0.083 8	50.02	32.57%
“五五”	0.325 8	0.043 7	61.95	8.31%
“六五”	0.360 6	0.134 9	48.75	18.24%
“七五”	0.149 0	0.107 5	33.82	24.39%
“八五”	0.411 0	0.069 2	48.99	8.25%

11.3 灰色线性回归组合模型

灰色线性回归组合模型弥补了原线性回归模型不能描述指数增长趋势和 GM（1，1）模型不能描述变量间的线性关系的不足，因此该组合模型更适用于既有线性趋势又有指数增长趋势的序列。

定义 11.3.1 设序列

$$X^{(0)}=\left\{x^{(0)}(1),x^{(0)}(2),\cdots,x^{(0)}(n)\right\}$$

$X^{(0)}$ 的 1-AGO 序列为

$$X^{(1)}=\left\{x^{(1)}(1),x^{(1)}(2),\cdots,x^{(1)}(n)\right\}$$

其中，$x^{(1)}(k)=\sum_{i=1}^{k}x^{(0)}(i)(k=1,2,\cdots,n)$。则称

$$\hat{x}^{(1)}(k)=C_1\mathrm{e}^{-vk}+C_2k+C_3 \tag{11.3.1}$$

为灰色线性回归组合模型。其中，v 及 C_1,C_2,C_3 为待定参数。

在 GM（1，1）时间响应式（11.3.2）中

$$\hat{x}^{(1)}(k+1)=\left(x^{(0)}(1)-\frac{b}{a}\right)\mathrm{e}^{-ak}+\frac{b}{a} \tag{11.3.2}$$

取 $C_1=\left(x^{(0)}(1)-\frac{b}{a}\right),C_2=\frac{b}{a}$，有

$$\hat{x}^{(1)}(k+1)=C_1\mathrm{e}^{-ak}+C_2 \tag{11.3.3}$$

在式（11.3.3）中增加一个 k 的线性项即得式（11.3.1）。

事实上，灰色线性回归组合模型是用线性回归方程 $y=ak+b$ 及指数方程 $y=C_1\mathrm{e}^{-ak}+C_2$ 的和来拟合 $X^{(0)}$ 的 1-AGO 序列 $X^{(1)}$。

引理 11.3.1 设序列

$$X^{(0)}=\left\{x^{(0)}(1),x^{(0)}(2),\cdots,x^{(0)}(n)\right\}$$

$X^{(0)}$ 的 1-AGO 序列为

$$X^{(1)}=\left\{x^{(1)}(1),x^{(1)}(2),\cdots,x^{(1)}(n)\right\}$$

其中，$x^{(1)}(k)=\sum_{i=1}^{k}x^{(0)}(i)(k=1,2,\cdots,n)$。

则灰色线性回归组合模型（11.3.1）中的参数 v 的估计值 $\hat{V}$ 可以由如下的式（11.3.4）得到

$$\hat{V}=\frac{\sum_{m=1}^{n-3}\sum_{k=1}^{n-2-m}\tilde{V}_m(k)}{(n-2)(n-3)/2} \tag{11.3.4}$$

证明 设

$$\begin{aligned} z(k) &= \hat{x}^{(1)}(k+1) - \hat{x}^{(1)}(k) \\ &= C_1 e^{-v(k+1)} + C_2(k+1) + C_3 - \left(C_1 e^{-vk} + C_2 k + C_3\right) \\ &= C_1 e^{-vk}\left[e^{v} - 1\right] + C_2, \quad k = 1,2,\cdots,n-1 \end{aligned} \tag{11.3.5}$$

再设

$$\begin{aligned} y_m(k) &= z(k+m) - z(k) \\ &= C_1 e^{-v(k+m)}\left[e^{v} - 1\right] + C_2 - \left[C_1 e^{-vk}\left[e^{v} - 1\right] + C_2\right] \\ &= C_1 e^{-vk}\left[e^{vm} - 1\right]\left[e^{v} - 1\right] \end{aligned} \tag{11.3.6}$$

将式（11.3.6）中的 k 换为 $k+1$，有

$$y_m(k+1) = C_1 e^{-v(k+1)}\left(e^{vm} - 1\right)\left(e^{v} - 1\right) \tag{11.3.7}$$

从而有

$$y_m(k+1)/y_m(k) = e^{v} \tag{11.3.8}$$

由此可以解得

$$v = \ln\left[y_m(k+1)/y_m(k)\right] \tag{11.3.9}$$

将式（11.3.5）中的 $\hat{x}^{(1)}(k+1)$， $\hat{x}^{(1)}(k)$ 换成 $x^{(1)}(k+1)$， $x^{(1)}(k)$，由式（11.3.9）可得 v 的近似解 $\tilde{V}$，取不同的 m 可得到不同的 $\tilde{V}$，取其平均值作为 v 的估值 $\hat{V}$ 即可。具体求解过程如下：

式（11.3.5）变为 $z(k) = x^{(1)}(k+1) - x^{(1)}(k)$， $k = 1,2,\cdots,n-1$ 。

对于 m=1，可得 v 的一个近似估计值 $\tilde{V}_1(k)$：

$$y_1(k) = z(k+1) - z(k), \quad k = 1,2,\cdots,n-2$$

$$\tilde{V}_1(k) = \ln\left[y_1(k+1)/y_1(k)\right], \quad k = 1,2,\cdots,n-3$$

对于 m=2，有

$$y_2(k) = z(k+2) - z(k), \quad k = 1,2,\cdots,n-3$$

$$\tilde{V}_2(k) = \ln\left[y_2(k+1)/y_2(k)\right], \quad k = 1,2,\cdots,n-4$$

$$\vdots$$

对于 $m = n-3$，有

$$y_{n-3}(k) = z(k+n-3) - z(k), \quad k = 1,2$$

$$\tilde{V}_{n-3}(k) = \ln\left[y_{n-3}(k+1)/y_{n-3}(k)\right], \quad k = 1$$

以上计算 $\tilde{V}$ 的个数为 $(n-3)+(n-4)+\cdots+2+1=(n-2)(n-3)/2$，取 $\tilde{V}$ 的平均值作为 v 的估值 $\hat{V}$，即得式（11.3.4）。

定理 11.3.1 设序列

$$X^{(0)} = \left\{x^{(0)}(1), x^{(0)}(2), \cdots, x^{(0)}(n)\right\}$$

$X^{(0)}$ 的 1-AGO 序列为

$$X^{(1)}=\left\{x^{(1)}(1),x^{(1)}(2),\cdots,x^{(1)}(n)\right\}$$

其中，$x^{(1)}(k)=\sum_{i=1}^{k}x^{(0)}(i)\ (k=1,2,\cdots,n)$。

令 $\boldsymbol{X}^{(1)}=\begin{bmatrix}x^{(1)}(1)\\x^{(2)}(2)\\\vdots\\x^{(1)}(n)\end{bmatrix}$，$\boldsymbol{C}=\begin{bmatrix}C_1\\C_2\\C_3\end{bmatrix}$，$\boldsymbol{A}=\begin{bmatrix}\mathrm{e}^{v}&1&1\\\mathrm{e}^{2v}&2&1\\\vdots&\vdots&\vdots\\\mathrm{e}^{nv}&n&1\end{bmatrix}$，则有灰色线性回归组合模型（11.3.1）的矩阵形式

$$\boldsymbol{X}^{(1)}=\boldsymbol{AC} \tag{11.3.10}$$

和参数向量估计的矩阵形式

$$\boldsymbol{C}=\left(\boldsymbol{A}^{\mathrm{T}}\boldsymbol{A}\right)^{-1}\boldsymbol{A}^{\mathrm{T}}\boldsymbol{X}^{(1)} \tag{11.3.11}$$

由此可得 $\boldsymbol{X}^{(1)}$ 的模拟值或预测值如下：

$$\hat{x}^{(1)}(k)=C_1\mathrm{e}^{-\hat{V}k}+C_2k+C_3 \tag{11.3.12}$$

显然，当 $C_1=0$ 时，式（11.3.12）为一元线性回归模型；当 $C_2=0$ 时，式（11.3.12）为 GM（1，1）模型；当 $C_1\neq0$，$C_2\neq0$ 时，式（11.3.12）为既包含指数增长趋势，又包含线性项的灰色线性回归组合模型。

对式（11.3.12）进行一次累减还原即可得到原序列的模拟值或预测值 $\hat{X}^{(0)}$。

例 11.3.1 某矿岩观测站 1995 年 2 月至 1996 年 4 月观测所得的某点的下沉序列如表 11.3.1 所示，试对该点的下沉动态进行预测（韩晓东和贺兆礼，1997）。

表 11.3.1 下沉值原始序列

时间	9502	9504	9506	9508	9510	9512	9602	9604
下沉值	12	22	31	43	51	57	75	83

由于原始数据较少，故用灰色系统模型进行预测。进一步分析数据变化特点，决定选择灰色线性回归组合模型对下沉值进行预测。

原始序列和一阶累加序列分别为

$$X^{(0)}=(12,22,31,43,51,57,75,83)$$

$$X^{(1)}=(12,34,65,108,159,216,291,374)$$

根据不同的 m，利用式（11.3.4）可得 v 的估计值 $\hat{V}=0.020\,580\,96$。

再由式（11.3.11）得到参数向量 $\boldsymbol{C}$ 的估计结果

$$\boldsymbol{C}=\left(\boldsymbol{A}^{\mathrm{T}}\boldsymbol{A}\right)^{-1}\boldsymbol{A}^{\mathrm{T}}\boldsymbol{X}^{(1)}=(21\,750.995,-439.952\,3,-21\,751.078)$$

故一阶累加序列的灰色线性回归组合模型为

$$\hat{x}^{(1)}(k)=21\,750.995\mathrm{e}^{0.020\,580\,96k}-439.952\,3k-21\,751.078$$

由此得到各个时刻的模拟值和预测值如表 11.3.2 所示。

表 11.3.2　各时刻预测值及残差

时间	9502	9504	9506	9508	9510	9512	9602	9604	9606	9608
$x^{(0)}$	12	22	31	43	51	57	75	83		
$\hat{x}^{(0)}$	12.34	21.75	31.35	41.15	51.15	61.36	71.79	82.43	93.29	104.38
残差	−2.85%	1.15%	−1.12%	4.31%	−0.30%	−6.56%	4.28%	0.69%		

11.4　灰色–周期外延组合模型

对于既有总体变化趋势又有周期波动的数据序列，单纯运用灰色系统模型不能反映周期波动的特点，而单纯运用周期外延模型又不能反映总体的变化趋势。将二者有机结合而形成的灰色–周期外延组合模型解决了这一问题。灰色系统的 GM（1，1）模型能够很好地反映序列的总体趋势，所以可首先建立序列的 GM（1，1）模型，然后对残差序列建立周期外延模型，作为灰色 GM（1，1）模型的残差补偿，这就是灰色–周期外延组合模型的建模思想。

设系统行为序列为 $\left\{x^{(0)}(k)\right\}$，其中 $x^{(0)}(k)\geqslant 0$，k=1，2，…，n，灰色–周期外延组合模型建模步骤如下。

第一步：建立该序列的 GM（1，1）模型为

$$\hat{x}(k)=\left(x(1)-b/a\right)\mathrm{e}^{-a(k-1)}+b/a \tag{11.4.1}$$

第二步：求残差序列 $\varepsilon(k)$，

$$\varepsilon(k)=x^{(0)}(k)-\hat{x}(k) \tag{11.4.2}$$

第三步：建立残差序列 $\varepsilon(k)$ 的周期外延模型。具体步骤如下。

（1）计算序列 $\varepsilon(k)$ 的均值。计算公式为

$$\overline{\varepsilon}_m(i)=\left(\sum_{j=0}^{n_m-1}\varepsilon\left(i+j_m\right)\right)/n_m,\quad i=1,2,\cdots,m,\quad 1\leqslant m\leqslant M \tag{11.4.3}$$

其中，n 为序列长度，$n_m=[n/m]$ 为小于 n/m 的最大整数，$M=[n/2]$ 为小于 $n/2$ 的最大整数。可得均值函数矩阵：

$$\begin{bmatrix} \overline{\varepsilon}_1(1) & \overline{\varepsilon}_2(1) & \overline{\varepsilon}_3(1) & \cdots & \overline{\varepsilon}_M(1) \\ & \overline{\varepsilon}_2(2) & \overline{\varepsilon}_3(2) & \cdots & \overline{\varepsilon}_M(2) \\ & & \overline{\varepsilon}_3(3) & \cdots & \overline{\varepsilon}_M(3) \\ & & & \ddots & \vdots \\ & & & & \overline{\varepsilon}_M(M) \end{bmatrix} \tag{11.4.4}$$

对均值函数 $\overline{\varepsilon}_m(i)$ 作周期性延拓，即令

$$f_m(k)=\overline{\varepsilon}_m(k),\quad k=i\left[\operatorname{mod}(m)\right],\quad k=1,2,\cdots,n \tag{11.4.5}$$

这里 mod 表示同余，$f_m(k)$ 称作均值函数的延拓函数。

（2）提取优势周期。目前有如下两种方法：

第一种依据方差分析基本原理，可用下式来检验序列$\varepsilon(k)$是否隐含长度为 m 的周期：

$$F^{(m)}=(n-m)S^{(m)}/((m-1)S) \tag{11.4.6}$$

式（11.4.6）为服从自由度（$m-1$，$n-m$）的F分布。其中，

$$S^{(m)}=\sum_{i=1}^{m}n_i\left(\overline{\varepsilon}_m(i)-\overline{\varepsilon}\right)^2,\quad n_i=n/i,\quad \overline{\varepsilon}=\left(\sum_{i=1}^{N}\varepsilon(i)\right)/n$$

$$S=\sum_{i=1}^{m}\sum_{j=1}^{n}\left(\varepsilon(i+(j-1)m)-\overline{\varepsilon}_m(i)\right)^2$$

对于事先给定的置信水平α，若$F^{(m)}>F_a(m-1,n-m)$，则认为$\varepsilon(k)$隐含长度为m的优势周期。

第二种为先确定长度为m的优势周期，只需取

$$S(m)/m=\max S(m)/m,\quad 2\leqslant m\leqslant M \tag{11.4.7}$$

（3）序列$\varepsilon(k)$减去周期m所对应的延拓函数构成一新序列，即

$$\varepsilon'(k)=\varepsilon(k)-f_m(k)$$

再对新序列$\varepsilon'(k)$重复（2）和（3），可以进一步提取其他优势周期。

（4）叠加。将不同周期同一时刻取值的叠加值记为$f(k)$：

$$f(k)=\sum_{i=1}^{m}f_i(k) \tag{11.4.8}$$

式（11.4.8）为周期叠加外推法建立的周期外延模型。可将$\varepsilon(k)$近似地取为$f(k)$。

第四步：将$\hat{x}(k)$与$f(k)$组合作为序列$x^{(0)}(k)$的拟合：

$$\overline{x}(k)=\hat{x}(k)+f(k) \tag{11.4.9}$$

即得灰色–周期外延组合模型。

11.5 灰色马尔可夫模型

11.5.1 马尔可夫链

定义 11.5.1 设$\{X_n,n\in T\}$为随机过程，若对于任意的整数$n\in T$和任意的状态$i_0,i_1,\cdots,i_{n+1}\in I$，若条件概率满足

$$P(X_{n+1}=i_{n+1}\mid X_0=i_0,X_1=i_1,\cdots,X_n=i_n)=P(X_{n+1}=i_{n+1}\mid X_n=i_n) \tag{11.5.1}$$

则称$\{X_n,n\in T\}$为马尔可夫链。

式（11.5.1）称为无后效性。它表示系统未来（$t=n+1$）所处的状态仅与其现在（$t=n$）所处的状态有关，而与其过去（$t\leqslant n-1$）所处的状态无关。

定义 11.5.2 对任意的$n\in T$和状态$i,j\in I$，称

$$p_{ij}(n)=P(X_{n+1}=j\mid X_n=i) \tag{11.5.2}$$

为马尔可夫链的转移概率。

定义 11.5.3　若式（11.5.2）中的转移概率 $p_{ij}(n)$ 与 n 无关，则称 $\{X_n, n\in T\}$ 为齐次马尔可夫链。

对于齐次马尔可夫链，其转移概率 $p_{ij}(n)$ 常记为 p_{ij}。因本节仅讨论齐次马尔可夫链，故在叙述中将“齐次”二字略去。

定义 11.5.4　设 p_{ij} 为转移概率，称

$$\boldsymbol{P}=\left[p_{ij}\right]=\begin{bmatrix} p_{11} & p_{12} & \cdots & p_{1n} & \cdots \\ p_{21} & p_{22} & \cdots & p_{2n} & \cdots \\ \vdots & \vdots & & \vdots & \end{bmatrix}$$

为系统状态转移概率矩阵。

命题 11.5.1　转移概率矩阵 $\boldsymbol{P}$ 中的元素具有以下性质：

（1）$p_{ij}\geqslant 0, i,j\in I$；　　（11.5.3）

（2）$\sum\limits_{j\in I} p_{ij}=1,\ i\in I$。　　（11.5.4）

性质（2）表明转移概率矩阵中的任一行元素之和等于 1。

定义 11.5.5　称 $p_{ij}^{(n)}=P(X_{m+n}=j\mid X_m=i), i,j\in I, n\geqslant 1$ 为马尔可夫链的 n 步转移概率，并称 $\boldsymbol{P}^{(n)}=\left[p_{ij}^{(n)}\right]$ 为 n 步转移概率矩阵。

命题 11.5.2　n 步转移概率矩阵 $\boldsymbol{P}^{(n)}$ 具有以下性质：

（1）$p_{ij}^{(n)}\geqslant 0, i,j\in I$；　　（11.5.5）

（2）$\sum\limits_{j\in I} p_{ij}^{(n)}=1,\ i\in I$；　　（11.5.6）

（3）$\boldsymbol{P}^{(n)}=\boldsymbol{P}^n$。　　（11.5.7）

11.5.2　灰色状态马尔可夫模型

设原始数据 $x^{(0)}(k)(k=1,2,\cdots,n)$ 为符合马尔可夫链特点的非平稳随机序列，将 $x^{(0)}(k)$ $(k=1,2,\cdots,n)$ 的取值划分为 s 个不同的状态，任一状态 $\otimes_i$ 表达为

$$\otimes_i=[a_i,b_i],\quad (i=1,2,\cdots,s)$$

其中，a_i,b_i 为根据状态划分需要设定的常数。

按照灰色状态马尔可夫预测方法可以预测下一期最可能出现的状态，具体步骤如下。

第一步：划分预测对象（系统）所出现的状态。设为

$$\otimes_i=[a_i,b_i],\quad (i=1,2,\cdots,s)$$

从预测目的出发，并考虑决策者的需要适当确定常数 a_i,b_i，划分系统所处的状态。

第二步：计算初始概率。

在实际问题中，分析历史资料所得的状态概率称为初始概率。

设有 s 个状态 $\otimes_1, \otimes_2, \cdots, \otimes_s$，在观测记录的 M 期中，状态 $\otimes_i\ (i=1,2,\cdots,s)$ 出现了 M_i 次。于是

$$f_i = \frac{M_i}{M} \tag{11.5.8}$$

就是 $\otimes_i$ 出现的频率，我们用它近似地表示 $\otimes_i$ 出现的概率。即 $f_i \approx p_i\ (i=1,2,\cdots,s)$。$f_i\ (i=1,2,\cdots,s)$ 本质上也是灰数。

第三步：计算状态转移概率。

仍然以频率近似地表示概率进行计算。首先计算状态 $\otimes_i \to \otimes_j$（由 $\otimes_i$ 转移到 $\otimes_j$）的一步转移频率

$$f_{ij} = f\left(\otimes_j \mid \otimes_i\right)$$

从第二步知道 $\otimes_i$ 出现了 M_i 次，接着从 M_i 个 $\otimes_i$ 出发，计算下一步转移到 $\otimes_j$ 的个数 M_{ij}，于是得到

$$f_{ij} = \frac{M_{ij}}{M_i} \tag{11.5.9}$$

并令 $f_{ij} \approx p_{ij}$。

类似地，可以得到 m 步状态转移概率的近似值

$$p_{ij}(m) = \frac{M_{ij}(m)}{M_i}, \quad (i=1,2,\cdots,s) \tag{11.5.10}$$

其中，$M_{ij}(m)$ 为从 M_i 个 $\otimes_i$ 出发，经过 m 步转移到 $\otimes_j$ 的个数。

第四步：根据转移概率进行预测。

由第三步可得状态转移概率矩阵 $\boldsymbol{P}$。如果目前预测对象处于状态 $\otimes_i$，这时 p_{ij} 就描述了目前状态 $\otimes_i$ 在未来将转向状态 $\otimes_j\ (i=1,2,\cdots,s)$ 的可能性。按最大概率准则，我们选择 $(p_{i1}, p_{i2}, \cdots, p_{is})$ 中最大者对应的状态为预测结果。即当

$$\max\{p_{i1}, p_{i2}, \cdots, p_{is}\} = p_{ik}$$

时，可以预测下一步系统将转向状态 $\otimes_k$。

当矩阵 $\boldsymbol{P}$ 中第 i 行转移概率的最大值难以确定时（即第 k 行有两个或两个以上相同或十分接近的最大值），可以进一步考察二步或 n 步转移概率矩阵 $\boldsymbol{P}^{(2)}$ 或 $\boldsymbol{P}^{(n)}$（$n \geqslant 3$）。

例 11.5.1 某商店最近 20 个月的商品销售量统计记录见表 11.5.1。

表 11.5.1 商品销售量统计表 单位：千件

时间	1	2	3	4	5	6	7	8	9	10	11	12	13	14	15	16	17	18	19	20
销售量	40	45	80	120	110	38	40	50	62	90	110	130	140	120	55	70	45	80	110	120

试预测第 21 个月的商品销售量。

解 依上述步骤。

第一步：划分状态。

按通常销售状况将表 11.5.1 中的数据划分为 3 种不同的状态。

（1）滞销状态：$\otimes_1 \in [0,60]$；

（2）一般状态：$\otimes_2 \in [60,100]$；

（3）畅销状态：$\otimes_3 \in (100,\infty)$。

第二步：计算初始概率 p_i。

为了使问题更直观，绘制销售散点图，并画出状态分界线，如图 11.5.1 所示。

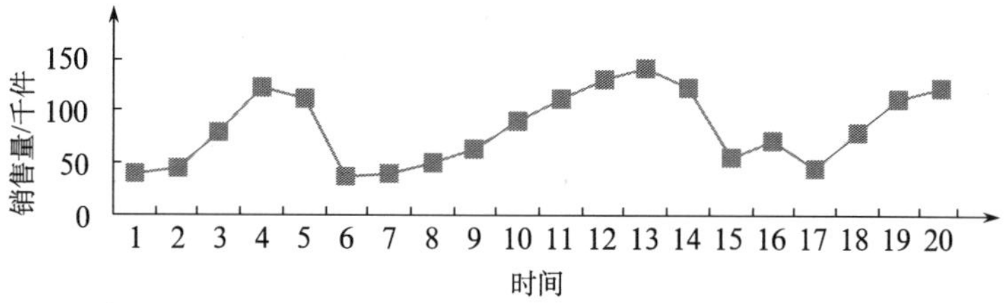

图 11.5.1　销售量散点图

由图 11.5.1，可算出处于

滞销状态的有 M_1=7；

一般状态的有 M_2=5；

畅销状态的有 M_3=8。

第三步：计算状态转移概率矩阵。

在计算转移概率时，最后一个数据不参加计算，因为它究竟转到哪个状态尚不清楚。

由图 11.5.1 可得

$$M_{11}=3,\quad M_{12}=4,\quad M_{13}=0$$
$$M_{21}=1,\quad M_{22}=1,\quad M_{23}=3$$
$$M_{31}=2,\quad M_{32}=0,\quad M_{33}=5$$

从而

$$p_{11}=\frac{3}{7},\quad p_{12}=\frac{4}{7},\quad p_{13}=\frac{0}{7}$$
$$p_{21}=\frac{1}{5},\quad p_{22}=\frac{1}{5},\quad p_{23}=\frac{3}{5}$$
$$p_{31}=\frac{2}{7},\quad p_{32}=\frac{0}{7},\quad p_{33}=\frac{5}{7}$$

所以

$$\boldsymbol{P}=\begin{pmatrix} \frac{3}{7} & \frac{4}{7} & 0 \\ \frac{1}{5} & \frac{1}{5} & \frac{3}{5} \\ \frac{2}{7} & 0 & \frac{5}{7} \end{pmatrix}$$

第四步：预测第 21 个月的销售情况。

由于第 20 个月销售量处于畅销状态，而经由一次转移到达三种状态的概率分别为

$$p_{31}=\frac{2}{7},\quad p_{32}=\frac{0}{7},\quad p_{33}=\frac{5}{7}$$

由

$$\max\{p_{31},p_{32},p_{33}\}=\frac{5}{7}=p_{33}$$

可知第 21 个月的销售量将处于“畅销”状态。因此，第 21 个月销售量超过 100（千件）的可能性最大。

11.5.3 灰色转移概率马尔可夫模型

定义 11.5.6 转移概率为灰元的马尔可夫链称为灰色马尔可夫链。

在实际问题中，由于缺乏信息，常常难以确定转移概率的确切数值，只能根据已有信息给出转移概率可能取值的灰区间 $p_{ij}(\otimes)$。当转移概率矩阵为灰矩阵时，一般要求其白化矩阵。

$\tilde{P}(\otimes)=\left[\tilde{p}_{ij}(\otimes)\right]$中的元素满足：

（1）$\tilde{p}_{ij}(\otimes)\geqslant 0, i,j\in I$；

（2）$\sum\limits_{j\in I}\tilde{p}_{ij}(\otimes)=1, i\in I$。

命题 11.5.3 设有限状态灰色马尔可夫链的初始分布为

$$\boldsymbol{P}^{\mathrm{T}}(0)=(p_1,p_2,\cdots,p_n)$$

转移概率矩阵为

$$\boldsymbol{P}(\otimes)=\left[p_{ij}(\otimes)\right]$$

则下一期的系统分布为

$$\boldsymbol{P}^{\mathrm{T}}(1)=\boldsymbol{P}^{\mathrm{T}}(0)\boldsymbol{P}(\otimes) \tag{11.5.11}$$

第二期的系统分布为

$$\boldsymbol{P}^{\mathrm{T}}(2)=\boldsymbol{P}^{\mathrm{T}}(0)\boldsymbol{P}^2(\otimes) \tag{11.5.12}$$

$$\vdots$$

第 s 期的系统分布为

$$\boldsymbol{P}^{\mathrm{T}}(s)=\boldsymbol{P}^{\mathrm{T}}(0)\boldsymbol{P}^s(\otimes) \tag{11.5.13}$$

由命题 11.5.3，在系统初始分布和转移概率矩阵已知时，可对下一期、第二期及未来任一时期的系统分布进行预测。

根据实际情况，也可以先对灰色马尔可夫链的转移概率矩阵进行白化，然后直接求出各期系统分布的白化向量。

例 11.5.2 某经济系统有偏热、正常、偏冷三种状态，分别记为 E_1,E_2,E_3。系统状态转移概率矩阵如表 11.5.2 所示：

（1）试求系统 1 步和 2 步转移概率矩阵的白化矩阵；

（2）设系统初始分布为

$$\boldsymbol{P}^{\mathrm{T}}(0)=(p_1,p_2,p_3)=(42.857,36.735,20.408)$$

求出下一期和第 2 期系统分布的白化向量。

表 11.5.2　系统状态转移概率

状态		系统下期所处状态		
		E_1	E_2	E_3
系统本期所处状态	E_1	$\otimes_{11}$	0.167	0.333
	E_2	0.444	0.222	$\otimes_{23}$
	E_3	0.50	0.4	0.1

其中，$\otimes_{11}\in[0.45,0.55]$，$\otimes_{23}\in[0.290,0.378]$。

解　（1）其一步状态转移概率矩阵为灰色矩阵

$$\boldsymbol{P}[\otimes]=\begin{bmatrix}\otimes_{11} & 0.167 & 0.333\\ 0.444 & 0.222 & \otimes_{23}\\ 0.50 & 0.4 & 0.1\end{bmatrix}$$

对 $\otimes_{11}$，$\otimes_{23}$ 进行均值白化，得 $\tilde{\otimes}_{11}=0.5$，$\tilde{\otimes}_{23}=0.334$，从而可得 $\boldsymbol{P}[\otimes]$ 的白化矩阵

$$\tilde{\boldsymbol{P}}[\otimes]=\begin{bmatrix}0.50 & 0.167 & 0.333\\ 0.444 & 0.222 & 0.334\\ 0.50 & 0.4 & 0.1\end{bmatrix}$$

于是有系统 2 步转移概率矩阵的白化矩阵：

$$\begin{aligned}\tilde{\boldsymbol{P}}^{(2)}(\otimes)&=\left[\tilde{\boldsymbol{P}}(\otimes)\right]^2\\&=\begin{bmatrix}0.50 & 0.167 & 0.333\\ 0.444 & 0.222 & 0.334\\ 0.50 & 0.4 & 0.1\end{bmatrix}^2=\begin{bmatrix}0.490 & 0.254 & 0.256\\ 0.488 & 0.257 & 0.255\\ 0.478 & 0.212 & 0.310\end{bmatrix}\end{aligned}$$

（2）由式（11.5.9）和式（11.5.10），可得下一期和第 2 期系统分布的白化向量如下：

$$\begin{aligned}\boldsymbol{P}^{\mathrm{T}}(1)&=\boldsymbol{P}^{\mathrm{T}}(0)\tilde{\boldsymbol{P}}(\otimes)\\&=(0.429\ \ 0.367\ \ 0.204)\begin{bmatrix}0.50 & 0.167 & 0.333\\ 0.444 & 0.222 & 0.334\\ 0.50 & 0.40 & 0.10\end{bmatrix}=\begin{bmatrix}0.479\\ 0.235\\ 0.286\end{bmatrix}^{\mathrm{T}}\end{aligned}$$

$$\begin{aligned}\boldsymbol{P}^{\mathrm{T}}(2)&=\boldsymbol{P}^{\mathrm{T}}(0)\tilde{\boldsymbol{P}}^2(\otimes)\\&=(0.429\ \ 0.367\ \ 0.204)\begin{bmatrix}0.490 & 0.254 & 0.256\\ 0.488 & 0.257 & 0.255\\ 0.478 & 0.212 & 0.310\end{bmatrix}=\begin{bmatrix}0.487\\ 0.246\\ 0.267\end{bmatrix}^{\mathrm{T}}\end{aligned}$$

11.6 灰色人工神经网络模型

11.6.1 BP 人工神经网络模型与算法

人工神经网络是由大量称为神经元或节点的简单信息处理元件组成。多层节点模型与误差反向传播（error back propagation-BP）算法是目前一种比较成熟而又应用广泛的人工神经网络模型和算法，它把一组样本的输入输出问题转化为一个非线性优化问题，是从大量数据中总结规律的有力手段。人工神经网络拟合序列有几个潜在的优点：一是能够模仿多种函数，如非线性函数、分段函数等；二是不必事先假设数据间存在某种类型的函数关系，人工神经网络能利用所提供的数据变量自身属性或内涵建立相关的函数关系式，而且不需要预先假设基本的参数分布；三是信息利用率高，且能避免系统参数辨识方法在数据处理过程中因正负抵消而产生信息损失。因此，人工神经网络特别适合对GM（1，1）模型进行残差修正。

图 11.6.1 是一个三层 BP 网络，该网络由一个输入层、一个隐含层和一个输出层构成。整个训练过程由正向和反向传播过程组成。

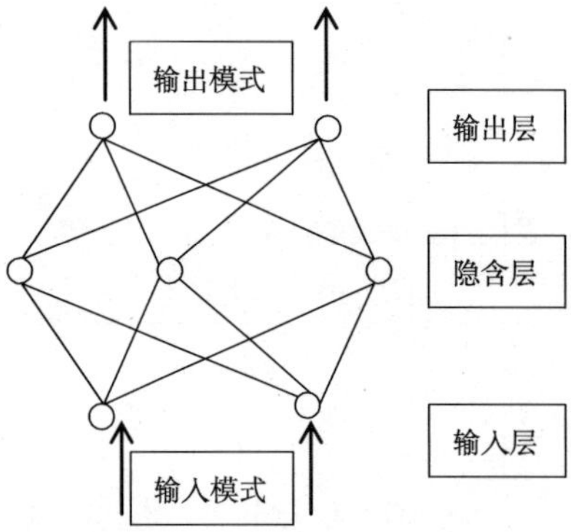

图 11.6.1　BP 神经元网络

其学习算法如下。

（1）用随机数初始化层间节点 i 和 j 间的连接权 W_{ij} 和节点 j 的阈值 θ_j。

（2）读入经预处理的训练样本 $\{X_{PL}\}$ 和 $\{Y_{PK}\}$。

（3）计算各层节点的输出（对第 p 个样本）$O_{pj}=f\sum_i\left(W_{ij}I_{pi}-\theta_j\right)$，式中 I_{pi} 既是节点 i 的输出，又是节点 j 的输入。

（4）计算各层节点的误差信号。

输出层：$\delta_{pk}=O_{pk}\left(y_{pk}-O_{pk}\right)\left(1-O_{pk}\right)$。

隐含层：$O_{pi}=O_{pi}\left(1-O_{pi}\right)\sum_i\delta_{pi}W_{ij}$。

（5）反向传播。

权值修正：$W_{ij}\left(t+1\right)=\alpha\delta_{pi}O_{pi}+W_{ij}\left(t\right)$。

阈值修正：$\theta_j(t+1)=\theta_j(t)+\beta\delta_{pi}$。

式中 α 为学习因子，β 为加速收敛的动量因子。

（6）计算误差 $E_p=\left(\sum_p\sum_k\right)\left(O_{pk}-Y_{pk}\right)^2/2$

11.6.2　灰色 BP 网络建模原理与方法

设有时间序列 $\left\{x^{(0)}(i)\right\}$，$i=1,2,\cdots,n$，利用 GM（1，1）模型

$$\frac{\mathrm{d}x^{(1)}}{\mathrm{d}t}=ax^{(1)}+b$$

可得模拟值 $\left\{\hat{x}^{(0)}(i)\right\}$，$i$=1，2，…，$n$。

第一步：建立残差序列 $\left\{e^{(0)}(L)=x^{(0)}(L)-\hat{x}^{(0)}(L)\right\}$ 的 BP 网络模型。

若预测阶数为 S，即用 $e^{(0)}(i-1),e^{(0)}(i-2),\cdots,e^{(0)}(i-S)$ 的信息预测时刻 i 的值，可以将 $e^{(0)}(i-1),e^{(0)}(i-2),\cdots,e^{(0)}(i-S)$ 作为 BP 网络训练的输入样本，将 $e^{(0)}(i)$ 的值作为 BP 网络训练的预测期望值（导师值）。采用上述 BP 算法，对足够多的残差序列进行训练，由不同的输入向量得到相应的输出值（经实践检验值）。这样神经网络的权系数值、阈值等，便是网络经过自适应学习所得的训练值；训练好的 BP 网络模型可以作为残差序列预测的有效工具。

第二步：确定 $\left\{e^{(0)}(L)\right\}$ 的新预测值。

设由 BP 网络训练模型预测出的残差序列为 $\left\{\hat{e}^{(0)}(L)\right\}$，在此基础上构造新的预测值

$$\hat{x}^{(0)}(i,1)=\hat{x}^{(0)}(i)+\hat{e}^{(0)}(1)$$

则 $\hat{x}^{(0)}(i,1)$ 就是灰色人工神经网络组合模型的预测值。

例 11.6.1　已知某地历年环保投资的实际值与 GM（1，1）模型的拟合值及残差（表 11.6.1），试对残差序列建立人工神经网络模型。

表 11.6.1　GM（1，1）模型的拟合值和残差

年份	投资额 $x^{(0)}(L)$	GM（1，1）的拟合值 $\hat{x}^{(0)}(L)$	GM（1，1）的残差 $e^{(0)}(L)$
1985	110.20	110.20	0
1986	146.34	164.39	−18.05
1987	185.36	186.55	−2.29
1988	221.14	214.22	6.92
1989	255.16	244.54	10.52
1990	288.18	279.17	9.01
1991	320.54	318.69	1.85
1992	352.79	363.81	−11.02

运用上述方法对表 11.6.1 中 GM（1，1）模型的残差序列建立 BP 网络模型。我们设计的 BP 网络的输入方的特征参数为 3 个，隐含层为 1 层，隐含层节点数为 6 个，输出节点数为 1 个，学习率取 0.6，收敛率为 0.001，均方误差限制在 0.01。网络的训练和测试在计算机上进行。表 11.6.2 列出了灰色 GM（1，1）模型与 BP 网络组合模型的拟合结果。

表 11.6.2　灰色人工神经网络组合模型拟合结果

年份	实际值 $x^{(0)}(L)$	模拟值 $\hat{x}^{(0)}(i,1)$	相对误差
1988	221.14	221.12	0.01%
1989	255.16	255.29	0.05%
1990	288.18	288.11	0.02%
1991	320.54	320.79	0.08%
1992	352.79	352.70	0.03%

11.7　灰色聚类与优势粗糙集组合模型

灰色系统理论与粗糙集理论是用于处理不确定和不完备信息的两种不同的数学工具，它们有一定的相关性和互补性。灰色系统理论通过序列算子的作用从不确定性数据中挖掘有价值的信息，而粗糙集是通过数据离散降低数据表示的精度而发现不确定性数据中隐含的模式；灰色系统理论与粗糙集理论均不需要先验知识，如概率分布或隶属度信息等；粗糙集理论研究的是粗糙非交叠的类别及粗糙概念，侧重于研究对象间的不可分辨性，灰色系统理论研究的是“外延明确，内涵不明确”的贫信息不确定性问题。综合运用粗糙集理论和灰色系统理论的思想方法，能够提高处理不确定性信息的效率。

构建灰色定权聚类与优势粗糙集组合模型的步骤如下：

（1）由给定的偏好条件属性（指标）值建立一个知识表示系统；

（2）根据实际问题划分决策评价顺序灰数 s；

（3）根据各指标取值域确定各指标可能度函数，j 指标关于灰度 k 的可能度函数，记为 $f_i^k(\bullet)(j=1,2,\cdots,m;k=1,2,\cdots,s)$；

（4）确定各指标的聚类权重 $\eta_j(j=1,2,\cdots,m)$；

（5）由对象 i 关于 j 指标的观测值 $x_{ij}(i=1,2,\cdots,n;j=1,2,\cdots,m)$，计算出灰色定权聚类系数

$$\sigma_i^k=\sum_{j=1}^{m}f_j^k(x_{ij})\eta_j,\quad i=1,2,\cdots,n;k=1,2,\cdots,s$$

（6）综合得到聚类系数向量

$$\boldsymbol{\sigma}_i=(\sigma_i^1,\sigma_i^2,\cdots,\sigma_i^g)=\left(\sum_{j=1}^{m}f_j^1(x_{ij})\eta_j,\sum_{j=1}^{m}f_j^2(x_{ij})\eta_j,\cdots,\sum_{j=1}^{m}f_j^s(x_{ij})\eta_j\right)$$

（7）根据聚类系数矩阵，确定对象所属灰类，若 $\max\limits_{1\leqslant k\leqslant s}\left\{\sigma_i^k\right\}=\sigma_i^{k^*}$ ，则判定对象 i 属于灰类 k^*；

（8）由偏好条件属性和偏好决策灰类建立决策表；

（9）运用优势粗糙集方法进行决策分析。

11.8　自忆性灰色预测模型

自忆性灰色预测模型是一种组合模型。范习辉和张焰（2003）提出了灰色自记忆模型。陈向东等（2009）研究了灰色微分动态模型的自忆预报模式。自 2014 年起，郭晓君等在灰色预测模型体系框架下，结合自忆性原理，针对饱和增长或单峰特性波动序列、多变量系统序列及区间灰数序列，提出了自忆性灰色 GM（1，1）幂模型、自忆性灰色多变量预测模型、自忆性区间灰数预测模型等多种自忆性灰色预测模型（郭晓君等，2014；Guo et al.，2014）。限于篇幅，此处仅介绍自忆性 GM（1，1）幂模型，对其他自忆性灰色预测模型感兴趣的读者请参看相关文献。

对于具有非线性特征的饱和增长或单峰特性的原始波动序列，可以建立自忆性 GM（1，1）幂模型。设系统行为序列为 $\left\{x^{(0)}(k)\right\}$，$k=1,2,\cdots,n$，自忆性 GM（1，1）幂模型的建模步骤如下所示。

第一步：确定自忆性动力方程。

将 GM（1，1）幂模型所内含的白化微分方程 $\dfrac{\mathrm{d}x^{(1)}}{\mathrm{d}t}=-ax^{(1)}+b\left(x^{(1)}\right)^{\gamma}$，确定为自忆性 GM（1，1）幂模型的自忆性动力方程：

$$\frac{\mathrm{d}x}{\mathrm{d}t}=F(x,t) \tag{11.8.1}$$

其中，x 为变量，t 为时间，动力核 $F(x,t)=-ax^{(1)}+b\left(x^{(1)}\right)^{\gamma}$。自忆性动力方程（11.8.1）表达了变量 x 局部时间变化与动力核源函数 $F(x,t)$ 之间的关系。

第二步：优化幂指数 γ。

求解非线性规划模型：$\min\limits_{\gamma}\dfrac{1}{n-1}\sum_{k=2}^{n}\left|\dfrac{\hat{x}^{(0)}(k)-x^{(0)}(k)}{x^{(0)}(k)}\right|$，可得最优幂指数 γ。

第三步：推导自忆性差分—积分方程。

设时间集合 $T=\left\{t_{-p},t_{-p+1},\cdots,t_{-1},t_0,t\right\}$，其中 $t_{-p},t_{-p+1},\cdots,t_{-1}$ 表示历史观测时点，t_0 表示基点，t 表示未来预测时点，p 表示回溯的项数。假设时点样本间隔为 Δt。假设记忆函数 $\beta(t)$，满足 $\left|\beta(t)\right|\leqslant 1$，且变量 x 与记忆函数 $\beta(t)$ 满足连续、可微且可积的条件，则自忆性动力方程（11.8.1）可借助内积运算变换为

$$\int_{t_{-p}}^{t_{-p+1}}\beta(\tau)\frac{\partial x}{\partial \tau}\mathrm{d}\tau+\int_{t_{-p+1}}^{t_{-p+2}}\beta(\tau)\frac{\partial x}{\partial \tau}\mathrm{d}\tau+\cdots+\int_{t_0}^{t}\beta(\tau)\frac{\partial x}{\partial \tau}\mathrm{d}\tau=\int_{t_{-p}}^{t}\beta(\tau)F(x,\tau)\mathrm{d}\tau$$

该式可以视为以$\beta(t)$为权重的加权积分，经过分部积分及积分中值定理，可得如下差分—积分方程：

$$\beta_t x_t - \beta_{-p} x_{-p} - \sum_{i=-p}^{0} x_i^m (\beta_{i+1} - \beta_i) - \int_{t_{-p}}^{t} \beta(\tau) F(x,\tau) \mathrm{d}\tau = 0 \tag{11.8.2}$$

其中，$\beta_t \equiv \beta(t)$，$x_t \equiv x(t)$，$\beta_i \equiv \beta(t_i)$，$x_i \equiv x(t_i)$，中值$x_i^m \equiv x(t_m)$，$t_i < t_m < t_{i+1}$，$i = -p$，$-p+1$，$\cdots$，0。
此即自忆性预测模型。

令$x_{-p-1}^m \equiv x_{-p}$，$\beta_{-p-1} \equiv 0$，式（11.8.2）可变换为

$$x_t = \frac{1}{\beta_t} \sum_{i=-p-1}^{0} x_i^m (\beta_{i+1} - \beta_i) + \frac{1}{\beta_t} \int_{t_{-p}}^{t} \beta(\tau) F(x,\tau) \mathrm{d}\tau = S_1 + S_2 \tag{11.8.3}$$

该自忆性差分—积分方程回溯p阶，自忆项S_1表征$p+1$个时点的历史统计数据对预测值x_t产生的影响，S_2则表征动力核源函数$F(x,t) = -ax^{(1)} + b\left(x^{(1)}\right)^\gamma$在回溯时段$\left[t_{-p}, t_0\right]$内对$x_t$的影响。

第四步：离散化自忆性预测方程。

在式（11.8.3）中，以求和近似替代积分，微分近似为差分，中值x_i^m则近似为两相邻时点均值，即$x_i^m = \frac{1}{2}(x_{i+1} + x_i) \equiv y_i$，同时取等距时点间隔，令$\Delta t_i = t_{i+1} - t_i = 1$，可得离散形式的自忆性预测方程：

$$x_t = \sum_{i=-p-1}^{-1} \alpha_i y_i + \sum_{i=-p}^{0} \theta_i F(x,i) \tag{11.8.4}$$

其中，记忆系数$\alpha_i = (\beta_{i+1} - \beta_i)/\beta_t$，$\theta_i = \beta_i/\beta_t$，动力核源函数$F(x,t) = -ax^{(1)} + b\left(x^{(1)}\right)^\gamma$。

第五步：最小二乘求解记忆系数。

$F(x,t)$视为系统的输入，x_t视为系统的输出，假设有$L(L > p)$个时点的原始数据序列，可用最小二乘法来求解记忆系数α_i和θ_i。记

$$\underset{L\times 1}{\boldsymbol{X}_t} = \begin{bmatrix} x_{t1} \\ x_{t2} \\ \vdots \\ x_{tL} \end{bmatrix}, \quad \underset{L\times(p+1)}{\boldsymbol{Y}} = \begin{bmatrix} y_{-p-1,1} & y_{-p,1} & \cdots & y_{-1,1} \\ y_{-p-1,2} & y_{-p,2} & \cdots & y_{-1,2} \\ \vdots & \vdots & & \vdots \\ y_{-p-1,L} & y_{-p,L} & \cdots & y_{-1,L} \end{bmatrix}, \quad \underset{(p+1)\times 1}{\boldsymbol{A}} = \begin{bmatrix} \alpha_{-p-1} \\ \alpha_{-p} \\ \vdots \\ \alpha_{-1} \end{bmatrix}$$

$$\underset{L\times(p+1)}{\boldsymbol{\Gamma}} = \begin{bmatrix} F(x,-p)_1 & F(x,-p+1)_1 & \cdots & F(x,0)_1 \\ F(x,-p)_2 & F(x,-p+1)_2 & \cdots & F(x,0)_2 \\ \vdots & \vdots & & \vdots \\ F(x,-p)_L & F(x,-p+1)_L & \cdots & F(x,0)_L \end{bmatrix}, \quad \underset{(p+1)\times 1}{\boldsymbol{\Theta}} = \begin{bmatrix} \theta_{-p} \\ \theta_{-p+1} \\ \vdots \\ \theta_0 \end{bmatrix}$$

则离散形式下的自忆性预测方程（11.8.4）可表示成矩阵形式$\boldsymbol{X}_t = \boldsymbol{YA} + \boldsymbol{\Gamma\Theta}$。若令

$Z=[Y,\Gamma]$，$W=\begin{bmatrix}A\\\Theta\end{bmatrix}$，则上式变为 $X_t=ZW$，从而得记忆系数矩阵 $W=\begin{bmatrix}A\\\Theta\end{bmatrix}$ 的最小二乘估计 $W=(Z^{\mathrm{T}}Z)^{-1}Z^{\mathrm{T}}X_t$。

第六步：求解自忆性 GM（1，1）幂模型。

将由上一步确定的记忆系数 α_i 和 θ_i 代入自忆性离散预测方程（11.8.4），即可得到相应的模拟值 $\hat{x}^{(1)}(t)$。而自忆性 GM（1，1）幂模型的原始数据模拟序列 $\hat{X}^{(0)}$，可进一步通过一阶累减还原 $\hat{x}^{(0)}(t)=\hat{x}^{(1)}(t)-\hat{x}^{(1)}(t-1)$，$t=1,2,\cdots,n$ 得到，其中 $\hat{x}^{(1)}(0)\equiv 0$。

例 11.8.1　某地区 2010~2019 年的高中升学率如表 11.8.1 所示，试用自忆性 GM（1，1）幂模型对升学率情况进行模拟和预测。

表 11.8.1　某地区 2010~2019 年高中升学率

年份	2010	2011	2012	2013	2014	2015	2016	2017	2018	2019
升学率	63.8%	73.2%	78.8%	83.5%	83.4%	82.5%	76.3%	75.1%	71.8%	72.7%

由于升学率序列呈现先增长后下降的单峰特性，适合以 GM（1，1）幂模型为基础进行建模分析。取 2010~2019 年中前 8 年统计数据作为建模样本，同时取后 2 年数据作为预测样本进行预测检验，根据幂指数优化算法可得最优幂指数 $\gamma=-0.0199$，白化微分方程为

$$\frac{\mathrm{d}x}{\mathrm{d}t}-0.0054x=86.3682x^{-0.0199}$$

则相应时间响应式为

$$\hat{x}^{(1)}(k+1)=\left(-16022.842+1609.1512\mathrm{e}^{0.0055k}\right)^{0.98046}$$

以白化方程右端项作为自忆性方程的动力核 $F(x,t)$，由此建立自忆性 GM（1，1）幂模型，最优回溯阶经试算确定为 $p=1$，相应自忆性离散预测方程如下：

$$x_t=\sum_{i=-2}^{-1}\alpha_i y_i+\sum_{i=-1}^{0}\theta_i F(x,i)$$

其中记忆系数矩阵为

$$W=[\alpha_{-2}\ \ \alpha_{-1}\ \ \theta_{-1}\ \ \theta_0]^{\mathrm{T}}=[0.4708\ \ 0.4044\ \ -68.8276\ \ 71.3669]^{\mathrm{T}}$$

传统 GM（1，1）幂模型和自忆性 GM（1，1）幂模型的建模预测和误差对比结果见表 11.8.2。

表 11.8.2　两种模型的模拟值误差对比

年份	实际值	GM（1，1）幂模型		自忆性 GM（1，1）幂模型	
		模拟预测值	APE	模拟预测值	APE
2010	63.8	—	—	—	—
2011	73.2	79.35	8.40 %	—	—
2012	78.8	78.86	0.08 %	78.80	0

续表

年份	实际值	GM（1，1）幂模型		自忆性 GM（1，1）幂模型	
		模拟预测值	APE	模拟预测值	APE
2013	83.5	78.72	5.72 %	83.40	0.12 %
2014	83.4	78.74	5.58 %	84.05	0.78 %
2015	82.5	78.85	4.47 %	80.86	1.99 %
2016	76.3	79.01	3.55 %	78.29	2.61 %
2017	75.1	79.21	5.47 %	73.93	1.56 %
2018	71.8	79.44	10.64 %	70.14	2.31 %
2019	72.7	79.70	9.63 %	68.27	6.09 %

传统模型中 7 个样本单点相对误差在 0.08%与 8.40%之间，平均相对误差为 4.75%；而新模型中 6 个样本单点相对误差大幅降低，在 0 与 2.61%之间，平均相对误差也显著减少至 1.18%，并且新模型的单点相对误差分布较为稳定。在预测方面，自忆性 GM（1，1）幂模型的优势更加明显，单步滚动预测相对误差仅为 2.31%，远低于传统 GM（1，1）幂模型的 10.64%，而两步滚动预测相对误差虽然伴随预测步长有所增加，但仍显著低于传统模型的 9.63%。

第 12 章

序列算子频谱分析与自适应灰色预测模型

1672 年，牛顿完成了著名的棱镜试验，成功地将白光分解成七色光。在递交给英国皇家学会的报告中，牛顿首次使用了谱分析的概念（Newton，1672）。

在系统分析过程中，人们观测、获取的系统行为数据，多为以时间为基准记录的时间序列数据，属于时域范畴。作为贫信息数据分析的重要方法，灰色系统理论的研究对象以时域数据为主。频谱分析借助于傅立叶变换这一数学工具，把时间序列信号转换为由不同周期、不同幅值的正弦波（余弦波）叠加而成的频域信号。频谱分析方法是研究时间序列数据的有力工具。在数字信号处理系统和产品质量检测过程中，频谱分析方法和各式各样的频谱仪被大量应用。Lin 等（2020）将频谱分析的思想和算法引入灰色系统理论，以全新的视角研究序列算子的特性和作用机理，开辟了灰色系统研究的新领域。

12.1 傅立叶级数与傅立叶变换

1807 年，法国数学家傅立叶在研究偏微分方程的边值问题时发现任何周期函数都可以用正弦函数和余弦函数构成的无穷级数来表示。

定义 12.1.1 设 $f(t)$ 为周期函数，则称

$$f(t)=\sum_{k=0}^{\infty}\left(A_k\cos(\omega_k t)+B_k\sin(\omega_k t)\right) \tag{12.1.1}$$

为 $f(t)$ 的傅立叶级数展开式。其中 A_k 和 B_k 分别表示余弦波和正弦波的幅值，ω_k 为频率含量，$\omega_k=\dfrac{2\pi k}{T}$，$T$ 为周期，k 为整数。

定义 12.1.2 称

$$\mathrm{e}^{it}=\cos(t)+i\sin(t) \tag{12.1.2}$$

为欧拉公式。其中 e 是自然对数的底数，i 是虚数单位。

由式（12.1.2），不难得到

$$\mathrm{e}^{-it}=\cos(t)-i\sin(t) \tag{12.1.3}$$

由式（12.1.2）和式（12.1.3）可得

$$\cos(t)=\frac{\mathrm{e}^{it}+\mathrm{e}^{-it}}{2},\sin(t)=\frac{\mathrm{e}^{it}-\mathrm{e}^{-it}}{2i} \tag{12.1.4}$$

故式（12.1.1）可以改写为

$$f(t)=A_0+\sum_{k=1}^{\infty}\left(\frac{A_k-iB_k}{2}\exp(i\omega_k t)+\frac{A_k+iB_k}{2}\exp(-i\omega_k t)\right) \tag{12.1.5}$$

令 $C_0=A_0$，$C_k=\dfrac{A_k-iB_k}{2}$，$C_{-k}=\dfrac{A_k+iB_k}{2}$，式（12.1.5）还可以进一步简化为

$$f(t)=\sum_{k=-\infty}^{\infty}C_k\exp(i\omega_k t) \tag{12.1.6}$$

其中，$\omega_k=\dfrac{2\pi k}{T}$，$C_k=\dfrac{1}{T}\int_{-T/2}^{T/2}f(t)\exp(-i\omega_k t)\mathrm{d}t$，$-\infty\leqslant k\leqslant\infty$

与式（12.1.6）对应的离散傅立叶级数为

$$x[n]=\sum_{k=0}^{N-1}c_k\mathrm{e}^{j2\pi kn/N} \tag{12.1.7}$$

其中，$c_k=\dfrac{1}{N}\sum_{n=0}^{N-1}x[n]\mathrm{e}^{-j2\pi kn/N}$

定义 12.1.3 设 $f(t)$ 为时域上的连续函数，$f(t)$ 绝对可积，t 满足狄里赫莱条件，则称

$$F(\omega)=\int_{-\infty}^{\infty}f(t)\exp(-i\omega t)\mathrm{d}t \tag{12.1.8}$$

为 $f(t)$ 的傅立叶变换，

称

$$f(t)=\frac{1}{2\pi}\int_{-\infty}^{\infty}F(\omega)\exp(i\omega t)\mathrm{d}\omega \tag{12.1.9}$$

为 $F(\omega)$ 的傅立叶逆变换。

傅立叶变换正像牛顿的棱镜，是将时域函数 $f(t)$ 转换为频域函数 $F(\omega)$ 的有力工具。其作用是将时域信号中不同频率含量（幅值）映射到频域上。一个特定的余弦（正弦）波在频域中代表一个特定的频率含量，即完成 $f(t)\leftrightarrow F(\omega)$ 的转换。详见图 12.1.1。

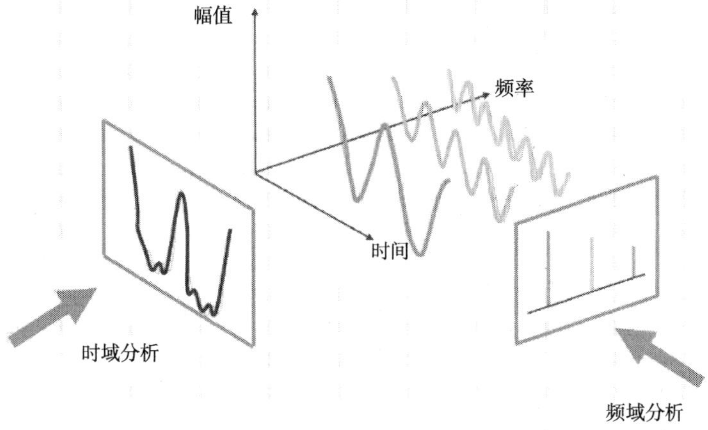

图 12.1.1　时域数据分析转换为频域数据分析

如果 $f(t)$ 不满足绝对可积性，如 $f(t)$ 为一个快速增长的函数，则无法使用傅立叶变换进行时域频域的转换。为解决这一问题，法国著名天文学家和数学家拉普拉斯提出了拉普拉斯变换，即在 $f(t)$ 不满足绝对可积性的情形下，通过乘上一个快速衰减的函数，使其满足绝对可积条件。

定义 12.1.4　称

$$\begin{aligned} F(\omega) &= \int_{-\infty}^{\infty} f(t)\exp(-\sigma t)\exp(-i\omega t)\mathrm{d}t \\ &= \int_{-\infty}^{\infty} f(t)\exp-(\sigma t + i\omega t)\mathrm{d}t \end{aligned} \tag{12.1.10}$$

为拉普拉斯变换。

令 $s = \sigma t + i\omega t$，可得

$$F(s) = \int_{-\infty}^{\infty} f(t)\exp(-st)\mathrm{d}t \tag{12.1.11}$$

当 $\sigma = 0$ 时，拉普拉斯变换就是傅立叶变换，所以可以把傅立叶变换看作拉普拉斯变换的特例，拉普拉斯变换是傅立叶变换的扩展。

式（12.1.11）给出的拉普拉斯变换适用于连续系统中的连续信号。人们日常需要处理的数据多为离散时间序列数据（信号）。而且计算机能够处理的数字信号都是离散的时间序列数据（信号）。1947 年，W. Hurewicz 提出了一个用于处理离散时间序列数据的变换。此后，Tsypkin（1949 年）、R.Ragazzini 和 LA. Zadeh（1952 年）分别提出和定义了 Z 变换方法，大大简化了运算步骤，并在此基础上发展起脉冲控制系统理论。Z 变换是离散的拉普拉斯变换。

定义 12.1.5　称

$$X(z) = Z\{x[n]\} = \sum_{-\infty}^{\infty} x[n]z^{-n}, \quad Z \in Rx \tag{12.1.12}$$

为双边 Z−变换。其中 $z = re^{j\omega}$， Rx 为 $X(z)$ 的收敛域。

称

$$X(z) = Z\{x[n]\} = \sum_{0}^{\infty} x[n] z^{-n}，\ Z \in Rx \tag{12.1.13}$$

为单边 Z−变换。其中 $z = re^{j\omega}$， Rx 为 $X(z)$ 的收敛域。

当 r=1 时，Z 变换为离散傅立叶变换。所以离散傅立叶变换可以看作 Z 变换的一个特例。

Z 变换具有许多重要的特性，如线性、时移性、微分性、序列卷积特性和复卷积定理等。这些性质在解决信号处理问题时具有重要的作用。

12.2 均值算子和累加算子的滤波效应

灰色系统的经典模型——均值 GM（1，1）模型建立在累加算子和均值算子的基础上。累加算子和均值算子的双重作用产生了神奇的效果，使得均值 GM（1，1）模型能够基于很少的数据获得较高的模拟和预测精度。

邓聚龙（1987）研究了累加算子作用序列的灰指数规律，发现灰色数据序列在累加算子作用下能够弱化随机性，呈现出指数函数的变化规律。我们将参照数字信号处理（digital signal processing，DSP）系统，通过 Z 变换，在频域上研究均值算子和累加算子，以及二者串联作用的滤波效应。本节的内容主要结论基于 Lin 等（2020）的研究。

12.2.1 均值算子的滤波效应

将一般的 2 项加权移动平均算子改写成如下形式

$$y[n] = b_0 x[n] + b_1 x[n-1] \qquad b_0 + b_1 = 1 \tag{12.2.1}$$

式（12.2.1）可以视为 DSP 信号系统的传递函数，由 Z 变换公式可得

$$Y[z] = b_0 X[z] + b_1 X[z] z^{-1}$$

由此易得 2 项加权移动平均算子对应数字滤波器系统传递函数的频域表达为

$$H[z] = \frac{Y[z]}{X[z]} = b_0 + b_1 z^{-1} \tag{12.2.2}$$

在式（12.2.2）中，令 $b_0 = b_1 = 0.5$，得均值算子对应数字滤波器系统传递函数的频域表达：

$$H[z] = \frac{Y[z]}{X[z]} = 0.5 + 0.5z^{-1} \tag{12.2.3}$$

图 12.2.1 为均值算子等效滤波器传递函数的频域曲线。由图 12.2.1 可知，当频率含量为 0 时，其频幅为 1，当其频率含量大于零时，其频幅小于 1。而且频率含量越高，其频幅越小。即均值算子具有低通滤波效应，数据中的低频部分（演化规律）在

均值算子作用下基本保持不变，高频部分（波动或扰动）会被压缩和抑制。通过频谱分析，进一步证实了灰色数据序列在均值算子作用下能够弱化随机性，呈现其真实演化规律。

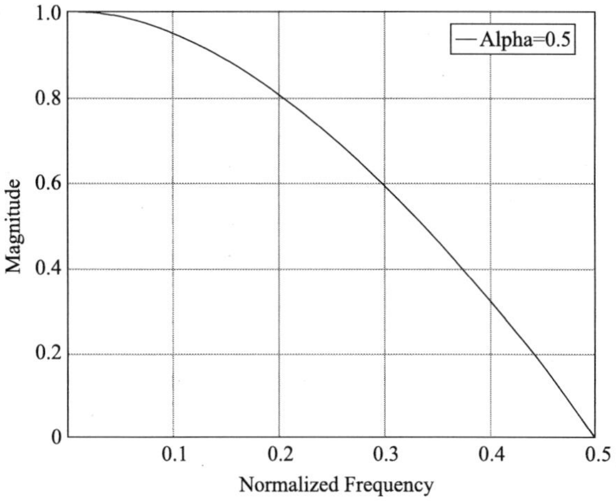

图 12.2.1　均值算子等效滤波器传递函数的频域曲线

12.2.2　一次累加算子的滤波效应

将一次累加生成算子（1-AGO）改写成如下形式

$$y[n]=x[n]+y[n-1] \tag{12.2.4}$$

式（12.2.4）可以视为 DSP 信号系统的传递函数，由 Z 变换公式可得

$$Y[z]=X[z]+Y[z]z^{-1}$$

由此易得 1-AGO 对应数字滤波器系统传递函数的频域表达为

$$H[z]=\frac{Y[z]}{X[z]}=\frac{1}{1-z^{-1}} \tag{12.2.5}$$

由式（12.2.5）和 $z=\mathrm{e}^{j\omega}$ 可知：

（1）当 $0\leqslant\omega\leqslant\pi/3$ 时，$|H[\omega]|>1$，输出 $Y[\omega]$ 的幅值将大于输入的 $X[\omega]$ 的幅值，系统对于输入的频谱，起到放大作用；

（2）当 $\omega<\pi/3$ 时，$|\mathrm{H}[\omega]|<1$，输出 $Y[\omega]$ 的幅值将小于输入的 $X[\omega]$ 的幅值，系统对于输入的频谱，起到压缩或抑制作用；

（3）$z=1$ 为 1-AGO 对应数字滤波器传递函数的极点。

一阶累加算子等效数字滤波器属于低通滤波器，即输入信号中低频含量（小于某临界频率）能够通过或被放大。信号中高频含量（大于某临界频率）将被压缩或抑制。1-AGO 等效滤波器传递函数的频域曲线如图 12.2.2 所示。

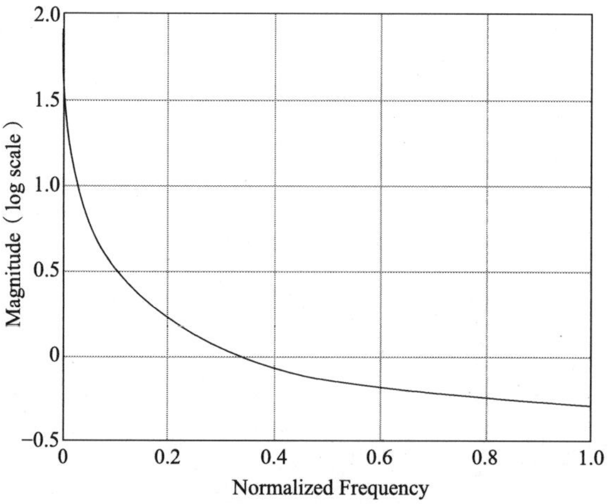

图 12.2.2　1-AGO 等效滤波器传递函数的频域曲线

一般的离散数据序列的数据波动和随机扰动均属于高频含量。这些信息在 1-AGO 等效数字滤波器作用过程中将被抑制。非周期的系统演化规律属于低频信号，在 1-AGO 等效数字滤波器作用过程中能够通过或被放大。这也从机理上证实了对于一般的非负准光滑序列，经过累加算子的作用，能够减少随机性，呈现出近似的指数增长规律。

由于 1-AGO 对应数字滤波器传递函数存在极点，频率含量 $\omega=0$ 为其极点。这意味着，当频率含量为 0 时，1-AGO 对应数字滤波器传递函数具有无限放大效应。进而从机理上证实了本书定理 4.7.3 的结论：累加算子的作用应适可而止，即如果 $X^{(0)}$ 的 r 次累加算子作用序列已具有明显的指数规律，再施加 AGO 算子反而会破坏其规律性，使指数规律变灰。

12.2.3　串联算子的滤波效应

将均值算子和 1-AGO 对应数字滤波器传递函数式（12.2.3）和式（12.2.5）分别记为 $H_E(z)$ 和 $H_A(z)$，由串联系统传递函数计算公式，可得 1-AGO 和均值算子串联算子等效滤波器的传递函数

$$\begin{aligned}H[z]&=H_A(Z)H_E(Z)\\&=\frac{1}{1-z^{-1}}\left(0.5+0.5z^{-1}\right)\\&=\frac{0.5+0.5z^{-1}}{1-z^{-1}}\end{aligned}\tag{12.2.6}$$

图 12.2.3 是 1-AGO 和均值算子串联等效滤波器频域曲线。

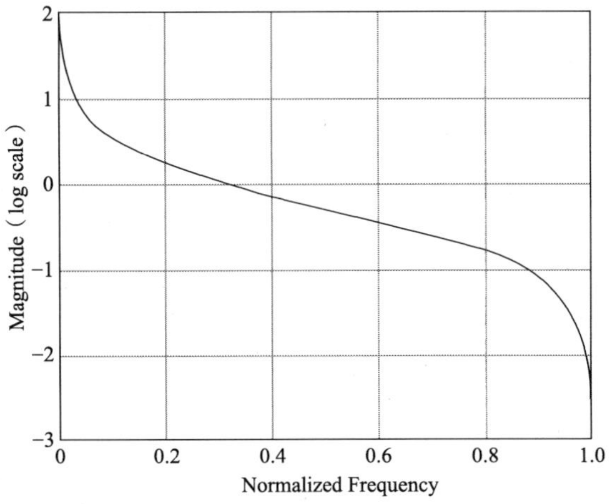

图 12.2.3　1-AGO 和均值算子串联等效滤波器频域曲线

对比图 12.2.2 可以看出，累加算子单独作用，或者累加算子与均值算子串联作用对信号的低频部分都能产生类似的放大效果；但对于数据序列中的高频部分（波动和噪声），串联算子

$$H[z]=H_A(Z)H_E(Z)$$

具有更强的压制效果，串联算子作用序列的信号噪声比得到明显提高。从机理上证实了均值 GM（1，1）模型为何在大多数情形下能够基于小数据获得较高的模拟和预测精度。

12.3　缓冲算子频谱分析

为破解冲击扰动系统预测难题，刘思峰提出了缓冲算子的概念，建立了缓冲算子公理系统，设计了被广泛应用的平均弱化缓冲算子（AWBO）（Liu，1991）。详见本书第 4 章。

将 AWBO

$$x(k)d=\frac{1}{n-k+1}\left[x(k)+x(k+1)+\cdots+x(n)\right],k=1,2,\cdots,n$$

中的 $x(k)d$ 记为 $y(k)$，并改写为

$$y(k)=\frac{1}{n-k+1}\left[\sum_{i=1}^{n}x(i)-\sum_{i=1}^{k-1}x(i)\right],k=1,2,\cdots,n \tag{12.3.1}$$

将 k 换成 $k-1$

$$y(k-1)=\frac{1}{n-k+2}\left[\sum_{i=1}^{n}x(i)-\sum_{i=1}^{k-2}x(i)\right],k=2,\cdots,n \tag{12.3.2}$$

在式（12.3.1）和式（12.3.2）右端消去分母

$$y(k)(n-k+1)=\sum_{i=1}^{n}x(i)-\sum_{i=1}^{k-1}x(i), k=1,2,\cdots,n \tag{12.3.3}$$

$$y(k-1)(n-k+2)=\sum_{i=1}^{n}x(i)-\sum_{i=1}^{k-2}x(i), k=2,\cdots,n \tag{12.3.4}$$

式（12.3.3）与式（12.3.4）相减，得

$$y(k)(n-k+1)-y(k-1)(n-k+2)=\sum_{i=1}^{k-2}x(i)-\sum_{i=1}^{k-1}x(i) \tag{12.3.5}$$

此即

$$y(k)(n-k+1)-y(k-1)(n-k+2)=-x(k-1), k=2,3,\cdots,n \tag{12.3.6}$$

式（12.3.6）对应的数字信号处理表达式为

$$Y(Z)(n-k+1)-Y(Z)Z^{-1}(n-k+2)=X(Z)Z^{-1}, k=2,3,\cdots,n \tag{12.3.7}$$

由此可得 AWBO 的传递函数

$$H(Z)=\frac{Y(Z)}{X(Z)}=\frac{Z^{-1}}{(n-k+1)-(n-k+2)Z^{-1}} \tag{12.3.8}$$

实际数据模拟结果表明，AWBO 等效数字滤波器亦属于低通滤波器，对于输入信号中的低频部分（0~0.05），AWBO 作用序列频谱的幅值高于基准的幅值，意味着 AWBO 对序列中的低频含量具有放大效应。对于输入信号中的高频部分（0.05~0.5），AWBO 作用序列频谱的幅值低于基准的幅值，说明 AWBO 对序列中的高频含量具有抑制、衰减或阻断效应。冲击扰动系统输入信号中的高频部分，主要由冲击扰动成分构成。因此，AWBO 具有弱化冲击扰动干扰的作用（Lin et al., 2020）。

12.4 自适应灰色预测模型

自适应灰色预测模型的构建可以按照以下路径逐步展开。

明确目标任务→复杂数据采集、记录、存储、清洗、甄别、补充→隐含演化趋势、周期因素、持续冲击扰动、瞬时冲击扰动和变点分析与挖掘→自适应预测模型构建→实际应用。

12.4.1 复杂数据采集、甄别与分析

1. 数据采集、记录、存储、清洗、甄别、补充与融合

对来自外场、实验室、数据库、网络……的数据，首先要组织项目研究团队会议和专家会议，充分吸收专家和项目团队成员的知识、经验、判断和思考，对原始数据进行清洗、甄别、补充（图 12.4.1）。

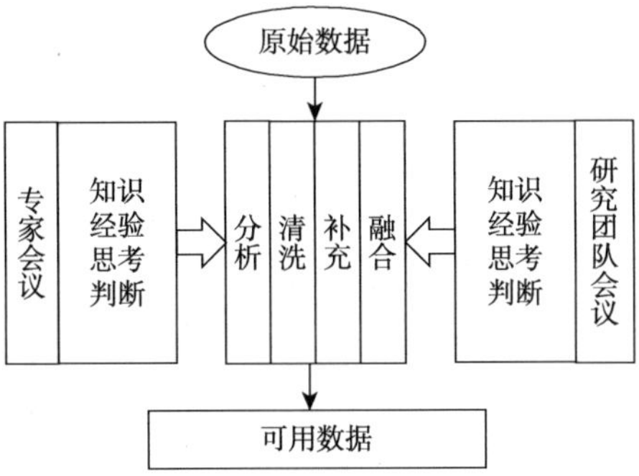

图 12.4.1　数据清洗与甄别

2. 复杂数据分析与挖掘

复杂数据包括演化趋势、周期因素、持续冲击扰动、瞬时冲击扰动、被忽略的重要因素、噪声或类噪声因素和数据变点，是多种因素相互作用、相互影响的结果。因此，构建复杂数据预测模型，必须首先对收集到的数据进行清洗、甄别和分析，以识别复杂数据隐含的演化趋势、周期因素、持续冲击扰动、瞬时冲击扰动和变点等。

趋势因素决定了预测模型的基本形式；噪声类型决定了平滑算子的形式，有助于降低噪声的影响；周期因素的识别有助于正确描述数据的波动规律；持续冲击扰动的识别有助于设计正确的缓冲算子以消除冲击扰动的影响；瞬时冲击扰动的发现有助于人们设计合适的对冲算子；对被忽视的因素和噪声或被视为噪声的因素进行分析和判别，可以减少人们在预测中可能出现的偏差；变点的识别可以帮助人们正确地选择模型的形式和参数。

运用频谱分析、缓冲算子和变点分析方法对复杂数据中隐含的趋势与噪声、周期因素、持续冲击扰动、瞬时冲击扰动、被忽略的因素或被视为噪声的因素和数据变点进行挖掘（图 12.4.2），为建立自适应预测模型奠定坚实的基础。

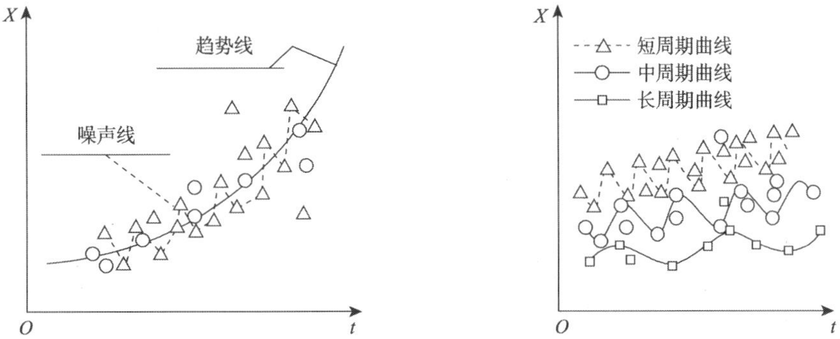

（a）趋势与噪声　　（b）周期因素

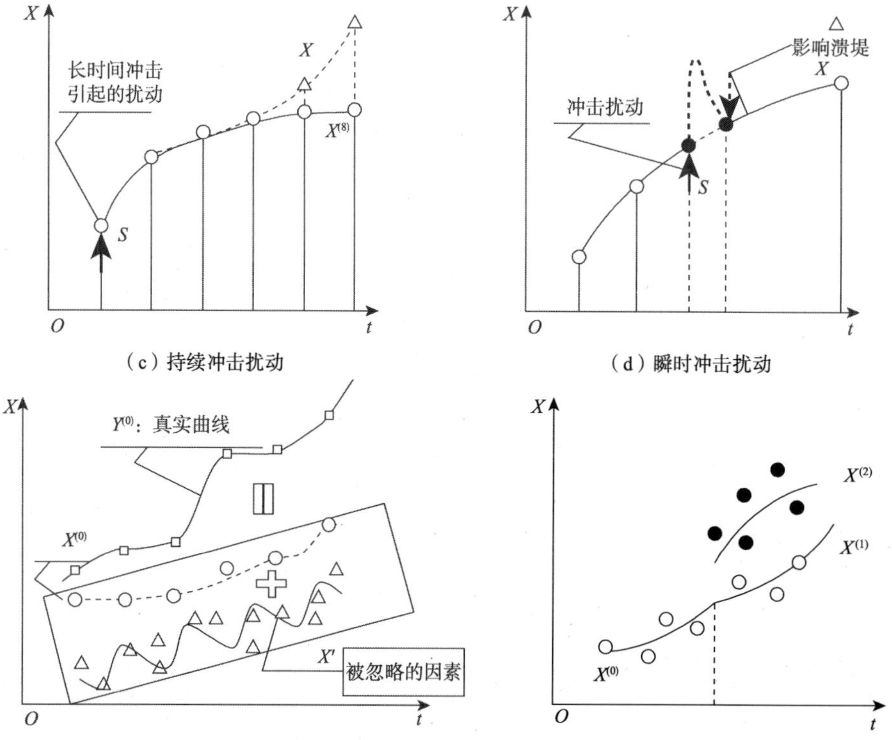

（c）持续冲击扰动　（d）瞬时冲击扰动

（e）被忽略的因素或被视为噪声的因素　（f）数据变点

图 12.4.2　复杂数据隐含因素示意图

12.4.2　复杂数据自适应预测模型的构建

复杂数据自适应预测模型构建的思路和技术路线如图 12.4.3 所示。

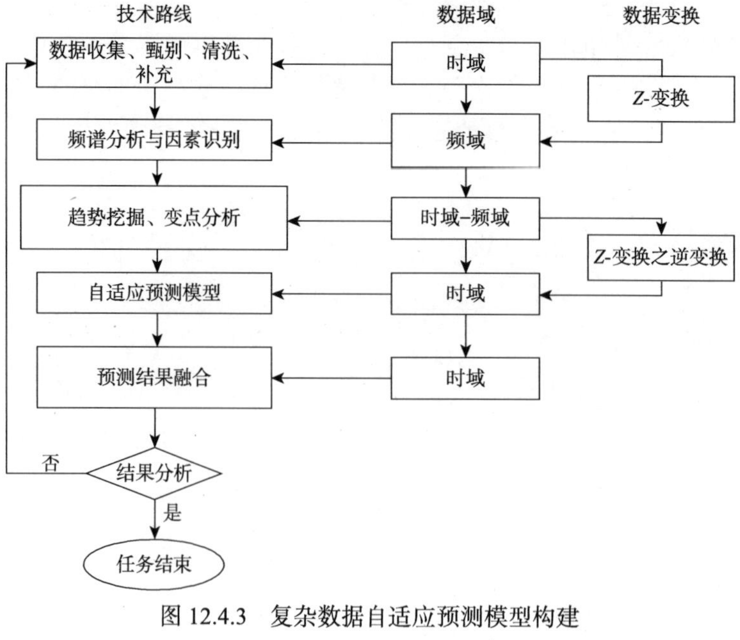

图 12.4.3　复杂数据自适应预测模型构建

具体步骤概括如下：

第一步：数据收集、甄别、清洗、补充；

第二步：通过 Z-变换将时域数据转换为频域数据；

第三步：运用频谱分析方法识别、挖掘数据所隐含的各种因素；

第四步：采用序列算子和变点分析方法确定数据变点和变化趋势；

第五步：通过 Z-变换之逆变换将频域数据转换为时域数据；

第六步：建立自适应预测模型并检验模型；

第七步：预测结果融合、分析；

第八步：完成预测研究报告。

第 13 章

灰色系统预测

13.1 引言

预测是指对事物的演化预先做出的科学推测。广义的预测，既包括在同一时期根据已知事物推测未知事物的静态预测，也包括根据某一事物的历史状态和现状推测其未来的动态预测。狭义的预测，仅指动态预测，也就是指对事物的未来演化预先做出的科学推测。预测理论作为通用的方法论，既可以用于研究自然现象，又可以用于研究社会现象。将预测的方法、技术与实际问题相结合，就产生了预测的各个分支，如社会预测、人口预测、经济预测、政治预测、科技预测、军事预测、气象预测等。

古人说："凡事预则立，不预则废。"我们办任何事情之前，必须调查研究、摸清情况、深思熟虑，有科学的预见、周密的计划，才能达到预期的成功，大至国际事务，国计民生，小到个人日常工作和生活，无不需要进行科学预测；反之，不了解实际情况，凭主观意志想当然办事，违反客观规律，必将受到惩罚。

灰色系统预测方法通过原始数据的处理和灰色模型的建立，挖掘、发现、掌握系统演化规律，对系统的未来状态做出科学的定量预测。本书第 7～12 章所讨论的各种模型都可以用作预测模型。对于一个具体问题，究竟应该选择什么样的预测模型，应以充分的定性分析结论为依据。模型的选择不是一成不变的。一个模型要经过多种检验才能判定其是否合理，是否有效。只有通过检验的模型才能用来进行预测。

定义 13.1.1 设原始数据序列

$$X^{(0)}=\left(x^{(0)}(1),x^{(0)}(2),\cdots,x^{(0)}(n)\right)$$

相应的预测模型模拟序列为

$$\hat{X}^{(0)}=\left(\hat{x}^{(0)}(1),\hat{x}^{(0)}(2),\cdots,\hat{x}^{(0)}(n)\right)$$

残差序列为

$$\begin{aligned}\varepsilon^{(0)}&=\left(\varepsilon(1),\varepsilon(2),\cdots,\varepsilon(n)\right)\\&=\left(x^{(0)}(1)-\hat{x}^{(0)}(1),x^{(0)}(2)-\hat{x}^{(0)}(2),\cdots,x^{(0)}(n)-\hat{x}^{(0)}(n)\right)\end{aligned}$$

相对误差序列为

$$\Delta=\left(\left|\frac{\varepsilon(1)}{x^{(0)}(1)}\right|,\left|\frac{\varepsilon(2)}{x^{(0)}(2)}\right|,\cdots,\left|\frac{\varepsilon(n)}{x^{(0)}(n)}\right|\right)=\{\Delta_k\}_1^n$$

（1）对于 $k\leqslant n$，称 $\Delta_k=\left|\frac{\varepsilon(k)}{x^{(0)}(k)}\right|$ 为 k 点模拟相对误差，称 $\bar{\Delta}=\frac{1}{n}\sum_{k=1}^{n}\Delta_k$ 为平均相对误差；

（2）称 $1-\bar{\Delta}$ 为平均相对精度，$1-\Delta_k$ 为 k 点的模拟精度，$k=1,2,\cdots,n$；

（3）给定 α，当 $\bar{\Delta}<\alpha$ 且 $\Delta_n<\alpha$ 成立时，称模型为残差合格模型。

定义 13.1.2　设 $X^{(0)}$ 为原始序列，$\hat{X}^{(0)}$ 为相应的模拟序列，ε 为 $X^{(0)}$ 与 $\hat{X}^{(0)}$ 的绝对关联度，若对于给定的 $\varepsilon_0>0$，有 $\varepsilon>\varepsilon_0$，则称模型为关联度合格模型。

定义 13.1.3　设 $X^{(0)}$ 为原始序列，$\hat{X}^{(0)}$ 为相应的模拟序列，$\varepsilon^{(0)}$ 为残差序列，则

$$\bar{x}=\frac{1}{n}\sum_{k=1}^{n}x^{(0)}(k),\quad S_1^2=\frac{1}{n}\sum_{k=1}^{n}\left(x^{(0)}(k)-\bar{x}\right)^2$$

分别为 $X^{(0)}$ 的均值、方差。

$$\bar{\varepsilon}=\frac{1}{n}\sum_{k=1}^{n}\varepsilon(k),\quad S_2^2=\frac{1}{n}\sum_{k=1}^{n}\left(\varepsilon(k)-\bar{\varepsilon}\right)^2$$

分别为残差的均值、方差。

（1）$C=\frac{S_2}{S_1}$ 称为均方差比值，对于给定的 $C_0>0$，当 $C<C_0$ 时，称模型为均方差比合格模型。

（2）$p=P\left(|\varepsilon(k)-\bar{\varepsilon}|<0.6745S_1\right)$ 称为小误差概率，对于给定的 $p_0>0$，当 $p<p_0$ 时，称模型为小误差概率合格模型。

上述三个定义给出了检验模型的三种方法。这三种方法都是通过对残差的考察来判断模型的精度，其中平均相对误差 $\bar{\Delta}$ 和模拟误差都要求越小越好，关联度 ε 要求越大越好，均方差比值 C 越小越好（因为 C 小说明 S_2 小，S_1 大，即残差方差小，原始数据方差大，说明残差比较集中，摆动幅度小，原始数据比较分散，摆动幅度大，所以模拟效果好要求 S_2 与 S_1 相比尽可能小），以及小误差概率 p 越大越好，给定 α，ε_0，C_0，p_0 的一组取值，就确定了检验模型模拟精度的一个等级。常用的精度等级如表 13.1.1 所示，可供检验模型参考。

表 13.1.1　精度检验等级参照表

精度等级	指标临界值			
	相对误差 α	关联度 ε_0	均方差比值 C_0	小误差概率 p_0
一级	0.01	0.90	0.35	0.95
二级	0.05	0.80	0.50	0.80
三级	0.10	0.70	0.65	0.70
四级	0.20	0.60	0.80	0.60

一般情况下，最常用的是相对误差检验指标。

13.2 数列预测

数列预测是对系统变量的未来取值进行预测，均值 GM（1，1）模型是较为常用的数列预测模型。根据实际情况，也可以考虑采用其他灰色模型。在定性分析的基础上，定义适当的序列算子，对算子作用序列建立预测模型，通过精度检验后，即可用来进行预测。

例 13.2.1 河南省长葛县乡镇企业产值预测（资料来源于长葛县统计局）。由统计资料查得产值序列为

$$X^{(0)}=\left(x^{(0)}(1),x^{(0)}(2),x^{(0)}(3),x^{(0)}(4)\right)=(10\,155,12\,588,23\,480,35\,388)$$

引入二阶弱化算子 D^2，令

$$X^{(0)}D=\left(x^{(0)}(1)d,x^{(0)}(2)d,x^{(0)}(3)d,x^{(0)}(4)d\right)$$

其中

$$x^{(0)}(k)d=\frac{1}{4-k+1}\left(x^{(0)}(k)+x^{(0)}(k+1)+\cdots+x^{(0)}(4)\right),\quad k=1,2,3,4$$

以及

$$X^{(0)}D^2=\left(x^{(0)}(1)d^2,x^{(0)}(2)d^2,x^{(0)}(3)d^2,x^{(0)}(4)d^2\right)$$

其中

$$x^{(0)}(k)d^2=\frac{1}{4-k+1}\left(x^{(0)}(k)d+x^{(0)}(k+1)d+\cdots+x^{(0)}(4)d\right),\quad k=1,2,3,4$$

于是

$$X^{(0)}D^2=(27\,260,29\,547,32\,411,35\,388)\stackrel{\Delta}{=}X=\left(x(1),x(2),x(3),x(4)\right)$$

X 的 1-AGO 序列为

$$X^{(1)}=\left(x^{(1)}(1),x^{(1)}(2),x^{(1)}(3),x^{(1)}(4)\right)=(27\,260,56\,807,89\,218,124\,606)$$

设

$$\frac{\mathrm{d}x^{(1)}}{\mathrm{d}t}+ax^{(1)}=b$$

由最小二乘法求得参数 a，b 的估计值

$$\hat{a}=-0.089\,995,\quad \hat{b}=25\,790.28$$

可得 GM（1，1）模型白化方程

$$\frac{\mathrm{d}x^{(1)}}{\mathrm{d}t}-0.089\,995x^{(1)}=25\,790.28$$

其时间响应式为

$$\begin{cases}\hat{x}^{(1)}(k+1)=313\,834\mathrm{e}^{0.089\,995k}-286\,574\\ \hat{x}^{(0)}(k+1)=\hat{x}^{(1)}(k+1)-\hat{x}^{(1)}(k)\end{cases}$$

由此得模拟序列

$$\hat{X}=(\hat{x}(1),\hat{x}(2),\hat{x}(3),\hat{x}(4))=(27\,260,29\,553,32\,337,35\,381)$$

残差序列

$$\varepsilon^{(0)}=(\varepsilon^{(0)}(1),\varepsilon^{(0)}(2),\varepsilon^{(0)}(3),\varepsilon^{(0)}(4))=(0,-6,74,7)$$

相对误差序列

$$\varDelta=\left(\left|\frac{\varepsilon^{(0)}(1)}{x^{(0)}(1)}\right|,\left|\frac{\varepsilon^{(0)}(2)}{x^{(0)}(2)}\right|,\left|\frac{\varepsilon^{(0)}(3)}{x^{(0)}(3)}\right|,\left|\frac{\varepsilon^{(0)}(4)}{x^{(0)}(4)}\right|\right)$$

$$=(0,0.000\,2,0.002\,28,0.000\,2)\triangleq(\varDelta_1,\varDelta_2,\varDelta_3,\varDelta_4)$$

平均相对误差

$$\bar{\varDelta}=\frac{1}{4}\sum_{k=1}^{4}\varDelta_k=0.000\,67=0.067\%<0.01$$

模拟误差 $\varDelta_4=0.000\,2=0.02\%<0.01$，精度为一级。

计算 X 与 $\hat{X}$ 的灰色绝对关联度 ε：

$$|s|=\left|\sum_{k=2}^{3}[x(k)-x(1)]+\frac{1}{2}[x(4)-x(1)]\right|=11\,502$$

$$|\hat{s}|=\left|\sum_{k=2}^{3}[\hat{x}(k)-\hat{x}(1)]+\frac{1}{2}[\hat{x}(4)-\hat{x}(1)]\right|=11\,430.5$$

$$|\hat{s}-s|=\left|\sum_{k=2}^{3}[x(k)-x(1)-(\hat{x}(k)-\hat{x}(1))]+\frac{1}{2}[x(4)-x(1)-(\hat{x}(4)-\hat{x}(1))]\right|=71.5$$

从而

$$\varepsilon=\frac{1+|s|+|\hat{s}|}{1+|s|+|\hat{s}|+|\hat{s}-s|}=\frac{1+11\,502+11\,430.5}{1+11\,502+11\,430.5+71.5}=0.997>0.90$$

关联度为一级。

计算均方差比 C:

$$\bar{x}=\frac{1}{4}\sum_{k=1}^{4}x(k)=31\,151.5,\quad S_1^2=\frac{1}{4}\sum_{k=1}^{4}(x(k)-\bar{x})^2=37\,252\,465,\quad S_1=6\,103.48$$

$$\bar{\varepsilon}=\frac{1}{4}\sum_{k=1}^{4}\varepsilon(k)=18.75,\quad S_2^2=\frac{1}{4}\sum_{k=1}^{4}(\varepsilon(k)-\bar{\varepsilon})^2=4\,154.75,\quad S_2=64.46$$

所以

$$C=\frac{S_2}{S_1}=\frac{64.46}{6\,103.48}=0.01<0.35$$

均方差比值为一级。

计算小误差概率:

$$0.674\,5S_1 = 4\,116.80$$

$$|\varepsilon(1)-\bar{\varepsilon}|=18.75,\quad |\varepsilon(2)-\bar{\varepsilon}|=24.75,\quad |\varepsilon(3)-\bar{\varepsilon}|=55.25,\quad |\varepsilon(4)-\bar{\varepsilon}|=11.75$$

所以

$$p=P\left(|\varepsilon(k)-\bar{\varepsilon}|<0.674\,5S_1\right)=1>0.95$$

小误差概率为一级，故可用

$$\begin{cases}\hat{x}^{(1)}(k+1)=313\,834\mathrm{e}^{0.089\,995k}-286\,574\\ \hat{x}^{(0)}(k+1)=\hat{x}^{(1)}(k+1)-\hat{x}^{(1)}(k)\end{cases}$$

进行预测。这里我们给出 5 个预测值如下：

$$\begin{aligned}\hat{X}^{(0)}&=\left(\hat{x}^{(0)}(5),\hat{x}^{(0)}(6),\hat{x}^{(0)}(7),\hat{x}^{(0)}(8),\hat{x}^{(0)}(9)\right)\\&=(38\,714,42\,359,46\,348,50\,712,55\,488)\end{aligned}$$

13.3 区间预测

对于原始数据发生不规则波动的情形，通常无法找到合适的模型描述其变化趋势，因此无法准确预测其未来变化。这时，可以考虑预测其未来取值的变化范围，这就是灰色区间预测。

定义 13.3.1 设 $X=(x(1),x(2),\cdots,x(n))$，$X(t)$ 为对应的序列折线，$f_u(t)$ 和 $f_s(t)$ 为光滑连续曲线。若对任意 t，恒有

$$f_u(t)<X(t)<f_s(t)$$

则称 $f_u(t)$ 为 $X(t)$ 的下界函数，$f_s(t)$ 为 $X(t)$ 的上界函数，并称

$$S=\left\{(t,X(t))\middle|X(t)\in\left[f_u(t),f_s(t)\right]\right\}$$

为 $X(t)$ 的取值域。对固定的 $t_0>n$，称 $\left[f_u(t_0),f_s(t_0)\right]$ 为 $x(t_0)$ 的预测区间。

例 13.3.1 设 $X^{(0)}=\left(x^{(0)}(1),x^{(0)}(2),\cdots,x^{(0)}(n)\right)$ 为原始序列，其 1-AGO 序列为 $X^{(1)}=\left(x^{(1)}(1),x^{(1)}(2),\cdots,x^{(1)}(n)\right)$。令

$$\sigma_{\max}=\max_{1\leqslant k\leqslant n}\left\{x^{(0)}(k)\right\},\quad \sigma_{\min}=\min_{1\leqslant k\leqslant n}\left\{x^{(0)}(k)\right\}$$

$X^{(1)}$ 下界函数 $f_u(n+t)$ 和上界函数 $f_s(n+t)$ 分别取为

$$f_u(n+t)=x^{(1)}(n)+t\sigma_{\min},\quad f_s(n+t)=x^{(1)}(n)+t\sigma_{\max}\tag{13.3.1}$$

由式（13.3.1）可以得到 $X^{(1)}$ 的取值域

$$S=\left\{(t,X(t))\middle|t>n,X(t)\in\left[f_u(t),f_s(t)\right]\right\}$$

$X^{(1)}$ 的预测区域如图 13.3.1 所示，通常称之为喇叭形预测区域。对固定的 $n+t_0>n$，$x^{(1)}(n+t_0)$ 的预测区间为 $\left[x^{(1)}(n)+t_0\sigma_{\min},x^{(1)}(n)+t_0\sigma_{\max}\right]$。

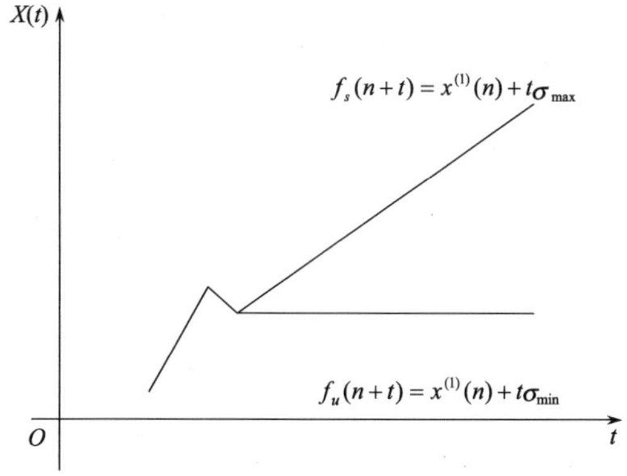

图 13.3.1 喇叭形预测区域

例 13.3.2 设 $X^{(0)}$ 为原始序列，$X_u^{(0)}$ 是 $X^{(0)}$ 的下缘点连线所对应的序列，$X_s^{(0)}$ 是 $X^{(0)}$ 上缘点连线所对应的序列，分别取 $X_u^{(0)}$ 和 $X_s^{(0)}$ 对应的 GM（1，1）时间响应式

$$\hat{x}_u^{(1)}(k+1)=\left(x_u^{(0)}(1)-\frac{b_u}{a_u}\right)\exp\left(-a_u k\right)+\frac{b_u}{a_u}$$

和

$$\hat{x}_s^{(1)}(k+1)=\left(x_s^{(0)}(1)-\frac{b_s}{a_s}\right)\exp\left(-a_s k\right)+\frac{b_s}{a_s}$$

为 $X^{(1)}$ 的下界函数和上界函数，可得 $X^{(1)}$ 的取值域

$$S=\left\{\left(t,X(t)\right)\mid X(t)\in\left[\hat{X}_u^{(1)}(t),\hat{X}_s^{(1)}(t)\right]\right\}$$

并称为 $X^{(1)}$ 的包络区域，如图 13.3.2 所示。对固定的 $k_0>n-1$，称 $\left[\hat{x}_u^{(1)}(k_0+1),\ \hat{x}_s^{(1)}(k_0+1)\right]$ 为 $x(k_0+1)$ 的包络预测区间，简称包络区间。

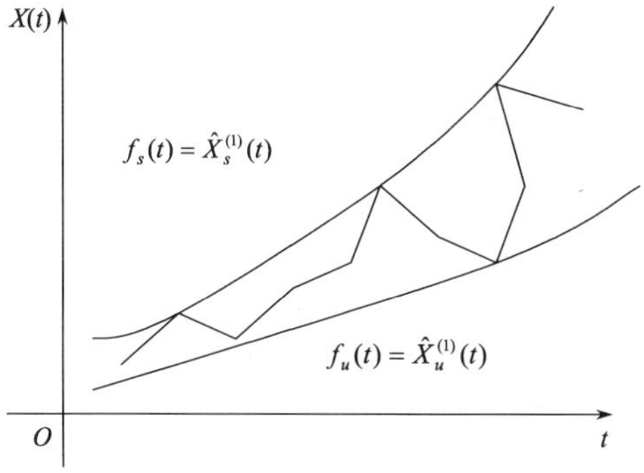

图 13.3.2 包络区域

例 13.3.3 设 $X^{(0)}$ 为原始数据序列，取 $X^{(0)}$ 中 m 组不同的数据序列可建立 m 个不同的 GM（1，1）模型，设对应参数分别为 $\hat{\boldsymbol{a}}_i=[a_i,b_i]^{\mathrm{T}},i=1,2,\cdots,m$。令

$$-a_{\max}=\max_{1\leqslant i\leqslant m}\{-a_i\}，\quad -a_{\min}=\min_{1\leqslant i\leqslant m}\{-a_i\}$$

分别取与 $-a_{\max}$ 和 $-a_{\min}$ 对应的 GM（1，1）时间响应式

$$\hat{x}_u^{(1)}(k+1)=\left(x_u^{(0)}(1)-\frac{b_{\min}}{a_{\min}}\right)\exp(-a_{\min}k)+\frac{b_{\min}}{a_{\min}}$$

$$\hat{x}_s^{(1)}(k+1)=\left(x_s^{(0)}(1)-\frac{b_{\max}}{a_{\max}}\right)\exp(-a_{\max}k)+\frac{b_{\max}}{a_{\max}}$$

为 $X^{(1)}$ 的下界函数和上界函数，可得 $X^{(1)}$ 的取值域

$$S=\left\{(t,X(t))\middle|X(t)\in\left[\hat{X}_u^{(1)}(t),\hat{X}_s^{(1)}(t)\right]\right\}$$

并称为 $X^{(1)}$ 的发展区域。对固定的 $k_0>n-1$，称 $\left[\hat{x}_u^{(1)}(k_0+1),\ \hat{x}_s^{(1)}(k_0+1)\right]$ 为 $x(k_0+1)$ 的发展系数预测区间，简称发展区间。

定义 13.3.2 设 $X^{(0)}=\left(x^{(0)}(1),x^{(0)}(2),\cdots,x^{(0)}(n)\right)$ 为原始序列，$f_u(t)$ 和 $f_s(t)$ 为其 1-AGO 序列 $X^{(1)}$ 的下界函数和上界函数，对于任意 $k>0$，称

$$\hat{x}^{(0)}(n+k)=\frac{1}{2}\left[f_u(n+k)+f_s(n+k)\right]\tag{13.3.2}$$

为 $X^{(0)}$ 的基本预测值，

$$\hat{x}_u^{(0)}(n+k)=f_u(n+k)，\quad \hat{x}_s^{(0)}(n+k)=f_s(n+k)\tag{13.3.3}$$

分别为 $X^{(0)}$ 的最低预测值和最高预测值。

例 13.3.4 设有原始数据序列

$$\begin{aligned}X^{(0)}&=\left(x^{(0)}(1),x^{(0)}(2),x^{(0)}(3),x^{(0)}(4),x^{(0)}(5),x^{(0)}(6)\right)\\&=(4.944\,5,5.582\,8,5.344\,1,5.266\,9,4.564\,0,3.652\,4)\end{aligned}$$

试根据式（13.3.1）计算其一阶累加序列中 $x^{(1)}(7),x^{(1)}(8),x^{(1)}(9)$ 的最高预测值、最低预测值和基本预测值。

解 $\sigma_{\min}=\max\limits_{1\leqslant k\leqslant 6}\left\{x^{(0)}(k)\right\}=5.582\,8,\sigma_{\min}=\min\limits_{1\leqslant k\leqslant 6}\left\{x^{(0)}(k)\right\}=3.652\,4$ 。由 $x^{(1)}(k)=\sum\limits_{i=1}^{k}x^{(0)}(i)$，得 $X^{(0)}$ 的 1-AGO 序列

$$\begin{aligned}X^{(1)}&=\left(x^{(1)}(1),x^{(1)}(2),x^{(1)}(3),x^{(1)}(4),x^{(1)}(5),x^{(1)}(6)\right)\\&=(4.944\,5,10.527\,3,15.871\,4,21.138\,3,25.702\,3,29.354\,7)\end{aligned}$$

所以

$$f_s(6+k)=x^{(1)}(6)+k\sigma_{\max}=29.354\,7+5.582\,8k$$

$$f_u(6+k)=x^{(1)}(6)+k\sigma_{\min}=29.354\,7+3.652\,4k$$

当 k=1，2，3 时，得最高预测值

$$\hat{x}_s^{(1)}(7)=f_s(6+1)=x^{(1)}(6)+1\bullet\sigma_{\max}=34.937\,5$$

$$\hat{x}_s^{(1)}(8)=f_s(6+2)=x^{(1)}(6)+2\cdot\sigma_{\max}=40.5203$$

$$\hat{x}_s^{(1)}(9)=f_s(6+3)=x^{(1)}(6)+3\cdot\sigma_{\max}=46.1031$$

最低预测值

$$\hat{x}_u^{(1)}(7)=f_u(6+1)=x^{(1)}(6)+1\cdot\sigma_{\min}=33.0071$$

$$\hat{x}_u^{(1)}(8)=f_u(6+2)=x^{(1)}(6)+2\cdot\sigma_{\min}=36.6595$$

$$\hat{x}_u^{(1)}(9)=f_u(6+3)=x^{(1)}(6)+3\cdot\sigma_{\min}=40.3119$$

基本预测值

$$\hat{x}^{(1)}(7)=\frac{1}{2}\left[\hat{x}_s^{(1)}(7)+\hat{x}_u^{(1)}(7)\right]=33.9723$$

$$\hat{x}^{(1)}(8)=\frac{1}{2}\left[\hat{x}_s^{(1)}(8)+\hat{x}_u^{(1)}(8)\right]=38.5899$$

$$\hat{x}^{(1)}(9)=\frac{1}{2}\left[\hat{x}_s^{(1)}(9)+\hat{x}_u^{(1)}(9)\right]=43.2075$$

13.4　灰色突变预测

灰色突变预测实质上是异常值预测，什么样的值算作异常值，往往是人们凭经验主观确定的。灰色突变预测的任务是给出下一个或几个异常值出现的时刻，以便人们提前准备，采取对策。灰色突变预测亦称灰色灾变预测。

定义 13.4.1　设原始序列 $X=(x(1),x(2),\cdots,x(n))$，给定上限异常值（灾变值）$\xi$，称 X 的子序列

$$X_{\xi}=(x[q(1)],x[q(2)],\cdots,x[q(m)])=\{x[q(i)]\mid x[q(i)]\geqslant\xi,i=1,2,\cdots,m\}$$

为上突变序列。

定义 13.4.2　设原始序列 $X=(x(1),x(2),\cdots,x(n))$，给定下限异常值（灾变值）$\zeta$，称 X 的子序列

$$X_{\zeta}=(x[q(1)],x[q(2)],\cdots,x[q(l)])=\{x[q(i)]\mid x[q(i)]\leqslant\zeta,i=1,2,\cdots,l\}$$

为下突变序列。

上突变序列和下突变序列统称突变序列。由于不同突变序列的研究思路完全一样，在以下的讨论中，我们对上突变序列和下突变序列不加区别。

定义 13.4.3　设 X 为原始序列，若

$$X_{\xi}=(x[q(1)],x[q(2)],\cdots,x[q(m)])\subset X$$

为突变序列，则称

$$Q^{(0)}=(q(1),q(2),\cdots,q(m))$$

为突变日期序列。

突变预测就是要通过对突变日期序列的研究，挖掘其规律性，并据以预测以后若干次突变发生的日期，灰色突变预测是通过对突变日期序列建立 GM（1，1）模型实现的。

定义 13.4.4 设$Q^{(0)}=\left(q(1),q(2),\cdots,q(m)\right)$为突变日期序列，其 1-AGO 序列为

$$Q^{(1)}=\left(q(1)^{(1)},q(2)^{(1)},\cdots,q(m)^{(1)}\right)$$

$Q^{(1)}$的紧邻均值序列为$Z^{(1)}$，则称$q(k)+az^{(1)}(k)=b$为突变 GM（1，1）。

命题 13.4.1 设$\hat{\boldsymbol{a}}=[a,b]^{\mathrm{T}}$为突变 GM（1，1）参数向量的最小二乘估计，则突变日期序列的 GM（1，1）序号响应式为

$$\begin{cases}\hat{q}^{(1)}(k+1)=\left(q(1)-\dfrac{b}{a}\right)\mathrm{e}^{-ak}+\dfrac{b}{a}\\ \hat{q}(k+1)=\hat{q}^{(1)}(k+1)-\hat{q}^{(1)}(k)\end{cases}$$

即

$$\hat{q}^{(0)}(k+1)=\left(1-\mathrm{e}^{a}\right)\left(q(1)-\frac{b}{a}\right)\mathrm{e}^{-ak}$$

定义 13.4.5 设$X=\left(x(1),x(2),\cdots,x(n)\right)$为原始序列，$n$ 为现在，给定异常值ξ，相应的突变日期序列

$$Q^{(0)}=\left(q(1),q(2),\cdots,q(m)\right),\quad m\leqslant n$$

其中，$q(m)(m\leqslant n)$为最近一次突变发生的日期，则称$\hat{q}(m+1)$为下一次突变的预测日期；对任意$k>0$，称$\hat{q}(m+k)$为未来第 k 次突变的预测日期。

例 13.4.1 某地区年度平均降雨量数据（单位：mm）序列为

$$\begin{aligned}X=&\left(x(1),x(2),x(3),x(4),x(5),x(6),x(7),x(8),x(9),x(10),x(11),x(12),\right.\\&\left.x(13),x(14),x(15),x(16),x(17)\right)\\=&(390.6,412.0,320.0,559.2,380.8,542.4,553.0,310.0,561.0,300.0,\\&632.0,540.0,406.2,313.8,576.0,586.6,318.5)\end{aligned}$$

取$\xi=320$（mm）为下限异常值（旱灾），试做旱灾预测。

解 令ξ=320，得下突变序列

$$\begin{aligned}X_{\xi}&=\left(x(3),x(8),x(10),x(14),x(17)\right)\\&=(320.0,310.0,300.0,313.8,318.5)\end{aligned}$$

与之对应的突变日期序列

$$Q^{(0)}=\left(q(1),q(2),q(3),q(4),q(5)\right)=(3,8,10,14,17)$$

其 1-AGO 序列

$$Q^{(1)}=(3,11,21,35,52)$$

的紧邻均值序列

$$Z^{(1)}=(7,16,28,43.5)$$

设 $q(k)+az^{(1)}(k)=b$，由

$$\boldsymbol{B}=\begin{bmatrix}-7 & 1\\ -16 & 1\\ -28 & 1\\ -43.5 & 1\end{bmatrix},\quad \boldsymbol{Y}=\begin{bmatrix}8\\ 10\\ 14\\ 17\end{bmatrix}$$

得

$$\hat{\boldsymbol{a}}=\begin{bmatrix}a\\ b\end{bmatrix}=\left(\boldsymbol{B}^{\mathrm{T}}\boldsymbol{B}\right)^{-1}\boldsymbol{B}^{\mathrm{T}}\boldsymbol{Y}=\begin{bmatrix}-0.253\,61\\ 6.258\,339\end{bmatrix}$$

故突变日期序列的 GM（1，1）序号响应式

$$\hat{q}^{(1)}(k+1)=27.667\mathrm{e}^{0.253\,61k}-24.667$$

$$\hat{q}(k+1)=\hat{q}^{(1)}(k+1)-\hat{q}^{(1)}(k)$$

即

$$\hat{q}(k+1)=27.667\mathrm{e}^{0.253\,61k}-24.667\mathrm{e}^{0.253\,61(k-1)}=6.199\,8\mathrm{e}^{0.253\,61k}$$

由此可得 $Q^{(0)}$ 的模拟序列

$$\begin{aligned}\hat{Q}^{(0)}&=(\hat{q}(1),\hat{q}(2),\hat{q}(3),\hat{q}(4),\hat{q}(5))\\&=(6.199\,8,7.989,10.296,13.268,17.098)\end{aligned}$$

由

$$\varepsilon(k)=q(k)-\hat{q}(k),\quad k=1,2,3,4,5$$

得残差序列

$$\begin{aligned}\varepsilon^{(0)}&=(\varepsilon(1),\varepsilon(2),\varepsilon(3),\varepsilon(4),\varepsilon(5))\\&=(-3.199\,8,0.011,-0.296,0.732,-0.098)\end{aligned}$$

再由

$$\Delta_k=\left|\frac{\varepsilon(k)}{q(k)}\right|,\quad k=1,2,3,4,5$$

得相对误差序列

$$\Delta=(\Delta_2,\Delta_3,\Delta_4,\Delta_5)=(0.1\%,2.96\%,5.1\%,0.6\%)$$

这里未考虑 Δ_1，由此可计算出平均相对误差

$$\bar{\Delta}=\frac{1}{4}\sum_{k=2}^{5}\Delta_k=2.19\%$$

平均相对精度为 $1-\bar{\Delta}=97.81\%$，模拟精度为 $1-\Delta_5=99.4\%$，故可用

$$\hat{q}(k+1)=6.199\,8\mathrm{e}^{0.253\,61k}$$

进行预测

$$\hat{q}(5+1)=\hat{q}(6)\approx 22\text{，}\ \hat{q}(6)-\hat{q}(5)\approx 22-17=5$$

即从最近一次旱灾发生的日期算起，5 年之后，可能发生旱灾，为提高预测的可靠程度，可以取若干个不同的异常值，建立多个模型进行预测。

13.5 波形预测

当原始数据频频波动且摆动幅度较大时，往往难以找到适当的模拟模型，这时若 13.3 节所述的变化范围的预测不能满足需要。可以考虑根据原始数据的波形预测未来行为数据发展变化的波形。这种预测称为波形预测。

定义 13.5.1 设原始序列

$$X=\left(x(1),x(2),\cdots,x(n)\right)$$

则称

$$x_k=x(k)+(t-k)\left[x(k+1)-x(k)\right]$$

为序列 X 的 k 段折线图形，称

$$\left\{x_k=x(k)+(t-k)\left[x(k+1)-x(k)\right]\mid k=1,2,\cdots,n-1\right\}$$

为序列 X 的折线，仍记为 X，即

$$X=\left\{x_k=x(k)+(t-k)\left[x(k+1)-x(k)\right]\mid k=1,2,\cdots,n-1\right\}$$

定义 13.5.2 设

$$\sigma_{\max}=\max_{1\leqslant k\leqslant n}\left\{x(k)\right\}\text{，}\ \sigma_{\min}=\min_{1\leqslant k\leqslant n}\left\{x(k)\right\}$$

（1）对于 $\forall\xi\in\left[\sigma_{\min},\sigma_{\max}\right]$，称 $X=\xi$ 为 $\xi-$等高线；

（2）称方程组

$$\begin{cases}X=\left\{x(k)+(t-k)\left[x(k+1)-x(k)\right]\mid k=1,2,\cdots,n-1\right\}\\ X=\xi\end{cases}$$

的解 $\left(t_i,x(t_i)\right)(i=1,2,\cdots)$ 为 $\xi-$等高点。

$\xi-$等高点是折线 X 与 $\xi-$等高线的交点。

命题 13.5.1 若 X 的 i 段折线上有 $\xi-$等高点，则其坐标为

$$\left(i+\frac{\xi-x(i)}{x(i+1)-x(i)},\xi\right)$$

证明 i 段折线方程为

$$X=x(i)+(t_i-i)\left[x(i+1)-x(i)\right]$$

联立

$$\begin{cases}X=x(i)+(t_i-i)\left[x(i+1)-x(i)\right]\\ X=\xi\end{cases}$$

可解得

$$t_i = i + \frac{\xi - x(i)}{x(i+1) - x(i)}$$

定义 13.5.3　设

$$X_\xi = (P_1, P_2, \cdots, P_m)$$

为ξ–等高点序列，其中P_i位于第i段折线上，其坐标为

$$(t_i, \xi) = \left(i + \frac{\xi - x(i)}{x(i+1) - x(i)}, \xi \right)$$

记

$$q(i) = i + \frac{\xi - x(i)}{x(i+1) - x(i)}, \quad i = 1, 2, \cdots, m$$

则称$Q^{(0)} = (q(1), q(2), \cdots, q(m))$为$\xi$–等高时刻序列。

建立ξ–等高时刻序列的 GM（1，1）模型，可得ξ–等高时刻的预测值:

$$\hat{q}(m+1), \hat{q}(m+2), \cdots, \hat{q}(m+k)$$

定义 13.5.4　设

$$\xi_0 = \sigma_{\min}, \xi_1 = \frac{1}{s}(\sigma_{\max} - \sigma_{\min}) + \sigma_{\min}, \cdots, \xi_i = \frac{i}{s}(\sigma_{\max} - \sigma_{\min}) + \sigma_{\min}, \cdots,$$

$$\xi_{s-1} = \frac{s-1}{s}(\sigma_{\max} - \sigma_{\min}) + \sigma_{\min}, \xi_s = \sigma_{\max}$$

则称$X = \xi_i (i = 0, 1, 2, \cdots, s)$为$s+1$条等间隔的等高线，否则称为非等间隔的等高线。

取等高线时应注意使对应的等高时刻序列满足 GM（1，1）建模条件，一般可取成等间隔的等高线，亦可根据实际情况取若干条非等间隔的等高线。

定义 13.5.5　设$X = \xi_i (i = 1, 2, \cdots, s)$为$s$条不同的等高线，称

$$Q_i^{(0)} = (q_i(1), q_i(2), \cdots, q_i(m_1), \quad i = 1, 2, \cdots, s$$

为ξ_i–等高时刻序列，称

$$\hat{q}_i(m_i+1), \hat{q}_i(m_i+2), \cdots, \hat{q}_i(m_i+k_i), \quad i = 1, 2, \cdots, s$$

为ξ_i–等高时刻的 GM（1，1）预测值。若存在$i \neq j$，使

$$\hat{q}_i(m_i + l_i) = \hat{q}_j(m_j + l_j)$$

则称$\hat{q}_i(m_i + l_i)$和$\hat{q}_j(m_j + l_j)$为一对无效预测时刻。

命题 13.5.2　设

$$\hat{q}_i(m_i+1), \hat{q}_i(m_i+2), \cdots, \hat{q}_i(m_i+k_i), \quad i = 1, 2, \cdots, s$$

为ξ_i–等高时刻的 GM（1，1）预测值，删去

$$\hat{q}_1(m_1+1), \hat{q}_1(m_1+2), \cdots, \hat{q}_1(m_1+k_1)$$

$$\hat{q}_2(m_2+1), \hat{q}_2(m_2+2), \cdots, \hat{q}_2(m_2+k_2)$$

$$\cdots\cdots$$

$$\hat{q}_i(m_i+1), \hat{q}_i(m_i+2), \cdots, \hat{q}_i(m_i+k_i)$$

……

$$\hat{q}_s(m_s+1),\hat{q}_s(m_s+2),\cdots,\hat{q}_s(m_s+k_s)$$

中的无效时刻，将其余的预测值从小到大重新排序，设为

$$\hat{q}(1)<\hat{q}(2)<\cdots<\hat{q}(n_s)$$

其中，$n_s \leqslant k_1+k_2+\cdots+k_s$。若 $X=\xi_{\hat{q}(k)}$ 为 $\hat{q}(k)$ 所对应的等高线，则 $X^{(0)}$ 的预测波形为

$$X=\hat{X}^{(0)}=\left\{\xi_{\hat{q}(k)}+\left[t-\hat{q}(k)\right]\left[\xi_{\hat{q}(k+1)}-\xi_{\hat{q}(k)}\right]\mid k=1,2,\cdots,n_s\right\}$$

例 13.5.1 上海证券交易所综合指数的波形预测。

根据上海证券交易所综合指数的周收盘指数数据，1997 年 2 月 21 日至 1998 年 10 月 31 日的周收盘指数曲线如图 13.5.1 所示。

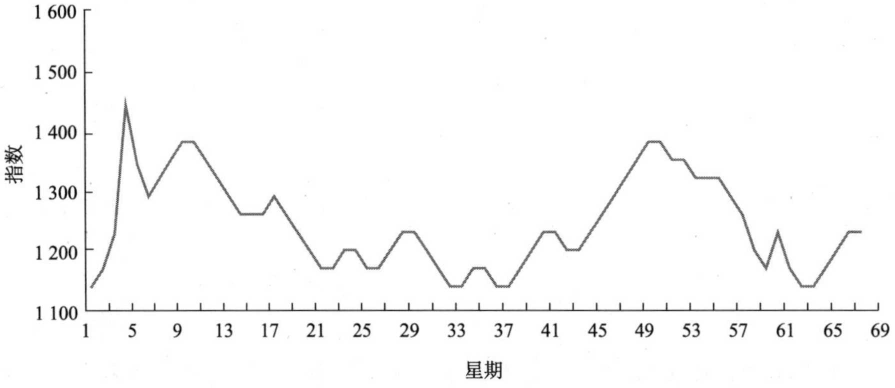

图 13.5.1 1997 年 2 月 21 日至 1998 年 10 月 31 日的周收盘指数曲线

取

$$\xi_1=1140,\quad \xi_2=1170,\quad \xi_3=1\,200,\quad \xi_4=1\,230,\quad \xi_5=1\,260$$
$$\xi_6=1\,290,\quad \xi_7=1\,320,\quad \xi_8=1\,350,\quad \xi_9=1\,380$$

ξ_i – 等高时刻序列分别为

（1）对应于 ξ_1=1 140，

$Q_1^{(0)}=\{q_1(k)\}_1^7=$（4.4，31.7，34.2，41，42.4，77.8，78.3）

（2）对应于 ξ_2=1 170，

$Q_2^{(0)}=\{q_2(k)\}_2^{12}$

=（5.2，19.8，23，25.6，26.9，31.2，34.8，39.5，44.6，76，77.2，79.2）

（3）对应于 ξ_3=1 200，

$Q_3^{(0)}=\{q_3(k)\}_3^{11}$

=（5.9，19.5，24.8，25.2，27.5，30.3，46.2，53.4，55.4，75.5，79.7）

（4）对应于 ξ_4=1 230，

$$Q_4^{(0)}=\{q_4(k)\}_4^{10}$$
$$=（6.5，19.2，28.3，29.5，49.7，50.8，56.2，76.4，82.9，85）$$

（5）对应于 ξ_5=1 260，

$$Q_5^{(0)}=\{q_5(k)\}_5^{7}=（7，14.2，16.5，17.4，18.8，56.7，75.2）$$

（6）对应于 ξ_6=1 290，

$$Q_6^{(0)}=\{q_6(k)\}_6^{5}=（8.3，13.4，17.9，57.2，74.6）$$

（7）对应于 ξ_7=1 320，

$$Q_7^{(0)}=\{q_7(k)\}_7^{6}=（8.8，12.8，60.2，71.8，72.7，73.6）$$

（8）对应于 ξ_8=1 350，

$$Q_8^{(0)}=\{q_8(k)\}_8^{6}=（9.6，12.5，61.8，69.8，70.9，71.8）$$

（9）对应于 ξ_9=1 380，

$$Q_9^{(0)}=\{q_9(k)\}_9^{4}=（10.8，12.4，64.1，69）$$

对 $Q_i^{(0)}(i=1,2,\cdots,9)$ 施以一阶累加算子，可得序列 $Q_i^{(1)}(i=1,2,\cdots,9)$，$Q_i^{(1)}(i=1,2,\cdots,9)$ 的 GM（1，1）响应式分别为

$$\hat{q}_1^{(1)}(k+1)=113.91\mathrm{e}^{0.215k}-109.51,\quad \hat{q}_2^{(1)}(k+1)=98.58\mathrm{e}^{0.159k}-93.83$$
$$\hat{q}_3^{(1)}(k+1)=102.08\mathrm{e}^{0.166k}-96.18,\quad \hat{q}_4^{(1)}(k+1)=151.66\mathrm{e}^{0.160k}-145.16$$
$$\hat{q}_5^{(1)}(k+1)=13\mathrm{e}^{0.435k}-6,\quad \hat{q}_6^{(1)}(k+1)=21.94\mathrm{e}^{0.539k}-13.64$$
$$\hat{q}_7^{(1)}(k+1)=185.08\mathrm{e}^{0.192k}-176.28,\quad \hat{q}_8^{(1)}(k+1)=193.19\mathrm{e}^{0.186k}-182.57$$
$$\hat{q}_9^{(1)}(k+1)=45.22\mathrm{e}^{0.490k}-35.39$$

令 $\hat{q}_i(k+1)=\hat{q}_i^{(1)}(k+1)-\hat{q}_i^{(1)}(k)$，可得 ξ－等高时刻预测序列（i=1,2,⋯,9）：

$$\hat{Q}_1^{(0)}=(\hat{q}_1(12),\hat{q}_1(13))=(99.8,127.7)$$
$$\hat{Q}_2^{(0)}=(\hat{q}_2(13),\hat{q}_2(14),\hat{q}_2(15))=(96.8,116.7,131.4)$$
$$\hat{Q}_3^{(0)}=(\hat{q}_3(12),\hat{q}_3(13),\hat{q}_3(14))=(95.7,114.2,133.8)$$
$$\hat{Q}_4^{(0)}=(\hat{q}_4(11),\hat{q}_4(12),\hat{q}_4(13))=(110.9,134.2,152.8)$$
$$\hat{Q}_5^{(0)}=(\hat{q}_5(8),\hat{q}_5(9))=(94.2,148.8)$$
$$\hat{Q}_6^{(0)}=(\hat{q}_6(6))=(135.5)$$
$$\hat{Q}_7^{(0)}=(\hat{q}_7(7),\hat{q}_7(8),\hat{q}_7(9))=(101.9,123.4,149.5)$$
$$\hat{Q}_8^{(0)}=(\hat{q}_8(7),\hat{q}_8(8),\hat{q}_8(9))=(105,119.8,144.6)$$
$$\hat{Q}_9^{(0)}=(\hat{q}_9(5))=(122.3)$$

据此可绘出上海证券交易所综合指数 1998 年 11 月至 1999 年底的预测波形图，如

图 13.5.2 所示。

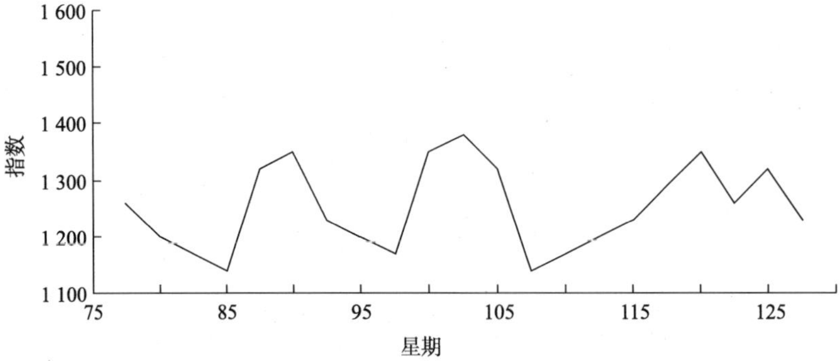

图 13.5.2　1998 年 11 月至 1999 年底的预测波形图

13.6　系统预测

13.6.1　五步建模思想

研究一个系统，一般应首先建立系统的数学模型，进而对系统的整体功能、协调功能，以及系统各因素之间的关联关系、因果关系、动态关系进行具体的量化研究。这种研究必须以定性分析为先导，定量与定性紧密结合。系统模型的建立，一般要经历思想开发、因素分析、量化、动态化、优化五个步骤，故称为五步建模（邓聚龙，1985b）。

第一步：开发思想，形成概念，通过定性分析、研究，明确研究的方向、目标、途径、措施，并将结果用准确简练的语言加以表达，这便是语言模型。

第二步：对语言模型中的因素及各因素之间的关系进行剖析，找出影响事物发展的前因、后果，并将这种因果关系用框图表示出来（图 13.6.1）。

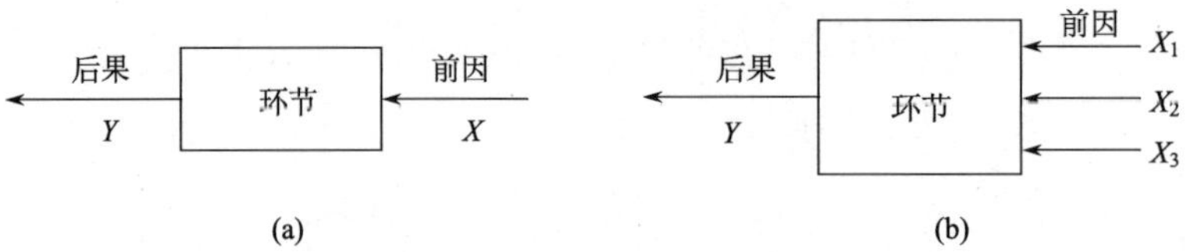

图 13.6.1　因果关系图

一对前因后果（或一组前因与一个后果）构成一个环节。一个系统包含许多这样的环节。有时，同一个变量既是一个环节的前因，又是另一个环节的后果，将所有这些关系连接起来，便得到一个相互关联的、由多个环节构成的框图（图 13.6.2），即网络模型。

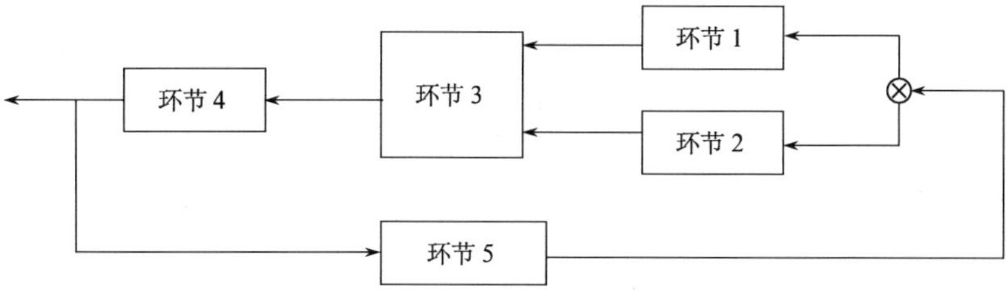

图 13.6.2 网络模型示意图

第三步：对各环节的因果关系进行量化研究，初步得出低层次的概略量化关系，即量化模型。

第四步：进一步收集各环节输入数据和输出数据，利用所得数据序列，建立动态 GM 模型，即动态模型。

动态模型是高层次的量化模型，它更为深刻地揭示出输入与输出之间的数量关系或转换规律，是系统分析、优化的基础。

第五步：对动态模型进行系统研究和分析，通过结构、机理、参数的调整，进行系统重组，达到优化配置、改善系统动态品质的目的。这样得到的模型，称为优化模型。

五步建模的全过程，是在五个不同阶段建立五种模型的过程，即

语言模型→网络模型→量化模型→动态模型→优化模型

在建模过程中，要不断地将下一阶段中所得的结果反馈，经过多次循环往复，使整个模型系统逐步趋于完善。

13.6.2 系统预测模型

对于含有多个相互关联的因素与多个自主控制变量的复杂系统，任何单个模型都不能反映系统的发展变化，必须考虑建立系统模型才能有效描述系统变量之间的复杂关系并据以对系统演化趋势进行预测。

定义 13.6.1 设 $X_1^{(0)}, X_2^{(0)}, \cdots, X_m^{(0)}$ 为系统状态变量数据序列，$U_1^{(0)}, U_1^{(0)}, \cdots, U_1^{(0)}$ 为系统控制变量数据序列，则称

$$\frac{\mathrm{d}x_1^{(1)}}{\mathrm{d}t} = a_{11}x_1^{(1)} + a_{12}x_2^{(1)} + \cdots + a_{1m}x_m^{(1)} + b_{11}u_1^{(1)} + b_{12}u_2^{(1)} + \cdots + b_{1s}u_s^{(1)}$$

$$\frac{\mathrm{d}x_2^{(1)}}{\mathrm{d}t} = a_{21}x_1^{(1)} + a_{22}x_2^{(1)} + \cdots + a_{2m}x_m^{(1)} + b_{21}u_1^{(1)} + b_{22}u_2^{(1)} + \cdots + b_{2s}u_s^{(1)}$$

$$\vdots$$

$$\frac{\mathrm{d}x_m^{(1)}}{\mathrm{d}t} = a_{m1}x_1^{(1)} + a_{m2}x_2^{(1)} + \cdots + a_{mm}x_m^{(1)} + b_{m1}u_1^{(1)} + b_{m2}u_2^{(1)} + \cdots + b_{ms}u_s^{(1)}$$

$$\frac{\mathrm{d}u_1^{(1)}}{\mathrm{d}t} = c_1u_1^{(1)} + d_1, \frac{\mathrm{d}u_2^{(1)}}{\mathrm{d}t} = c_2u_2^{(1)} + d_2, \cdots, \frac{\mathrm{d}u_s^{(1)}}{\mathrm{d}t} = c_su_s^{(1)} + d_s$$

为系统预测模型。

系统预测模型事实上是由 m 个 GM（1，$m+s$）和 s 个 GM（1，1）构成的微分方程组。

定义 13.6.2 系统预测模型的矩阵形式为

$$\begin{cases}\dot{\boldsymbol{X}}=\boldsymbol{AX}+\boldsymbol{BU}\\ \dot{\boldsymbol{U}}=\boldsymbol{CU}+\boldsymbol{D}\end{cases}$$

其中，$\boldsymbol{X}=(x_1,x_2,\cdots,x_m)^{\mathrm{T}}$，$\boldsymbol{U}=(u_1,u_2,\cdots,u_s)^{\mathrm{T}}$，

$$\boldsymbol{A}=\begin{bmatrix}a_{11}&a_{12}&\cdots&a_{1m}\\a_{21}&a_{22}&\cdots&a_{2m}\\\vdots&\vdots&&\vdots\\a_{m1}&a_{m2}&\cdots&a_{mm}\end{bmatrix},\quad \boldsymbol{C}=\begin{bmatrix}c_1&&&0\\&c_2&&\\&&\ddots&\\0&&&c_s\end{bmatrix}$$

$$\boldsymbol{B}=\begin{bmatrix}b_{11}&b_{12}&\cdots&b_{1s}\\b_{21}&b_{22}&\cdots&b_{2s}\\\vdots&\vdots&&\vdots\\b_{m1}&b_{m2}&\cdots&b_{ms}\end{bmatrix},\quad \boldsymbol{D}=\begin{bmatrix}d_1\\d_2\\\vdots\\d_s\end{bmatrix}$$

称 $\boldsymbol{X}$ 为状态向量，$\boldsymbol{U}$ 为控制向量，$\boldsymbol{A}$ 为状态矩阵，$\boldsymbol{B}$ 为控制矩阵，$\boldsymbol{C}$ 为发展矩阵，$\boldsymbol{D}$ 为灰色作用向量。

命题 13.6.1 系统预测模型的时间响应式为

$$\hat{x}_1^{(1)}(k+1)=\left\{x_1^{(1)}(0)+\frac{1}{a_{11}}\left[\sum_{j=2}^{m}a_{1j}x_j^{(1)}(k+1)+\sum_{i=1}^{s}b_{1i}u_i^{(1)}(k+1)\right]\right\}\exp(a_{11}k)$$
$$-\frac{1}{a_{11}}\left[\sum_{j=2}^{m}a_{1j}x_j^{(1)}(k+1)+\sum_{i=1}^{s}b_{1i}u_i^{(1)}(k+1)\right]$$

$$\hat{x}_2^{(1)}(k+1)=\left\{x_2^{(1)}(0)+\frac{1}{a_{22}}\left[\sum_{j\neq 2}a_{2j}x_j^{(1)}(k+1)+\sum_{i=1}^{s}b_{2i}u_i^{(1)}(k+1)\right]\right\}\exp(a_{22}k)$$
$$-\frac{1}{a_{22}}\left[\sum_{j\neq 2}a_{2j}x_j^{(1)}(k+1)+\sum_{i=1}^{s}b_{2i}u_i^{(1)}(k+1)\right]$$

$$\vdots$$

$$\hat{x}_m^{(1)}(k+1)=\left\{x_m^{(1)}(0)+\frac{1}{a_{mm}}\left[\sum_{j\neq m}a_{mj}x_j^{(1)}(k+1)+\sum_{i=1}^{s}b_{mi}u_i^{(1)}(k+1)\right]\right\}\exp(a_{mm}k)$$
$$-\frac{1}{a_{mm}}\left[\sum_{j\neq m}a_{mj}x_j^{(1)}(k+1)+\sum_{i=1}^{s}b_{mi}u_i^{(1)}(k+1)\right]$$

$$\hat{u}_1^{(1)}(k+1)=\left(\hat{u}_1^{(1)}(0)+\frac{d_1}{c_1}\right)\exp(c_1k)-\frac{d_1}{c_1}$$

$$\hat{u}_2^{(1)}(k+1)=\left(\hat{u}_2^{(1)}(0)+\frac{d_2}{c_2}\right)\exp(c_2k)-\frac{d_2}{c_2}$$

$$\vdots$$

$$\hat{u}_s^{(1)}(k+1)=\left(\hat{u}_s^{(1)}(0)+\frac{d_s}{c_s}\right)\exp(c_s k)-\frac{d_s}{c_s}$$

其中状态变量的响应式为近似响应式。

第 14 章

灰色决策模型

14.1 灰色决策的基本概念

根据实际情况和预定目标确定应采取的行动便是决策。决策的本质含义就是“做出决定”或“决定对策”。决策活动不但是各类管理活动的重要组成部分，而且贯穿于每个人的工作、学习和生活。对决策的理解有广义和狭义之分。从广义上讲，决策是指提出问题、收集资料、确定目标、拟订备选方案、方案评价与选择，以及实施、反馈、修正等一系列活动的全过程；从狭义上讲，决策仅指决策全过程中选择方案这一环节，习惯上称为“拍板”。也有人仅仅把决策理解为在不确定条件下选择方案，即做出抉择，这在很大程度依赖于决策者个人的经验、态度和决心，要承担一定的风险。灰色决策是在决策模型中含灰元或一般决策模型与灰色模型相结合的情况下进行的决策，重点研究方案选择问题。

在以下讨论中，我们将需要研究、解决的问题或需要处理的事物以及一个系统行为的现状等统称为事件。事件是我们进行决策的起点。

定义 14.1.1 事件、对策、目标、效果称为决策四要素。

定义 14.1.2 某一研究范围内事件的全体称为该研究范围内的事件集，记为

$$A=\{a_1,a_2,\cdots,a_n\}$$

其中 $a_i\,(i=1,2,3,\cdots,n)$ 为第 i 个事件，相应的所有可能的对策全体称为对策集，记为

$$B=\{b_1,b_2,\cdots,b_m\}$$

其中 $b_j\,(j=1,2,\cdots,m)$ 为第 j 种对策。

定义 14.1.3 事件集 $A=\{a_1,a_2,\cdots,a_n\}$ 与对策集 $B=\{b_1,b_2,\cdots,b_m\}$ 的笛卡儿积

$$A\times B=\{(a_i,b_j)\mid a_i\in A, b_j\in B\}$$

称为决策方案集，记作 $S=A\times B$。对于任意的 $a_i\in A, b_j\in B$，称 (a_i,b_j) 为一个决策方案，记作 $s_{ij}=(a_i,b_j)$。

例 14.1.1　重大装备发展决策。

重大装备工艺复杂、技术含量高，是国家制造业综合能力和水平的重要标志，同时也体现了国家基础科学和基础工业的整体水平。重大装备发展对于保障国家安全和推动经济社会高质量发展具有重大意义。我国虽然是制造业大国，但工业技术水平与西方发达国家相比还有很大差距。尤其是重大装备研制方面，还存在严重的瓶颈制约。

我国在重大装备发展决策过程中，必须充分考虑国际环境的影响。

将国际环境的不同情况设为事件集 A

$$A=\{a_1,a_2,a_3,\cdots\}$$

其中，a_1 表示正常；a_2 表示宽松；a_3 表示紧张……

将不同的发展策略设为对策集 B

$$B=\{b_1,b_2,b_3,b_4,b_5,\cdots\}$$

其中，b_1 表示外购；b_2 表示租赁；b_3 表示联合研制；b_4 表示外方投资建厂；b_5 表示自主研制……

由此可得决策方案集

$$S=A\times B=\{s_{11},\cdots,s_{15},\cdots,s_{21},\cdots,s_{25},\cdots,s_{31},\cdots,s_{35},\cdots\}$$

实际上，国际环境可能非常复杂，事件也远非正常、宽松或紧张这些简单情形。例如，设

a_1：美国全面围堵、欧洲较为缓和；

a_2：国际形势紧张，西方发达国家全面封锁；

……

对策集通常也是按不同类型的装备采取不同的对策。例如，设

b_1：以我为主，充分利用外部资源联合研制；

b_2：关键部件自主研制，严控外协组部件比例；

……

则决策方案

$$s_{11}=(a_1,b_1)$$

表示在美国全面围堵、欧洲较为缓和的情况下采取以我为主，充分利用外部资源联合研制的对策。

又如，在教学计划安排中，可把某学校某学期开设的全部课程和学生能够选择的在线开放课程作为事件集，把该学校的专职、兼职教师和云端资源，以及课堂教学、远程、电化教学、实验、实习等手段作为对策集。当然，根据情况也可以是一位教师同时开设几门课程，也可以是几位教师共同开设一门课程，课程教学可以是 100%讲授，也可以是 60%讲授、20%实验、10%实习、10%看教学录像等。

给定决策方案 $s_{ij}\in S$，在预定目标下对决策方案的效果进行评估，根据评估结果进行取舍，这就是决策。以下各节中，我们将讨论几种不同的灰色决策方法。

14.2 灰靶决策

定义 14.2.1 设$S=\left\{s_{ij}=\left(a_i,b_j\right)|\,a_i\in A,b_j\in B\right\}$为决策方案集，$u_{ij}^{(k)}$为决策方案$s_{ij}$在$k$目标下的效果值，**R**为实数集，则称

$$u_{ij}^{(k)}:\ S\mapsto \mathbf{R},$$
$$s_{ij}\mapsto u_{ij}^{(k)}$$

为S在k目标下的效果映射。

定义 14.2.2 （1）若$u_{ij}^{(k)}=u_{ih}^{(k)}$，则称对策$b_j$与$b_h$关于事件$a_i$在$k$目标下等价，记作$b_j\cong b_h$，称集合

$$B_{ih}^{(k)}=\left\{b\,|\,b\in B,b\cong b_h\right\}$$

为k目标下关于事件a_i对策b_h的效果等价类。

（2）设k目标是效果值越大越好的目标，$u_{ij}^{(k)}>u_{ih}^{(k)}$，则称$k$目标下关于事件$a_i$对策$b_j$优于$b_h$，记作$b_j\succ b_h$，称集合

$$B_h^{(k)}=\left\{b\,|\,b\in B,b\succ b_h\right\}$$

为k目标下关于事件a_i对策b_h的优势类。

类似地，可以定义目标效果值越接近某一适中值越好，或越小越好情况下的对策优势类。

定义 14.2.3 （1）若$u_{ih}^{(k)}=u_{jh}^{(k)}$，则称事件$a_i$与$a_j$关于对策$b_h$在$k$目标下等价，记作$a_i\cong a_j$，称集合

$$A_{jh}^{(k)}=\left\{a\,|\,a\in A,a\cong a_j\right\}$$

为k目标下关于对策b_h的事件a_j的效果等价类。

（2）设k目标是效果值越大越好的目标，$u_{ih}^{(k)}>u_{jh}^{(k)}$，则称$k$目标下关于对策$b_h$事件$a_i$优于事件$a_j$，记作$a_i\succ a_j$，称集合

$$A_j^{(k)}=\left\{a\,|\,a\in A,a\succ a_j\right\}$$

为k目标下关于对策b_h的事件a_j的优势类。

类似地，可以定义目标效果值越接近某一适中值越好，或越小越好情况下的事件优势类。

定义 14.2.4 （1）若$u_{ij}^{(k)}=u_{hl}^{(k)}$，则称决策方案$s_{ij}$在$k$目标下等价于决策方案$s_{hl}$，记作$s_{ij}\cong s_{hl}$，称集合

$$S_{hl}{}^{(k)}=\left\{s\,|\,s\in S,s\cong s_{hl}\right\}$$

为k目标下决策方案s_{hl}的效果等价类。

（2）设k目标是效果值越大越好的目标，若$u_{ij}^{(k)}>u_{hl}^{(k)}$，则称决策方案$s_{ij}$在$k$目标下优于决策方案$s_{hl}$，记作$s_{ij}\succ s_{hl}$，称集合

$$S^{(k)}=\{s\mid s\in S,s\succ s_{hl}\}$$

为 k 目标下决策方案 s_{hl} 的效果优势类。

类似地，可以定义效果值越小越好或越接近某一适中值越好情况下的决策方案效果优势类。

命题 14.2.1　设

$$S=\{s_{ij}=(a_i,b_j)\mid a_i\in A,b_j\in B\}\neq\varnothing$$

$$U^{(k)}=\{u_{ij}^{(k)}\mid a_i\in A,b_j\in B\}$$

为 k 目标下效果值构成的集合，$\{S_{hl}{}^{(k)}\}$ 为 k 目标下的决策方案 s_{hl} 的效果等价类所构成的集合，则映射

$$u^{(k)}:\{S_{hl}{}^{(k)}\}\to U^{(k)}$$

$$S_{hl}{}^{(k)}\mapsto u_{hl}^{(k)}$$

是 1-1 到上的。

定义 14.2.5　设 $d_1^{(k)},d_2^{(k)}$ 为决策方案 s_{ij} 在 k 目标下效果值的上、下临界值，则称 $S^1=\{r\mid d_1^{(k)}\leqslant r\leqslant d_2^{(k)}\}$ 为 k 目标下的一维决策灰靶，并称 $u_{ij}^{(k)}\in[d_1^{(k)},d_2^{(k)}]$ 为 k 目标下的满意效果，称相应的决策方案 s_{ij} 为 k 目标下的可取方案，b_j 为 k 目标下的关于事件 a_i 的可取对策（邓聚龙，1985b）。

命题 14.2.2　设 $u_{ij}^{(k)}$ 为决策方案 s_{ij} 在 k 目标下的效果值，$u_{ij}^{(k)}\in S^1$，即 s_{ij} 为 k 目标下的可取方案，则对决策方案 s_{ij} 的效果优势类中任意元素 s，s 亦为可取方案，即当 s_{ij} 可取时，其效果优势类中的决策方案皆为可取方案。

以上是单目标的情况，类似地，可以讨论多目标情形下的决策灰靶。

定义 14.2.6　设 $d_1^{(1)},d_2^{(1)}$ 为决策方案 s_{ij} 在目标 1 下效果值的临界值，$d_1^{(2)},d_2^{(2)}$ 为决策方案 s_{ij} 在目标 2 下效果值的临界值，则称

$$S^2=\{(r^{(1)},r^{(2)})\mid d_1^{(1)}\leqslant r^{(1)}\leqslant d_2^{(1)},d_1^{(2)}\leqslant r^{(2)}\leqslant d_2^{(2)}\}$$

为二维决策灰靶。若决策方案 s_{ij} 的效果向量 $\boldsymbol{u}_{ij}=(u_{ij}^{(1)},u_{ij}^{(2)})\in S^2$，则称决策方案 s_{ij} 为目标 1 和目标 2 下的可取方案，b_j 为事件 a_i 在目标 1，2 下的可取对策（邓聚龙，1985b）。

定义 14.2.7　设 $d_1^{(1)},d_2^{(1)}$；$d_1^{(2)},d_2^{(2)},\cdots,d_1^{(s)},d_2^{(s)}$ 分别为决策方案 s_{ij} 在目标 $1,2,\cdots,s$ 下效果值的临界值，则称 s 维超平面区域

$$S^s=\{(r^{(1)},r^{(2)},\cdots,r^{(s)})\mid d_1^{(1)}\leqslant r^{(1)}\leqslant d_2^{(1)},d_1^{(2)}\leqslant r^{(2)}\leqslant d_2^{(2)},\cdots,d_1^{(s)}\leqslant r^{(s)}\leqslant d_2^{(s)}\}$$

为 s 维决策灰靶。若决策方案 s_{ij} 的效果向量

$$\boldsymbol{u}_{ij}=(u_{ij}^{(1)},u_{ij}^{(2)},\cdots,u_{ij}^{(s)})\in S^s$$

其中，$u_{ij}^{(k)}\ (k=1,2,\cdots,s)$ 为决策方案 s_{ij} 在 k 目标下的效果值，则称 s_{ij} 为目标 $1,2,\cdots,s$ 下的可取方案，b_j 为事件 a_i 在目标 $1,2,\cdots,s$ 下的可取对策（邓聚龙，1985b）。

决策灰靶实质上是相对优化意义下满意效果所在的区域。在许多场合下，要取得绝对的最优是不可能的，因而人们常常退而求其次，要求有个满意的结果就行了。当然，根据需要，可将决策灰靶逐步收缩，最后蜕化为一个点，即最优效果，与之对应的决策方案就是最优方案，相应的对策即最优对策。

定义 14.2.8 设 $\boldsymbol{r}_0=\left(r_0^{(1)},r_0^{(2)},\cdots,r_0^{(s)}\right)$ 为最优效果向量，则称

$$R^s=\left\{\left(r^{(1)},r^{(2)},\cdots,r^{(s)}\right)\mid\left(r^{(1)}-r_0^{(1)}\right)^2+\left(r^{(2)}-r_0^{(2)}\right)^2+\cdots+\left(r^{(s)}-r_0^{(s)}\right)^2\leqslant R^2\right\}$$

为以 $\boldsymbol{r}_0=\left(r_0^{(1)},r_0^{(2)},\cdots,r_0^{(s)}\right)$ 为靶心，以 R 为半径的 s 维球形灰靶（邓聚龙，1985b）。

定义 14.2.9 设 $\boldsymbol{r}_0=\left(r_0^{(1)},r_0^{(2)},\cdots,r_0^{(s)}\right)$ 为靶心，对于 $\boldsymbol{r}_1=\left(r_1^{(1)},r_1^{(2)},\cdots,r_1^{(s)}\right)\in R^s$，称

$$|\boldsymbol{r}_1-\boldsymbol{r}_0|=\left[\left(r_1^{(1)}-r_0^{(1)}\right)^2+\left(r_1^{(2)}-r_0^{(2)}\right)^2+\cdots+\left(r_1^{(s)}-r_0^{(s)}\right)^2\right]^{\frac{1}{2}}$$

为向 $\boldsymbol{r}_1$ 的靶心距。靶心距的数值反映了决策方案效果向量的优劣（邓聚龙，1985a）。

定义 14.2.10 设 s_{ij},s_{hl} 为不同的决策方案，$\boldsymbol{u}_{ij}=\left(u_{ij}^{(1)},u_{ij}^{(2)},\cdots,u_{ij}^{(s)}\right)$，$\boldsymbol{u}_{hl}=\left(u_{hl}^{(1)},u_{hl}^{(2)},\cdots,u_{hl}^{(s)}\right)$ 分别为 s_{ij} 与 s_{hl} 的效果向量。若

$$|\boldsymbol{u}_{ij}-\boldsymbol{r}_0|\geqslant|\boldsymbol{u}_{hl}-\boldsymbol{r}_0|$$

则称决策方案 s_{hl} 优于 s_{ij}。记作 $s_{hl}\succ s_{ij}$，当式中等号成立时，称 s_{ij} 与 s_{hl} 等价，记作 $s_{hl}\cong s_{ij}$。

定义 14.2.11 若对 i=1,2,⋯,n 与 j=1,2,⋯,m，恒有 $u_{ij}\neq r_0$，则称最优决策方案不存在。

在最优决策方案不存在时，既无最优事件，又无最优对策。

定义 14.2.12 若最优决策方案不存在，但存在 h，l，使任意 i=1,2,⋯,n 与 j=1,2,⋯,m，都有

$$|u_{hl}-r_0|\leqslant|u_{ij}-r_0|$$

即对任意的 $s_{ij}\in S$，有 $s_{hl}\succ s_{ij}$，则称 s_{hl} 为次优决策方案，并称 a_h 为次优事件，b_l 为次优对策。

为讨论方便起见，我们将靶心取为原点，这只需对决策效果向量进行适当变换即可，此时靶心距转化为决策效果向量的 2-范数。

定理 14.2.1 设 $S=\left\{s_{ij}=\left(a_i,b_j\right)\mid a_i\in A,b_j\in B\right\}$ 为决策方案集，

$$R^s=\left\{\left(r^{(1)},r^{(2)},\cdots,r^{(s)}\right)\mid\left(r^{(1)}-r_0^{(1)}\right)^2+\left(r^{(2)}-r_0^{(2)}\right)^2+\cdots+\left(r^{(s)}-r_0^{(s)}\right)^2\leqslant R^2\right\}$$

为球形灰靶，则 S 在“优于”关系下构成有序集。

定理 14.2.2 决策方案集 $(S,\succ)$ 中必有次优决策方案。

例 14.2.1 设某一旧建筑物改造为事件 a_1，改建、新建、维修分别为对策 b_1,b_2,b_3，试按费用、功能、建设速度三个目标进行灰靶决策。

解 记费用为目标 1，功能为目标 2，建设速度为目标 3。则三种决策方案分别为

$$s_{11}=(a_1,b_1)=\text{（改造，改建）}$$

$$s_{12}=(a_1,b_2)=\text{（改造，新建）}$$

$$s_{13}=(a_1,b_3)=\text{（改造，维修）}$$

各种决策方案在不同目标下的效果显然是不同的，而衡量效果优劣的标准也各异，如费用应以少为好，功能应以高为佳，而速度则又应以快为好。把决策方案的效果简单划分为优、良、一般三级，分别对应 1，2，3 三个不同的效果值。经专家评议得到，改建方案的费用、功能和建设速度均为良；新建方案的功能为优，但费用和建设速度均一般；维修方案的费用和建设速度皆为优，但功能一般，即三种决策方案的效果向量分别为

$$\boldsymbol{u}_{11}=\left(u_{11}^{(1)},u_{11}^{(2)},u_{11}^{(3)}\right)=(2,2,2)$$

$$\boldsymbol{u}_{12}=(u_{12}^{(1)},u_{12}^{(2)},u_{12}^{(3)})=(3,1,3)$$

$$\boldsymbol{u}_{13}=(u_{13}^{(1)},u_{13}^{(2)},u_{13}^{(3)})=(1,3,1)$$

取球心为 $\boldsymbol{r}_0=(1,1,1)$，计算靶心距：

$$\begin{aligned}|\boldsymbol{u}_{11}-\boldsymbol{r}_0|&=\left[\left(u_{11}^{(1)}-r_0^{(1)}\right)^2+\left(u_{11}^{(2)}-r_0^{(2)}\right)^2+\left(u_{11}^{(3)}-r_0^{(3)}\right)^2\right]^{\frac{1}{2}}\\&=\left[(2-1)^2+(2-1)^2+(2-1)^2\right]^{\frac{1}{2}}\\&=1.73\end{aligned}$$

$$\begin{aligned}|\boldsymbol{u}_{12}-\boldsymbol{r}_0|&=\left[\left(u_{12}^{(1)}-r_0^{(1)}\right)^2+\left(u_{12}^{(2)}-r_0^{(2)}\right)^2+\left(u_{12}^{(3)}-r_0^{(3)}\right)^2\right]^{\frac{1}{2}}\\&=\left[(3-1)^2+(1-1)^2+(3-1)^2\right]^{\frac{1}{2}}\\&=2.83\end{aligned}$$

$$\begin{aligned}|\boldsymbol{u}_{13}-\boldsymbol{r}_0|&=\left[\left(u_{13}^{(1)}-r_0^{(1)}\right)^2+\left(u_{13}^{(2)}-r_0^{(2)}\right)^2+\left(u_{13}^{(3)}-r_0^{(3)}\right)^2\right]^{\frac{1}{2}}\\&=\left[(1-1)^2+(3-1)^2+(1-1)^2\right]^{\frac{1}{2}}\\&=2\end{aligned}$$

其中 $|\boldsymbol{u}_{11}-\boldsymbol{r}_0|$ 为最小，决策方案 s_{11} 的效果向量 $\boldsymbol{u}_{11}=(2,2,2)$ 进入了灰靶。因此，可以认为改建方案是一种满意方案。

如果我们令各个目标的效果评价优、良、一般分别与 0，1，2 对应，则可得到靶心在圆点的球形灰靶。

在例 14.2.1 中，虽然确实不存在最优决策方案，但我们却找到了可取的次优方案。这就是灰靶决策的智能含义或灵活性。例如，制造商派一个代表团与供应商洽谈业务，可以交代说“价格 300 万美元左右，质量及供货期符合要求，就可以成交”。也可以明确交代说“价格 280 万美元，优质品，严格遵守交货期，方可成交”。前一

种说法就是给了一个灰靶，代表团有一定的自主权，谈判较容易取得成功，而后一种说法仅仅给了一个靶心，谈判代表没有任何回旋余地，很难成交。如果例 14.2.1 中的旧建筑物改造非要有费用、功能和建设速度皆为优的方案不行，那就可能永远找不到满意的解决方案。

如果将例 14.2.1 中的事件 a_1 调整为对改造后的建筑物功能或完工时间有特定要求，或是费用有具体限额的事件，则决策方案效果向量将随之变化。相应地，可取方案，次优方案亦可能相应变化。

14.3 灰关联决策

决策方案的效果向量之靶心距是衡量方案优劣的一个标准，而决策方案的效果向量与最优效果向量的关联度可以作为评价方案优劣的另一个准则。

定义 14.3.1 设 $S=\{s_{ij}=(a_i,b_j)\mid a_i\in A,b_j\in B\}$ 为决策方案集，$\boldsymbol{u}_{i_0j_0}=\left\{u_{i_0j_0}^{(1)},u_{i_0j_0}^{(2)},\cdots,u_{i_0j_0}^{(s)}\right\}$ 为最优效果向量，若 $\boldsymbol{u}_{i_0j_0}$ 所对应的决策方案 $\boldsymbol{s}_{i_0j_0}\notin S$，则称 $\boldsymbol{u}_{i_0j_0}$ 为理想最优效果向量，相应的 $s_{i_0j_0}$ 称为理想最优决策方案。

命题 14.3.1 设为 $S=\left\{s_{ij}=(a_i,b_j)\middle|a_i\in A,b_j\in B\right\}$ 决策方案集，决策方案 s_{ij} 对应的效果向量为

$$\boldsymbol{u}_{ij}=\left(u_{ij}^{(1)},u_{ij}^{(2)},\cdots,u_{ij}^{(s)}\right),i=1,2,\cdots,n;j=1,2,\cdots,m$$

（1）当目标 k 为效果值越大越好的目标时，取 $u_{i_0j_0}^{(k)}=\max\limits_{1\leqslant i\leqslant n,1\leqslant j\leqslant m}\left\{u_{ij}^{(k)}\right\}$；

（2）当目标 k 为效果值越接近某一适中值 u_0 越好的目标时，取 $u_{i_0j_0}^{(k)}=u_0$；

（3）当目标 k 为效果值越小越好的目标时，取 $u_{i_0j_0}^{(k)}=\min\limits_{1\leqslant i\leqslant n,1\leqslant j\leqslant m}\left\{u_{ij}^{(k)}\right\}$，

则 $\boldsymbol{u}_{i_0j_0}=\left(u_{i_0j_0}^{(1)},u_{i_0j_0}^{(2)},\cdots,u_{i_0j_0}^{(s)}\right)$ 为理想最优效果向量。

命题 14.3.2 设 $S=\left\{s_{ij}=(a_i,b_j)\middle|a_i\in A,b_j\in B\right\}$ 为决策方案集，决策方案 s_{ij} 对应的效果向量

$$\boldsymbol{u}_{ij}=\left(u_{ij}^{(1)},u_{ij}^{(2)},\cdots,u_{ij}^{(s)}\right),i=1,2,\cdots,n;j=1,2,\cdots,m$$

$$\boldsymbol{u}_{i_0j_0}=\left(u_{i_0j_0}^{(1)},u_{i_0j_0}^{(2)},\cdots,u_{i_0j_0}^{(s)}\right)$$

为理想最优效果向量，$\varepsilon_{ij}\,(i=1,2,\cdots,n;j=1,2,\cdots,m)$ 为 $\boldsymbol{u}_{ij}$ 与 $\boldsymbol{u}_{i_0j_0}$ 的灰色绝对关联度，若 $\varepsilon_{i_1j_1}$ 满足对任意 $i\in\{1,2,\cdots,n\}$ 且 $i\neq i_1$ 和任意 $j\in\{1,2,\cdots,m\}$ 且 $j\neq j_1$，恒有 $\varepsilon_{i_1j_1}\geqslant\varepsilon_{ij}$，则 $\boldsymbol{u}_{i_1j_1}$ 为次优效果向量，对应的 $s_{i_1j_1}$ 为次优决策方案。

灰色关联决策可按下列步骤进行。

第一步：确定事件集 $A=\{a_1,a_2,\cdots,a_n\}$ 和对策集 $B=\{b_1,b_2,\cdots,b_m\}$，构造决策方案集 $S=\left\{s_{ij}=(a_i,b_j)\middle|a_i\in A,b_j\in B\right\}$；

第二步：确定决策目标$1,2,\cdots,s$；

第三步：求不同决策方案$s_{ij}\left(i=1,2,\cdots,n;j=1,2,\cdots,m\right)$在$k$目标下的效果值$u_{ij}^{(k)}$，

$$u^{(k)}=\left(u_{11}^{(k)},u_{12}^{(k)},\cdots,u_{1m}^{(k)};u_{21}^{(k)},u_{22}^{(k)},\cdots,u_{2m}^{(k)};\cdots;u_{n1}^{(k)},u_{n2}^{(k)},\cdots,u_{nm}^{(k)}\right),k=1,2,\cdots,s;$$

第四步：求k目标下决策方案效果序列$u^{(k)}$的初值像（或均值像），仍记为

$$u^{(k)}=\left(u_{11}^{(k)},u_{12}^{(k)},\cdots,u_{1m}^{(k)};u_{21}^{(k)},u_{22}^{(k)},\cdots,u_{2m}^{(k)};\cdots;u_{n1}^{(k)},u_{n2}^{(k)},\cdots,u_{nm}^{(k)}\right),k=1,2,\cdots,s;$$

第五步：由第四步结果可得决策方案s_{ij}的效果向量

$$\boldsymbol{u}_{ij}=\left\{u_{ij}^{(1)},u_{ij}^{(2)},\cdots,u_{ij}^{(s)}\right\},i=1,2,\cdots,n,j=1,2,\cdots,m$$

第六步：求理想最优效果向量

$$\boldsymbol{u}_{i_0j_0}=\left\{u_{i_0j_0}^{(1)},u_{i_0j_0}^{(2)},\cdots,u_{i_0j_0}^{(s)}\right\}$$

第七步：计算$\boldsymbol{u}_{ij}$与$\boldsymbol{u}_{i_0j_0}$的灰色绝对关联度ε_{ij}，$i=1,2,\cdots,n,j=1,2,\cdots,m$；

第八步：由$\max\limits_{1\leqslant i\leqslant n,1\leqslant j\leqslant m}\left\{\varepsilon_{ij}\right\}=\varepsilon_{i_1j_1}$得次优效果向量$\boldsymbol{u}_{i_1j_1}$和次优决策方案$s_{i_1j_1}$。

例 14.3.1　某城市改建主干道工程方案的灰关联决策。

第一步：记改建主干道为事件a_1，则事件集$A=\left\{a_1\right\}$；记分车道方案为对策b_1，快速轨道方案为对策b_2，混行双层方案为对策b_3，地铁方案为对策b_4，现有道路架设轨道方案为对策b_5，高架桥分层方案为对策b_6，则对策集$B=\left\{b_1,b_2,b_3,b_4,b_5,b_6\right\}$。

于是有决策方案集

$$S=\left\{s_{ij}=\left(a_i,b_j\right)\middle|a_i\in A,b_j\in B\right\}=\left\{s_{11},s_{12},s_{13},s_{14},s_{15},s_{16}\right\}$$

第二步：确定 10 个不同的目标，记交通功能（%）为目标 1，工程造价（万元）为目标 2，拆迁费（万元）为目标 3，交通量（辆/h）为目标 4，车速（km/h）为目标 5，线路标准（%）为目标 6，公害大小（定性）为目标 7，安全与否（定性）为目标 8，综合系数（无量纲）为目标 9，施工难度（定性）为目标 10。

第三步：求k目标下决策方案效果序列$u^{(k)},k=1,2,\cdots,10$。

关于交通功能目标的决策方案效果序列

$$u^{(1)}=\left(u_{11}^{(1)},u_{12}^{(1)},u_{13}^{(1)},u_{14}^{(1)},u_{15}^{(1)},u_{16}^{(1)}\right)=(88,36,62,36,36,62)$$

关于工程造价目标的决策方案效果序列

$$u^{(2)}=\left(u_{11}^{(2)},u_{12}^{(2)},u_{13}^{(2)},u_{14}^{(2)},u_{15}^{(2)},u_{16}^{(2)}\right)=(26\,550,46\,880,33\,430,46\,160,44\,760,25\,490)$$

关于拆迁费目标的决策方案效果序列

$$u^{(3)}=\left(u_{11}^{(3)},u_{12}^{(3)},u_{13}^{(3)},u_{14}^{(3)},u_{15}^{(3)},u_{16}^{(3)}\right)=(17\,700,2\,620,11\,880,495,495,11\,800)$$

关于交通量目标的决策方案效果序列

$$u^{(4)}=\left(u_{11}^{(4)},u_{12}^{(4)},u_{13}^{(4)},u_{14}^{(4)},u_{15}^{(4)},u_{16}^{(4)}\right)=(2\,200,800,2\,000,800,800,3\,500)$$

关于车速目标的决策方案效果序列

$u^{(5)}=\left(u_{11}^{(5)},u_{12}^{(5)},u_{13}^{(5)},u_{14}^{(5)},u_{15}^{(5)},u_{16}^{(5)}\right)=(25,60,30,80,60,50)$

关于线路标准目标的决策方案效果序列

$u^{(6)}=\left(u_{11}^{(6)},u_{12}^{(6)},u_{13}^{(6)},u_{14}^{(6)},u_{15}^{(6)},u_{16}^{(6)}\right)=(0.51,0.75,0.58,0.7,0.75,0.63)$

关于公害大小目标的决策方案效果序列

$u^{(7)}=\left(u_{11}^{(7)},u_{12}^{(7)},u_{13}^{(7)},u_{14}^{(7)},u_{15}^{(7)},u_{16}^{(7)}\right)=$（大，小，很大，很大，很大，大）

关于安全与否目标的决策方案效果序列

$u^{(8)}=\left(u_{11}^{(8)},u_{12}^{(8)},u_{13}^{(8)},u_{14}^{(8)},u_{15}^{(8)},u_{16}^{(8)}\right)=$（很差，好，差，很好，差，好）

关于综合系数目标的决策方案效果序列

$u^{(9)}=\left(u_{11}^{(9)},u_{12}^{(9)},u_{13}^{(9)},u_{14}^{(9)},u_{15}^{(9)},u_{16}^{(9)}\right)=(2.25,3,2.5,3.25,3,3)$

关于施工难度目标的决策方案效果序列

$u^{(10)}=\left(u_{11}^{(10)},u_{12}^{(10)},u_{13}^{(10)},u_{14}^{(10)},u_{15}^{(10)},u_{16}^{(10)}\right)=$（一般，很难，难，最难，很难，难）

将三个定性目标 7，8，10 化为定量目标，取

$$u^{(7)}=(0.5,0.33,0.67,0.67,0.67,0.5)$$

$$u^{(8)}=(0.67,0.33,0.5,0.2,0.5,0.33)$$

$$u^{(10)}=(0.2,0.6,0.4,0.85,0.6,0.4)$$

第四步：求 k 目标下决策方案效果序列的均值像，仍采用原来的记号，得

$$u^{(1)}=(1.66,0.68,1.17,0.68,0.68,1.17)$$

$$u^{(2)}=(0.71,1.26,0.90,1.24,1.20,0.69)$$

$$u^{(3)}=(2.36,0.35,1.58,0.07,0.07,1.57)$$

$$u^{(4)}=(1.31,0.48,1.09,0.48,0.48,2.08)$$

$$u^{(5)}=(0.49,1.18,0.59,1.57,1.18,0.98)$$

$$u^{(6)}=(0.78,1.15,0.89,1.08,1.15,0.97)$$

$$u^{(7)}=(0.89,0.59,1.20,1.20,1.20,0.89)$$

$$u^{(8)}=(1.60,0.79,1.19,0.48,1.19,0.79)$$

$$u^{(9)}=(0.80,1.06,0.88,1.15,1.06,1.06)$$

$$u^{(10)}=(0.39,1.18,0.79,1.67,1.18,0.79)$$

第五步：由第四步结果，可得决策方案 s_{ij} 的效果向量 $\boldsymbol{u}_{ij}\ (i=1; j=1,2,3,4,5,6)$：

$$\begin{aligned}\boldsymbol{u}_{11}&=\left(u_{11}^{(1)},u_{11}^{(2)},u_{11}^{(3)},u_{11}^{(4)},u_{11}^{(5)},u_{11}^{(6)},u_{11}^{(7)},u_{11}^{(8)},u_{11}^{(9)},u_{11}^{(10)}\right)\\&=(1.66,0.71,2.36,1.31,0.49,0.78,0.89,1.60,0.80,0.39)\end{aligned}$$

$$\boldsymbol{u}_{12}=\left(u_{12}^{(1)},u_{12}^{(2)},u_{12}^{(3)},u_{12}^{(4)},u_{12}^{(5)},u_{12}^{(6)},u_{12}^{(7)},u_{12}^{(8)},u_{12}^{(9)},u_{12}^{(10)}\right)$$
$$=(0.68,1.26,0.35,0.48,1.18,1.15,0.59,0.79,1.06,1.18)$$
$$\boldsymbol{u}_{13}=\left(u_{13}^{(1)},u_{13}^{(2)},u_{13}^{(3)},u_{13}^{(4)},u_{13}^{(5)},u_{13}^{(6)},u_{13}^{(7)},u_{13}^{(8)},u_{13}^{(9)},u_{13}^{(10)}\right)$$
$$=(1.17,0.90,1.58,1.19,0.59,0.89,1.20,1.19,0.88,0.79)$$
$$\boldsymbol{u}_{14}=\left(u_{14}^{(1)},u_{14}^{(2)},u_{14}^{(3)},u_{14}^{(4)},u_{14}^{(5)},u_{14}^{(6)},u_{14}^{(7)},u_{14}^{(8)},u_{14}^{(9)},u_{14}^{(10)}\right)$$
$$=(0.68,1.24,0.07,0.48,1.57,1.08,1.20,0.48,1.15,1.67)$$
$$\boldsymbol{u}_{15}=\left(u_{15}^{(1)},u_{15}^{(2)},u_{15}^{(3)},u_{15}^{(4)},u_{15}^{(5)},u_{15}^{(6)},u_{15}^{(7)},u_{15}^{(8)},u_{15}^{(9)},u_{15}^{(10)}\right)$$
$$=(0.68,1.20,0.7,0.48,1.18,1.15,1.20,1.19,1.06,1.18)$$
$$\boldsymbol{u}_{16}=\left(u_{16}^{(1)},u_{16}^{(2)},u_{16}^{(3)},u_{16}^{(4)},u_{16}^{(5)},u_{16}^{(6)},u_{16}^{(7)},u_{16}^{(8)},u_{16}^{(9)},u_{16}^{(10)}\right)$$
$$=(1.17,0.69,1.57,2.08,0.98,0.97,0.89,0.79,1.06,0.79)$$

第六步：求理想最优效果向量，因为

交通功能目标越强越好，所以

$$u_{i_0j_0}^{(1)}=\max_{i=1,1\leqslant j\leqslant 6}\left\{u_{ij}^{(1)}\right\}=u_{11}^{(1)}=1.66$$

工程造价目标越低越好，所以

$$u_{i_0j_0}^{(2)}=\min_{i=1,1\leqslant j\leqslant 6}\left\{u_{ij}^{(2)}\right\}=u_{16}^{(2)}=0.69$$

拆迁费目标越少越好，所以

$$u_{i_0j_0}^{(3)}=\min_{i=1,1\leqslant j\leqslant 6}\left\{u_{ij}^{(3)}\right\}=u_{14}^{(3)}=u_{15}^{(3)}=0.07$$

交通量目标越大越好，所以

$$u_{i_0j_0}^{(4)}=\max_{i=1,1\leqslant j\leqslant 6}\left\{u_{ij}^{(4)}\right\}=u_{16}^{(4)}=2.08$$

车速目标越高越好，所以

$$u_{i_0j_0}^{(5)}=\max_{i=1,1\leqslant j\leqslant 6}\left\{u_{ij}^{(5)}\right\}=u_{14}^{(5)}=1.57$$

线路标准目标越高越好，所以

$$u_{i_0j_0}^{(6)}=\max_{i=1,1\leqslant j\leqslant 6}\left\{u_{ij}^{(6)}\right\}=u_{12}^{(6)}=u_{15}^{(6)}=1.15$$

公害目标越小越好，所以

$$u_{i_0j_0}^{(7)}=\min_{i=1,1\leqslant j\leqslant 6}\left\{u_{ij}^{(7)}\right\}=u_{12}^{(7)}=0.59$$

安全目标越高越好，所以

$$u_{i_0j_0}^{(8)}=\min_{i=1,1\leqslant j\leqslant 6}\left\{u_{ij}^{(8)}\right\}=u_{14}^{(8)}=0.48$$

综合系数目标越大越好，所以

$$u_{i_0j_0}^{(9)}=\max_{i=1,1\leqslant j\leqslant 6}\left\{u_{ij}^{(9)}\right\}=u_{14}^{(9)}=1.15$$

施工越容易越好，所以

$$u_{i_0j_0}^{(10)}=\min_{i=1,1\leqslant j\leqslant 6}\left\{u_{ij}^{(10)}\right\}=u_{11}^{(10)}=0.39$$

从而有理想最优效果向量

$$\boldsymbol{u}_{i_0j_0}=\left\{u_{i_0j_0}^{(1)},u_{i_0j_0}^{(2)},u_{i_0j_0}^{(3)},u_{i_0j_0}^{(4)},u_{i_0j_0}^{(5)},u_{i_0j_0}^{(6)},u_{i_0j_0}^{(7)},u_{i_0j_0}^{(8)},u_{i_0j_0}^{(9)},u_{i_0j_0}^{(10)}\right\}$$
$$=(1.66,0.69,0.07,2.08,1.57,1.15,0.59,0.48,1.15,0.39)$$

第七步：计算 $\boldsymbol{u}_{ij}$ 与 $\boldsymbol{u}_{i_0j_0}$ 的灰色绝对关联度 $\varepsilon_{ij}\,(i=1;j=1,2,3,4,5,6)$

$$\varepsilon_{11}=0.91,\quad \varepsilon_{12}=0.53,\quad \varepsilon_{13}=0.62,\quad \varepsilon_{14}=0.53,\quad \varepsilon_{15}=0.53,\quad \varepsilon_{16}=0.58$$

第八步：由 $\max\limits_{i=1,1\leqslant j\leqslant 6}\{\varepsilon_{ij}\}=\varepsilon_{ij}=0.91$ 可知，$\boldsymbol{u}_{11}$ 为次优效果向量，s_{11} 为次优决策方案。即对于改建干道工程，分车道方案为可取的次优对策。

在例 14.3.1 中，我们对 10 个不同的目标是一视同仁的。而许多实际问题往往对决策目标的重视程度不完全一样，也就是决策者认为其中的某些目标较为重要，另一些目标的重要程度相对弱一些。这就需要在决策过程中适当考虑决策者个人的主观意愿，使定量研究的结果与定性分析的意见形成互补，减少决策失误。14.6 节的多目标加权智能灰靶决策模型将重点讨论决策目标权重不同的情形。

14.4 灰色发展决策

灰色发展决策根据决策方案的发展趋势或未来行为对决策方案进行选择，它并不特别看重某一决策方案目前的效果，而注重随着时间推移决策方案效果的变化情况。灰色发展决策可用于长期发展规划以及重大工程项目的决策和城市建设规划的决策。用发展的眼光看问题，合理布局，可避免许多城市建筑群今天建、明天拆、反复拆迁所造成的人力、物力上的巨大浪费。

定义 14.4.1 设 $A=\{a_1,a_2,\cdots,a_n\}$ 为事件集，$B=\{b_1,b_2,\cdots,b_m\}$ 为对策集，

$$S=\left\{s_{ij}=(a_i,b_j)\,\middle|\,a_i\in A,b_j\in B\right\}$$

为决策方案集，则称

$$u_{ij}^{(k)}=\left(u_{ij}^{(k)}(1),u_{ij}^{(k)}(2),\cdots,u_{ij}^{(k)}(h)\right)$$

为决策方案 s_{ij} 在 k 目标下的效果时间序列。

在此之前，我们讨论的都是关于某一固定时刻的静止的决策方案，而在定义 14.4.1 中，则是随着时间的推移，决策方案效果不断变化的情形。

命题 14.4.1 设决策方案 s_{ij} 在 k 目标下的效果时间序列为

$$u_{ij}^{(k)}=\left(u_{ij}^{(k)}(1),u_{ij}^{(k)}(2),\cdots,u_{ij}^{(k)}(h)\right)$$

$\hat{\boldsymbol{a}}_{ij}^{(k)}=\left[a_{ij}^{(k)},b_{ij}^{(k)}\right]^{\mathrm{T}}$ 为 $u_{ij}^{(k)}$ 的 GM（1，1）模型参数的最小二乘估计，则 $u_{ij}^{(k)}$ 的 GM（1，1）时间响应累减还原式为

$$\hat{u}_{ij}^{(k)}(l+1)=\left[1-\exp\left(a_{ij}^{(k)}\right)\right]\cdot\left(u_{ij}^{(k)}(1)-\frac{b_{ij}^{(k)}}{a_{ij}^{(k)}}\right)\exp\left(-a_{ij}^{(k)}\cdot l\right)$$

定义 14.4.2 设 k 目标下对应于决策方案 s_{ij} 的效果时间序列 $u_{ij}^{(k)}$ 的 GM（1，1）时间响应累减还原式为

$$\hat{u}_{ij}^{(k)}(l+1)=\left[1-\exp\left(a_{ij}^{(k)}\right)\right]\cdot\left(u_{ij}^{(k)}(1)-\frac{b_{ij}^{(k)}}{a_{ij}^{(k)}}\right)\exp\left(-a_{ij}^{(k)}\cdot l\right)$$

当 k 目标为效果值越大越好的目标时，若

（1）$\max\limits_{1\leqslant i\leqslant n,1\leqslant j\leqslant m}\left\{-a_{ij}^{(k)}\right\}=-a_{i_0j_0}^{(k)}$，则称 $s_{i_0j_0}$ 为 k 目标下的发展系数最优决策方案；

（2）$\max\limits_{1\leqslant i\leqslant n,1\leqslant j\leqslant m}\left\{\hat{u}_{ij}^{(k)}(h+l)\right\}=\hat{u}_{i_0j_0}^{(k)}(h+l)$，则称 $s_{i_0j_0}$ 为 k 目标下的预测最优决策方案。

类似地，可以定义效果值越小越好或适中为好的目标的发展系数最优决策方案和预测最优决策方案。对于效果值越小越好的目标，只需将定义 14.4.2 的（1）和（2）中的“max”换成“min”；当 k 目标为效果值适中为好的目标时，可先确定发展系数或预测值的适中值，然后按发展系数或预测值与相应适中值的接近程度来定义最优决策方案。

例 14.4.1 某工业企业技术改造方案的灰色发展决策。

设技术改造为事件 a_1，则事件集 $A=\{a_1\}$；逐年局部改造为对策 b_1，分阶段改造为对策 b_2，一次性改造为对策 b_3，则对策集 $B=\{b_1,b_2,b_3\}$，于是有决策方案集

$$S=\left\{s_{ij}=\left(a_i,b_j\right)\middle|a_i\in A,b_j\in B\right\}=\{s_{11},s_{12},s_{13}\}$$

目标 1 为企业效益，其效果值为利税总额，单位为亿元。在目标 1 下，对应于决策方案 s_{ij} 的效果时间序列为

$$u_{11}^{(1)}=\left(u_{11}^{(1)}(1),u_{11}^{(1)}(2),u_{11}^{(1)}(3),u_{11}^{(1)}(4)\right)=(32,43.5,58.1,70.2)$$

$$u_{12}^{(1)}=\left(u_{12}^{(1)}(1),u_{12}^{(1)}(2),u_{12}^{(1)}(3),u_{12}^{(1)}(4)\right)=(23.2,39,69.4,82.6)$$

$$u_{13}^{(1)}=\left(u_{13}^{(1)}(1),u_{13}^{(1)}(2),u_{13}^{(1)}(3),u_{13}^{(1)}(4)\right)=(12,13.5,81,102.1)$$

$u_{ij}^{(1)}$ 的 GM（1，1）模型参数序列 $\hat{\boldsymbol{a}}_{ij}^{(1)}=\left[a_{ij}^{(1)},b_{ij}^{(1)}\right]^{\mathrm{T}}(i=1;j=1,2,3)$ 的最小二乘估计分别为

$$\hat{\boldsymbol{a}}_{11}^{(1)}=\left[a_{11}^{(1)},b_{11}^{(1)}\right]^{\mathrm{T}}=[-0.23,32.15]^{\mathrm{T}}$$

$$\hat{\boldsymbol{a}}_{12}^{(1)}=\left[a_{12}^{(1)},b_{12}^{(1)}\right]^{\mathrm{T}}=[-0.32,29.87]^{\mathrm{T}}$$

$$\hat{\boldsymbol{a}}_{13}^{(1)}=\left[a_{13}^{(1)},b_{13}^{(1)}\right]^{\mathrm{T}}=[-0.58,18.45]^{\mathrm{T}}$$

目标 1 是效果值越大越好的目标，因为 $\max\limits_{1\leqslant j\leqslant 3}\left\{-a_{1j}^{(1)}\right\}=0.58=-a_{13}^{(1)}$，所以 s_{13} 为目标 1 下的发展系数最优决策方案。

若要进一步考虑预测值，由

$$\hat{u}_{11}^{(k)}(4+l)=\left[1-\exp\left(a_{11}^{(1)}\right)\right]\cdot\left[u_{11}^{(1)}(1)-\frac{b_{11}^{(1)}}{a_{11}^{(1)}}\right]\exp\left[-a_{11}^{(1)}(4+l-1)\right]=35.296\mathrm{e}^{0.23(4+l-1)}$$

$$\hat{u}_{12}^{(k)}(4+l)=\left[1-\exp\left(a_{12}^{(1)}\right)\right]\cdot\left[u_{12}^{(1)}(1)-\frac{b_{12}^{(1)}}{a_{12}^{(1)}}\right]\exp\left[-a_{12}^{(1)}(4+l-1)\right]=31.916\mathrm{e}^{0.32(4+l-1)}$$

$$\hat{u}_{13}^{(k)}(4+l)=\left[1-\exp\left(a_{13}^{(1)}\right)\right]\cdot\left[u_{13}^{(1)}(1)-\frac{b_{13}^{(1)}}{a_{13}^{(1)}}\right]\exp\left[-a_{13}^{(1)}(4+l-1)\right]=19.281\mathrm{e}^{0.58(4+l-1)}$$

取 $l=1$，得 $\hat{u}_{11}^{(k)}(5)=88.57$，$\hat{u}_{12}^{(k)}(5)=114.79$，$\hat{u}_{13}^{(k)}(5)=196.20$，于是

$$\max_{1\leqslant j\leqslant 3}\left\{\hat{u}_{1j}^{(1)}(5)\right\}=196.20=\hat{u}_{13}^{(1)}(5)$$

所以 s_{13} 为目标 1 下的预测最优方案。从长远的、发展的观点出发，该企业应进行一次性改造。

在例 14.4.1 中，我们得到的发展系数最优决策方案与预测最优决策方案是一致的。有时，也可能出现发展系数最优决策方案与预测最优决策方案不一致的情形。但下述的定理 14.4.1 告诉我们，发展系数最优决策方案与预测最优决策方案最终必趋于一致。

定理 14.4.1 设 k 目标为效果值越大越好的目标，$s_{i_0j_0}$ 为 k 目标下的发展系数最优决策方案，即

$$-a_{i_0j_0}^{(k)}=\max_{1\leqslant i\leqslant n,1\leqslant j\leqslant m}\left\{-a_{ij}^{(k)}\right\}$$

$\hat{u}_{i_0j_0}^{(k)}(h+l+1)$ 为 $s_{i_0j_0}$ 所对应的效果预测值，则必存在 $l_0>0$ 使

$$\hat{u}_{i_0j_0}^{(k)}(h+l_0+1)=\max_{1\leqslant i\leqslant n,1\leqslant j\leqslant m}\left\{\hat{u}_{ij}^{(k)}(h+l_0+1)\right\}$$

即在充分远的将来，$s_{i_0j_0}$ 为预测最优决策方案。

证明 (1)当 k 目标下的决策方案效果时间序列皆为增长序列时，则 $\forall i\in\{1,2,\cdots,n\}$，$j\in\{1,2,\cdots,m\}$，有 $-a_{ij}^{(k)}>0$，当 $i\neq i_0$，$j\neq j_0$ 至少有一个成立时，$-a_{i_0j_0}^{(k)}>-a_{ij}^{(k)}$，故存在 $\delta_{ij}^{(k)}>0$ 使 $-a_{i_0j_0}^{(k)}=-a_{ij}^{(k)}+\delta_{ij}^{(k)}$，令

$$c_{ij}^{(k)}=\left[1-\exp a_{ij}^{(k)}\right]\cdot\left[u_{ij}^{(1)}(1)-\frac{b_{ij}^{(k)}}{a_{ij}^{(k)}}\right]$$

于是

$$\begin{aligned}\hat{u}_{i_0j_0}^{(k)}(h+l+1)&=c_{i_0j_0}^{(k)}\exp\left[-a_{i_0j_0}^{(k)}(h+l)\right]=c_{i_0j_0}^{(k)}\exp\left[-a_{i_0j_0}^{(k)}(h+l)+\delta_{i_0j_0}^{(k)}(h+l)\right]\\&=c_{ij}^{(k)}\exp\left[-a_{ij}^{(k)}(h+l)\right]\cdot\frac{c_{i_0j_0}^{(k)}}{c_{ij}^{(k)}}\exp\left[\delta_{ij}^{(1)}(h+l)\right]\\&=\hat{u}_{ij}^{(k)}(h+l+1)\cdot\frac{c_{i_0j_0}^{(k)}}{c_{ij}^{(k)}}\exp\left[\delta_{ij}^{(k)}(h+l)\right]\end{aligned}$$

因为 $\delta_{ij}^{(k)} > 0$ ，所以存在 l_0，使

$$\frac{c_{i_0 j_0}^{(k)}}{c_{ij}^{(k)}} \exp\left[\delta_{ij}^{(k)}\left(h+l_0\right)\right] > 1$$

从而

$$\hat{u}_{i_0 j_0}^{(k)}\left(h+l_0+1\right) > \hat{u}_{ij}^{(k)}\left(h+l_0+1\right)$$

由 $i \in \{1,2,\cdots,n\}$ ， $j \in \{1,2,\cdots,m\}$ 的任意性，得

$$\hat{u}_{i_0 j_0}^{(k)}\left(h+l_0+1\right) = \max_{1 \leqslant i \leqslant n, 1 \leqslant j \leqslant m}\left\{\hat{u}_{ij}^{(k)}\left(h+l_0+1\right)\right\}$$

（2）当 k 目标下的决策方案效果时间序列皆为衰减序列时，则 $\forall i \in \{1,2,\cdots,n\}$ ， $j \in \{1,2,\cdots,m\}$ ，有 $-a_{ij}^{(k)} < 0$ ，同样由 $-a_{i_0 j_0}^{(k)} > -a_{ij}^{(k)}$ ，有 $\delta_{ij}^{(k)} > 0$ 使得

$$-a_{i_0 j_0}^{(k)} = -a_{ij}^{(k)} + \delta_{ij}^{(k)}$$

其余讨论同（1）。

对于效果值越小越好或适中为好的目标，可以证明定理 14.4.1 的结论同样成立。细心的读者可能会发现，定理中并未述及决策方案效果时间序列中既有增长序列又有衰减序列的情形。事实上，对于效果值越大越好的目标，衰减的效果时间序列是无须考虑的；对于效果值越小越好的目标，讨论中应先排除递增的效果时间序列；而对于效果值适中为好的目标，亦可根据情况仅讨论其中增长或衰减效果时间序列中的一种。

14.5　灰色聚类决策

灰色聚类决策按照多个不同的决策指标对决策对象进行综合评价，以确定决策对象是否满足给定的取舍准则。灰色聚类决策常用于人与事物的分类决策。例如，按照接受能力、理解能力及发展能力将学生分类，以便于因材施教；按照不同的标准对职工、技术干部和管理干部进行综合考评，以确定其是否符合某种职位的聘任或晋升条件等。

定义 14.5.1　设有 n 个决策对象，m 个决策指标，s 个不同的灰类，决策对象 i 关于决策指标 j 的量化评价值为 x_{ij} ， $i=1,2,\cdots,n$ ； $j=1,2,\cdots,m$ 。 $f_j^{(k)}(*)$ $(j=1,2,\cdots,m; k=1,2,\cdots,s)$ 为决策指标 j 关于 k 灰类的可能度函数， $w_j\left(j=1,2,\cdots,m\right)$ 为决策指标 j 的综合决策权， $\sum_{j=1}^{m} w_j = 1$ ，则称

$$\sigma_i^k = \sum_{j=1}^{m} f_j^k\left(x_{ij}\right) w_j$$

为对象 i 属于 k 灰类的决策系数。

定义 14.5.2　称 $\boldsymbol{\sigma}_i = \left(\sigma_i^1, \sigma_i^2, \cdots, \sigma_i^s\right)\left(i=1,2,\cdots,n\right)$ 为决策对象 i 的决策系数向量。

称

$$\Sigma=\left(\sigma_i^k\right)=\begin{bmatrix}\sigma_1^1 & \sigma_1^2 & \cdots & \sigma_1^s\\ \sigma_2^1 & \sigma_2^2 & \cdots & \sigma_2^s\\ \vdots & \vdots & & \vdots\\ \sigma_n^1 & \sigma_n^2 & \cdots & \sigma_n^s\end{bmatrix}$$

为决策系数矩阵。

定义 14.5.3 若 $\max\limits_{1\leqslant k\leqslant s}\left\{\sigma_i^k\right\}=\sigma_i^{k^*}$，则称决策对象 i 属于灰类 k^*。

在实际问题中，常常会遇到多个决策对象属于同一决策灰类，而该灰类所能容纳的决策对象个数又有一定限额的情况。这时我们需要对这些决策对象进行排序，以便对它们进行取舍。

14.6 多目标加权智能灰靶决策模型

本节首先构造出四种新型一致效果测度函数，并据此建立一种新的多目标加权智能灰靶决策评估模型。新模型充分考虑了目标效果值和目标效果向量中靶和脱靶两种不同情形，物理涵义十分清晰，而且综合效果测度的分辨率亦得到大大提高（刘思峰等，2010c）。

14.6.1 一致效果测度函数

由于不同目标效果值的意义、量纲和性质可能各不相同，为得到具有可比性的综合效果测度，首先需要将目标效果值 $u_{ij}^{(k)}$ 化为一致效果测度。

定义 14.6.1 设 $A=\left\{a_1,a_2,\cdots,a_n\right\}$ 为事件集，$B=\left\{b_1,b_2,\cdots,b_m\right\}$ 为对策集，$S=\left\{s_{ij}=\left(a_i,b_j\right)\middle|a_i\in A,b_j\in B\right\}$ 为决策方案集，

$$\boldsymbol{U}^{(k)}=\left(u_{ij}^{(k)}\right)=\begin{bmatrix}u_{11}^{(k)} & u_{12}^{(k)} & \cdots & u_{1m}^{(k)}\\ u_{21}^{(k)} & u_{22}^{(k)} & \cdots & u_{2m}^{(k)}\\ \vdots & \vdots & & \vdots\\ u_{n1}^{(k)} & u_{n2}^{(k)} & \cdots & u_{nm}^{(k)}\end{bmatrix}$$

为决策方案集 S 在 $k\left(k=1,2,\cdots,s\right)$ 目标下的效果样本矩阵，则

（1）设 k 为效益型目标，即目标效果样本值越大越好；k 目标下的决策灰靶设为 $u_{ij}^{(k)}\in\left[u_{i_0j_0}^{(k)},\max\limits_i\max\limits_j\left\{u_{ij}^{(k)}\right\}\right]$，即 $u_{i_0j_0}^{(k)}$ 为 k 目标效果临界值，则

$$r_{ij}^{(k)}=\frac{u_{ij}^{(k)}-u_{i_0j_0}^{(k)}}{\max\limits_i\max\limits_j\left\{u_{ij}^{(k)}\right\}-u_{i_0j_0}^{(k)}}\tag{14.6.1}$$

称为效益型目标效果测度函数（刘思峰等，2010c）。

（2）设 k 为成本型目标，即目标效果样本值越小越好；k 目标下的决策灰靶设为

$u_{ij}^{(k)}\in\left[\min\limits_i\min\limits_j\left\{u_{ij}^{(k)}\right\},u_{i_0j_0}^{(k)}\right]$，即 $u_{i_0j_0}^{(k)}$ 为 k 目标效果临界值，则

$$r_{ij}^{(k)}=\frac{u_{i_0j_0}^{(k)}-u_{ij}^{(k)}}{u_{i_0j_0}^{(k)}-\min\limits_i\min\limits_j\left\{u_{ij}^{(k)}\right\}} \tag{14.6.2}$$

称为成本型目标效果测度函数（刘思峰等，2010c）。

（3）设 k 为适中型目标，即目标效果样本值越接近某一适中值 A 越好；k 目标下的决策灰靶设为 $u_{ij}^{(k)}\in\left[A-u_{i_0j_0}^{(k)},A+u_{i_0j_0}^{(k)}\right]$，即 $A-u_{i_0j_0}^{(k)}$，$A+u_{i_0j_0}^{(k)}$ 分别为 k 目标下的下限效果临界值和上限效果临界值，则

①当 $u_{ij}^{(k)}\in\left[A-u_{i_0j_0}^{(k)},A\right]$ 时，称

$$r_{ij}^{(k)}=\frac{u_{ij}^{(k)}-A+u_{i_0j_0}^{(k)}}{u_{i_0j_0}^{(k)}} \tag{14.6.3}$$

为适中型目标下限效果测度函数。

②当 $u_{ij}^{(k)}\in\left[A,A+u_{i_0j_0}^{(k)}\right]$ 时，称

$$r_{ij}^{(k)}=\frac{A+u_{i_0j_0}^{(k)}-u_{ij}^{(k)}}{u_{i_0j_0}^{(k)}} \tag{14.6.4}$$

为适中型目标上限效果测度函数（刘思峰等，2010c）。

效益型目标效果测度函数反映效果样本值与最大效果样本值的接近程度及其远离目标效果临界值的程度；成本型目标效果测度函数反映效果样本值与最小效果样本值的接近程度及其远离目标效果临界值的程度；适中型目标下限效果测度函数反映小于适中值 A 的效果样本值与适中值 A 的接近程度及其远离下限效果临界值的程度，适中型目标上限效果测度函数反映大于适中值 A 的效果样本值与适中值 A 的接近程度及其远离上限效果临界值的程度。

对于脱靶的情形亦可以相应分为以下四种：

（1）效益型目标效果值小于临界值 $u_{i_0j_0}^{(k)}$，即 $u_{ij}^{(k)}<u_{i_0j_0}^{(k)}$；

（2）成本型目标效果值大于临界值 $u_{i_0j_0}^{(k)}$，即 $u_{ij}^{(k)}>u_{i_0j_0}^{(k)}$；

（3）适中型目标效果值小于下限效果临界值 $A-u_{i_0j_0}^{(k)}$，即 $u_{ij}^{(k)}<A-u_{i_0j_0}^{(k)}$；

（4）适中型目标效果值大于上限效果临界值 $A+u_{i_0j_0}^{(k)}$，即 $u_{ij}^{(k)}>A+u_{i_0j_0}^{(k)}$。

为使各类目标效果测度满足规范性，即

$$r_{ij}^{(k)}\in[-1,1]$$

对于效益型目标，不妨设 $u_{ij}^{(k)}\geqslant-\max\limits_i\max\limits_j\left\{u_{ij}^{(k)}\right\}+2u_{i_0j_0}^{(k)}$；

对于成本型目标，不妨设 $u_{ij}^{(k)}\leqslant-\min\limits_i\min\limits_j\left\{u_{ij}^{(k)}\right\}+2u_{i_0j_0}^{(k)}$；

对于适中型目标效果值小于下限效果临界值 $A-u_{i_0j_0}^{(k)}$ 的情形，不妨设 $u_{ij}^{(k)}\geqslant$

$A-2u_{i_0j_0}^{(k)}$；

对于适中型目标效果值大于上限效果临界值 $A+u_{i_0j_0}^{(k)}$ 的情形，不妨设 $u_{ij}^{(k)}\leqslant A+2u_{i_0j_0}^{(k)}$。

由此可得命题 14.6.1。

命题 14.6.1 定义 14.6.1 中给出的目标效果测度函数

$$r_{ij}^{(k)}\left(i=1,2,\cdots,n;j=1,2,\cdots,m;k=1,2,\cdots,s\right)$$

满足以下条件：

（1）$r_{ij}^{(k)}$ 无量纲；（2）效果越理想，$r_{ij}^{(k)}$ 越大；（3）$r_{ij}^{(k)}\in[-1,1]$。

当 k 目标效果值为中靶情形时，$r_{ij}^{(k)}\in[0,1]$；当 k 目标效果值为脱靶情形时，$r_{ij}^{(k)}\in[-1,0]$。

定义 14.6.2 效益型目标效果测度函数、成本型目标效果测度函数、适中型目标下限效果测度函数、适中型目标上限效果测度函数 $r_{ij}^{(k)}\left(i=1,2,\cdots,n;j=1,2,\cdots,m;k=1,2,\cdots,s\right)$ 通称为一致效果测度函数。

一致效果测度函数反映了各个目标实现或偏离的程度。对于效益型目标，即希望效果样本值“越大越好”“越多越好”这一类的目标，可采用效益型目标效果测度函数表达目标实现或偏离的程度；对于成本型目标，即希望效果样本值“越小越好”“越少越好”这一类的目标，可采用成本型目标效果测度函数表达目标实现或偏离的程度；对于适中型目标，即希望效果样本值“既不太大又不太小”“既不太多又不太少”这一类的目标，对于小于设定适中值的效果样本值，可采用适中型目标下限效果测度函数表达目标实现或偏离的程度；对于大于设定适中值的效果样本值，可采用适中型目标上限效果测度函数表达目标实现或偏离的程度。

14.6.2 综合效果测度函数

定义 14.6.3 设 $\eta_k\left(k=1,2,\cdots,s\right)$ 为目标 k 的决策权，$\sum\limits_{k=1}^{s}\eta_k=1$，

$$\boldsymbol{R}^{(k)}=\left(r_{ij}^{(k)}\right)=\begin{bmatrix} r_{11}^{(k)} & r_{12}^{(k)} & \cdots & r_{1m}^{(k)} \\ r_{21}^{(k)} & r_{22}^{(k)} & \cdots & r_{2m}^{(k)} \\ \vdots & \vdots & & \vdots \\ r_{n1}^{(k)} & r_{n2}^{(k)} & \cdots & r_{nm}^{(k)} \end{bmatrix}$$

为决策方案集 S 在 k 目标下的一致效果测度矩阵，则对于 $s_{ij}\in S$，称

$$r_{ij}=\sum_{k=1}^{s}\eta_k\cdot r_{ij}^{(k)} \tag{14.6.5}$$

为决策方案 s_{ij} 的综合效果测度函数，并称

$$\boldsymbol{R}=\left(r_{ij}\right)=\begin{bmatrix} r_{11} & r_{12} & \cdots & r_{1m} \\ r_{21} & r_{22} & \cdots & r_{2m} \\ \vdots & \vdots & & \vdots \\ r_{n1} & r_{n2} & \cdots & r_{nm} \end{bmatrix}$$

为综合效果测度矩阵（刘思峰等，2010c）。

命题 14.6.2 由式（14.6.5）得到的综合效果测度 $r_{ij}=\left(i=1,2,\cdots,n;j=1,2,\cdots,m\right)$ 满足以下条件：

（1）r_{ij} 无量纲；（2）效果越理想，r_{ij} 越大；（3）$r_{ij}\in\left[-1,1\right]$。

综合效果测度 $r_{ij}\in\left[0,1\right]$ 属于中靶情形，综合效果测度 $r_{ij}\in\left[-1,0\right]$ 属于脱靶情形；在中靶情形下，我们还可以通过比较综合效果测度 $r_{ij}=\left(i=1,2,\cdots,n;j=1,2,\cdots,m\right)$ 数值的大小判断事件 $a_i\left(i=1,2,\cdots,m\right)$、对策 $b_j\left(j=1,2,\cdots,n\right)$ 和决策方案 $s_{ij}\left(i=1,2,\cdots,n;j=1,2,\cdots,m\right)$ 的优劣。

定义 14.6.4 （1）若 $\max\limits_{1\leqslant i\leqslant m}\left\{r_{ij}\right\}=r_{ij_0}$，则称 b_{j_0} 为事件 a_i 的最优对策；

（2）若 $\max\limits_{1\leqslant i\leqslant n}\left\{r_{ij}\right\}=r_{i_0 j}$，则称 a_{i_0} 为与对策 b_j 相对应的最优事件；

（3）若 $\max\limits_{1\leqslant i\leqslant n}\max\limits_{1\leqslant j\leqslant m}\left\{r_{ij}\right\}=r_{i_0 j_0}$，则称 $s_{i_0 j_0}$ 为最优方案。

多目标加权智能灰靶决策模型的算法步骤如下（刘思峰等，2010c）。

第一步：根据事件集 $A=\left\{a_1,a_2,\cdots,a_n\right\}$ 和对策集 $B=\left\{b_1,b_2,\cdots,b_m\right\}$ 构造决策方案集 $S=\left\{s_{ij}=\left(a_i,b_j\right)\middle|a_i\in A,b_j\in B\right\}$。

第二步：确定决策目标 $k=1,2,\cdots,s$。

第三步：确定各目标的决策权 $\eta_1,\eta_2,\cdots\eta_s$。

第四步：对目标 $k=1,2,\cdots,s$，求相应的目标效果样本矩阵

$$\boldsymbol{U}^{(k)}=\left(u_{ij}^{(k)}\right)=\begin{bmatrix} u_{11}^{(k)} & u_{12}^{(k)} & \cdots & u_{1m}^{(k)} \\ u_{21}^{(k)} & u_{22}^{(k)} & \cdots & u_{2m}^{(k)} \\ \vdots & \vdots & & \vdots \\ u_{n1}^{(k)} & u_{n2}^{(k)} & \cdots & u_{nm}^{(k)} \end{bmatrix}$$

第五步：设定目标效果临界值。

第六步：求 k 目标下一致效果测度矩阵

$$\boldsymbol{R}^{(k)}=\left(r_{ij}^{(k)}\right)=\begin{bmatrix} r_{11}^{(k)} & r_{12}^{(k)} & \cdots & r_{1m}^{(k)} \\ r_{21}^{(k)} & r_{22}^{(k)} & \cdots & r_{2m}^{(k)} \\ \vdots & \vdots & & \vdots \\ r_{n1}^{(k)} & r_{n2}^{(k)} & \cdots & r_{nm}^{(k)} \end{bmatrix}$$

第七步：由 $r_{ij}=\sum\limits_{k=1}^{s}\eta_k\cdot r_{ij}^{(k)}$ 计算综合效果测度矩阵

$$\boldsymbol{R}=\left(r_{ij}\right)=\begin{bmatrix} r_{11} & r_{12} & \cdots & r_{1m} \\ r_{21} & r_{22} & \cdots & r_{2m} \\ \vdots & \vdots & & \vdots \\ r_{n1} & r_{n2} & \cdots & r_{nm} \end{bmatrix}$$

第八步：按照定义 14.6.4 确定最优对策 b_{j_0} 或最优决策方案 $s_{i_0j_0}$。

例 14.6.1 商用大型飞机某关键组件国际供应商选择决策

我国商用大型飞机项目采用“主制造商–供应商”管理模式，大量关键组件需要国际供应商的协作与配合。因此，供应商选择决策的科学性是直接关系项目成败的关键环节。作为复杂产品制造过程中的典型决策问题，供应商选择通常通过“招投标”的方式完成。一般由主制造商提出明确要求，各家供应商根据主制造商的要求制订投标方案，然后主制造商对各供应商提交的方案进行综合比较，选择最优方案，签订采购合同书。影响供应商选择决策的因素十分复杂，为实现科学决策，需要对各种因素进行综合分析。

在商用大型飞机某关键组件国际供应商选择决策中，首轮有三家国际供应商入围。

第一步：建立事件集、对策集及决策方案集。我们将商用大型飞机某关键组件国际供应商选择决策作为事件 a_1，事件集 $A=\{a_1\}$。选择供应商 1，供应商 2 和供应商 3 分别作为对策 b_1,b_2,b_3，对策集 $B=\{b_1,b_2,b_3\}$。由事件集 A 和对策集 B 构造决策方案

$$S=\left\{s_{ij}=\left(a_i,b_j\right)\middle|a_i\in A,b_j\in B,i=1;j=1,2,3\right\}=\{s_{11},s_{12},s_{13}\}$$

第二步：确定决策目标。通过3轮专家调查，确定了以下5个决策目标：质量、价格、交货期、设计方案和竞争力。竞争力、质量、设计方案为定性目标，需要通过专家打分的办法进行评价，评价分值越大越好，均为效益型指标；价格越低越好，属于成本型指标；交货期属于适中型指标。

第三步：确定各目标的决策权，采用 AHP 方法确定各个目标及相应指标的决策权，如表 14.6.1 所示。

表 14.6.1 某关键组件国际供应商选择决策评价目标

评价目标	质量	价格	交货期	设计方案	竞争力
单位	定性	百万美元	月	定性	定性
序号	1	2	3	4	5
权重	0.25	0.22	0.18	0.18	0.17

第四步：求各目标的效果样本向量。

$$\boldsymbol{U}^{(1)}=(9.5,9.4,9)\text{，}\boldsymbol{U}^{(2)}=(14.2,15.1,13.9)\text{，}\boldsymbol{U}^{(3)}=(15.5,17.5,19)$$

$$\boldsymbol{U}^{(4)}=(9.6,9.3,9.4)\text{，}\boldsymbol{U}^{(5)}=(9.5,9.7,9.2)$$

第五步：设定目标效果临界值。

竞争力、质量、设计方案 3 个同类效益型指标的临界值取为 $u_{i_0j_0}^{(k)}=9$，k=1,4,5；价格指标的临界值取为 $u_{i_0j_0}^{(2)}=15$；交货期属于适中型指标，主制造商计划交货期为 16 个

月，容忍限度为 2 个月，即 $u_{i_0 j_0}^{(3)}=2$，下限效果临界值为 16−2 = 14，上限效果临界值为 16+2=18。

第六步：求一致效果测度向量。竞争力、质量、设计方案三个定性分值目标采用效益型目标效果测度；价格目标采用成本型目标效果测度；交货期为适中型目标。对相应目标分别采用定义 14.6.1 中给出的效益型目标效果测度、成本型目标效果测度、适中型目标下限效果测度、适中型目标上限效果测度，可得一致效果测度向量如下：

$$\boldsymbol{R}^{(1)}=[1,0.8,0],\quad \boldsymbol{R}^{(2)}=[0.73,-0.09,1],\quad \boldsymbol{R}^{(3)}=[0.75,0.25,-0.5],$$

$$\boldsymbol{R}^{(4)}=[1,0.5,0.67],\quad \boldsymbol{R}^{(5)}=[0.71,1,0.29]$$

第七步：由 $r_{ij}=\sum_{k=1}^{5}\eta_k\cdot r_{ij}^{(k)}$ 得综合效果测度向量

$$\boldsymbol{R}=[r_{11},r_{12},r_{13}]=[0.846\,3,0.485\,2,0.299\,9]$$

第八步：决策。

由于 $r_{11}>0$，$r_{12}>0$，$r_{13}>0$，三家供应商均中靶，说明初选这三家供应商入围是合理的。再由 $\max\limits_{1\leqslant j\leqslant 3}\{r_{1j}\}=r_{11}=0.846\,3$，故最终选择供应商 1 谈判、签约。

第 15 章

灰色规划

规划实质上属于决策范畴，主要研究在一定约束条件下，如何使目标达到最优。规划理论所研究的问题，概括起来主要有以下几种。

（1）生产安排问题。在有限资源条件下，确定生产产品的品种、数量，使产值或利润最大。

（2）科研管理问题。在经费一定的条件下，如何分配各类课题的经费额度，各个课题应由哪些人员承担，使科研效率、效益最高。

（3）军事指挥问题。有限的作战部队，如何运筹，才能最有效地打击、消灭敌人，取得战争的胜利。

（4）农业区划问题。对于不同的土壤、气候、资源条件，如何选择不同的经济模式，确定各种作物的种植面积，使总的效益最大。

（5）工业布局、城市规划问题。工业如何分布，城市如何发展，对整个国民经济最为有利。

（6）运输问题。在物资调配网点中，如何决定产地和销地之间的运输量，既满足需要，又使运费最小。

（7）库存问题。在一定库存条件下，确定存储物资的品种、数量、期限，使存储效益最高；或在一定的生产或市场需求条件下，如何计划库存，使成本最小。

（8）配料问题。在既定工艺、质量等指标下，确定各种原料的用量，使成本最小。

（9）落料问题。整材下料时，如何使废料最少、材料利用率最高或配套数最大。

（10）其他问题。例如，怎样分配广告投资，确定宣传手段，使宣传效果最佳；在一定要求下，如何安排各班次值班人数，用人最少等。

在上述问题中，如果约束条件与目标函数都是线性的，就称该问题为线性规划问题。当目标函数或约束条件为任意非线性函数时，相应的问题则称为非线性规划问题。如果是解决某件事“做”还是“不做”或是约束条件中出现“或者这样，或者那样”之类的条件，我们将“做”“或者这样”记为 1，将“不做”“或者那样”记为

0，则此类问题中仅出现 0 和 1 两个变量，故称为 0-1 规划。其中线性规划是运筹学中研究较早、发展较快、应用较广、方法较为成熟的一个重要分支。但是，普通的线性规划、非线性规划和 0-1 规划都存在如下的问题：

（1）均是静态规划，不能反映约束条件随时间变化的情况；

（2）当规划模型或约束条件中出现灰数时，处理不便；

（3）从理论上讲定义在凸集上的凸函数是有解的，而实际计算中往往因技巧、技术问题使求解过程难以进行下去。

灰色系统的思想和建模方法，可使上述问题得到一定程度的解决。本章主要研究灰参数线性规划、灰色 0-1 规划、灰色多目标规划和灰色非线性规划。

15.1 灰参数线性规划

定义 15.1.1 设 $a_{ij},b_i,c_j\left(i=1,2,\cdots,m;j=1,2,\cdots,n\right)$ 均为常数，$x_j\left(j=1,2,\cdots,n\right)$ 为未知变量，称

$$\max\left(\min\right)S=c_1x_1+c_2x_2+\cdots+c_nx_n \tag{15.1.1}$$

$$\text{s.t.}\begin{cases}a_{11}x_1+a_{12}x_2+\cdots+a_{1n}x_n\leqslant(=,\geqslant)b_1\\ a_{21}x_1+a_{22}x_2+\cdots+a_{2n}x_n\leqslant(=,\geqslant)b_2\\ \vdots\\ a_{m1}x_1+a_{m2}x_2+\cdots+a_{mn}x_n\leqslant(=,\geqslant)b_m\\ x_1\geqslant0,x_2\geqslant0,\cdots,x_n\geqslant0\end{cases} \tag{15.1.2}$$

为线性规划问题的一般模型，其中式（15.1.1）称为目标函数，式（15.1.2）称为约束条件。

定义 15.1.2 称

$$\max \boldsymbol{S}=\boldsymbol{CX}$$

$$\text{s.t.}\begin{cases}\boldsymbol{AX}=\boldsymbol{b}\\ \boldsymbol{X}\geqslant0\end{cases}$$

为线性规划问题的标准形式，其中

$$\boldsymbol{C}=\left[c_1,c_2,\cdots,c_n\right],\quad \boldsymbol{X}=\left[x_1,x_2,\cdots,x_n\right]^{\mathrm{T}}$$

$$\boldsymbol{b}=\left[b_1,b_2,\cdots,b_m\right]^{\mathrm{T}},\quad b_i\geqslant0,\quad i=1,2,\cdots,m$$

$$\boldsymbol{A}=\begin{bmatrix}a_{11}&a_{12}&\cdots&a_{1n}\\ a_{21}&a_{22}&\cdots&a_{2n}\\ \vdots&\vdots&&\vdots\\ a_{m1}&a_{m2}&\cdots&a_{mn}\end{bmatrix}$$

定义 15.1.3 设

$$\boldsymbol{X}=\left[x_1,x_2,\cdots,x_n\right]^{\mathrm{T}}$$

$$\boldsymbol{C}(\otimes)=\left[c_1(\otimes),c_2(\otimes),\cdots,c_n(\otimes)\right],\ \boldsymbol{b}(\otimes)=\left[b_1(\otimes),b_2(\otimes),\cdots,b_m(\otimes)\right]^{\mathrm{T}}$$

$$\boldsymbol{A}(\otimes)=\begin{bmatrix} a_{11}(\otimes) & a_{12}(\otimes) & \cdots & a_{1n}(\otimes) \\ a_{21}(\otimes) & a_{22}(\otimes) & \cdots & a_{2n}(\otimes) \\ \vdots & \vdots & & \vdots \\ a_{m1}(\otimes) & a_{m2}(\otimes) & \cdots & a_{mn}(\otimes) \end{bmatrix}$$

其中，$c_j(\otimes)\in\left[\underline{c}_j,\bar{c}_j\right]$，$\underline{c}_j\geqslant 0$，$j=1,2,\cdots,n$；$b_i(\otimes)\in\left[\underline{b}_j,\bar{b}_j\right]$，$\underline{b}_j\geqslant 0$，$i=1,2,\cdots,m$；$a_{ij}(\otimes)\in\left[\underline{a}_{ij},\bar{a}_{ij}\right]$，$\underline{a}_{ij}\geqslant 0$；$i=1,2,\cdots,m$；$j=1,2,\cdots,n$，则称

$$\max \boldsymbol{S}=\boldsymbol{C}(\otimes)\boldsymbol{X}$$
$$\text{s.t.}\begin{cases}\boldsymbol{A}(\otimes)\boldsymbol{X}\leqslant \boldsymbol{b}(\otimes)\\ \boldsymbol{X}\geqslant 0\end{cases}\tag{15.1.3}$$

为灰参数线性规划（LPGP）问题，并称$\boldsymbol{C}(\otimes)$为灰色价格向量，$\boldsymbol{A}(\otimes)$为灰色消耗矩阵，$\boldsymbol{b}(\otimes)$为灰色资源约束向量，$\boldsymbol{X}$为决策向量。实际上，$\boldsymbol{X}$也是一个灰向量。

定义 15.1.4 设$\rho_j,\beta_i,\delta_{ij}\in[0,1]$，$i=1,2,\cdots,m$；$j=1,2,\cdots,n$。令灰参数的白化值分别为

$$\tilde{c}_j(\otimes)=\rho_j\bar{c}_j+(1-\rho_j)\underline{c}_j,\ j=1,2,\cdots,n$$
$$\tilde{b}_i(\otimes)=\beta_i\bar{b}_i+(1-\beta_i)\underline{b}_i,\ i=1,2,\cdots,m$$
$$\tilde{a}_{ij}(\otimes)=\delta_{ij}\bar{a}_{ij}+(1-\delta_{ij})\underline{a}_{ij},\ i=1,2,\cdots,m;\ j=1,2,\cdots,n$$

同时分别用$\tilde{\boldsymbol{C}}(\otimes)$，$\tilde{\boldsymbol{b}}(\otimes)$，$\tilde{\boldsymbol{A}}(\otimes)$表示价格白化向量、资源约束白化向量和消耗白化矩阵，则称

$$\max \boldsymbol{S}=\tilde{\boldsymbol{C}}(\otimes)\boldsymbol{X}$$
$$\text{s.t.}\begin{cases}\tilde{\boldsymbol{A}}(\otimes)\boldsymbol{X}\leqslant \tilde{\boldsymbol{b}}(\otimes)\\ \boldsymbol{X}\geqslant 0\end{cases}\tag{15.1.4}$$

为 LPGP 的定位规划，称$\rho_j(j=1,2,\cdots,n)$为价格定位系数，$\beta_i(i=1,2,\cdots,m)$为资源约束定位系数，$\delta_{ij}(i=1,2,\cdots,m;j=1,2,\cdots,n)$为消耗定位系数（刘思峰和党耀国，1997）。

ρ_j是j产品的价格灰数预期波动情况的反映，可通过市场分析确定，较小的ρ_j表明j产品的预期价格较低，较大的ρ_j表明j产品的预期价格较高。β_i反映了第i种资源的预期供应状况，β_i小表示资源供应偏少，β_i大表示资源供应形势较好。同样地，δ_{ij}小表示生产单位j产品对i资源的消耗低，δ_{ij}大表示生产单位j产品对i资源的消耗高。

命题 15.1.1 对于给定的灰参数线性规划问题，其定位规划的最优值 max$S$ 是关于ρ_j，β_i，$\delta_{ij}(i=1,2,\cdots,m;j=1,2,\cdots,n)$的$m+n+mn$元函数。

因此，定位规划最优值可记为

$$\max S = f\left(\left(\rho_j, \beta_i, \delta_{ij}\right) \middle| i = 1, 2, \cdots, m; j = 1, 2, \cdots, n\right)$$

类似地，可将定位规划记为

$$\mathrm{LP}\left(\left(\rho_j, \beta_i, \delta_{ij}\right) \middle| i = 1, 2, \cdots, m; j = 1, 2, \cdots, n\right)$$

为讨论方便，先作以下假定。

假设 15.1.1 $\operatorname{rank}\left(\tilde{A}(\otimes)\right) = m < n$。

假设 15.1.2 $\mathrm{LP}\left(\left(\rho_j, \beta_i, \delta_{ij}\right) \middle| i = 1, 2, \cdots, m; j = 1, 2, \cdots, n\right)$的可行解集非空。

假设 15.1.3 向量集$\{\boldsymbol{X} | \tilde{\boldsymbol{A}}(\otimes)\boldsymbol{X} \leqslant \tilde{\boldsymbol{b}}(\otimes), \boldsymbol{X} \geqslant \boldsymbol{0}\}$有界。

同时，将定位规划$\mathrm{LP}\left(\left(\rho_j, \beta_i, \delta_{ij}\right) \middle| i = 1, 2, \cdots, m; j = 1, 2, \cdots, n\right)$改写为以下形式：

$$\max S = \left[\tilde{\boldsymbol{C}}_B(\otimes) \tilde{\boldsymbol{C}}_N(\otimes)\right] \begin{bmatrix} \boldsymbol{X}_B \\ \boldsymbol{X}_N \end{bmatrix}$$

$$\text{s.t.} \begin{cases} \left[\tilde{\boldsymbol{B}}(\otimes) \tilde{\boldsymbol{N}}(\otimes)\right] \begin{bmatrix} \boldsymbol{X}_B \\ \boldsymbol{X}_N \end{bmatrix} \leqslant \tilde{\boldsymbol{b}}(\otimes) \\ \boldsymbol{X}_B \geqslant 0, \boldsymbol{X}_N \geqslant 0 \end{cases} \tag{15.1.5}$$

即消耗白化矩阵$\tilde{\boldsymbol{A}}(\otimes)$的前 m 列为基阵$\tilde{\boldsymbol{B}}(\otimes)$，后$n-m$列为非基阵$\tilde{\boldsymbol{N}}(\otimes)$。与$\tilde{\boldsymbol{B}}(\otimes)$，$\tilde{\boldsymbol{N}}(\otimes)$相对应的基向量和非基向量分别记为$\boldsymbol{X}_B$，$\boldsymbol{X}_N$，目标函数中与$\boldsymbol{X}_B$，$\boldsymbol{X}_N$对应的价格白化向量分别记为$\tilde{\boldsymbol{C}}_B(\otimes)$，$\tilde{\boldsymbol{C}}_N(\otimes)$，由假设 15.1.3，并注意到$\boldsymbol{X}_N = 0$，易得

$$\boldsymbol{X} = \left[\boldsymbol{X}_B, \boldsymbol{X}_N\right]^{\mathrm{T}} = \left[\tilde{\boldsymbol{B}}^{-1}(\otimes)\tilde{\boldsymbol{b}}(\otimes), \boldsymbol{0}\right]^{\mathrm{T}}$$

$$\boldsymbol{S} = \tilde{\boldsymbol{C}}_B(\otimes)\tilde{\boldsymbol{B}}^{-1}(\otimes)\tilde{\boldsymbol{b}}(\otimes)$$

检验行向量$\boldsymbol{r} = \tilde{\boldsymbol{C}}(\otimes) - \tilde{\boldsymbol{C}}_B(\otimes)\tilde{\boldsymbol{B}}^{-1}(\otimes)\tilde{\boldsymbol{A}}(\otimes)$。

命题 15.1.2 设式（15.1.4）中的定位规划满足上述假设 15.1.1~ 假设 15.1.3，且

$$\boldsymbol{X} = \left[x_1, x_2, \cdots, x_n\right]^{\mathrm{T}}$$

为定位规划式（15.1.5）的基本解，则

$$\left\{x_j \middle| j = 1, 2, \cdots, n\right\}$$

有界。

命题 15.1.3 满足上述假设 15.1.1~假设 15.1.3 的定位规划$\mathrm{LP}\left(\left(\rho_j, \beta_i, \delta_{ij}\right) \middle| i = 1, 2, \cdots, m; j = 1, 2, \cdots, n\right)$至少有一个基本可行解。

15.2 灰色预测型线性规划

定义 15.2.1 对于定义 15.1.3 中的灰色线性规划问题，将其中的$\boldsymbol{C}(\otimes)$，$\boldsymbol{A}(\otimes)$先行白化，设

$$\tilde{C}=\left(\tilde{c}_1,\tilde{c}_2,\cdots,\tilde{c}_n\right)$$

$$\tilde{A}=\begin{bmatrix}\tilde{a}_{11} & \tilde{a}_{12} & \cdots & \tilde{a}_{1n}\\ \tilde{a}_{21} & \tilde{a}_{22} & \cdots & \tilde{a}_{2n}\\ \vdots & \vdots & & \vdots\\ \tilde{a}_{m1} & \tilde{a}_{m2} & \cdots & \tilde{a}_{mn}\end{bmatrix}$$

并根据$\boldsymbol{b}_i(\otimes)(i=1,2,\cdots,m)$的历史资料

$$\left(b_i(1),b_i(2),\cdots,b_i(s)\right)$$

建立 GM（1，1）模型，求出其在 $s+k$ 时的预测值$\hat{b}_i(s+k),i=1,2,\cdots,m$，记

$$\hat{\boldsymbol{b}}=\left(\hat{b}_1(s+k),\hat{b}_2(s+k),\cdots,\hat{b}_m(s+k)\right)$$

称

$$\max \boldsymbol{S}=\tilde{\boldsymbol{C}}\boldsymbol{X}$$
$$\text{s.t.}\begin{cases}\tilde{\boldsymbol{A}}\boldsymbol{X}\leqslant\tilde{\boldsymbol{b}}\\ \boldsymbol{X}\geqslant 0\end{cases}$$

为灰色预测型线性规划问题。

对于灰色预测型线性规划问题，可以按照一般线性规划方法进行求解。

例 15.2.1 某厂生产甲、乙两种产品。甲产品每件需用 2.5 ~ 3.5 个劳动日，耗电 3~5 kW・h，煤 7~11 t；乙产品每件需用 8~12 个劳动日，耗电 3.5~6.5 kW・h，煤 3~5 t。甲产品每件可获利润 600 万~800 万元，乙产品每件可获利润 900 万~1 500 万元。该厂有可调配劳动力 300 人，日供煤计划 360 t，日供电数据如表 15.2.1 所示。

表 15.2.1 某厂日供电数据

年份	2016	2017	2018	2019
日供电量/kW・h	168	174	180	190

问 2020 年、2021 年应如何安排甲、乙两种产品的日产量，将使利润最大？

解 设甲、乙两种产品的日产量分别为x_1，x_2，则灰色线性规划问题如下：

$$\max S=c_1(\otimes)x_1+c_2(\otimes)x_2$$
$$\text{s.t.}\begin{cases}\otimes_{11}x_1+\otimes_{12}x_2\leqslant b_1(\otimes)\\ \otimes_{21}x_1+\otimes_{22}x_2\leqslant b_2=360\\ \otimes_{31}x_1+\otimes_{32}x_2\leqslant b_3=300\\ x_1\geqslant 0,x_2\geqslant 0\end{cases}$$

其中，$c_1(\otimes)\in[600,800]$，$c_2(\otimes)\in[900,1\,500]$，$\otimes_{11}\in[3,5]$，$\otimes_{12}\in[3.5,6.5]$，$\otimes_{21}\in[7,11]$，$\otimes_{22}\in[3,5]$，$\otimes_{31}\in[2.5,3.5]$，$\otimes_{32}\in[8,12]$。

将目标函数和约束条件中的灰元作均值白化，得

$$\tilde{\boldsymbol{C}}=\left(\tilde{c}_1,\tilde{c}_2\right)=(700,1\,200)$$

$$\tilde{\boldsymbol{A}}=\begin{bmatrix}\tilde{a}_{11} & \tilde{a}_{12}\\ \tilde{a}_{21} & \tilde{a}_{22}\\ \tilde{a}_{31} & \tilde{a}_{32}\end{bmatrix}=\begin{bmatrix}4 & 5\\ 9 & 4\\ 3 & 10\end{bmatrix}$$

由 $b_1(\otimes)$ 的时间序列

$$\left(b_1(1),b_1(2),b_1(3),b_1(4)\right)=(168,174,180,190)$$

得 GM（1，1）时间响应式为

$$\begin{cases}\hat{b}_1^{(1)}(k+1)=3\,829.125\mathrm{e}^{0.044\,2k}-3\,661.125\\ \hat{b}_1(k+1)=\hat{b}_1^{(1)}(k+1)-\hat{b}_1^{(1)}(k)\end{cases}$$

于是得预测值

$$\hat{b}_1(5)\approx 198\text{（2020 年）},\quad \hat{b}_1(6)\approx 207\text{（2021 年）}$$

从而可写出 2020 年的规划模型

$$\max S=700x_1+1\,200x_2$$

$$\text{s.t.}\begin{cases}4x_1+5x_2\leqslant 198\\ 9x_1+4x_2\leqslant 360\\ 3x_1+10x_2\leqslant 300\\ x_1\geqslant 0,x_2\geqslant 0\end{cases}$$

此为两个变量的线性规划问题，可用图解法求其最优解。该问题的可行域如图 15.2.1 所示。

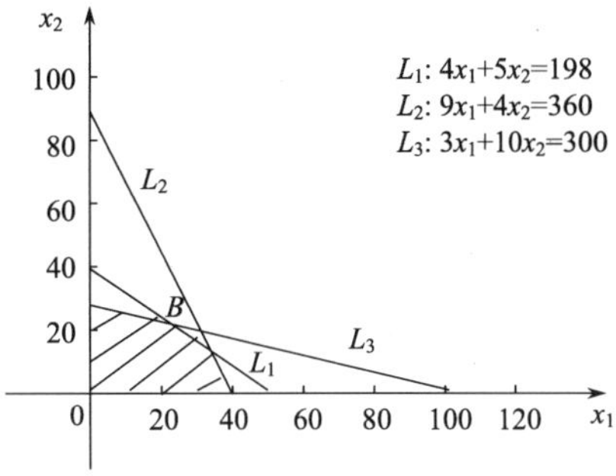

图 15.2.1　线性规划的可行域

目标函数所代表的具有相同斜率的平行直线族与可行域右上方的最后一个交点为 B，此即最优点，联立下述方程：

$$\begin{cases}4x_1+5x_2=198\\ 3x_1+10x_2=300\end{cases}$$

解得 x_1=19.2，x_2=24.24，为最优解。因此，2020 年应安排甲产品日产 19.2 件，乙产品日产 24.24 件，利润最大，最大利润为

$$\max S=700\times 19.2+1\,200\times 24.24=42\,528\text{（元）}$$

年利润为 1 552.272 万元。此问题亦可以通过引进松弛变量化成标准形式，利用单纯形

法求解。

2021 年的规划模型为

$$\max S = 700x_1 + 1\,200x_2$$
$$\text{s.t.}\begin{cases}4x_1 + 5x_2 \leqslant 207\\ 9x_1 + 4x_2 \leqslant 360\\ 3x_1 + 10x_2 \leqslant 300\\ x_1 \geqslant 0, x_2 \geqslant 0\end{cases}$$

同前，可求出最优解 $x_1=22.8$， $x_2=23.16$，最大利润为

$$\max S = 700 \times 22.8 + 1\,200 \times 23.16 = 43\,752 \text{（万元）}$$

年利润为 1 596.948 万元。

2021 年规划与 2020 年规划相比，日供电量增加 9 kW · h，每天利润可增加 1 224 万元，而供煤则有一定富余，2020 年日耗煤量为

$$9 \times 19.2 + 4 \times 24.24 = 269.76 \text{（t）}$$

比供应计划少用 90.24 t；2021 年日耗煤量为

$$9 \times 22.8 + 4 \times 23.16 = 297.84 \text{（t）}$$

比供应计划少用 62.16 t。如果不打算进一步增加人力和电力，供煤计划可以适当核减。

15.3 灰色漂移型线性规划

15.3.1 漂移定理

灰色漂移型线性规划也称灰参数线性规划，一个灰参数线性规划问题是由有限个或无限个一般线性规划问题构成的集合。

在以下的证明中，我们假定式（15.1.5）中的白化值和白化矩阵保持非负性。

定理 15.3.1 对于 LPGP 的定位规划，当价格定位系数满足

$$\rho_j \leqslant \rho_j', \quad j = 1,2,\cdots,n$$

时，有

$$\begin{aligned}\max S &= f\left(\left(\rho_j, \beta_i, \delta_{ij}\right) \middle| i = 1,2,\cdots,m; j = 1,2,\cdots,n\right)\\ &\leqslant f\left(\left(\rho_j', \beta_i, \delta_{ij}\right) \middle| i = 1,2,\cdots,m; j = 1,2,\cdots,n\right)\\ &= \max S'\end{aligned}$$

（刘思峰和党耀国，1997）。

证明 因 $\rho_j \leqslant \rho_j'$，$j=1,2,\cdots,n$，相应有 $\tilde{\boldsymbol{C}}(\otimes) \leqslant \tilde{\boldsymbol{C}}'(\otimes)$。设 $\tilde{\boldsymbol{C}}'(\otimes) = \tilde{\boldsymbol{C}}(\otimes) + \Delta\tilde{\boldsymbol{C}}(\otimes)$，且 $\Delta\tilde{\boldsymbol{C}}(\otimes) \geqslant 0$。

下面分两种情形讨论。不失一般性，假定 $\tilde{\boldsymbol{B}}(\otimes)$ 为 $\text{LP}\left(\left(\rho_j, \beta_i, \delta_{ij}\right) \middle| i = 1,2,\cdots, m; j = 1,2,\cdots,n\right)$ 的最优基。

（1）$\tilde{\boldsymbol{C}}'(\otimes)-\tilde{\boldsymbol{C}}_B'(\otimes)\tilde{\boldsymbol{B}}^{-1}(\otimes)\tilde{\boldsymbol{A}}(\otimes)\leqslant 0$。

此时，定位规划的最优基$\tilde{\boldsymbol{B}}(\otimes)$不变，最优解$\boldsymbol{X}=\left[\tilde{\boldsymbol{B}}^{-1}(\otimes)\tilde{\boldsymbol{b}}(\otimes),\boldsymbol{0}\right]^{\mathrm{T}}$亦不变。显然定位规划的最优值满足

$$\max S'=\tilde{\boldsymbol{C}}_B'(\otimes)\tilde{\boldsymbol{B}}^{-1}(\otimes)\tilde{\boldsymbol{b}}(\otimes)=\tilde{\boldsymbol{C}}_B(\otimes)\tilde{\boldsymbol{B}}^{-1}(\otimes)\tilde{\boldsymbol{b}}(\otimes)+\Delta\tilde{\boldsymbol{C}}_B(\otimes)\tilde{\boldsymbol{B}}^{-1}(\otimes)\tilde{\boldsymbol{b}}(\otimes)\geqslant\max S$$

（2）$\tilde{\boldsymbol{C}}'(\otimes)-\tilde{\boldsymbol{C}}_B'(\otimes)\tilde{\boldsymbol{B}}^{-1}(\otimes)\tilde{\boldsymbol{A}}(\otimes)>0$。

设检验数$r_k'(\otimes)>0$，因此$\tilde{\boldsymbol{B}}(\otimes)$不是定位规划$\mathrm{LP}\left(\left(\rho_j,\beta_i,\delta_{ij}\right)\middle|i=1,2,\cdots,m;j=1,2,\cdots,n\right)$的最优基，进一步作单纯形迭代，求出其最优基$\tilde{\boldsymbol{B}}_1(\otimes)$和最优解

$$\left[\tilde{\boldsymbol{B}}_1^{-1}(\otimes)\tilde{\boldsymbol{b}}(\otimes),\boldsymbol{0}\right]^{\mathrm{T}}$$

注意到$\left[\tilde{\boldsymbol{B}}^{-1}(\otimes)\tilde{\boldsymbol{b}}(\otimes),0\right]^{\mathrm{T}}$为定位规划$\mathrm{LP}\left(\left(\rho_j',\beta_i,\delta_{ij}\right)\middle|i=1,2,\cdots,m;j=1,2,\cdots,n\right)$的基可行解，易得

$$\begin{aligned}\max S'&=\tilde{\boldsymbol{C}}_{B_1}'(\otimes)\tilde{\boldsymbol{B}}_1^{-1}(\otimes)\tilde{\boldsymbol{b}}(\otimes)\\&\geqslant\tilde{\boldsymbol{C}}_B'(\otimes)\tilde{\boldsymbol{B}}^{-1}(\otimes)\tilde{\boldsymbol{b}}(\otimes)\\&=\left[\tilde{\boldsymbol{C}}(\otimes)+\Delta\tilde{\boldsymbol{C}}_B(\otimes)\right]\tilde{\boldsymbol{B}}^{-1}(\otimes)\tilde{\boldsymbol{b}}(\otimes)\\&=\tilde{\boldsymbol{C}}_B(\otimes)\tilde{\boldsymbol{B}}^{-1}(\otimes)\tilde{\boldsymbol{b}}(\otimes)+\Delta\tilde{\boldsymbol{C}}_B(\otimes)\tilde{\boldsymbol{B}}^{-1}(\otimes)\tilde{\boldsymbol{b}}(\otimes)\\&\geqslant\max S\end{aligned}$$

定理 15.3.2 对于 LPGP 的定位规划，当资源约束定位系数满足$\beta_i\leqslant\beta_i'$，i=1,2,⋯,m时，有

$$\begin{aligned}\max S&=f\left(\left(\rho_j,\beta_i,\delta_{ij}\right)\middle|i=1,2,\cdots,m;j=1,2,\cdots,n\right)\\&\leqslant f\left(\left(\rho_j,\beta_i',\delta_{ij}\right)\middle|i=1,2,\cdots,m;j=1,2,\cdots,n\right)\\&=\max S'\end{aligned}$$

（刘思峰和党耀国，1997）。

证明 由$\beta_i\leqslant\beta_i'$，i=1,2,⋯,m，可知$\tilde{\boldsymbol{b}}(\otimes)\leqslant\tilde{\boldsymbol{b}}'(\otimes)$。设$\tilde{\boldsymbol{b}}'(\otimes)=\tilde{\boldsymbol{b}}(\otimes)+\Delta\tilde{\boldsymbol{b}}(\otimes)$，$\Delta\tilde{\boldsymbol{b}}(\otimes)\geqslant 0$，则有$\tilde{\boldsymbol{B}}^{-1}(\otimes)\tilde{\boldsymbol{b}}'(\otimes)=\tilde{\boldsymbol{B}}^{-1}(\otimes)\tilde{\boldsymbol{b}}(\otimes)+\tilde{\boldsymbol{B}}^{-1}(\otimes)\Delta\tilde{\boldsymbol{b}}(\otimes)$。

（1）设$\tilde{\boldsymbol{B}}^{-1}(\otimes)\Delta\tilde{\boldsymbol{b}}(\otimes)\geqslant 0$，则

$$\tilde{\boldsymbol{B}}^{-1}(\otimes)\tilde{\boldsymbol{b}}'(\otimes)=\tilde{\boldsymbol{B}}^{-1}(\otimes)\tilde{\boldsymbol{b}}(\otimes)+\tilde{\boldsymbol{B}}^{-1}(\otimes)\Delta\tilde{\boldsymbol{b}}(\otimes)\geqslant 0$$

故$\tilde{\boldsymbol{B}}(\otimes)$仍为定位规划$\mathrm{LP}\left(\left(\rho_j,\beta_i',\delta_{ij}\right)\middle|i=1,2,\cdots,m;j=1,2,\cdots,n\right)$的最优基，因此

$$\begin{aligned}\max S'&=\tilde{\boldsymbol{C}}_B'(\otimes)\tilde{\boldsymbol{B}}^{-1}(\otimes)\tilde{\boldsymbol{b}}(\otimes)\\&=\tilde{\boldsymbol{C}}_B(\otimes)\tilde{\boldsymbol{B}}^{-1}(\otimes)\tilde{\boldsymbol{b}}(\otimes)+\tilde{\boldsymbol{C}}_B(\otimes)\tilde{\boldsymbol{B}}^{-1}(\otimes)\Delta\tilde{\boldsymbol{b}}(\otimes)\\&=\max S+\tilde{\boldsymbol{C}}_B(\otimes)\tilde{\boldsymbol{B}}^{-1}(\otimes)\Delta\tilde{\boldsymbol{b}}(\otimes)\\&\geqslant\max S\end{aligned}$$

（2）若$\tilde{\boldsymbol{B}}^{-1}(\otimes)\Delta\tilde{\boldsymbol{b}}(\otimes)<0$，存在$k$，$\Delta x_k<0$。以下分两种情形讨论：

① $x_k' = x_k + \Delta x_k \geqslant 0$。$\tilde{\boldsymbol{B}}(\otimes)$ 仍为定位规划 $\text{LP}\left((\rho_j, \beta_i', \delta_{ij})\middle| i=1,2,\cdots,m;\ j=1,2,\cdots,n\right)$ 的最优基，由 $\text{LP}\left((\rho_j, \beta_i, \delta_{ij})\middle| i=1,2,\cdots,m; j=1,2,\cdots,n\right)$ 的最优解为 $\text{LP}\left((\rho_j, \beta_i', \delta_{ij})\middle| i=1,2,\cdots,m; j=1,2,\cdots,n\right)$ 的可行解，易知

$$\max S' = \tilde{\boldsymbol{C}}_B(\otimes)\tilde{\boldsymbol{B}}^{-1}(\otimes)\tilde{\boldsymbol{b}}(\otimes) \leqslant \max S$$

② $x_k' = x_k + \Delta x_k < 0$。此时 $\left[\tilde{\boldsymbol{B}}^{-1}(\otimes)\tilde{\boldsymbol{b}}(\otimes), \boldsymbol{0}\right]^{\mathrm{T}}$ 不是 $\text{LP}\left((\rho_j, \beta_i', \delta_{ij})\middle| i=1,2,\cdots,m; j=1,2,\cdots,n\right)$ 的基可行解。但 $\tilde{\boldsymbol{B}}(\otimes)$ 为正则基，应用对偶单纯形方法求出 $\text{LP}\left((\rho_j, \beta_i', \delta_{ij})\middle| i=1,2,\cdots,m; j=1,2,\cdots,n\right)$ 的最优基 $\tilde{\boldsymbol{B}}_1(\otimes)$ 和最优解 $\boldsymbol{X}' = \left[\tilde{\boldsymbol{B}}_1^{-1}(\otimes)\tilde{\boldsymbol{b}}'(\otimes), \boldsymbol{0}\right]^{\mathrm{T}}$。因 $\text{LP}\left((\rho_j, \beta_i, \delta_{ij})\middle| i=1,2,\cdots,m; j=1,2,\cdots,n\right)$ 的最优解为 $\text{LP}\left((\rho_j, \beta_i', \delta_{ij})\middle| i=1,2,\cdots,m; j=1,2,\cdots,n\right)$ 的可行解，故有

$$\max S = \tilde{\boldsymbol{C}}_B(\otimes)\tilde{\boldsymbol{B}}^{-1}(\otimes)\tilde{\boldsymbol{b}}(\otimes) \leqslant \max S'$$

定理 15.3.3 对于 LPGP 的定位规划，当消耗定位系数满足 $\delta_{ij} \geqslant \delta_{ij}'$，$i=1, 2,\cdots,m$；$j=1,2,\cdots,n$ 时，有

$$\begin{aligned}\max S &= f\left((\rho_j, \beta_i, \delta_{ij})\middle| i=1,2,\cdots,m; j=1,2,\cdots,n\right)\\ &\leqslant f\left((\rho_j, \beta_i, \delta_{ij}')\middle| i=1,2,\cdots,m; j=1,2,\cdots,n\right)\\ &= \max S'\end{aligned}$$

（刘思峰和党耀国，1997）。

证明 由 $\delta_{ij} \geqslant \delta_{ij}'$，$i=1,2,\cdots,m$；$j=1,2,\cdots,n$，相应地，有消耗白化矩阵

$$\tilde{\boldsymbol{A}}(\otimes) \geqslant \tilde{\boldsymbol{A}}'(\otimes) \geqslant \boldsymbol{0}$$

设消耗白化矩阵的第 k 列为

$$\tilde{\boldsymbol{P}}_k(\otimes) \geqslant \tilde{\boldsymbol{P}}_k'(\otimes)$$

（1）$\tilde{\boldsymbol{P}}_k(\otimes)$ 不是基向量。

当 $\tilde{\boldsymbol{P}}_k(\otimes)$ 换为 $\tilde{\boldsymbol{P}}_k'(\otimes)$ 时，基 $\tilde{\boldsymbol{B}}(\otimes)$ 不变，但检验数

$$\boldsymbol{r}_k' = \tilde{\boldsymbol{C}}_k(\otimes) + \tilde{\boldsymbol{C}}_B(\otimes)\tilde{\boldsymbol{B}}^{-1}\tilde{\boldsymbol{P}}_k'(\otimes)$$

可能改变。

①若 $r_k' \leqslant 0$，$\text{LP}\left((\rho_j, \beta_i, \delta_{ij})\middle| i=1,2,\cdots,m; j=1,2,\cdots,n\right)$ 的最优解仍为 $\text{LP}\left((\rho_j, \beta_i, \delta_{ij}')\middle| i=1,2,\cdots,m; j=1,2,\cdots,n\right)$ 的最优解，此时最优值不变，故

$$\max S = \max S'$$

②若 $r_k' > 0$，则与 $\tilde{\boldsymbol{P}}_k'(\otimes)$ 对应的 x_k' 将变为基变量，应用单纯形迭代求出 $\text{LP}\left((\rho_j, \beta_i, \delta_{ij}')\middle| i=1,2,\cdots,m; j=1,2,\cdots,n\right)$ 的最优解

$$\boldsymbol{X}' = \left[\tilde{\boldsymbol{B}}_1^{-1}(\otimes)\tilde{\boldsymbol{b}}(\otimes), \boldsymbol{0}\right]^{\mathrm{T}}$$

注意到 $\left[\tilde{\boldsymbol{B}}^{-1}(\otimes)\tilde{\boldsymbol{b}}(\otimes),\boldsymbol{0}\right]^{\mathrm{T}}$ 为 $\mathrm{LP}\left(\left(\rho_j,\beta_i,\delta'_{ij}\right)\middle|i=1,2,\cdots,m;j=1,2,\cdots,n\right)$ 的可行解，故有

$$\max S=\tilde{\boldsymbol{C}}_B(\otimes)\tilde{\boldsymbol{B}}^{-1}(\otimes)\tilde{\boldsymbol{b}}(\otimes)\leqslant\tilde{\boldsymbol{C}}_{B_1}(\otimes)\tilde{\boldsymbol{B}}_1^{-1}(\otimes)\tilde{\boldsymbol{b}}(\otimes)=\max S'$$

（2）$\tilde{\boldsymbol{P}}_k(\otimes)$是基向量。

当 $\tilde{\boldsymbol{P}}_k(\otimes)$ 换为 $\tilde{\boldsymbol{P}}'_k(\otimes)$ 时，现行的基可能不再成为基，即使 $\tilde{\boldsymbol{P}}_k(\otimes)$ 换为 $\tilde{\boldsymbol{P}}'_k(\otimes)$ 后仍为基，其最优性亦不能保证。

应用单纯形迭代求出 $\mathrm{LP}\left(\left(\rho_j,\beta_i,\delta'_{ij}\right)\middle|i=1,2,\cdots,m;j=1,2,\cdots,n\right)$ 的最优基 $\tilde{\boldsymbol{B}}_1(\otimes)$ 和最优解 $\boldsymbol{X}'=\left[\tilde{\boldsymbol{B}}_1^{-1}(\otimes)\tilde{\boldsymbol{b}}(\otimes),\boldsymbol{0}\right]^{\mathrm{T}}$。其余讨论如（1）的②。

由定理 15.3.1~定理 15.3.3 可知，定位规划的最优值是价格定位系数 $\rho_j\,(j=1,2,\cdots,n)$ 和约束定位系数 $\beta_i\,(i=1,2,\cdots,m)$ 的增函数，是消耗定位系数 $\delta_{ij}\,(i=1,2,\cdots,m;j=1,2,\cdots,n)$ 的减函数。

定义 15.3.1 设对 $\forall i=1,2,\cdots,m$ 和 $j=1,2,\cdots,n$ 有

$$\rho_j=\rho\,,\quad \beta_j=\beta\,,\quad \delta_{ij}=\delta$$

则称相应的定位规划为 (ρ,β,δ) 定位规划，记为 $\mathrm{LP}(\rho,\beta,\delta)$。其最优值称为 (ρ,β,δ) 定位最优值，记为 $\max S(\rho,\beta,\delta)$。

定理 15.3.4 对于 LPGP 的定位规划 $\mathrm{LP}(\rho,\beta,\delta)$：

（1）当 $\rho=\rho_0$，$\beta=\beta_0$，$\delta_1\leqslant\delta_2$ 时，$\max S(\rho_0,\beta_0,\delta_1)\geqslant\max S(\rho_0,\beta_0,\delta_2)$；

（2）当 $\rho_1\leqslant\rho_2$，$\beta=\beta_0$，$\delta=\delta_0$ 时，$\max S(\rho_1,\beta_0,\delta_0)\leqslant\max S(\rho_2,\beta_0,\delta_0)$；

（3）当 $\rho=\rho_0$，$\beta_1\leqslant\beta_2$，$\delta=\delta_0$ 时，$\max S(\rho_0,\beta_1,\delta_0)\leqslant\max S(\rho_0,\beta_2,\delta_0)$。

ρ 反映了 n 种产品的综合价格水平，β 反映了 m 种资源的总的供应状况，δ 则是生产过程中工艺技术水平、劳动力素质和管理水平的集中体现（刘思峰和党耀国，1997）。

15.3.2 LPGP 的满意解

定义 15.3.2 当 $\rho=\beta=1$，$\delta=0$ 时，对应的定位规划 LP（1，1，0）称为 LPGP 的理想模型，其最优值记为 $\max\bar{S}$。

理想模型代表的是产品价格最高、资源最充足、生产工艺最先进、劳动力素质和管理水平都达到最佳状态的理想境界，此乃为论证新项目的目标，实际中很少有企业能够入此佳境。

定义 15.3.3 当 $\rho=\beta=0$，$\delta=1$ 时，对应的定位规划 LP（0，0，1）称为 LPGP 的临界模型，其最优值记为 $\max\underline{S}$。

临界模型代表的是产品价格最低、资源最紧缺、生产工艺技术最落后、劳动力素质和管理水平最低的困境。到此境地，企业已濒临破产，唯一的出路是改换产品品种，改造生产工艺技术流程，寻找替代资源，对工人和管理人员进行全面培训。

定义 15.3.4 当 $\rho=\beta=\delta=\theta$ 时，对应的定位规划称为 θ 定位规划，记为 $\mathrm{LP}(\theta)$，

其最优值记为 $\max S(\theta)$。

特别地，当 $\theta=0.5$ 时，对应的 θ 定位规划 LP（0.5）称为均值白化规划，通常情况下，对灰参数线性规划而言，均值白化规划最具代表性。

定理 15.3.5 对任意的 $\rho,\beta,\delta\in[0,1]$ 时，有

（1）$\max\underline{S}\leqslant\max S(\rho,\beta,\delta)\leqslant\max\overline{S}$；

（2）$\max\underline{S}\leqslant\max S(\theta)\leqslant\max\overline{S}$。

证明 仅对（1）证明如下：

由 $0\leqslant\rho\leqslant1$，$0\leqslant\beta\leqslant1$，$0\leqslant\delta\leqslant1$，注意到 $\max\underline{S}=\max S(0,0,1)$，由定理 15.3.4 可得

$$\max\underline{S}=\max S(0,0,1)\leqslant\max S(\rho,0,1)\leqslant\max S(\rho,\beta,1)\leqslant\max S(\rho,\beta,\delta)$$

类似可证 $\max\overline{S}\geqslant\max S(\rho,\beta,\delta)$。

定义 15.3.5 对于给定的 $\rho,\beta,\delta\in[0,1]$，称

$$\mu(\rho,\beta,\delta)=\frac{1}{2}\left(1-\frac{\max\underline{S}}{\max S(\rho,\beta,\delta)}\right)+\frac{1}{2}\frac{\max S(\rho,\beta,\delta)}{\max\overline{S}} \tag{15.3.1}$$

为 $\mathrm{LP}(\rho,\beta,\delta)$ 的满意度（刘思峰和党耀国，1997）。

定位规划 $\mathrm{LP}(\rho,\beta,\delta)$ 的满意度反映了定位最优值 $\max S(\rho,\beta,\delta)$ 与临界模型最优值 $\max\underline{S}$ 及理想模型最优值 $\max\overline{S}$ 的关系，$\max S(\rho,\beta,\delta)$ 越接近 $\max\overline{S}$，$\mu(\rho,\beta,\delta)$ 越大，$\max S(\rho,\beta,\delta)$ 越接近 $\max\underline{S}$，$\mu(\rho,\beta,\delta)$ 越小。

类似地，可以定义 θ 定位规划 LP (θ) 和一般定位规划 $\mathrm{LP}\big((\rho_j,\beta_i,\delta_{ij})\big|\, i=1,2,\cdots,m; j=1,2,\cdots,n\big)$ 的满意度。

命题 15.3.1 对于给定的 $\rho,\beta,\delta\in[0,1]$ 有

$$0\leqslant\mu(\rho,\beta,\delta)\leqslant1$$

定义 15.3.6 给定灰靶 $D=[\mu_0,1]$，若 $\mu(\rho,\beta,\delta)\in D$，则称与之对应的定位最优解为 LPGP 的满意解。

例 15.3.1 对于例 15.2.1 所示的灰色线性规划问题，若日供电计划 $b_1(\otimes)\in[150,235]$，日供煤计划 $b_2(\otimes)\in[280,360]$，可调配劳动力 $b_3(\otimes)\in[270,330]$，试求灰色漂移型线性规划

$$\max \boldsymbol{S}=\boldsymbol{C}(\otimes)\boldsymbol{X}$$
$$\text{s.t.}\begin{cases}\boldsymbol{A}(\otimes)\boldsymbol{X}\leqslant\boldsymbol{b}(\otimes)\\ \boldsymbol{X}\geqslant0\end{cases}$$

的理想最优值 $\max\overline{S}$，临界值 $\max\underline{S}$，以及 $\theta=0.6$ 时的 θ 定位最优值和 $\rho=0.7$，$\beta=0.9$，$\delta=0.5$ 时的 (ρ,β,δ) 定位最优值，并研究其满意度。

解 （1）求理想最优值 $\max\overline{S}$。取 $\rho=1$，$\beta=1$，$\delta=0$ 则

$$\overline{\boldsymbol{C}}=(\overline{c}_1,\overline{c}_2)=(800,1\,500),\quad \overline{\boldsymbol{b}}=(\overline{b}_1,\overline{b}_2,\overline{b}_3)^{\mathrm{T}}=[235,360,330]^{\mathrm{T}}$$

$$\boldsymbol{A}=\begin{bmatrix}\underline{a}_{11} & \underline{a}_{12}\\ \underline{a}_{21} & \underline{a}_{22}\\ \underline{a}_{31} & \underline{a}_{32}\end{bmatrix}=\begin{bmatrix}3 & 3.5\\ 7 & 3\\ 2.5 & 8\end{bmatrix}$$

于是得理想模型

$$\max S = 800x_1 + 1\,500x_2$$

$$\text{s.t.}\begin{cases}3x_1 + 3.5x_2 \leqslant 235\\ 7x_1 + 3x_2 \leqslant 360\\ 2.5x_1 + 8x_2 \leqslant 330\\ x_1 \geqslant 0, x_2 \geqslant 0\end{cases}$$

其可行域如图 15.3.1 所示。

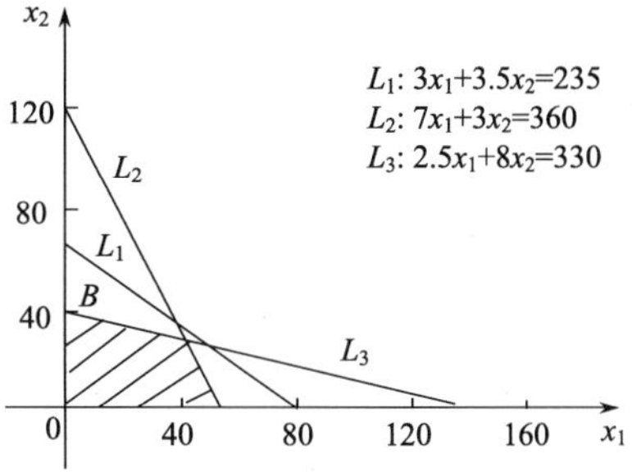

图 15.3.1　线性规划可行域

目标函数 $\max S = 800x_1 + 1\,500x_2$ 所代表的具有相同斜率 $-\dfrac{8}{15}$ 的平行直线族与可行域右上方的最后一个交点为 B，B 为最优点。由

$$\begin{cases}2.5x_1 + 8x_2 = 330\\ x_1 = 0\end{cases}$$

解得 $x_1 = 0$ ， $x_2 = 41.25$ 为理想最优解，其理想最优值为

$$\max\overline{S} = 800\times 0 + 1\,500\times 41.25 = 61\,875$$

（2）求临界值 $\max\underline{S}$ 。取 $\rho = 0$ ， $\beta = 0$ ， $\delta = 1$ 则

$$\underline{\boldsymbol{C}} = \left(\underline{c}_1, \underline{c}_2\right) = (600, 900)\text{，}\quad \underline{\boldsymbol{b}} = \left(\underline{b}_1, \underline{b}_2, \underline{b}_3\right)^{\mathrm{T}} = [150, 280, 270]^{\mathrm{T}}$$

$$\boldsymbol{A}=\begin{bmatrix}\overline{a}_{11} & \overline{a}_{12}\\ \overline{a}_{21} & \overline{a}_{22}\\ \overline{a}_{31} & \overline{a}_{32}\end{bmatrix}=\begin{bmatrix}5 & 6.5\\ 11 & 5\\ 3.5 & 12\end{bmatrix}$$

于是得临界模型

$$\max S = 600x_1 + 900x_2$$

$$\text{s.t.}\begin{cases}5x_1 + 6.5x_2 \leqslant 150\\ 11x_1 + 5x_2 \leqslant 280\\ 3.5x_1 + 12x_2 \leqslant 270\\ x_1 \geqslant 0, x_2 \geqslant 0\end{cases}$$

类似地，可以知道，其最优解为联立方程组

$$\begin{cases}3.5x_1+12x_2=270\\5x_1+6.5x_2=150\end{cases}$$

的解，即 $x_1=1.2$ ，$x_2=22.15$ ，于是得临界值为

$$\max\underline{S}=600\times1.2+900\times22.15=20\,655$$

（3）求 $\theta=0.6$ 时的 θ 定位最优值 $\max S$（0.6）。取 $\rho=\beta=\delta=0.6$ ，则

$$\tilde{c}_1(\otimes)=0.6\overline{c}_1+0.4\underline{c}_1=720\text{，}\quad\tilde{c}_2(\otimes)=0.6\overline{c}_2+0.4\underline{c}_2=1\,260$$

$$\tilde{\otimes}_{11}=0.6\overline{a}_{11}+0.4\underline{a}_{11}=4.2\text{，}\quad\tilde{\otimes}_{12}=0.6\overline{a}_{12}+0.4\underline{a}_{12}=5.3$$

同样可得

$$\tilde{\otimes}_{21}=9.4\text{，}\quad\tilde{\otimes}_{22}=4.2\text{，}\quad\tilde{\otimes}_{31}=3.1\text{，}\quad\tilde{\otimes}_{32}=10.4$$

$$\tilde{b}_1(\otimes)=201\text{，}\quad\tilde{b}_2(\otimes)=328\text{，}\quad\tilde{b}_3(\otimes)=306$$

于是有 0.6 定位模型

$$\max S=720x_1+1\,260x_2$$

$$\text{s.t.}\begin{cases}4.2x_1+5.3x_2\leqslant201\\9.4x_1+4.2x_2\leqslant328\\3.1x_1+10.4x_2\leqslant306\\x_1\geqslant0,x_2\geqslant0\end{cases}$$

其最优解为联立方程组

$$\begin{cases}3.1x_1+10.4x_2=306\\4.2x_1+5.3x_2=201\end{cases}$$

的解，即 $x_1=17.19$ ，$x_2=24.30$ ，相应的 0.6 定位最优值为

$$\max S(0.6)=720\times17.19+1\,260\times24.30=42\,994.8$$

（4）求 ρ =0.7，β =0.9，δ=0.5 时，(ρ,β,δ) 定位最优值 max（0.7,0.9,0.5）。

因为 ρ =0.7，所以

$$\tilde{c}_1(\otimes)=0.7\overline{c}_1+0.3\underline{c}_1=740\text{，}\quad\tilde{c}_2(\otimes)=0.7\overline{c}_2+0.3\underline{c}_2=1\,320$$

$$\tilde{c}(\otimes)=(\tilde{c}_1(\otimes),\tilde{c}_2(\otimes))=(740,1\,320)$$

因为 δ =0.5，所以

$$\tilde{\otimes}_{11}=0.5\overline{a}_{11}+0.5\underline{a}_{11}=4\text{，}\quad\tilde{\otimes}_{12}=0.5\overline{a}_{12}+0.5\underline{a}_{12}=5$$

$$\tilde{\otimes}_{21}=0.5\overline{a}_{21}+0.5\underline{a}_{21}=9\text{，}\quad\tilde{\otimes}_{22}=0.5\overline{a}_{22}+0.5\underline{a}_{22}=4$$

$$\tilde{\otimes}_{31}=0.5\overline{a}_{31}+0.5\underline{a}_{31}=3\text{，}\quad\tilde{\otimes}_{32}=0.5\overline{a}_{32}+0.5\underline{a}_{32}=10$$

$$\tilde{\boldsymbol{A}}(\otimes)=\begin{bmatrix}\tilde{\otimes}_{11}&\tilde{\otimes}_{12}\\\tilde{\otimes}_{21}&\tilde{\otimes}_{22}\\\tilde{\otimes}_{31}&\tilde{\otimes}_{32}\end{bmatrix}=\begin{bmatrix}4&5\\9&4\\3&10\end{bmatrix}$$

因为 β =0.9，所以

$$\tilde{b}_1(\otimes)=0.9\overline{b}_1+0.1\underline{b}_1=226.5，\ \tilde{b}_2(\otimes)=0.9\overline{b}_2+0.1\underline{b}_2=352$$

$$\tilde{b}_3(\otimes)=0.9\overline{b}_3+0.1\underline{b}_3=324$$

$$\tilde{\boldsymbol{b}}(\otimes)=\left(\tilde{b}_1(\otimes),\tilde{b}_2(\otimes),\tilde{b}_3(\otimes)\right)^{\mathrm{T}}=[226.5,\ 352,\ 324]^{\mathrm{T}}$$

故得(ρ,β,δ)定位模型

$$\max S=740x_1+1\,320x_2$$

$$\text{s.t.}\begin{cases}4x_1+5x_2\leqslant 226.5\\9x_1+4x_2\leqslant 352\\3x_1+10x_2\leqslant 324\\x_1\geqslant 0,x_2\geqslant 0\end{cases}$$

研究其可行域与目标函数，可知最优解

$$\begin{cases}4x_1+5x_2=226.5\\3x_1+10x_2=324\end{cases}$$

的解，即 x_1=25.8， x_2=24.66，相应的(ρ,β,δ)定位最优值为

$$\max S(0.7,0.9,0.5)=\tilde{c}_1(\otimes)\bullet x_1+\tilde{c}_2(\otimes)\bullet x_2=51\,643.2$$

（5）取$\mu_0=0.5$，对 0.6 定位模型，有

$$\mu=\frac{1}{2}\left(1-\frac{\max\underline{S}}{\max S(0.6)}\right)+\frac{1}{2}\frac{\max S(0.6)}{\max\overline{S}}\approx 0.61>\mu_0$$

故与 max（0.6）对应的最优解 x_1=17.19， x_2=24.30 是灰色漂移型线性规划的满意解。

对于 ρ=0.7， β=0.9， δ=0.5 时的(ρ,β,δ)定位模型，可得

$$\mu=\frac{1}{2}\left[1-\frac{\max\underline{S}}{\max S(0.7,0.9,0.5)}\right]+\frac{1}{2}\frac{\max S(0.7,0.9,0.5)}{\max\overline{S}}\approx 0.72>\mu$$

因此与 max（0.7,0.9,0.5）对应的最优解 x_1=25.8， x_2=24.66 也是灰色漂移型线性规划的满意解。

15.3.3 θ定位规划 LP（θ）的一种求解方法

一般灰色线性规划模型可表达为

$$\max f(x)=\boldsymbol{C}(\otimes)^{\mathrm{T}}\boldsymbol{X} \tag{15.3.2}$$

$$\text{s.t.}\begin{cases}g_u(\boldsymbol{X})=\boldsymbol{A}(\otimes)\boldsymbol{X}-b\leqslant 0,u=1,2,\cdots,m\\h_v(\boldsymbol{X})=\boldsymbol{B}(\otimes)\boldsymbol{X}-d=0,v=1,2,\cdots,p,p<n\end{cases} \tag{15.3.3}$$

其中，$\boldsymbol{X}=[x_1,x_2,\cdots,x_n]^{\mathrm{T}}$；

$$\boldsymbol{C}(\otimes)=[c_1(\otimes),c_2(\otimes),\cdots,c_n(\otimes)]^{\mathrm{T}}，\ c_i(\otimes)\in[\underline{c}_i,\overline{c}_i],i=1,2,\cdots,n$$

$$\boldsymbol{A}(\otimes)=[a_{uj}(\otimes)]_{m\times n}，\ a_{uj}(\otimes)\in[\underline{a}_{uj},\overline{a}_{uj}]$$

$$\boldsymbol{B}(\otimes)=\left[b_{vj}(\otimes)\right]_{p\times n}，\quad b_{vj}(\otimes)\in\left[\underline{b}_{vj},\overline{b}_{vj}\right]$$

$$\boldsymbol{b}=\left[b_1,b_2,\cdots,b_m\right]^{\mathrm{T}}，\quad \boldsymbol{d}=\left[d_1,d_2,\cdots,d_p\right]^{\mathrm{T}}$$

对漂移型灰色线性规划，设

$$\begin{cases}c_i(\otimes)=\underline{c}_i+\theta\left(\overline{c}_i-\underline{c}_i\right)\\ a_{uj}(\otimes)=\underline{a}_{uj}+\theta\left(\overline{a}_{uj}-\underline{a}_{uj}\right)\\ b_{vj}(\otimes)=\underline{b}_{vj}+\theta\left(\overline{b}_{vj}-\underline{b}_{vj}\right)\\ \theta=x_{n+1}\end{cases} \tag{15.3.4}$$

把式（15.3.4）代入式（15.3.2）和式（15.3.3），则漂移型灰色线性规划转化为普通非线性规划，其形式如下：

$$\max f(x)=\sum_{i=1}^{n}\left[\underline{c}_i+x_{n+1}\left(\overline{c}_i+\underline{c}_i\right)\right]x_i \tag{15.3.5}$$

$$\text{s.t.}\begin{cases}\displaystyle\sum_{j=1}^{n}\left[\underline{a}_{ij}+x_{n+1}\left(\overline{a}_{ij}-\underline{a}_{ij}\right)\right]x_i-b_u\leqslant 0\\ \displaystyle\sum_{j=1}^{n}\left[\underline{b}_{vj}+x_{n+1}\left(\overline{b}_{vj}-\underline{b}_{vj}\right)\right]x_i-d_v=0\\ 0\leqslant x_{n+1}\leqslant 1\\ u=1,2,\cdots,m;v=1,2,\cdots,p;p<n\end{cases} \tag{15.3.6}$$

式（15.3.5）和式（15.3.6）构成了普通非线性规划模型的一般形式，可用非线性规划解法（如混合惩罚函数法、复合形法、可行方向法等）来求解。

例 15.3.2 设灰色线性规划问题为

$$\max f(x)=\otimes_1x_1+\otimes_2x_2$$

$$\text{s.t.}\begin{cases}\otimes_{11}x_1+\otimes_{12}x_2\leqslant 360\\ 3x_1+10x_2\leqslant 300\\ 4x_1+5x_2\leqslant 198\\ x_1,x_2\geqslant 0\end{cases}$$

其中，$\otimes_1\in[1,7]$，$\otimes_2\in[1,3]$，$\otimes_{11}\in[1,21]$，$\otimes_{12}\in[4,10]$。

由上述公式可将该问题转化为如下的非线性规划模型：

$$\max f(x)=6x_1x_3+x_1+2x_2x_3+x_2$$

$$\text{s.t.}\begin{cases}x_1+20x_1x_3+4x_2+6x_2x_3-360\leqslant 0\\ 3x_1+10x_2-200\leqslant 0\\ 4x_1+5x_2-198\leqslant 0\\ 0\leqslant x_3\leqslant 1\\ x_1,x_2\geqslant 0\end{cases}$$

通过转化，得到一个比原灰色线性规划多一个变量的普通非线性规划，利用非线性规划混合惩罚法计算机程序，即可得到原漂移型灰色线性规划的最优解

$f(\theta)=142.2$，$\theta=0.312$。

15.4 灰色线性规划的准优解

在线性规划问题的求解过程中，常常遇到得不出最优解的情形，此时可以考虑采用其他方法去寻求近似的最优解。本节主要研究决策变量交替寻优法，其步骤如下。

第一步：确定灰色线性规划

$$\max \boldsymbol{S}=\boldsymbol{C}(\otimes)\boldsymbol{X}$$
$$\text{s.t.}\begin{cases}\boldsymbol{A}(\otimes)\boldsymbol{X}\leqslant \boldsymbol{b}(\otimes)\\ \boldsymbol{X}\geqslant \boldsymbol{0}\end{cases}$$

的定位规划

$$\max \boldsymbol{S}=\tilde{\boldsymbol{C}}(\otimes)\boldsymbol{X}$$
$$\text{s.t.}\begin{cases}\tilde{\boldsymbol{A}}(\otimes)\boldsymbol{X}\leqslant \tilde{\boldsymbol{b}}(\otimes)\\ \boldsymbol{X}\geqslant \boldsymbol{0}\end{cases}$$

第二步：按照常规的线性规划方法求解，直到计算不能继续进行。

设最后一个可行解为

$$X^{(0)}=\left(x_1^{(0)},x_2^{(0)},\cdots,x_n^{(0)}\right)$$

第三步：以 $X^{(0)}$ 为起点，对固定的 $x_2^{(0)},x_3^{(0)},\cdots,x_n^{(0)}$，优化 x_1，设

$$X^{(1)}=\left(x_1^{(1)},x_2^{(0)},\cdots,x_n^{(0)}\right)$$

为 $x_2^{(0)},x_3^{(0)},\cdots,x_n^{(0)}$ 固定时的最优解，然后以 $X^{(1)}$ 为起点，对 x_2 优化，设

$$X^{(2)}=\left(x_1^{(1)},x_2^{(1)},x_3^{(0)}\cdots,x_n^{(0)}\right)$$

为 $x_1^{(1)},x_3^{(0)},\cdots,x_n^{(0)}$ 固定时的最优解，再以 $X^{(2)}$ 为起点对 x_3 进行优化，如此等等，直到求出

$$X^{(n)}=\left(x_1^{(1)},x_2^{(1)},\cdots,x_n^{(1)}\right)$$

第四步：以 $X^{(n)}$ 为新的起点，重复第三步中的探索，得

$$X^{(2n)}=\left(x_1^{(2)},x_2^{(2)},\cdots,x_n^{(2)}\right)$$
$$X^{(3n)}=\left(x_1^{(3)},x_2^{(3)},\cdots,x_n^{(3)}\right)$$
$$\vdots$$
$$X^{(kn)}=\left(x_1^{(k)},x_2^{(k)},\cdots,x_n^{(k)}\right)$$
$$\vdots$$

直到 $X^{(kn)}=X^{((k-1)n)}$ 或 $X^{(kn)}$ 与 $X^{((k-1)n)}$ 充分接近，且对应的目标函数值充分接近为止。

定义 15.4.1 称交替寻优法所得的最终解

$$X^{(kn)}=\left(x_1^{(k)},x_2^{(k)},\cdots,x_n^{(k)}\right)$$

为灰色线性规划的准优解，与之相应的目标函数值称为准优值。

例 15.4.1 设灰色线性规划问题的θ定位规划为

$$\max S=\frac{5}{2}x_1+\frac{1}{2}x_2+2x_3+2x_4$$

$$\text{s.t.}\begin{cases}4x_1+x_2+2x_3\leqslant 100\\ x_1+x_3+2x_4\leqslant 80\\ \dfrac{1}{2}x_1+x_3+2x_4\leqslant 60\\ 0\leqslant x_j\leqslant 15,\ j=1,2,3,4\end{cases}$$

试求其准优解。

解 假定在单纯形法求解过程中所得的最后一个可行解为

$$X^{(0)}=\left(x_1^{(0)},x_2^{(0)},x_3^{(0)},x_4^{(0)}\right)=(12,10,10,5)$$

与之对应的目标函数值为

$$S=\frac{5}{2}x_1^{(0)}+\frac{1}{2}x_2^{(0)}+2x_3^{(0)}+2x_4^{(0)}=\frac{5}{2}\times 12+\frac{1}{2}\times 10+2\times 10+2\times 5=65$$

以$X^{(0)}$为起点，进行第一轮交替寻优。首先对固定的$x_2^{(0)},x_3^{(0)},x_4^{(0)}$，优化$x_1$。将$x_2^{(0)}$=10，$x_3^{(0)}$=10，$x_4^{(0)}$=5代入约束不等式，得

$$\begin{cases}4x_1+x_2^{(0)}+2x_3^{(0)}\leqslant 100,\\ x_1+x_3^{(0)}+2x_4^{(0)}\leqslant 80,\\ \dfrac{1}{2}x_1+x_3^{(0)}+2x_4^{(0)}\leqslant 60,\\ 0\leqslant x_1\leqslant 15,\end{cases}\text{即}\begin{cases}4x_1\leqslant 100-10-20=70,\\ x_1\leqslant 80-10-10=60,\\ \dfrac{1}{2}x_1\leqslant 60-10-10=40,\\ 0\leqslant x_1\leqslant 15,\end{cases}\text{亦即}\begin{cases}x_1\leqslant 17.5\\ x_1\leqslant 60\\ x_1\leqslant 80\\ 0\leqslant x_1\leqslant 15\end{cases}$$

易见$x_1^{(1)}=15$最优。然后以$X^{(1)}=\left(x_1^{(1)},x_2^{(0)},x_3^{(0)},x_4^{(0)}\right)=(15,10,10,5)$为起点，对固定的$x_1^{(1)},x_3^{(0)},x_4^{(0)}$，优化$x_2$。将$x_1^{(1)}$=15，$x_3^{(0)}$=10，$x_4^{(0)}$=5代入约束不等式，有

$$\begin{cases}x_2\leqslant 100-4x_1^{(1)}-2x_3^{(0)}=100-60-20=20\\ 0\leqslant x_2\leqslant 15\end{cases}$$

即

$$\begin{cases}x_2\leqslant 20\\ 0\leqslant x_2\leqslant 15\end{cases}$$

故$x_2^{(1)}=15$最优。再以$X^{(2)}=\left(x_1^{(1)},x_2^{(1)},x_3^{(0)},x_4^{(0)}\right)=(15,15,10,5)$为起点，对固定的$x_1^{(1)},x_2^{(1)},x_4^{(0)}$，优化$x_3$。将$x_1^{(1)}$=15，$x_2^{(1)}$=15，$x_4^{(0)}$=5代入约束不等式，有

$$\begin{cases}2x_3 \leqslant 100-4x_1^{(1)}-x_2^{(1)}=100-60-15=25,\\ x_3 \leqslant 80-x_1^{(1)}-2x_4^{(0)}=80-15-10=55,\\ x_3 \leqslant 60-\dfrac{1}{2}x_1^{(1)}-2x_4^{(0)}=60-7.5-10=42.5,\\ 0 \leqslant x_3 \leqslant 15,\end{cases} \quad 即 \begin{cases}x_3 \leqslant 12.5\\ x_3 \leqslant 55\\ x_3 \leqslant 42.5\\ 0 \leqslant x_3 \leqslant 15\end{cases}$$

故 $x_3^{(1)}=12.5$ 最优，以 $X^{(3)}=\left(x_1^{(1)},x_2^{(1)},x_3^{(1)},x_4^{(0)}\right)=(15,15,12.5,5)$ 为起点，对固定的 $x_1^{(1)},x_2^{(1)},x_3^{(1)}$，优化 x_4。将 $x_1^{(1)}=15$，$x_2^{(1)}=15$，$x_3^{(1)}=12.5$ 代入约束不等式，有

$$\begin{cases}2x_4 \leqslant 80-x_1^{(1)}-x_3^{(1)}=80-15-12.5=52.5,\\ 2x_4 \leqslant 60-\dfrac{1}{2}x_1^{(1)}-x_3^{(0)}=60-7.5-12.5=40,\\ 0 \leqslant x_4 \leqslant 15,\end{cases} \quad 即 \begin{cases}x_4 \leqslant 26.25\\ x_4 \leqslant 20\\ 0 \leqslant x_4 \leqslant 15\end{cases}$$

故 $x_4^{(1)}=15$ 最优。于是有第一轮交替寻优结果为

$$X^{(4)}=\left(x_1^{(1)},x_2^{(1)},x_3^{(1)},x_4^{(1)}\right)=(15,15,12.5,15)$$

与之对应的目标函数值

$$\begin{aligned}S^{(4)}&=\frac{5}{2}x_1^{(1)}+\frac{1}{2}x_2^{(1)}+2x_3^{(1)}+2x_4^{(1)}\\&=\frac{5}{2}\times 15+\frac{1}{2}\times 15+2\times 12.5+2\times 15\\&=100\end{aligned}$$

$S^{(4)}>S^{(0)}$，故 $X^{(4)}$ 优于 $X^{(0)}$。再以 $X^{(4)}$ 为起点进行第二轮交替寻优。因四个决策变量有三个已达到上界，而未达到上界的 x_3 在其他变量不变的情况下也为最优，故有第二轮交替寻优结果 $X^{(8)}=X^{(4)}$，于是 $X^{(4)}=$（15,15,12.5,15）为准优解，$S^{(4)}=100$ 为准优值。

如果对准优值仍不满意，则可根据目标函数中各决策变量的系数的大小进一步进行优化。在例 15.4.1 中，由于

$$\tilde{c}(\otimes)=\left(\tilde{c}_1(\otimes),\tilde{c}_2(\otimes),\tilde{c}_3(\otimes),\tilde{c}_4(\otimes)\right)=\left(\frac{5}{2},\frac{1}{2},2,2\right)$$

其中，$\tilde{c}_2(\otimes)=\dfrac{1}{2}<\tilde{c}_3(\otimes)=2$，因此 $x_2^{(1)}=15>x_3^{(1)}=12.5$ 是不尽合理的。若约束条件许可，我们可以通过降低 x_2，提高 x_3 使目标函数值进一步增大。将 $x_1^{(1)}=15$，$x_4^{(1)}=15$ 代入不等式，有

$$\begin{cases}x_2+2x_3 \leqslant 100-4x_1^{(1)}=100-60=40\\ 0 \leqslant x_2 \leqslant 15\\ 0 \leqslant x_3 \leqslant 15\end{cases}$$

取 $x_3^{(2)}=15$，有

$$\begin{cases} x_2 \leqslant 40-30=10 \\ 0 \leqslant x_2 \leqslant 15 \end{cases}$$

$x_2^{(2)}=10$ 最优，从而得 $X^{(5)}=\left(x_1^{(1)},x_2^{(2)},x_3^{(2)},x_4^{(1)}\right)=(15,10,15,15)$，与之对应的目标函数值 $S^{(5)}=102.5>S^{(4)}=100$，$X^{(5)}$优于$X^{(4)}$。

15.5 灰色 0-1 规划

0-1 规划中最典型的是分配问题。本节着重讨论灰色预测型分配问题的求解。

定义 15.5.1 将 n 项任务分配给 m 个承担者，约定每个承担者只能完成一项任务，当 $n=m$ 时，称此类分配问题为平衡分配问题。

定义 15.5.2 在平衡分配问题中，令

$$x_{ij}=\begin{cases} 1, & \text{第}i\text{项任务分配给第}j\text{个承担者} \\ 0, & \text{第}i\text{项任务未分配给第}j\text{个承担者} \end{cases}$$

设 c_{ij} 为第 j 个承担者完成第 i 项任务所需费用，i，j=1，2，…，n，则称

$$\min S=\sum_{i=1}^{n}\sum_{j=1}^{n}c_{ij}x_{ij}$$

$$\text{s.t.}\begin{cases} \sum_{j=1}^{n}x_{ij}=1; i=1,2,\cdots,n \\ \sum_{i=1}^{n}x_{ij}=1; j=1,2,\cdots,n \\ x_{ij}=0\text{或}x_{ij}=1;\ i,j=1,2,\cdots,n \end{cases} \tag{15.5.1}$$

为分配问题的数学模型。其中约束条件 $\sum_{j=1}^{n}x_{ij}=1(i=1,2,\cdots,n)$ 表示一项任务仅指派一位承担者，而约束条件 $\sum_{i=1}^{n}x_{ij}=1(j=1,2,\cdots,n)$ 则表示每个承担者只完成一项任务。

定义 15.5.3 称方阵

$$\boldsymbol{C}=\left(c_{ij}\right)=\begin{bmatrix} c_{11} & c_{12} & \cdots & c_{1n} \\ c_{21} & c_{22} & \cdots & c_{2n} \\ \vdots & \vdots & & \vdots \\ c_{n1} & c_{n2} & \cdots & c_{nn} \end{bmatrix}$$

为效率矩阵。

定理 15.5.1 对效率矩阵 $\boldsymbol{C}$ 之各行或各列的元素分别加上或减去一个常数，由新的效率矩阵解得的最优分配与从 $\boldsymbol{C}$ 解得的最优分配相同。

证明 设 e_i,t_j 为常数，$d_{ij}=c_{ij}+e_i+t_j\left(i,j=1,2,\cdots,n\right)$，则新的目标函数

$$
\begin{aligned}
S' &= \sum_{i=1}^{n}\sum_{j=1}^{n} d_{ij}x_{ij} = \sum_{i=1}^{n}\sum_{j=1}^{n}\left(c_{ij}+e_i+t_i\right)x_{ij} \\
&= \sum_{i=1}^{n}\sum_{j=1}^{n} c_{ij}x_{ij} + \sum_{i=1}^{n}\sum_{j=1}^{n} e_i x_{ij} + \sum_{i=1}^{n}\sum_{j=1}^{n} t_j x_{ij} \\
&= \sum_{i=1}^{n}\sum_{j=1}^{n} c_{ij}x_{ij} + \sum_{i=1}^{n} e_i \sum_{j=1}^{n} x_{ij} + \sum_{j=1}^{n} t_j \sum_{i=1}^{n} x_{ij} \\
&= \sum_{i=1}^{n}\sum_{j=1}^{n} c_{ij}x_{ij} + \sum_{i=1}^{n} e_i + \sum_{j=1}^{n} t_j
\end{aligned}
$$

因 $\sum_{i=1}^{n} e_i + \sum_{j=1}^{n} t_j$ 为常数，故 S' 与 S 同时取最小值。

定义 15.5.4 当效率矩阵中的元素为效率序列的灰色预测值或灰色发展系数时，称相应的 0-1 规划为灰色 0-1 规划。

当原问题中 c_{ij} 为效益值，目标函数为 $\max S = \sum_{i=1}^{n}\sum_{j=1}^{n} c_{ij}x_{ij}$ 时，可取

$$
c_{i_0 j_0} = \max_{\substack{1\leqslant i\leqslant n \\ 1\leqslant j\leqslant n}}\left\{c_{ij}\right\}
$$

令

$$
c'_{ij} = c_{i_0 j_0} - c_{ij}\ ;\quad i,j=1,2,\cdots,n
$$

则目标函数可化为

$$
\min S = \sum_{i=1}^{n}\sum_{j=1}^{n}\left(c_{i_0 j_0} - c_{ij}\right)x_{ij}
$$

灰色 0-1 规划的求解步骤如下。

第一步：给出效益时间序列

$$
u_{ij}^{(0)} = \left(u_{ij}^{(0)}(1), u_{ij}^{(0)}(2), \cdots, u_{ij}^{(0)}(h)\right),\quad i,j=1,2,\cdots,n
$$

第二步：建立 $u_{ij}^{(0)} = \left(u_{ij}^{(0)}(1), u_{ij}^{(0)}(2), \cdots, u_{ij}^{(0)}(h)\right)$ 的 GM（1，1）模型，设时间响应式为

$$
\begin{cases}
\hat{u}_{ij}^{(1)}(k+1) = \omega_{ij}\exp\left(-a_{ij}k\right) - w_{ij}, \\
\hat{u}_{ij}^{(0)}(k+1) = \hat{u}_{ij}^{(1)}(k+1) - \hat{u}_{ij}^{(1)}(k),
\end{cases}
\quad i,j=1,2,\cdots,n
$$

第三步：写出效益矩阵 $\boldsymbol{C} = \left(c_{ij}\right)$。

可令 $c_{ij} = \hat{u}_{ij}^{(0)}(h+s)$，也可令 $c_{ij} = -a_{ij}$；$i,j=1,2,\cdots,n$。

第四步：求

$$
c_{i_0 j_0} = \max_{\substack{1\leqslant i\leqslant n \\ 1\leqslant j\leqslant n}}\left\{c_{ij}\right\}
$$

第五步：令 $c'_{ij} = c_{i_0 j_0} - c_{ij}\ (i,j=1,2,\cdots,n)$，于是灰色 0-1 规划模型为

$$\min S=\sum_{i=1}^{n}\sum_{j=1}^{n}c'_{ij}x_{ij}$$

$$\text{s.t.}\begin{cases}\sum_{j=1}^{n}x_{ij}=1,i=1,2,\cdots,n\\ \sum_{i=1}^{n}x_{ij}=1;i=1,2,\cdots,n\\ x_{ij}=0\text{或}x_{ij}=1;i,j=1,2,\cdots,n\end{cases}$$

第六步：变换效率矩阵

$$\boldsymbol{C}'=\left(c'_{ij}\right)=\begin{bmatrix}c'_{11}&c'_{12}&\cdots&c'_{1n}\\c'_{21}&c'_{22}&\cdots&c'_{2n}\\\vdots&\vdots&&\vdots\\c'_{n1}&c'_{n2}&\cdots&c'_{nn}\end{bmatrix}$$

在效率矩阵$\boldsymbol{C}'$之各行各列中分别减去其最小元，使得每行每列至少有一个零元素。经变换后，效率矩阵中每行每列都已有了零元素；但需找出n个独立的零元素。

当n较小时，可用观察法、试探法找出n个独立零元素。若n较大时，就必须按一定的步骤去找，常用的步骤如下。

（1）从只有一个零元素的行（列）开始，给这个零元素加括号，记作“（0）”。表示对这行所代表的人，只有一种任务可指派。然后划去“（0）”所在列（行）的其他零元素，记作$\boldsymbol{\Phi}$。这表示这列所代表的任务已指派完，不必再考虑。

（2）给只有一个零元素列（行）的零元素加括号，记作“（0）”；然后划去“（0）”所在行的零元素，记作$\boldsymbol{\Phi}$。

（3）反复进行（1）和（2）两步，直到所有零元素都被圈出和划掉为止。

（4）若仍有没有加括号的零元素，且同行（列）的零元素至少有两个。则从剩有零元素最少的行（列）开始，比较该行各零元素所在列中零元素的数目，选择零元素最少的列，对其零元素加括号（表示选择性少的优先安排）。然后划掉同行同列的其他零元素。可反复进行，直到所有零元素都已圈出或划掉为止。

若“（0）”元素的数目 m 等于矩阵的阶数 n，那么该问题的最优解已得到。若$m<n$，则转入（5）。

（5）对没有（0）的行打√号。

（6）对已打√号的行中所有含$\boldsymbol{\Phi}$元素的列打√号。

（7）再对打有√号的列中含（0）元素的行打√号。

重复（6）和（7）直到得不出新的打√号的行、列为止。对没有打√号的行画一横线，打有√号的列画一纵线，这就得到覆盖所有零元素的最少直线数。

设直线数为 l，若$l<n$，说明必须再变换当前的效率矩阵，才能找到 n 个独立的零元素，为此转入（8）；若$l=n$，而$m<n$，应回到（4），另行试探。

（8）在没有被直线覆盖的部分中找出最小元素。然后在打√行各元素中都减去这个最小元素，而在打√列的各元素都加上这个最小元素，以保证原来零元素不变。这样得到新效率矩阵（它的最优解和原问题相同）。对新的效率矩阵进行试探，若得到 n 个独立的零元素，则已得最优解，否则回到（5）重复进行。

第七步：令

$$x_{ij}=\begin{cases}1, & \text{第}i\text{行第}j\text{列有独立零}\\0, & \text{其他}\end{cases}$$

则 $X=\left\{x_{ij}\middle|i,j=1,2,\cdots,n\right\}$ 为所求的最优解。

例 15.5.1 某省三个城市在大力发展传统服务业的同时，计划有重点地发展各自的现代服务业。拟分别在信息产业、现代金融、健康产业三个现代服务业中选择各自发展的侧重点，以使其总体效益达到最大。三个城市 2017 ~ 2020 年的信息产业、现代金融、健康产业的增加值（单位：亿元）如表 15.5.1 所示。

表 15.5.1 2017 ~ 2020 年某省三个地级市的信息产业、现代金融、健康产业的增加值

单位：亿元

年份	信息产业			现代金融			健康产业		
	城市 1	城市 2	城市 3	城市 1	城市 2	城市 3	城市 1	城市 2	城市 3
2017	211	307	282	103	125	118	140	73	113
2018	256	343	316	114	131	150	148	86	132
2019	297	430	387	135	161	186	171	118	164
2020	342	539	462	208	224	236	221	149	210

试用灰色 0-1 规划方法为三个城市选择各自需要重点发展的现代服务业的类型。

解 按照预测值求解，具体步骤和结果如下。

第一步：记第 i 个地级市发展第 j 种现代服务业的增加值时间序列为

$$u_{ij}^{(0)}=\left(u_{ij}^{(0)}(1),u_{ij}^{(0)}(2),u_{ij}^{(0)}(3),u_{ij}^{(0)}(4),\ i,j=1,2,3\right)$$

其中，$u_{ij}^{(0)}(1),u_{ij}^{(0)}(2),u_{ij}^{(0)}(3),u_{ij}^{(0)}(4)$ 分别为 2017 ~ 2020 年的增加值。

具体值如表 15.5.1 所示。

第二步：对 i,j=1,2,3，求 GM（1，1）时间响应式：

$$\begin{cases}\hat{u}_{ij}^{(1)}(k+1)=\left[u_{ij}^{(0)}(1)-\dfrac{b_{ij}}{a_{ij}}\right]\exp\left(-a_{ij}k\right)-\dfrac{b_{ij}}{a_{ij}}\\\hat{u}_{ij}^{(0)}(k+1)=\hat{u}_{ij}^{(1)}(k+1)-\hat{u}_{ij}^{(1)}(k)\end{cases}$$

即

$$\hat{u}_{ij}^{(0)}(k+1)=\left(1-\exp\left(a_{ij}\right)\right)\left[u_{ij}^{(0)}(1)-\frac{b_{ij}}{a_{ij}}\right]\exp\left(-a_{ij}k\right)$$

得

$$\hat{u}_{11}^{(0)}(k+1)=221.0369\mathrm{e}^{0.1442k}\text{，}\ \hat{u}_{12}^{(0)}(k+1)=75.5233\mathrm{e}^{0.3241k}$$

$$\hat{u}_{13}^{(0)}(k+1)=116.5969\mathrm{e}^{0.2072k}\text{，}\ \hat{u}_{21}^{(0)}(k+1)=272.5971\mathrm{e}^{0.2250k}$$

$$\hat{u}_{22}^{(0)}(k+1)=95.1994\mathrm{e}^{0.2775k}\text{，}\ \hat{u}_{23}^{(0)}(k+1)=67.0419\mathrm{e}^{0.2657k}$$

$$\hat{u}_{31}^{(0)}(k+1)=262.6748\mathrm{e}^{0.1878k}\text{，}\ \hat{u}_{32}^{(0)}(k+1)=118.2193\mathrm{e}^{0.2273k}$$

$$\hat{u}_{33}^{(0)}(k+1)=103.1754\mathrm{e}^{0.2334k}$$

第三步：由 GM（1，1）时间响应式可计算 2021 年三个城市在信息产业、现代金融、健康产业的预测值：

$$\hat{u}_{11}^{(0)}(k+1)=394.4869\text{，}\ \hat{u}_{12}^{(0)}(k+1)=276.1672\text{，}\ \hat{u}_{13}^{(0)}(k+1)=267.0897$$

$$\hat{u}_{21}^{(0)}(k+1)=670.5527\text{，}\ \hat{u}_{22}^{(0)}(k+1)=288.8236\text{，}\ \hat{u}_{23}^{(0)}(k+1)=194.0826$$

$$\hat{u}_{31}^{(0)}(k+1)=556.6439\text{，}\ \hat{u}_{32}^{(0)}(k+1)=293.5011\text{，}\ \hat{u}_{33}^{(0)}(k+1)=262.4455$$

取 $c_{ij}=\hat{u}_{ij}^{(0)}(5)(i,j=1,2,3)$，得效益矩阵

$$\boldsymbol{C}=\begin{bmatrix} c_{11} & c_{12} & c_{13} \\ c_{21} & c_{22} & c_{23} \\ c_{31} & c_{32} & c_{33} \end{bmatrix}=\begin{bmatrix} 394.4869 & 276.1672 & 267.0897 \\ 670.5527 & 288.8236 & 194.0826 \\ 556.6439 & 293.5011 & 262.4455 \end{bmatrix}$$

第四步：求 $\max\limits_{\substack{1\leqslant i\leqslant 3\\1\leqslant j\leqslant 3}}\{c_{ij}\}=670.5527=c_{21}$。

第五步：令 $c_{ij}^{(0)}=670.5527-c_{ij}(i,j=1,2,3)$，得效率矩阵

$$\boldsymbol{C}^{(0)}=\begin{bmatrix} c_{11}^{(0)} & c_{12}^{(0)} & c_{13}^{(0)} \\ c_{21}^{(0)} & c_{22}^{(0)} & c_{23}^{(0)} \\ c_{31}^{(0)} & c_{32}^{(0)} & c_{33}^{(0)} \end{bmatrix}=\begin{bmatrix} 276.0658 & 394.3855 & 403.4630 \\ (0) & 381.7299 & 476.4701 \\ 113.9088 & 377.0516 & 408.1027 \end{bmatrix}$$

第六步：对效率矩阵进行变换，各列减去该列的最小元素，得

$$\boldsymbol{C}^{(1)}=\begin{bmatrix} c_{11}^{(0)}-c_{21}^{(0)} & c_{12}^{(0)}-c_{32}^{(0)} & c_{13}^{(0)}-c_{13}^{(0)} \\ c_{21}^{(0)}-c_{21}^{(0)} & c_{22}^{(0)}-c_{32}^{(0)} & c_{23}^{(0)}-c_{13}^{(0)} \\ c_{31}^{(0)}-c_{21}^{(0)} & c_{32}^{(0)}-c_{32}^{(0)} & c_{33}^{(0)}-c_{13}^{(0)} \end{bmatrix}=\begin{bmatrix} 276.0658 & 17.3339 & (0) \\ (0) & 4.6775 & 73.0070 \\ 113.9088 & (0) & 4.6441 \end{bmatrix}$$

对 $\boldsymbol{C}^{(1)}$ 进行试指派，$\boldsymbol{C}^{(1)}$ 中有三个不同行、不同列的零元素。

第七步：令与独立零元素对应的 $x_{13}=1$，$x_{21}=1$，$x_{32}=1$，其余 $x_{ij}=0$，得最优解

$$\boldsymbol{X}=\begin{bmatrix} x_{11} & x_{12} & x_{13} \\ x_{21} & x_{22} & x_{23} \\ x_{31} & x_{32} & x_{33} \end{bmatrix}=\begin{bmatrix} 0 & 0 & 1 \\ 1 & 0 & 0 \\ 0 & 1 & 0 \end{bmatrix}$$

即第一个城市应着重点发展现代金融，第二个城市应重点发展健康产业，第三个城市应重点发展信息产业，使总的增加值最大。

同样也可以按照发展系数的值进行求解，即令 $c_{ij}=-a_{ij}(i,j=1,2,3)$，得效益矩

阵，具体求解过程此处不再赘述。

15.6 灰色多目标规划

一般灰色线性规划模型能解决资源合理利用与调配问题，但也有局限性，一是目标较单一；二是求解困难，首先要形成可行解域，才能得到灰色线性规划的解。如果目标函数与约束条件有矛盾，不能形成可行解域时，灰色线性规划就难以奏效了。灰色多目标规划就是针对灰色线性规划存在的问题而发展起来的。

灰色多目标规划以灰色线性规划为基础，是灰色线性规划的延伸和发展。灰色多目标规划的显著特征是允许有序解。简单地说，决策者虽不能精确地决定目标或子目标的数值或边际效用，但是能确定每一个子目标规划的上限和下限。

定义 15.6.1 设

$$\boldsymbol{X}=\left(x_1,x_2,\cdots,x_n\right)^{\mathrm{T}},\quad \boldsymbol{A}(\otimes)=\left(a_{ij}(\otimes)\right)_{m\times n}$$

$$\boldsymbol{d}=\left(d_1^- - d_1^+,d_2^- - d_2^+,\cdots,d_n^- - d_n^+\right)^{\mathrm{T}}$$

$$\boldsymbol{B}(\otimes)=\left(b_1(\otimes),b_2(\otimes),\cdots,b_n(\otimes)\right)^{\mathrm{T}}$$

满足

$$\boldsymbol{A}(\otimes)\boldsymbol{X}+\boldsymbol{d}=\boldsymbol{B}(\otimes),\quad x_j,d_j^-,d_j^+\geqslant 0; j=1,2,\cdots,n$$

称

$$\min Z=\left\{g_1\left(d^-,d^+\right),g_2\left(d^-,d^+\right),\cdots,g_n\left(d^-,d^+\right)\right\}$$

为目标白化的灰色多目标规划。

由定义 15.6.1 可知，灰色多目标规划具有灵活、适用性强等优点，可用来解决带有多个目标和附有许多从属目标的问题，也可用来解决单目标的问题，而且目标计量单位可以不同。

灰色多目标规划与灰色线性规划有相同点，也有不同点。

相同之处，在于约束向量都是应用 GM（1，1）预测值。例如，约束关系 i 的约束值 b_i 有下述序列：

$$b_i^{(0)}=\left(b_i^{(0)}(1),b_i^{(0)}(2),\cdots,b_n^{(0)}(N)\right)$$

建立 GM（1，1）模型，得预测值 $\hat{b}_i^{(0)}\left(N+k\right)$，$k\geqslant1$，$k$ 为整数，对于 m 个约束关系，灰色多目标规划的约束条件为

$$\sum_{j=1}^{n}a_{ij}(\otimes)x_j+d_i^-+d_i^+\leqslant\hat{b}_i^{(0)}\left(N+k\right),\quad i=1,2,\cdots,m$$

不同之处，是将约束方程条件放宽，消除方程之间的矛盾，引入了偏差变量的概念，分别设 d_i^+，d_i^- 表示第 i 个约束条件的正负偏差变量。正偏差 d_i^+ 是现有资源过剩的部分；负偏差 d_i^- 是现有资源不足的部分，或既定目标未达到的部分。

引入偏差变量后，原灰色线性规划中分别作为目标的变量变成了约束条件，目标

函数则变成了求这些偏差变量的线性函数极小值。

在求解多目标规划的过程中，关于优先级排列顺序的基本假设必须成立或至少是合理的，而且 $P_k \gg P_k + 1$，即约定第 k 优先级远远大于第 k+1 优先级。实际建模中，目标分配的优先级排列顺序往往不清楚，这种特性导致建模分配的优先级排列顺序或权系数不合理，而使重要目标被忽视（迄今没有一种精确的目标优先级或权系数分配准则）。目前，人们常用的重新排列优先级顺序等方法，也未能从根本上解决问题。

目标白化的灰色多目标规划没有灰化优先级顺序或权系数。事实上，有时优先级顺序或权系数的灰度远比技术系数 $a_{ij}(\otimes)$ 和资源约束 $b_i(\otimes)$ 的灰度大，如“利润极大化”与“对环境的影响最小”这两个目标就很难确定出是在同一优先级还是在不同的优先级。

当目标优先级顺序难以确定时，可以将其视为同一优先级。然后灰化其优先级权系数。

定义 15.6.2 设

$$\boldsymbol{X} = (x_1, x_2, \cdots, x_n)^{\mathrm{T}}$$
$$\boldsymbol{C}(\otimes) = (c_{ij}(\otimes))_{k \times p}$$
$$\boldsymbol{A} = (a_{ij})_{m \times n}$$
$$\boldsymbol{b} = (b_1, b_2, \cdots, b_n)^{\mathrm{T}}$$
$$\boldsymbol{d} = (d_1^- - d_1^+, d_2^- - d_2^+, \cdots, d_n^- - d_n^+)^{\mathrm{T}}$$

满足

$$\boldsymbol{AX} + \boldsymbol{d} = \boldsymbol{b}, \quad x_j, d_j^-, d_j^+ \geqslant 0; j = 1, 2, \cdots, n \tag{15.6.1}$$

称

$$\min Z = \left\{ g_1\left(d^-, d^+, c_{1j}(\otimes)\right), \cdots, g_k\left(d^-, d^+, c_{kj}(\otimes)\right) \right\}, j = 1, 2, \cdots, p \tag{15.6.2}$$

为约束白化的灰色多目标规划。

在实际问题中，有时资源配置和技术系数往往是固定的，而目标优先级顺序是不确定的，定义中的 $c_{ij}(\otimes)$ 就是不同目标优先级的权系数。

综合定义 15.6.1 和定义 15.6.2 可得灰色多目标规划的一般形式。

定义 15.6.3 设

$$\boldsymbol{X} = [x_1, x_2, \cdots, x_n]^{\mathrm{T}}$$
$$\boldsymbol{C}(\otimes) = (c_{ij}(\otimes))_{k \times p} \ \boldsymbol{A}(\otimes) = (a_{ij}(\otimes))_{m \times n}$$
$$\boldsymbol{X} = [d_1^- - d_1^+, d_2^- - d_2^+, \cdots, d_n^- - d_n^+]^{\mathrm{T}}$$
$$\boldsymbol{B}(\otimes) = [b_1(\otimes), b_2(\otimes), \cdots, b_n(\otimes)]^{\mathrm{T}}$$

满足

$$\boldsymbol{A}(\otimes)\boldsymbol{X} + d = \boldsymbol{B}(\otimes), \quad x_j, d_j^-, d_j^+ \geqslant 0; j = 1, 2, \cdots, n$$

其中，

$$c_{ij}(\otimes)\in\left[\underline{c}_{ij},\overline{c}_{ij}\right],\quad i=1,2,\cdots,k;j=1,2,\cdots,p$$
$$a_{ij}(\otimes)\in\left[\underline{a}_{ij},\overline{a}_{ij}\right],\quad i=1,2,\cdots,k;j=1,2,\cdots,n$$
$$b_j(\otimes)\in\left[\underline{b}_i,\overline{b}_i\right],\quad j=1,2,\cdots,n$$

皆为区间灰数，称

$$\min Z=\left\{g_1\left(d^-,d^+,c_{1j}(\otimes)\right),\cdots,g_k\left(d^-,d^+,c_{kj}(\otimes)\right)\right\},j=1,2,\cdots,p \tag{15.6.3}$$

为灰色多目标规划问题。

灰色多目标规划突出之处在于它不是单纯地提出某些折中解或满意解，而是为决策者更加清楚地展现未来可能发生的多种情形，以及不同情形下的对策。

15.7 灰色非线性规划

定义 15.7.1 设 $\boldsymbol{X}=(x_1,x_2,\cdots,x_n)$为决策向量，$\otimes$ 为灰参数集，则称

$$\max(\min)S=f(\boldsymbol{X},\otimes) \tag{15.7.1}$$

为灰色无约束非线性规划问题。

定义 15.7.2 白化 $f(\boldsymbol{X},\otimes)$ 中的灰元，称所得规划问题为 $\max(\min)S=f(\boldsymbol{X},\otimes)$ 的白化规划，记为 $\max(\min)S=f(\boldsymbol{X})$。

对于灰色无约束非线性规划问题，可先行白化，然后求解。

定义 15.7.3 设 $f(\boldsymbol{X})$为可微函数，则称梯度向量

$$\mathbf{grad}f(\boldsymbol{X})=\left(\frac{\partial f}{\partial x_1},\frac{\partial f}{\partial x_2},\cdots,\frac{\partial f}{\partial x_n}\right)=0 \tag{15.7.2}$$

的解为 $f(\boldsymbol{X})$的驻点。

定理 15.7.1 设 $f(\boldsymbol{X})$二阶可微，海赛（Hesse）矩阵如下所示：

$$\boldsymbol{H}(\boldsymbol{X})=\begin{bmatrix}\frac{\partial^2 f}{\partial x_1^2} & \frac{\partial^2 f}{\partial x_1\partial x_2} & \cdots & \frac{\partial^2 f}{\partial x_1\partial x_n}\\ \frac{\partial^2 f}{\partial x_2\partial x_1} & \frac{\partial^2 f}{\partial x_2^2} & \cdots & \frac{\partial^2 f}{\partial x_2\partial x_n}\\ \vdots & \vdots & & \vdots\\ \frac{\partial^2 f}{\partial x_n\partial x_1} & \frac{\partial^2 f}{\partial x_n\partial x_2} & \cdots & \frac{\partial^2 f}{\partial x_n^2}\end{bmatrix}$$

若 $\boldsymbol{X}^0$ 为 $f(\boldsymbol{X})$的驻点，则当

（1）$\boldsymbol{H}(\boldsymbol{X}^0)$为正定矩阵时，$\boldsymbol{X}^0$ 为极小值点；

（2）$\boldsymbol{H}(\boldsymbol{X}^0)$为负定矩阵时，$\boldsymbol{X}^0$ 为极大值点；

（3）$\boldsymbol{H}(\boldsymbol{X}^0)$为半正定矩阵时，若存在 $\boldsymbol{X}^0$ 的邻域 $U(\boldsymbol{X}^0,\delta)$，使对 $\forall\boldsymbol{X}\in$

$U\left(\boldsymbol{X}^0,\delta\right)$，$\boldsymbol{H}(\boldsymbol{X})$为半正定矩阵，则$\boldsymbol{X}^0$为极小值点；

（4）$\boldsymbol{H}\left(\boldsymbol{X}^0\right)$为半负定矩阵时，若存在$\boldsymbol{X}^0$的邻域$U\left(\boldsymbol{X}^0,\delta\right)$，使对$\forall \boldsymbol{X}\in U\left(\boldsymbol{X}^0,\delta\right)$，$\boldsymbol{H}(\boldsymbol{X})$为半负定矩阵，则$\boldsymbol{X}^0$为极大值点；

（5）$\boldsymbol{H}\left(\boldsymbol{X}^0\right)$为非定矩阵时，$\boldsymbol{X}^0$不是$f(\boldsymbol{X})$的极值点。

例 15.7.1 求解灰色非线性规划

$$\max S = f(\boldsymbol{X},\otimes) = \otimes_1 x_1 + \otimes_2 x_3 + \otimes_3 x_2 x_3 - x_1^2 - x_2^2 + \otimes_4 x_3^2$$

其中，$\otimes_1 \in [0,2]$，$\otimes_2 \in [1.5,2.5]$，$\otimes_3 \in [0.5,1.5]$，$\otimes_4 \in [-2,0]$。

解 第一步：对灰元$\otimes_i (i=1,2,3,4)$进行均值白化，得$\tilde{\otimes}_1 = 1$，$\tilde{\otimes}_2 = 2$，$\tilde{\otimes}_3 = 1$，$\tilde{\otimes}_4 = -1$，故有白化规划

$$\max S = f(\boldsymbol{X}) = x_1 + 2x_3 + x_2 x_3 - x_1^2 - x_2^2 - x_3^2$$

第二步：求梯度向量

$$\mathbf{grad}f(\boldsymbol{X}) = \left(\frac{\partial f}{\partial x_1},\frac{\partial f}{\partial x_2},\cdots,\frac{\partial f}{\partial x_n}\right) = (1-2x_1, x_3-2x_2, 2+x_2-2x_3)$$

第三步：令$\mathbf{grad}f(\boldsymbol{X})=\mathbf{0}$，由

$$\begin{cases} 1-2x_1 = 0 \\ x_3 - 2x_2 = 0 \\ 2 + x_2 - 2x_3 = 0 \end{cases}$$

解得驻点$\boldsymbol{X}^0 = \left(x_1^0, x_2^0, x_3^0\right) = \left(\frac{1}{2},\frac{2}{3},\frac{4}{3}\right)$。

第四步：求出海赛矩阵$\boldsymbol{H}(\boldsymbol{X})$。

由

$$\frac{\partial^2 f}{\partial x_1^2} = -2，\quad \frac{\partial^2 f}{\partial x_1 \partial x_2} = 0，\quad \frac{\partial^2 f}{\partial x_1 \partial x_3} = 0$$

$$\frac{\partial^2 f}{\partial x_2 \partial x_1} = 0，\quad \frac{\partial^2 f}{\partial x_2^2} = -2，\quad \frac{\partial^2 f}{\partial x_2 \partial x_3} = 1$$

$$\frac{\partial^2 f}{\partial x_3 \partial x_1} = 0，\quad \frac{\partial^2 f}{\partial x_3 \partial x_2} = 1，\quad \frac{\partial^2 f}{\partial x_3^2} = -2$$

得

$$\boldsymbol{H}(\boldsymbol{X}) = \begin{bmatrix} -2 & 0 & 0 \\ 0 & -2 & 1 \\ 0 & 1 & -2 \end{bmatrix}$$

第五步：将驻点$\boldsymbol{X}^0 = \left(x_1^0, x_2^0, x_3^0\right) = \left(\frac{1}{2},\frac{2}{3},\frac{4}{3}\right)$代入$\boldsymbol{H}(\boldsymbol{X})$，得

$$H\left(X^0\right)=\begin{bmatrix}-2 & 0 & 0\\0 & -2 & 1\\0 & 1 & -2\end{bmatrix}$$

第六步：计算 $H\left(X^0\right)$ 的各阶主子式。

$$一阶主子式=-2<0$$

$$二阶主子式=\begin{vmatrix}-2 & 0\\0 & -2\end{vmatrix}=4>0$$

$$三阶主子式=\left|H\left(X^0\right)\right|=-6<0$$

因其奇数阶主子式<0，偶数阶主子式>0，故 $H\left(X^0\right)$ 为负定矩阵，从而 X^0 为极大值点。

第七步：计算极大值

$$\max S=\frac{1}{2}+2\times\frac{4}{3}+\frac{2}{3}\times\frac{4}{3}*\left(\frac{1}{2}\right)^2-\left(\frac{2}{3}\right)^2-\left(\frac{4}{3}\right)^2=\frac{19}{12}$$

下面讨论灰色约束非线性规划问题。

定义 15.7.4　设 $X=\left(x_1,x_2,\cdots,x_n\right)$ 为决策向量，$\otimes^{(1)}$，$\otimes^{(j)}$，$\otimes^{(i)}$（j=1,2,…,m；i=1,2,…,s）皆为灰参数集，则称

$$\min S=f\left(X,\otimes^{(1)}\right)$$

$$\text{s.t.}\begin{cases}g_j\left(X,\otimes^{(j)}\right)\geqslant 0, & j\in J=\{1,2,\cdots,m\}\\h_j\left(X,\otimes^{(i)}\right)\geqslant 0, & i\in I=\{1,2,\cdots,s\}\end{cases}\qquad(15.7.3)$$

为灰色约束非线性规划问题，其中 $f\left(X,\otimes^{(1)}\right)$ 为灰色目标泛函，$g_j\left(X,\otimes^{(j)}\right)$，$h_i\left(X,\otimes^{(i)}\right)$ 为灰色约束泛函。

灰色非线性规划的白化规划

$$\min S=f\left(X\right)$$

$$\text{s.t.}\begin{cases}g_j\left(X\right)\geqslant 0, & j\in J=\{1,2,\cdots,m\}\\h_j\left(X\right)=0, & i\in I=\{1,2,\cdots,s\}\end{cases}\qquad(15.7.4)$$

可按以下步骤求解。

第一步：若 $I\neq\varnothing$，直接转向第二步。当 $I=\varnothing$，即无等式约束时，求解无约束子规划 $\min S=f\left(X\right)$，设最优解为 X^0，令 k=0，转向第三步。

第二步：求解等式约束子规划

$$\min S=f\left(X\right)$$

$$\text{s.t.}\ \left\{h_j\left(X\right)\right\}=0,\quad i\in I=\{1,2,\cdots,s\}$$

设最优解为 X^0，令 k=0。

第三步：将 $X^{(k)}$ 代入不等式约束，求未满足不等式约束的指标集

$$J_k=\left\{p\middle|g_p\left(\boldsymbol{X}^{(k)}\right)<0,p\in J=\{1,2,\cdots,m\}\right\}$$

若 $J_k=\varnothing$，$\boldsymbol{X}^{(k)}$ 即原规划的最优解，运算停止；若 $J_k\neq\varnothing$，则进入下一步。

第四步：从 J_k 中任取一个元素 p，引进非负松弛变量 y_p^2，将对应的不等式约束化为等式约束，求解下列扩充的等式约束子规划问题：

$$\min S=f\left(\boldsymbol{X}\right)$$

$$\text{s.t.}\begin{cases}g_p\left(\boldsymbol{X}\right)-y_p^2=0, & p\in J_k\\ h_j\left(\boldsymbol{X}\right)=0, & i\in I=\{1,2,\cdots,s\}\end{cases}\tag{15.7.5}$$

设最优解为 $\boldsymbol{X}^{(k+1)}\left(y_p^2\right)$。

第五步：求解无约束子规划问题

$$\min S=f\left(\boldsymbol{X}^{(k+1)}\left(y_p^2\right)\right)$$

设最优解为 $\boldsymbol{X}^{(k+1)}$，将 k+1 换为 k，转向第三步。

例 15.7.2 求解灰色非线性规划问题

$$\min S=f\left(\boldsymbol{X},\otimes^{(1)}\right)=\otimes_1x_1+\otimes_2x_2^2$$

$$\text{s.t.}\begin{cases}g_1\left(\boldsymbol{X},\otimes^{(2)}\right)=\otimes_3-\left(x_1-4\right)^2+\otimes_4x_2^2\geqslant 0\\ h_1\left(\boldsymbol{X},\otimes^{(3)}\right)=\left(x_1-3\right)^2+\left(x_2-2\right)^2-\otimes_5=0\end{cases}$$

其中，$\otimes_1\in[0.8,1.2]$，$\otimes_2\in[-0.15,0.15]$，$\otimes_3\in[12,17]$ $\otimes_4\in[-1.1,-0.6]$，$\otimes_5\in[9,14]$。

解 第一步：对目标泛函中的灰元作均值白化，约束泛函中灰元作 0.8 定位白化，有

$$\tilde{\otimes}_1=1，\tilde{\otimes}_2=0，\tilde{\otimes}_3=16，\tilde{\otimes}_4=-1，\tilde{\otimes}_5=13$$

于是有白化规划

$$\min S=f\left(\boldsymbol{X}\right)=x_1$$

$$\text{s.t.}\begin{cases}g_1\left(\boldsymbol{X}\right)=16-\left(x_1-4\right)^2-x_2^2\geqslant 0\\ h_1\left(\boldsymbol{X}\right)=\left(x_1-3\right)^2+\left(x_2-2\right)^2-13=0\end{cases}$$

第二步：求解等式约束子规划

$$\min S=x_1$$

$$\text{s.t. }\left(x_1-3\right)^2+\left(x_2-2\right)^2-13=0$$

得最优解

$$\boldsymbol{X}^{(0)}=\left(x_1^{(0)},x_2^{(0)}\right)=\left(3-\sqrt{13},2\right)$$

第三步：将 $X^{(0)}=\left(3-\sqrt{13},2\right)$ 代入不等式约束，得

$$g_1\left(\boldsymbol{X}^{(0)}\right)=-2\left(1+\sqrt{13}\right)<0$$

不等式约束不满足。

第四步：引进非负松弛变量 y^2，求解扩充的等式约束子规划

$$\min S = x_1$$

$$\text{s.t.}\begin{cases}(x_1-4)^2 - x_2^2 - 16 - y^2 = 0\\(x_1-3)^2 + (x_2-2)^2 - 13 = 0\end{cases}$$

得最优解

$$\boldsymbol{X}^{(1)}\left(y^2\right) = \left(x_1^{(1)}, x_1^{(2)}\right) = \left(\frac{2}{5}\left(8 \pm \sqrt{64-5y^2}\right), \frac{1}{5}\left(8 \pm \sqrt{64-5y^2}\right)\right)$$

第五步：求解无约束子规划

$$\min S = f\left(\boldsymbol{X}^{(1)}\left(y^2\right)\right) = x_1^{(1)} = \frac{2}{5}\left(8 \pm \sqrt{64-5y^2}\right)$$

得 $y=0$，相应的最优解

$$\boldsymbol{X}^{(2)} = \left(x_1^{(2)}, x_2^{(2)}\right) = (0,0)$$

第六步：将 $\boldsymbol{X}^{(2)}$ 代入不等式约束，不等式满足 $J_2 = \varnothing$，运算停止。$\boldsymbol{X}^{(2)}$ =（0，0）即原白化规划的最优解，最优值

$$\min S = f\left(\boldsymbol{X}^{(2)}\right) = 0$$

如果对灰色非线性规划问题不先行白化而直接求解，则最优解中一般含有灰参数，我们可以根据灰参数的取数域来研究最优解和最优值的变化情况。

例 15.7.3 求解灰色非线性规划问题

$$\min S = f\left(\boldsymbol{X}, \otimes^{(1)}\right) = x_1^2 + \otimes_1 x_2$$

$$\text{s.t.}\begin{cases}g_1(\boldsymbol{X}) = 1 - \left(x_1 + x_2^2\right) \geqslant 0\\g_2\left(\boldsymbol{X}, \otimes^{(2)}\right) = \otimes_2 - x_1 - x_2 \geqslant 0\\h_1\left(\boldsymbol{X}, \otimes^{(3)}\right) = x_1^2 + x_2^2 - \otimes_3^2 = 0\end{cases}$$

其中，$\otimes_1 \in [0.9, 1.2]$，$\otimes_2 \in [0.8, 1.4]$，$\otimes_3 \in [2.5, 3.5]$。

解 第一步：求解等式约束子规划

$$\min S = x_1^2 + \otimes_1 x_2$$

$$x_1^2 + x_2^2 - \otimes_3^2 = 0$$

得最优解

$$\boldsymbol{X}^{(0)} = \left(x_1^{(0)}, x_2^{(0)}\right) = \left(0, -\otimes_3\right)$$

第二步：将 $\boldsymbol{X}^{(0)} = \left(0, -\otimes_3\right)$ 代入约束不等式，有 $g_1\left(\boldsymbol{X}^{(0)}\right) = 1 - \otimes_3^2$。因为 $\tilde{\otimes}_3 \geqslant 2.5$，$\tilde{\otimes}_3^2 \geqslant 6.25$，所以 $g_1\left(\boldsymbol{X}^{(0)}\right) \leqslant 1 - 6.25 = -5.25 < 0$，不满足 $g_1\left(\boldsymbol{X}^{(0)}\right) \geqslant 0$。类似地，讨论可知 $g_2\left(\boldsymbol{X}^{(0)}, \otimes^{(2)}\right) \geqslant 0$ 满足，故有 $J_0 = \{1\}$。

第三步：引进非负松弛变量 y_1^2，求解扩充的等式约束子规划

$$\min S = x_1^2 + \otimes_1 x_2$$

$$\text{s.t.} \begin{cases} g_1(\boldsymbol{X}) - y_1^2 = 1 - (x_1 + x_2^2) - y_1^2 = 0 \\ h_1(\boldsymbol{X}, \otimes^{(3)}) = x_1^2 + x_2^2 - \otimes_3^2 = 0 \end{cases}$$

得最优解

$$\boldsymbol{X}^{(1)}(y_1^2) = (x_1^{(1)}, x_2^{(1)}) = \left(\frac{1}{2}\left(1 - \sqrt{4y_1^2 + 4\otimes_3^2 - 3}\right), -\sqrt{\frac{2}{2}}\sqrt{1 - 2y_1^2 + \sqrt{4y_1^2 + 4\otimes_3^2 - 3}}\right)$$

第四步：求解无约束子规划

$$\begin{aligned} \min S &= f\left(\boldsymbol{X}^{(1)}, (y_1^2)\right) = \left[x_1^{(1)}\right]^2 + \otimes_1 x_2^{(1)} \\ &= \left[\frac{1}{2}\left(1 - \sqrt{4y_1^2 + 4\otimes_3^2 - 3}\right)\right] - \otimes_1 \frac{\sqrt{2}}{2}\sqrt{1 - 2y_1^2 + \sqrt{4y_1^2 + 4\otimes_3^2 - 3}} \end{aligned}$$

得 $y_1^2=0$，相应的最优解为

$$\boldsymbol{X}^{(2)} = \left[x_1^{(2)}, x_2^{(2)}\right] = \left(\frac{1}{2}\left(1 - \sqrt{4\otimes_3^2 - 3}\right), -\frac{\sqrt{2}}{2}\sqrt{1 + \sqrt{4\otimes_3^2 - 3}}\right)$$

第五步：将 $\boldsymbol{X}^{(2)}$ 代入约束不等式，有

$$g_1\left(\boldsymbol{X}^{(2)}, \otimes^{(2)}\right) = 1 - \frac{1}{2}\left(1 - \sqrt{4\otimes_3^2 - 3}\right) - \frac{1}{2}\left(1 + \sqrt{4\otimes_3^2 - 3}\right) = 0$$

$$g_2\left(\boldsymbol{X}^{(2)}, \otimes^{(2)}\right) = \otimes_2 - \frac{1}{2}\left(1 - \sqrt{4\otimes_3^2 - 3}\right) + \frac{\sqrt{2}}{2}\sqrt{1 + \sqrt{4\otimes_3^2 - 3}}$$

由 $\otimes_2$，$\otimes_3$ 的取数域可知，$g_2\left(\boldsymbol{X}^{(2)}, \otimes^{(2)}\right) \geqslant 0$，即不等式约束皆满足 $J_2 = \varnothing$，运算停止。

$$\boldsymbol{X}^{(2)} = \left(\frac{1}{2}\left(1 - \sqrt{4\otimes_3^2 - 3}\right), -\frac{\sqrt{2}}{2}\sqrt{1 + \sqrt{4\otimes_3^2 - 3}}\right)$$

为原灰色非线性规划的最优解，与之对应的最优值

$$\begin{aligned} \min S &= f\left(\boldsymbol{X}^{(2)}, \otimes^{(1)}\right) = \left[x_1^{(2)}\right]^2 + \otimes_1 x_2^{(2)} \\ &= \frac{1}{4}\left(1 - \sqrt{4\otimes_3^2 - 3}\right)^2 - \frac{\sqrt{2}}{2}\otimes_1 \sqrt{1 + \sqrt{4\otimes_3^2 - 3}} \end{aligned}$$

当 $\otimes_1$ 取上界，$\otimes_3$ 取下界时，可得理想最优值

$$\min S = 1.381$$

第 16 章

灰色投入产出模型

在宏观经济分析过程中，来自各种渠道的统计资料、典型调查、生产数据及实验报告等，其中大量数据是灰色量，因而，据以编制的投入产出表中的数据本质上是灰数。此外，作为一个动态的经济系统，投入产出问题中的各种参数也必然处于不断变化中，因而这些参数不是确定的数，而是不精确的灰数。本章把灰色系统理论的方法与投入产出模型结合起来，研究灰色投入产出问题，主要内容包括灰色投入产出的基本概念、灰色产业关联系数、灰色投入产出优化模型、灰色动态投入产出分析和灰色大道模型等。

16.1 灰色投入产出的基本概念

定义 16.1.1 设 $x_{ij}\left(i,j=1,2,\cdots,n\right)$ 为 j 部门消耗 i 部门产品的价值总量，称

$$
\boldsymbol{Q}=\begin{bmatrix} x_{11} & x_{12} & \cdots & x_{1n} \\ x_{21} & x_{22} & \cdots & x_{2n} \\ \vdots & \vdots & & \vdots \\ x_{n1} & x_{n2} & \cdots & x_{nn} \end{bmatrix}
$$

为流量矩阵。

定义 16.1.2 设 $x_{ij}\left(i,j=1,2,\cdots,n\right)$ 为 j 部门消耗 i 部门产品的价值总量，x_j 为 j 部门的总产出，称

$$
a_{ij}=\frac{x_{ij}}{x_j}\text{，}\quad i,j=1,2,\cdots,n
$$

为直接消耗系数。

直接消耗系数 a_{ij} 的含义是生产单位 j 产品消耗 i 部门产品的数量，它反映了 j 部门对 i 部门的依赖程度，a_{ij} 越大，说明 j 部门与 i 部门的联系越密切。

定义 16.1.3

$$A=\begin{bmatrix} a_{11} & a_{12} & \cdots & a_{1n} \\ a_{21} & a_{22} & \cdots & a_{2n} \\ \vdots & \vdots & & \vdots \\ a_{n1} & a_{n2} & \cdots & a_{nn} \end{bmatrix}$$

称为直接消耗系数矩阵。

命题 16.1.1 对于 A 中任意元素 a_{ij}，有 $a_{ij} \geqslant 0$，$i,j=1,2,\cdots,n$。

证明 因 j 部门的总产出 $x_j>0$，j 部门消耗 i 部门的价值量 $x_{ij} \geqslant 0$，从而

$$a_{ij}=\frac{x_{ij}}{x_j} \geqslant 0，\quad i,j=1,2,\cdots,n$$

命题 16.1.2 A 中任一列元素之和小于 1，即 $\sum_{i=1}^{n} a_{ij}<1(j=1,2,\cdots,n)$。

证明 反设存在 k，使 $\sum_{i=1}^{n} a_{ij} \geqslant 1$，由 $a_{ik}=\frac{x_{ik}}{x_k}$，得 $\sum_{i=1}^{n} x_{ik} \geqslant x_k$，即 k 部门的总产出 x_k 小于或等于该部门消耗各部门产品的价值量。这样，k 部门根本无法进行生产活动，所以 $\sum_{i=1}^{n} a_{ik} \geqslant 1$ 是不可能的。由 k 的任意性，可得 $\sum_{i=1}^{n} a_{ij}<1(j=1,2,\cdots,n)$ 成立。

由于信息获取困难，j 部门消耗 i 部门的价值总量实际上是一个灰数 $x_{ij}(\otimes)$，$i,j=1,2,\cdots,n$。

定义 16.1.4 称 $C=(E-A)^{-1}-E$ 为完全消耗系数矩阵。

定义 16.1.5 称 $Q(\otimes)=\left[x_{ij}(\otimes)\right]_{n\times n}$ 为灰色流量矩阵。

当流量为灰数时，显然直接消耗系数，

$$a_{ij}(\otimes)=\frac{x_{ij}(\otimes)}{x_j}，\quad i,j=1,2,\cdots,n$$

亦为灰数。

定义 16.1.6 称 $A(\otimes)=\left[a_{ij}(\otimes)\right]_{n\times n}$ 为灰色直接消耗系数矩阵。

命题 16.1.3 设 $X=\left[x_1,x_2,\cdots,x_n\right]^{\mathrm{T}}$ 为总产出向量，$Y=\left[y_1,y_2,\cdots,y_n\right]^{\mathrm{T}}$ 为最终产品向量，$S=\left[s_1,s_2,\cdots,s_n\right]^{\mathrm{T}}$ 为新创造价值向量，$P=\left[p_1,p_2,\cdots,p_n\right]^{\mathrm{T}}$ 为价格向量，$A(\otimes)=\left[a_{ij}(\otimes)\right]_{n\times n}$ 为灰色直接消耗系数矩阵，则有

$$X=\left[E-A(\otimes)\right]^{-1}Y \tag{16.1.1}$$

$$P=\left[E-A^{\mathrm{T}}(\otimes)\right]^{-1}S \tag{16.1.2}$$

命题 16.1.4 上述式（16.1.1）和式（16.1.2）可用方程组的方式表达为

$$\sum_{j=1}^{n} a_{ij}(\otimes)x_j+y_j=x_i，\ i=1,2,\cdots,n \tag{16.1.3}$$

$$\sum_{i=1}^{n} a_{ij}(\otimes) p_i + s_j = p_j,\ i=1,2,\cdots,n \tag{16.1.4}$$

命题 16.1.5　上述式（16.1.3）和式（16.1.4）可化为

$$\sum_{j=1}^{n} x_{ij}(\otimes) + y_i = x_i,\ i=1,2,\cdots,n \tag{16.1.5}$$

$$\sum_{j=1}^{n} x_{ij}(\otimes) + s_j = x_j,\ i=1,2,\cdots,n \tag{16.1.6}$$

式（16.1.5）表明 i 部门总产出为各部门消耗 i 部门产品和 i 部门最终产品之和，通常称为分配方程组。式（16.1.6）表明 j 部门的总产出为 j 部门消耗各部门产品和 j 部门新创造价值之和，通常称为生产方程组。

定义 16.1.7　称 $\boldsymbol{C}(\otimes)=\left[\boldsymbol{E}-\boldsymbol{A}(\otimes)\right]^{-1}-\boldsymbol{E}$ 为灰色完全消耗系数矩阵。

灰色投入产出模型反映了经济系统各部门之间，最终产品与总产品之间，价格与物质消耗、新创造价值之间的灰关系，是研究产业结构、分析经济系统运行机制的基础。

16.2　灰色非负矩阵的 P-F 定理

16.1 节中讨论的灰色流量矩阵和灰色直接消耗系数矩阵皆为灰色非负矩阵。因而关于灰色非负矩阵的谱半径及特征根的研究构成了灰色投入产出模型求解的理论基础。本节将给出灰色非负矩阵的 Perron-Frobenius（P-F）定理的数学证明（Liu，1989）。

定义 16.2.1　设灰元 $\otimes\in[\underline{a},\overline{a}]$，$\underline{a}<\overline{a}$，若

（1）$\otimes$ 为连续灰数，则称 $\hat{a}=\frac{1}{2}(\underline{a}+\overline{a})$ 为灰元 $\otimes$ 的均值白化数；

（2）$\otimes$ 为离散灰数，$a_i\in[\underline{a},\overline{a}]$（$i=1,2,\cdots,n$）为灰元 $\otimes$ 的可取值，则称 $\hat{a}=\frac{1}{n}\sum_{i=1}^{n}a_i$ 为灰元 $\otimes$ 的均值白化数（注：若某 $a_k(\otimes)$ 为灰元，$a_k(\otimes)\in\left[\underline{a}_k,\overline{a}_k\right]$，$\underline{a}_k<\overline{a}$，则取 $a_k=\hat{a}_k$），记 $\otimes=\hat{a}+\delta$，称 δ 为 $\hat{a}$ 的扰动灰元。

定义 16.2.2　设灰色矩阵 $\boldsymbol{A}(\otimes)\in G^{n\times n}$，$\boldsymbol{A}(\otimes)=\left(\otimes_{ij}\right)$，其中灰元 $\otimes_{ij}\in\left[\underline{a}_{ij},\overline{a}_{ij}\right]$，$\underline{a}_{ij}<\overline{a}_{ij}$，记 $\otimes_{ij}=\hat{a}_{ij}+\delta_{ij}$，这里的 $\hat{a}_{ij}$ 为灰元 $\otimes_{ij}$ 的均值白化数，δ_{ij} 是 $\otimes_{ij}$ 在 $\hat{a}_{ij}$ 基础上的扰动灰元，则相应地有

$$\boldsymbol{A}(\otimes)=\hat{\boldsymbol{A}}+\boldsymbol{A}_\delta$$

$$\hat{\boldsymbol{A}}=\left(\hat{a}_{ij}\right)=\begin{bmatrix}\hat{a}_{11} & \hat{a}_{12} & \cdots & \hat{a}_{1n}\\ \hat{a}_{21} & \hat{a}_{22} & \cdots & \hat{a}_{2n}\\ \vdots & \vdots & & \vdots\\ \hat{a}_{n1} & \hat{a}_{n2} & \cdots & \hat{a}_{nn}\end{bmatrix},\quad \boldsymbol{A}_\delta=\left(\delta_{ij}\right)=\begin{bmatrix}\delta_{11} & \delta_{12} & \cdots & \delta_{1n}\\ \delta_{21} & \delta_{22} & \cdots & \delta_{2n}\\ \vdots & \vdots & & \vdots\\ \delta_{n1} & \delta_{n2} & \cdots & \delta_{nn}\end{bmatrix}$$

称 $\hat{A}$ 为灰色矩阵 $A(\otimes)$ 的均值矩阵，A_δ 为灰色矩阵 $A(\otimes)$ 在 $\hat{A}$ 基础上的扰动灰色矩阵。

定义 16.2.3 $A(\otimes)\in G^{n\times n}$，若 $A(\otimes)$ 的均值矩阵 $\hat{A}\geqslant 0$ 则称 $A(\otimes)$ 为灰色非负矩阵。

定义 16.2.4 $A(\otimes)\in G^{n\times n}$，设 $\lambda_i(\otimes)=\hat{\lambda}_i+\delta_i\,(i=1,2,\cdots,n)$ 为 $A(\otimes)$ 的灰特征根，$\max\{\hat{\lambda}_i\}=\hat{\lambda}_k$，则称 $\rho(\otimes)=\hat{\lambda}_k+\delta_k$ 为 $A(\otimes)$ 的谱半径。

显然，灰色矩阵的谱半径一般亦为灰元。

命题 16.2.1 $A(\otimes)\in G^{n\times n}$，则 $\hat{\rho}(A(\otimes))=\rho(\hat{A})$，即灰色矩阵 $A(\otimes)$ 的谱半径的均值白化数等于其均值矩阵的谱半径。

定义 16.2.5 $A(\otimes)\in G^{n\times n}$，若 $A(\otimes)$ 的均值矩阵 $\hat{A}=(\hat{a}_{ij})$ 满足以下条件：

（1）$\hat{a}_{ij}\leqslant 0$，$i\neq j$；

（2）$\hat{A}^{-1}$ 存在，且 $\hat{A}^{-1}\geqslant 0$；

则称 $A(\otimes)$ 为灰色 M 矩阵。

命题 16.2.2 $A(\otimes)=G^{n\times n}$，其均值矩阵 $\hat{A}\geqslant 0$，则

$$E-A(\otimes)\text{为灰色 M 矩阵}\Leftrightarrow\rho(\hat{A})<1$$

定义 16.2.6 $A(\otimes)=\hat{A}+A_\delta\in G^{n\times n}$，满足 $\det\hat{A}(i_1,\cdots,i_k)>0\,(k=1,2,\cdots,n)$，则称 $A(\otimes)$ 为灰色 P 矩阵。

命题 16.2.3 $A(\otimes)=G^{n\times n}$，$\hat{a}_{ij}\leqslant 0$，$i\neq j$，则 $A(\otimes)$ 为灰色 M 矩阵 $\Leftrightarrow$ $A(\otimes)$ 为灰色 P 矩阵。

引理 16.2.1 设 $A(\otimes)$ 为灰色非负矩阵，且其均值矩阵 $\hat{A}$ 不可约，则 $A(\otimes)$ 有一个灰色特征根 $\lambda^*(A(\otimes))=\lambda^*(\hat{A})+\delta$，其中 $\lambda^*(\hat{A})>0$。

证明 只需证明均值矩阵 $\hat{A}$ 有正特征根，考虑集合

$$S=\left\{X\,\middle|\,X\geqslant 0,\sum_{i=1}^{n}X_i=1\right\}$$

则 S 是紧凸集，在 S 上作映射

$$f:\ S\to S,\quad f(X)\mid\to\frac{\hat{A}X}{\|\hat{A}X\|}$$

由 $A(\otimes)$ 的非负性知 $\|\hat{A}X\|>0$，从而 f: $S\to S$ 为连续映射，由 Brouwer 不动点定理可知 S 在映射 f 下有不动点，亦即存在 $X^*\in S$ 使得 $f(X^*)=X^*$，此即

$$\frac{\hat{A}X^*}{\hat{A}X^*}=X^*$$

记 $\lambda^*(\hat{A})=\|\hat{A}X^*\|$，则

$$\hat{A}X^* = \lambda^*\left(\hat{A}\right)X^*，且\lambda^*\left(\hat{A}\right)>0$$

引理 16.2.2 设 $A(\otimes)$ 为灰色非负矩阵，且其均值矩阵 $\hat{A}$ 不可约，则 $\rho\left(A(\otimes)\right)E - A(\otimes)$ 的任意 $k(k<n)$ 阶主子矩阵为灰色 P 矩阵。

证明 先证 $\rho\left(A(\otimes)\right)E - A(\otimes)$ 的任意 $k(k<n)$ 阶主子矩阵为灰色 M 矩阵。设 $\hat{A}_k$ 为 $\hat{A}$ 的任意 $k(k<n)$ 阶主子矩阵，作矩阵 B

$$B=\begin{bmatrix} \hat{A}_k & 0 \\ 0 & 0 \end{bmatrix}_{n\times n}$$

显然 $\hat{A} \geqslant B \geqslant 0$，且 $\rho(B)=\rho\left(\hat{A}_k\right)$，$\rho\left(\hat{A}\right)>\rho(B)$，于是 $\rho\left(\hat{A}\right)E-\hat{A}$ 的主子矩阵

$$\rho\left(\hat{A}\right)E_k - \hat{A}_k = \rho\left(\hat{A}\right)\left[E_k - \frac{\hat{A}_k}{\rho(A)}\right]$$

且

$$\rho\left(\frac{\hat{A}_k}{\rho\left(\hat{A}\right)}\right) = \frac{\rho\left(\hat{A}_k\right)}{\rho\left(\hat{A}\right)} < 1$$

由命题 16.2.2 可知 $\rho\left(A(\otimes)\right)E_k - A_k(\otimes)$ 为灰色 M 矩阵，再由命题 16.2.3 知 $\rho\left(A(\otimes)\right)E_k - A_k(\otimes)$ 为灰色 P 矩阵。

定理 16.2.1 （P-F 定理 1）设 $A(\otimes)$ 为灰色非负矩阵，且其均值矩阵 $\hat{A}$ 不可约，则有以下结论：

（1）$A(\otimes)$ 有一个灰色特征根 $\lambda^*\left(A(\otimes)\right)$，其均值白化数 $\lambda^*>0$；

（2）$X^*(\otimes)$ 为 $\lambda^*\left(A(\otimes)\right)$ 所对应的灰色特征向量，且 $X^*(\otimes)=X^*+X_\delta^*$，则其均值向量 $\hat{X}^*>0$；

（3）$\lambda^*\left(A(\otimes)\right)=\rho\left(A(\otimes)\right)$；

（4）$\lambda^*\left(A(\otimes)\right)$ 与 $A\left(\otimes_{ij}\right)$ 的元素 $\otimes_{ij}$ 按相同方向漂移；

（5）$\lambda^*\left(A(\otimes)\right)$ 是 $A(\otimes)$ 的“单根”。

证明 （1）是引理 16.2.1 和命题 16.2.1 的直接结果。

（2）视引理 16.2.1 证明中的集合 S 为特征向量 $X(\otimes)$ 的均值向量集合。由 $\hat{X}^*\in S$，知 $\hat{X}^*\geqslant 0$。

设 $\hat{X}^*>0$ 不成立，不妨假定 $\hat{X}^*=\left[\hat{X}_1^*,\hat{X}_2^*\right]^{\mathrm{T}}$，其中 $\hat{X}_1^*>0$，$\hat{X}_2^*=0$，由 $\hat{A}\hat{X}^*=\lambda^*\left(\hat{A}\right)X^*$，将 $\hat{A}$ 作相应的分块

$$\begin{bmatrix} \hat{A}_{11} & \hat{A}_{12} \\ \hat{A}_{21} & \hat{A}_{22} \end{bmatrix}\begin{bmatrix} \hat{X}_1^* \\ \hat{X}_2^* \end{bmatrix} = \lambda^*\left(\hat{A}\right)\begin{bmatrix} \hat{X}_1^* \\ \hat{X}_2^* \end{bmatrix}$$

得 $\hat{A}_{21}\hat{X}_1^*=0$，但 $\hat{A}_{21}\geqslant 0$，$\hat{X}_1^*>0$。

所以 $\hat{A}_{21}=0$，此与 $\hat{\boldsymbol{A}}$ 不可约矛盾，这就表明必有 $\hat{\boldsymbol{X}}^*>\boldsymbol{0}$。

（3）设 $\lambda(\otimes)$ 为 $\boldsymbol{A}(\otimes)$ 的任一特征根，$\boldsymbol{X}(\otimes)$ 为 $\lambda(\otimes)$ 所对应的特征向量，$\lambda(\otimes)\boldsymbol{X}(\otimes)=\boldsymbol{A}(\otimes)\boldsymbol{X}(\otimes)$，写成分量的形式

$$\lambda(\otimes)X_i(\otimes)=\sum_{j=1}^{n}\otimes_{ij}X_j(\otimes),\ i=1,2,\cdots,n$$

两端同时取均值白化数，有

$$\hat{\lambda}\hat{X}_i=\sum_{j=1}^{n}\hat{a}_{ij}\hat{X}_j,\ i=1,2,\cdots,n$$

再取其绝对值

$$\left|\hat{\lambda}\right|\left|\hat{X}_i\right|\leqslant\sum_{j=1}^{n}\left|\hat{a}_{ij}\right|\left|\hat{X}_j\right|=\sum_{j=1}^{n}\hat{a}_{ij}\left|\hat{X}_j\right|(i=1,2,\cdots,n)$$

记 $\hat{\boldsymbol{X}}_a=\left(\left|\hat{X}_1\right|,\left|\hat{X}_2\right|,\cdots,\left|\hat{X}_n\right|\right)^{\mathrm{T}}\geqslant\boldsymbol{0}$ 则有

$$\left|\hat{\lambda}\right|\hat{\boldsymbol{X}}_a\leqslant\hat{\boldsymbol{A}}\hat{\boldsymbol{X}}_a \tag{16.2.1}$$

又有 $\boldsymbol{A}(\otimes)$ 非负，$\hat{\boldsymbol{A}}$ 不可约，知 $\hat{\boldsymbol{A}}^{\mathrm{T}}\geqslant\boldsymbol{0}$ 且不可约。注意到 $\lambda^*\left(\hat{\boldsymbol{A}}^{\mathrm{T}}\right)=\lambda^*\left(\hat{\boldsymbol{A}}\right)$，得

$$\hat{\boldsymbol{A}}^{\mathrm{T}}\hat{\boldsymbol{X}}^*=\lambda^*\left(\hat{\boldsymbol{A}}\right)\hat{\boldsymbol{X}}^*$$

用 $\hat{\boldsymbol{X}}^{*\mathrm{T}}$ 在式（16.2.1）两边作内积，有

$$\hat{\boldsymbol{X}}^{*\mathrm{T}}\left|\hat{\lambda}\right|\hat{\boldsymbol{X}}_a=\left|\hat{\lambda}\right|\left(\hat{\boldsymbol{X}}^{*\mathrm{T}}\hat{\boldsymbol{X}}_a\right)\leqslant\hat{\boldsymbol{X}}^{*\mathrm{T}}\hat{\boldsymbol{A}}\hat{\boldsymbol{X}}_a=\left(\hat{\boldsymbol{A}}^{\mathrm{T}}\hat{\boldsymbol{X}}^*\right)^{\mathrm{T}}\hat{\boldsymbol{X}}_a=\lambda^*\left(\hat{\boldsymbol{A}}\right)\left(\hat{\boldsymbol{X}}^{*\mathrm{T}}\hat{\boldsymbol{X}}_a\right)$$

由 $\hat{\boldsymbol{X}}^{*\mathrm{T}}\hat{\boldsymbol{X}}_a>\boldsymbol{0}$ 知 $\hat{\lambda}\leqslant\lambda^*\left(\hat{\boldsymbol{A}}\right)$，又 $\lambda(\otimes)$ 任意，所以 $\lambda^*\left(\hat{\boldsymbol{A}}(\otimes)\right)=\lambda^*\left(\hat{\boldsymbol{A}}\right)+\delta$ 为 $\boldsymbol{A}(\otimes)$ 的谱半径。

（4）只需证 $\lambda^*\left(\hat{\boldsymbol{A}}(\otimes)\right)$ 的均值白化数为 $\otimes_{ij}$ 的均值白化数的增函数。设 $\boldsymbol{A}(\otimes)$，$\boldsymbol{A}'(\otimes)$ 皆为非负矩阵，其均值矩阵 $\hat{\boldsymbol{A}}$，$\hat{\boldsymbol{A}}'$ 都不可约，且 $\hat{\boldsymbol{A}}\leqslant\hat{\boldsymbol{A}}'$。由（1）和（2）可知，$\boldsymbol{A}(\otimes)$，$\boldsymbol{A}'(\otimes)$ 分别有灰色特征根 $\lambda^*\left(\hat{\boldsymbol{A}}(\otimes)\right)$，$\lambda^*\left(\hat{\boldsymbol{A}}'(\otimes)\right)$，其对应的特征向量为 $\boldsymbol{X}^*(\otimes)$，$\boldsymbol{X}'^*(\otimes)$ 满足

$$\lambda^*\left(\hat{\boldsymbol{A}}\right)>0,\ \lambda^*\left(\hat{\boldsymbol{A}}'\right)>0,\ \hat{\boldsymbol{X}}^*>0,\ \hat{\boldsymbol{X}}'^*>0$$

再由 $\hat{\boldsymbol{A}}\hat{\boldsymbol{X}}^*\leqslant\hat{\boldsymbol{A}}'\hat{\boldsymbol{X}}^*$ 及 $\lambda^*\left(\hat{\boldsymbol{A}}\right)\hat{\boldsymbol{X}}^*=\hat{\boldsymbol{A}}\hat{\boldsymbol{X}}^*$ 得

$$\lambda^*\left(\hat{\boldsymbol{A}}\right)\hat{\boldsymbol{X}}^*\leqslant\hat{\boldsymbol{A}}'\hat{\boldsymbol{X}}^* \tag{16.2.2}$$

在式（16.2.2）两边以 $\hat{\boldsymbol{X}}^{*\mathrm{T}}$ 作内积，并注意到 $\lambda^*\left(\hat{\boldsymbol{A}}'^{T}\right)=\lambda^*\left(\hat{\boldsymbol{A}}'\right)$，于是有

$$\lambda^*\left(\hat{\boldsymbol{A}}'\right)\left(\hat{\boldsymbol{X}}^{*\mathrm{T}}\hat{\boldsymbol{X}}^*\right)\leqslant\hat{\boldsymbol{X}}^{*\mathrm{T}}\hat{\boldsymbol{A}}'\hat{\boldsymbol{X}}^*=\left(\hat{\boldsymbol{A}}'^{\mathrm{T}}\hat{\boldsymbol{X}}^*\right)^{\mathrm{T}}\hat{\boldsymbol{X}}^*=\hat{\lambda}\left(\hat{\boldsymbol{A}}'\right)\left(\hat{\boldsymbol{X}}'^{*\mathrm{T}}\hat{\boldsymbol{X}}^*\right)$$

因为 $\hat{\boldsymbol{X}}^{*\mathrm{T}}\hat{\boldsymbol{X}}^{*}>0$，所以 $\lambda^{*}\left(\hat{\boldsymbol{A}}\right)<\lambda^{*}\left(\hat{\boldsymbol{A}}'\right)$。

（5）由（3）和引理 16.2.2 知，$\lambda^{*}\left(\boldsymbol{A}(\otimes)\right)\boldsymbol{E}_k-\boldsymbol{A}_k(\otimes)$ 为灰色 P 矩阵，因

$$\det\lambda^{*}\left(\hat{\boldsymbol{A}}(\otimes)\right)\boldsymbol{E}_k-\hat{\boldsymbol{A}}_k(\otimes)>0$$

得多项式 $f(\lambda)=\det\left(\lambda\boldsymbol{E}-\hat{\boldsymbol{A}}\right)$，求导可得

$$f'(\lambda)=\sum\det\left(\lambda\boldsymbol{E}_k-\hat{\boldsymbol{A}}_k\right),\quad f'\left(\hat{\lambda}^{*}\right)=\sum\det\left(\hat{\lambda}^{*}\boldsymbol{E}_k-\hat{\boldsymbol{A}}_k\right)>0$$

这就证明了 $\lambda^{*}\left(\boldsymbol{A}(\otimes)\right)$ 是 $\boldsymbol{A}(\otimes)$ 的“单”根。

定理 16.2.2　（P-F 定理 2）设 $\boldsymbol{A}(\otimes)$ 为灰色非负矩阵，则

（1）$\boldsymbol{A}(\otimes)$ 有一个灰色特征根 $\lambda^{*}(\otimes)=\hat{\lambda}^{*}+\delta$，其均值白化数 $\hat{\lambda}^{*}\geqslant 0$；

（2）若 $X^{*}(\otimes)$ 为 $\lambda^{*}\left(\boldsymbol{A}(\otimes)\right)$ 所对应的特征向量，且 $\boldsymbol{X}^{*}(\otimes)=\hat{\boldsymbol{X}}^{*}+\boldsymbol{X}_{\delta}^{*}$，则 $\hat{\boldsymbol{X}}^{*}\geqslant 0$；

（3）$\lambda^{*}\left(\boldsymbol{A}(\otimes)\right)=\rho\left(\boldsymbol{A}(\otimes)\right)$；

（4）当 $\boldsymbol{A}(\otimes)$ 的任意元素 $\otimes_{ij}$ 漂移时，$\lambda^{*}\left(\boldsymbol{A}(\otimes)\right)$ 或则不变，或则按相同方向漂移。

证明　若均值矩阵 $\hat{\boldsymbol{A}}$ 不可约，结论自明。

设 $\hat{\boldsymbol{A}}$ 可约，则 $\hat{\boldsymbol{A}}$ 可表示为

$$\hat{\boldsymbol{A}}=\begin{bmatrix}\hat{\boldsymbol{A}}_{11} & & & \\ & \hat{\boldsymbol{A}}_{22} & & \\ & & \ddots & \\ & & & \hat{\boldsymbol{A}}_{rr}\end{bmatrix}$$

其中，$\hat{\boldsymbol{A}}_{ii}$ 或是零方阵，或为不可约方阵，i=1,2,⋯,r。注意到 $\lambda^{*}\left(\hat{\boldsymbol{A}}\right)=\max\limits_{1\leqslant i\leqslant r}\left\{\lambda^{*}\left(\hat{\boldsymbol{A}}_{ii}\right)\right\}$，（1），（3），（4）即得证，下面证明（2）。作矩阵

$$\hat{\boldsymbol{A}}_{\varepsilon}=\left(\hat{a}_{ij}+\varepsilon\right),\quad \varepsilon>0$$

则 $\hat{\boldsymbol{A}}_{\varepsilon}>0$，$\hat{\boldsymbol{A}}_{\varepsilon}$ 不可约，所以存在 $\lambda^{*}\left(\hat{\boldsymbol{A}}_{\varepsilon}\right)>0$，它所对应的特征向量 $\hat{\boldsymbol{X}}_{\varepsilon}^{*}\in S=\left\{\boldsymbol{X}\middle|\boldsymbol{X}\geqslant\boldsymbol{0},\sum\limits_{i=1}^{n}X_i=1\right\}$，于是有

$$\lambda^{*}\left(\hat{\boldsymbol{A}}_{\varepsilon}\right)\hat{\boldsymbol{X}}_{\varepsilon}^{*}=\hat{\boldsymbol{A}}_{\varepsilon}\hat{\boldsymbol{X}}_{\varepsilon}^{*}\tag{16.2.3}$$

取序列 $\{\varepsilon_i\}$，$\varepsilon_i\to 0(i\to\infty)$，对应序列 $\left\{\hat{\boldsymbol{X}}_{\varepsilon_i}^{*}\right\}\subset S$，由 S 的紧性可知存在子列

$$\left\{\hat{\boldsymbol{X}}_{\varepsilon_{i_k}}^{*}\right\},\hat{\boldsymbol{X}}_{\varepsilon_{i_k}}^{*}\to\hat{\boldsymbol{X}}^{*}(i_k\to\infty),\hat{\boldsymbol{X}}^{*}\in S$$

所以 $\hat{\boldsymbol{X}}^{*}\geqslant 0$。

不妨设 $\lim\limits_{\varepsilon\to 0}\hat{\boldsymbol{X}}_{\varepsilon}^{*}=\hat{\boldsymbol{X}}^{*}$，对式（16.2.3）取极限得

$$\lambda^{*}\left(\hat{\boldsymbol{A}}\right)\hat{\boldsymbol{X}}^{*}=\hat{\boldsymbol{A}}\hat{\boldsymbol{X}}^{*}\text{ 且 }\hat{\boldsymbol{X}}^{*}\geqslant\boldsymbol{0}$$

16.3 灰色感应度系数与灰色影响力系数

16.3.1 灰色感应度系数与灰色影响力系数概述

国民经济各产业的发展是相互关联的，产业间的依存、关联关系可以用投入产出表来研究。本节介绍灰色感应度系数、灰色影响力系数等一系列重要的系数，以便将投入产出表用于产业结构分析。

定义 16.3.1 在灰色投入产出模型 $\boldsymbol{X}(\otimes)=\left(\boldsymbol{E}-\boldsymbol{A}(\otimes)\right)^{-1}\boldsymbol{Y}(\otimes)$ 中，$\left(\boldsymbol{E}-\boldsymbol{A}(\otimes)\right)^{-1}$ 称为逆阵系数。

定义 16.3.2 设 $\boldsymbol{C}(\otimes)=\left[\boldsymbol{E}-\boldsymbol{A}(\otimes)\right]^{-1}-\boldsymbol{E}=\left(c_{ij}(\otimes)\right)$ 为灰色完全消耗系数矩阵，则

$$u_i(\otimes)=\frac{\sum_{j=1}^{n}c_{ij}(\otimes)}{\frac{1}{n}\sum_{i=1}^{n}\sum_{j=1}^{n}c_{ij}(\otimes)} \tag{16.3.1}$$

称为 i 部门的灰色感应度系数。

定义 16.3.3 设 $\boldsymbol{C}(\otimes)=\left(c_{ij}(\otimes)\right)$ 为灰色完全消耗系数矩阵，则

$$v_j(\otimes)=\frac{\sum_{i=1}^{n}c_{ij}(\otimes)}{\frac{1}{n}\sum_{i=1}^{n}\sum_{j=1}^{n}c_{ij}(\otimes)} \tag{16.3.2}$$

称为 j 部门的灰色影响力系数。

i 部门的灰色感应度系数 $u_i(\otimes)$ 反映了各部门产出增加对 i 部门产出的影响程度，j 部门的灰色影响力系数 $v_j(\otimes)$ 反映了 j 部门需求增加对其他各部门产出的影响程度，我们可以利用 $u_i(\otimes)$，$v_j(\otimes)$ 研究各部门之间的关系。

例 16.3.1 某经济区主要行业价值型灰色投入产出表如表 16.3.1 所示。其中 $\otimes_{11}\in[8,12]$，$\otimes_{12}\in[25,35]$，$\otimes_{13}\in[27,33]$，$\otimes_{14}\in[37,43]$，$\otimes_{15}\in[40,60]$。求灰色直接消耗系数、灰色完全消耗系数、灰色逆阵系数、灰色感应度系数与灰色影响力系数。

表 16.3.1 某经济区价值型投入产出表

产出＼投入	1A 部门	2B 部门	3C 部门	4D 部门	5E 部门	合计	最终产品	总产品
1 A 部门	$\otimes_{11}$	$\otimes_{12}$	$\otimes_{13}$	$\otimes_{14}$	$\otimes_{15}$	$\otimes_{\Sigma}$	350	$\otimes$
2 B 部门	40	30	20	50	60	200	200	400
3 C 部门	50	30	60	20	10	100	220	400
4 D 部门	30	30	20	10	40	130	270	400
5 E 部门	40	30	20	20	30	140	360	500

续表

投入 / 产出	1A 部门	2B 部门	3C 部门	4D 部门	5E 部门	合计	最终产品	总产品
6 物质	100	150	150	160	190			
7 能源	60	50	40	30	40			
8 工资、利税	90	50	60	70	80			
总投入	500	400	400	400	500			

表 16.3.1 中，$\otimes_{\Sigma}=\sum_{j=1}^{5}\otimes_{1j}$ ，$\otimes=\otimes_{\Sigma}+350$ 。

解　利用灰色投入产出系数矩阵可以求出灰色直接消耗系数，此处仅列出灰色直接消耗系数矩阵的均值白化矩阵（表 16.3.2）。

由 $\boldsymbol{C}(\otimes)=\left[\boldsymbol{E}-\boldsymbol{A}(\otimes)\right]^{-1}-\boldsymbol{E}$ 可计算出完全消耗系数矩阵的均值白化矩阵（表 16.3.3）。

表 16.3.2　灰色直接消耗系数矩阵的均值白化矩阵

投入 / 产出	1A 部门	2B 部门	3C 部门	4D 部门	5E 部门
1 A 部门	0.020	0.050	0.075	0.100	0.100
2 B 部门	0.080	0.075	0.050	0.125	0.120
3 C 部门	0.100	0.102	0.153	0.050	0.020
4 D 部门	0.060	0.075	0.053	0.025	0.080
5 E 部门	0.080	0.075	0.053	0.025	0.080
6 物质	0.360	0.375	0.375	0.400	0.380
7 能源	0.120	0.125	0.100	0.075	0.080
8 工资、利税	0.180	0.125	0.150	0.175	0.160

表 16.3.3　灰色完全消耗系数矩阵的均值白化矩阵

投入 / 产出	1A 部门	2B 部门	3C 部门	4D 部门	5E 部门
1 A 部门	0.059	0.094	0.116	0.133	0.138
2 B 部门	0.128	0.134	0.098	0.172	0.175
3 C 部门	0.147	0.155	0.209	0.099	0.070
4 D 部门	0.092	0.117	0.085	0.059	0.117
5 E 部门	0.114	0.118	0.087	0.087	0.100
6 物质	0.564	0.609	0.599	0.606	0.606
7 能源	0.174	0.187	0.160	0.134	0.142
8 工资、利税	0.263	0.221	0.234	0.260	0.254

同理可求出灰色逆阵系数、灰色感应度系数和灰色影响力系数（表 16.3.4）。

由感应度系数和影响力系数可以分析出不同部门在经济增长中的关联关系。

表 16.3.4 灰色逆阵系数、灰色感应度系数和灰色影响力系数的均值白化数

产出＼投入	1A 部门	2B 部门	3C 部门	4D 部门	5E 部门	逆阵系数行和	感应度系数
1 A 部门	1.059	0.094	0.116	0.133	0.133	1.540	0.974 3
2 B 部门	0.128	1.134	0.098	1.175	0.175	1.707	1.079 9
3 C 部门	0.147	0.155	1.209	0.099	0.070	1.608	1.062 9
4 D 部门	0.092	0.117	0.085	1.059	0.117	1.470	0.930 0
5 E 部门	0.144	0.118	0.087	0.087	1.100	1.506	0.952 8
逆阵系数列和	1.540	1.610	1.595	1.55	1.600		
感应度系数	0.974 3	1.023 7	1.009 7	0.980 6	1.012 2		

表 16.3.4 中 B 部门和 C 部门的感应度系数和影响力系数都较高，说明这两个部门在该经济区的发展中处于主导地位。

16.3.2 其他派生系数

在灰色投入产出分析中，经常用到的还有其他一些系数，此处仅给出其定义。

定义 16.3.4 当 j 部门增加单位最终产品时，引起每个部门增加相应产值的合计数，称为灰色带动系数，用 d_j 表示：

$$d_j(\otimes)=\sum_{i=1}^{n}c_{ij}(\otimes) \tag{16.3.3}$$

其中，$\boldsymbol{C}(\otimes)=\left[c_{ij}(\otimes)\right]=\left[\boldsymbol{E}-\boldsymbol{A}(\otimes)\right]^{-1}-\boldsymbol{E}$。因此 $d_j(\otimes)$ 为完全消耗系数矩阵第 j 列列和，它反映了 j 部门最终产品增加对其他部门的带动作用。

定义 16.3.5 为实现每个部门增加单位最终产品，要求 i 部门增加的产值称为灰色制约度系数，用 $z_i(\otimes)$ 表示，即

$$z_i(\otimes)=\sum_{j=1}^{n}c_{ij}(\otimes),i=1,2,\cdots,n \tag{16.3.4}$$

$z_i(\otimes)$ 为完全消耗系数第 i 行行和，它反映了 i 部门对其他部门的制约程度。

定义 16.3.6 当 j 部门增加单位最终产品时，引起每个部门增加相应的净产值的合计数，称为灰色诱发经济效益系数，用 $p_j(\otimes)$ 表示，即

$$p_j(\otimes)=\sum_{i=1}^{n}c_{ij}(\otimes)v_i,\ j=1,2,\cdots,n \tag{16.3.5}$$

其中，v_i 为 i 部门的净产值率，它反映了 j 部门最终产品增加对其他部门经济效益的诱导作用。

16.4 灰色投入产出优化模型

实践证明，投入产出法的确是系统总体设计和总体协调不可缺少的科学手段，但是它不能保证这种设计协调结果及综合平衡所得的各种比例关系都是符合客观规律要求的最优规划方案，本节应用灰色系统理论，在投入产出法与线性规划相结合的基础

上建立三者融为一体的灰色投入产出优化模型（the optimal input- output models）。

灰色投入产出优化模型的建模思路是在满足

$$\begin{aligned}&\left(\boldsymbol{E}-\boldsymbol{A}(\otimes)\right)\boldsymbol{X}\geqslant \boldsymbol{Y}(\otimes)\\&\boldsymbol{A}(\otimes)\boldsymbol{X}\leqslant \boldsymbol{B}(\otimes)\\&\boldsymbol{X}\geqslant 0\end{aligned}\tag{16.4.1}$$

的条件下，寻求一组 $\boldsymbol{X}$，使目标函数 $f(\boldsymbol{X})$ 达到极大值。

式（16.4.1）中，$\boldsymbol{E}-\boldsymbol{A}(\otimes)$ 为列昂捷夫灰色矩阵；$\boldsymbol{Y}(\otimes)$ 为灰色需求向量，其分量一般均为区间灰数；$\boldsymbol{A}(\otimes)$ 为灰色消耗系数矩阵；$\boldsymbol{B}(\otimes)$ 为灰色约束向量，$\boldsymbol{X}$ 为决策向量，即 $\boldsymbol{X}=\left[x_1,x_2,\cdots,x_n\right]$。

灰色投入产出优化模型可按下列步骤建立。

（1）约束条件的约束值用时间序列描述。

通过 GM（1，1）模型预测，可以得到约束值变动趋势的时间序列，然后按预测值进行规划。这样的灰色投入产出最优规划，不仅能够反映一种特定的（静止的）情况，还可以反映约束条件发展变化的情况，得到优化规划的解可能是一个值，也可能是一组时间序列值，这样的解不但反映了现有条件下的最优关系（结构），而且还可以了解最优关系的发展变化趋势。

（2）约束条件中的参数是灰数。

约束条件（16.4.1）中灰色矩阵和灰色向量分别为

$$\boldsymbol{E}-\boldsymbol{A}(\otimes)=\begin{bmatrix}1-\otimes_{11} & -\otimes_{12} & \cdots & -\otimes_{1n}\\ -\otimes_{21} & 1-\otimes_{22} & \cdots & -\otimes_{2n}\\ \vdots & \vdots & & \vdots\\ -\otimes_{n1} & -\otimes_{n2} & \cdots & 1-\otimes_{nn}\end{bmatrix}$$

$$\boldsymbol{A}(\otimes)=\begin{bmatrix}\otimes_{11} & \otimes_{12} & \cdots & \otimes_{1n}\\ \otimes_{21} & \otimes_{22} & \cdots & \otimes_{2n}\\ \vdots & \vdots & & \vdots\\ \otimes_{n1} & \otimes_{n2} & \cdots & \otimes_{nn}\end{bmatrix},\quad \otimes_{ij}\in\left[\underline{a}_{ij},\bar{a}_{ij}\right]$$

$$\boldsymbol{Y}(\otimes)=\left[\otimes_1,\otimes_2,\cdots,\otimes_m\right]^{\mathrm{T}},\quad \otimes_i\in\left[\underline{y}_i,\bar{y}_i\right]$$

$$\boldsymbol{B}(\otimes)=\left[\otimes_1,\otimes_2,\cdots,\otimes_m\right]^{\mathrm{T}},\quad \otimes_i\in\left[\underline{b}_i,\bar{b}_i\right]$$

（3）目标函数

$$\begin{aligned}&\max f(\boldsymbol{X})=\max \boldsymbol{K}(\otimes)^{\mathrm{T}}\boldsymbol{X}\\&\boldsymbol{K}(\otimes)=\left[k_1(\otimes),k_2(\otimes),\cdots,k_n(\otimes)\right],k_j(\otimes)\in\left[\underline{k}_j,\bar{k}_j\right]\end{aligned}\tag{16.4.2}$$

（4）求解方法。

在灰色矩阵（向量）中各灰元白化之后即可上机计算求解，首先求理想模型最优解和临界模型最优解，然后根据需要研究若干不同的定位规划，以取得足够数量的可供选择的方案，经过综合论证选取最满意的规划方案。

16.5 灰色动态投入产出模型

在经济系统分析过程中，常常需要研究未来经济结构，尤其是投资结构的变动，以及经济政策变动对国民经济的影响，以便预测未来经济发展的前景及最佳的投资规模和投资结构，因此需要引入动态方法。本节介绍灰色动态投入产出模型的有关内容。

16.5.1 灰色动态综合平衡模型

灰色动态投入产出模型是灰色静态投入产出的发展，通过引入灰色资本系数或投资系数矩阵，使投资内生化，即通过模型本身的运行对生产和投资进行同步定量计算，同时引入时间推移的动态概念，把经济需求与经济发展，现在和将来联系在一起，动态地考察一个时间序列上的固定资产积累与扩大再生产的过程，是研究投资问题的理想工具。

灰色动态投入产出模型为

$$\boldsymbol{X}_t(\otimes)-\boldsymbol{A}_t(\otimes)\boldsymbol{X}_t(\otimes)-\boldsymbol{B}_{t+1}(\otimes)\left[\boldsymbol{X}_{t+1}(\otimes)-\boldsymbol{X}_t(\otimes)\right]=\boldsymbol{C}_t(\otimes) \tag{16.5.1}$$

灰色动态综合平衡模型以灰色动态投入产出模型为核心，主要研究国民经济再生产过程中的综合平衡关系，描述国民经济各部门产品生产与分配的动态过程。灰色动态综合平衡模型的主要平衡方程如下。

（1）产品生产与供给平衡方程

$$\left(\boldsymbol{E}-\boldsymbol{A}(\otimes)+\boldsymbol{B}(\otimes)\right)\boldsymbol{X}_t(\otimes)-\boldsymbol{B}(\otimes)\boldsymbol{X}_{t+1}(\otimes)=\boldsymbol{C}_t(\otimes),\quad t=0,1,\cdots,T-1$$

$$\left(\boldsymbol{E}-\boldsymbol{A}(\otimes)\right)\boldsymbol{X}_t(\otimes)=\boldsymbol{C}_t(\otimes) \tag{16.5.2}$$

其中，$\boldsymbol{A}(\otimes)$为灰色直接消耗系数矩阵；$\boldsymbol{B}(\otimes)$为灰色投资系数矩阵；$\boldsymbol{C}_t(\otimes)$为第 t 年最终净需求灰向量；$\boldsymbol{X}_t(\otimes)$为第 t 年各部门的产值灰向量；T 为目标年数。

（2）投资需求与供给平衡方程

$$\sum_{j=1}^{n} b_j(\otimes)\left[x_j(t+1)-x_j(t)\right]=k(t),\quad t=0,1,\cdots,T-1 \tag{16.5.3}$$

其中，$b_j(\otimes)$为第 j 部门的投资系数；$x_j(t)$为第 t 年第 j 部门的产值；$k(t)$为第 t 年投资可供量；n 为部门数。

（3）劳动力需求与供给平衡方程

$$\sum_{j=1}^{n} L_j(\otimes)\cdot x_j(t)=L(t),\quad t=0,1,\cdots,T \tag{16.5.4}$$

其中，$L_j(\otimes)$为第 j 部门单位产值劳动力需求系数；$L(t)$为第 t 年劳动力可供应量。

16.5.2 灰色动态投入产出优化模型

灰色动态投入产出优化模型是灰色静态投入产出优化模型的扩展。具体形式为

$$\max \boldsymbol{SX}(T)$$

$$\text{s.t.}\begin{cases}\left(\boldsymbol{E}-\boldsymbol{A}(\otimes)\right)+\boldsymbol{B}(\otimes)\boldsymbol{X}_t(\otimes)-\boldsymbol{B}(\otimes)\boldsymbol{X}_{t+1}(\otimes)\geqslant \boldsymbol{C}_t(\otimes)\\ \boldsymbol{A}(\otimes)\boldsymbol{X}_t(\otimes)\leqslant \boldsymbol{B}(\otimes)\\ \boldsymbol{X}_t(\otimes)\geqslant 0\end{cases}\tag{16.5.5}$$

例 16.5.1　某地区的灰色动态投入产出优化模型如下。

目标函数：$\max \boldsymbol{SX}(T)$。

约束条件：（1）生产平衡约束

$$\left(\boldsymbol{E}-\boldsymbol{A}(\otimes)+\boldsymbol{B}(\otimes)\right)\boldsymbol{X}_t(\otimes)-\boldsymbol{B}(\otimes)\boldsymbol{X}_{t+1}(\otimes)\geqslant \boldsymbol{C}_t(\otimes),\quad t=0,1,\cdots,T-1$$

（2）产值约束

$$\boldsymbol{X}_{t+1}(\otimes)-\boldsymbol{X}_t(\otimes)\geqslant 0,\quad t=0,1,\cdots,T-1$$

（3）资金约束

$$\boldsymbol{E}\bullet\boldsymbol{B}(\otimes)\left[\boldsymbol{X}_{t+1}(\otimes)-\boldsymbol{X}_t(\otimes)\right]\leqslant \boldsymbol{K}_t(\otimes),\quad t=0,1,\cdots,T-1$$

（4）水资源约束

$$\boldsymbol{W}(\otimes)\boldsymbol{X}_t(\otimes)\leqslant \boldsymbol{Q}_t(\otimes),\quad t=0,1,\cdots,T$$

（5）能源约束

$$\boldsymbol{G}(\otimes)\boldsymbol{X}_t(\otimes)\leqslant \boldsymbol{P}_t(\otimes),\quad t=0,1,\cdots,T$$

（6）劳动力约束

$$\boldsymbol{L}(\otimes)\boldsymbol{X}_t(\otimes)\leqslant \boldsymbol{R}_t(\otimes),\quad t=0,1,\cdots,T$$

（7）环境约束

$$\boldsymbol{U}(\otimes)\boldsymbol{X}_t(\otimes)\leqslant \boldsymbol{H}_t(\otimes),\quad t=0,1,\cdots,T$$

其中，$\boldsymbol{S}$ 为净产值系数向量；T 为计划期长度；$\boldsymbol{A}(\otimes)$ 为灰色直接消耗系数矩阵；$\boldsymbol{B}(\otimes)$ 为灰色投资系数矩阵；$\boldsymbol{C}_t(\otimes)$ 为第 t 年最终净需求灰色向量；$\boldsymbol{X}_t(\otimes)$ 为第 t 年产值灰色向量；$\boldsymbol{K}_t(\otimes)$ 为第 t 年资金供给灰色向量；$\boldsymbol{W}(\otimes)$ 为各部门单位产值耗水灰色向量；$\boldsymbol{Q}_t(\otimes)$ 为第 t 年可供水灰色向量；$\boldsymbol{G}(\otimes)$ 为各部门单位产值能耗灰色向量；$\boldsymbol{P}_t(\otimes)$ 为第 t 年能源供给灰色向量；$\boldsymbol{L}(\otimes)$ 为各部门单位产值劳动力需求量灰色向量；$\boldsymbol{R}_t(\otimes)$ 为第 t 年劳动力供给灰色向量；$\boldsymbol{U}(\otimes)$ 为各部门单位产值污染系数灰色向量；$\boldsymbol{H}_t(\otimes)$ 为第 t 年污染总量上限灰色向量；$\boldsymbol{E}$ 为单位矩阵。

16.5.3　灰色大道模型

灰色系统理论与大道模型相结合形成灰色大道模型。运用灰色大道模型可以研究一个国家、地区或城市经济均衡增长的最佳速度及最佳经济结构，还可以分析积累率与经济增长速度之间的关系（刘思峰，1991）。

模型具体形式为

$$\max \boldsymbol{PB}(\otimes)\boldsymbol{X}_T(\otimes)$$

$$\text{s.t.}\begin{cases}\left(\boldsymbol{E}-\boldsymbol{A}(\otimes)\right)+\boldsymbol{B}(\otimes)\boldsymbol{X}_t(\otimes)-\boldsymbol{B}(\otimes)\boldsymbol{X}_{t+1}(\otimes)\\ \geqslant\delta(\otimes)\boldsymbol{D}(\otimes)\boldsymbol{V}(\otimes)\boldsymbol{X}_t(\otimes), & t=0,1,\cdots,T-1\\ \boldsymbol{X}_t(\otimes)\geqslant 0, & t=0,1,\cdots,T\end{cases}\tag{16.5.6}$$

其中，$\boldsymbol{A}(\otimes)$为灰色直接消耗系数矩阵；$\boldsymbol{B}(\otimes)$为灰色投资系数矩阵；$\boldsymbol{D}(\otimes)$为灰色最终净需求结构列向量；$\boldsymbol{X}_t(\otimes)$为第 t 年各部门产值灰色向量；$\boldsymbol{P}$ 为加权行向量；$\boldsymbol{V}(\otimes)$为灰色净产值系数行向量；$\delta(\otimes)$为消费率[$1-\delta(\otimes)$为积累率]；T 为计划期长度；$\boldsymbol{V}(\otimes)\ \boldsymbol{X}_t(\otimes)$表示 GDP 总值灰量。

对于一个有 n 个部门的经济系统，可以首先根据投入产出表得到各个部门的综合生产技术$Q_1,Q_2,\cdots,Q_n$，以$Q_1,Q_2,\cdots,Q_n$为基本生产技术，按照冯·诺依曼假定，整个生产技术集合为由$Q_1,Q_2,\cdots,Q_n$生成的闭凸锥。若记生产技术集合为 T，则简化后的 n 部门综合生产技术集合为

$$T=\left\{Q\middle|Q=\sum_{i=1}^{n}z_iQ_i\right\}$$

其中

$$\boldsymbol{z}=\left(z_1,z_2,\cdots,z_n\right),\quad z_i\geqslant 0,\quad i=1,2,\cdots,n$$

即按照 n 个部门划分的产业结构向量。通常称$z_i\geqslant 0$，$i=1,2,\cdots,n$为 i 部门的生产强度，并要求产业结构向量 $\boldsymbol{z}$ 满足$\sum_i z_i=1$的条件，这时$z_i\geqslant 0$，$i=1,2,\cdots,n$为 i 部门产品在总产品中所占的比例。

记投入矩阵为 $\boldsymbol{A}$，产出矩阵为 $\boldsymbol{B}$，由

$$\alpha(\boldsymbol{z})=\boldsymbol{zB}/\boldsymbol{zA}$$

可以计算出产业结构向量 $\boldsymbol{z}$ 的增长率，亦称膨胀率。当$\alpha(\boldsymbol{z})>1$时，与之对应的产业结构向量 $\boldsymbol{z}$ 能够保持经济日益增长；当$\alpha(\boldsymbol{z})<1$时，与之对应的产业结构向量 $\boldsymbol{z}$ 则会导致整个经济逐渐萎缩。尤其是对一个相对封闭的经济系统，$\alpha(\boldsymbol{z})<1$ 就意味着资源的严重浪费。这种非平衡的产业结构虽有可能暂时维持一定的增长速度，但不合理配置所导致的部分产品过剩，部分产品短缺必然诱发生产力破坏、物价上涨等弊端，其直接后果是整个国民经济系统逐渐萎缩。人们往往不但要求膨胀率$\alpha(\boldsymbol{z})>1$，而且总希望寻求膨胀率最大的产业结构向量 $\boldsymbol{z}$。即要求出满足$\alpha(\boldsymbol{z}^*)=\max\alpha(\boldsymbol{z})$的最优产业结构向量$\boldsymbol{z}^*$。根据二阶堂不动点定理可知，这样的$\boldsymbol{z}^*$存在。$\boldsymbol{z}^*$即冯·诺依曼最优强度轨道，亦称冯·诺依曼大道。

16.6 应用实例

16.6.1 运用灰色大道模型测算最优价格

例 16.6.1 某省经济系统和农业部门灰色大道模型（赵理等，1992）。

在货币作为价值符号依然发挥重要作用的时期，在建立和完善中国特色社会主义市场经济体制和运行机制的过程中，价格作为衡量产品中劳动含量的尺度，每时每刻都对经济的发展产生着重大影响。合理的价格体系是对最优的生产强度而言的。能够保证整个国民经济持续高速均衡增长的冯·诺依曼最优生产强度相应的最优价格应当是我们进行价格体系改革不断追求的目标。

本节运用灰色投入产出理论，对我国价格体系改革趋势进行分析。本例中把国民经济各部门按三次产业划分，其中，第二产业再分为农产品加工业和其他工业两个部分。这样就得到第一产业、农产品加工业、其他工业、第三产业四个综合部门。进一步将农业部门分为粮食作物种植业、其他作物种植业、林业、畜牧业、农村工副业五个部门。根据某省投入产出表及有关统计资料，测算出国民经济四个综合部门和农业部门的五个子部门的灰色投入矩阵 $\boldsymbol{A}(\otimes)$，$\boldsymbol{a}(\otimes)$ 和灰色产出矩阵 $\boldsymbol{B}(\otimes)$，$\boldsymbol{b}(\otimes)$：

$$\boldsymbol{A}(\otimes)=\begin{bmatrix} \otimes_{11} & \otimes_{12} & \otimes_{13} & \otimes_{14} \\ 24.80 & 67.33 & 59.04 & 45.53 \\ 90.12 & 31.98 & 365.22 & 66.18 \\ 41.52 & 49.71 & 135.35 & 136.68 \end{bmatrix}$$

其中，$\otimes_{11}\in[155.00,164.78]$，$\otimes_{12}\in[54.09,56.09]$，$\otimes_{13}\in[25.22,27.86]$，$\otimes_{14}\in[18.7,21.1]$。

$$\boldsymbol{a}(\otimes)=\begin{bmatrix} 56.44 & 26.83 & 3.66 & 27.02 & 6.97 \\ \otimes_{21} & \otimes_{22} & \otimes_{23} & \otimes_{24} & \otimes_{25} \\ 3.56 & 2.55 & 2.42 & 0.99 & 0.66 \\ 10.54 & 7.27 & 1.08 & 4.38 & 1.60 \\ 5.16 & 3.44 & 0.51 & 1.75 & 1.24 \end{bmatrix}$$

其中，$\otimes_{21}\in[6.18,7.98]$，$\otimes_{22}\in[5.97,7.57]$，$\otimes_{23}\in[0.38,0.76]$，$\otimes_{24}\in[1.47,2.33]$，$\otimes_{25}\in[0.98,1.40]$。

$$\boldsymbol{B}(\otimes)=\begin{bmatrix} \otimes_{11} & 0 & 0 & 0 \\ 0 & 257.65 & 0 & 0 \\ 0 & 0 & 638.32 & 0 \\ 0 & 0 & 0 & 343.01 \end{bmatrix}$$

其中，$\otimes_{11}\in[388.83,428.83]$。

$$\boldsymbol{b}(\otimes)=\begin{bmatrix} 89.74 & 0 & 0 & 0 & 0 \\ 0 & \otimes_{22} & 0 & 0 & 0 \\ 0 & 0 & 12.33 & 0 & 0 \\ 0 & 0 & 0 & 42.90 & 0 \\ 0 & 0 & 0 & 0 & 17.20 \end{bmatrix}$$

其中，$\otimes_{22}\in[60.00,72.16]$。

设 $\boldsymbol{Z}^*$，$\boldsymbol{\alpha}^*$，$\boldsymbol{P}^*$ 分别为四个部门的最优强度、膨胀率和最优价格；$\boldsymbol{S}^*$，$\boldsymbol{\beta}^*$，$\boldsymbol{V}^*$ 分

别为农业部门的五个子部门的最优强度、膨胀率和最优价格，由灰色大道模型

$$\begin{cases} Z^* A(\otimes)\alpha^* \leqslant Z^* B(\otimes) \\ \alpha^* A(\otimes) P^* \geqslant B(\otimes) P^* \\ Z^* A(\otimes)\alpha^* P^* = Z^* B(\otimes) P^* \end{cases} \tag{16.6.1}$$

和

$$\begin{cases} S^* a(\otimes)\beta^* \leqslant S^* b(\otimes) \\ \beta^* a(\otimes) V^* \geqslant b(\otimes) V^* \\ S^* a(\otimes)\beta^* V^* = S^* b(\otimes) V^* \end{cases} \tag{16.6.2}$$

对灰色投入矩阵和灰色产出矩阵进行均值白化后，不难解出与最优强度 $\boldsymbol{Z}^*$，$\boldsymbol{S}^*$ 及膨胀率 $\boldsymbol{\alpha}^*$，$\boldsymbol{\beta}^*$ 相应的最优价格

$$\boldsymbol{P}^* = \left[p_1^*, p_2^*, p_3^*, p_4^*\right]^{\mathrm{T}} = [1, 1.601\,5, 1.765\,8, 2.392\,3]^{\mathrm{T}}$$

和

$$\boldsymbol{V}^* = \left[v_1^*, v_2^*, v_3^*, v_4^*, v_5^*\right] = [1, 0.174, 0.575, 0.404, 0.496]^{\mathrm{T}}$$

这种能促使国民经济走上冯·诺依曼高速发展轨道的最优价格，应是我们制定价格政策的重要依据之一。按照合理的价格比，应当是农产品加工业的产品价格比农产品价格高 60%，其他工业产品价格比农产品价格高 77%，第三产业服务价格比农产品价格高 139%。实际情况是农产品价格极低，其直接后果是农业投入逐年减少，农业这个国民经济中的基础产业被削弱。虽然我国实行改革开放政策以来，已经有步骤地对价格关系做了一些调整，提高了农产品和初级矿产品的价格，放活了一部分产品的价格，但仍然未能从根本上改变整个价格体系不合理的状况。1988 年，我国农业、工业和建筑业百元资金利税 IP（资金价格）和全员劳动生产率 LP（劳动价格）如表 16.6.1 所示。

表 16.6.1　1988 年各部门资金价格 IP 和劳动价格 LP　　单位：元

产业	农业	以农产品为原料的轻工业	以非农产品为原料的轻工业	重工业	建筑业
IP	1.84	27.18	2 467	17.03	5.2
LP	1 486	16 008	17 547	12 160	10 346

亦即

IP=（1，14.771 7，13.407 6，9.255 4，2.826 1）

LP=（1，10.772 5，11.808 2，8.183 0，6.961 6）

也就是说，以农产品为原料的工业产品的资金价格和劳动价格分别比农产品资金价格和劳动价格高 1 377.17%和 977.25%，以非农产品为原料的轻工业、重工业、建筑业的资金价格和劳动价格分别比农业价格高出 1 240.76%，1 080.82%；825.54%，718.30%；182.61%，596.16%。即使考虑到不同产业部门劳动者素质的差异，亦不难看出价格关系扭曲的严重程度。

同样地，从农业内部各子部门的冯·诺依曼最优价格关系看，应当是粮食种植业子部门的价格高于其他子部门的价格。事实上，目前的情况恰恰相反，无论从资金投入的收益还是劳动收益考察，粮食种植业都低于其他各业。农民靠种粮食走出一条致富之路比较困难。

这种国民经济各部门之间农产品价格低，农业部门内部粮食价格低的双重扭曲，使我们为维持、发展农业和粮食生产投入的大量资金、人力、物力得不到相应的补偿；造成了农业投资效益低，工业（尤其是轻工业）投资效益高，粮食作物种植业收益低，经济作物和畜牧业及其他农业收益高的现象，使得以农业、粮食生产为主的一些地区长期经济发展缓慢，严重地影响了农民种粮的积极性，大大地削弱了粮食种植业对投入的吸引力。因此我们必须把价格体系的改革作为一项紧迫的任务纳入议事日程。我们认为，我国价格改革的出发点应当放在提高农产品的价格上，在农业内部，首先应考虑适当提高粮食价格。中央已在这方面做了一些调整，这是完全正确的。

那么，农产品和粮食价格的提高会不会造成价格指数大幅度上升，给人民生活和国家的社会主义建设造成大的影响呢？我们对此做了一些初步的探讨。计算的最终结果是，当农产品价格和粮食价格变动分别为 ΔP_1 和 ΔV_1 时，其余各部门及农业内部其余各子部门价格变动向量分别为

$$\Delta \boldsymbol{P} = \Delta P_1 \left[0.342\,6,\ 0.070\,0,\ 0.051\,9\right]$$

$$\Delta \boldsymbol{V} = \Delta V_1 \left[0.042\,2, 0.016\,0, 0.341\,4, 0.094\,9\right]$$

可以看出，若将农产品价格提高 5%，10%，20%，50%或 100%，受农产品价格变动影响，农产品加工业的产品价格将相应地提高 1.7%，3.43%，6.85%，17.13%或 34.26%，其他工业部门产品价格将相应提高 0.3%，0.7%，1.4%，3.5%或 7%，第三产业服务价格相应提高 0.25%，0.52%，1.04%，2.6%或 5.19%；在农业内部，若将粮食价格提高 5%，10%，20%，50%或 100%，其他作物种植业产品价格将相应提高 0.2%，0.44%，0.88%，2.21%或 4.42%，林业产品价格将相应提高 0.08%，0.16%，0.32%，0.8%或 1.6%，畜牧业产品价格将相应提高 1.7%，3.4%，6.8%，17.7%或 34.14%，农村工副业价格将相应提高 0.47%，0.95%，1.9%，4.7%或 9.49%。农产品价格提高除对农产品加工业和畜牧业影响较大外，对其他产业的影响不是很大。即使考虑到价格调整的反弹效应，在市场发育逐步完善的情况下，适当控制调整幅度，加大宏观调控力度，轮番提价的现象是完全可以避免的。我们还进一步研究了农产品和粮食价格变动对消费和积累支出的影响，其结果是，当农产品价格变动 ΔP_1 时，农产品消费支出和积累支出变动比例分别为

$$\Delta \alpha_1 = \frac{\Delta P_1}{4.517\,9 + 1.494\,1\Delta P_1},\quad \Delta \beta_1 = \frac{\Delta P_1}{7.675 + 1.182\Delta P_1}$$

将农产品价格提高 5%，10%，20%，50%或 100%，农产品消费支出将相应增加 1.09%，2.14%，4.15%，9.5%或 16.63%；积累支出将相应增加 0.06%，1.28%，2.53%，6.05%或 11.29%。

消费支出和积累支出相对于粮食价格变动的比例关系为

$$\Delta\alpha_1' = \frac{\Delta V_1}{7.595\,7 + 1.184\,8\Delta V_1}, \quad \Delta\beta_1' = \frac{\Delta V_1}{18.748 + 0.059\,9\Delta V_1}$$

粮食价格提高 5%，10%，20%，50%或 100%，粮食消费支出将相应增加 0.65%，1.3%，2.55%，6.1%或 11.39%；积累支出将相应增加 0.27%，0.53%，1.055%，2.59%或 5.05%。因此可以说，农产品和粮食价格的提高对人民生活和国家的社会主义建设造成的消极影响与它所产生的对整个国民经济的推动作用相比是微乎其微的。

价格关系的调整是整个经济体制改革的重要一环，是一项十分复杂的系统工程。为理顺价格关系，使我国的价格体系走上最优轨道，推动整个国民经济持续稳定、健康发展，我们认为，逐步提高农产品价格和粮食价格应是价格体系改革的出发点和基本走向。诚然，这里所做的分析、测算是十分粗浅的。这些结果仅仅为有关决策部门制定价格政策提供了一种可供参考的思路，与可操作的价格体系改革方案还有一定的距离。

16.6.2 运用灰色大道模型优化产业结构

例 16.6.2 某省产业结构优化的灰色大道模型（刘思峰，1991）。

由例 16.6.1 可知，灰色投入产出矩阵白化后，第一产业、农产品加工业、其他工业和第三产业 4 个部门的综合生产技术 Q_1, Q_2, Q_3, Q_4 分别为

$$Q_1 = \left[(159.89, 24.80, 90.12, 41.52); (408.83, 0, 0, 0)\right]$$

$$Q_2 = \left[(55.09, 67.33, 31.98, 49.71); (0, 257.65, 0, 0)\right]$$

$$Q_3 = \left[(26.54, 59.04, 365.22, 135.35); (0, 0, 638.32, 0)\right]$$

$$Q_4 = \left[(19.90, 45.53, 66.18, 136.84); (0, 0, 0, 343.01)\right]$$

以 Q_1, Q_2, Q_3, Q_4 为基本生产技术，可以得到该省简化后的 4 部门综合生产技术集合为

$$T = \left\{ Q \middle| Q = \sum_{i=1}^{4} z_i Q_i \right\}$$

其中

$$\boldsymbol{z} = (z_1, z_2, z_3, z_4), \quad z_i \geqslant 0, \quad i = 1, 2, 3, 4$$

为按照第一产业、农产品加工业、其他工业和第三产业 4 个部门划分的产业结构向量。记投入矩阵为 $\boldsymbol{A}$，产出矩阵为 $\boldsymbol{B}$，由

$$\alpha(\boldsymbol{z}) = \boldsymbol{zB} / \boldsymbol{zA}$$

运用计算机反复进行模拟试验，得到该省在当时技术条件下的最优产业结构向量为

$$\boldsymbol{z}^* = (z_1^*, z_2^*, z_3^*, z_4^*) = (0.233\,67, 0.209\,95, 0.332\,88, 0.223\,50)$$

与之对应的膨胀率

$$\alpha(\boldsymbol{z}^*) = \max\left\{\alpha \middle| \boldsymbol{z}^* \boldsymbol{Aa} \leqslant \boldsymbol{z}^* \boldsymbol{B}\right\} = 1.155\,4$$

因此，当第一产业、农产品加工业、其他工业和第三产业 4 个部门的产品所占的

比重分别为 23.367%，20.995%，33.288%，23.35%时，该省经济能够实现持续高速均衡增长，每年可递增 15.54%。这个 15.54%还是在生产技术不变条件下的速度，如果再加上技术进步因素的作用，增长速度会更高。例如，技术进步因素在经济增长中的贡献份额达到 40%，年经济增长率即可达到 25.90%。在大多数情况下，技术进步因素的贡献与计划、管理中的失误相抵消，使得整个经济难以达到其应有的发展速度。

如果该省某年度实际产业结构向量为

$$z^0=\left(z_1^0,z_2^0,z_3^0,z_4^0\right)=(0.249\,4,0.156\,1,0.386\,7,0.207\,8)$$

对照 z^* 可以发现，突出问题是农产品加工业和第三产业两个部门所占的比例偏低，即该省农产品加工业和第三产业不发达，需要进一步强化发展。如果计划用 4 年时间完成产业结构调整任务，使全省经济走上冯·诺依曼大道，可以得到如表 16.6.2 所示的产业结构调整方案。

表 16.6.2　产业结构调整方案

产业	第一产业	农产品加工业	其他工业	第三产业
z^0	0.249 4	0.156 1	0.386 7	0.207 8
z^1	0.244 7	0.168 9	0.374 0	0.212 4
z^2	0.241 3	0.182 0	0.360 3	0.216 4
z^3	0.237 6	0.195 8	0.346 6	0.220 0
z^4	0.233 67	0.209 95	0.332 88	0.223 5
年均调整	−0.003 8	+0.013 5	−0.013 4	+0.003 7

对于确定的总产出增长率，还可以根据表 16.6.2 计算出相应的各部门产出规划。假定在产业结构调整期间，总产出每年平均递增 8.06%，即可计算出如表 16.6.3 所示的调整期间各部门产出规划。

表 16.6.3　产业结构调整期间各部门产出规划　　单位：亿元

产业	第一产业	农产品加工业	其他工业	第三产业	总产出
X^0	323.62	204.31	506.19	272.01	1 306.13
X^1	344.66	237.82	526.69	299.21	1 408.38
X^2	367.06	276.82	548.02	329.13	1 521.03
X^3	390.92	322.22	570.22	362.05	1 645.41
X^4	416.33	374.06	593.09	398.21	1 781.68
年均递增	6.5%	16.4%	4.05%	10%	8.06%

产业结构的调整不是一劳永逸的。因为在各个产业部门中，技术水平存在差异，技术的发展是不平衡的，这就导致各产业部门的综合生产技术随着时间的推移而不断变化。因此，冯·诺依曼最优生产强度具有时变性。一个经济系统，必须随着生产技术的变化，不断调整产业结构，才能不偏离冯·诺依曼轨道，一直保持较高的膨胀率。

例 16.6.3　某省农业产业结构优化的灰色大道模型（刘思峰，1991）。

将例 16.6.1 农业内部 5 个子部门的灰色投入产出矩阵白化可得粮食作物种植业、

其他作物种植业、林业、畜牧业、农村工副业子部门的综合生产技术 q_1,q_2,q_3,q_4,q_5 分别为

$$q_1=[(56.44,7.08,3.56,10.54,5.16);(89.74,0,0,0,0)]$$
$$q_2=[(26.83,6.77,2.55,7.27,3.44);(0,66.08,0,0,0)]$$
$$q_3=[(3.66,0.57,2.42,1.08,0.51);(0,0,12.33,0,0)]$$
$$q_4=[(27.02,1.90,0.99,4.38,1.75);(0,0,0,42.90,0)]$$
$$q_5=[(6.97,1.19,0.66,1.60,1.24);(0,0,0,0,17.20)]$$

以 q_1,q_2,q_3,q_4,q_5 为基本生产技术，与例 16.6.2 类似，可以得到农业内部 5 个子部门的生产技术集合为 T_A：

$$T_A=\left\{q\middle|q=\sum_{i=1}^{5}s_iq_i\right\}$$

其中

$$\boldsymbol{s}=(s_1,s_2,s_3,s_4,s_5),\quad s_i\geqslant 0,\quad i=1,2,3,4,5$$

为农业内部按照粮食作物种植业、其他作物种植业、林业、畜牧业、农村工副业 5 个子部门划分的产业结构向量。类似地，通过模拟试验可以得到农业部门内部在当时技术条件下的最优产业结构向量为

$$\boldsymbol{s}^0=\left(s_1^0,s_2^0,s_3^0,s_4^0,s_5^0\right)=(0.246\,7,0.184\,7,0.163\,1,0.228\,8,0.176\,7)$$

与之对应的膨胀率

$$\beta\left(\boldsymbol{s}^*\right)=\max\left\{\boldsymbol{\beta}\middle|\boldsymbol{s}^*\boldsymbol{aB}\leqslant\boldsymbol{s}^*\boldsymbol{b}\right\}=1.155\,4$$

在现有生产技术条件下，当农业内部 5 个子部门的产品或劳务所占的比重分别为 24.67%，18.47%，16.31%，22.88%，17.67%时，该省农业生产能够实现持续高速均衡增长，保持 15.54%这样一个较高的年递增速度，而且实现与全省经济系统的同步发展。

与例 16.6.2 类似，可以计算出相应的农业内部各部门产业结构调整方案和产业结构调整期间各部门产出规划。

第 17 章

灰色博弈模型

本章以经典博弈理论的结构体系为参照系，以解决实际问题的理论需求为牵引，着重分析由于灰博弈问题对经典博弈问题完备知识约束条件的放松所产生的一些特殊和复杂的问题。

博弈论始于 1944 年，以冯·诺伊曼和莫根施特恩合作的《博弈论与经济行为》一书的出版为标志。到 20 世纪 50 年代，合作博弈理论日趋完善，关于非合作博弈的研究也开始萌发。20 世纪 70 年代之后，博弈论逐步形成了较为完整的体系；20 世纪 80 年代之后，博弈论成为主流经济学的一个组成部分，尤其是在现代寡占理论和信息经济学方面的应用，成绩斐然，在一定程度上，甚至可以说它已成为微观经济学的基础性内容。

博弈论中的一个重要假设就是博弈双方行为人具有共同知识。例如，假设所有行为人的理性是共同知识，即"所有参与人都是理性的，所有参与人知道所有参与人都是理性的，所有参与人知道所有参与人知道所有参与人都是理性的……"如此类推，以致无限。这是一个令人难以想象的无限过程，就行为人对现实世界的认识能力而言，这条假设过于苛刻。很显然，现实世界这种假设通常是得不到保证的，这正是经典博弈论所遇到的最大的困惑之一。正是经典博弈理论中这一无法圆满解决的理性困惑问题，催生了进化博弈理论。从整个博弈论的发展过程来看，博弈理论是在回答现实问题的同时，逐步得到完善的。

然而，现实世界除了不完全信息和有限理性等之外，还有未来的不确定性、有限知识等许多问题。然而遗憾的是，对于这些问题，目前的博弈理论很少涉及。

本章运用灰系统理论的丰富思想与相关的方法来研究博弈论中的有限理性和有限知识等问题（Fang et al.，2010）。

17.1 基于有限理性和有限知识的双寡头战略定产博弈模型

本节基于决策主体的有限理性和有限知识假设、决策的路径依赖性假设，将决策目标设定为战略决策利益最大化，构建出一种新的双寡头战略定产决策模型。在此基础上，对该模型的博弈定产决策算法、属性与特征、后期决策者的退让均衡、先期决策者的阻尼均衡、先期决策者完全占领市场的阻尼损失与总阻尼成本等问题进行研究。

17.1.1 基于经验理想产量与最佳决策系数的双寡头战略定产模型

根据古诺双寡头模型的假定：设有 1、2 两家厂商生产同种产品，同时做出产量决策。如果厂商 1 的产量为 q_1，厂商 2 的产量为 q_2，则市场总产量为 $Q=q_1+q_2$。设市场出清的价格 P 是市场总产量的函数 $P=P(Q)=Q_0-Q$，其中，Q_0 是常数。再设两个厂商的生产都无固定成本，单位产量边际成本分别为 c_1 和 c_2。这样在双方完全理性的假设下，两寡头均以实现自身利益最大化为目标，并依据所占有的信息做出产量决策，达到纳什均衡。

然而，现实中两寡头未必完全理性，竞争的一方没有必然的理由相信对方是完全理性的。况且，从竞争战略的角度考虑，竞争的一方完全有可能牺牲暂时的利益，生产超过纳什均衡的产量，以达到抢占更多的市场份额，挤压对手的生存与发展空间的目的。事实上，现实中如果竞争的博弈双方是非完全理性的，或者即使是完全理性的，但其有某种更长远的战略性产量竞争的考虑时，基于当期利益最大化的古诺寡头定产竞争的纳什均衡未必能够自动实现。也正因为如此，古诺寡头定产机制往往难以解释现实中的两寡头定产竞争过程。

根据现实的双寡头定产过程，在考虑两寡头战略定产先后顺序的情况下，可得基于经验理想产量和最佳战略扩展系数的定产竞争方程：

$$\begin{cases} q_1 = q_{01} + \gamma_1(Q - q_{01}) \\ q_2 = q_{02} + \gamma_2(Q - q_{02}) \\ Q = q_1 + q_2 \end{cases} \tag{17.1.1}$$

（1）q_1 和 q_2 分别表示厂商 1 和厂商 2 决定将要生产的产量；Q 表示市场容量，由该两寡头的生产产量决定。

（2）q_{01} 和 q_{02} 分别表示两寡头厂商的经验理想产量（由自己的直接经验或他人的间接经验形成，受自己、竞争对手的生产状况和市场需求状况的影响。通常为厂商在有利条件下所能获得的较为理想的利润水平的产量）。在两寡头是古诺型寡头（符合古诺模型的假设）的情形下，根据古诺寡头均衡是纳什均衡的原理，可以将两寡头的经验理想产量取为古诺模型的解。

（3）γ_1 和 γ_2 分别表示两寡头厂商在进行产量决策时的战略扩展倾向，称其为战略扩展系数，主要取决于决策者的实际生产能力、生产扩展能力、价值观、决策习惯、经济与社会背景、个性心理特征与品格等各种因素。若某寡头 i 先做出反应，即先确定其战略扩张系数 $\gamma_i(i=1,2)$，则称该寡头为先期决策（或称主动反应）寡头；否则，称其为后期决策（或称被动反应）寡头；后期决策寡头能够通过一定的途径（如可以根据对手的预先行动、提示信号、以往行动的习惯、传统、个性和目前行动的状态与背景等因素进行判定）了解到先期决策寡头的决策情况。

（4）决策者的当期产量决策取决于经验理想产量 $q_{0i}(i=1,2)$ 与战略扩张产量 $\gamma_i(Q-q_{0i})(i=1,2)$ 两部分之和。一般情况下，$q_{0i}(i=1,2)$ 是由决策者把决策当期的情景模式与历史模式进行匹配后，参考历史统计数据所得；$\gamma_i(Q-q_{0i})(i=1,2)$ 反映了决策者对未占领市场份额的战略扩张倾向。$\gamma_i(i=1,2)$ 取正号表示战略扩张，取负号表示战略收缩。

定理 17.1.1 两寡头厂商进行产量决策时的战略扩展系数 γ_1 和 γ_2 的取值范围分别为 $\gamma_1 \in \left[\dfrac{-q_{01}}{Q-q_{01}},1\right]$，$\gamma_2 \in \left[\dfrac{-q_{02}}{Q-q_{02}},1\right]$（方志耕和刘思峰，2003a）。

证明 不失一般性，寡头厂商在进行产量决策时，其产量必须满足下列约束条件：

$$\begin{cases} 0 \leqslant q_1 \leqslant Q \\ 0 \leqslant q_2 \leqslant Q \\ Q = q_1 + q_2 \end{cases} \tag{17.1.2}$$

联立式（17.1.1）和式（17.1.2）可以方便地求得两寡头厂商的战略扩展系数 γ_1 和 γ_2 的取值范围：

$$\begin{cases} \dfrac{-q_{01}}{Q-q_{01}} \leqslant \gamma_1 \leqslant 1 \\ \dfrac{-q_{02}}{Q-q_{02}} \leqslant \gamma_2 \leqslant 1 \end{cases} \tag{17.1.3}$$

推论 17.1.1 当两寡头厂商的战略扩展系数 γ_1 和 γ_2 分别取数为 0 或 1 时，两寡头的定产策略是选择其经验理想产量或生产全部市场容量的产量。

定理 17.1.2 设两个寡头具有相同的不变单位生产成本 c，即 $C_1(q_1)=q_{1c}$，$C_2(q_2)=q_{2c}$，其定产决策过程满足方程（17.1.1），且其经验理想产量 q_{01} 和 q_{02} 分别等于古诺均衡产量 q_1^* 和 q_2^*。则两寡头当期的最佳决策为 $\gamma_1=\gamma_2=0$；最佳的产量为 $q_1=q_1^*=q_{01}$，$q_2=q_2^*=q_{02}$，$q_1=q_2=\dfrac{1}{3}(Q_0-c)$（方志耕和刘思峰，2003a）。

证明 由式（17.1.1）和古诺模型，可以得到两寡头纳什均衡的产量决策，$q_1^*=q_2^*=\dfrac{1}{3}(Q_0-c)$；令 $k=Q_0-c$，即 $q_1^*=q_2^*=\dfrac{k}{3}$，再根据原命题的已知条件，可以得到 $q_{01}=q_{02}=q_0=\dfrac{k}{3}$。

给定双寡头的战略定产过程满足方程（17.1.1），若为了保证当期决策利益的最大化，则两寡头所生产的总产量可由定理 17.1.3 给出。

定理 17.1.3 给定双寡头的经验理想产量分别为 $q_{0i}(i=1,2)$，若其定产决策过程满足式（17.1.1），则其实现当期决策利益最大化的市场产品供应量 $Q_{2-j}^*(j=1,2)$ 分别由先期决策寡头的经验理想产量 $q_{0i}(i=1,2)$ 和后期决策寡头的单位产品生产成本 $c_i(i=1,2)$ 所决定，见式（17.1.4）：

$$\begin{cases} Q_{2-j}^* = Q_1^* = \dfrac{q_{02}+(Q_0-c_1)}{2}, & j=2 \\ Q_{2-j}^* = Q_2^* = \dfrac{q_{01}+(Q_0-c_2)}{2}, & j=1 \end{cases} \tag{17.1.4}$$

（方志耕和刘思峰，2003a）。

17.1.2 无战略扩展阻尼条件的后行动者退让均衡——被挤出市场

现实的双寡头决策过程中，基于当期利益最大化角度，先期决策寡头可以通过两条路径来实现其抢占更大市场份额的战略意图：一是战略扩展系数 $\gamma_i(i=1,2)$；二是经验理想产量 $q_{0i}(i=1,2)$。与此同时，后期决策寡头进行产量决策。

寡头生产量的战略扩展往往要受到多种因素的制约，如现实生产能力、生产扩展潜力、资本扩展能力、经营管理能力、观念、个性、习惯等，把这些制约因素称为战略扩展的阻尼条件。为方便起见，分两种情形讨论：第一种情况，假定某种产品不存在战略扩展的阻尼问题，即 $\gamma_i(i=1,2)$ 的值较大，接近或者等于 1；第二种情况，假定某种产品存在着一定的战略扩展阻尼，即 $\gamma_i(i=1,2)$ 的值较小，主要由于现实中生产者的生产能力、投资能力和经营管理能力需要通过建设和学习等手段逐步提高。

定理 17.1.4 若双寡头战略定产问题的竞争过程满足式（17.1.1），且战略扩展过程不存在阻尼条件约束。假设先期决策寡头的战略扩展系数 $\gamma_i=\gamma_{i0}>0(i=1,2)$；则后期决策寡头基于当期利益最大化的最佳反应模式为退让模式，即心理退让，$\gamma_i^{(0)}(i=1,2)$ 减少；产量退让，其所占的市场份额减少（方志耕和刘思峰，2003a）。

证明 不失一般性，假设寡头 2 为先期决策厂商。寡头 1 将寡头 2 的战略扩展系数看成给定的量，对寡头 2 的先期决策做出应对。式（17.1.4）表明：当寡头 2 主动反应，寡头 1 被动反应时，双方寡头当期利益最大化的市场供应量为 Q_1^*。再由定理 17.1.3 可知，$Q=Q_1^*$ 不变，当寡头 2 变得更加贪婪，即 $\gamma_2=\gamma_{20}$ 增大时，寡头 2 的市场占有份额 q_2 增大，与此同时，寡头 1 的市场占有份额 $q_1=Q_1^*-q_2$ 减少。只要 q_{02} 与 c_1 不变，Q_1^* 为一常量，从而当 $\gamma_2=\gamma_{20}$ 增大时，必然导致 q_2 增大，继而导致 q_1 减少，即寡头 1 所占的市场份额减少，产量退让。

当 $Q=Q_1^*$ 不变，寡头 2 主动反应，且变得更加贪婪，即 $\gamma_2=\gamma_{20}$ 增大时，由以上分析可知，此时的寡头 1 为了实现当期利益的最大化，必然进行产量退让，q_1 减少。由式（17.1.1）可得式（17.1.5），由式（17.1.5）可知，当 q_1 减少时，γ_1 也必然减少，也就是说，此时的寡头 1 在进行心理退让。

$$\gamma_1=\frac{(q_1-q_{01})}{(Q-q_{01})} \tag{17.1.5}$$

由此可知，在定理 17.1.4 的假设条件之下，存在先期决策者抢占市场，后期决策者进行心理和定产的退让，实现退让均衡。

推论 17.1.2　在定理 17.1.4 中，先期决策寡头不存在战略扩展的阻尼条件，且双方寡头的战略决策目标均为当期利益最大化，则先期决策寡头的最佳战略决策是，把后期决策寡头挤出市场。

例 17.1.1　无战略扩展阻尼条件，先期战略扩展系数 γ_{20} 变大时，寡头 1 的退让均衡仿真如表 17.1.1 所示。

表 17.1.1　无战略扩展阻尼条件，先期战略扩展系数 γ_{20} 变大时，寡头 1 的退让均衡仿真

γ_{20} 取定	$\gamma_1^{(0)}$	q_2	q_1	$Q_1^* = q_1 + q_2$	u_1	u_2
−1	1	0	4	4	8	0
−0.8	0.6	0.4	3.6	4	7.2	1.2
−0.6	0.2	0.8	3.2	4	6.4	2.4
−0.4	−0.2	1.2	2.8	4	5.6	3.6
−0.2	−0.6	1.6	2.4	4	4.8	4.8
0	−1	2	2	4	4	6
0.2	−1.4	2.4	1.6	4	3.2	7.2
0.4	−1.8	2.8	1.2	4	2.4	8.4
0.6	−2.4	3.2	0.8	4	1.6	9.6
0.8	−2.6	3.6	0.4	4	0.8	10.8
0.999	−2.998	3.998	0.002	4	0.004	11.994

注：（1）表中，$\gamma_1^{(0)}$，γ_{20} 分别表示两寡头的战略扩展系数；$\gamma_1^{(0)}$ 为参数 γ_{20} 给定条件下，寡头 1 基于当期利益最大化的战略扩展反应系数；Q_1^* 表示寡头 2 先期决策条件下的市场产品供应量；$u_1 = q_1 \cdot P(Q) - c_1 \cdot q_1$，$u_2 = q_2 \cdot P(Q) - c_2 \cdot q_2$ 分别表示寡头 1 和寡头 2 的决策收益值

（2）仿真初始参数的取值为 $q_{01}=3$，$q_{02}=2$，$c_1=2$，$c_2=1$，$Q_0=8$

表 17.1.1 显示，在无战略扩展的阻尼条件下，后期决策者的退让均衡是一种有条件的纳什均衡。在当期利益最大化的决策目标下，后期决策寡头把前期决策寡头的决策看作给定的不变量，这样后期决策寡头的最优决策是退出市场，或者说，是被挤出市场。

17.1.3　存在战略扩张阻尼条件的先期决策寡头的阻尼均衡——让出部分市场

本节主要分析存在战略扩张阻尼的条件下，双寡头的战略定产均衡问题。

定理 17.1.5　若双寡头战略定产问题的竞争过程满足式（17.1.1），且战略扩张过程存在阻尼条件约束，则存在基于当期利益最大化的战略定产均衡（方志耕和刘思峰，2003a）。

证明　不失一般性，假设寡头 2 先期决策，寡头 1 后期决策。由于寡头 2 的战略扩张存在着一定的阻尼约束，即其战略扩张系数为某一确定的常数 $\gamma_2 = \gamma_{20}$，则寡头 2 的当期决策利益可以用式（17.1.6）来描述：

$$u_2 = q_2 \cdot P(Q) - c_2 \cdot q_2 = q_2 \cdot \left(Q_0 - Q_1^* - c_2\right)$$
$$= \frac{1}{4}\left[2q_{02} + \left(Q_0 - q_{02} - c_1\right)\gamma_{20}\right] \cdot \left(Q_0 - 2c_2 - q_{02} + c_1\right) \tag{17.1.6}$$

式（17.1.6）中，对其经验理想产量 q_{02} 求偏导数。令 $\frac{\partial u_2}{\partial q_{02}} = 0$，即可求出寡头 2 基于当期利益最大化的经验理想产量 q_{02}^*：

$$q_{02}^* = \frac{\left(Q_0 - 2c_2 + c_1\right)\left(2 - \gamma_{20}\right) - \left(Q_0 - c_1\right)\gamma_{20}}{2\left(2 - \gamma_{20}\right)} \tag{17.1.7}$$

由式（17.1.1）和式（17.1.7）可得式（17.1.8），由此可依次推出式（17.1.9）和式（17.1.10）。

$$Q_1^{**} = Q_1^*\Big|_{q_{02} - q_{02}^*} = \frac{\left(Q_0 - 2c_2 + c_1\right)\left(2 - \gamma_{20}\right) - \left(Q_0 - c_1\right)\gamma_{20}}{4\left(2 - \gamma_{20}\right)} + \frac{\left(Q_0 - c_1\right)}{2}$$
$$= \frac{\left(3Q_0 - 2c_2 - c_1\right) - \gamma_{20}\left(Q_0 - c_2 - c_1\right)}{2\left(2 - \gamma_{20}\right)} \tag{17.1.8}$$

$$q_2^* = q_{02} + \gamma_{20}\left(Q_1^* - q_{02}\right)$$
$$= \frac{2\left(Q_0 - 2c_2 + c_1\right) + \gamma_{20}\left(4c_2 - 3c_1 - Q_0\right) + \gamma_{20}^2\left(c_1 - c_2\right)}{2\left(2 - \gamma_{20}\right)} \tag{17.1.9}$$

$$q_1^* = Q_1^* - q_2^* = \frac{\left(Q_0 + 2c_2 - 3c_1\right) - \gamma_{20}\left(Q_0 - 4c_1 + 3c_2\right) - \gamma_{20}^2\left(c_1 + c_2\right)}{2\left(2 - \gamma_{20}\right)} \tag{17.1.10}$$

式（17.1.9）和式（17.1.10）为寡头 1 和寡头 2 基于当期利益最大化的战略定产均衡产量。

定理 17.1.5 的均衡是由先期决策寡头战略扩张的阻尼条件造成的，在此把这种均衡称为先期决策寡头的阻尼均衡（简称阻尼均衡）。

与定理 17.1.4 对比可知，尽管先期决策寡头具有十分优越的先期决策优势，但战略扩张的阻尼条件使得先期决策寡头无法很快占领整个产品市场，此时的阻尼均衡是一种有条件的纳什均衡。该阻尼均衡与经典古诺模型的古诺均衡之间存在一定关系，见定理 17.1.6。

定理 17.1.6 在定理 17.1.5 中，若两个寡头的战略扩张系数均为 0，即战略扩张阻尼系数很大，导致双方无法进行战略扩张，则先期决策寡头所生产的产品产量 $q_j^*\left(j=1,2\right)$ 是经典古诺模型均衡产量 $q_j^{*/}\left(j=1,2\right)$ 的 6 倍，见式（17.1.11）：

$$q_j^* = 6q_j^{*/} \tag{17.1.11}$$

（方志耕和刘思峰，2003a）。

证明 根据经典古诺模型原理，可以求得经典古诺模型条件下双寡头均衡产量为

$$\begin{cases} q_1^{*/} = \dfrac{1}{3}(Q_0 - 2c_1 + c_2) \\ q_2^{*/} = \dfrac{1}{3}(Q_0 + c_1 - 2c_2) \end{cases} \tag{17.1.12}$$

不失一般性，假设寡头 2 先期决策、寡头 1 后期决策，由式（17.1.9）和式（17.1.10）可得，$\gamma_{i0}(i=1,2)=0$（战略扩张阻尼量无穷大）时，寡头 1 和寡头 2 的阻尼均衡的产量，可表示为

$$\begin{cases} q_1^* = Q_0 - 3c_1 + 2c_2 \\ q_2^* = 2(Q_0 + c_1 - 2c_2) \end{cases} \tag{17.1.13}$$

由式（17.1.13）可以解得

$$q_2^* = 6q_2^{*/}$$

同理可证，当寡头 1 先期决策、寡头 2 后期决策时，该结论同样成立。

推论 17.1.3 在定理 17.1.5 中，若双寡头的战略扩张系数均为 0（双寡头均不存在战略扩张倾向），即战略扩张阻尼系数很大，导致双方无法进行战略扩张，则市场产品供应量与经典古诺模型所决定的产品供应量存在如下关系：

$$\begin{cases} Q_1^* - Q^{*/} = \dfrac{7Q_0 - 2c_1 - 5c_2}{3} \\ Q_2^* - Q^{*/} = \dfrac{7Q_0 - 5c_1 - 2c_2}{3} \end{cases} \tag{17.1.14}$$

证明 仅给出式（17.1.14）中 $Q_1^* - Q^{*/} = \dfrac{7Q_0 - 2c_1 - 5c_2}{3}$ 的证明。

由式（17.1.14）可以解得经典古诺模型条件下市场产品的均衡供应量，见式（17.1.15）：

$$Q^{*/} = \frac{1}{3}(2Q_0 - c_1 - c_2) \tag{17.1.15}$$

不失一般性，假设寡头 2 先期决策、寡头 1 后期决策，在此条件下可以求得市场产品的均衡供应量：

$$Q_1^* = 3Q_0 - 2c_2 - c_1$$

$$Q_1^* - Q^{*/} = \frac{7Q_0 - 2c_1 - 5c_2}{3}$$

例 17.1.2 存在战略扩张阻尼条件，先期决策寡头 2 的阻尼均衡仿真如表 17.1.2 所示。

表 17.1.2 存在战略扩张阻尼条件，先期决策寡头 2 的阻尼均衡仿真

q_{02}（取定）	γ_{02}（给定）	$\gamma_1^{(0)}$	q_2	q_1	$Q_1^* = q_1 + q_2$	u_1	u_2
0.200	0.000	0.818	0.200	2.900	3.100	8.410	0.780
0.500		0.600	0.500	2.750	3.250	7.563	1.875
1.000		0.333	1.000	2.500	3.500	6.250	3.500
1.500		0.143	1.500	2.250	3.750	5.063	4.875

续表

q_{02}（取定）	γ_{02}（给定）	$\gamma_1^{(0)}$	q_2	q_1	$Q_1^* = q_1 + q_2$	u_1	u_2
2.000		0.000	2.000	2.000	4.000	4.000	6.000
2.500		−0.111	2.500	1.750	4.250	3.063	6.875
3.000		−0.200	3.000	1.500	4.500	2.250	7.500
3.500		−0.273	3.500	1.250	4.750	1.563	7.875
4.000	0.000	−0.333	4.000	1.000	5.000	1.000	8.000
4.500		−0.385	4.500	0.750	5.250	0.563	7.875
5.000		−0.429	5.000	0.500	5.500	0.250	7.500
5.500		−0.467	5.500	0.250	5.750	0.063	6.875
6.000		−0.500	6.000	0.000	6.000	0.000	6.000
0.200		−0.500	1.650	1.450	3.100	4.205	6.435
0.500		−0.500	1.875	1.375	3.250	3.781	7.031
1.000		−0.500	2.250	1.250	3.500	3.125	7.875
1.500		−0.500	2.625	1.125	3.750	2.531	8.531
2.000		−0.500	3.000	1.000	4.000	2.000	9.000
2.500		−0.500	3.375	0.875	4.250	1.531	9.281
3.000	0.500	−0.500	3.750	0.750 0	4.500	1.125	9.375
3.500		−0.500	4.125	0.625	4.750	0.781	9.281
4.000		−0.500	4.500	0.500	5.000	0.500	9.000
4.500		−0.500	4.875	0.375	5.250	0.281	8.531
5.000		−0.500	5.250	0.250	5.500	0.125	7.875
5.500		−0.500	5.625	0.125	5.750	0.031	7.031
6.000		−0.500	6.000	0.000	6.000	0.000	6.000

注：（1）表中，γ_{02}，$\gamma_1^{(0)}$ 分别表示两寡头的战略扩展系数；Q_1^* 表示寡头 2 先期决策条件下的市场产品供应量；相关变量仿真公式见文中相关部分；$u_1 = q_1 \cdot P(Q) - c_1 \cdot q_1$，$u_2 = q_2 \cdot P(Q) - c_2 \cdot q_2$ 分别表示寡头 1 和寡头 2 的决策收益值

（2）仿真初始参数的取值为 $q_{01}=2$，$c_1=2$，$c_2=1$，$Q_0=8$

由表 17.1.2 可以看出，在战略扩张阻尼系数很大时，先期决策寡头 2 存在最佳经验理想产量下收益最大化的阻尼均衡。随着 γ_{02} 取值的增大，u_2 值曲线不断升高，如图 17.1.1 所示。

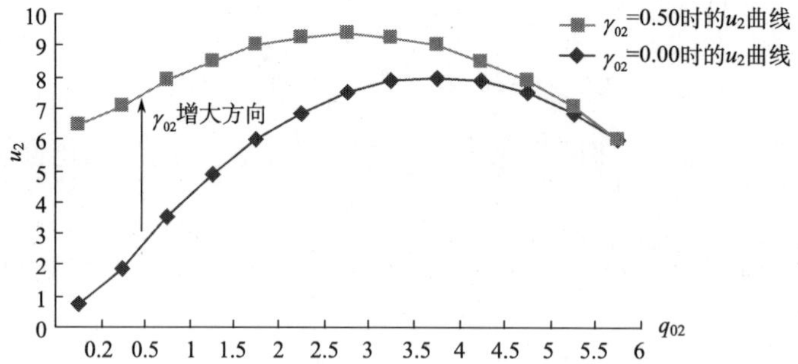

图 17.1.1 不同 γ_{02} 条件下的 q_{02} 与 u_2 的关系

17.1.4　先期决策寡头完全占领市场的阻尼代价与总阻尼成本

在战略扩张存在阻尼的情形下，先期决策寡头不可能一步占领整个市场，获取最大利益。换句话说，此时，先期决策寡头为了把对手挤出市场需要牺牲当期的利益（非当期利益最大化决策），付出一定的代价。

定理 17.1.7　若双寡头战略定产问题的竞争过程满足式（17.1.1），且战略扩张过程存在一定的阻尼条件约束，则先期决策寡头 $i(i=1,2)$ 具有绝对优势，且其完全占领市场（把对手挤出市场）时的产量 $q_i^{**}(i=1,2)$、经验理想产量 $q_{0i}(i=1,2)$ 和当期决策利益最大化市场的产品供应量 $Q_{2-i}^{*/}(i=1,2)$ 三者相等，其值为 $Q_0-c_{2-i}(i=1,2)$（方志耕和刘思峰，2003a）。

证明　不失一般性，假设寡头 2 先期决策，具有先期决策的绝对优势。由定理 17.1.3 可知，此时当期决策利益最大化的市场产品供应量为 $Q_1^*=\dfrac{q_{02}+(Q_0-c_1)}{2}$。

当寡头 2 占领整个市场时，其产量 $q_2^{**}=Q_1^*$。再由式（17.1.1），可得

$$\begin{cases} q_2^{**}=q_{02}+\gamma_2\left(Q_1^*-q_{02}\right) \\ q_2^{**}=Q_1^* \end{cases} \tag{17.1.16}$$

求解可得

$$q_2^{**}=Q_1^*=q_{02} \tag{17.1.17}$$

从而有

$$2q_{02}=q_{02}+(Q_0-c_1) \tag{17.1.18}$$

$$q_{02}=Q_0-c_1$$

$$q_2^{**}=Q_1^*=q_{02}=Q_0-c_1 \tag{17.1.19}$$

同理可证，寡头 1 先期决策时，式（17.1.20）成立：

$$q_1^{**}=Q_2^*=q_{01}=Q_0-c_2 \tag{17.1.20}$$

定理 17.1.8　若双寡头战略定产问题的竞争过程满足式（17.1.1），且战略扩张过程存在一定的阻尼条件约束，则先期决策某寡头 $i(i=1,2)$ 完全占领市场（把对手挤出市场）时的收益值为 $u_i^{*/}=(Q_0-c_{2-i})\bullet(c_{2-i}-c_i)$（方志耕等，2006）。

证明　不失一般性，假设寡头 2 为先期决策寡头，由式（17.1.6）和式（17.1.19），可得寡头 2 完全占领市场（把对手挤出市场）时的收益值为

$$u_2^{*/}=q_2\bullet p(Q)-c_2\bullet q_2=q_2\bullet\left(Q_0-Q_1^{*/}-c_2\right)=(Q_0-c_1)\bullet(c_1-c_2) \tag{17.1.21}$$

同理可证，寡头 1 为先期决策寡头时，完全占领市场时的收益值为

$$u_1^{*/}=(Q_0-c_2)\bullet(c_2-c_1) \tag{17.1.22}$$

综合式（17.1.21）和式（17.1.22），原命题得证。

推论 17.1.4　在定理 17.1.8 中，若先期决策寡头 $i(i=1,2)$ 的边际成本 $c_i(i=1,2)$ 高于后期决策寡头的边际成本 $c_{2-i}(i=1,2)$，则此时先期决策者不可能把后期决策者挤出市场。

定理 17.1.9 若双寡头战略定产问题的竞争过程满足式（17.1.1），且战略扩张过程存在一定的阻尼条件约束，则先期决策寡头 $i(i=1,2)$ 必须付出一定的代价才可能完全占领市场（方志耕和刘思峰，2003a）。

证明 不失一般性，假设寡头 2 为先期决策寡头。则其完全占领市场时的收益值如式（17.1.21）所示。再由定理 17.1.7 可知，该寡头基于当期利益最大化的阻尼均衡收益值为

$$\begin{aligned}u_2^* &= q_2^* \cdot P(Q) - c_2 \cdot q_2^* = q_2^* \cdot \left(Q_0 - Q_1^* - c_2\right)\\ &= \left(\left(1-\gamma_{20}\right)q_{02}^* + \gamma_{20}Q_1^*\right) \cdot \left(Q_0 - Q_1^* - c_2\right)\end{aligned} \quad (17.1.23)$$

因为 u_2^* 是寡头 2 在存在战略扩张阻尼条件时的最大收益值，$u_2^{*/}$ 只是寡头 2 在某种特殊情况下的收益值，显然 $u_2^{*/} \leqslant u_2^*$。由式（17.1.22）和式（17.1.23）可得寡头 2 完全占领市场时的代价 ΔC_2：

$$\Delta C_2 = u_2^* - u_2^{*/} = \left(\left(1-\gamma_{20}\right)q_{02}^* + \gamma_{20}Q_1^*\right) \cdot \left(Q_0 - Q_1^* - c_2\right) - \left(Q_0 - c_1\right) \cdot \left(c_1 - c_2\right) \geqslant 0 \quad (17.1.24)$$

同理可得，寡头 1 先期决策时，其完全占领市场的代价为 ΔC_1：

$$\Delta C_1 = u_1^* - u_1^{*/} = \left(\left(1-\gamma_{10}\right)q_{01}^* + \gamma_{10}Q_2^*\right) \cdot \left(Q_0 - Q_2^* - c_1\right) - \left(Q_0 - c_2\right) \cdot \left(c_2 - c_1\right) \geqslant 0 \quad (17.1.25)$$

尽管先期决策寡头具有抢占市场的绝对优势，但是由于战略扩张阻尼约束条件的存在其不可能一步占领整个市场，而且为了占领市场还要额外付出一定的代价。$\Delta C_i(i=1,2)$ 称为先期决策寡头 $i(i=1,2)$ 完全占领市场的阻尼代价。

对先期决策寡头 $i(i=1,2)$ 由初始状态 0 出发到完全占领市场的过程中各次决策收益值 $u_{ij}(i=1,2;j=0,1,2,\cdots,t)$ 与该寡头在第 k 期达到阻尼均衡时的最大收益值 u_{ik}^* 之差求和，所得结果称为寡头 $i(i=1,2)$ 完全占领市场的总阻尼成本。

定理 17.1.10 若双寡头战略定产问题的竞争过程满足式（17.1.1），且战略扩张过程存在一定的阻尼条件约束，则先期决策寡头 $i(i=1,2)$ 由初始状态 0 出发直到 t 时终止的竞争过程中需要支付的总阻尼成本为 $D_2 = \sum_{j=0}^{t} \Delta d_{2j} = \sum_{j=0}^{t}\left(u_{2k}^* - u_{2s}\right)$（方志耕等，2006）。

证明 不失一般性，假设寡头 2 先期决策，由初始状态 0 出发直到 t 时终止，共经历了 T 回合决策，其各次决策的收益值为 $u_{2s}(s=0,1,2,\cdots,t)$；若寡头 2 在第 k 期达到阻尼均衡，其均衡收益值为 u_{2k}^*，则该寡头每回合决策的阻尼损失为

$$\Delta d_{2j} = u_{2k}^* - u_{2j}\left(j=0,1,2,\cdots,t\right) \quad (17.1.26)$$

求和可得寡头 2 由初始状态 0 出发直到 t 时终止的竞争过程中所付出的总阻尼成本为

$$D_2 = \sum_{j=0}^{t} \Delta d_{2j} = \sum_{j=0}^{t}\left(u_{2k}^* - u_{2s}\right) \quad (17.1.27)$$

同理可证，寡头 1 先期决策时，结论同样成立。

例 17.1.3 若双寡头战略定产问题的竞争过程满足式（17.1.1），且战略扩张过程

存在一定的阻尼条件约束。假设寡头 2 先期决策，则寡头 2 在不同的战略扩张阻尼条件下完全占领市场的阻尼代价仿真情况，如表 17.1.3 所示。

表 17.1.3　存在战略扩张阻尼条件，先期决策寡头 2 完全占领市场的阻尼代价仿真

γ_{20}（给定）	q_{02}^*	q_2^*	$q_2^{**}=Q_1^*$	u_2^*	u_1^*	$u_2^{*\prime}$	ΔC_2
0.000	4.000	4.000	6.000	8.000	1.000	6.000	2.000
0.200	3.667	3.900	6.000	8.450	1.089	6.000	2.450
0.300	3.471	3.850	6.000	8.719	1.120	6.000	2.719
0.400	3.250	3.800	6.000	9.025	1.134	6.000	3.025
0.500	3.000	3.750	6.000	9.375	1.125	6.000	3.375
0.600	2.714	3.700	6.000	9.779	1.080	6.000	3.779
0.700	2.385	3.650	6.000	10.248	0.980	6.000	4.248
0.800	2.000	3.600	6.000	10.800	0.800	6.000	4.800
0.900	1.546	3.550	6.000	11.457	0.496	6.000	5.457
1.000	1.000	3.500	6.000	12.250	0.000	6.000	6.250

注：（1）表中，γ_{20} 表示寡头 2 的战略扩张系数；q_{02}^*、q_2^* 分别表示寡头 2 在参数 γ_{20} 在一定条件下的最佳经验理想产量与产品生产产量；$q_2^{**}=Q_1^*$ 表示寡头 2 生产全部产品市场容量；u_2^*，$u_2^{*\prime}$ 分别表示寡头 2 在生产产量 q_2^* 和 q_2^{**} 条件下的收益值；$\Delta C_2=u_2^*-u_2^{*\prime}$；$u_1^*$ 表示寡头 1 对应 q_2^*，生产产品 q_1^* 条件下的收益值

（2）仿真初始参数的取值为 $q_{01}=2$，$c_1=2$，$c_2=1$，$Q_0=8$

由表 17.1.3 可以看出，在存在战略扩张阻尼条件下，随着 γ_{20} 的增加，先期决策寡头 2 完全占领市场的收益值与阻尼代价均不断增大。

例 17.1.4　若双寡头战略定产问题的竞争过程满足式（17.1.1），且战略扩张过程存在一定的阻尼条件约束。假设寡头 2 先期决策，取 $\gamma_{20}=0.300$；设第 1 回合的经验理想产量 $q_{02}^{(1)}=3.000$，且其第 s 回合的经验理想产量为第 $s-1$ 回合的实际产量值，$q_{02}^{(s)}=q_{2,(s-1)}$；一直迭代到第 k 回合，当 $u_{lk}=0$ 时，运算终止，仿真情况如表 17.1.4 所示。

表 17.1.4　$\gamma_{20}=0.300$，先期决策寡头 2 完全占领市场的总阻尼成本仿真

博弈回合 s	$q_{02}^{(s)}$ 取定	q_{2s}	u_{2s}	u_{1s}	Δd_{2s}
1	1.000	1.750	6.125	4.375	2.594
2	1.750	2.388	7.461	3.161	1.258
3	2.388	2.930	8.221	2.283	0.498
4	2.930	3.391	8.595	1.69	0.124
5	3.391	3.782	8.716	1.191	0.003
6	3.782	4.115	8.678	0.861	0.041
7	4.115	4.398	5.843	0.622	0.176
8	4.398	4.638	8.354	0.449	0.365
9	4.638	4.842	8.140	0.325	0.579
10	4.842	5.016	7.920	0.235	0.799
11	5.016	5.164	7.704	0.169	1.015

续表

博弈回合 s	$q_{02}^{(s)}$ 取定	q_{2s}	u_{2s}	u_{1s}	Δd_{2s}
12	5.164	5.289	7.500	0.122	1.219
13	5.289	5.396	7.314	0.089	1.405
14	5.396	5.487	7.144	0.064	1.575
15	5.487	5.564	6.991	0.046	1.728
16	5.564	5.629	6.857	0.033	1.862
17	5.629	5.685	6.739	0.024	1.980
18	5.685	5.732	6.635	0.017	2.034
19	5.732	5.772	6.546	0.013	2.173
20	5.772	5.806	6.468	0.009	2.251
21	5.806	5.835	6.401	0.007	2.318
22	5.835	5.860	6.343	0.005	2.376
23	5.860	5.881	6.293	0.003	2.426
24	5.881	5.899	6.250	0.003	2.469
25	5.899	5.914	6.213	0.002	2.506
26	5.914	5.927	6.182	0.001	2.537
27	5.927	5.938	6.155	0.000	2.564
寡头 2 完全占领市场的总阻尼成本 $D_2=\sum_{j=0}^{t}\Delta d_{2j}=\sum_{j=0}^{t}\left(u_{2k}^{*}-u_{2s}\right)$					$D_2=40.875$
先期决策寡头 2 的战略扩展系数取 $\gamma_{20}=0.300$ 条件下，寡头 2 阻尼均衡时的收益值 $u_2^{*}=8.719$					

注：（1）表中，γ_{20} 表示寡头 2 的战略扩张系数；$q_{02}^{(s)}$，q_{2s} 分别表示寡头 2 在第 s 个回合的经验理想产量与产品生产产量；u_{2s}，u_{1s} 分别表示寡头 2 和寡头 1 在第 s 个回合的收益值；Δd_{2s} 为寡头 2 在第 s 个回合决策的阻尼损失

（2）仿真初始参数的取值为 $\gamma_{20}=0.30$，$q_{01}=2$，$c_1=2$，$c_2=1$，$Q_0=8$

由表 17.1.4 可以看出，在一定的战略扩展阻尼条件下，先期决策寡头可以通过修正其经验理想产量（学习）的办法逐步把后期决策寡头挤出市场，但是相对于其在该战略扩张阻尼条件下的当期利益最大化的决策而言，这种决策需要放弃一些利益。

在各回合的博弈中，越是接近把后期决策寡头挤出市场的产量，先期决策寡头的产量递增率越低；但同时该寡头各回合决策的阻尼损失却经历了由递减到快速递增再到缓慢递增的过程，如图 17.1.2 所示。

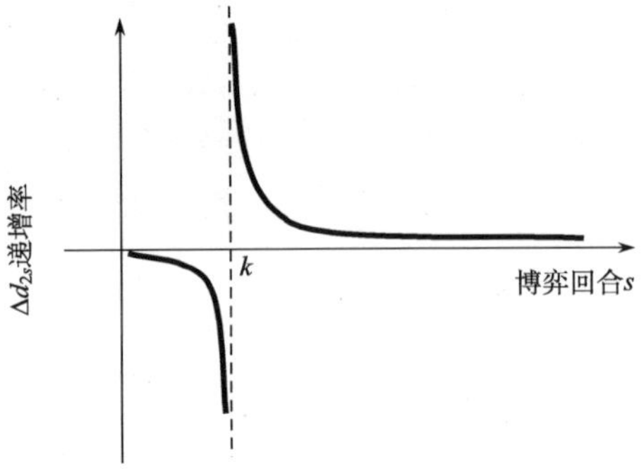

图 17.1.2　$\gamma_{20}=0.3$，Δd_{2s} 递增率

基于有限知识与有限理性的双寡头战略定产模型与经典的古诺寡头模型有着本质的差别，这一差别主要表现在以下四个方面。

（1）博弈者的理性和知识假设的差别。经典的古诺寡头模型认为决策者具有完备、对称的决策知识（信息），且他们都是完全理性的。本模型则基于决策者的有限、不对称的决策知识（信息），且他们是有限理性的。

（2）博弈目标的差别。经典的古诺寡头模型假设博弈者的定产博弈目标是实现当期个人利益最大化。本模型则假设博弈者的博弈目标是实现其战略定产利益的最大化。

（3）博弈时序假设的差别。经典的古诺寡头模型假设博弈者同时做出决策。本模型假设决策是有先后顺序的。

（4）博弈模型结构的差别。经典的古诺寡头模型是一种不考虑决策者决策路径依赖性的优化模型结构。本模型依据决策者的当期决策对其历史决策信息具有较强的路径依赖性，且基于博弈者战略利益最大化假设，构建了一种对现实决策情形具有较强普适性的描述性模型结构。该模型能够对现实中的某些行业存在的主导型厂商和从属型厂商之间的战略定产决策进行描述；能够对现实中某些决策者是先知先觉者，优先获取了更多的决策信息，而另一些决策者处于一种相对被动境地的决策情形进行描述；同时也能描述经典古诺寡头模型决策情形，在模型参数取特定值的情况下，该模型退化为经典的古诺寡头模型。

17.2　一种新的局势顺推归纳法模型

17.2.1　动态博弈均衡分析的核心方法——逆推归纳法的缺陷

逆推归纳法从动态博弈的最后一个阶段博弈方的行为开始分析，逐步倒推回前一个阶段相应博弈方的行为选择，一直到第一个阶段。该方法是博弈论及博弈逻辑研究中常用的一种方法。但逆推归纳法有两个基本假设：一是理性人假设（每个决策者都是理性的）；二是一致预期（每个人对别人行为的预期都是正确的）。这与人们的有限理性不相一致，在现实中很难得到保证。著名的蜈蚣博弈就是逆推归纳法的一个重要悖论。

这一悖论揭示了逆推归纳法基于微观逻辑推理而忽略宏观逻辑推理的问题，或者说重视眼前利益，而对长远利益的忽视。本节运用系统论的整体哲学观和人们对事物分析与判断整体思维的方式，设计一种新的基于系统整体观的“局势”逆推法。按照该方法可以方便、高效地计算出多级动态博弈的纳什均衡解。

17.2.2　多阶段动态博弈收益值的局势逆推

对一个多级动态博弈问题子博弈的划分和逆推是设计这种新的局势逆推法的第一步，为了方便地进行研究，首先给出以下 3 个定义。

定义 17.2.1　动态博弈中，若除第一阶段以外从某阶段开始的后续博弈阶段具有初始信息集和进行博弈所需要的全部信息且为原博弈的一个部分博弈问题，则称该部分博弈问题为原博弈的一个子博弈。

定义 17.2.2 动态博弈中，给定一个子博弈问题甲，若从甲中至少还可以拆分出另外一个子博弈问题乙，那么称甲为相对于乙的上层子博弈，乙称为甲的下层子博弈；若某博弈问题不能再继续拆分出它的下层子博弈，则称该子博弈为最底层子博弈。

最底层子博弈的一个明显特征是，不存在下层子博弈，且在各策略下均存在各参与者的博弈收益值所构成的收益值向量。

定义 17.2.3 若某子博弈问题甲存在下层子博弈问题乙，则称甲中引出乙的策略为乙的外生条件策略，或称为下层子博弈引导策略（简称引导策略），乙为该外生条件（引导）策略前提下的子博弈问题。

定义 17.2.1 引入了子博弈问题的概念，定义 17.2.2 区分了上层与下层子博弈问题，定义 17.2.3 给出了下层子博弈的外生条件（引导）策略的概念。

例 17.2.1 如图 17.2.1 所示的罗森塞尔蜈蚣博弈问题，对该博弈问题进行子博弈的划分，并指出各子博弈的上、下层关系及其相应的外生条件（引导）策略。

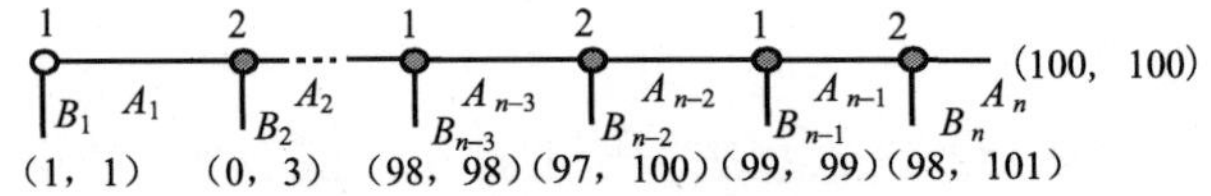

图 17.2.1 罗森塞尔蜈蚣博弈示意图

解 本例中，假设该博弈问题共进行 n 个阶段，那么该博弈问题的最底层子博弈问题为博弈方 2 在策略 A_n 和 B_n 之间进行选择；其上层子博弈问题为博弈方 1 在策略 A_{n-1} 和 B_{n-1} 之间进行选择，其中 A_{n-1} 为其下层子博弈问题的外生条件策略；以此类推，该博弈问题是由许多存在上、下层关系的子博弈问题构成的，其中，$A_i, i=1,2,\cdots,n$ 分别为其相应的下层子博弈的外生条件（引导）策略。

下面给出对一个多级动态博弈问题进行局势逆推的算法，见命题 17.2.1。

命题 17.2.1 存在包含 K 个参与者的动态博弈问题，采用以下算法对该博弈问题进行局势逆推。

第一步：运用定义 17.2.1 和定义 17.2.2 对该动态博弈问题进行子博弈划分。

第二步：设针对最底层子博弈问题的第 j 个策略 $(j=1,2,\cdots,S)$ 下的某参与者 $i(i=1,2,\cdots,K)$ 的收益值为 v_{ij}，令

$$m_i=\min\{v_{i1},v_{i2},\cdots,v_{iS}\}，\quad M_i=\max\{v_{i1},v_{i2},\cdots,v_{iS}\}$$

可得区间灰数，$[m_i,M_i]\ (i=1,2,\cdots,K)$，如图 17.2.2 所示。

第三步：在经过第二步的处理后，原最底层子博弈问题被化简，其外生条件所在的原上层子博弈问题成为新的最底层子博弈问题。重复第二步直到该博弈问题的所有子博弈均被化简，最终只剩下最顶层博弈问题为止。

第四步：结束。

命题 17.2.1 阐明了多阶段动态博弈问题的局势逆推算法，该算法是从最底层子博

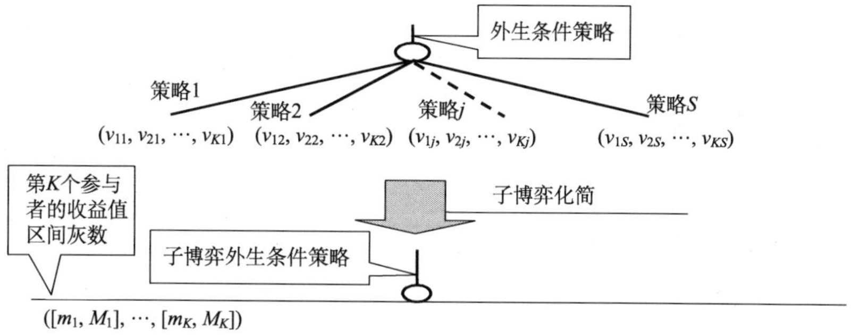

图 17.2.2　子博弈化简示意图

弈起一直逆推至最顶层博弈问题，算法线路顺序正好与博弈的时间顺序相反，故称局势逆推算法。

例 17.2.2　对例 17.2.1 中的罗森塞尔蜈蚣博弈问题进行子博弈划分和化简。

解　对例 17.2.1 中的蜈蚣博弈问题进行子博弈划分，共划分成 $n-1$ 个子博弈问题，分别用 $G_i\left(i=1,2,3,\cdots,n\right)$ 表示。运用命题 17.2.1 的算法对该博弈问题的子博弈过程进行化简，其化简过程如图 17.2.3 所示，在各引导策略上均标有经局势逆推的未来可能收益值。

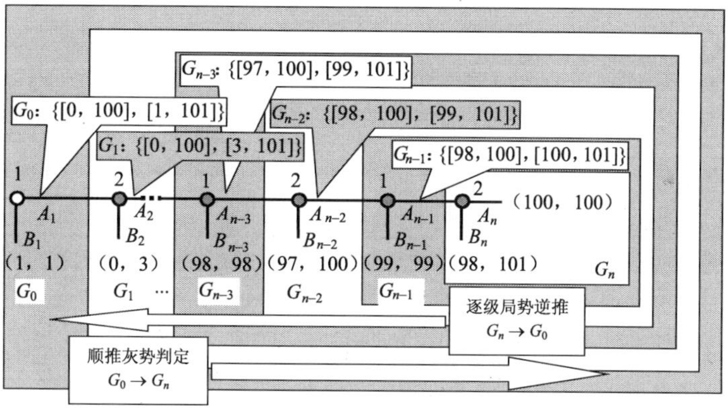

图 17.2.3　局势逆推分析步骤示意图

命题 17.2.1 中，对多阶段动态博弈问题进行局势逆推，形成了一种新的动态博弈结构的表征形式（图 17.2.3）。

定义 17.2.4　若某多阶段动态博弈问题的各引导策略上均标有未来可能收益值，则称该未来可能收益值为下层子博弈引导值，简称引导值；该博弈结构形式为含有引导值结构的多阶段动态博弈问题的结构形式，简称动态博弈引导值结构形式。

动态博弈引导值结构形式使人们在任一博弈时点上进行决策时，都能够在当前和未来（可能）的博弈收益值之间进行权衡与比较；从而摆脱了经典逆推归纳法的每一步的博弈收益值都只能与其下一步相比较（步步理性），在某种特定（如蜈蚣博弈）的情形下却只能得出最糟糕（不理性）结果的逻辑怪圈。对这一经济现象最经典的解释是，个体理性与集体理性的矛盾。这种解释其实只涉及问题的一个侧面。这一问题还涉及另一个本质性的问题，博弈者的短期（当前）利益和长远（未来）利益的矛盾与均衡。

17.2.3 多阶段动态博弈“局势”顺推法的“终止”与“引导”纳什均衡分析

在蜈蚣博弈过程中，如果博弈的阶段数少且结构清晰，人们往往采取经典的蜈蚣博弈方式进行博弈；当博弈的阶段数很多或结构不太明确时，人们往往采用将当前和未来（可能）的博弈收益值进行比较的方法进行决策。

首先给出局势顺推法的 4 个假设（方志耕等，2008）。

假设 17.2.1 任意的多阶段动态博弈问题，可以采用命题 17.2.1 的方法对其进行逐级局势逆推。

假设 17.2.2 当某多阶段动态博弈问题的结构或者其博弈未来收益值不明确时，博弈方能够对其当前和未来博弈收益值的范围做出灰数估计，也就是说，能够用灰数表征其博弈收益值。

假设 17.2.3 博弈者是按动态博弈的时间顺序，依据一定的判定准则（如灰数势，“核”或概率期望值等）在当前和未来博弈收益值之间进行权衡和决策。

假设 17.2.4 满足理性等博弈假设。

依据以上 4 个假设，可以按博弈的时间先后顺序分析一个多阶段动态博弈问题的均衡解。

定义 17.2.5 任给多阶段动态博弈的引导值结构形式，若按博弈时间发生的先后顺序对该博弈问题进行决策分析，则称该博弈均衡分析方法为局势顺推法。

按局势顺推法分析博弈问题的均衡解，又有终止纳什均衡和引导纳什均衡的概念。

定义 17.2.6 若在当期博弈中，其均衡解在非引导值上实现，博弈过程终止，则称该博弈均衡为终止纳什均衡；否则，其均衡在引导值上实现，那么该博弈过程仍将继续，则称该博弈均衡为引导纳什均衡。

命题 17.2.2 若当前博弈决策者实现的是终止纳什均衡，那么整个博弈过程结束；若当前博弈决策者实现的是引导纳什均衡，那么当前博弈将引导出其下层子博弈过程。

命题 17.2.3 若当前博弈决策者依据一定的判定准则，在当前和未来博弈收益值之间进行权衡和决策，则必存在该判定准则下的终止纳什均衡。

证明 存在包含 2 个参与者的多阶段动态博弈问题，依据命题 17.2.1 进行逐级局势逆推，可以对其未来收益值进行灰数标注，如图 17.2.4 所示，图中第一、二个收益值分别表示博弈方 i 和 j 的博弈收益值，以便于它与本期收益值进行比较。

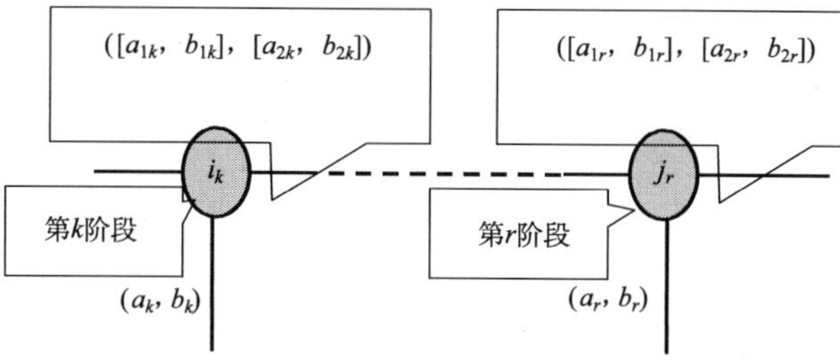

图 17.2.4　基于动态博弈的引导值结构形式的终止纳什均衡分析

图 17.2.4 中，假设第 $i(i=1,2)$ 个博弈参与者在第 k 阶段是当期博弈决策者，则他会在第 k 期博弈收益值 a_k 与未来可能博弈收益区间灰数 $\left[a_{1k},b_{1k}\right]$ 之间进行比较；假设博弈者无法知道该区间灰数的任何取值和分布信息，则根据灰数的“核”进行判定：

（1）当 $a_k > \dfrac{a_{1k}+b_{1k}}{2}$ 时，$a_k > \left[a_{1k},b_{1k}\right]$，$\left(a_{2k},b_{2k}\right)$ 是该博弈问题的终止纳什均衡；

（2）当 $a_k < \dfrac{a_{1k}+b_{1k}}{2}$ 时，$a_k < \left[a_{1k},b_{1k}\right]$，$\left(\left[a_{1k},b_{1k}\right],\left[a_{2k},b_{2k}\right]\right)$ 是该博弈问题当期博弈的引导纳什均衡。

若当前博弈问题实现的是引导纳什均衡，依据命题 17.2.2，当前博弈将引导出其下层子博弈过程。

以此类推，必定能在其后续的某个子博弈过程中实现终止纳什均衡。

例 17.2.3　分别利用灰数的“核”和概率期望判定规则，求解例 17.2.2 中的罗森塞尔蜈蚣博弈问题（图 17.2.3）的终止纳什均衡。

解　（1）基于灰数的“核”求解动态博弈问题的终止纳什均衡。

图 17.2.3 中，在第一阶段，博弈方 1 首先进行决策，对比引导策略 A_1 的收益值 1（单位）和终止策略 B_1 的收益值[0，100]（单位）的“核”，显然前者小于后者；此时，博弈方 1 选择引导策略 A_1，实现引导纳什均衡，将博弈的决策权交给博弈方 2；以此类推，该博弈过程一直继续进行到第 G_{n-2} 个子博弈过程，此时，博弈方 2 为当前子博弈决策者，其引导策略 A_{n-2} 和终止策略 B_{n-2} 的博弈收益值分别为[99，101]（单位）和 100（单位）；区间灰数[99，101]的“核”等于 100，即在该判定准则条件下，策略 A_{n-2} 和 B_{n-2} 对博弈方 2 来说是无差异的，他可以选择终止策略 B_{n-2}，终止该博弈过程，获得 100（单位）收益，博弈方 1 获得 97（单位）收益，实现终止纳什均衡；他也可以选择策略 A_{n-2}，将博弈决策权进一步交给博弈方 1，实现引导纳什均衡。

同理，可以判断，在子博弈 G_{n-1} 阶段，博弈方 1 的终止纳什均衡策略 B_{n-1} 与引导纳什均衡策略 A_{n-1} 是无差异的；在 B_{n-1} 策略下博弈方 1 和博弈方 2 分别实现博弈收益值 99（单位）；策略 A_{n-1} 实现下层子博弈引导，将博弈决策权进一步移交给博弈方 2。

在 G_n 子博弈阶段，这是一个确定的子博弈问题，博弈方 2 选择终止策略 B_n，实现终止纳什均衡，博弈方 1 和博弈方 2 的博弈收益值分别为 98（单位）和 100（单位）。

综上所述，在本判定规则下，该博弈问题存在三种可能的终止纳什均衡，其子博弈过程和博弈收益值分别为 G_{n-2}（97，100），G_{n-1}（99，99）和 G_n（98，101）。

（2）基于概率期望判定规则求解动态博弈问题的终止纳什均衡。

如果各引导策略的未来可能收益值灰数是具有确定出现概率分布的离散型灰数，则可根据期望值进行判断。

在已知引导值灰数中各数值的概率分布的情况下，根据所计算的各策略收益期望值判定子博弈终止和引导纳什均衡的过程十分简单。显然，在图 17.2.3 中的早期子博弈过程中，利用期望值判定规则所得到的均衡是引导纳什均衡，下面仅对其最后的几个子博弈问题进行纳什均衡分析。

在决策过程中，当概率未知时，通常以频率近似代替概率。

设在第 G_{n-3} 个子博弈阶段：博弈决策者是博弈方 1，其引导博弈值灰数为[97，100]，其中 97，98，99 和 100 出现的频率（不包括本阶段）均为 0.25，这样其引导博弈值的期望值为（97+98+99+100）/4=98.5（单位）；而其终止博弈的收益值为 98（单位），比引导博弈值的期望值小；故博弈方 1 此时会选择引导纳什均衡，将博弈决策权传递给博弈方 2。

在第 G_{n-2} 个子博弈阶段：博弈决策者是博弈方 2，其引导博弈值灰数为[99，101]，其中 99，100 和 101 出现的频率（不包括本阶段）均为 1/3，这样其引导博弈值的期望值为（99+100+101）/3=100（单位）；而其终止博弈的收益值为 100（单位），与引导博弈值的期望值相等；故博弈方 2 此时选择终止或引导纳什均衡是无差异的；如果他选择策略 B_{n-2}，则得到终止纳什均衡，双方收益分别为 97 和 100（单位）；如果他选择策略 A_{n-2}，则将博弈决策权传递给博弈方 1。

在第 G_{n-1} 个子博弈阶段：博弈决策者是博弈方 1，其引导博弈值灰数为[98，100]，其中 98、99 和 100 出现的频率（不包括本阶段）均为 $\frac{1}{3}$，这样其引导博弈值的期望值为（98+99+100）/3=99（单位）；而其终止博弈的收益值为 99（单位），与引导博弈值的期望值相等；故博弈方 1 此时选择终止或引导纳什均衡是无差异的；如果他选择策略 B_{n-1}，则得到终止纳什均衡，双方收益均为 99（单位）；如果他选择策略 A_{n-1}，则将博弈决策权传递给博弈方 2。

在第 G_n 个子博弈阶段：该阶段是最底层子博弈问题，容易得出其博弈均衡显然为博弈方选择 B_n 策略，博弈方 1 和博弈方 2 的收益值分别为 98（单位）和 101（单位）。

综上所述，在概率期望判定规则下，该博弈问题存在三种可能的终止纳什均衡，其子博弈过程和博弈收益值分别为 G_{n-2}：（97，100）；G_{n-1}：（99，99）；G_n：（98，101），与上一种判定规则所得结论一致。

（3）经典逆推归纳法作用机制举例。

在第 G_{n-1} 个子博弈阶段：若博弈方 1 能够预先判断博弈方 2 在第 G_n 个子博弈阶段必然选择策略 B_n，则策略 B_{n-1} 即为博弈方 1 在该阶段的最优策略；以此类推，博弈方 1 会在第 G_1 阶段选择 B_1 策略结束博弈，双方各得 1（单位）收益。

因此，经典的逆推归纳法是本方法在取特定的博弈收益值概率条件下的一种特殊结论，是博弈方 1 在第一阶段即取终止纳什均衡的特例。

17.3　产业集聚的灰色进化博弈链模型及其稳定性

本节运用灰色博弈理论研究产业集聚的进化博弈问题，将产业集聚的进化博弈推广到收益不确定性领域。研究损益值为灰数的条件下，厂商在产业集聚过程中的学习机制和行为表现，深入探讨其均衡的实现过程和机理（Fang et al.，2010）。

17.3.1　产业集聚发展过程的进化博弈链模型

（1）企业的学习机制。

学习是传递知识的一种途径，知识的传递需要参与者之间的互动，要经历一段时间并保持一定的连贯性，以保证知识在企业之间的传播。

（2）模型的构建。

假设在一个产业集聚进化博弈过程中，企业可供选择的策略如下：集聚或不集聚。博弈群体中的各个企业都对当前的博弈局面做出反应（不一定是最优反应），不同企业之间相互学习，也可以模仿成功企业的优势博弈策略。若以圆圈配以“集聚”表示企业选择集聚，圆圈配以“不集聚”表示企业选择不集聚。以标注企业在不同策略的转移概率 p_{ij}^{t+1} 和采取不同博弈策略时收益 u_{ij}^{t+1} 的箭线（箭尾表示企业所采取的原策略，箭头表示该企业将采取的新策略）表示不同策略之间的进化博弈情况，可得产业集聚进化博弈链模型如图 17.3.1 所示。为便于问题的表述，本节以一个具体的收益不确定情形下的产业集聚进化博弈为例，其损益值矩阵的一般形式如表 17.3.1 所示。

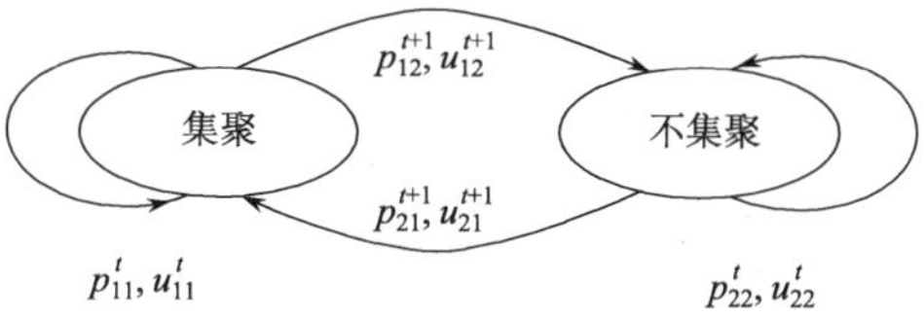

图 17.3.1　产业集聚进化博弈链模型简图

表 17.3.1　产业集聚进化博弈的损益值矩阵（一）

企业群 1 \ 企业群 2	集聚	不集聚
集聚	$\otimes_1,\otimes_1$	$\otimes_2,\otimes_3$
不集聚	$\otimes_3,\otimes_2$	$\otimes_4,\otimes_4$

假设时刻 t 有比例 x 的企业选择集聚，比例 $1-x$ 的企业选择不集聚。根据图 17.3.1，可得时刻 $t\sim t+2$，该博弈中各企业的状态变化（保持原策略或进行策略的模仿和学习）情况。

$$\begin{aligned} p_{11}^t &= x \\ u_{11}^t &= x \cdot \otimes_1 + (1-x) \cdot \otimes_2 \\ &= x \cdot \left[a_1 + (b_1 - a_1)\gamma_1 \right] + (1-x) \cdot \left[a_2 + (b_2 - a_2)\gamma_2 \right] \end{aligned} \tag{17.3.1}$$

$$\begin{aligned} p_{22}^t &= 1 - x \\ u_{22}^t &= x \cdot \otimes_3 + (1-x) \cdot \otimes_4 \\ &= x \cdot \left[a_3 + (b_3 - a_3)\gamma_3 \right] + (1-x) \cdot \left[a_4 + (b_4 - a_4)\gamma_4 \right] \end{aligned} \tag{17.3.2}$$

$$\bar{u}_t(\otimes) = x \cdot u_{11}^t + (1-x) \cdot u_{22}^t \ (0 \leqslant \gamma_i \leqslant 1) \tag{17.3.3}$$

$$p_{12}^{t+1} = p_{11}^t \cdot \frac{\bar{u}_t(\otimes) - u_{11}^t}{\left|\bar{u}_t(\otimes)\right| + \left|u_{11}^t\right|} \tag{17.3.4}$$

$$u_{12}^{t+1} = u_{22}^{t+1}$$

$$p_{21}^{t+1} = p_{22}^t \cdot \frac{\bar{u}_t(\otimes) - u_{22}^t}{\left|\bar{u}_t(\otimes)\right| + \left|u_{22}^t\right|} \tag{17.3.5}$$

$$u_{21}^{t+1} = u_{11}^{t+1}$$

$$\begin{aligned} p_{11}^{t+1} &= p_{11}^t + p_{21}^{t+1} \\ u_{11}^{t+1} &= p_{11}^{t+1} \cdot \otimes_1 + \left(1 - p_{11}^{t+1}\right) \cdot \otimes_2 \\ &= p_{11}^{t+1} \cdot \left(a_1 + (b_1 - a_1)\gamma_1\right) + \left(1 - p_{11}^{t+1}\right) \cdot \left(a_2 + (b_2 - a_2)\gamma_2\right) \end{aligned} \tag{17.3.6}$$

$$\begin{aligned} p_{22}^{t+1} &= 1 - p_{11}^{t+1} = p_{22}^t + p_{12}^{t+1} \\ u_{22}^{t+1} &= p_{11}^{t+1} \cdot \otimes_3 + \left(1 - p_{11}^{t+1}\right) \cdot \otimes_4 \\ &= p_{11}^{t+1} \cdot \left(a_3 + (b_3 - a_3)\gamma_3\right) + \left(1 - p_{11}^{t+1}\right) \cdot \left(a_4 + (b_4 - a_4)\gamma_4\right) \end{aligned} \tag{17.3.7}$$

$$\bar{u}_{t+1}(\otimes) = p_{11}^{t+1} \cdot u_{11}^{t+1} + p_{22}^{t+1} \cdot u_{22}^{t+1} \tag{17.3.8}$$

$$p_{12}^{t+2} = p_{11}^{t+1} \cdot \frac{\bar{u}_{t+1}(\otimes) - u_{11}^{t+1}}{\left|\bar{u}_{t+1}(\otimes)\right| + \left|u_{11}^{t+1}\right|} \tag{17.3.9}$$

$$u_{12}^{t+2} = u_{22}^{t+2}$$

$$p_{21}^{t+2} = p_{22}^{t+1} \cdot \frac{\bar{u}_{t+1}(\otimes) - u_{22}^{t+1}}{\left|\bar{u}_{t+1}(\otimes)\right| + \left|u_{22}^{t+1}\right|} \tag{17.3.10}$$

$$u_{21}^{t+2} = u_{11}^{t+2}$$

令 $p_{21}^{t+1} = 0$，可得均衡解

$$p_{21}^{t+2} = p_{22}^t \cdot \frac{\bar{u}_t(\otimes) - u_{22}^t}{\left|\bar{u}_t(\otimes)\right| + \left|u_{22}^t\right|} = 0$$

$$x_1 = 0, \quad x_2 = 1$$

$$x_3 = \frac{a_4 + (b_4 - a_4)\gamma_4 - a_2 - (b_2 - a_2)\gamma_2}{a_1 + (b_1 - a_1)\gamma_1 - a_3 - (b_3 - a_3)\gamma_3 + a_4 + (b_4 - a_4)\gamma_4 - a_2 - (b_2 - a_2)\gamma_2} \tag{17.3.11}$$

其稳定区间如图 17.3.2 所示。

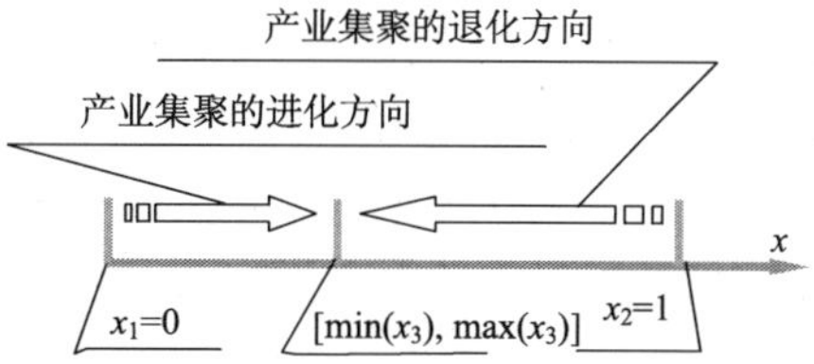

图 17.3.2　产业集聚的稳定区间

17.3.2　产业集聚发展过程的复制动态仿真

依据产业集聚进化博弈模型中的相关递推公式，结合表 17.3.2 给出的实例，运用 Matlab 语言编制仿真程序对产业集聚发展过程的复制动态进行仿真实验。

表 17.3.2　产业集聚进化博弈的损益值矩阵（二）

企业群 1 \ 企业群 2	集聚	不集聚
集聚	[0.5，1.5]，[0.5，1.5]	0.2
不集聚	2，0	[−5，−4]，[−5，−4]

由图 17.3.2 可知，x_1, x_2, x_3 将整个取值空间划分为三个部分。因此在对该问题进行仿真时，其初始值可在区间 $[x_1, \min(x_3)]$ 或 $[\max(x_3), x_2]$ 中选取，其具体仿真情况如表 17.3.3 ~ 表 17.3.6 所示。

表 17.3.3　选取初始值 q_{11}^0=0.000 1 时，产业集聚博弈的进化过程 $(\min(x_3))$

进化代数 $(t+i)$	q_{11}^{t+i}	$\bar{u}_{t+i}$	进化代数 $(t+i)$	q_{11}^{t+i}	$\bar{u}_{t+i}$
初始态（0）	0.000 1	−3.999 0	20	0.727 4	0.363 9
5	0.003 2	−3.968 1	22	0.727 3	0.363 7
10	0.102 4	−3.033 7	23	0.727 3	0.363 6
15	0.723 2	0.355 4	25	0.727 3	0.363 6

表 17.3.4　选取初始值 q_{11}^0=0.000 1 时，产业集聚博弈的进化过程 $(\max(x_3))$

进化代数 $(t+i)$	q_{11}^{t+i}	$\bar{u}_{t+i}$	进化代数 $(t+i)$	q_{11}^{t+i}	$\bar{u}_{t+i}$
初始态（0）	0.000 1	−4.998 8	35	0.908 4	1.362 2
5	0.003 2	−4.961 7	40	0.908 8	1.363 1
10	0.102 4	−3.828 9	45	0.909 0	1.363 4
15	0.866 6	1.268 8	50	0.909 0	1.363 5
20	0.896 6	1.337 9	51	0.909 1	1.363 6
25	0.904 6	1.354 4	52	0.909 1	1.363 6
30	0.907 3	1.360 1			

表 17.3.5　选取初始值 p_{11}^0=0.999 9 时，产业集聚博弈的进化过程 $(\min(x_3))$

进化代数 $(t+i)$	p_{11}^{t+i}	$\bar{u}_{t+i}$	进化代数 $(t+i)$	p_{11}^{t+i}	$\bar{u}_{t+i}$
初始态（0）	0.999 9	0.500 1	15	0.727 3	0.363 8
1	0.999 8	0.500 2	16	0.727 2	0.363 6
5	0.990 4	0.509 1	17	0.727 3	0.363 7
10	0.725 5	0.360 0	18	0.727 3	0.363 6
14	0.727 2	0.363 4	19	0.727 3	0.363 6

表 17.3.6　选取初始值 p_{11}^0=0.999 9 时，产业集聚博弈的进化过程 $(\max(x_3))$

进化代数 $(t+i)$	p_{11}^{t+i}	$\bar{u}_{t+i}$	进化代数 $(t+i)$	p_{11}^{t+i}	$\bar{u}_{t+i}$
初始态（0）	0.999 9	1.499 9	45	0.949 2	1.435 0
1	0.999 9	1.499 9	50	0.932 0	1.406 5
5	0.999 8	1.499 8	55	0.920 2	1.385 3
10	0.999 5	1.499 5	60	0.914 0	1.373 3
15	0.999 0	1.499 0	65	0.911 1	1.367 7
20	0.997 9	1.497 8	70	0.909 9	1.365 3
25	0.995 5	1.495 4	75	0.909 4	1.364 3
30	0.990 7	1.490 2	80	0.909 2	1.363 9
35	0.981 8	1.480 0	83	0.909 1	1.363 8
40	0.967 5	1.461 7	84	0.909 1	1.363 8

由以上仿真结果可知，此产业集聚的进化博弈中存在唯一的进化稳定策略灰色均衡区间 $[\min(x_3),\max(x_3)]=[0.727\,3, 0.909\,1]$。

当 γ_1=1，γ_4=0 时，$\min(x_3)=\dfrac{-5+1-0}{-5+1-0+0.5-2}=0.727\,3$。

当 γ_1=0，γ_4=1 时，$\max(x_3)=\dfrac{-5-0}{-5-0+0.5+1-2}=0.909\,1$。

17.3.3　产业集聚形成和发展过程的稳定性分析

令 $x(t)$ 表示在时刻 t 某一区域内集聚企业的数量，在不考虑资源等外部条件影响的前提下，时刻 t 集聚企业数量的增长率仅与时刻 t 集聚企业的数量有关，即

$$\frac{\mathrm{d}x(t)}{\mathrm{d}t}=x'=\alpha x(t)\ （\alpha 是常数） \tag{17.3.12}$$

解得

$$x(t)=x(0)\mathrm{e}^{\alpha t} \tag{17.3.13}$$

式（17.3.13）表明了在可被利用资源无限的条件下，集聚企业的数量将呈指数增长。然而，一个地区可供利用的资源是有限的，集聚企业的增长必然受到资源等外部条件的限制，存在一个最大容纳量。为此，对式（17.3.12）进行修正。假设该地区所能容纳企业的最大量为 $k\left(k\in[k_1,k_2]\right)$，$\dfrac{x(t)}{k}$ 为时刻 t 集聚饱和度，集聚企业增长率与集

聚饱和度呈负相关，调整后的公式为

$$\frac{\mathrm{d}x(t)}{\mathrm{d}t}=x'=\alpha x(t)-\alpha x(t)\cdot\frac{x(t)}{k}=\alpha x(t)\left(1-\frac{x(t)}{k}\right) \tag{17.3.14}$$

解得

$$x(t)=\frac{kx(0)\mathrm{e}^{\alpha t}}{1+x(0)\mathrm{e}^{\alpha t}} \tag{17.3.15}$$

（1）当 $x(0)<k$ 时，$\lim\limits_{t\to\infty}x(t)=k$，集聚企业数量单调递增。选取初始值 $x(0)=0.0001$ 时，产业集聚形成和发展的动态复制过程。在这个阶段，集聚企业的数量小于地区能容纳企业的最大数量，还存在可开发的空间，集聚企业的数量继续增加。

（2）当 $x(0)=k$ 时，即初始值在均衡区间内，产业集聚形成和发展过程的复制动态过程。在这个阶段，集聚企业的数量处于一种动态平衡状态，企业间的竞争相对缓和。

（3）当 $x(0)>k$ 时，$\lim\limits_{t\to\infty}x(t)=k$，集聚企业数量单调递减。选取初始值 $x(0)=0.9999$ 时，产业集聚形成和发展的动态复制过程。在这个阶段，集聚企业的数量已超过地区所能承受集聚企业的最大数量，企业间出现为争夺资源而引起的恶性竞争，导致集聚企业数量减少。

以上三种情况分别对应于图 17.3.3 中的曲线和均衡区间。

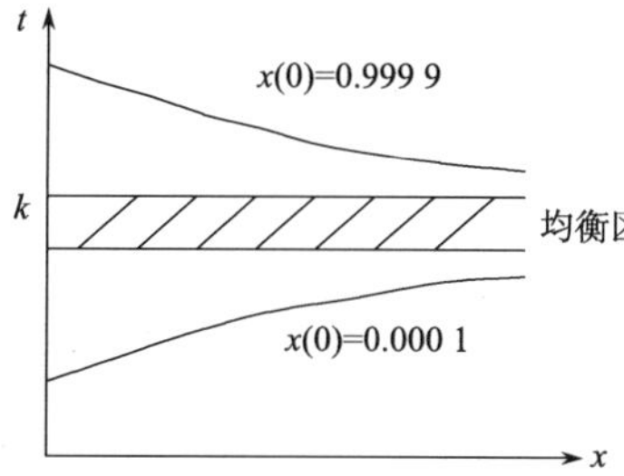

图 17.3.3　产业聚集的稳定性分析

由于系统的元素（参数）、结构、边界和运行行为等信息的“缺失”，加之各种随机因素和非随机因素的影响，在现实博弈过程中，人们在博弈策略实施之前不可能对该策略的实施效果做出精确判断，通常只凭经验确定实施效果取值的范围，因此灰色博弈更符合实际情况。

灰色博弈理论是经典博弈理论在信息“缺失”（或称有限知识）情形下的推广。从本质上讲，灰博弈问题是对经典博弈问题完备知识约束条件的放松，因此不可能简单地把经典博弈理论搬到灰色博弈领域。相反灰博弈问题涉及的因素也更多，其求解比经典博弈问题更复杂。

第 18 章

灰色控制系统

控制是指施控装置对受控装置所施加的一种特定作用，是一种有目的、有选择的能动作用。一个控制系统至少要有施控装置、受控装置和信息通道三个组成部分。仅含这三个组成部分的控制系统称为开环控制系统，如图 18.0.1 所示。开环控制系统较为简单，由输入直接控制输出，其致命弱点为抗干扰性差。

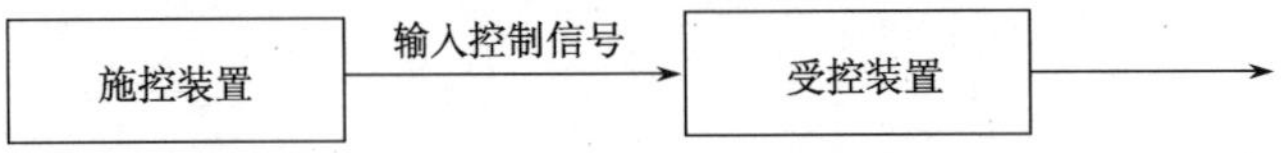

图 18.0.1　开环控制系统

带有反馈回路的控制系统称为闭环控制系统，如图 18.0.2 所示。闭环控制系统通过输入及输出的共同作用来实现控制。闭环控制系统的突出特点是抗干扰能力强，其输出能够始终围绕预定目标摆动。因此，闭环控制系统具有某种稳定性。

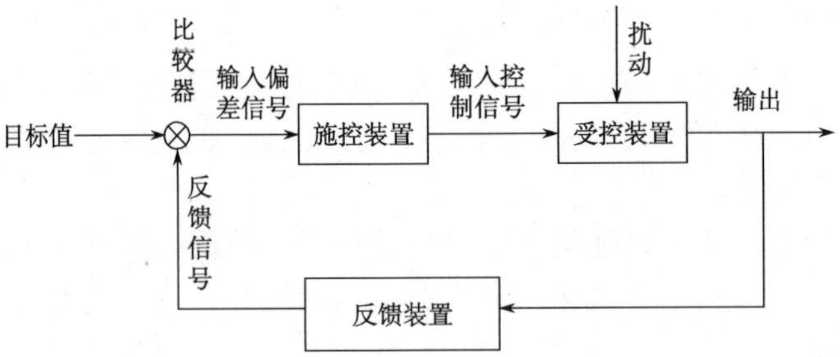

图 18.0.2　闭环控制系统

灰色控制系统是指只掌握或只能获得部分控制信息的系统，通常简称为灰色系统。灰色系统的控制不同于一般的白系统，主要是因为系统中有灰元的存在，在这种情况下，首先要了解系统动态品质与含灰元的参数矩阵有何关系，系统的动态如何变化，特别是怎样得到一个白色控制函数来改变系统品质并控制系统的变化过程。灰色控制不仅包括一般控制系统含有灰参数的情形，还包含运用灰色系统的分析、建模、预测、决策思路构造的控制。灰色控制的思想能够更深刻地揭示问题的本质，更有利于控制目的的实现。

18.1　灰色系统的可控性和可观测性

可控性和可观测性是从控制和观测角度表征系统结构的两个基本特性，本节主要讨论灰色线性控制系统的可控性和可观测性问题。

定义 18.1.1　设 $\boldsymbol{U}=\left[u_1,u_2,\cdots,u_s\right]^{\mathrm{T}}$ 为控制向量，$\boldsymbol{X}=\left[x_1,x_2,\cdots,x_n\right]^{\mathrm{T}}$ 为状态向量，$\boldsymbol{Y}=\left[y_1,y_2,\cdots,y_m\right]^{\mathrm{T}}$ 为输出向量，称

$$\begin{cases}\boldsymbol{X}=\boldsymbol{A}(\otimes)\boldsymbol{X}+\boldsymbol{B}(\otimes)\boldsymbol{U}\\ \boldsymbol{Y}=\boldsymbol{C}(\otimes)\boldsymbol{X}\end{cases} \tag{18.1.1}$$

为灰色线性控制系统的数学模型，其中 $\boldsymbol{A}(\otimes)\in G^{n\times n}$，$\boldsymbol{B}(\otimes)\in G^{n\times s}$，$\boldsymbol{C}(\otimes)\in G^{m\times n}$。相应地，称 $\boldsymbol{A}(\otimes)$ 灰色状态矩阵，$\boldsymbol{B}(\otimes)$ 为灰色控制矩阵，$\boldsymbol{C}(\otimes)$ 为灰色输出矩阵。

有时候，为特别强调 $\boldsymbol{U}$，$\boldsymbol{X}$，$\boldsymbol{Y}$ 的时变性，即系统的动态特征，也将控制向量、状态向量、输出向量分别记为 $\boldsymbol{U}(t)$，$\boldsymbol{X}(t)$，$\boldsymbol{Y}(t)$。

灰色线性控制系统数学模型中的第一组方程

$$\dot{\boldsymbol{X}}(t)=\boldsymbol{A}(\otimes)\boldsymbol{X}(t)+\boldsymbol{B}(\otimes)\boldsymbol{U}(t) \tag{18.1.2}$$

称为状态方程，第二组方程

$$\boldsymbol{Y}(t)=\boldsymbol{C}(\otimes)\boldsymbol{X}(t) \tag{18.1.3}$$

称为输出方程。

定义 18.1.2　对于给定的精度和目标向量 $\boldsymbol{J}=\left[j_1,j_2,\cdots,j_m\right]^{\mathrm{T}}$，若有施控装置及控制向量 $\boldsymbol{U}(t)$，通过控制输入可使系统输出 $\boldsymbol{Y}(t)$ 按要求的精度达到目标 J，则称系统是可控的。

定义 18.1.3　对于给定的时刻 t_0 和预定精度，若存在 $t_1\in(t_0,\infty)$，根据系统在 $\left[t_0,t_1\right]$ 之间的输出 $\boldsymbol{Y}(t)$，$t\in\left[t_0,t_1\right]$，能够按所需的精度测定系统状态 $\boldsymbol{X}(t)$，则称系统在 $\left[t_0,t_1\right]$ 内是可观测的；若对任意的 t_0,t_1，系统在 $\left[t_0,t_1\right]$ 内可观测，则称系统可观测。

由控制理论可知，灰色系统是否可控和可观测，取决于由 $\boldsymbol{A}(\otimes)$，$\boldsymbol{B}(\otimes)$ 构成的可控性矩阵和由 $\boldsymbol{A}(\otimes)$，$\boldsymbol{C}(\otimes)$ 构成的可观测性矩阵是否满秩，即下面的定理 18.1.1 所表示的结论。

定理 18.1.1　对于系统（18.1.1），令

$$\boldsymbol{L}(\otimes)=\left[\boldsymbol{B}(\otimes)\ \ \boldsymbol{A}(\otimes)\boldsymbol{B}(\otimes)\ \ \boldsymbol{A}^2(\otimes)\boldsymbol{B}(\otimes)\ \ \cdots\ \ \boldsymbol{A}^{n-1}(\otimes)\boldsymbol{B}(\otimes)\right]^{\mathrm{T}}$$

$$\boldsymbol{D}(\otimes)=\left[\boldsymbol{C}(\otimes)\ \ \boldsymbol{C}(\otimes)\boldsymbol{A}(\otimes)\ \ \boldsymbol{C}(\otimes)\boldsymbol{A}^2(\otimes)\ \ \cdots\ \ \boldsymbol{C}(\otimes)\boldsymbol{A}^{n-1}(\otimes)\right]^{\mathrm{T}}$$

则有

（1）当$\operatorname{rank}\left(\boldsymbol{L}(\otimes)\right)=n$时，系统可控；

（2）当$\operatorname{rank}\left(\boldsymbol{D}(\otimes)\right)=n$时，系统可观测。

（苏春华和刘思峰，2008）。

基于定理 18.1.1，可以得到下述四个定理。

定理 18.1.2 对于系统（18.1.1），若控制灰矩阵$\boldsymbol{B}(\otimes)\in G^{n\times n}$，且

$$\boldsymbol{B}(\otimes)=\begin{bmatrix}\otimes_{11} & 0 & \cdots & 0\\ 0 & \otimes_{22} & \cdots & 0\\ \vdots & \vdots & & \vdots\\ 0 & 0 & \cdots & \otimes_{nn}\end{bmatrix}$$

中的灰元素均为非零灰数，则系统（18.1.1）[即式（18.1.1）]是可控的。

定理 18.1.3 对于系统（18.1.1），若输出灰矩阵$\boldsymbol{C}(\otimes)\in G^{n\times n}$，且

$$\boldsymbol{C}(\otimes)=\begin{bmatrix}\otimes_{11} & 0 & \cdots & 0\\ 0 & \otimes_{22} & \cdots & 0\\ \vdots & \vdots & & \vdots\\ 0 & 0 & \cdots & \otimes_{nn}\end{bmatrix}$$

中的灰元素均为非零灰数，则系统（18.1.1）是可观测的。

定理 18.1.4 对于系统（18.1.1），若控制灰矩阵$\boldsymbol{B}(\otimes)\in G^{n\times n}$，且

$$\boldsymbol{B}(\otimes)=\begin{bmatrix}\otimes_{11} & 0 & \cdots & 0 & \cdots & 0\\ 0 & \otimes_{22} & \cdots & 0 & \cdots & 0\\ \vdots & \vdots & & \vdots & & \vdots\\ 0 & 0 & \cdots & \otimes_{mm} & \cdots & 0\\ 0 & 0 & \cdots & 0 & \cdots & 0\\ \vdots & \vdots & & \vdots & & \vdots\\ 0 & 0 & \cdots & 0 & \cdots & 0\end{bmatrix},\quad \operatorname{rank}\boldsymbol{B}(\otimes)=m<n$$

状态灰矩阵

$$\boldsymbol{A}(\otimes)=\begin{bmatrix}0 & \cdots & 0 & 0 & 0 & 0 & \cdots & 0\\ \vdots & & \vdots & \vdots & \vdots & \vdots & & \vdots\\ 0 & \cdots & 0 & 0 & 0 & 0 & \cdots & 0\\ 0 & \cdots & 0 & \otimes_{m+1,1} & 0 & 0 & \cdots & 0\\ 0 & \cdots & 0 & 0 & \otimes_{m+2,2} & 0 & \cdots & 0\\ \vdots & & \vdots & \vdots & \vdots & \vdots & & \vdots\\ 0 & \cdots & 0 & 0 & 0 & 0 & \cdots & \otimes_{n,n-m}\end{bmatrix},\quad \operatorname{rank}\boldsymbol{A}(\otimes)=n-m<n$$

则系统（18.1.1）是可控的。

定理 18.1.5 对于系统（18.1.1），若输出灰矩阵$\boldsymbol{C}(\otimes)\in G^{m\times n}$，且

$$C(\otimes)=\begin{bmatrix}\otimes_{11} & 0 & \cdots & 0 & 0 & \cdots & 0\\ 0 & \otimes_{22} & \cdots & 0 & 0 & \cdots & 0\\ \vdots & \vdots & & \vdots & \vdots & & \vdots\\ 0 & 0 & \cdots & \otimes_{mm} & 0 & \cdots & 0\end{bmatrix},\quad \mathrm{rank}\,C(\otimes)=m<n$$

状态灰矩阵

$$A(\otimes)=\begin{bmatrix}0 & \cdots & 0 & \otimes_{1,m+1} & 0 & \cdots & 0\\ 0 & \cdots & 0 & 0 & \otimes_{2,m+2} & \cdots & 0\\ \vdots & & \vdots & \vdots & \vdots & & \vdots\\ 0 & \cdots & 0 & 0 & 0 & \cdots & \otimes_{n-m,n}\\ 0 & \cdots & 0 & 0 & 0 & \cdots & 0\\ \vdots & & \vdots & \vdots & \vdots & & \vdots\\ 0 & \cdots & 0 & 0 & 0 & \cdots & 0\end{bmatrix},\quad \mathrm{rank}\,A(\otimes)=n-m<n$$

则系统（18.1.1）是可观测的。

例 18.1.1 设灰色线性系统为

$$\begin{cases}\dfrac{\mathrm{d}x_1(t)}{\mathrm{d}t}=\otimes_1 x_1(t)+\otimes_2 u_1(t)+\otimes_3 u_2(t)\\ \dfrac{\mathrm{d}x_2(t)}{\mathrm{d}t}=\otimes_4 x_1(t)\\ y(t)=\otimes_5 x_2(t)\end{cases}$$

其中，$\otimes_1\in[2,4]$，$\otimes_2\in[0.8,1.2]$，$\otimes_3\in[1,3]$，$\otimes_4\in[0.8,1.2]$，$\otimes_5\in[0.8,1.2]$，试讨论其可控性和可观测性。

解 写成矩阵形式

$$\begin{cases}\dot{X}(t)=A(\otimes)X(t)+B(\otimes)U(t)\\ Y(t)=C(\otimes)X(t)\end{cases}$$

其中，

$$X(t)=[x_1(t),x_2(t)]^{\mathrm{T}},\quad U(t)=[u_1(t),u_2(t)]^{\mathrm{T}},\quad Y(t)=y(t)$$

$$A(\otimes)=\begin{bmatrix}\otimes_1 & 0\\ \otimes_4 & 0\end{bmatrix},\quad B(\otimes)=\begin{bmatrix}\otimes_2 & \otimes_3\\ 0 & 0\end{bmatrix},\quad C(\otimes)=(0,\otimes_5)$$

（1）$L(\otimes)=[B(\otimes)\ \ A(\otimes)B(\otimes)]=\begin{bmatrix}\otimes_2 & \otimes_3 & \otimes_1\cdot\otimes_2 & \otimes_1\cdot\otimes_3\\ 0 & 0 & \otimes_4\cdot\otimes_2 & \otimes_4\cdot\otimes_3\end{bmatrix}$

因

$$\otimes_1\cdot\otimes_2=[2,4]\cdot[0.8,1.2]=[1.6,4.8]$$
$$\otimes_1\cdot\otimes_3=[2,4]\cdot[1,3]=[2,12]$$
$$\otimes_4\cdot\otimes_2=[0.8,1.2]\cdot[0.8,1.2]=[0.64,1.44]$$
$$\otimes_4\cdot\otimes_3=[0.8,1.2]\cdot[1,3]=[0.8,3.6]$$

子式的行列式：

$$\det\begin{bmatrix}\otimes_3 & \otimes_1\cdot\otimes_3\\ 0 & \otimes_4\cdot\otimes_2\end{bmatrix}=\otimes_3\cdot\otimes_4\cdot\otimes_2=[1,3]\cdot[0.64,1.44]=[0.64,4.32]$$

无零白化值，故 $\mathrm{rank}(\boldsymbol{L}(\otimes))=2$，由定理 18.1.1 知系统可控。

（2）$\boldsymbol{D}(\otimes)=\begin{bmatrix}\boldsymbol{C}(\otimes)\\ \boldsymbol{C}(\otimes)\cdot\boldsymbol{A}(\otimes)\end{bmatrix}=\begin{bmatrix}0 & \otimes_5\\ \otimes_5\cdot\otimes_4 & 0\end{bmatrix}$

$$\det\boldsymbol{D}(\otimes)=-\otimes_5\cdot\otimes_5\cdot\otimes_4=[-1.728,-0.512]$$

无零白化值，故 $\mathrm{rank}(\boldsymbol{L}(\otimes))=2$，由定理 18.1.1 知系统可观测。

18.2 灰色系统的传递函数

传递函数是表征线性时不变灰色控制系统输出输入关系的一种基本关系，它与系统状态空间描述之间的深刻关系，可基于可控性和可观测性的概念来揭示。

18.2.1 灰色传递函数

定义 18.2.1 设 n 阶灰参数线性系统的数学模型为

$$\otimes_n=\frac{\mathrm{d}^n x}{\mathrm{d}t^n}+\otimes_{n-1}\frac{\mathrm{d}^{n-1}x}{\mathrm{d}t^{n-1}}+\cdots+\otimes_0 x=\otimes\cdot u(t) \tag{18.2.1}$$

对等式两端进行拉普拉斯变换，记 $L(x(t))=X(s)$，$L(u(t))=U(s)$，称

$$G(s)=\frac{X(s)}{U(s)}=\frac{\otimes}{\otimes_n s^n+\otimes_{n-1}s^{n-1}+\cdots\otimes_1 s+\otimes_0} \tag{18.2.2}$$

为灰色传递函数。

显然，灰色传递函数是 n 阶线性灰色控制系统的响应 $x(t)$ 的拉普拉斯变换与驱动项 $u(t)$ 的拉普拉斯变换之比。事实上，它表征了一阶灰色线性控制系统输出与输入的一种基本关系。由下面的定理 18.2.1 可知，任何一个 n 阶灰色线性系统，可化为一个与之等价的一阶灰色线性系统。

定理 18.2.1 对于定义 18.2.1 所示的 n 阶灰色线性系统，存在一个与之等价的一阶灰色线性系统。

证明 设 n 阶灰色线性系统为

$$\otimes_n\frac{\mathrm{d}^n x}{\mathrm{d}t^n}+\otimes_{n-1}\frac{\mathrm{d}^{n-1}x}{\mathrm{d}t^{n-1}}+\cdots+\otimes_0 x=\otimes\cdot u(t)$$

令

$$x=x_1,\quad \frac{\mathrm{d}x}{\mathrm{d}t}=\frac{\mathrm{d}x_1}{\mathrm{d}t}=x_2,\quad \frac{\mathrm{d}^2x}{\mathrm{d}t^2}=\frac{\mathrm{d}x_2}{\mathrm{d}t}=x_3,\quad \cdots,\quad \frac{\mathrm{d}^{n-1}x}{\mathrm{d}t^{n-1}}=\frac{\mathrm{d}x_{n-1}}{\mathrm{d}t}=x_n$$

于是有

$$\frac{\mathrm{d}x_n}{\mathrm{d}t}=-\frac{\otimes_0}{\otimes_n}x_1-\frac{\otimes_1}{\otimes_n}x_2-\frac{\otimes_2}{\otimes_n}x_3-\cdots-\frac{\otimes_{n-1}}{\otimes_n}x_n+\frac{\otimes}{\otimes_n}u(t)$$

从而 n 阶系统可化为一阶系统

$$\dot{\boldsymbol{X}}(t)=\boldsymbol{A}(\otimes)\boldsymbol{X}(t)+\boldsymbol{B}(\otimes)\boldsymbol{U}(t)$$

其中，

$$\boldsymbol{X}(t)=[x_1,x_2,\cdots,x_n]^{\mathrm{T}}，\ \boldsymbol{U}(t)=u(t)$$

$$A(\otimes)=\begin{bmatrix} 0 & 1 & 0 & \cdots & 0 \\ 0 & 0 & 1 & \cdots & 0 \\ \vdots & \vdots & \vdots & & \vdots \\ 0 & 0 & 0 & \cdots & 1 \\ -\dfrac{\otimes_0}{\otimes_n} & -\dfrac{\otimes_1}{\otimes_n} & -\dfrac{\otimes_2}{\otimes_n} & \cdots & -\dfrac{\otimes_{n-1}}{\otimes_n} \end{bmatrix},\quad \boldsymbol{B}(\otimes)=\begin{bmatrix} 0 \\ 0 \\ \vdots \\ 0 \\ \dfrac{\otimes}{\otimes_n} \end{bmatrix}$$

18.2.2　典型环节的传递函数

一个用方程表示的灰色控制系统也称为灰色环节。当某一环节的传递函数已知时，可由驱动项的拉普拉斯变换通过关系 $\boldsymbol{X}(s)=\boldsymbol{G}(s)\cdot\boldsymbol{U}(s)$ 求出其响应的拉普拉斯变换，然后求逆变换即可得其响应 $x(t)$。驱动与响应的关系如图 18.2.1 所示。

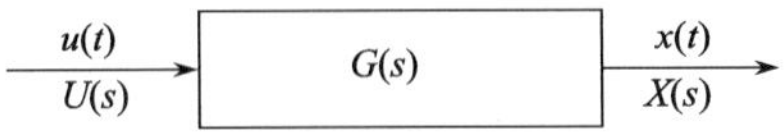

图 18.2.1　驱动与响应

下面我们来讨论几个典型环节的传递函数。

定义 18.2.2　驱动项 $u(t)$ 与响应 $x(t)$ 具有如下关系：

$$x(t)=K(\otimes)u(t) \tag{18.2.3}$$

则称之为灰色比例环节，其中 $K(\otimes)$ 为环节的灰色放大系数。

命题 18.2.1　灰色比例环节的传递函数为

$$G(s)=K(\otimes) \tag{18.2.4}$$

灰色比例环节的特点是当驱动量发生阶跃变化时，响应值成比例变化，其变化关系以及驱动与响应的关系如图 18.2.2 所示。

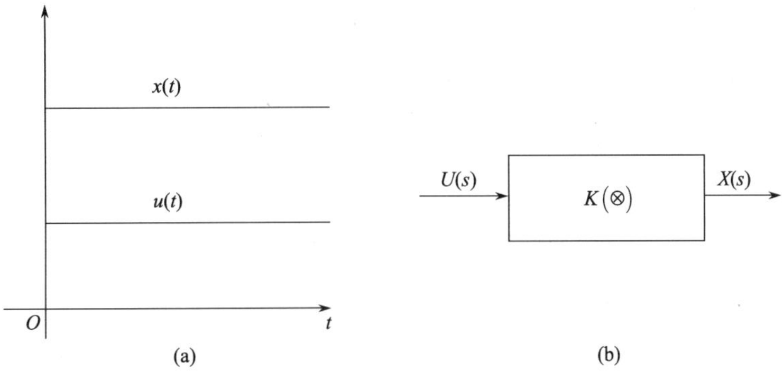

图 18.2.2　灰色比例环节

定义 18.2.3 在单位阶跃驱动下，若响应

$$x(t)=K(\otimes)\left(1-\mathrm{e}^{-tT}\right) \tag{18.2.5}$$

则称该环节为灰色惯性环节，其中 T 为环节的时间常数。

命题 18.2.2 灰色惯性环节的传递函数为

$$G(s)=\frac{K(\otimes)}{T\bullet s+1} \tag{18.2.6}$$

灰色惯性环节的特点是当驱动量发生阶跃变化时，响应要经过一定的时间方能达到新的平衡状态。图 18.2.3 给出了当 $\tilde{K}(\otimes)=1$ 时灰色惯性环节响应的变化曲线和环节框图。

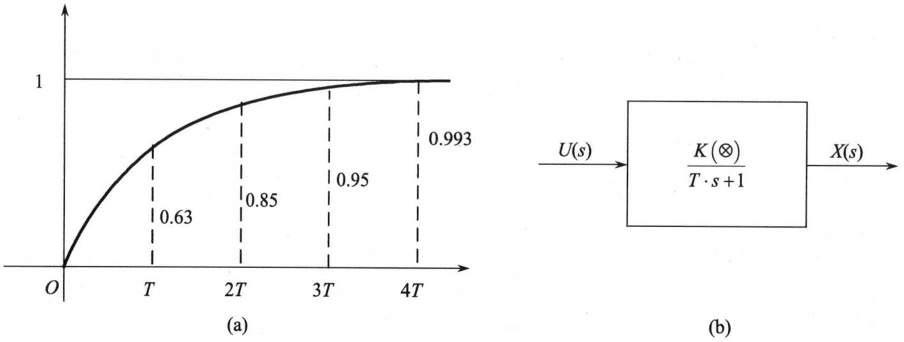

图 18.2.3 灰色惯性环节

定义 18.2.4 若驱动与响应具有如下关系：

$$x(t)=\int K(\otimes)u(t)\mathrm{d}t \tag{18.2.7}$$

则称该环节为灰色积分环节。

命题 18.2.3 灰色积分环节的传递函数为

$$G(s)=\frac{K(\otimes)}{s} \tag{18.2.8}$$

对于灰色积分环节，当驱动为阶跃函数时，其响应为 $x(t)=K(\otimes)ut$，如图 18.2.4 所示。

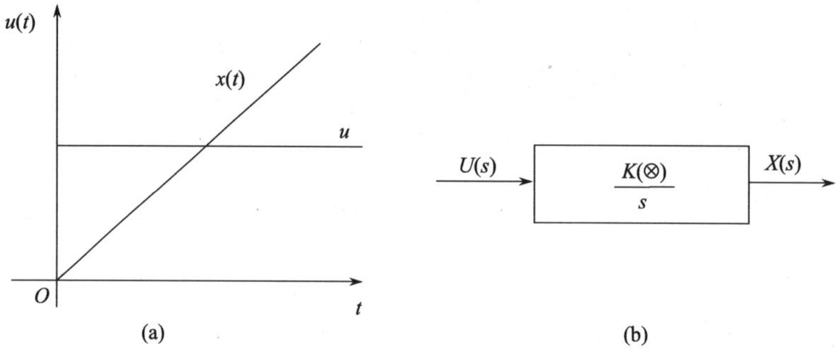

图 18.2.4 灰色积分环节

定义 18.2.5　若响应与驱动具有如下关系：

$$x(t)=K(\otimes)\frac{\mathrm{d}u(t)}{\mathrm{d}t} \tag{18.2.9}$$

则称该环节为灰色微分环节。

命题 18.2.4　灰色微分环节的传递函数为

$$G(s)=K(\otimes)s \tag{18.2.10}$$

灰色微分环节的特点是当驱动为阶跃函数时，响应为一振幅无穷大的脉冲。

定义 18.2.6　若响应与驱动具有如下关系：

$$x(t)=u(t-\tau(\otimes)) \tag{18.2.11}$$

则称该环节为灰色时滞环节，其中 $\tau(\otimes)$ 为灰色常数。

命题 18.2.5　灰色时滞环节的传递函数为

$$G(s)=\mathrm{e}^{-\tau(\otimes)s} \tag{18.2.12}$$

对于灰色时滞环节，当驱动为阶跃函数时，响应要经过一段时间之后才发生相应的变化。如图 18.2.5 所示。

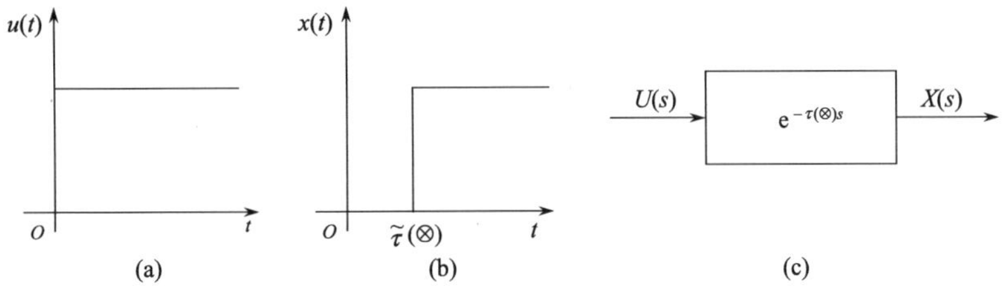

图 18.2.5　灰色时滞环节

上面所列举的只是一些典型的基本环节，许多复杂的元件和系统可以看作某些典型环节的组合。例如，灰色比例环节与灰色微分环节组合，可得灰色比例微分环节；灰色积分环节与灰色时滞环节组合，可得灰色积分时滞环节；再进行下一层的组合，还可得到灰色比例积分微分时滞环节等。还可以通过对灰色传递函数的极点的研究来讨论系统的稳定性等问题。

18.2.3　灰色传递函数矩阵

灰色传递函数矩阵用来表征多输入多输出灰色线性控制系统的一种基本关系。

对灰色线性控制系统

$$\begin{cases}\boldsymbol{X}(t)=\boldsymbol{A}(\otimes)\boldsymbol{X}(t)+\boldsymbol{B}(\otimes)\boldsymbol{U}(t)\\ \boldsymbol{Y}(t)=\boldsymbol{C}(\otimes)\boldsymbol{X}(t)\end{cases}$$

作拉普拉斯变换，得

$$\begin{cases}s\boldsymbol{X}(s)=\boldsymbol{A}(\otimes)\boldsymbol{X}(s)+\boldsymbol{B}(\otimes)\boldsymbol{U}(s)\\ \boldsymbol{Y}(s)=\boldsymbol{C}(\otimes)\boldsymbol{X}(s)\end{cases}$$

从而

$$\begin{cases}(sE - A(\otimes))X(s) = B(\otimes)U(s)\\ Y(s) = C(\otimes)X(s)\end{cases}$$

若 $sE - A(\otimes)$ 可逆，则进一步有

$$\begin{cases}X(s) = (sE - A(\otimes))^{-1}B(\otimes)U(s)\\ Y(s) = C(\otimes)X(s)\end{cases}$$

即 $Y(s) = C(\otimes)(sE - A(\otimes))^{-1}B(\otimes)U(s)$。

定义 18.2.7 称 m 行 s 列矩阵

$$G(s) = C(\otimes)(sE - A(\otimes))^{-1}B(\otimes) \tag{18.2.13}$$

为灰色线性系统的传递函数矩阵，简称灰色传递函数阵。

定义 18.2.8 对于 n 阶灰色线性系统，当与之相应的一阶系统状态灰阵 $A(\otimes)$ 非奇异时，称

$$\lim_{s\to 0} G(s) = -C(\otimes)A(\otimes)^{-1}B(\otimes) \tag{18.2.14}$$

为灰色增益阵。

若以灰色增益阵 $-C(\otimes)A(\otimes)^{-1}B(\otimes)$ 近似地代替传递函数阵 $G(s)$，则系统简化为比例环节。

由 $Y(s)=G(s)U(s)$，当 $m=s=n$ 时，若 $G(s)$ 非奇异，又可得到

$$U(s)=G(s)^{-1}Y(s) \tag{18.2.15}$$

定义 18.2.9 称

$$G(s)^{-1}=B(\otimes)^{-1}(sE - A(\otimes))C(\otimes)^{-1} \tag{18.2.16}$$

为灰色结构阵。

在灰色结构阵已知的条件下，要使输出向量 $Y(s)$ 达到或接近某一预定目标 $J(s)$，可通过 $G(s)^{-1}\cdot J(s)$ 来确定系统控制向量 $U(s)$。

我们还可以利用灰色传递函数阵来讨论系统的可控性与可观测性。

18.3 灰色系统的鲁棒稳定性

稳定性是系统的一个基本结构特性，它是系统的一种重要维生机制，即系统能够正常运行的前提，因此，它是系统控制理论中的一个重要的基本问题，也是工程设计的主要目标之一。一个实际系统必须是稳定的，只有稳定才能付诸工程应用。

灰色系统稳定性主要研究信息改变或灰参数的白化值在其取数域内变动时，灰色系统能否最终保持或恢复其稳定性。灰参数的存在使得灰色系统稳定性问题的研究变得复杂和困难，因而成为控制理论和控制工程领域中研究的一个热点和难点问题。

在灰色系统模型中，有含时滞项和不含时滞项的区别，也有含随机项和不含随机项的分别。通常，我们把既不含随机项又不含时滞项的灰色系统简称为灰色线性系统，把含有时滞项而不含随机项的灰色系统称为灰色时滞系统，把含随机项的灰色系统称灰色随机系统。本节主要研究这三类系统的鲁棒稳定性问题。

18.3.1　灰色线性系统的鲁棒稳定性

研究系统的稳定性，常限于研究没有外输入作用的系统。通常把这类系统称为自治系统。一个简单的灰色线性自治系统可表示为

$$\begin{cases}\dot{\boldsymbol{x}}(s)=\boldsymbol{A}(\otimes)\boldsymbol{x}(t)\\ \boldsymbol{x}(t_0)=\boldsymbol{x}_0,t\geqslant t_0\end{cases}\tag{18.3.1}$$

其中，$\boldsymbol{x}\in\mathbf{R}^n$，为状态向量，$\boldsymbol{A}(\otimes)\in G^{n\times n}$，为灰系数矩阵。

定义 18.3.1　若 $\boldsymbol{A}(\tilde{\otimes})$ 是灰矩阵 $\boldsymbol{A}(\otimes)$ 的一个白化矩阵，则称系统

$$\begin{cases}\dot{\boldsymbol{x}}(t)=\boldsymbol{A}(\tilde{\otimes})\boldsymbol{x}(t)\\ \boldsymbol{x}(t_0)=\boldsymbol{x}_0\end{cases}\tag{18.3.1*}$$

是系统（18.3.1）［即式（18.3.1）］的一个白化系统。

通常情况下，我们假定系统（18.3.1）的灰系数矩阵 $\boldsymbol{A}(\otimes)$ 具有连续的矩阵覆盖：

$$\begin{aligned}\boldsymbol{A}(D)&=[\boldsymbol{L}_a,\boldsymbol{U}_a]\\&=\left\{\boldsymbol{A}(\tilde{\otimes}):\underline{a}_{ij}\leqslant\otimes\leqslant\bar{a}_{ij},i,j=1,2,\cdots,n\right\}\end{aligned}$$

其中，$\boldsymbol{U}_a=(\bar{a}_{ij})$，$\boldsymbol{L}_a=(\underline{a}_{ij})$。

定义 18.3.2　如果系统（18.3.1）的任意白化系统都是稳定的，则称系统（18.3.1）是鲁棒稳定的。

通常所提及的系统（鲁棒）稳定性，是指系统的（鲁棒）渐近稳定性。

定理 18.3.1　如果存在一个正定矩阵 $\boldsymbol{P}$，使得

$$\boldsymbol{P}\boldsymbol{L}_a+\boldsymbol{L}_a^{\mathrm{T}}\boldsymbol{P}+2\lambda_{\max}(\boldsymbol{P})\|\boldsymbol{U}_a-\boldsymbol{L}_a\|\boldsymbol{I}_n<0$$

则称系统（18.3.1）是鲁棒稳定的（苏春华和刘思峰，2009a）。

证明　取 Lyapunov 函数 $V(x)=\boldsymbol{x}^{\mathrm{T}}\boldsymbol{P}\boldsymbol{x}$，对于任意白化矩阵 $\boldsymbol{A}(\tilde{\otimes})\in\boldsymbol{A}(D)$，沿着其确定的白化系统的迹，对 $V(x)$ 关于 t 求导，可以推出

$$\begin{aligned}\dot{V}(\boldsymbol{x})&=2\boldsymbol{x}^{\mathrm{T}}\boldsymbol{P}\boldsymbol{A}(\tilde{\otimes})\boldsymbol{x}=\boldsymbol{x}^{\mathrm{T}}\left(\boldsymbol{P}\boldsymbol{L}_a+\boldsymbol{L}_a^{\mathrm{T}}\boldsymbol{P}\right)x+2\boldsymbol{x}^{\mathrm{T}}\boldsymbol{P}\Delta\boldsymbol{A}\boldsymbol{x}\\&\leqslant\boldsymbol{x}^{\mathrm{T}}\left(\boldsymbol{P}\boldsymbol{L}_a+\boldsymbol{L}_a^{\mathrm{T}}\boldsymbol{P}+2\lambda_{\max}(\boldsymbol{P})\|\boldsymbol{U}_a-\boldsymbol{L}_a\|\boldsymbol{I}_n\right)\boldsymbol{x}<0,\quad\boldsymbol{x}\neq0\end{aligned}$$

这说明系统（18.3.1）是鲁棒稳定的。

令定理 18.3.1 中的 $\boldsymbol{P}=\boldsymbol{I}_n$，可得到下面一个简洁的结果。

推论 18.3.1　如果

$$\left\|U_a - L_a\right\| < -\lambda_{\max}\left(\frac{L_a + U_a^{\mathrm{T}}}{2}\right) \tag{18.3.2}$$

则称系统（18.3.1）是鲁棒稳定的。

如果用白化矩阵 $A(\tilde{\otimes})$ 的另一种分解形式 $A(\tilde{\otimes}) \in U_a - \Delta A$ 去获取系统（18.3.1）的鲁棒稳定性条件，我们会得到与定理 18.3.1 和推论 18.3.1 分别相似的结果。

定理 18.3.2 如果存在一个正定矩阵 P，使得

$$PU_a + U_a^{\mathrm{T}}P + 2\lambda_{\max}(P)\left\|U_a - L_a\right\|I_n < 0$$

则称系统（18.3.1）是鲁棒稳定的（苏春华和刘思峰，2009a）。

推论 18.3.2 如果

$$\left\|U_a - L_a\right\| \leqslant -\lambda_{\max}\left(\frac{L_a + U_a^{\mathrm{T}}}{2}\right) \tag{18.3.3}$$

则称系统（18.3.1）是鲁棒稳定的。

推论 18.3.1 和推论 18.3.2 分别给出了一个很有实际意义的结果，因为 $U_a - L_a$ 实际上是系统（18.3.1）中灰矩阵的扰动误差矩阵，式（17.3.2）和式（17.3.3）表明了当灰矩阵的扰动误差矩阵之范数在 $(0,\lambda)$ 内变化时，系统（18.3.1）始终是稳定的，其中，

$$\lambda = \max\left\{-\lambda_{\max}\left(\frac{L_a + L_a^{\mathrm{T}}}{2}\right), -\lambda_{\max}\left(\frac{U_a + U_a^{\mathrm{T}}}{2}\right)\right\}$$

定理 18.3.3 如果 $L_a + L_a^{\mathrm{T}} + \lambda_{\max}\left[(U_a - L_a) + (U_a - L_a)^{\mathrm{T}}\right]I_n < 0$，则系统（18.3.1）是鲁棒稳定的；如果 $U_a - U_a^{\mathrm{T}} - \lambda_{\max}\left[(U_a - L_a) + (U_a - L_a)^{\mathrm{T}}\right]I_n > 0$，则系统（18.3.1）是不稳定的（苏春华和刘思峰，2009b）。

例 18.3.1 考虑下面一个二维的灰色线性系统

$$\dot{x}(t) = \begin{pmatrix} [-2.3,-1.8] & [0.6,0.9] \\ [0.8,1.0] & [-2.5,-1.9] \end{pmatrix} x(t)$$

的鲁棒稳定性问题。

通过计算得

$$\left\|U_a - L_a\right\| = 0.807\,2 < -\lambda_{\max}\left(\frac{L_a + L_a^{\mathrm{T}}}{2}\right) = 1.300\,0$$

$$L_a + L_a^{\mathrm{T}} + \lambda_{\max}\left[(U_a - L_a) + (U_a - L_a)^{\mathrm{T}}\right]I_a = -1.775\,9I_n < 0$$

由推论 18.3.1 或定理 18.3.3 可知系统是鲁棒稳定的。

18.3.2 灰色线性时滞系统的鲁棒稳定性

时滞现象是很普遍的，它们常常是导致系统不稳定、振动和性能差的主要因素，因此，对时滞系统稳定性问题的研究，也是一项很有意义工作。

常见的 n 维线性时滞自治系统形如

$$\begin{cases}\dot{\boldsymbol{x}}(t)=\boldsymbol{A}\boldsymbol{x}(t)+\boldsymbol{B}\boldsymbol{x}(t-\tau), t\geqslant 0\\ \boldsymbol{x}(t)=\boldsymbol{\varphi}(t), \qquad t\in[-\tau,0]\end{cases} \tag{18.3.4}$$

其中，$\boldsymbol{x}(t)\in\mathbf{R}^n$ 是系统的状态向量，$\boldsymbol{A},\boldsymbol{B}(t)\in\mathbf{R}^{n\times n}$ 是已知的常数矩阵，$\tau>0$ 是滞后时间，$\boldsymbol{\varphi}(t)\in\boldsymbol{C}^n[-\tau,0]$（$n$ 维连续函数向量空间）。

定义 18.3.3　如果线性时滞系统（18.3.5）的系数矩阵 $\boldsymbol{A}$，$\boldsymbol{B}$ 中至少有一个矩阵是灰矩阵，那么称此系统为一个灰色线性时滞自治系统，并表记为

$$\begin{cases}\dot{\boldsymbol{x}}(t)=\boldsymbol{A}(\otimes)\boldsymbol{x}(t)+\boldsymbol{B}(\otimes)\boldsymbol{x}(t-\tau), t\geqslant 0\\ \boldsymbol{x}(t)=\boldsymbol{\varphi}(t), \qquad t\in[-\tau,0]\end{cases} \tag{18.3.5}$$

假定系统（18.3.5）[即式（18.3.5）]的系数矩阵均为灰矩阵，且它们均具有连续矩阵覆盖，即 $\boldsymbol{A}(\otimes)$，$\boldsymbol{B}(\otimes)$ 分别具有下述矩阵覆盖形式：

$$\boldsymbol{A}(D)=[\boldsymbol{L}_a,\boldsymbol{U}_a]=\left\{\boldsymbol{A}(\tilde{\otimes}):\underline{a}_{ij}\leqslant\tilde{\otimes}\leqslant\overline{a}_{ij},i、j=1,2,\cdots,n\right\}$$

$$\boldsymbol{B}(D)=[\boldsymbol{L}_b,\boldsymbol{U}_b]=\left\{\boldsymbol{B}(\tilde{\otimes}):\underline{b}_{ij}\leqslant\tilde{\otimes}\leqslant\overline{b}_{ij},i、j=1,2,\cdots,n\right\}$$

其中，$\boldsymbol{U}_a=(\overline{a}_{ij})$，$\boldsymbol{L}_a=(\underline{a}_{ij})$，$\boldsymbol{U}_b=(\overline{b}_{ij})$，$\boldsymbol{L}_b=(\underline{b}_{ij})$。

定义 18.3.4　如果 $\boldsymbol{A}(\tilde{\otimes})$，$\boldsymbol{B}(\tilde{\otimes})$ 分别为 $\boldsymbol{A}(\otimes)$，$\boldsymbol{B}(\otimes)$ 的任意白化矩阵，那么称

$$\begin{cases}\dot{\boldsymbol{x}}(t)=\boldsymbol{A}(\tilde{\otimes})\boldsymbol{x}(t)+\boldsymbol{B}(\tilde{\otimes})\boldsymbol{x}(t-\tau), t\geqslant 0\\ \boldsymbol{x}(t)=\boldsymbol{\varphi}(t), \qquad t\in[-\tau,0]\end{cases} \tag{18.3.5*}$$

为系统（18.3.5）的白化系统。

定义 18.3.5　如果系统（18.3.5）的任意白化系统都是稳定的，则称系统（18.3.5）是鲁棒稳定的。

根据灰色时滞系统是否依赖于系统中时滞的大小，可将鲁棒稳定性条件分为时滞独立和时滞依赖两类。

时滞独立的鲁棒稳定性条件：在该条件下，对于所有的时滞 $\tau>0$，系统都是鲁棒渐近稳定的。在这样的条件下，无须知道系统滞后时间的信息，因此，它适合于处理具有不确定滞后时间和未知滞后时间的时滞系统的稳定性分析问题。

时滞依赖的鲁棒稳定性条件：在该条件下，对滞后时间 $\tau>0$ 的一些值，系统是鲁棒稳定的，而对滞后时间 $\tau>0$ 的另一些值，系统是不稳定的。因此系统的鲁棒稳定性依赖滞后时间。

定理 18.3.4　如果存在正定矩阵 $\boldsymbol{P}$，$\boldsymbol{Q}$ 及正常数 ε_1，ε_2，使得对称矩阵

$$\begin{bmatrix}\boldsymbol{\Xi} & \boldsymbol{P}\boldsymbol{L}_b & \boldsymbol{P} & \boldsymbol{P}\\ \boldsymbol{L}_b^{\mathrm{T}}\boldsymbol{P} & -\boldsymbol{Q}+\varepsilon_2\|\boldsymbol{U}_b-\boldsymbol{L}_b\|^2\boldsymbol{I}_n & \boldsymbol{0} & \boldsymbol{0}\\ \boldsymbol{P} & \boldsymbol{0} & -\varepsilon_1\boldsymbol{I}_n & \boldsymbol{0}\\ \boldsymbol{P} & \boldsymbol{0} & \boldsymbol{0} & -\varepsilon_2\boldsymbol{I}_n\end{bmatrix}<0$$

其中，$\boldsymbol{\Xi}=\boldsymbol{L}_a^{\mathrm{T}}\boldsymbol{P}+\boldsymbol{P}\boldsymbol{L}_a+\boldsymbol{Q}+\varepsilon_1\|\boldsymbol{U}_a-\boldsymbol{L}_a\|^2\boldsymbol{I}_n$，$\boldsymbol{I}_n$ 表示单位矩阵（以后各节同此），则称系统（18.3.5）是鲁棒稳定的（苏春华，2012）。

定理 18.3.5 如果存在正定矩阵 $\boldsymbol{P}$，$\boldsymbol{Q}$，$\boldsymbol{N}$ 及正常数 ε_1，ε_2，使得对称矩阵

$$\begin{bmatrix} \boldsymbol{\Gamma} & \boldsymbol{P}\boldsymbol{L}_b & \rho\boldsymbol{I}_n & \boldsymbol{P} & \boldsymbol{P} \\ \boldsymbol{L}_b^{\mathrm{T}}\boldsymbol{P} & -\boldsymbol{Q}+\varepsilon_2\left\|\boldsymbol{U}_b-\boldsymbol{L}_b\right\|^2\boldsymbol{I}_n & \boldsymbol{0} & \boldsymbol{0} & \boldsymbol{0} \\ \rho\boldsymbol{I}_n & \boldsymbol{0} & -\bar{\boldsymbol{N}} & \boldsymbol{0} & \boldsymbol{0} \\ \boldsymbol{P} & \boldsymbol{0} & \boldsymbol{0} & -\varepsilon_1\boldsymbol{I}_n & 0 \\ \boldsymbol{P} & \boldsymbol{0} & \boldsymbol{0} & \boldsymbol{0} & -\varepsilon_2\boldsymbol{I}_n \end{bmatrix}<0$$

其中，$\boldsymbol{\Gamma}=\boldsymbol{L}_a^{\mathrm{T}}\boldsymbol{P}+\boldsymbol{P}\boldsymbol{L}_a+\boldsymbol{Q}+\varepsilon_1\left\|\boldsymbol{U}_a-\boldsymbol{L}_a\right\|^2\boldsymbol{I}_n$，$\bar{\boldsymbol{N}}=\boldsymbol{N}^{-1}$，$\rho=\sqrt{\tau}$，则称系统（18.3.5）是鲁棒稳定的。

例 18.3.2 对于如下的二维灰色线性时滞系统

$$\begin{cases} \dot{\boldsymbol{x}}(t)=\boldsymbol{A}(\otimes)\boldsymbol{x}(t)+\boldsymbol{B}(\otimes)\boldsymbol{x}(t-\tau), t\geqslant 0 \\ \boldsymbol{x}(t)=\boldsymbol{\varphi}(t), \quad t\in[-\tau,0] \end{cases}$$

设其系数灰矩阵 $\boldsymbol{A}(\otimes)$，$\boldsymbol{B}(\otimes)$ 的连续矩阵覆盖的上下界矩阵分别为

$$\boldsymbol{L}_a=\begin{bmatrix} -4.38 & 0.20 \\ 0.19 & -4.33 \end{bmatrix}, \quad \boldsymbol{U}_a=\begin{bmatrix} -4.26 & 0.29 \\ 0.27 & -4.22 \end{bmatrix}$$

$$\boldsymbol{L}_b=\begin{bmatrix} -0.93 & 0.21 \\ 0.23 & -0.86 \end{bmatrix}, \quad \boldsymbol{U}_b=\begin{bmatrix} -0.88 & 0.24 \\ 0.26 & -0.82 \end{bmatrix}$$

根据定理 18.3.4，利用 LMI 工具箱中的求解器求得的可行解为

$$\boldsymbol{P}=\begin{bmatrix} 9.464\,2 & 0.698\,3 \\ 0.698\,3 & 9.822\,8 \end{bmatrix}, \quad \boldsymbol{Q}=\begin{bmatrix} 28.008\,8 & -0.034\,0 \\ -0.034\,0 & 27.860\,5 \end{bmatrix}$$

$$\varepsilon_1=30.082\,6, \quad \varepsilon_2=30.246\,1$$

再根据定理 18.3.5，利用 LMI 工具箱中的求解器求得的可行解为

$$\boldsymbol{P}=\begin{bmatrix} 6.859\,2 & 0.506\,1 \\ 0.506\,1 & 7.119\,1 \end{bmatrix}, \quad \boldsymbol{Q}=\begin{bmatrix} 20.229\,4 & -0.024\,6 \\ -0.024\,6 & 20.192\,0 \end{bmatrix}, \quad \boldsymbol{N}=\begin{bmatrix} 0.045\,6 & 0 \\ 0 & 0.045\,6 \end{bmatrix}$$

$$\varepsilon_2=21.8024, \quad \varepsilon_2=21.920\,9, \quad \tau=2.703\,5。$$

上述计算结果说明了例 18.3.2 中所描述的系统是鲁棒稳定的，而且根据定理 18.3.5 所得的系统鲁棒稳定的最大允许时滞长度为 2.703 5。

18.3.3 灰色随机线性时滞系统的鲁棒稳定性

描述随机系统的数学模型通常是伊藤随机微分方程，其中较为简单的 n 维伊藤随机微分时滞方程是

$$\begin{cases} \mathrm{d}x(t)=\boldsymbol{A}\boldsymbol{x}(t)+\boldsymbol{B}\boldsymbol{x}(t-\tau)+\left[\boldsymbol{C}\boldsymbol{x}(t)+\boldsymbol{D}\boldsymbol{x}(t-\tau)\right]\mathrm{d}w(t), \ t\geqslant 0 \\ \boldsymbol{x}(t)=\boldsymbol{\xi}(t), \boldsymbol{\xi}(t)\in L_{F_0}^2\left([-\tau,0];\mathbf{R}^n\right), \quad t\in[-\tau,0] \end{cases} \tag{18.3.6}$$

其中，$\boldsymbol{x}(t)\in\mathbf{R}^n$ 是系统的状态向量，$\boldsymbol{A}$，$\boldsymbol{B}$，$\boldsymbol{C}$，$\boldsymbol{D}\in\mathbf{R}^{n\times n}$ 是已知的常数矩阵，$\tau>0$ 表示滞后时间，$w(t)$ 是定义在完备概率空间 $\left(\Omega,F,\{F_t\}_{t\geqslant 0},P\right)$ 上的一维 Brown 运动；

$L^2_{F_0}([-\tau,0];\mathbf{R}^n)$表示$F_0$可测的取值于$C([-\tau,0];\mathbf{R}^n)$上的随机变量$\boldsymbol{\xi}=\{\boldsymbol{\xi}(t):-\tau\leqslant t\leqslant 0\}$的全体，且$\sup\limits_{-\tau\leqslant t\leqslant 0}E|\boldsymbol{\xi}(\theta)|^2<\infty$，而$C([-\tau,0];\mathbf{R}^n)$表示连续函数$\varphi:[-\tau,0]\to\mathbf{R}^n$的全体，在初始条件$\boldsymbol{x}(t)=\boldsymbol{\xi}(t)\in L^2_{F_0}([-\tau,0];\mathbf{R}^n)$下，系统（18.3.10）有平衡点$\boldsymbol{x}(t;\boldsymbol{\xi})$，且相应的初始值$\boldsymbol{\xi}(t)=0$，$\boldsymbol{x}(t;0)\equiv\mathbf{0}$。

随机系统的稳定性概念有多种，这里给出四个重要的稳定性概念。

定义 18.3.6 称系统（18.3.6）[即式（18.3.6）]的平衡点$\boldsymbol{x}(t)\equiv\mathbf{0}$是随机稳定的（或按概率稳定的），如果对每一个$\varepsilon>0$，有$\lim\limits_{x_0\to 0}P\left(\sup\limits_{t\to+t_0}|\boldsymbol{x}(t;t_0,\boldsymbol{x}_0)|>\varepsilon\right)=0$。

定义 18.3.7 称系统（18.3.6）的平衡点$\boldsymbol{x}(t)\equiv\mathbf{0}$是随机渐进稳定的（或按概率渐进稳定的），如果它是随机稳定的，有$\lim\limits_{x_0\to 0}P\left(\lim\limits_{t\to+\infty}\boldsymbol{x}(t:t_0,\boldsymbol{x}_0)=\mathbf{0}\right)=1$。

定义 18.3.8 称系统（18.3.6）的平衡点$\boldsymbol{x}(t)\equiv\mathbf{0}$是大范围随机渐进稳定的（或按概率大范围渐进稳定的），如果它是随机稳定的，对所有的t_0，$\boldsymbol{x}_0$，有

$$P\left(\lim_{t\to+\infty}\boldsymbol{x}(t:t_0,\boldsymbol{x}_0)=0\right)=1$$

定义 18.3.9 称系统（18.3.6）的平衡点$x(t)\equiv 0$是均方指数稳定的，如果存在正常数$\alpha>0$，$\beta>0$，有$E|\boldsymbol{x}(t:t_0,\boldsymbol{x}_0)|^2\leqslant\alpha|\boldsymbol{x}_0|^2\exp(-\beta t)$，$t>t_0$。

灰色随机系统是指含有灰参数的随机系统，有关它的一些概念，通常是基于确定的随机系统的有关概念给出的。针对本节要研究问题，给出下述几个定义。

定义 18.3.10 如果随机线性时滞系统（18.3.6）中的系统矩阵 $\boldsymbol{A}$，$\boldsymbol{B}$，$\boldsymbol{C}$，$\boldsymbol{D}$ 中至少有一个矩阵是灰矩阵，那么称该系统为灰色随机线性时滞系统，并表记为

$$\begin{cases}\mathrm{d}x(t)=\boldsymbol{A}(\otimes)\boldsymbol{x}(t)+\boldsymbol{B}(\otimes)\boldsymbol{x}(t-\tau)+[\boldsymbol{C}(\otimes)\boldsymbol{x}(t)+\boldsymbol{D}(\otimes)\boldsymbol{x}(t-\tau)]\mathrm{d}w(t), & t\geqslant 0\\ \boldsymbol{x}(t)=\boldsymbol{\xi}(t),\boldsymbol{\xi}(t)\in L^2_{F_0}([-\tau,0];\mathbf{R}^n), & t\in[-\tau,0]\end{cases} \tag{18.3.7}$$

本节假定系统（18.3.7）[即式（18.3.7）]的系数矩阵均为灰矩阵，且它们均具有连续矩阵覆盖，即灰矩阵$\boldsymbol{A}(\otimes)$，$\boldsymbol{B}(\otimes)$，$\boldsymbol{C}(\otimes)$，$\boldsymbol{D}(\otimes)$的矩阵覆盖分别是

$$\boldsymbol{A}(D)=[\boldsymbol{L}_a,\boldsymbol{U}_a]=\left\{\boldsymbol{A}(\tilde{\otimes})=(\tilde{\otimes}_{a_{ij}})_{n\times n}:\underline{a}_{ij}\leqslant\tilde{\otimes}_{a_{ij}}\leqslant\overline{a}_{ij}\right\}$$

$$\boldsymbol{B}(D)=[\boldsymbol{L}_b,\boldsymbol{U}_b]=\left\{\boldsymbol{B}(\tilde{\otimes})=(\tilde{\otimes}_{b_{ij}})_{n\times n}:\underline{b}_{ij}\leqslant\tilde{\otimes}_{b_{ij}}\leqslant\overline{b}_{ij}\right\}$$

$$\boldsymbol{C}(D)=[\boldsymbol{L}_c,\boldsymbol{U}_c]=\left\{\boldsymbol{C}(\tilde{\otimes})=(\tilde{\otimes}_{c_{ij}})_{n\times m}:\underline{c}_{ij}\leqslant\tilde{\otimes}_{c_{ij}}\leqslant\overline{c}_{ij}\right\}$$

$$\boldsymbol{D}(D)=[\boldsymbol{L}_d,\boldsymbol{U}_d]=\left\{\boldsymbol{D}(\tilde{\otimes})=(\tilde{\otimes}_{d_{ij}})_{n\times n}:\underline{d}_{ij}\leqslant\tilde{\otimes}_{d_{ij}}\leqslant\overline{d}_{ij}\right\}$$

其中，$\boldsymbol{L}_a=(\underline{a}_{ij})_{n\times n}$，$\boldsymbol{U}_a=(\overline{a}_{ij})_{n\times n}$，$\boldsymbol{L}_b=(\underline{b}_{ij})_{n\times n}$，$\boldsymbol{U}_b=(\overline{b}_{ij})_{n\times n}$，$\boldsymbol{L}_c=(\underline{c}_{ij})_{n\times n}$，$\boldsymbol{U}_c=(\overline{c}_{ij})_{n\times n}$，$\boldsymbol{L}_d=(\underline{d}_{ij})_{n\times n}$，$\boldsymbol{U}_a=(\overline{d}_{ij})_{n\times n}$。

定义 18.3.11 如果$A(\tilde{\otimes})$，$B(\tilde{\otimes})$，$C(\tilde{\otimes})$，$D(\tilde{\otimes})$分别是灰矩阵$A(\otimes)$，$B(\otimes)$，$C(\otimes)$，$D(\otimes)$的任意白化矩阵，则称

$$\begin{cases} \mathrm{d}x(t)=A(\tilde{\otimes})x(t)+B(\tilde{\otimes})x(t-\tau)+\left[C(\tilde{\otimes})x(t)+D(\tilde{\otimes})x(t-\tau)\right]\mathrm{d}w(t), & t\geqslant 0 \\ x(t)=\xi(t),\xi(t)\in L_{F_0}^2\left([-\tau,0];\mathbf{R}^n\right), & t\in[-\tau,0] \end{cases} \tag{18.3.7*}$$

是系统（18.3.7）的白化系统。

定义 18.3.12 如果系统（18.3.7）的任意白化系统都是大范围随机渐近稳定的，即

$$\lim_{t\to\infty} x(t;\xi)=0 \quad \text{a.s.}$$

则称系统（18.3.7）是大范围随机鲁棒渐近稳定的。

定义 18.3.13 如果系统（18.3.7）的任意白化系统都是均方指数稳定的，即如果存在正常数r_0和K，使得系统（18.3.7）的白化系统的平衡点都满足

$$E\left|x(t;\xi)\right|^2\leqslant K\mathrm{e}^{-r_0 t}\sup_{-\tau\leqslant\theta\leqslant 0}E\left|\xi(\theta)\right|^2, t\geqslant 0$$

或等价于

$$\limsup_{t\to\infty}\frac{1}{t}\log E\left|x(t;\xi)\right|^2\leqslant -r_0$$

则称系统（18.3.7）是均方指数鲁棒稳定的。

定理 18.3.6 对于系统（18.3.7），若存在正定对称矩阵 Q 及正常数 $\varepsilon_i(i=1,\cdots,6)$，满足$M+N<0$，则对于任意的初始条件$\xi\in C_{F_0}^p\left([-\tau,0];\mathbf{R}^n\right)$有

$$\lim_{t\to\infty} x(t;\xi)=0 \quad \text{a.s.}$$

即系统（18.3.7）是大范围随机鲁棒渐近稳定的（苏春华，2012）。

这里

$$M=QL_a+L_a^{\mathrm{T}}Q+(\varepsilon_1+\varepsilon_2)Q+\varepsilon_1^{-1}\lambda_{\max}(Q)\bullet\|U_a-L_a\|^2 I_n+(1+\varepsilon_4)(1+\varepsilon_3)L_c^{\mathrm{T}}QL_c$$
$$+\left(1+\varepsilon_4^{-1}\right)(1+\varepsilon_5)\lambda_{\max}(Q)\|U_c-L_c\|^2 I_n$$

$$N=\varepsilon_2^{-1}\left(1+\varepsilon_3^{-1}\right)\lambda_{\max}(Q)\|U_b-L_b\|^2 I_n+\varepsilon_2^{-1}\bullet(1+\varepsilon_3)L_b^{\mathrm{T}}QL_b+\left(1+\varepsilon_5^{-1}\right)(1+\varepsilon_6)L_d^{\mathrm{T}}QL_d$$
$$+\left(1+\varepsilon_5^{-1}\right)\left(1+\varepsilon_6^{-1}\right)\lambda_{\max}(Q)\|U_d-L_d\|^2 I_n$$

定理 18.3.7 对于系统（18.3.7），若存在正定对称矩阵 Q 及正常数 $\varepsilon_i(i=1,\cdots,6)$，满足$K+L<0$，则对于任意的初始条件$\xi\in C_{F_0}^p\left([-\tau,0];\mathbf{R}^n\right)$有

$$\lim_{t\to\infty} x(t;\xi)=0 \quad \text{a.s.}$$

即系统（18.3.7）是大范围随机鲁棒渐近稳定的。其中，

$$K=QL_a+L_a^{\mathrm{T}}Q+(\varepsilon_1+\varepsilon_2)Q+\left[\varepsilon_1^{-1}\lambda_{\max}(Q)\mathrm{trace}\left(G_a^{\mathrm{T}}G_a\right)+(1+\varepsilon_4)(1+\varepsilon_5)\mathrm{trace}\left(L_c^{\mathrm{T}}L_c\right)\right.$$
$$\left.+\left(1+\varepsilon_4^{-1}\right)(1+\varepsilon_5)\lambda_{\max}(Q)\mathrm{trace}\left(G_c^{\mathrm{T}}G_c\right)\right]I_n$$

$$
\begin{aligned}
\boldsymbol{L}=&\Big[\varepsilon_2^{-1}\left(1+\varepsilon_3^{-1}\right)\lambda_{\max}(\boldsymbol{Q})\operatorname{trace}\left(\boldsymbol{G}_b^{\mathrm{T}}\boldsymbol{G}_b\right)+\varepsilon_2^{-1}\left(1+\varepsilon_3\right)\operatorname{trace}\left(\boldsymbol{L}_b^{\mathrm{T}}\boldsymbol{L}_b\right)\\
&+\left(1+\varepsilon_5^{-1}\right)\left(1+\varepsilon_6\right)\operatorname{trace}\left(\boldsymbol{L}_d^{\mathrm{T}}\boldsymbol{L}_d\right)\\
&+\left(1+\varepsilon_5^{-1}\right)\left(1+\varepsilon_6^{-1}\right)\lambda_{\max}(\boldsymbol{Q})\operatorname{trace}\left(\boldsymbol{G}_d^{\mathrm{T}}\boldsymbol{G}_d\right)\Big]\boldsymbol{I}_n
\end{aligned}
$$

如果令定理 18.3.6 和定理 18.3.7 中的 $\varepsilon_1=\cdots=\varepsilon_6=1$，$\boldsymbol{Q}=\boldsymbol{I}_n$，则可分别得如下推论。

推论 18.3.3　如果系统（18.3.7）的系数灰矩阵的连续矩阵覆盖的上下界矩阵满足：

$$
\begin{aligned}
&\boldsymbol{L}_a+\boldsymbol{L}_a^{\mathrm{T}}+2\boldsymbol{L}_b^{\mathrm{T}}\boldsymbol{L}_b+4\boldsymbol{L}_c^{\mathrm{T}}\boldsymbol{L}_c+4\boldsymbol{L}_d^{\mathrm{T}}\boldsymbol{L}_d\\
&<-\left(2\left\|\boldsymbol{U}_b-\boldsymbol{L}_b\right\|^2+\left\|\boldsymbol{U}_a-\boldsymbol{L}_a\right\|^2+4\left\|\boldsymbol{U}_d-\boldsymbol{L}_d\right\|^2+4\left\|\boldsymbol{U}_c-\boldsymbol{L}_c\right\|^2+2\right)\boldsymbol{I}_n
\end{aligned}
$$

则系统（18.3.7）是大范围随机鲁棒渐近稳定的。

推论 18.3.4　如果系统（18.3.7）的系数灰矩阵的连续矩阵覆盖的上下界矩阵满足：

$$
\begin{aligned}
&\boldsymbol{L}_a+\boldsymbol{L}_a^{\mathrm{T}}+\left[2\operatorname{trace}\left(\boldsymbol{L}_b^{\mathrm{T}}\boldsymbol{L}_b\right)+4\operatorname{trace}\left(\boldsymbol{L}_c^{\mathrm{T}}\boldsymbol{L}_c\right)+4\operatorname{trace}\left(\boldsymbol{L}_d^{\mathrm{T}}\boldsymbol{L}_d\right)\right]\boldsymbol{I}_n\\
&<-\left(\operatorname{trace}\left(\boldsymbol{G}_a^{\mathrm{T}}\boldsymbol{G}_a\right)+2\operatorname{trace}\left(\boldsymbol{G}_b^{\mathrm{T}}\boldsymbol{G}_b\right)+4\operatorname{trace}\left(\boldsymbol{G}_c^{\mathrm{T}}\boldsymbol{G}_c\right)+4\operatorname{trace}\left(\boldsymbol{G}_d^{\mathrm{T}}\boldsymbol{G}_d\right)+2\right)\boldsymbol{I}_n
\end{aligned}
$$

则系统（18.3.7）是大范围随机鲁棒渐进稳定的。

定理 18.3.8　对于系统（18.3.7），若存在正定对称矩阵 $\boldsymbol{Q}$ 及正常数 $\varepsilon_i\ (i=1,2,3)$，满足

$$
\begin{aligned}
&\boldsymbol{Q}\boldsymbol{L}_a+\boldsymbol{L}_a^{\mathrm{T}}\boldsymbol{Q}+\left(\varepsilon_1+\varepsilon_2\right)\boldsymbol{Q}+\varepsilon_1^{-1}\lambda_{\max}(\boldsymbol{Q})\left\|\boldsymbol{U}_a-\boldsymbol{L}_a\right\|^2\boldsymbol{I}_n\\
&<-\Big[\left(1+\varepsilon_3\right)\lambda_{\max}(\boldsymbol{Q})\operatorname{trace}\left(\boldsymbol{M}_c^{\mathrm{T}}\boldsymbol{M}_c\right)+\varepsilon_2^{-1}\lambda_{\max}(\boldsymbol{Q})\operatorname{trace}\left(\boldsymbol{M}_b^{\mathrm{T}}\boldsymbol{M}_b\right)\\
&\quad+\left(1+\varepsilon_3^{-1}\right)\lambda_{\max}(\boldsymbol{Q})\operatorname{trace}\left(\boldsymbol{M}_d^{\mathrm{T}}\boldsymbol{M}_d\right)\Big]\boldsymbol{I}_n
\end{aligned}
$$

则系统（18.3.7）是大范围随机鲁棒渐近稳定的。

若令定理 18.3.8 中的 $\varepsilon_1=\varepsilon_2=\varepsilon_3=1$，$\boldsymbol{Q}=\boldsymbol{I}_n$，可得下面的推论。

推论 18.3.5　系统（18.3.7）中的灰矩阵的矩阵覆盖的上下界矩阵满足

$$
\begin{aligned}
&\boldsymbol{L}_a+\boldsymbol{L}_a^{\mathrm{T}}+2\boldsymbol{I}_n+\left\|\boldsymbol{U}_a-\boldsymbol{L}_a\right\|^2\boldsymbol{I}_n+2\operatorname{trace}\left(\boldsymbol{M}_c^{\mathrm{T}}\boldsymbol{M}_c\right)\boldsymbol{I}_n\\
&<-\left[\operatorname{trace}\left(\boldsymbol{M}_b^{\mathrm{T}}\boldsymbol{M}_b\right)+2\operatorname{trace}\left(\boldsymbol{M}_d^{\mathrm{T}}\boldsymbol{M}_d\right)\right]\boldsymbol{I}_n
\end{aligned}
$$

则系统（18.3.7）是大范围随机鲁棒渐近稳定的。

定理 18.3.9　对于系统（18.3.7），若存在正定对称矩阵 $\boldsymbol{Q}$ 及正常数 $\varepsilon_i\ (i=1,\cdots,6)$，满足 $\lambda_{\max}(\boldsymbol{M})+\lambda_{\max}(\boldsymbol{N})<0$，则对于任意的初始条件 $\boldsymbol{\xi}\in C_{F_0}^{p}\left([-\tau,0];\mathbf{R}^n\right)$ 有

$$
E\left|\boldsymbol{x}(t;\boldsymbol{\xi})\right|^2\leqslant K\mathrm{e}^{-r_0 t}\sup_{-\tau\leqslant\theta\leqslant0}E\left|\boldsymbol{\xi}(\theta)\right|^2,\ t\geqslant0
$$

或等价于

$$
\limsup_{t\to\infty}\frac{1}{t}\log E\left|\boldsymbol{x}(t;\boldsymbol{\xi})\right|^2\leqslant-r_0
$$

其中，矩阵 $\boldsymbol{M}$，$\boldsymbol{N}$ 与定理 18.3.6 中相同，$K=\dfrac{\tau e^{r_0\tau}\lambda_{\max}(\boldsymbol{N})+\lambda_{\max}(\boldsymbol{Q})}{\lambda_{\min}(\boldsymbol{Q})}$，$r_0$ 是下述方程 $r_0\lambda_{\max}(\boldsymbol{Q})+\lambda_{\max}(\boldsymbol{M})+e^{r_0\tau}\lambda_{\max}(\boldsymbol{N})=0$ 的唯一正实数根。亦即系统（18.3.7）是均方指数鲁棒稳定的。

18.4 几种典型的灰色控制

灰色控制是指对本征性灰系统的控制，包括一般控制系统含有灰参数的情形，以及运用灰色系统的分析、建模、预测、决策思路构造的控制。

18.4.1 去余控制

灰色系统的动态特性，主要取决于灰色传递函数阵 $\boldsymbol{G}(s)$。因此，要实现对系统动态特性的有效控制，可行的途径是改变和校正传递函数阵和结构阵。

定义 18.4.1 设 $\boldsymbol{G}^{-1}(s)$ 为系统结构阵，$\boldsymbol{G}_*^{-1}(s)$ 为目标结构阵，称

$$\boldsymbol{\Delta}^{-1}=\boldsymbol{G}_*^{-1}(s)-\boldsymbol{G}^{-1}(s) \tag{18.4.1}$$

为结构偏差阵。

由 $\boldsymbol{G}^{-1}(s)\boldsymbol{Y}(s)=\boldsymbol{U}(s)$ 和 $\boldsymbol{G}_*^{-1}(s)=\boldsymbol{\Delta}^{-1}+\boldsymbol{G}^{-1}(s)$ 得 $\left[\boldsymbol{G}_*^{-1}(s)-\boldsymbol{\Delta}^{-1}\right]=\boldsymbol{Y}(s)=\boldsymbol{U}(s)$，即

$$\boldsymbol{G}_*^{-1}(s)\boldsymbol{Y}(s)-\boldsymbol{\Delta}^{-1}\boldsymbol{Y}(s)=\boldsymbol{U}(s) \tag{18.4.2}$$

定义 18.4.2 称 $-\boldsymbol{\Delta}^{-1}\boldsymbol{Y}(s)$ 为多余项。通过反馈 $\boldsymbol{\Delta}^{-1}\boldsymbol{Y}(s)$ 的作用抵消多余项的控制称为去余控制（邓聚龙，1965）。

对于系统 $\boldsymbol{G}^{-1}(s)\boldsymbol{Y}(s)=\boldsymbol{U}(s)$，经反馈 $\boldsymbol{\Delta}^{-1}\boldsymbol{Y}(s)$ 作用化为

$$\boldsymbol{G}^{-1}(s)\boldsymbol{Y}(s)+\boldsymbol{\Delta}^{-1}\boldsymbol{Y}(s)=\boldsymbol{U}(s)\left[\boldsymbol{G}^{-1}(s)+\boldsymbol{\Delta}^{-1}\right]\boldsymbol{Y}(s)=\boldsymbol{U}(s)$$

此即 $\boldsymbol{G}_*^{-1}(s)\boldsymbol{Y}(s)=\boldsymbol{U}(s)$ 已具有预期的目标结构。

去余控制中结构偏差阵 $\boldsymbol{\Delta}^{-1}$ 中的元素数目，直接影响控制器的元件数目。从经济、可靠、技术上容易实现等角度考虑问题，在保证系统具有良好的动态品质的前提下，总希望偏差阵 $\boldsymbol{\Delta}^{-1}$ 中的元素尽可能地少。也就是说，在目标结构阵中，应尽可能地保留原结构矩阵中的对应元素。

去余控制的思路可用图 18.4.1 说明。

18.4.2 灰色关联控制

定义 18.4.3 设 $\boldsymbol{Y}=[y_1,y_2,\cdots,y_m]^{\mathrm{T}}$ 为输出向量，$\boldsymbol{J}=[j_1,j_2,\cdots,j_m]^{\mathrm{T}}$ 为目标向量。若控制向量 $\boldsymbol{U}=[u_1,u_2,\cdots,u_m]^{\mathrm{T}}$ 中的元素满足

$$u_k=f_k\left(\gamma(\boldsymbol{J},\boldsymbol{Y})\right),k=1,2,\cdots,5 \tag{18.4.3}$$

其中，$\gamma(\boldsymbol{J},\boldsymbol{Y})$ 为输出向量 $\boldsymbol{Y}$ 与目标向量 $\boldsymbol{J}$ 的灰色关联度，则称系统控制为灰色关联

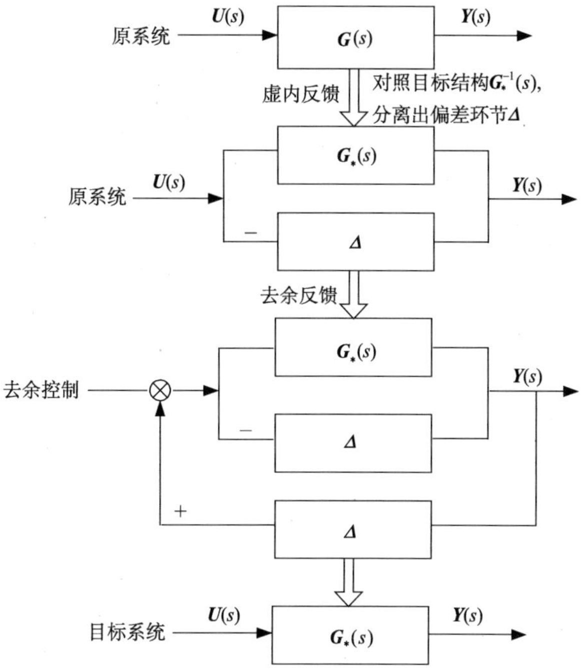

图 18.4.1　灰色去余控制

控制。

灰色关联控制系统是对一般控制系统附加灰色关联控制器而得的，它通过灰色关联度 $\gamma(\boldsymbol{J},\boldsymbol{Y})$ 确定控制向量 $\boldsymbol{U}$，从而使输出向量与目标向量的关联度不超出某一预定的范围。

灰色关联控制系统如图 18.4.2 所示。

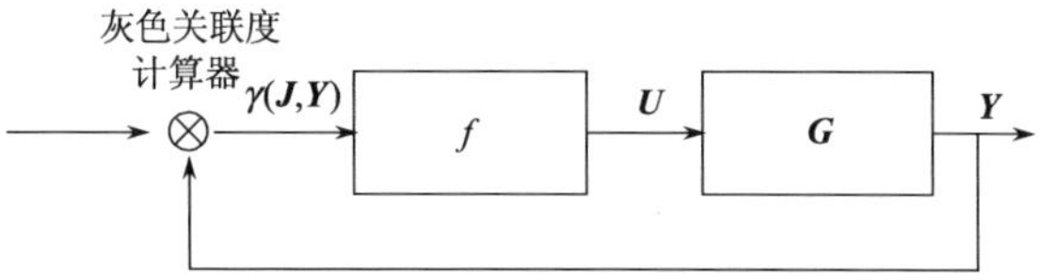

图 18.4.2　灰色关联控制

18.4.3　灰色预测控制

前述的几种控制，都是通过判断系统行为序列是否符合预定的要求，而后进行控制。这种事后控制明显有以下不足：

（1）不能防患于未然；

（2）无法做到即时控制；

（3）适应性不强。

灰色预测控制是通过对系统行为数据序列的提取，寻求系统发展规律，从而按照规律预测系统未来的行为，并根据系统未来的行为趋势，确定相应的控制决策进行预控制。这样可以做到防患于未然，及时控制，具有较强的适应能力。

灰色预测控制系统如图 18.4.3 所示。其工作原理如下：首先通过采样装置对输出向量 $\boldsymbol{Y}$ 的行为数据进行采集、整理；其次预测装置预测，计算出以后若干步的预测值；最后比较目标，确定控制向量 $\boldsymbol{U}$，使未来的输出向量 $\boldsymbol{Y}$ 尽量接近目标 $\boldsymbol{J}$。

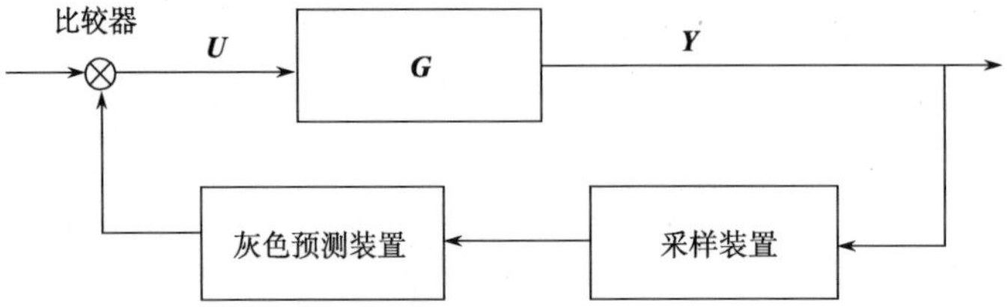

图 18.4.3　灰色预测控制

定义 18.4.4　设 $j_i(k)$，$y_i(k)$，$u_i(k)\ (i=1,2,\cdots,m)$ 分别为目标分量、输出分量、控制分量在 k 时刻的值，$\forall\, i=1,2,\cdots,m$，令

$$j_i=\left(j_i(1),j_i(2),\cdots,j_i(n)\right)$$
$$y_i=\left(y_i(1),y_i(2),\cdots,y_i(n)\right)$$
$$u_i=\left(u_i(1),u_i(2),\cdots,u_i(n)\right)$$

对于控制算子 $f:\left(j_i(\lambda),y_i(\lambda)\right)\to u_i(k)$，即

$$u_i(k)=f\left(j_i(\lambda),y_i(\lambda)\right) \tag{18.4.4}$$

（1）当 $k>\lambda$ 时，称系统为事后控制；

（2）当 $k=\lambda$ 时，称系统为即时控制；

（3）当 $k<\lambda$ 时，称系统为预测控制。

定义 18.4.5　若控制算子 f 满足

$$f\left(j_i(\lambda),y_i(\lambda)\right)=j_i(\lambda)-y_i(\lambda) \tag{18.4.5}$$

即

$$u_i(k)=j_i(\lambda)-y_i(\lambda) \tag{18.4.6}$$

（1）当 $k>\lambda$ 时，称系统为偏差事后控制；

（2）当 $k=\lambda$ 时，称系统为偏差即时控制；

（3）当 $k<\lambda$ 时，称系统为偏差预测控制。

定义 18.4.6　设 $y_i=\left(y_i(1),y_i(2),\cdots,y_i(n)\right)\ (i=1,2,\cdots,m)$ 为输出分量的采样序列，其 GM（1，1）响应式为

$$\begin{cases}\hat{y}_i^{(1)}(k+1)=\left[y_i(1)-\dfrac{b_i}{a_i}\right]\mathrm{e}^{-a_ik}+\dfrac{b_i}{a_i}\\ \hat{y}_i^{(0)}(k+1)=\hat{y}_i^{(1)}(k+1)-\hat{y}_i^{(1)}(k)\end{cases}$$

若控制算子 f 满足

$$u_i(n+k_0)=f\left(j_i(k),y_i^{(0)}(k)\right),\quad n+k_0<k\;;\quad i=1,2,\cdots,m \tag{18.4.7}$$

则称系统控制为灰色预测控制。

在灰色预测控制系统中，常采用新陈代谢模型进行预测。因此预测装置的参数是随时间变化的。每当一个新的数据输出并被采样装置吸收时，就有一个老数据被去掉，从而便有一个新的模型出现，相应地会得到一系列新的预测值。这就保证了系统具有较强的适应能力。

18.5　应用实例

例 18.5.1　镗床灰色去余控制（陈绵云，1982）。

T618B 卧式精密镗床进给系统框图如图 18.5.1 所示，系统动态框图如图 18.5.2 所示。

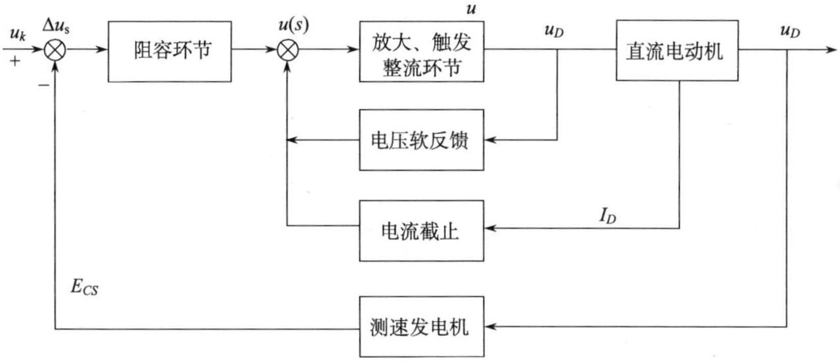

图 18.5.1　T618B 卧式精密镗床进给系统框图

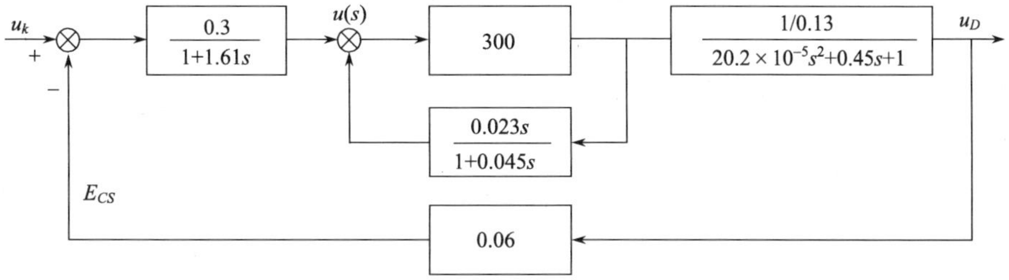

图 18.5.2　T618B 卧式精密镗床进给系统动态框图

按镗床的工作要求与技术条件，给定可允许极点区为

$$S^* = \{(u,v) | -\infty < u < -\delta, -\rho < v < \rho\}$$

其中，$|\delta| = 0.2$，$|\rho| = 3$。

系统未加校正环节前，特征方程为

$$f(s) = s^3 + 2.42\times10^2 s^2 + 5.1\times10^3 s + 1.3\times10^5 = 0$$

特征根为

$$s_1 = -10.182\,1 + 21.974\,3i\ ,\quad s_2 = -10.182\,1 + 21.974\,3i\ ,\quad s_3 = -221.635\,7$$

显然，对于 $j = 1,2,3$，$s_j \notin S^*$。

若给定符合要求的预期闭环传递函数

$$G_*(s) = \frac{21.2\times10^5}{s^3 + 3.4 + 10^4 s^2 + 2.6\times10^4 s + 1.3\times10^5}$$

按照去余控制原理，得处理后的去余控制为

$$\frac{0.023s}{1+0.045s} = \frac{u_s}{u_D}$$

加入去余项后，系统特征方程化为

$$f^*(s) = s^4 + 0.2\times10^3 s^3 + 5\times10^3 s^2 + 5.2\times10^3 s + 27.5\times10^3 = 0$$

特征根为

$$s_1^* = -0.42 + 2.35i\ ,\quad s_2^* = -0.42 - 2.35i\ ,\quad s_3^* = -170.92\ ,\quad s_4^* = -28.24$$

显然，对于 $j = 1,2,3,4$，$s_j \notin S^*$。故系统已具有满意的品质。

现在来看主轴旋转系统的参数与进给系统有较大差别（表 18.5.1）。

表 18.5.1　主轴旋转系统与进给系统参数

系统参数	电机型号	容量/kW	转速/（转/min）	电流/A	电阻/Ω	电磁时间常数/s	机电时间常数/s
主轴旋转系统	Z_2-52	7.5	1 500	41	0.78	0.006	0.065
进给系统	Z_2-32	2.2	1 500	12.5	1.8	0.004 5	0.045

未做去余控制前，主轴旋转系统特征多项式为

$$f(s) = s^3 + 167.287\,8s^2 + 2\,667.6s + 70\,393.37 = 0$$

特征根为

$$s_1 = -7.298 + 20.209i\ ,\quad s_2 = -7.298 - 20.209i\ ,\quad s_3 = -152.848$$

采用与进给系统完全相同的去余控制器传递函数 $\dfrac{0.023s}{1+0.045s}$，加入去余控制后，特征方程化为

$$f^*(s) = s^4 + 0.167\,4\times10^3 s^3 + 2.691\,6\times10^3 s^2 + 2.422\,4\times10^3 s + 10.135\,3\times10^3 = 0$$

特征根为

$$s_1^* = -0.343 + 1.954\,7i\ ,\quad s_2^* = -0.343 - 1.954\,7i\ ;\quad s_3^* = -149.5\ ,\quad s_4^* = -17.2$$

显然，对于 $j = 1,2,3,4$， $s_j \notin S^*$ 。

虽然主轴旋转系统与进给系统参数不同，但在相同的去余控制器作用下，同时获得了满意的品质。其动态响应如图 18.5.3 所示。

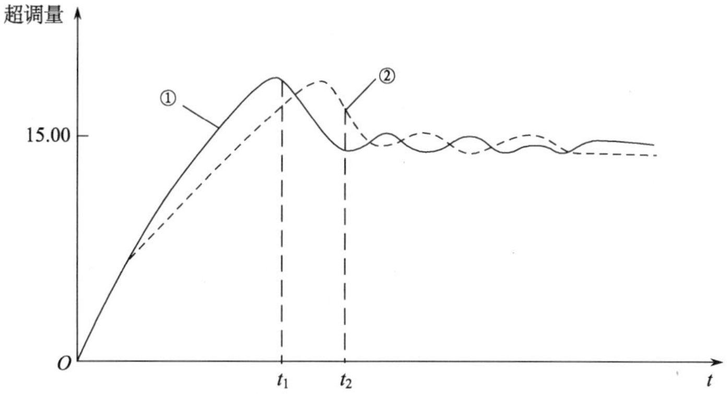

图 18.5.3 主轴旋转系统与进给系统动态响应图

在图 18.5.3 中：①为进给系统，超调量约为 150 转/min，调整时间 t_1 约 0.8s；②为主轴旋转系统，超调量约为 140 转/min，调整时间 t_2 约为 0.9s。

例 18.5.2 EDM 灰色控制系统（杨俊等，1996）。

对 EDM（Electrical Discharge Machining，电火花加工）机床控制系统的研究一直是 EDM 领域中的一个重要课题，它对我国实现 EDM 机床数控化，发展我国机械制造业，尤其是模具工业具有重大意义。

EDM 可以看作一个随机的非线性多参数时变系统，经典控制主要适用于线性定常系统，不能用来描述 EDM 机床控制系统。现有的 EDM 控制系统通常建立在现代控制理论的基础上。常用的自适应的控制系统所采用的数学模型一般为近似数学模型，并且代价高昂，不可能实现真正意义上的最优效果。灰色控制既不像现代控制理论那样需要对一个信息完全系统建立精确的数学模型，又不像模糊控制那样完全摒弃系统内部信息，将系统作为黑箱来处理，没有充分利用系统信息从而造成控制精度低等缺点。灰色模型的参数、结构等均随时间变化，该动态模型可与 EDM 高度不确定性相适应，达到较好的控制效果。

对 EDM 控制系统来说，控制对象为 EDM 机床，对象输出即需要检测的 EDM 机床的信号，控制量 U 即控制 EDM 机床的信号，一般意义上的 EDM 控制系统是指对 EDM 机床伺服系统的控制。传统的间隙电压反馈伺服控制系统，由于间隙电压、间隙大小、放电大小、放电状态、伺服参考电压之间不存在简单的线性关系，故仅仅用单一的间隙电压反馈控制系统进行控制效果并不理想。

为弥补单环控制的不足，可采用双环控制，内环采用传统的间隙电压反馈控制，外环以脉冲放电率反馈控制随时对内环进行调整，结合灰色控制理论设计本系统控制方案框图如图 18.5.4 所示。

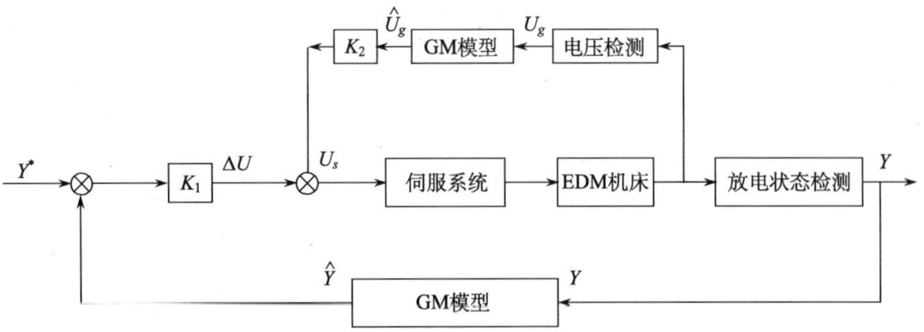

图 18.5.4 EDM 机床控制系统控制方案框图

从图 18.5.4 可以看出，该控制方案为双环系统。内环用间隙电压的一系列采集值 $U_g(K)$，通过 GM 模型预测下一步 $\hat{U}_g(K+i+1)$（其中 i 为预测步数），再由此预测值反馈输入端，来决定伺服参考电压值 U_s，K_2 为比例系数。外环根据一系列输出 $Y(K)$ 建立 GM 模型，预测下一步的 $\hat{Y}(K+i+1)$，将此预测值与要求值 Y^* 相比较，得误差 $e(K)=\hat{Y}-Y^*$。用此误差值来反馈调整内环的伺服参考电压值 U_s，K_1 为比例系数。即

$$\Delta U = K_1\left(Y^* - \hat{Y}\right),\quad U_s = K_2\hat{U}_g - \Delta U$$

故 $U_s = K_2\hat{U}_g - K_1\left(Y^* - \hat{Y}\right)$，参数 K_1，K_2 由实验决定。

例 18.5.3 转子系统振动的灰色预测控制（朱西平等，2002）。

转子振动主动控制的理论与方法的研究越来越受到人们的关注，诸多新的控制理论，如神经网络理论、时延理论、自学习理论、模糊理论和 H^∞ 理论已开始逐步应用于转子控制领域，并取得了初步成果。以电磁阻尼器为执行机构的单盘对称子轴承系统，应用灰色预测控制理论与方法，进行子振动主动控制振幅研究。首先建立以 GM（1，1）为主体的灰色预测控制模块。设 $I^0(k)$ 和 $x^0(k)$ $(k=1,2,\cdots,n)$ 分别为输入电磁阻尼器的电流和相应输出的转子振动的最大振幅，采用 Hondayer 等（1984）专利中的实验测试结果，采集到 $I^0(k)$ 和与之对应的传感器灵敏度为 104 V/m 时的 $x^0(k)$ 一组数据如表 18.5.2 所示。

表 18.5.2 传感器灵敏度为 104 V/m 时的 $I^0(k)$ 与 $x^0(k)$ 对应数据

$I^0(k)/A$	0.1	0.125	0.175	0.225	0.325
$x^0(k)/10^{-4}$m	1.4	1.35	1.2	0.9	0.65

根据 GM（1，1）建模机理，建立系统的灰色预测残差修正模型为

$$\hat{a}^{(0)}(k+1) = -\alpha\left[x^{(0)}(1)-\beta\right]e^{-ak} + \delta(k-i)(-a')\left[q^{(0)}(1)-\beta'\right]e^{-a'k}$$

其中，

$$a = 0.186\,2,\quad x^{(0)}(0)=1.4,\quad \beta = 9.329\,8$$

$$a' = 0.14 \text{，} \quad q^{(0)}(1) = 0.36 \text{，} \quad \beta' = 3.78 \text{，}$$

$$\delta(k-i) = \begin{cases} 1, & k \geqslant i \\ 0, & k < i \end{cases}$$

转子振动灰色预测控制系统如图 18.5.5 所示。

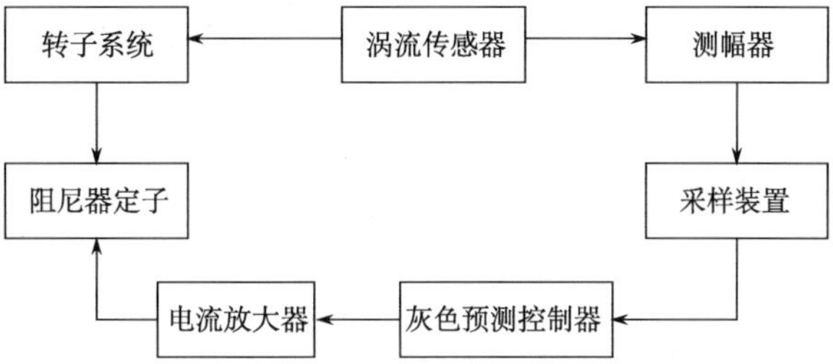

图 18.5.5　转子振动灰色预测控制系统

在该控制系统中，转子系统的位移信号通过涡流传感测量，由采样装置采集测幅器测得的振幅，通过灰色预测控制器的作用，产生控制电压，该电压经过电流放大器转换得到控制电流，该电流流过电磁力阻尼器定子的线圈时产生电磁力，电磁力控制转子的振幅，使其在期望的范围内变化，并保证系统稳定。

对于上述单盘对称子振动的灰色预测控制系统，经过计算机仿真运算，控制后计算和实测的幅频响应对比，控制后的最大振幅仅为不加控制的 7%左右。表 18.5.3 给出了传感器灵敏度 $k_1 = 104$ V/m 时，Bruneton 等（1997）和 Hondayer 等（1984）的仿真计算实验测量所得的最大振幅值 X_{1m}，X_{2m} 和 X_{3m} 随电磁阻尼器静态电流 i 的变化情况，以及相应的 X_{1m} 与 X_{2m}，X_{1m} 与 X_{3m}，X_{2m} 与 X_{3m} 之间的三种相对误差 e_{12}，e_{13} 和 e_{23}。

表 18.5.3　仿真计算和实验测量所得最大振幅与电磁阻尼器静态电流的变化情况及相对误差

I/A	X_{1m} / m	X_{2m} / m	X_{3m} / m	e_{12}	e_{13}	e_{23}
0.1	1.41×10^{-4}	1.4×10^{-4}	1.4×10^{-4}	0.71%	0.71%	0
0.125	1.27×10^{-4}	1.227×10^{-4}	1.35×10^{-4}	3.5%	−5.93%	−9.11%
0.175	1.03×10^{-4}	0.949×10^{-4}	1.2×10^{-4}	9%	−13.8%	−20.92%
0.225	0.83×10^{-4}	0.745×10^{-4}	0.9×10^{-4}	11.4%	−7.78%	−17.22%
0.325	0.55×10^{-4}	0.46×10^{-4}	0.65×10^{-4}	19.57%	−15.38%	−29.23%

第19章

灰色系统建模软件使用指南

1982 年，我国著名学者邓聚龙教授创立了灰色系统理论。方便实用的灰色系统建模软件为推动灰色系统理论的大规模应用发挥了重要作用。随着信息技术的迅速发展，高级编程语言的日趋成熟，灰色系统建模软件也不断升级。

1986 年，王学萌、罗建军运用 BASIC 语言编写了灰色系统建模软件，并出版了《灰色系统预测决策建模程序集》；1991 年，李秀丽、杨岭分别应用 GWBASIC 和 Turbo C 开发了灰色建模软件；2001 年，王学萌、张继忠、王荣出版了《灰色系统分析及实用计算程序》，该书列出了灰色建模的软件结构及程序代码。上述软件都是基于 DOS 平台开发的，已不能适应不断更新的 Windows 视窗界面。

2003 年，刘斌博士应用 Visual Basic6.0 开发了第一套基于 Windows 视窗界面的灰色系统建模软件，该软件一经问世就得到灰色系统学界专家的广泛好评，成为灰色系统建模的首选软件。随着软件开发技术的日新月异、人们操作习惯的不断变化及灰色系统理论本身的不断发展完善，人们发现该系统也有不少待改进之处，主要有以下几个方面。

（1）数据输入过程较烦琐。

单个文本框的布局限制了数据序列的一次性粘贴；对于聚类分析或者灰色决策中大量数据的输入尤其不便；另外，单一的数据输入方式也容易让用户感到疲倦，从而影响数据输入的效率及准确性。

（2）模块的分类欠科学。

该系统按照参与建模的数据个数来划分模块，而模块通常应按照功能来划分而不是按建模数据的个数来进行划分。

（3）不能显示计算过程。

灰色系统模型用户多属于科技工作者，他们的目的主要是进行科学研究，因此，对计算过程和阶段性结果比较感兴趣。但原系统只能给出最终的计算结果，不能显示计算过程。

（4）系统功能与最新研究成果脱节。

灰色系统理论是系统科学中一个非常活跃的分支，特别是最近几年，涌现出了很多具有实用价值的研究成果，但是该系统没有在这些成果的基础上及时进行软件升级，造成了系统功能与最新的研究成果脱节。

（5）开发工具的选择问题。

Visual Basic6.0 是微软公司开发的一套图形用户界面程序的开发工具，该工具具有简单实用、功能强大等优点，所以一经推出，就得到软件开发者的积极响应。但是，由于 Visual Basic6.0 是以 Basic 为基础的 IDE（integrated development environment，集成开发环境），而 Basic 是一门典型的弱类型语言，它不支持继承，异常处理不完善，对变量类型要求不严格（如变量在使用之前可以不声明）等的缺点，限制了其在精度要求较高的科学计算软件领域的应用。

19.1　灰色系统建模软件的主要特点

灰色系统建模软件一方面需要实现模型的计算功能，另一方面又涉及用户的登录及注册等功能，因此该系统充分结合了 C/S 与 B/S 模式的优点，其中 C/S 部分完成系统的运算功能，而 B/S 部分则主要处理用户与服务器交互的相关操作。在对原系统进行针对性改进的基础上，该系统在设计时更注重系统的可靠性、实用性、兼容性、扩充性、精确性及操作界面的易用性和美观性，体现出如下特点（Zeng et al.，2011）。

（1）数据录入方便快捷。

对相同类型的数据序列，系统只提供了一个长条形的文本框，用户可以将同类型的数据序列一次性地拷贝到文本框中；对于灰色聚类及灰色决策需要大量数据的模块，采用传统的文本框进行数据录入则稍显不便，针对这种情况，用户先可在 Excel 文件中录入相关的数据，然后通过程序将 Excel 的数据信息导入系统。系统整合了 Excel 的强大数据编辑处理功能，实现了数据录入的方便快捷。

（2）按功能划分模块。

软件工程中的模块是指系统中一些相对独立的程序单元，每个程序单元完成和实现一个相对独立的软件功能。每个程序模块要有自己的名称、标识符、接口等外部特征。在该系统中，开发者对灰色系统模型进行梳理，并根据模型功能及特点进行模块划分。

（3）向用户提供运算过程和阶段性结果。

对一些计算过程比较复杂、中间结果比较重要的模块，在系统中增加了一个专门用于存储计算过程的多行显示文本控件。用户能够监测输入数据每一步的变化，从而对模型的运行规律有更加清晰的理解和认识。为了让用户清楚模型所用公式，在软件操作界面上做了相关的提示。

（4）对模块功能进行了扩展。

根据各类灰色系统模型的应用情况，结合最新研究成果，在新系统中增补了一些功能。主要包括弱化算子（平均弱化缓冲算子、加权平均弱化缓冲算子、加权几何平均弱化缓冲算子）、强化算子（平均强化缓冲算子、加权平均强化缓冲算子、加权几何平均强化缓冲算子等）、灰色关联分析（相对关联度、接近关联度）、聚类分析（基于中心点和端点混合可能度函数聚类）、灰色预测[GM（1，n）模型、DGM（1，1）模型]、灰色决策分析（多目标加权智能灰靶决策）等内容。

（5）计算结果精度可调。

不同的系统对计算结果的精度有不同的要求。在新系统中增加了一个组合框控件ComboBox，该控件接受用户输入（或选择）计算结果小数点后面的位数，这样，用户可以根据实际情况灵活设置精度。

（6）系统操作简便，易于应用。

系统主要采用菜单方式和窗口界面将灰色系统理论中常用的建模方法进行了有效的集成，用户只需具备一般的计算机操作技能即可顺利完成操作，同时，系统具有较强的容错处理能力，对用户的非法操作，系统将给予准确而详细的提示。

（7）基于 Visual C # 进行开发。

C # 是微软开发的一种面向对象的编程语言，是微软.NET 开发环境的重要组成部分。Microsoft Visual C # 是微软开发的 C # 编程集成开发环境，它是为生成在 .NET Framework 上运行的多种应用程序而设计的。C # 功能强大、类型安全，面向对象，具有很多优点，是目前C/S 软件的主流开发工具。

19.2 灰色系统建模软件的模块构成

基于灰色系统理论现有研究成果，灰色系统建模软件9.0版对软件基本组成框架和灰色序列算子模块构成、灰色关联分析模型模块构成、灰色聚类评估模型模块构成、灰色预测模型模块构成、灰色决策模型模块构成做了全面调整，如图 19.2.1~图 19.2.6 所示。这些模块覆盖了最常用的灰色系统模型。

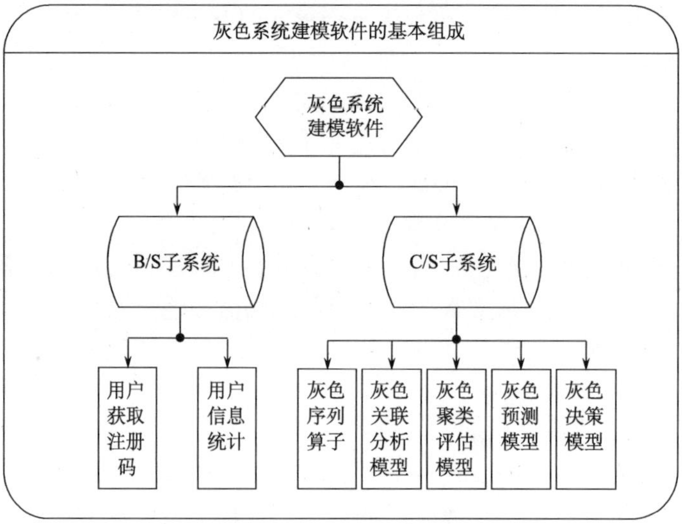

图 19.2.1 灰色系统建模软件的基本组成框架

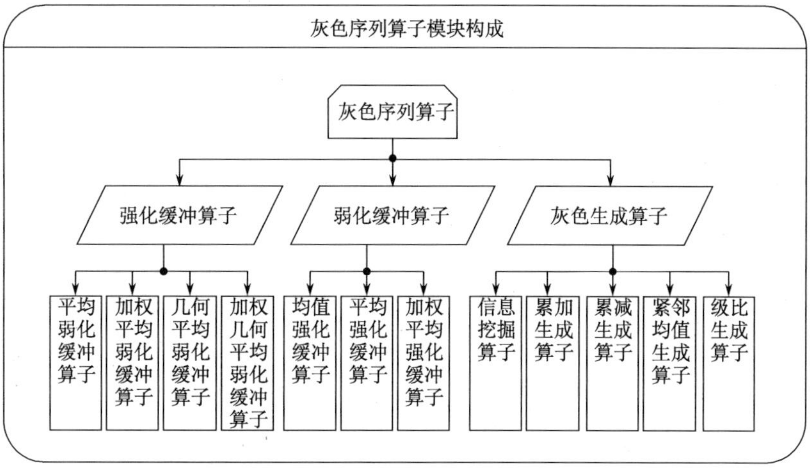

图 19.2.2　灰色序列算子模块构成

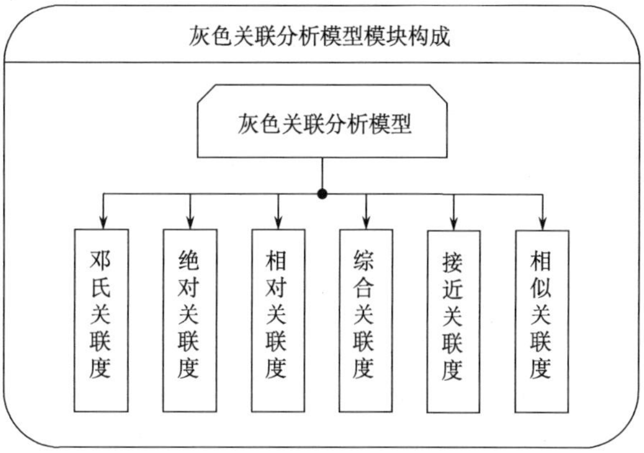

图 19.2.3　灰色关联分析模型模块构成

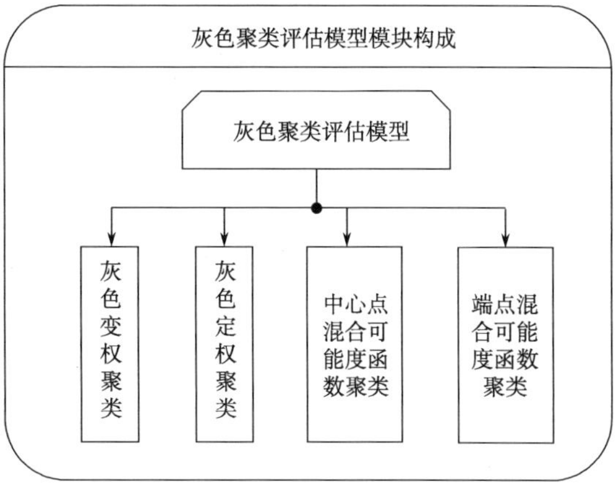

图 19.2.4　灰色聚类评估模型模块构成

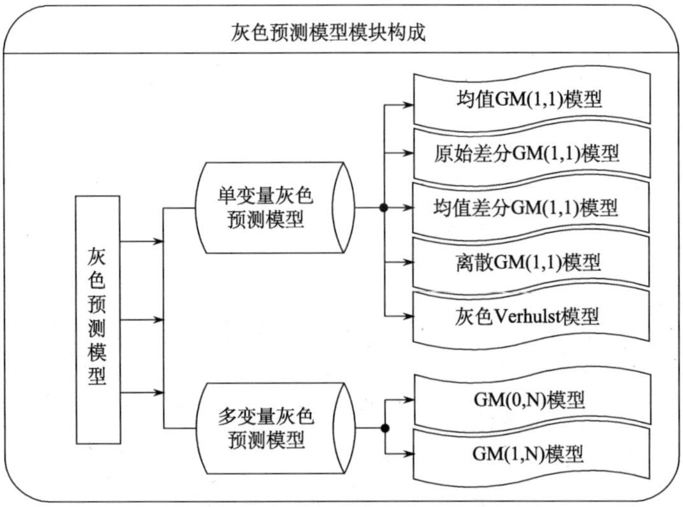

图 19.2.5　灰色预测模型模块构成

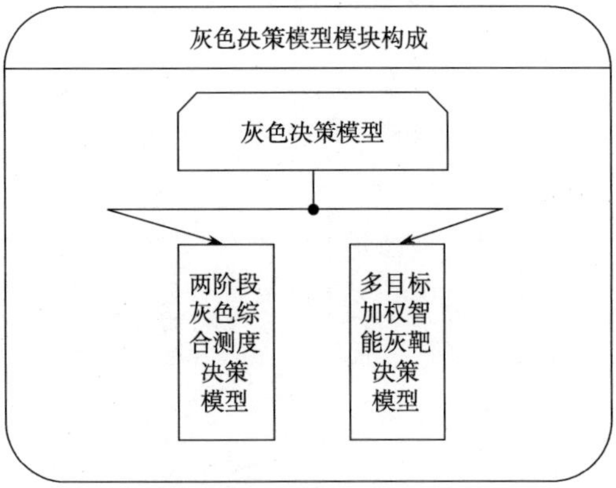

图 19.2.6　灰色决策模型模块构成

19.3　灰色系统建模软件应用实验

实验一　登录系统

实验目的：查找、登录南京航空航天大学灰色系统研究所网站，登录系统灰色系统建模软件。

实验步骤：

步骤 1：搜索“南京航空航天大学灰色系统研究所”或直接登录：http://igss.nuaa.edu.cn。

步骤 2：若用户尚无账号及密码，此时需要点击登录窗口的“用户注册”进行免费注册（B/S）；若用户忘记密码，则可以通过登录窗口的“找回密码”功能实现密码的找回（B/S）。以下是系统的登录窗口（图 19.3.1）及登录流程图（图 19.3.2）。

为了验证系统用户身份的合法性，需要用户在进入系统前进行账号和密码的校验，但是，假如每次用户进入系统都需要进行一次身份校验，又略显烦琐。为了既能保证系统使用者身份的合法性，又能满足系统使用的简便性，在系统设计时应用基于 XML 的客户端技术进行程序处理，当用户第一次登录的时候，系统提示需要输入账号及密码，提交之后通过网络远程连接到系统服务器的数据库，以校验账号和密码的合法性；当用户第二次使用系统的时候，则可以直接跳过登录窗口进入系统主界面，以避免用户每次使用系统需要输入登录信息的烦琐。

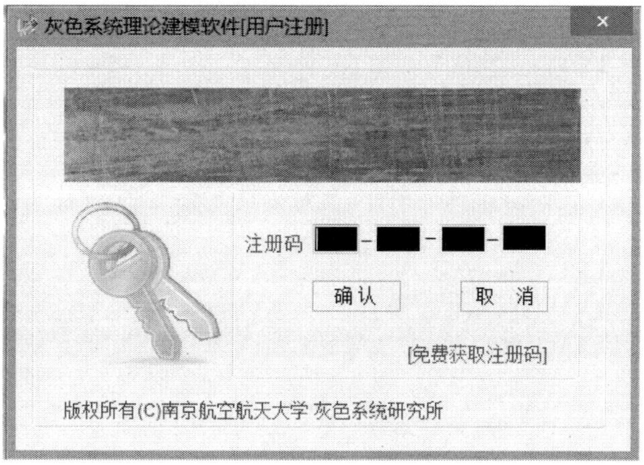

图 19.3.1 登录窗口示意图

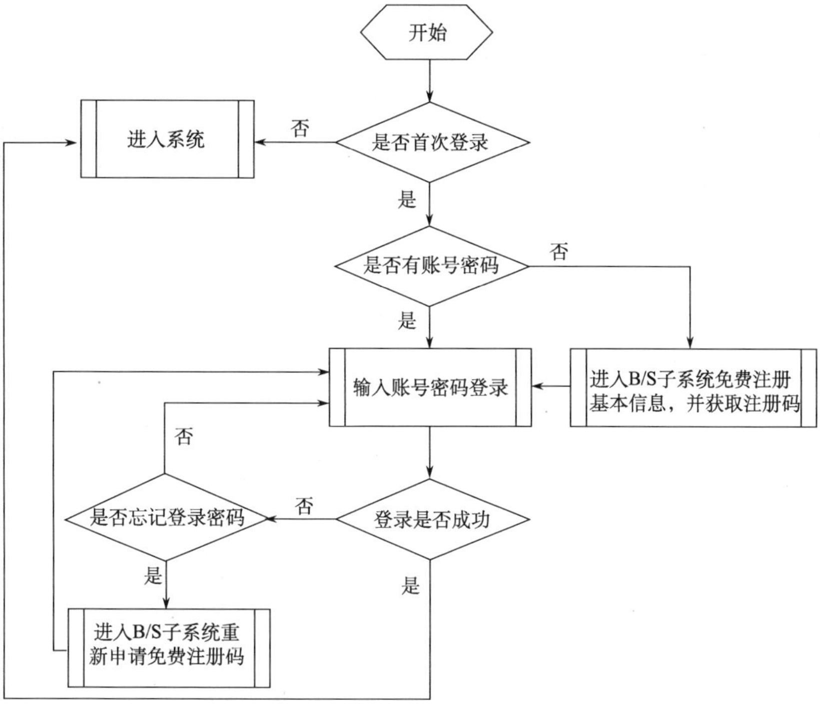

图 19.3.2 登录流程图

实验二　软件下载与数据输入

实验目的：下载（免费）、安装灰色系统建模软件，熟悉数据输入方式。

实验步骤：

步骤 1：用户成功登录之后，进入系统主界面（图 19.3.3），灰色系统理论的各个模块（及其子模块）主要通过菜单的方式进行调用和管理。图 19.3.4 显示的是系统中子模块的使用流程图。

图 19.3.3　系统主界面

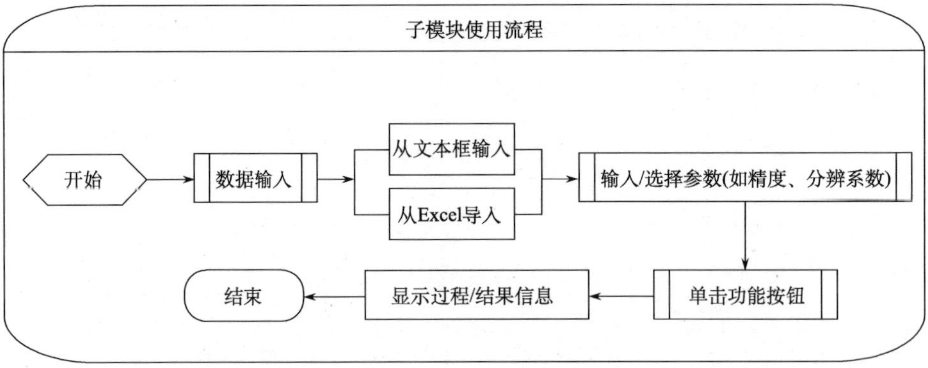

图 19.3.4　系统子模块使用流程图

步骤 2：数据输入。建立模型之前，需要首先向系统输入数据以及设置系统参数。系统分别提供了两种数据输入方式，即直接通过系统提供的控件进行数据输入和通过 Excel 文件从外部导入数据，现在分别介绍这两种输入方式。

1）从控件中输入数据

在 Visual C# 中，有两种控件支持直接输入数据：一种是文本框（Textbox）控件；一种是组合框（ComboBox）控件。Textbox 控件是用于创建被称为文本框的标准 Windows 编辑控件，用于获取用户输入或者显示的文本信息。在文本框中输入数据时，用鼠标右键点击文本框，看到光标在文本框中闪动之后即可进行数据输入。

Windows 窗体的组合框控件（ComboBox）主要用于在下拉列表框中显示数据。默认情况下，ComboBox 控件由两个部分构成：顶部是一个允许用户输入数据的文本框（Textbox），下面部分是一个下拉列表框（ListBox），这是一个提供给用户进行选择的选项列表。由于组合框由上部的文本框以及下部的下拉列表框组合而成，因此称这种控件为“组合框”。用户在使用组合框进行数据录入的时候，首先检查下拉列表框中是否包含自己希望录入的数据，假如有则直接使用鼠标选中即可；否则，需要在组合框顶部的文本框中录入数据（具体录入过程与操作文本框类似，略）。

注意事项：在文本框或者组合框中录入数据的时候，需要首先将输入法状态调整为“半角”，在全角状态下录入的数据，系统将默认为非法数据，直接影响程序的正常运行，甚至导致无法预知的异常!

2）从 Excel 文件中导入数据

文本框或者组合框只能接受小量的数据录入，对于大批量的信息，使用文本框或者组合框，不仅数据的录入效率低，而且容易出错。为了解决系统中大批量数据（在灰色聚类、灰色决策中经常需要大量信息）的录入问题，系统借助 Excel 强大的功能，先在 Excel 表中将需要的数据进行录入和编辑，然后再通过软件提供的接口将 Excel 表中的数据导入系统。Excel 是微软公司的办公软件 Microsoft office 的组件之一，是微软公司为 Windows 和 Apple Macintosh 操作系统的计算机编写和运行的一款试算表软件。直观的界面、出色的计算功能和图表工具，使 Excel 成为目前最流行的微机数据处理软件。通过 Excel，系统将比较方便地进行数据的录入。

一个 Excel 文件通常由三个表组成，表名分别为 Sheet1、Sheet2 和 Sheet3，当打开 Excel 文件的时候，通常显示的是表 Sheet1。在录入数据的时，按照系统的要求，在对应的行和列中录入相关的数据即可。当 Excel 文件中的数据录入完毕之后，可以使用系统提供的导入功能，将 Excel 文件中的数据导入系统。导入 Excel 文件时候，首先需要选择 Excel 文件所在的路径，确认路径之后，即可进行数据导入。数据导入的过程实际上就是根据 Excel 文件的路径建立系统和 Excel 文件的连接，并将其中的数据映射（绑定）到数据库控件 DataGridView 中的过程。

DataGridView 是 Visual C # 中的一个数据库控件，能够将数据源中的数据完整地显示出来，通过 Visual C # 的 DataGridView 控件，实现了 Excel 文件中的数据在系统中的获取及显示。但是，系统没有提供 DataGridView 中数据的编辑功能，换言之，假如在 DataGridView 中发现数据录入错误，这个时候不能直接在 DataGridView 中对错误数据进行修改，而需要重新返回到 Excel 文件中，将错误数据修改之后重新导入。

注意事项：

（1）DataGridView 控件不具备编辑功能，对错误数据只能在 Excel 中修改后重新导入；

（2）在 Excel 数据表中录入数据的时候，需要首先将输入法状态调整为“半角”，在全角状态下录入的数据，系统将默认为非法数据，直接影响程序的正常运行，甚至导致无法预知的异常；

（3）Excel 的表名只能为默认表名，即 Sheet1、Sheet2 和 Sheet3，不能做任何修改，否则将影响数据的正常导入；

（4）Excel 文件表中数据录入区域非常大，但是我们通常只用到其中很少的一部分，不能随便在其他区域出现任何内容（含空格字符），否则将影响数据的正常导入。

实验三　缓冲算子计算软件应用

实验目的：掌握缓冲算子计算方法与数据输入格式。

实验步骤：

步骤 1：点击“灰序列生成”，从弹出的菜单中根据实际建模的需要点击相应子模块，并进入相应的模型处理界面。现以“平均弱化缓冲算子”为例介绍灰序列生成的使用方法。图 19.3.5 所示的是平均弱化缓冲算子的处理界面。

图 19.3.5 所示的视窗界面主要包括三个区域：一是“原始数据序列”区域，主要用于原始数据的输入或导入；二是“阶数及结果精度设置”区域，主要是根据实际的模型需要选择或输入算子的阶数及结果的精度；三是运算结果的显示区域。当数据输入（选择）完毕之后，点击“平均弱化缓冲算子（AWBO）”按钮，即可生成原始序列的平均弱化缓冲序列。

步骤 2：图 19.3.6 是 Excel 文件中数据的编辑格式，在使用该部分功能的时候，若选择从 Excel 中导入数据，则用户在 Excel 文件中编辑数据的时候，需要严格按照图 19.3.6 的格式编辑。

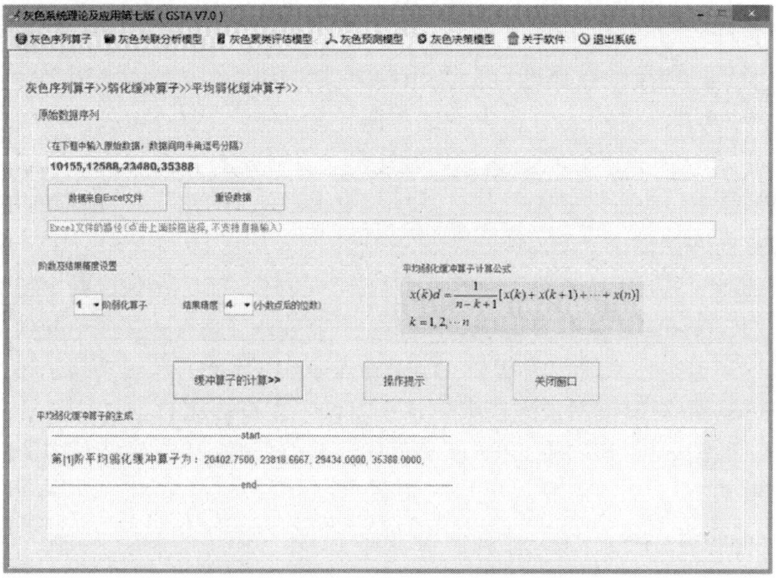

图 19.3.5　平均弱化缓冲算子计算示意图

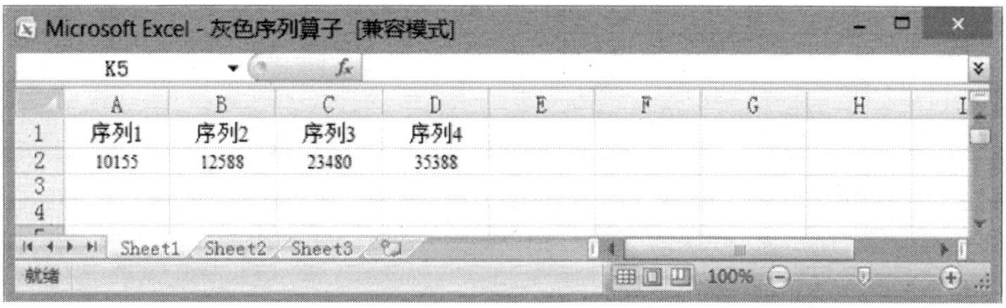

图 19.3.6　数据格式示意图

实验四　灰色预测模型建模软件应用

实验目的：掌握主要灰色预测模型软件的使用方法，并能够运用软件进行预测。

实验背景：贫信息、小数据预测问题，根据数据特点和结构，选择相应的灰色系统预测模型。

实验步骤：灰色预测模型软件的操作基本一致，现以均值 GM（1，1）模型为例进行说明，如下所示。

步骤 1：在操作界面上方点击“灰色预测模型”，在菜单中选择均值 GM（1，1）模型。

步骤 2：在输入框中输入（或导入）数据。

步骤 3：点击“计算. 模拟. 预测”按钮，计算模型参数、模拟值及模拟精度。

步骤 4：输入预测步长（预测值的个数）并点击“预测结果”得到预测值，图 19.3.7 显示的是 GM（1，1）模型的操作界面。

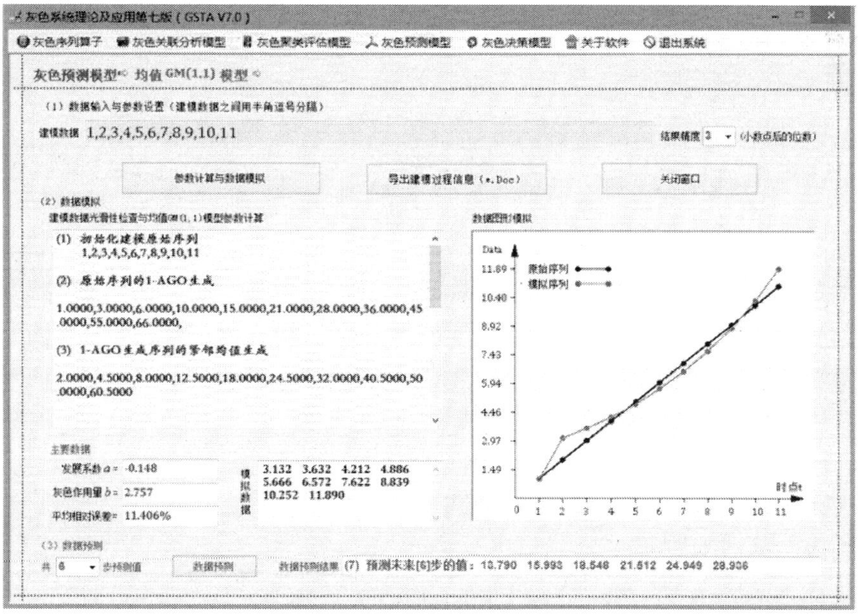

图 19.3.7　灰色预测模型操作界面

实验五　灰色关联分析模型建模软件应用

实验目的：正确使用灰色关联分析建模软件。

实验步骤：

步骤 1：在操作界面上方点击“灰色关联分析模型”，在菜单中选择一种关联度。

步骤 2：通过 Excel 文件导入数据。图 19.3.8 显示是 Excel 文件中数据的输入格式。

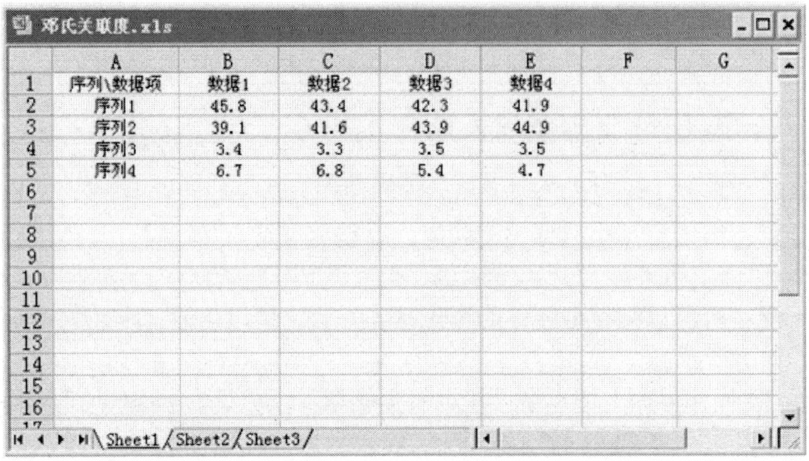

图 19.3.8　灰色关联分析模型数据输入格式

步骤 3：点击“计算”按钮，即可得到结果。如果要对同一组数据计算不同的关联度，只需要点击相应的命令按钮即可。图 19.3.9 显示的是完整的处理界面。

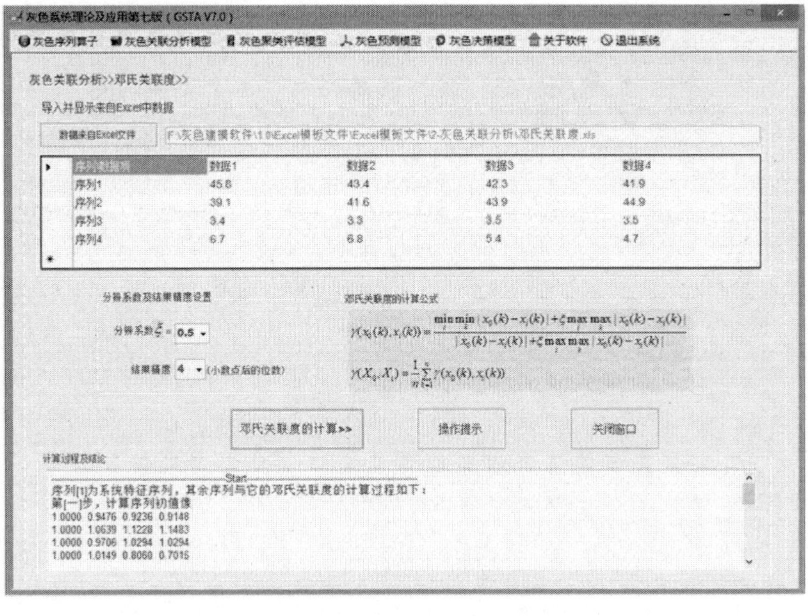

图 19.3.9　灰色关联分析模型操作界面

实验六　灰色聚类评估模型建模软件应用

实验目的：正确使用灰色聚类评估模型。

实验步骤：

步骤 1：在操作界面上方点击“灰色聚类评估”，在菜单中选择一种模型。

步骤 2：通过 Excel 文件导入数据。灰色聚类评估软件仅提供了从 Excel 文件中导入数据的方式。使用该部分功能的关键是正确编辑 Excel 文件中的各类数据。在 Sheet1 中保存对象－指标数据（图 19.3.10），Sheet2 中保存对应的可能度函数数据（图 19.3.11），Sheet3 中保存指标权重数据（图 19.3.12）。

灰色定权聚类.xls

对象\指标	指标1	指标2	指标3	指标4
对象1	22.5	4	0	0
对象2	79.37	6	600	0.75
对象3	144	7	300	0.75
对象4	300	6.1	189	12
对象5	456	12	250	12
对象6	189	8	700	1.5
对象7	369	8	1300	2.25
对象8	1127.11	16.2	550	3
对象9	260	11	600	1
对象10	200	8	600	1.25
对象11	475	10	1000	0.75
对象12	314.1	8	900	0.75
对象13	282.8	7.4	1300	0.5
对象14	240	8	1200	0.5
对象15	160	5	1000	0.25
对象16	270	8	1200	0.25
对象17	9	1	200	0

Sheet1 / Sheet2 / Sheet3

图 19.3.10　灰色聚类评估模型数据输入格式示意图

灰色定权聚类.xls

子类\指标	指标1	指标2	指标3	指标4
子类1	100, 300, -, -	3, 10, -, -	200, 1000, -, -	0.25, 1.25, -, -
子类2	50, 150, -, 250	2, 6, -, 10	100, 600, -, 1100	0, 0.5, -, 1
子类3	-, -, 50, 100	-, -, 4, 8	-, -, 300, 600	-, -, 0.25, 0.5

Sheet1 / Sheet2 / Sheet3

图 19.3.11　可能度函数数据输入格式示意图

灰色定权聚类.xls

权\指标	指标1	指标2	指标3	指标4
权	0.3	0.25	0.25	0.2

Sheet1 / Sheet2 / Sheet3

图 19.3.12　指标权重数据输入格式示意图

步骤 3：点击“计算”按钮，即可得到结果。图 19.3.13 显示的是灰色定权聚类的操作界面，对于灰色变权聚类及基于端点混合可能度函数和中心点混合可能度函数的灰色聚类评估模型可类似操作。

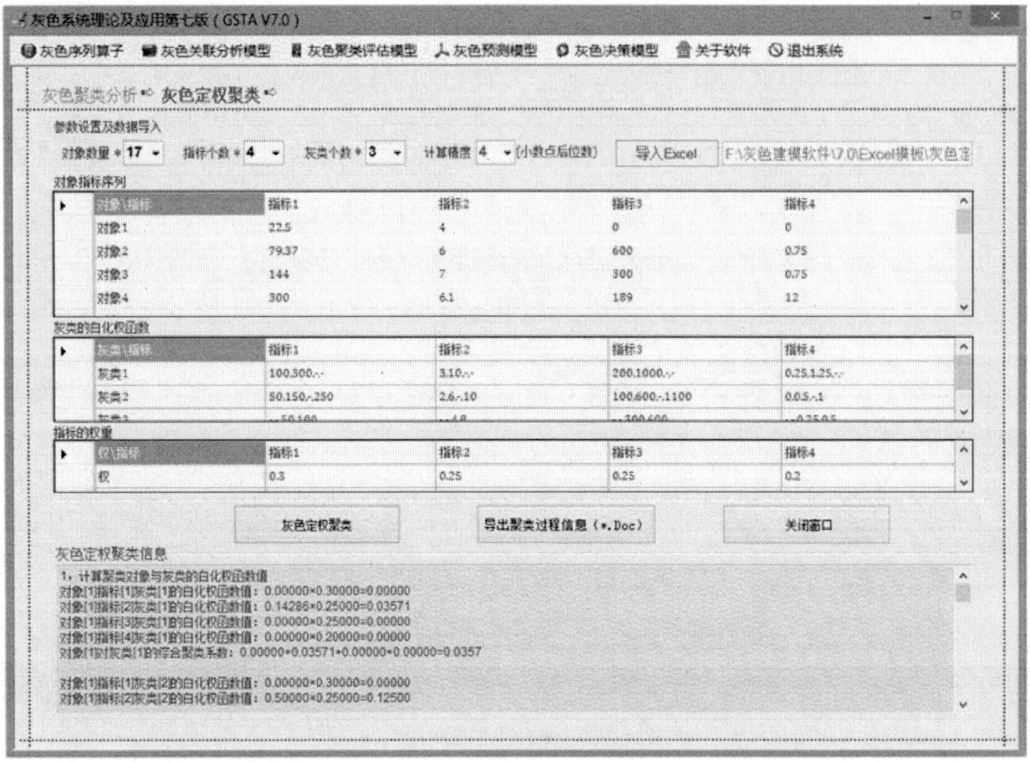

图 19.3.13　灰色定权聚类评估模型操作界面

实验七　多目标加权智能灰靶决策模型建模软件应用

实验目的：正确使用多目标加权智能灰靶决策模型。

实验步骤：

步骤 1：在操作界面上方点击“灰色决策模型”，在菜单中选择多目标加权智能灰靶决策模型。

步骤 2：通过 Excel 文件导入数据。在 Excel 的 Sheet1 表中，第一行是标题栏，B~D 列中的内容是局势的综合评分矩阵，E 列显示的是指标的临界值，F 列中的内容是指标对应的权重，G 列显示的是指标的测度类型。用户在使用该部分功能的时候，一定要按照图 19.3.14 中排列顺序排列原始数据。

步骤 3：点击“计算”按钮，即可得到结果。图 19.3.15 显示的是多目标加权智能灰靶决策模型的操作界面。

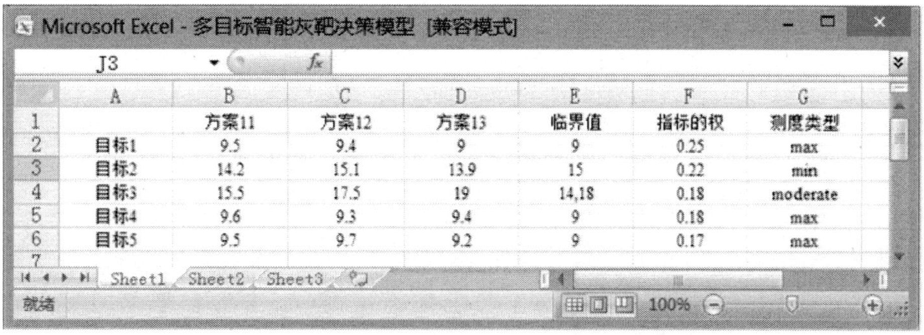

图 19.3.14　多目标加权智能灰靶决策模型数据输入格式

图 19.3.15　多目标加权智能灰靶决策模型操作界面

恩师一路走好

——刘思峰代表邓聚龙教授的学生致悼词

2013 年 6 月 22 日 12：15 分，我们最敬爱的导师，一位毕生不懈求索的开拓者，灰色系统理论创始人邓聚龙教授走完了他八十一年的人生旅程，离我们而去。连日来，天空阴云密布，苦雨连绵，那是上天在为一位伟大学者的逝世而哭泣!

先生 1955 年华中工学院电机系毕业转到自控系任教，20 世纪 60 年代提出“去余控制”的思想，70 年代，“去余控制”被国际学术界肯定为一种具有代表性的控制方法。1982 年，首创灰色系统理论，开创了人类科学史上的一门崭新的具有方法论意义的学科领域，创造出让世界仰视的学术成果。

在先生 60 年的学术生涯中，从来没有节假日，没有星期天，也没有在职和退休的界线。先生担任国际期刊《灰色系统学报》主编 24 年，从文章筛选、内容把关，英文审改、校核，劳心劳力，孜孜不倦。直到生命最后的时刻，还在牵挂一本学术著作的出版。

还记得 1983 年参加武汉灰色系统咨询部组织的灰色系统理论函授班学习，那本蓝色封面的油印讲义让我这个正处于学术迷茫期，苦于找不到方向，整日在彷徨、痛苦中备受煎熬的年轻人如获至宝。书中闪耀着思想的火花，为一个正处在学术迷茫期的求索者树起了一座灯塔。这本书让我震撼，犹如发现了一处极具开采价值的富矿。这本书成为照耀我人生旅程的心灵之光，使我从此与灰色系统理论结下不解之缘。

最难忘 1986 年在俞家山防空洞首次聆听先生系统讲授灰色系统理论，更加深化了对许多科学问题的理解和认识。1998 年，年届不惑的我正式投考到先生门下，成为先生的亲传弟子，从此肩负起灰色系统理论传播、发展的使命。

如今，灰色系统理论已被全球学术界所认识、所接受。多种不同语种的灰色系统理论学术著作相继出版，如英文版、日文版、韩文版、罗马尼亚文版、德文版等。英国《灰色系统学报》、Emerald《灰色系统理论及其应用》和中国台湾《灰色系统学刊》相继创办。

2007 年，全球最大的学术组织 IEEE 总部批准成立 IEEE 灰色系统委员会，举办了首届灰色系统与智能服务国际会议，2013 年，第四届 IEEE 灰色系统与智能服务国际会议将于 11 月份在澳门大学举办。

中国大陆、中国台湾、英国、美国、加拿大、日本、土耳其、南非、罗马尼亚等许多国家和地区开始招收、培养灰色系统方向的博士研究生，已有 100 多位灰色系统博士研究生毕业获得博士学位，运用灰色系统理论从事科学研究、撰写学位论文的博士、硕士研究生达数万人。

在南京航空航天大学，灰色系统理论已成为本科生、硕士生、博士生的一门重要课程，并为全校各专业学生开设了选修课。

2008 年，灰色系统理论入选国家精品课程；2013 年，又被遴选为国家精品资源共享课程，成为向所有灰色系统爱好者免费开放的学习资源。有 70 多项灰色系统理论及应用研究课题获得国家自然科学基金资助。多项研究计划获得欧盟、英国、加拿大、西班牙、罗马尼亚等国家基金支持。

2012 年，英国 De Montfort 大学资助并组织召开了欧洲灰色系统研究协作网第一届会议，有 14 个欧盟成员国的代表出席了会议。

灰色系统理论作为一门新兴学科已以其强大的生命力自立于科学之林。

恩师一路走好!

注：刘思峰为邓聚龙教授的博士生，现任 IEEE 灰色系统委员会主席，中国优选法统筹法与经济数学研究会灰色系统专业委员会理事长

参考文献

蔡春，马铃铃，安明哲，等. 2018. 吉林省不同生育期组大豆品种间农艺性状的比较分析. 土壤与作物，7（4）：449-455.

陈德军，张玉民，陈绵云. 2005. 系统云灰色宏观调控预测模型及其应用研究. 控制与决策，20（5）：553-556，588.

陈蕾，秦雁，邓孺孺，等. 2011. 基于ASD 地物光谱仪的两种天空光测量方法比较分析. 热带地理，31（2）：182-186.

陈绵云. 1982. 镗床控制系统的灰色动态. 华中工学院学报，10（6）：7-11.

陈绵云. 1985. 灰色系统的稳定性与镇定问题. 模糊数学，5（2）：54-58.

陈荣环，宋子齐，康立明，等. 2005. 灰色系统在新疆克拉玛依油田七中区储层评价中的应用. 内蒙古石油化工，（7）：110-113.

陈向东，夏军，徐倩. 2009. 灰色微分动态模型的自忆预报模式. 中国科学 E 辑：技术科学，39（2）：341-350.

崔建鹏，辛永平，刘肖健. 2012. 基于多目标灰色决策的地空导弹选型研究. 战术导弹技术，（1）：7-10，25.

崔杰，党耀国，刘思峰，等. 2010. 一类新的强化缓冲算子及其数值仿真. 中国工程科学，12（2）：108-112.

崔立志，刘思峰，吴正朋. 2010. 新的强化缓冲算子的构造及其应用. 系统工程理论与实践，30（3）：484-489.

党耀国，刘斌，关叶青. 2005a. 关于强化缓冲算子的研究. 控制与决策，20（12）：1332-1336.

党耀国，刘思峰，刘斌，等. 2004. 关于弱化缓冲算子的研究. 中国管理科学，12（2）：108-111.

党耀国，刘思峰，刘斌，等. 2005b. 聚类系数无显著性差异下的灰色综合聚类方法研究. 中国管理科学，13（4）：69-73.

党耀国，刘思峰，王正新，等. 2009. 灰色预测与决策模型研究. 北京：科学出版社.

邓聚龙. 1965. 多变量线性系统并联校正装置的一种综合方法. 自动化学报，3（1）：13-26.

邓聚龙. 1982. 灰色控制系统. 华中工学院学报，10（3）：9-18.

邓聚龙. 1985a. 灰色系统（社会·经济）. 北京：国防工业出版社.

邓聚龙. 1985b. 灰色控制系统. 武汉：华中工学院出版社.

邓聚龙. 1987. 累加生成灰指数律——灰色控制系统的优化信息处理问题. 华中工学院学报，15（5）：7-12.

邓聚龙. 1990. 灰色系统理论教程. 武汉：华中理工大学出版社.

邓聚龙. 1996. 灰色系统理论与应用进展的若干问题//刘思峰，徐忠祥. 灰色系统研究新进展. 武汉：华中理工大学出版社：1-10.

邓聚龙. 2002. 灰理论基础. 武汉：华中科技大学出版社.

鄂加强，王耀南，梅炽，等. 2005. 铜精炼过程能耗模糊自适应变权重组合预测模型及其应用. 矿冶，14（3）：46-48.

范习辉，张焰. 2003. 灰色自记忆模型及应用. 系统工程理论与实践，23（8）：114-117，129.
方辉，谭建荣，殷国富，等. 2009. 基于灰理论的质量屋用户需求分析方法研究. 计算机集成制造系统，15（3）：576-584，591.
方晓彤，陈宇，李绍泉. 2012. 多维灰色评估方法在煤与瓦斯突出预测中的应用. 工业安全与环保，38（12）：81-83.
方志耕，刘思峰. 2003a. 基于纯策略的灰矩阵博弈模型研究（Ⅰ）——标准灰矩阵博弈模型构建. 东南大学学报（自然科学版），33（6）：796-800.
方志耕，刘思峰. 2003b. 基于纯策略的灰矩阵二人有限零和博弈模型研究. 南京航空航天大学学报，35（4）：441-445.
方志耕，刘思峰. 2004. 基于区间灰数列的 GM（1,1）模型（GMBIGN（1,1））研究. 中国管理科学，12（Z1）：130-134.
方志耕，刘思峰，李元年，等. 2006. 基于有限知识和理性的双寡头战略定产纳什均衡问题研究. 中国管理科学，14（5）：114-120.
方志耕，刘思峰，施红星，等. 2008. 破解"蜈蚣博弈"悖论："灰数规整"顺推归纳法研究. 中国管理科学，16（1）：180-186.
方志耕，刘思峰，施红星，等. 2016. 灰色博弈理论及其经济应用研究. 北京：高等教育出版社.
高凡，张友鹏，高平. 2012. 基于灰色遗传的高速列车速度控制器模型研究. 计算机测量与控制，20（5）：1272-1275.
高玮，冯夏庭. 2004. 基于灰色–进化神经网络的滑坡变形预测研究. 岩土力学，25（4）：514-517.
关叶青，刘思峰. 2007. 基于不动点的强化缓冲算子序列及其应用. 控制与决策，22（10）：1189-1192.
郭海庆，吴中如，杨杰. 2001. 堆石坝变形监测的灰色非线性时序组合模型. 河海大学学报（自然科学版），29（6）：51-55.
郭瑞林. 1995. 作物灰色育种学. 北京：中国农业科技出版社.
郭晓君，刘思峰，方志耕，等. 2014. 灰色 GM（$1,1,t^{\alpha}$）模型与自忆性原理的耦合及应用. 控制与决策，29（8）：1447-1452.
韩晓东，贺兆礼. 1997. 灰色 G（1,1）与线性回归组合模型及其在变形预测中的应用. 淮南矿业学院学报，17（4）：51-54.
韩晓明，南海阳，陈俊杰，等. 2014. 防空反导导弹战斗部研制方案灰色聚类综合评价. 空军工程大学学报，15（1）：29-33.
何沙玮，刘思峰，方志耕. 2012. 基于 I-GM（0,N）模型的干线客机价格预测方法. 系统工程理论与实践，32（8）：1761-1767.
胡方，黄建国，张群飞. 2007. 基于灰色系统理论的水下航行器效能评估方法研究. 西北工业大学学报，25（3）：411-415.
黄铭，葛修润，王浩. 2001. 灰色模型在岩体线法变形测量中的应用. 岩石力学与工程学报，20（2）：235-238.
黄新波，欧阳丽莎，王娅娜，等. 2011. 输电线路覆冰关键影响因素分析. 高电压技术，37（7）：1677-1682.

吉培荣，黄巍松，胡翔勇. 2001. 灰色预测模型特性的研究. 系统工程理论与实践，21（9）：105-108，139.

贾振元，马建伟，王福吉，等. 2009. 多零件几何要素影响下的装配产品特性预测方法. 机械工程学报，45（7）：168-173.

菅利荣，刘思峰. 2005. 杂合 VPRS 与 PNN 的知识发现方法. 情报学报，24（4）：426-432.

菅利荣，刘思峰，谢乃明. 2010. 杂合灰色聚类与扩展优势粗集的概率决策方法. 系统工程学报，25（4）：554-560.

蒋维. 2012. 基于灰色粗糙集理论的风电机组传动链智能故障诊断方法. 电网与清洁能源，28（12）：79-83.

李爱国，宋晓霞，吴春西. 2016. 普通小麦品种农艺性状与产量的灰色关联分析. 作物研究，30（1）：18-21.

李宝林，邓聚龙. 1984. 棉蚜虫生物防治系统的灰色模型. 大自然探索，3（3）：44-49.

李炳军，刘思峰，朱永达，等. 2000. 灰区间可靠度的确定方法. 系统工程理论与实践，20（4）：104-106.

李俭，孙才新，陈伟根，等. 2003. 灰色聚类与模糊聚类集成诊断变压器内部故障的方法研究. 中国电机工程学报，23（2）：112-115.

李培华，杨海龙，孙伶俐，等. 2011. 灰预测与时间序列模型在航天器故障预测中的应用. 计算机测量与控制，19（1）：111-113.

李桥兴. 2017. 灰色运算基础与灰色投入产出分析. 北京：科学出版社.

李树人，赵勇，刘思峰，等. 1994. 河南省森林生态系统类型划分及稳定性分析. 河南农业大学学报，28（2）：111-118.

李桐，任明法，陈浩然. 2010. 基于灰色系统理论的疲劳裂纹扩展速率计算方法. 机械强度，32（3）：472-475.

李晓斌，孙海燕，吴燕翔. 2009. 阳极焙烧燃油供给温度的模糊预测函数控制. 计算机工程与应用，45（9）：200-203.

李晓红，王宏图，贾剑青，等. 2005. 隧道及地下工程围岩稳定性及可靠性分析的极限位移判别. 岩土力学，26（6）：850-854.

李新其，谭守林，唐保国. 2007. 基于灰色决策原理的导弹核武器最佳配置模型. 火力与指挥控制，32（2）：44-47.

李雪梅，党耀国，王正新. 2012. 调和变权缓冲算子及其作用强度比较. 系统工程理论与实践，32（11）：2486-2492.

梁冰，代媛媛，陈天宇，等. 2014. 复杂地质条件页岩气勘探开发区块灰关联度优选. 煤炭学报，39（3）：524-530.

梁庆卫，宋保维，贾跃. 2005. 鱼雷研制费用的灰色 Verhulst 模型. 系统仿真学报，17（2）：257-258.

林加剑，任辉启，沈兆武. 2009. 应用灰色系统理论研究爆炸成型弹丸速度的影响因素. 弹箭与制导学报，29（3）：112-116.

林跃忠，王铁成，王来，等. 2005. 三峡工程高边坡的稳定性分析. 天津大学学报，38（10）：

936-940.

廖健，何琳，吕志强，等. 2017. 船用操舵装置系统架构方案的综合评价方法研究. 机床与液压，45（7）：59-63.

刘斌，刘思峰，翟振杰，等. 2003. GM（1,1）模型时间响应函数的最优化. 中国管理科学，11（4）：54-57.

刘金平，姬长生，李辉. 2001. 定权灰色聚类分析在采煤方法评价中的应用. 煤炭学报，26（5）：493-495.

刘秋妍，钟章队，艾渤. 2010. 基于粗糙集灰色聚类理论的 GSM-R 系统频率规划研究. 铁道学报，32（5）：53-58.

刘思峰. 1991. 河南省农村产业结构优化研究. 河南农业大学学报，25（1）：38-44.

刘思峰. 1993. 定权灰色聚类评估分析//罗庆成，史开泉，王清印，等. 灰色系统新方法. 北京：农业出版社：178-184.

刘思峰. 1997. 冲击扰动系统预测陷阱与缓冲算子. 华中理工大学学报，25（1）：25-27.

刘思峰. 1998. 灰数学新方法与科技管理系统分析. 华中理工大学博士学位论文.

刘思峰，蔡华，杨英杰，等. 2013. 灰色关联分析模型研究进展. 系统工程理论与实践，33（8）：2041-2046.

刘思峰，党耀国. 1997. LPGP 的漂移与定位解的满意度. 华中理工大学学报，25（1）：28-31.

刘思峰，党耀国，方志耕. 2004a. 灰色系统理论及其应用. 3 版. 北京：科学出版社.

刘思峰，邓聚龙. 2000. GM（1,1）模型的适用范围. 系统工程理论与实践，20（5）：121-124.

刘思峰，方志耕，谢乃明. 2010a. 基于核和灰度的区间灰数运算法则. 系统工程与电子技术，32（2）：313-316.

刘思峰，方志耕，杨英杰. 2014a. 两阶段灰色综合测度决策模型与三角白化权函数的改进. 控制与决策，29（7）：1232-1238.

刘思峰，Forrest J. 2011. 不确定性系统与模型精细化误区. 系统工程理论与实践，31（10）：1960-1965.

刘思峰，郭天榜. 1991. 灰色系统理论及其应用. 开封：河南大学出版社.

刘思峰，林益. 2004. 灰数灰度的一种公理化定义. 中国工程科学，6（8）：91-94.

刘思峰，唐学文，袁潮清，等. 2004b. 我国产业结构的有序度研究. 经济学动态.（5）：53-56.

刘思峰，谢乃明，等. 2008. 灰色系统理论及其应用. 4 版. 北京：科学出版社.

刘思峰，谢乃明. 2011. 基于改进三角白化权函数的灰评估新方法. 系统工程学报，26（2）：244-250.

刘思峰，谢乃明，Forrest J. 2010b. 基于相似性和接近性视角的新型灰色关联分析模型. 系统工程理论与实践，30（5）：881-887.

刘思峰，杨英杰. 2015. 灰色系统研究进展（2004—2014）. 南京航空航天大学学报，47（1）：1-19.

刘思峰，杨英杰，吴利丰，等. 2014b. 灰色系统理论及其应用. 7 版. 北京：科学出版社.

刘思峰，袁文峰，盛克勤. 2010c. 一种新型多目标智能加权灰靶决策模型. 控制与决策，25（8）：1059-1163.

刘思峰，曾波，刘解放，等. 2014c. GM（1,1）模型的几种基本形式及其适用范围研究. 系统工程与电子技术，36（3）：501-508.

刘思峰，张红阳，杨英杰. 2018.“最大值准则”决策悖论及其求解模型. 系统工程理论与实践，38（7）：1830-1835.

刘思峰，朱永达. 1993. 区域经济评估指标与三角隶属函数评估模型. 农业工程学报，9（2）：8-13.

刘耀鑫，杨天华，李润东，等. 2007. 高温固硫物相硫铝酸钙生成反应灰色关联分析及预测模型. 热力发电，（6）：37-40，57.

刘业翔，陈湘涛，张更容，等. 2004. 铝电解控制中灰关联规则挖掘算法的应用. 中国有色金属学报，14（3）：494-498.

刘以安，陈松灿，张明俊，等. 2006. 缓冲算子及数据融合技术在目标跟踪中的应用. 应用科学学报，24（2）：154-158.

刘勇，刘思峰，Forrest J. 2012. 一种新的灰色绝对关联度模型及其应用. 中国管理科学，20（5）：173-177.

林跃忠，王铁成，王来，等. 2005. 三峡工程高边坡的稳定性分析. 天津大学学报，38（10）：936-940.

陆小红，王长林. 2013. 基于预测型灰色控制的列车自动运行速度控制器建模与仿真. 城市轨道交通研究，16（2）：62-65，70.

罗党，刘思峰，党耀国. 2003. 灰色模型 GM（1，1）优化. 中国工程科学，5（8）：50-53.

罗党，王洁方. 2012. 灰色决策理论与方法. 北京：科学出版社.

罗钦，江枝和，肖淑霞，等. 2015. 秀珍菇辐射新品种子实体中微量元素含量与铅含量的灰色关联分析. 山地农业生物学报，34（4）：18-21.

罗战友，董清华，龚晓南. 2004. 未达到破坏的单桩极限承载力的灰色预测. 岩土力学，25（2）：304-307.

罗战友，龚晓南，杨晓军. 2003. 全过程沉降量的灰色 verhulst 预测方法. 水利学报，（3）：29-32，36.

马伟东，古德生. 2008. 我国铁矿资源基础安全评价研究. 矿冶工程，28（6）：5-7.

孟伟，刘思峰，曾波. 2012. 区间灰数的标准化及其预测模型的构建与应用研究. 控制与决策，27（5）：773-776.

米根锁，杨润霞，梁利. 2014. 基于组合模型的轨道电路复杂故障诊断方法研究. 铁道学报，36（10）：65-69.

彭放，吴国平，方敏. 2005. 灰色规划聚类及其在油气盖层评价中的应用. 湖南科技大学学报（自然科学版），20（2）：5-10.

钱吴永，党耀国，刘思峰. 2012. 含时间幂次项的灰色 GM（$1,1,t^{\alpha}$）模型及其应用. 系统工程理论与实践，32（10）：2247-2252.

乔桂玲，张文明，薛山，等. 2009. 深海行走机构灰色预测-模糊 PID 速度控制. 煤炭学报，34（11）：1550-1553.

施红星，刘思峰，方志耕，等. 2008. 灰色周期关联度模型及其应用研究. 中国管理科学，16（3）：131-136.

史向峰，申卯兴. 2007. 基于灰色关联的地空导弹武器系统的使用保障能力研究. 弹箭与制导学报，27（3）：83-85.

宋中民，同小军，肖新平. 2001. 中心逼近式灰色 GM（1,1）模型. 系统工程理论与实践，21（5）：110-113.

苏春华. 2012. 具有脉冲效应的灰色随机时滞系统的鲁棒稳定性. 系统科学与数学，32（5）：537-548.

苏春华，刘思峰. 2008. 灰色随机线性时滞系统的渐近稳定性. 控制与决策，23（5）：571-574，580.

苏春华，刘思峰. 2009a. 一类区间随机分布时滞系统的 p–阶矩指数稳定性. 应用数学，22（2）：413-420.

苏春华，刘思峰. 2009b. 具有分布时滞和区间参数的随机系统的 p–阶矩指数鲁棒稳定性. 应用数学和力学，30（7）：856-864.

孙才新. 2005. 输变电设备状态在线监测与诊断技术现状和前景. 中国电力，38（2）：1-7.

孙才新，毕为民，周湶，等. 2003. 灰色预测参数模型新模式及其在电气绝缘故障预测中的应用. 控制理论与应用，20（5）：797-801.

孙才新，李俭，郑海平，等. 2002. 基于灰色面积关联度分析的电力变压器绝缘故障诊断方法. 电网技术，26（7）：24-29.

孙继广. 1987. 矩阵扰动分析. 北京：科学出版社.

谭学瑞，邓聚龙. 1995. 灰色关联分析：多因素统计分析新方法. 统计研究，（3）：46-48.

田建艳，鲁毅. 2007. 加热炉钢坯温度灰色预报模型的研究. 东北大学学报，28（S1）：6-10.

王洁方，刘思峰，刘牧远. 2010. 不完全信息下基于交叉评价的灰色关联决策模型. 系统工程理论与实践，30（4）：732-737.

王勤，匡立中，曾申波. 2010. 基于电弧信号的焊接过程最优参数的灰关联分析. 电焊机，40（3）：75-78.

王伟，吴敏，曹卫华，等. 2010. 基于组合灰色预测模型的焦炉火道温度模糊专家控制. 控制与决策，25（2）：185-190.

王晓佳，杨善林. 2012. 基于组合插值的 GM（1,1）模型预测方法的改进与应用. 中国管理科学，20（2）：129-134.

王旭亮，聂宏. 2008. 基于灰色系统 GM（1,1）模型的疲劳寿命预测方法. 南京航空航天大学学报，40（6）：845-848.

王学萌，郭常莲，李晋陵. 2017. 中国经济灰色投入产出分析——基于对全国投入产出表的实证研究. 北京：科学出版社.

王衍洋，曹义华. 2010. 航空运行风险的灰色神经网络模型. 航空动力学报，25（5）：1036-1042.

王义闹，刘开第，李应川. 2001. 优化灰导数白化值的 GM（1,1）建模法. 系统工程理论与实践，21（5）：124-128.

王月，陈宗海，王红艳，等. 2011. 灰色关联聚类在宇宙射线 μ 子成像中的应用. 核电子学与探测技术，31（8）：871-873.

王云云，周涛发，张明明，等. 2013. 灰关联分析在姚家岭锌金多金属矿床预测中的应用. 合肥工业大学学报（自然科学版），36（10）：1236-1241.

王正新，党耀国，赵洁珏. 2012. 优化的GM（1,1）幂模型及其应用. 系统工程理论与实践，32（9）：1973-1978.

王子亮. 1998. 灰色建模技术理论. 华中理工大学博士学位论文.
魏航，林励，张元，等. 2013. 灰色系统理论在中药色谱指纹图谱模式识别中的应用研究. 色谱，31（2）：127-132.
魏勇，孔新海. 2010. 几类强弱缓冲算子的构造方法及其内在联系. 控制与决策，25（2）：196-202.
魏勇，曾柯方. 2015. 关联度公理的简化与特殊关联度的公理化定义. 系统工程理论与实践，35（6）：1528-1534.
吴雅，杨叔子，陶建华. 1988. 灰色预测和时序预测的探讨. 华中理工大学学报，16（3）：27-34.
吴正朋，刘思峰，米传民，等. 2010a. 弱化缓冲算子性质研究. 控制与决策，25（6）：958-960.
吴正朋，周宗福，刘思峰. 2010b. 灰色缓冲算子理论及其应用. 合肥：安徽大学出版社.
吴中如，顾冲时，沈振中，等. 1998. 大坝安全综合分析和评价的理论、方法及其应用. 水利水电科技进展，18（3）：2-6.
吴中如，潘卫平. 1997. 应用李雅普诺夫函数分析岩土边坡体的稳定性. 水利学报，（8）：29-33.
吴中如，徐波，顾冲时，等. 2012. 大坝服役状态的综合评判方法. 中国科学：技术科学，42（11）：1243-1254.
夏军. 2000. 灰色系统水文学. 武汉：华中理工大学出版社.
夏军，赵红英. 1996. 灰色人工神经网络模型及其在径流短期预报中的应用. 系统工程理论与实践，16（11）：82-90.
夏新涛，王中宇，常洪. 2005. 滚动轴承加工质量与振动的灰色关联度. 航空动力学报，20（2）：250-254.
肖军，章玮玮. 2009. 灰关联度分析法在靶机坠毁故障诊断中的应用. 四川兵工学报，30（9）：112-115.
肖新平，宋中民，李峰. 2005. 灰技术基础及其应用. 北京：科学出版社.
解建喜，宋笔锋，刘东霞. 2004. 飞机顶层设计方案优选决策的灰色关联分析法. 系统工程学报，19（4）：350-354.
谢乃明，刘思峰. 2005. 离散 GM（1,1）模型与灰色预测模型建模机理. 系统工程理论与实践，25（1）：93-99.
谢乃明，刘思峰. 2006a. 一类离散灰色模型及其预测效果研究. 系统工程学报，21（5）：520-523.
谢乃明，刘思峰. 2006b. 离散灰色模型的拓展及其最优化求解. 系统工程理论与实践，26（6）：108-112.
谢乃明，刘思峰. 2008. 近似非齐次指数序列的离散灰色模型特性研究. 系统工程与电子技术，30（5）：863-867.
谢延敏，于沪平，陈军，等. 2007. 基于灰色系统理论的方盒件拉深稳健设计. 机械工程学报，43（3）：54-59.
熊浩，孙才新，张昀，等. 2007. 电力变压器运行状态的灰色层次评估模型. 电力系统自动化，31（7）：55-60.
熊和金，陈绵云，瞿坦. 2000. 灰色关联度公式的几种拓广. 系统工程与电子技术，22（1）：8-10，80.
徐忠祥，吴国平. 1993. 灰色系统理论与矿床灰色预测. 武汉：中国地质大学出版社.
杨俊，郑良桂，周继烈，等. 1996. EDM 灰色控制系统的研究. 电加工，（5）：22-23，45.

杨天社，杨萍，董小社，等. 2008. 基于灰色系统理论的航天器故障状态预测方法. 计算机测量与控制，16（9）：1284-1285，1307.

姚军勃，胡伟文. 2008. 超视距地波雷达作战效能的灰色评估. 武器装备自动化，27（4）：12-14.

姚天祥，刘思峰，谢乃明. 2010. 新信息离散 GM（1,1）模型及其特性研究. 系统工程学报，25（2）：164-170.

余锋杰，柯映林，应征. 2009.飞机自动化对接装配系统的故障维修决策. 计算机集成制造系统，15（9）：1823-1830.

袁志坚，孙才新，袁张渝，等. 2005. 变压器健康状态评估的灰色聚类决策方法. 重庆大学学报（自然科学版），28（3）：22-25.

岳建平，华锡生. 1994. 灰色回归模型及其精度分析. 大坝与安全，（2）：23-28.

曾波，刘思峰. 2011a. 一种基于区间灰数几何特征的灰数预测模型. 系统工程学报，26（2）：174-180.

曾波，刘思峰. 2011b. 近似非齐次指数序列的 DGM（1,1）直接建模法. 系统工程理论与实践，31（2）：297-301.

章程，丁松滨，王兵. 2014. 基于灰色关联分析的飞机客制化模型研究. 交通信息与安全，32（4）：131-136.

张峰，汪鹏为，肖支荣，等. 2010. 灰色理论在舰载机系统安全评估中的应用. 飞机设计，30（3）：56-61.

张富丽，尹全，王东，等. 2020. Bt 抗虫棉秸秆还田对土壤养分特征的影响. 生物安全学报，29（1）：69-77.

张广立，付莹，杨汝清. 2004. 一种新型自调节灰色预测控制器. 控制与决策，19（2）：212-215.

张杰，梁尚明，周荣亮，等. 2012. 基于灰色关联的二齿差摆动活齿传动故障树分析. 机械设计与制造，（6）：183-185.

张可，刘思峰. 2010. 灰色关联聚类在面板数据中的扩展及应用. 系统工程理论与实践，30（7）：1253-1259.

张岐山，郭喜江，邓聚龙. 1996. 灰关联熵分析方法. 系统工程理论与实践，16（8）：7-11.

张雪元，王志良，永井正武. 2006. 机器人情感交互模型研究. 计算机工程，32（24）：6-12.

张阳，张伟，赵威军，等. 2020. 基于主成分与灰色关联分析的饲草小黑麦品种筛选与配套技术研究. 作物杂志，（3）：117-124.

赵国钢，孙永侃，徐永杰，等. 2007. 水面舰艇反导作战中威胁评估的灰色决策分析. 战术导弹技术，（3）：32-35.

赵理，刘思峰，林文. 1992. 我国价格体系改革趋势初探. 河南农业大学学报，26（1）：84-88.

赵鹏大，夏庆霖. 2009. 中国学者在数学地质学科发展中的成就与贡献. 地球科学-中国地质大学学报，34（2）：225-231.

周湶，任海军，李健，等. 2010. 层次结构下的中长期电力负荷变权组合预测方法. 中国电机工程学报，30（16）：47-52.

周晓贤，吴中如. 2002. 大坝安全监控模型中灰参数的识别. 水电自动化与大坝监测，26（1）：45-48.

朱坚民，黄之文，翟东婷，等. 2012. 基于强化缓冲算子的灰色预测 PID 控制仿真研究. 上海理工大学学报，34（4）：327-332.
朱西平，支希哲，等. 2002. 转子系统振动的灰色预测控制研究. 机械科学与技术，21（1）：97-98，101.
Andrew A M. 2011. Why the world is grey. Grey Systems：Theory and Application，1（2）：112-116.
Ar I M，Hamzacebi C，Baki B. 2013. Business School ranking with grey relational analysis：the case of Turkey. Grey Systems：Theory and Application，3（1）：76-94.
Aydemir E，Bedir F，Ozdemir G. 2015. Degree of greyness approach for an EPQ model with imperfect items in copper wire industry. The Journal of Grey System，27（2）：13-26.
Bristow M，Fang L P，Hipel K W. 2012. System of systems engineering and risk management of extreme events：concepts and case study. Risk Analysis，32（11）：1935-1955.
Bruneton E，Narcy B，Oberlin A. 1997. Carbon-carbon composites prepared by a rapid densification process Ⅰ：synthesis and physico-chemical data. Carbon，35（10/11）：1593-1598.
Camelia D，Emil S，Liviu-Adrian C. 2013a. Grey relational analysis of the financial sector in Europe. The Journal of Grey System，25（4）：19-30.
Camelia D，Ioana B，Emil S. 2013b. A computational grey based model for companies risk forecasting. The Journal of Grey System，25（3）：70-83.
Carmona Benitez R B，Carmona Paredes R B，Lodewijks G，et al. 2013. Damp trend grey model forecasting method for airline industry. Expert Systems with Applications，40（12）：4915-4921.
Cempel C. 2008. Decomposition of the symptom observation matrix and grey forecasting in vibration condition monitoring of machines. International Journal of Applied Mathematics and Computer Science，18（4）：569-579.
Chang C J，Li D C，Chen C C，et al. 2014. A forecasting model for small non-equigap data sets considering data weights and occurrence possibilities. Computers & Industrial Engineering，67：139-145.
Chang S C，Lai H C，Yu H C. 2005. A variable *P* value rolling Grey forecasting model for Taiwan semiconductor industry production. Technological Forecasting and Social Change，72（5）：623-640.
Chen K J，Liu S F. 2010. On time difference analysis of economic index based on grey incidence model. Proceedings of International conference on management science and engineering，4：311-320.
Dang Y G，Liu S F，Chen K J. 2004. The GM models that $x(n)$ be taken as initial value. Kybernetes，33（2）：247-254.
Dang Y G，Liu S F，Mi C M. 2006. Multi-attribute grey incidence decision model for interval number. Kybernetes，35（7/8）：1265-1272.
Dejamkhooy A，Dastfan A，Ahmadyfard A. 2017. Modeling and forecasting nonstationary voltage fluctuation based on grey system theory. IEEE Transactions on Power Delivery，32（3）：1212-1219.
Delcea C，Bradea I，Scarlat E. 2013. A computational grey based model for companies risk forecasting. The Journal of Grey System，25（3）：70-83.

Delgado A，Romero I. 2016. Environmental conflict analysis using an integrated grey clustering and entropy-weight method：a case study of a mining project in Peru. Environmental Modelling & Software，77：108-121.

Deng J L. 1982. Control problems of grey systems. Systems & Control Letters，1（5）：288-294.

Deng J L，Zhou C S. 1986. Sufficient conditions for the stability of a class of interconnected dynamic systems. Systems & Control Letters，7（2）：105-108.

Dymova L，Sevastjanov P，Pilarek M. 2013. A method for solving systems of linear interval equations applied to the Leontief input-output model of economics. Expert Systems With Applications，40（1）：222-230.

Ejnioui A，Otero C E，Otero L D. 2013. Prioritisation of software requirements using grey relational analysis. International Journal of Computer Applications in Technology，47（2/3）：100-109.

Fang Z G，Liu S F，Xu B G. 2004. Algorithm model research of the logical cutting tree on the network maximum flow. Kybernetes，33（2）：255-262.

Fang Z G，Liu S F，Shi H X，et al. 2010. Grey Game Theory and its Applications in Economic Decision-Making. Boca Raton：CRC Press.

Goel B，Singh S，Sarepaka R V. 2015. Optimizing single point diamond turning for mono-crystalline germanium using grey relational analysis. Materials and Manufacturing Processes，30（8）：1018-1025.

Gupta B，Tiwari M. 2017. A tool supported approach for brightness preserving contrast enhancement and mass segmentation of mammogram images using histogram modified grey relational analysis. Multidimensional Systems and Signal Processing，28（4）：1549-1567.

Gupta A，Vaishya R，Khan K L A，et al. 2019. Multi-response optimization of the mechanical properties of pultruded glass fiber composite using optimized hybrid filler composition by the gray relation grade analysis. Materials Research Express，6（12）：125322.

Guo X J，Liu S F，Wu L F，et al. 2014. Grey GM（1,1）power pharmacokinetics model coupling self-memory principle of dynamic system. The Journal of Grey System，26（4）：122-138.

Guo X J，Liu S F，Wu LF，et al. 2015. A multi-variable grey model with a self-memory component and its application on engineering prediction. Engineering Applications of Artificial Intelligence，42：82-93.

Haken H. 2011. Book reviews：grey information：theory and practical applications. Grey Systems：Theory and Application，1（1）：105-106.

Hamzaçebi C，Pekkaya M. 2011. Determining of stock investments with grey relational analysis. Expert Systems with Applications，38（8）：9186-9195.

Hao Y H，Cao B B，Chen X，et al. 2013. A piecewise grey system model for study the effects of anthropogenic activities on karst hydrological processes. Water Resources Management，27（5）：1207-1220.

Hipel K W. 2011. Book reviews：grey systems：theory and applications. Grey Systems：Theory and Application，1（3）：274-275.

Hondayer M，Spitz J，Tran-Van D. 1984. Process for the densification of a porous structure. US patent，4472454.

Hossein Razavi Hajiagha S，Akrami H，Sadat Hashemi S. A multi-objective programming approach to solve grey linear programming. Grey Systems：Theory and Application，2（2）：259-271.

Hu H Y. 2013. Book reviews：grey system theory and application. 6th ed. The Journal of Grey System，25（1）：110-111.

Huang S J，Chiu N H，Chen L W. 2008. Integration of the grey relational analysis with genetic algorithm for software effort estimation. European Journal of Operational Research，188（3）：898-909.

Icer S，Coskun A，Ikizceli T. 2012. Quantitative grading using grey relational analysis on ultrasonographic images of a fatty liver. Journal of Medical Systems，36（4）：2521-2528.

Jahan A，Zavadskas E K. 2019. ELECTRE-IDAT for design decision-making problems with interval data and target-based criteria. Soft Computing，23（1）：129-143.

Jena M，Manjunatha C，Shivaraj B W，et al. 2019. Optimization of parameters for maximizing photocatalytic behaviour of $Zn_{1-x}Fe_xO$ nanoparticles for methyl orange degradation using Taguchi and grey relational analysis approach. Materials Today Chemistry，12：187-199.

Jian L R，Liu S F，Lin Y. 2011. Hybrid Rough Sets and Applications in Uncertain Decision-Making. Boca Raton：CRC Press.

Jin X L，Xu X G，Song X Y. 2013. Estimation of leaf water content in winter wheat using grey relational analysis-partial least squares modeling with hyperspectral data. Agronomy Journal，105（5）：1385-1392.

Kasemsiri P，Dulsang N，Pongsa U，et al. 2017. Optimization of biodegradable foam composites from cassava starch，oil palm fiber，chitosan and palm oil using Taguchi method and grey relational analysis. Journal of Polymers and the Environment，25（2）：378-390.

Kayacan E，Kaynak O. 2011. Single-step ahead prediction based on the principle of concatenation using grey predictors. Expert Systems with Applications，38（8）：9499-9505.

Kayacan E，Oniz Y，Kaynak O. 2009. A grey system modeling approach for sliding-mode control of antilock braking system. IEEE Transactions On Industrial Electronics，56（80）：3244-3252.

Khan M A，Jaffery S H I，Khan M，et al. 2020. Multi-objective optimization of turning titanium-based alloy Ti-6Al-4V under dry，wet，and cryogenic conditions using gray relational analysis（GRA）. International Journal of Advanced Manufacturing Technology，106（9/10）：3897-3911.

Kose E，Burmaoglu S，Kabak M. 2013. Grey relational analysis between energy consumption and economic growth. Grey Systems：Theory and Application，3（3）：291-304.

Kose E，Forrest J. 2015. N-person grey game. Kybernetes，44（2）：271-282.

Kose E，Tasci L. 2015. Prediction of the vertical displacement on the crest of keban dam. The Journal of Grey System，27（1）：12-20.

Kose E，Tasci L. 2019. Geodetic deformation forecasting based on multi-variable grey prediction model and regression model. Grey Systems-Theory and Application，9（4）：464-471.

Kuzu A，Bogosyan S，Gokasa M. 2016. Predictive input delay compensation with grey predictor for networked control system. International Journal of Computers Communications & Control, 11（1）: 67-76.

Lai H H, Lin Y C, Yeh C H. 2005. Form design of product image using grey relational analysis and neural network models. Computers & Operations Research, 32（10）: 2689-2711.

Lai H Y, Chen Y Y, Lin S H, et al. 2011. Automatic spike sorting for extracellular electrophysiological recording using unsupervised single linkage clustering based on grey relational analysis. Journal of Neural Engineering, 8（3）: 036003.

Leephakpreeda T. 2008. Grey prediction on indoor comfort temperature for HVAC systems. Expert Systems with Applications, 34（4）: 2284-2289.

Li D C, Chang C J, Chen C C, et al. 2012. Forecasting short-term electricity consumption using the adaptive grey-based approach-An Asian case. Omega, 40（6）: 767-773.

Li D C, Chang C J, Chen W C, et al. 2011. An extended grey forecasting model for omnidirectional forecasting considering data gap difference. Applied Mathematical Modelling, 35（10）: 5051-5058.

Li G D, Yamaguchi D, Nagai M. 2007. A GM（1,1）–Markov chain combined model with an application to predict the number of Chinese international airlines. Technological Forecasting and Social Change, 74（8）: 1465-1481.

Li Y P, Liu S F, Fang Z G. 2013. Grey target model for quality overall parameters design of the large complex product based on multi-participant collaborating. The Journal of Grey System, 25（2）: 36-45.

Liao R J, Yang J P, Yang L J, et al. 2012. Forecasting dissolved gases content in power transformer oil based on weakening buffer operator and least square support vector machine-Markov. IET Generation, Transmission & Distribution, 6（2）: 142-151.

Lim D, Anthony P, Mun H C. 2012. Maximizing bidder's profit in online auctions using grey system theory's predictor agent. Grey Systems: Theory and Application, 2（2）: 105-128.

Lin C H, Song Z Y, Liu S F, et al. 2020. Study on Mechanism and Filter efficacy of AGO/IAGO in the frequency domain. Grey Systems: Theory and Application, 11（1）: 1-21.

Lin C H, Wang Y, Liu S F, et al. 2019. On spectrum analysis of different weakening buffer operators. The Journal of Grey System, 31（4）: 111-121.

Lin Y, Liu S F. 1999. Several programming models with unascertained parameters and their application. Journal of Multi-Criteria Decision Analysis, 8（4）: 206-220.

Lin Y, Liu S F. 2000. Law of exponentiality and exponential curve fitting. Systems Analysis Modelling Simulation, 38（4）: 621-636.

Liu J F, Liu S F, Fang Z G. 2015a. Fractional-order reverse accumulation generation GM（1,1）model and its applications. The Journal of Grey System, 27（4）: 52-62.

Liu S F. 1989. On perron-frobenius theorem of grey nonnegative matrix. Journal of Grey System, 1（2）: 157-166.

Liu S F. 1991. The three axioms of buffer operator and their application. The Journal of Grey System,

3（1）：39-48.

Liu S F. 1994. Grey forecast of drought and inundation in Henan Province. The Journal of Grey System, 6（4）：279-288.

Liu S F. 1996. Axiom of grey degree. Journal of Grey System，8（4）：397-400.

Liu S F. 2013. Farewell to our tutor. The Journal of Grey System，25（2）：Ⅲ-Ⅳ.

Liu S F，Fang Z G，Yang Y J，et al. 2012a. General grey numbers and their operations. Grey Systems：Theory and Application，2（3）：341-349.

Liu S F，Fang Z G，Yuan C Q，et al. 2012b. Research on ACPI system frame for R&D management of complex equipments . Kybernetes，41（5）：750-760.

Liu S F，Forrest J. 1997. The role and position of grey system theory in science development. The Journal of Grey System，9（4）：351-356.

Liu S F，Forrest J. 2010. Advances in Grey Systems Research. Berlin：Springer-Verlag.

Liu S F，Forrest J，Yang Y J. 2015b. Grey system：thinking，methods，and models with applications//Zhou M C，Li H X，Weijnen M. Contemporary Issues in Systems Science and Engineering. New York：John Wiley & Sons：153-224.

Liu S F，Lin C H，Tao L Y，et al. 2020. On Spectral Analysis and New Research Directions in Grey System Theory. The Journal of Grey System，32（1）：108-117.

Liu S F，Lin Y. 1998. An introduction to grey systems：foundation，methodology and application. IIGSS Academic Publisher.

Liu S F，Lin Y. 2006. Grey information Theory and Practical Applications. London：Springer-Verlag.

Liu S F，Lin Y. 2011. Grey Systems：Theory and Applications. Berlin：Springer-Verlag.

Liu S F，Lin Y，Dang Y G，et al. 2004. Technical change and the funds for science and technology. Kybernetes，33（2）：295-302.

Liu S F，Wang Z Y. 2000. Entropy of grey evaluation coefficient vector. The Journal of Grey System, 12（3）：323-326.

Liu S F，Xu B，Forrest J，et al. 2013. On uniform effect measure functions and a weighted multi-attribute grey target decision model. The Journal of Grey System，25（1）：1-11.

Liu S F，Xie N M，Yuan C Q，et al. 2012c. Systems Evaluation：Methods，Models，and Applications. Boca Raton：CRC Press.

Liu S F，Yang Y J，Fang Z G，et al. 2015c. Grey cluster evaluation models based on mixed triangular whitenization weight functions. Grey Systems：Theory and Application，5（3）：410-418.

Liu S F，Yang Y J，Xie N M，et al. 2016. New progress of Grey System Theory in the new millennium. Grey Systems theory and application，6（1）：2-31.

Liu S F，Zhu Y D. 1996. Grey-econometrics combined model. The Journal of Grey System，8（1）：103-110.

Lloret-Climent M，Nescolarde-Selva J. 2014. Data analysis using circular causality in networks. Complexity，19（4）：15-19.

Loganathan D，Kumar S S，Ramadoss R. 2020. Grey relational analysis-based optimization of input parameters of incremental forming process applied to the AA6061 alloy. Transactions of Famena, 44 (1) : 93-104.

Mahmod W E, Watanabe K. 2014. Modified grey model and its application to groundwater flow analysis with limited hydrogeological data: a case study of the Nubian Sandstone, Kharga Oasis, Egypt. Environmental Monitoring and Assessment, 186 (2) : 1063-1081.

Mao M J, Chirwa E C. 2006. Application of grey model GM (1,1) to vehicle fatality risk estimation. Technological Forecasting and Social Change, 73 (5) : 588-605.

Memon M S, Lee Y H, Mari S I. 2015. Group multi-criteria supplier selection using combined grey systems theory and uncertainty theory. Expert Systems with Applications, 42 (21) : 7951-7959.

Newton I. 1672. A letter to the Royal Society.

Olson D L, Wu D S. 2006. Simulation of fuzzy multiattribute models for grey relationships. European Journal of Operational Research, 175 (1) : 111-120.

Ossowski M, Korzybski M. 2013. Data mining based algorithm for analog circuits fault diagnosis. Przeglad Elektrotechniczny, 89 (2a) : 285-287.

Oztaysi B. 2014. A decision model for information technology selection using AHP integrated TOPSIS-Grey: the case of content management systems. Knowledge-Based Systems, 70 (C) : 44-54.

Pagar N D, Gawande S H. 2020. Parametric design analysis of meridional deflection stresses in metal expansion bellows using grayrelational grade. Journal of the Brazilian Society of Mechanical Sciences and Engineering, 42 (5) : No. 256.

Pawlak Z. 1991. Rough Sets: Theoretical Aspects of Reasoning about Data. Dordrecht: Kluwer Academic Publishers.

Peng Y, Zhang X L, Xu W, et al. 2018. An optimal algorithm for cascaded reservoir operation by combining the grey forecasting model with DDDP. Water Science and Technology: Water Supply, 18 (1) : 142-150.

Prakash K S, Gopal P M, Karthik S. 2020. Multi-objective optimization using Taguchi based grey relational analysis in turning of rock dust reinforced aluminum MMC. Measurement, 157: 107664.

Rajeswari K, Lavanya S, Lakshmi P. 2015. Grey fuzzy sliding mode controller for vehicle suspension system. Control Engineering and Applied Informatics, 17 (3) : 12-19.

Sahu N K, Datta S, Mahapatra S S. 2012. Establishing green supplier appraisement platform using grey concepts. Grey Systems: Theory and Application, 2 (3) : 395-418.

Salmeron J L. 2010. Modelling grey uncertainty with fuzzy grey cognitive maps. Expert Systems with Applications, 37 (12) : 7581-7588.

Salmeron J L, Gutierrez E. 2012. Fuzzy grey cognitive maps in reliability engineering. Applied Soft Computing, 12 (12) : 3818-3824.

Scarlat E, Delcea C. 2011. Complete analysis of bankruptcy syndrome using grey systems theory. Grey Systems: Theory and Application, 1 (1) : 19-32.

Sharma A, Aggarwal M L, Singh L. 2020. Investigation of GFRP gear accuracy and surface roughness using Taguchi and grey relational analysis. Journal of Advanced Manufacturing Systems，19（1）：147-165.

Shi Q，Tao Z，Shahzad M A. 2017. Reliability analysis on passive residual heat removal of AP1000 based on grey model. ATW-International Journal for Nuclear Power，62（6）：408-417.

Tamura Y，Zhang D P，Umeda N，et al. 1992. Load forecasting using grey dynamic model. The Journal of Grey System，4（4）：49-58.

Tsaur R C. 2009. Insight of the fuzzy grey autoregressive model. Soft Computing，13（10）：919-931.

Twala B. 2014. Extracting grey relational systems from incomplete road traffic accidents data：the case of Gauteng Province in South Africa. Expert Systems，31（3）：220-231.

Vallee R. 2008. Book reviews：grey information：theory and practical applications. Kybernetes，37（1）：189.

Wang Q，Kuang L，Zeng S. 2010. Grey relational analysis of the most optimal parameters of welding process based on arc signals. Electric Welding Machine，40（3）：75-78.

Wang W P，Wang J L，Huang X H，et al. 2011a. Study on community structure characteristics of cluster networks with calculation and adjustment of trust degree based on the grey correlation degree algorithm. Grey Systems：Theory and Application，1（2）：129-137.

Wang Z X，Hipel K W，Wang Q，et al. 2011b. An optimized NGBM（1,1）model for forecasting the qualified discharge rate of industrial wastewater in China. Applied Mathematical Modeling，35（12）：5524-5532.

Wei N，Zhang T L. 2019. Quality evaluation of Tibetan Highland barley by grey relational grade analysis. Bangladesh Journal of Botany，48（3）：817-826.

Wei Y，Kong X H，Hu D H. 2011. A kind of universal constructor method for buffer operators. Grey Systems：Theory and Application，1（2）：178-185.

Wu C C，Chang N B. 2004. Corporate optimal production planning with varying environmental costs：a grey compromise programming approach. European Journal of Operational Research，15（1）：68-95.

Wu L F，Liu S F，Yang Y J. 2016. A gray model with a time varying weighted generating operator. IEEE Transactions On Systems，Man，and Cybernetics：Systems，46（3）：427-433.

Wu L F，Liu S F，Yao L G，et al. 2015. Using fractional order accumulation to reduce errors from inverse accumulated generating operator of grey model. Soft Computing，19（2）：483-488.

Xiao X P. 2000. On parameters in grey models. The Journal of Grey System，11（4）：315-324.

Xiao X P，Chong X L. 2006. Grey relational analysis and application of hybrid index sequences. Dynamics of Continuous，Discrete and Impulsive Systems，Series B：Applications and Algorithms，13（2）：915-919.

Xiao X P，Wen J H，Xie M. 2010. Grey relational analysis and forecast of demand for scrap steel. The Journal of Grey System，22（1）：73-80.

Xie N M，Liu S F. 2007. Research on the multiple and parallel properties of several grey relational models. International Conference on Grey Systems and Intelligence Service. Nanjing，China.

Xie N M, Liu S F, Yuan C Q, et al. 2014. Grey number sequence forecasting approach for interval analysis: a case of China's gross domestic product prediction. The Journal of Grey System, 26 (1): 45-58.

Yan S L, Liu S F, Liu J F, et al. 2015. Dynamic grey target decision making method with grey numbers based on existing state and future development trend of alternatives. Journal of Intelligent & Fuzzy Systems, 28 (5): 2159-2168.

Yang Y J, John R. 2012. Grey sets and greyness. Information Sciences, 185 (1): 249-254.

Yang Y J, Liu S F. 2013. Representation of geometrical objects with grey systems. The Journal of Grey System, 25 (1): 32-43.

Yang Y J, Liu S F, John R. 2014. Uncertainty representation of grey numbers and grey sets. IEEE Transactions On Cybernetics, 44 (9): 1508-1517.

Yang Z W, Hsu M H, Chen J C. 2012. Grey Relational analysis of pigment levels and the normalized difference vegetation index during the vegetative phase of paddy rice. The Journal of Grey System, 24 (3): 275-284.

Zadeh L A. 1965. Fuzzy sets. Information and Control, 8: 338-353.

Zeng B, Duan H M, Bai Y, et al. 2018. Forecasting the output of shale gas in China using an unbiased grey model and weakening buffer operator. Energy, 151: 238-249.

Zeng B, Liu S F, Meng W. 2011. Development and application of MSGT6.0 (modeling system of grey theory 6.0) based on visual C# and XML. Journal Of Grey System, 23 (2): 145-154.

Zhang J J, Wu D S, Olson D L. 2005. The method of grey related analysis to multiple attribute decision making problems with interval numbers. Mathematical and Computer Modeling, 42 (9/10): 991-998.

Zhang Q S, Deng J L, Fu G. 1995. On grey clustering in grey hazy set. The Journal of Grey System, 7 (4): 377-390.

Zhang Q S, Han W Y, Deng J L. 1994. Information entropy of discrete grey number. The Journal of Grey System, 6 (4): 303-314.

Zhou C S, Deng J L. 1986. The stability of grey linear system. International Journal of Control, 43 (1): 313-320.

Zhou C S, Deng J L. 1989. Stability analysis of grey discrete-time systems. IEEE Transactions on Automatic Control, 34 (2): 173-175.

名词术语中英文对照

0-1 规划（0-1 programming）
　独立零（Independent zero）
GM（1,1）模型（Model GM（1,1））
　部分数据（Partial-data　）
　发展系数（Development coefficient）
　发展域（Development domain）
　灰色作用量（Grey action quantity）
　全数据（All data）
　时间响应序列（Time response sequence）
　新陈代谢（Metabolic）
n 维灰色向量（n-dimensional grey vector）
Z-变换（Z-transformation）
白数（White number）
半复杂（Semi-complex）
半确定（Semi-certain）
背景（Background）
并集（Union）
波形预测（Wave form prediction）
不可判定（Non-determinable）
不确定（Uncertain）
残差序列（Error sequence）
　可建模（Model-ability）
差分还原（Differential reduction）
差分模型（Difference Model）
差异信息原理（The Principle of Informational Differences）
冲击波（Shock wave）
　冲击扰动系统（Shock disturbed system）
　冲击扰动项（Term of shock disturbance）
　冲击扰动序列（Shock disturbed sequence）
　缓冲序列（Buffered sequence）
初值像（Initial image）
传递函数（transfer function）
次优（Suboptimum）
粗糙集（Rough set）
单调序列（Monotonic sequence）
　单调衰减序列（Monotonic decreasing sequence）
　单调增长序列（Monotonic increasing sequence）
单位灰阵（Unity grey matrix）
导数还原（Derivative reduction）
倒数化像（Reciprocal image）
等高线（Contour line）
　等高点（Contour point）
　等高时刻序列（Contour moment sequence）
等价方案（Equivalent scheme）
等权白化（Equal weight whitenization）
等时距序列（Equal time interval sequence）
定位系数（Positioned coefficient）
　灰数的定位系数（Positioned coefficient of grey number）
　价格定位系数（Positioned coefficient of price）
　同步（Synchronous）
　消耗定位系数（Positioned coefficient of consumption）
　约束定位系数（Positioned coefficient of restrict）
定位最优值（Positioned optimum value）
对策（Countermeasure）
　可取对策（Desirable countermeasure）
对称灰阵（Symmetric grey matrix）
　反对称矩阵（Skew symmetric matrix）
反比（Inverse ratio）
反馈回路（Feedback loop）
范数（Norm）
方差（Variance）
放大系数（Amplifying coefficient）
非偏算子（Non-preference operator）

非奇异（Nonsingular）
非随机序列（Non-stochastic sequence）
非唯一性原理（The Principle of Non-Uniqueness）
分辨系数（Distinguishing coefficient）
分量（Component）
　最大分量（The maximum component）
傅立叶变换（Fourier transformation）
傅立叶级数（Fourier series）
关联序（Relation order）
关联因子空间（Space of relational factor）
光滑比（Smooth ratio）
光滑度（Degree of smoothness）
光滑连续函数（Smooth continuous function）
光滑序列（Smooth sequence）
　无限光滑序列（Infinitely smooth sequence）
　准光滑序列（Quasi-smooth sequence）
归一化（Normalization）
　向量（Vector）
规范性（Normativity）
海赛矩阵（Hesse matrix）
黑数（Black number）
候补对象（Candidates）
缓冲算子（Buffer operator）
　r 阶算子（rth order operator）
　加权平均弱化缓冲算子（Weighted average weakening buffer operator）
　平均弱化缓冲算子（Average weakening buffer operator）
　强化算子（Strengthening operator）
　弱化算子（Weakening operator）
　一阶算子（First order operator）
缓冲算子公理（Axioms for buffer operator）
　不动点公理（Axiom of fixed point）
　解析表达公理（Axiom of analytic representation）
　信息依据公理（Axiom of information basis）
缓冲序列（Buffered sequence）
灰靶（Grey target）
　s 维决策灰靶（Grey target of s-dimensional decision-making ）
　靶心距（Bull’s-eye-distance）
　球形灰靶（Spherical grey target）
　一维决策灰靶（Grey target of one-dimensional decision-making ）
灰靶决策（Grey target decision）
　多目标灰靶决策（Multi-attribute grey target decision）
　多目标加权灰靶决策（Weighted multi-attribute grey target decision）
　智能灰靶决策（Intelligent grey target decision）
灰参数线性规划（Linear programming with grey parameters）
　定位规划（Positioned programming）
　灰色价格向量（Price vector）
　决策向量（Decision vector）
　理想模型（Ideal model）
　满意度（Pleased degree）
　满意解（Pleased solution）
　漂移型（Drifting type）
　消耗矩阵（Consumption matrix）
　预测型（Prediction type）
　准优解（Quasi-optimal solution）
　准优值（Quasi-optimal value）
灰度（Degree of greyness）
灰色 M 矩阵（Grey M-matrix）
灰色 n 维向量（Grey n-dimensional vector）
灰色 P 矩阵（Grey P-matrix）
灰色代数方程（Grey algebraic equation）
灰色感应度系数（Grey induction coefficient）
灰色关联度（Grey relational grade）
　接近关联度（Nearness relational grade）
　绝对关联度（Absolute relational grade）
　三维关联度（Three-dimensional relational grade）

相对关联度（Relative relational grade ）
相似关联度（Similitude relational grade ）
综合关联度（Synthetic relational grade）
灰色关联分析（Grey relational analysis）
灰色关联算子（Grey relational operator）
灰色关联算子集（Set of grey relational operator）
初值化算子（Initialing operator）
初值像（Initial image）
倒数化算子（Reciprocating operator）
倒数象（Reciprocal image）
均值化算子（Averaging operator）
均值象（Average image）
逆化算子（Reversing operator）
逆化象（Reversing image）
区间化算子（Interval operator）
区间值象（Interval image）
灰色关联因子（Grey relational factor）
灰色关联因子集（Set of grey relational factor）
灰色结构矩阵（Grey structure matrix）
灰色经济计量学组合模型（Grey-econometrics combining model）
灰色矩阵（Grey matrix）
对角灰阵（Grey diagonal matrix）
灰逆阵（Grey inverse matrix）
奇异性可判定（Singularity determinable）
上三角（Upper triangular）
特征多项式（Eigen polynomial）
特征方程（Eigen equation）
特征矩阵（Eigen matrix）
特征向量（Eigen vector）
特征值（Eigen value）
下三角（Lower triangular）
右逆（Right inverse）
左逆（Left inverse）
灰色聚类（Grey cluster）
变权聚类系数（Variable weight clustering coefficient）
等权聚类系数（Equal weight clustering coefficient）
定权聚类系数（ Fixed weight clustering coefficient）
关联聚类（Cluster based on relational analysis）
聚类决策（Clustering decision-making）
子类基本值（Basic value of subclass）
灰色控制（Grey control）
比例环节（Proportion link）
闭环（Closed loop）
不可控（Uncontrollable,）
惯性环节（Inertia link）
积分环节（Integral link）
开环（Open loop）
鲁棒稳定性（Robust stability）
时滞环节（Time delay link）
微分环节（Differential link）
灰色生产函数模型（Grey Cobb-Douglass model）
灰色时序模型（Grey timing model）
灰色微分方程（Grey differential equation）
灰色微分序列（Grey differential sequence）
灰色系统（Grey system）
灰色线性规划（Grey linear programming）
灰基可行解（Grey essential feasible solution）
灰目标函数（Grey objective function）
灰凸集（Grey convex set）
漂移型（Drifting type）
预测型（Prediction type）
灰色线性空间（Grey linear space）
灰色影响力系数（Grey influence coefficient）
灰色预测控制（Grey predictive control）
灰色增益阵（Grey gain matrix）
灰色综合测度（Grey synthetic measure）
灰数（Grey number）

本征型（Essential type）
层次型（Layer type）
非本征型（Non-essential type）
非同步（Non-synchronous）
概念型（Conceptual type）
核（Kernel）
简化形式（Reduced form）
离散（Discrete）
连续（Continuous）
零心（with zero center）
论域（Domain）
同步（Synchronous）
信息型（Information type）
意愿型（Wish type）
有上界（With only upper limits）
有下界（With only lower limits）
灰数白化（Whitenization of a grey number）
白化方程（Whitenization equation）
白化矩阵（Whitenization matrix）
均值白化（Mean whitenization）
灰数域（Field of grey number）
灰数运算（Operations of grey number）
乘法（Multiplication）
乘方（Power）
除法（Division）
倒数（Reciprocal）
负元（Negative element）
加法（Addition）
减法（Subtraction）
数乘（Multiplication by a scalar）
相等（Equality）
灰系数微分方程（Grey coefficient differential type equation）
灰向量（Grey vector ）
灰性不灭原理（Principle of Absolute Greyness）
灰指数规律（Law of grey exponent）
负的灰指数规律（Law of negative grey exponent）
正的灰指数规律（Law of positive grey exponent）
准指数规律（Law of quasi grey exponent）
基本预测值（Basic predicted value）
基本值（Basic value）
级比（Stepwise ratio）
即时控制（On-time control）
技术进步系数（Technological progress coefficient）
季节（Season）
季节灾变序列（Seasonal disaster sequence）
交集（Intersection）
结构偏差阵（Structure deviation matrix）
紧邻（Consecutive neighbors）
距离（Distance）
聚核加权决策系数（Weighted coefficient of kernel clustering for decision-making）
聚核加权决策系数向量（Weighted coefficient vector of kernel clustering for decision-making）
聚核权向量（Weight vector of kernel clustering）
聚核权向量组（Weight vector group of kernel clustering）
决策（Decision-making）
决策系数（Coefficient for decision-making）
决策系数向量（Coefficient vector for decision-making）
决策悖论（Paradox of decision-making）
决策方案（Decision scheme）
可取方案（Desirable scheme）
决策四要素（Four elements for decision-making）
均方差（Root-mean-square deviation）
均值（Mean）
均值 GM（1,1）模型（Even GM（1,1））
均值差分 GM（1,1）模型（Even difference GM（1,1））

可控（Controllable）
输出方程（Output equation）
输出灰色矩阵（Output grey matrix）
状态方程（State equation）
状态灰色矩阵（State grey matrix）
效果测度（Effect measure）
成本型目标效果测度（Effect measure for cost type objective）
上限效果测度（Upper effect measure）
适中效果测度（Moderate effect measure）
适中型目标上限效果测度（Upper effect measure for moderate objective）
适中型目标下限效果测度（Lower effect measure for moderate objective）
下限效果测度（Lower effect measure）
效益型目标效果测度（Effect measure for benefit type objective）
一致效果测度（Uniform effect measure）
综合效果测度矩阵（Synthetic effect measure matrix）
效果映射（Effect mapping）
效果值（Effect value）
效率矩阵（Efficiency matrix）
斜率（Slope）
平均斜率（Average slope）
新信息（New information）
新信息优先原理（Principle of New Information Priority）
信息增量（Information increment）
行为序列（Behavioral sequence）
横向序列（Horizontal sequence）
经济序列（Economic sequence）
时间序列（Time sequence）
指标序列（Criterion sequence）
序列算子（Sequence operator）
均值算子（Average operator）
累减算子（Inverse accumulating operator）
累加生成算子（Accumulating generation operator）
无偏算子（Unbiased operator）
有偏算子（Biased operator）
序列长度（Length of a sequence）
一般灰数（General grey number）
影子方程（Image equation）
优势分析（Superiority analysis）
优势类（Superior class）
最优对策（Optimum countermeasure）
最优决策方案（Optimum decision scheme）
最优事件（Optimum event）
有偏生成（Preference generation superiority）
预测陷阱（Trap in prediction）
原始差分 GM（1,1）模型（Original difference GM（1,1））
原像（Pre-image）
约束条件（Constraint condition）
折线（Zigzagged line）
真实行为序列（True behavioral sequence）
真值（Truth value）
振荡序列（Vibration sequence）
振幅（Amplitude）
正交灰阵（Orthogonal grey matrix）
直接消耗系数（Direct consuming coefficient）
指数函数（Exponential function）
齐次指数函数（Homogeneous exponential function）
非齐次指数函数（Non-homogeneous exponential function）
指数序列（Exponential sequence）
齐次指数序列（Homogeneous exponential sequence）
非齐次指数序列（Non-homogeneous exponential sequence）
转折点（Turning point）
准优特征（Quasi-optimal character）
资金弹性（Capital elasticity）

“华中科技大学培养了灰色系统理论提出者邓聚龙教授、(发展者)刘思峰教授，……，这样一些毕业生深刻地影响着世界。”

——安格拉·多罗特娅·默克尔

“管理上的灰色，是我们生命之树。”

——任正非

“我读的第一本灰色系统书是其创始人邓聚龙教授编写的油印讲义。书中闪耀着思想的火花，为一个正处在学术迷茫期的求索者树起了一座灯塔。这本书让我震撼，犹如发现了一处极具开采价值的富矿。这本书成为照耀我人生旅程的心灵之光，使我从此与灰色系统理论结下不解之缘。”

——刘思峰

灰色系统建模软件 9.0 版下载网址：http://www.iagsua.prg 或 http://igss.nuaa.edu.cn。